HANDBUCH DER
ANALYTISCHEN CHEMIE

HERAUSGEGEBEN
VON

W. FRESENIUS
WIESBADEN

DRITTER TEIL
QUANTITATIVE BESTIMMUNGS- UND TRENNUNGSMETHODEN

BAND 6bγ

ELEMENTE DER SECHSTEN NEBENGRUPPE

WOLFRAM

SPRINGER-VERLAG
BERLIN · HEIDELBERG · NEW YORK
1978

ELEMENTE DER SECHSTEN NEBENGRUPPE

WOLFRAM

VON

G. WÜNSCH

MIT 50 ABBILDUNGEN

SPRINGER-VERLAG
BERLIN · HEIDELBERG · NEW YORK
1978

Dr. Gerold Wünsch
Westfälische Wilhelms-Universität
Anorganisch-chemisches Institut
Gievenbecker Weg 9
4400 Münster

Herrn Prof. Dr. Fritz Umland gewidmet,
ohne dessen Großzügigkeit dieses Buch nicht entstanden wäre.

Die Erfassung und Auswertung der Literatur

erfolgte nach den Chemical Abstracts von **36** (1942) bis **82** (1975), nach analytischen Zeitschriften bis Anfang 1976 sowie nach verschiedenen, im Text zitierten Sammelwerken. Aus letzteren wurde, soweit nötig, auch die Zeit vor 1942 erschlossen.

ISBN 978-3-642-52193-5 ISBN 978-3-642-52192-8 (eBook)
DOI 10.1007/978-3-642-52192-8

Library of Congress Cataloging in Publication Data (Revised) Main entry under title: Handbuch der analytischen Chemie. Each volume has also special t. p. 1950— ed. by Wilhelm Fresenius und Gerhart Jander. Includes bibliographies. CONTENTS: Bd. 5 a. Elemente der fünften Hauptgruppe: Arsen, Antimon, Wismut, bearb. von E. Karl-Kroupa und R. Klement. 1951. [etc.] 1. Chemistry, Analytic. I. Fresenius, Remigius, 1878— ed. II. Jander, Gerhart, 1892—1961, ed. III. Fresenius, Wilhelm, 1913— ed. QD75.H25 543 41-36317

Softcover reprint of the hardcover 1st edition 1978

Satz: Varia-Composersatz, Heidelberg

Inhaltsverzeichnis

WOLFRAM

W; Molgewicht: 183,85; Atomnummer 74

1. Die analytische Chemie des Wolframs

1.1 Analytisch genutzte Eigenschaften des Wolframs

Die analytisch genutzten chemischen Reaktionen erfolgen ganz überwiegend am sechswertigen Wolfram. Von Verbindungen der niederen Wertigkeitsstufen haben wesentliche Bedeutung bisher nur die Thiocyanato- und Dithiolato-Komplexe des fünfwertigen Wolframs erlangt, und zwar in der Photometrie. Daneben treten fünfwertiges und dreiwertiges Wolfram noch bei titrimetrischen und polarographischen Verfahren auf, deren praktische Bedeutung bisher gering geblieben ist. Das von präparativen Untersuchungen wohlbekannte vierwertige Wolfram wird unter analytischen Bedingungen nicht beobachtet.

In der Wertigkeitsstufe sechs ist das Wolfram stark sauerstoffaffin. Nach der Systematik von *Pearson* gehört es zu den harten A-Kationen. Die analytisch genutzten Chelate des sechswertigen Wolframs enthalten daher Liganden mit mindestens einer Sauerstoff-Donatorgruppe; das zweite Donator-Atom ist meist ebenfalls O, manchmal N, selten auch S. Chelate des W(VI) ohne O-Donator sind vom 8-Mercaptochinolin und von Dithiolen bekannt, spielen aber analytisch keine Rolle. Das im alkalischen Medium vorliegende Monowolframat WO_4^{2-} ist analytisch kaum verwertbar. Es ist in der alkalischen Lösung nicht reduzierbar, bildet kaum noch Chelate von brauchbarer Stabilität und besitzt auch im noch nutzbaren kurzwelligen UV-Gebiet keine Absorptionsbande. Nur einige schwer lösliche Salze wie $CaWO_4$ sind zur Wolframbestimmung aus schwach alkalischer Lösung (pH 8) geeignet. – Die analytisch genutzten Komplexbildungsreaktionen des sechswertigen Wolframs erfolgen in schwach saurer Lösung, meist im pH-Bereich von 2 bis 6; die Redoxreaktionen werden in stark saurer Lösung ($\geqslant 1$ m H^+) durchgeführt. Verfahren in schwach saurer Lösung werden jedoch stets beeinträchtigt durch die konkurrierende Bildung von Polywolframatosäuren; arbeitet man in stärker saurer Lösung, macht sich die geringe Löslichkeit der "Wolframsäure" störend bemerkbar.

Wegen dieser Schwierigkeiten ist das beherrschende Verfahren in der analytischen Chemie des sechswertigen Wolframs die Fällung von Wolframsäure, $WO_3.HO_2O$, sowohl zum Zwecke der Abtrennung als auch nach dem Glühen zur Auswaage als WO_3.
Trotz zahlreicher vorgeschlagener Alternativen bietet die Praxis der naßchemischen Verfahren in der analytischen Chemie des Wolframs daher ein recht einseitiges Bild, ohne daß das erreichte Leistungsniveau zu befriedigen vermöchte.
Von den physikalischen Analysenverfahren leidet die Atomabsorptionsspektralanalyse unter den hohen Dissoziationsenergien der Wolframoxide, die Emissionsspektralanalyse unter den starken Unterschieden in den Flüchtigkeiten von Oxiden und Carbiden. Beides erfordert besondere Arbeitstechniken und ermöglicht nur durchschnittliche Leistungen.

– Günstigere Bedingungen herrschen dagegen bei den kernphysikalischen Methoden, vor allem den Aktivierungsverfahren, wo Reaktionen mit guten Einfangquerschnitten sowie Nuklide mit günstigen Halbwertszeiten zur Verfügung stehen. Hier sind bei allerdings sehr hohem technischen Aufwand gute Leistungen erzielbar.

1.2 Übersicht über die Trenn- und Bestimmungsverfahren für Wolfram

Trennverfahren (Kapitel 3). Ist bei einem Bestimmungsverfahren eine Abtrennung des Wolframs erwünscht, so erfolgt diese in den meisten Fällen durch Abscheidung als Wolframsäure, obwohl der so erhaltene Niederschlag oft recht unrein ist. Die eigentlichen Trennverfahren für Wolfram sind deshalb noch verhältnismäßig schwach entwickelt.
– *Anionenaustauschchromatographie* eignet sich zur Trennung von Ti, Zr, Ta, Mo und W; *Kationenaustauscher* halten störende Kationen zurück und lassen Wolfram passieren. Durch die Anwendung von *Ionensieben* kann man die ungewöhnliche Größe der Heteropolysäure-Moleküle für Trennungen ausnutzen.– Verschiedene Chelatbildner eignen sich zwar recht gut zur *Extraktion* des Wolframs, vor der Weiterverarbeitung müssen die gewonnenen Extrakte jedoch meist eingedampft und die organischen Bestandteile verascht werden. –
Fällungs- und Mitfällungsverfahren sind vor allem zur Anreicherung bei Spurenanalysen verwendbar.

Gravimetrie (Kapitel 4). Wolfram ist eines der wenigen Elemente, zu deren Bestimmung die Gravimetrie auch heute noch eine große praktische Bedeutung hat. Meist fällt man *"Wolframsäure"* $WO_3.H_2O$ durch Erhitzen mit starker Mineralsäure; da ein Teil kolloidal gelöst bleiben kann, erfolgt oft eine Nachfällung mit basischen oder flockend wirkenden Reagentien wie Cinchonin oder Tannin. Nach dem Glühen bei 800°C wägt man WO_3 aus. Das Produkt ist oft stark verunreinigt, vor allem durch Mo, Fe, Cr, V, SiO_2, Phosphat u.a. Für einfache Ansprüche ist mindestens eine Umfällung nötig; für Schiedsanalysen müssen nach mehrmaligem Umfällen die restlichen Verunreinigungen im "rohen WO_3" gesondert bestimmt und abgezogen werden: bis zu 8 Std. reine Arbeitszeit! – Bedeutung haben sonst nur noch die *Quecksilberwolframate*, und zwar die Fällung von Hg_2WO_4 (historisch ältestes Verfahren zur Wolframbestimmung; *Berzelius* 1816) und die leichter durchzuführende Fällung von $HgWO_4$. Beide werden zu WO_3 verglüht, wobei reichlich Hg-Dämpfe entstehen. Die Auswaage ist gegebenenfalls in gleicher Weise verunreinigt wie oben bei der Wolframsäure erwähnt.– Praktisch noch wenig erprobt ist die Fällung von *Chelaten des W(VI)* mit Oxin oder Benzoylphenylhydroxylamin sowie die Fällung des Tributylammoniumsalzes der *Wolframatophosphorsäure.*

Titration (Kapitel 5). Titrationsverfahren spielen zur Wolframbestimmung eine verhältnismäßig bescheidene Rolle.–*Redoxtitrationen* sind unter Einbeziehung von W(V) und W(III) möglich. Deren Redoxpotentiale liegen in dem erforderlichen, stark salzsauren Reaktionsmedium niedriger als die Potentiale der meisten anderen Übergangsmetall-Ionen. Daher treten viele Störungen bzw. vielstufige Titrationskurven auf. Die praktische Anwendung blieb bisher gering.–Auch alle anderen titrimetrischen Verfahren unterliegen zahlreichen Störungen, meist durch Molybdat, teils auch durch Phosphat, Sulfat und andere. Im allgemeinen wird eine vorherige Isolierung des Wolframs als Wolframsäure nötig sein. Als anschließende Bestimmung kommen vor allem in

Betracht: die *azidimetrische Titration* des W(VI)-Mannitokomplexes, die *Fällungstitration* mit Pb^{2+} gegen PAR sowie die *komplexometrische Rücktitration* des Reagenzüberschusses nach der Fällung von $CaWO_4$ oder $PbWO_4$.

Photometrie (Kapitel 6). Die Photometrie ist das bevorzugte Verfahren zur Bestimmung kleiner Wolframkonzentrationen. Am meisten benutzt wird *W(V)-thiocyanat*, $W(OH)_2(SCN)_4^-$. Dieses weist in salzsaurer Lösung einen Extinktionskoeffizienten von $\epsilon = 11500$ $l.Mol^{-1}.cm^{-1}$ bei $\lambda = 400$ nm auf. In wäßriger Phase stört Vanadium sehr stark, Molybdän weniger stark; Extraktion des Thiocyanatokomplexes verringert die Störung durch V, aber vergrößert u.U. diejenige durch Mo. – *Dithiol* ermöglicht eine aufeinanderfolgende, eventuell auch simultane Bestimmung von Molybdän und Wolfram; V stört dabei nur wenig. – Wegen ihrer geringen Extinktionskoeffizienten eignen sich *Peroxowolframsäure* und *Vanadatowolframatophosphat* nur zur Bestimmung höherer Konzentrationen. – *Katalytische Verfahren* mit photometrischer Auswertung erlauben dagegen noch 0,5 µg W/50 ml zu erfassen. – Zahlreiche *Chelate des W(VI)* sind zur photometrischen Bestimmung geeignet, die Reproduzierbarkeit der Verfahren leidet jedoch unter der konkurrierenden Bildung von Isopolywolframatosäuren.

Spektralanalyse (Kapitel 7). Gut geeignet und vielseitig anwendbar, aber nur mäßig empfindlich ist die spektralanalytische Bestimmung. Halogenide wird AgCl oder Teflon dienen als Verdampfungshilfen. – Nach *Anreicherungsverfahren* empfiehlt sich die Lösungsspektralanalyse. – Das Spektrum ist *sehr linienreich*. Häufig benutzt werden die Hauptnachweislinien bei 430,2 nm, 400,88 nm und 294,7 nm. Es stören vor allem Linien des Eisens und Titans. – Zur *automatischen Analyse fester Stahlproben* ist das spektrometrische Verfahren gut geeignet, wurde hierfür aber erstaunlich wenig untersucht.

Atomabsorptionsspektralanalyse (Kapitel 8). Wegen der hohen Dissoziationsenergie der Wolframoxide eignet sich nur eine stark reduzierend eingestellte N_2O/C_2H_2-Flamme. Auf der Hauptnachweislinie bei 400,88 nm beträgt die Empfindlichkeit 20 µg/ml bei 1 % Absorption. Die AAS ist zur Wolframbestimmung in vielen Proben gut geeignet.

Fluorimetrie (Kapitel 9). Mit Flavonen und anderen Chelatbildnern sind empfindliche, aber ganz unspezifische und praktisch wenig benutzte Bestimmungen möglich.

Polarimetrie (Kapitel 10). Wolframchelate von optisch aktiven Polyhydroxyverbindungen oder α-Hydroxycarbonsäuren zeigen höhere spezifische Drehungen als die freien Chelatbildner. Milligramm-Mengen Wolfram sind bestimmbar; Mo stört stark. Besondere Vorteile besitzt das Verfahren nicht.

Katalytische Verfahren mit elektrochemischer Anzeige (Kapitel 11). Diese Methoden nutzen den katalytischen Einfluß von Wolframspuren auf die Oxydation von Jodid durch Wasserstoffperoxid. Sie erlauben mit sehr geringem Aufwand die Bestimmung von *Nanogramm-Mengen* Wolfram, unterliegen aber vielen Störungen und sind noch wenig erprobt.

Polarographie (Kapitel 12). In relativ stark saurer Lösung, mit oder ohne Zusatz von Komplexbildnern, entstehen zwei Reduktionsstufen. Die erste entspricht der Bildung von W(V); die zweite ist überwiegend katalytisch, es tritt aber auch W(III) auf. Mit Gleich- oder Wechselspannung, mit der Kathodenstrahl- und der Inverspolarographie ist Wolfram empfindlich und selektiv bestimmbar. Die gegebenen Möglichkeiten werden bisher aber nur wenig genutzt.

Thermometrie (Kapitel 13). Die Messung der Wärmetönung beim Umsatz von Wolframatophosphorsäure mit Wasserstoffperoxid hat sich für die Glasanalyse bewährt. Auch die empfindlichen, katalytischen Verfahren sind thermometrisch indizierbar.

Radiochemische Verfahren (Kapitel 14). Wolfram ist auf vielseitige und leistungsfähige Weise radiochemisch bestimmbar. Mit der Reaktion $^{186}W\ (n, \gamma)\ ^{187}W$ (38 barn; 23,8 Std. HWZ) sind zerstörungsfrei 0,2 % W in Mo bestimmbar und zerstörend noch 5.10^{-8} % W in Al nachweisbar. – Mit der Reaktion $^{182}W\ (n, \gamma)\ ^{183m}W$ (0,5 barn; 5,3 Sek. HWZ) sind 0,1 bis 1 % W in Gesteinen binnen 25 Sek. bestimmbar. – Auch Neutroneneinfang-γ-Spektrometrie, Aktivierung mit Protonen oder γ-Quanten sowie γ-Absorptionsverfahren sind anwendbar. – Die β-Rückstreumethode bietet wegen des hohen Molgewichts des Wolframs günstige Möglichkeiten z.B. zur Analyse von Ferrowolfram.

Röntgenfluoreszenzanalyse (Kapitel 15). Das Verfahren ist gut geeignet zur Bestimmung höherer und mittlerer Wolframgehalte, aber noch verhältnismäßig wenig bearbeitet. Die empfindliche Lα-Linie bei 148 pm unterliegt bei der Erzanalyse Störungen durch schwankende Zusammensetzung der Matrix; die Kα-Linie bei 21 pm ist weniger störungsanfällig, aber auch weniger empfindlich. – Feste Proben, Schmelzperlen und Lösungen können untersucht werden.

Sonstige Verfahren (Kapitel 16). *Röntgenabsorption, Funken-Massenspektrometrie* sowie *Gaschromatographie* wurden in einzelnen Fällen mit gutem Erfolg angewandt.

Untersuchung spezieller Wolframverbindungen (Kapitel 17). Behandelt werden Heteropolysäuren, Wolframbronzen, niederwertige Wolframoxide, W_6-Komplexe (Cluster) sowie Oktacyanowolframate (IV).

Tabelle 1. *Wichtige Bestimmungsverfahren für Wolfram*

Methode	Reagens techn. Daten	Anwendungsbereich	Fehler	Bemerkungen	Kapitel
Gravimetrie	$HCl+HNO_3$; als WO_3	säurelösl. Proben; $\geqslant 1$ % W	± 7 % bei 1 % W	Schnellverfahren 2 Std.Dauer	4.1.3
Gravimetrie	$HgWO_4 \rightarrow WO_3$	säurefeste Proben		Si, Fe, Cr, Mo entfernen oder gesondert bestimmen	4.3.1
Gravimetrie	HCl+Cinchonin; als WO_3	Erze	Schiedsverfahren	7 Std. Dauer	4.2.3
Titration	azidimetrisch, Mannitokomplex	$\geqslant$ 2 mg W/ml	$\leqslant \pm 0{,}5$ %	W erst als WO_3 isolieren	5.3.2
Photometrie	SCN; $\geqslant 1$ m HCl	0,2 bis 10 µg/ml		starke Stör.: V	6.1.1.1
Photometrie	extrahieren als $[Ph_4As][W(OH)_2(SCN)_4]$	$\geqslant 10$ µg/25 ml	± 0,5 %	aufwendig, aber auch neben V, Mo	
Photometrie	Dithiol	$\geqslant 5.10^{-5}$ % in Nb, Ta		erst Mo als Dithiolat entfernen	6.2.1.4
Spektralanalyse	400,875 nm	noch 10^{-3} % in Mo	± 20 %	Anreicherung an $(NH_4)_3$-$PMo_{12}O_{40}$	7.8.3
Atomabsorption	400,88 nm; N_2O/Acetylen	20 ppm W für 1 % A		Standardbedingungen	8.1
Atomabsorption	255,1 nm; N_2O/Acetylen	1 bis 40 % WO_3 in Erzen	$\leqslant \pm 3{,}5$ %	erst als WO_3 isolieren	8.10
katalyt.-amperometr.	$J^- + H_2O_2$	0,2 bis 1 µg/25 ml	± 7 %	Stör.: Mo; Dauer: 5 Min.	11.2
Polarografie	DC; 6 m HCl	0,005 bis 0,1 % in Erzen		Dauer: 6 Std.	12.2.3
Polarografie	invers; pH 5	3.10^{-7} bis 1.10^{-5} m W		5 bis 10 Min. anreichern; Stör.: Mo	12.5.1
Neutronenaktivierung	$^{186}W(n, \gamma)\,^{187}W$	0,2 % in Mo	± 0,004 % abs.	zerstörungsfrei	14.1.1.1
Neutronenaktivierung	$^{182}W(n, \gamma)^{183m}W$	0,1 bis 1 % in Gesteinen	5 bis 8 % system. Fehler	Dauer: 25 Sek.	14.1.3.1
Röntgenfluoreszenz	Lα-Linie	0,05 bis 4 % WO_3 in Mo		MoO_3-Tablette	15.4.1

2. Probenvorbereitung

2.1 Probenahme

Metalle: Wolfram ist im allgemeinen zu spröde für spanabhebende Zerkleinerung. Man pulverisiert es durch Zerschlagen im Diamantmörser. Ein möglicher Abrieb des Mörsermaterials ist zu beachten. – Oberflächlich anhaftendes Eisen läßt sich mit einem Magneten entfernen. Im übrigen kann man das kompakte oder gepulverte Material mit Chlorkohlenwasserstoffen entfetten oder mit heißer Salzsäure (1+2) abbeizen. Man wäscht anschließend mit Wasser, dann mit Aceton und läßt trocknen.

Gesteine und Erze: Eine erste Zerkleinerung grober Gesteinsproben kann in einem Mörser aus gehärtetem Stahl oder Wolframcarbid erfolgen. Für Gesteine und die meisten Erze ist eine anschließende sehr feine Zerkleinerung wünschenswert, damit der Aufschluß nicht allzu lange dauert. Bei sulfidischen Erzen genügt eine Korngröße von etwa 0,15 mm (100 mesh). Oxidische Materialien werden zunächst ebenfalls auf 0,15 mm zerkleinert. Dann entnimmt man eine Probe von 2 bis 3 g und verreibt sie im Achatmörser unter Zusatz von Wasser zu einer feinen Paste. Diese schlämmt man mit Wasser auf, gießt die feinen Anteile ab und verreibt die zurückbleibenden gröberen Teilchen weiter, bis das gesamte Material fein zerteilt ist. Die vereinigten Suspensionen dampft man am Wasserbad zur Trockene ein und durchmischt den Rückstand gut.

Literatur

1. Elwell, W.T., Wood, D.F : Analytical Chemistry of Molybdenum and Tungsten. Pergamon Press, Oxford 1971

2.2 Löseverfahren für Metalle und einfache Verbindungen

An dieser Stelle sind vor allem Arbeitsweisen für besonders häufige oder typische Fälle besprochen. Weitere Angaben finden sich in den folgenden Kapiteln im Zusammenhang mit der Beschreibung von Trenn- oder Bestimmungsverfahren. Löseverfahren für Erze siehe Kapitel 2.3.

2.2.1 Wolfram-Metall

2.2.1.1 Wasserstoffperoxid

Durch H_2O_2 wird ***metallisches Wolfram*** rasch gelöst [8]. Das Verfahren hat den Vorteil, daß das überschüssige Reagens verkocht werden kann, daß keine unerwünschten Anionen in die Probe gelangen und daß das Löseverfahren in Glasgefäßen durchgeführt werden kann. Für Wolframdraht eignet sich 30 %iges Wasserstoffperoxid. Am günstigsten ist eine Temperatur von 60^0 C; bei stärkerem Erwärmen wird H_2O_2 zu stark zersetzt.

Arbeitsvorschrift [8]. 19 ml 30%iges H_2O_2 lösen bei 60°C ein 0,2 g schweres Drahtstück von 0,5 mm Durchmesser in 1,5 Std; für 0,2 g Draht von 2,5 mm Durchmesser sind 3 Std. nötig. Wolframpulver löst sich schon bei Zimmertemperatur mit heftiger Reaktion in Wasserstoffperoxid. Für 0,2 g Pulver von 40 bis 60 μm Korngröße sind 5 ml 30%iges H_2O_2, für 0,2 g Pulver von 3 bis 6 μm Korngröße sind 5 ml von nur 10%igem H_2O_2 zweckmäßig. Der Lösevorgang ist dann in 5 Min. beendet.

Bemerkungen:
I. Dampft man eine so hergestellte Lösung bei nicht mehr als 100 °C zur Trockene ein, so hinterbleibt *Peroxowolframsäure.* Stärkeres Erhitzen wandelt letztere in *Wolframsäure* um; durch Glühen auf max. 800°C entsteht WO_3.

II. Beim *Kochen der Lösung* werden die Peroxide zersetzt und es fällt Wolframsäure aus.

III. Beim Lösen von *technischem Wolframmetall* kann eine Trübung zurückbleiben, welche von Oxiden oder Hydroxiden des Si, Al, Ti, Mg oder Fe herrührt. [8].

IV. Auch ein Gemisch von *Wasserstoffperoxid und Oxalsäure* wurde empfohlen [6].

Kleine Gehalte von *Wolframmetall in Wolframsilicid* WSi_2 können mit Wasserstoffperoxid selektiv gelöst werden [16]. Dabei wird das Silicid nur geringfügig angegriffen: etwa 1 % des als WSi_2 vorliegenden Wolframs geht zusammen mit dem W-Metall in Lösung. Zur Berücksichtigung dieses Anteils führt man in der Lösung eine photometrische Siliciumbestimmung aus und zieht eine nach der Formel WSi_2 berechnete Wolframmenge von der gelösten Gesamtmenge ab.

Arbeitsvorschrift [16]. Die Silicid-Probe mit etwa 1 bis 2 % W-Metall wird im Stahlmörser gepulvert. In einem 100 ml-Plastikbecher, der mit Plastikfolie verschlossen ist, erwärmt man 100 mg Pulver mit 20 ml 30 %igem Wasserstoffperoxid 1 Std. auf 60 bis 70 °C. Dann kühlt man durch Einstellen in kaltes Wasser ab, zentrifugiert und dekantiert. Der Rückstand wird mit 1,5 %igem H_2O_2 auf der Zentrifuge nachgewaschen. Die vereinigten Lösungen füllt man mit Wasser auf 100 ml auf. Einen Anteil davon dampft man unter Zusatz von 5 ml Schwefelsäure im Platintiegel zum Rauchen ein. Dann bestimmt man Wolfram photometrisch mit Dithiol. Einen weiteren Anteil erwärmt man im Platintiegel bis zur vollständigen Zersetzung der Peroxide, dampft mit 10 Tropfen Si-freier Natronlauge (1:2) zur Trockene und bestimmt Silicium photometrisch als Molybdatokieselsäure.

2.2.1.2 Flußsäure-Salpetersäure

Wolframmetall löst sich leicht in einer Mischung aus Flußsäure und Salpetersäure; dieses Löseverfahren ist das gebräuchlichste. Für sich allein führen HNO_3, HF, H_2SO_4, HCl, Königswasser oder eine Mischung von HNO_3 und H_2SO_4 allenfalls zu geringfügigem Angriff [13, 15]. – Eine zu hohe oder zu geringe HNO_3-Konzentration im Säuregemisch verringert die *Lösegeschwindigkeit.* Am besten geeignet ist eine Mischung aus 4 Volumenteilen 69 %iger Salpetersäure und 6 Volumenteilen 55 %iger Flußsäure. Die Lösegeschwindigkeit nimmt mit steigender Temperatur zu. – Die Salpetersäure kann auch durch Nitrat oder weniger gut durch Nitrit ersetzt werden. Wolfram löst sich in Flußsäure, wenn man NO_2-Gas einleitet. In *Gegenwart von Harnstoff* findet keine Reaktion statt; auch ein schon begonnener Angriff von HF-HNO_3 wird durch Harnstoff gestoppt. Die Metalloberfläche scheint zunächst durch NO_2 oxydiert zu werden; das Wolframat löst sich dann in Flußsäure [13].

Arbeitsvorschrift [1]. In einer mit einem Deckel versehenen Platinschale wird 1 g Metall mit 13 ml Salpetersäure (1,40) und 3 ml Flußsäure vorsichtig unter schwachem Erwärmen gelöst. Wenn die heftige Reaktion nachgelassen hat, gibt man nochmals 3 ml Flußsäure zu. Man engt die Lösung durch nicht zu starkes Erhitzen auf 10 ml ein, fügt etwa 3 Tropfen einer konzentrierten Kaliumpermanganatlösung dazu und setzt das Eindampfen bis zur beginnenden Krustenbildung von Wolframsäure fort. Nach Zusatz von 5 ml konz. Schwefelsäure (1,84) wird der Schaleninhalt zur Entfernung von Salpeter- und Flußsäure bis zum Auftreten von Schwefelsäuredämpfen erhitzt, etwas abgekühlt, mit 25 ml Wasser verdünnt und unter Umrühren vorsichtig gekocht.

Bemerkungen:
I. Zur *Phosphorbestimmung* versetzt man die so hergestellte Lösung mit einigen Tropfen Schwefliger Säure, kocht noch 2 Min., gibt 2 g Weinsäure hinzu und läßt auf 50°C abkühlen. Man gibt 50 ml konz. Ammoniak (0,91) hinzu, verdünnt mit 50 ml Wasser und fällt dann in üblicher Weise mit "Magnesiamischung": siehe Kapitel 4.2.7, S. 58.

II. Zur *Eisenbestimmung* macht man die Lösung ammoniakalisch und fällt das Eisen mit Schwefelwasserstoff als FeS aus.

2.2.1.3 Sonstige Löseverfahren

Eine Mischung aus *Phosphorsäure und Perchlorsäure* eignet sich ebensogut wie ein HF-HNO_3-Gemisch [14]. – Auch Soda-Salpeterschmelzen und andere *alkalisch-oxydierende Schmelzen* wirken energisch auf Wolfram ein [15]. Die Arbeitsweise ist die gleiche wie für Ferrowolfram [1].

In gleicher Weise wie Wolframcarbid kann auch Wolframmetall durch *Glühen an der Luft* zu WO_3 oxydiert werden. Letzteres wird dann alkalisch aufgeschlossen; Arbeitsvorschrift siehe Kapitel 2.2.2.1.

2.2.2 Wolframcarbid und Hartmetalle

2.2.2.1 Abrösten

Wolframcarbid wird durch *Glühen an der Luft* in WO_3 übergeführt; letzteres schließt man mit Na_2CO_3 auf. Die Glühtemperatur darf 800 °C nicht übersteigen, da sonst WO_3 verflüchtigt wird.

Arbeitsvorschrift [1]. 1,25 g des fein gepulverten Materials werden zur Oxydation des Wolframs in einer Platinschale bei einer Temperatur von 700 bis 800°C unter gutem Luftzutritt 30 Min. geglüht. Nach dem Erkalten feuchtet man mit Wasser an, setzt 5 ml Flußsäure zu und verflüchtigt etwa vorhandene Kieselsäure. Der Trockenrückstand wird mit etwa 20g Natriumkaliumcarbonat geschmolzen und die Schmelze mit Wasser ausgelaugt. – Nach dem Erkalten füllt man im Meßkolben auf 250 ml auf, filtriert durch ein trockenes Filter in ein trockenes Gefäß und entnimmt von dieser Lösung 200 ml (= 1 g Einwaage) zur Bestimmung.

Bemerkung: Siliciumcarbid wird beim alkalischen Aufschlußverfahren kaum angegriffen, wogegen WO_3 vollständig zu Wolframat gelöst wird.

2.2.2.2 Lösen in Säure

Wolframcarbid sowie Hartmetalle mit Zusätzen von Niob, Tantal oder Titan lassen sich in gleicher Weise wie Wolframmetall in einem Gemisch von *Salpetersäure und Flußsäure* lösen. Arbeitsvorschriften siehe Kapitel 2.2.1, S. 7 und 4.3.2, S. 63.

2.2.2.3 Alkalisch-oxydierender Schmelzaufschluß

Durch einen Schmelzaufschluß mit *Natriumperoxid* wird Wolframcarbid rasch zersetzt. Aus der Lösung können je nach der weiteren Behandlung Wolfram und Silicium bestimmt werden. Für die Untersuchung auf Ti, Nb, Ta, Fe, Ni, Co wird jedoch das Lösen des Untersuchungsmaterials in HF-HNO_3 empfohlen [4].

Arbeitsvorschrift [4]. Das Material wird in einem Mörser aus Wolframcarbid auf eine Korngröße von etwa 0,15 mm (80 bis 100 mesh) zerkleinert. In einem 50 ml-Nickeltiegel mischt man 1 g Probe mit 10 g Natriumperoxid und bedeckt die Mischung mit weiteren 1 bis 2 g Na_2O_2. Über einem Brenner erhitzt man unter ständigem Bewegen des Tiegels vorsichtig auf 700 bis 800°C, bis die gesamte Masse schwarz geworden ist. Sobald der Tiegelinhalt zu schmelzen beginnt, schwenkt man kräftig um, damit die schweren Anteile der Probe in innigem Kontakt mit der Schmelze bleiben. Man steigert die Temperatur 4 bis 5 Min. lang auf etwa 900°C; danach soll die Probe vollständig zersetzt sein. – Nach dem weitgehenden Erkalten wird der Schmelzkuchen durch Aufklopfen des Tiegels auf eine feste Unterlage gelockert. Dann bringt man den Schmelzkuchen in ein trockenes 800-ml-Becherglas, gibt auf einmal 65 ml konz. Salzsäure hinzu und bedeckt das Glas. Der Tiegel wird zunächst mit 10 ml Salzsäure (1+1), dann mit 25 ml heißem Wasser nachgespült; beide Anteile gibt man in das Becherglas. Man gibt noch 25 bis 50 ml Wasser hinzu und kocht 3 bis 4 Min., um aus dem Tiegelmaterial gelöstes Nickeloxid in Lösung zu bringen. Dann verdünnt man mit kochendem Wasser auf 400 ml.

Bemerkungen:
I. Zur *Bestimmung von Wolfram und Molybdän* vervollständigt man die Fällung mit Cinchonin oder Cinchonin-Antipyrin in der im Kapitel 4.2 beschriebenen Weise. Molybdän wird unter Zusatz von etwas Filterschleim mit 5 ml einer 3 %igen Lösung von α-Benzoinoxim in Aceton niedergeschlagen. Man filtriert und wäscht gründlich mit einer verdünnten Waschlösung von Cinchonin und Benzoinoxim in Salzsäure (1+50). Zur Reinigung erhitzt man den Niederschlag mit 40 ml Salzsäure (1+1) 3 bis 4 Min. auf 80 bis 90°C, gibt 3 ml konz. Salpetersäure dazu und erhitzt noch einige Min. Dann verdünnt man mit heißem Wasser auf 400 ml und fällt Wolfram und Molybdän mit Cinchonin und Benzoinoxim. Die weitere Verarbeitung kann nach den im Kapitel 4 gegebenen Vorschriften erfolgen.

II. Zur *Siliciumbestimmung* wird die in Wasser gelöste Aufschlußmasse mit Perchlorsäure abgeraucht [4].

2.2.2.4 Saurer Schmelzaufschluß

Um grobstückige Proben auf WC-Co-Basis in Lösung zu bringen, empfehlen *Evans* und *Box* eine Schmelze mit Disulfat [3]. Sie muß jedoch meist mehrere Male wiederholt werden, ehe alles gelöst ist.

Arbeitsvorschrift [3]. In einem Quarztiegel mischt man die Probe mit einigen Gramm $K_2S_2O_7$. Man bedeckt den Tiegel durch Auflegen einer Platinschale; diese soll nicht über den Tiegel gestülpt werden. Ein gut dichtschließender Abschluß ist erwünscht. Dann erhitzt man mit einer kleinen Flamme auf etwa 30 Min., bis die Anfangsreaktion abgeklungen ist. Danach steigert man die Temperatur, bis keine weitere Reaktion mehr erfolgt. Nach dem Erkalten löst man in Wasser unter Zusatz einiger Gramm fester Oxalsäure. Man filtriert und wäscht, verascht das Filter und schmilzt den Rückstand erneut mit Disulfat. Diese Behandlung wird so lange wiederholt, wie noch unzersetzte Anteile vorhanden sind.

2.2.2.5 Erfassung von Carbiden im Stahl [10]

Nach *Pemberton* löst man etwa 10 g rostfreien Stahl durch *anodische Oxydation* in einem Elektrolyten, der im Liter 450 g Citronensäure, 300 g Kaliumjodid und 60 ml konz. Salzsäure enthält. Es verbleibt ein Carbidrückstand von etwa 0,1 g. Zur Bestimmung der in ihm enthaltenen Metalle erhitzt man ihn mit H_2SO_4 – HNO_3-Gemisch bis zum Rauchen und gibt tropfenweise weitere Salpetersäure zu, bis aller Kohlenstoff oxydiert und die Zersetzung vollständig ist. Dann laugt man mit Wasser aus, filtriert, verascht das Filter und schmilzt den Rückstand mit Disulfat. Alle Lösungen werden vereinigt. Die Wolframbestimmung kann photometrisch mit Dithiol erfolgen; siehe Kapitel 6.2.1 [10].

2.2.3 Silicide und Boride

Wolframsilicid WSi_2 wird durch einen Schmelzaufschluß mit *Natriumcarbonat* zersetzt. Man schmilzt im Platintiegel etwa 1 bis 1,5 Std. bei 750°C mit Na_2CO_3 und löst dann in Wasser. Das Wolfram wird danach in üblicher Weise unter Zusatz von Cinchonin als Wolframsäure abgeschieden; Arbeitsvorschriften siehe Kapitel 4. – Die Wolrambestimmung kann photometrisch mit Dithiol erfolgen, die Siliciumbestimmung photometrisch als "Silicomolybdänblau" [16].

Möglich ist auch, Legierungen von Si-W-Cr-Fe in der für Wolframmetall und Wolframcarbid üblichen Weise in *Salpetersäure und Flußsäure* zu lösen. Dabei wird Si verflüchtigt. Die zurückbleibende Wolframsäure löst man nach *Juchimenko* und *Kotljar* in 5 %iger Natronlauge und fällt zur Reinigung bei pH 5 mit 8-Hydroxychinolin (siehe Kapitel 4.4.1, S. 66). Man wägt nach dem Verglühen des Oxinatniederschlages als WO_3 [7].

Wolframborid wird gemeinsam mit den Boriden anderer Metalle durch einen *alkalisch-oxydierenden Aufschluß* zersetzt. Geeignet sind Natriumcarbonat + Natriumnitrat [2] oder Natriumhydroxid + Natriumperoxid [12].

2.2.4 Oxoverbindungen des Wolframs

Die Untersuchung der Wolframbronzen ist im Kapitel 17.2 behandelt.

2.2.4.1 Wolframtrioxid und Wolframsäure

Derartige Proben werden *alkalisch gelöst.* Reine Produkte lösen sich bereits in Ammoniak, für technische Wolframsäure ist ein Carbonataufschluß nötig.

Arbeitsvorschriften für das Lösen in Lauge [1]. *Zur Bestimmung von Wolfram* löst man 1 g WO_3 in 10 ml 40 %iger Natronlauge. – Vor allem *zur Bestimmung von Verunreinigungen* löst man bis 10 g WO_3 in 50 bis 60 ml 6 %igem Ammoniak unter Erwärmen auf 70°C. Man filtriert und wäscht mit warmem, ammoniakhaltigem Wasser gut aus. Das Filter wird im Porzellantiegel verascht und der Rückstand geglüht. Die Auswaage ist "das in Ammoniak Unlösliche". – Vor allem *zur Bestimmung von Eisen, Calcium und Magnesium* wird je nach der Reinheit der Probe die nötige Menge WO_3 (bis zu 100 mg) in einer mit einem Uhrglas bedeckten Porzellanschale mit Wasser angeteigt. Dann setzt man bis zu 40 g Kaliumhydroxid hinzu und erwärmt, bis alles gelöst ist. Nach dem Erkalten oxydiert man die Lösung mit Bromwasser, gibt einige Gramm Kaliumnatriumcarbonat hinzu und kocht. Man läßt die Fällung nach dem Verdünnen mit Wasser über Nacht stehen, filtriert dann durch ein feines, mit Filterschleim gedichtetes Filter und wäscht mit Wasser. Dann löst man den Niederschlag in Säure und bestimmt darin Fe, Mg und Ca.

Arbeitsvorschrift für den Schmelzaufschluß [1]. Von unreiner, technischer *Wolframsäure* schmilzt man 1 g in einer Platinschale mit 6 bis 10 g Kaliumnatriumcarbonat. Nach dem Erkalten laugt man den Schmelzkuchen mit 150 ml Wasser aus.

2.2.4.2 Gemisch verschiedener Oxide

Nach *Negina* und Mitarbeitern lassen sich die Bestandteile eines Gemisches von WO_3, W_2O_5, WO_2, W und TiO_2 trennen und jeweils gesondert bestimmen [9]. Behandeln mit gesättigter Natriumoxalat-Lösung unter CO_2 als Schutzgas löst WO_3; das W_2O_5 ist dabei nur sehr wenig löslich, WO_2 und W überhaupt nicht. Anschließend löst man das W_2O_5 mit 5 %iger Natriumcarbonat-Lösung. Der Rückstand wird mit etwas Salpetersäure abgeraucht, wobei WO_2 und W zu WO_3 oxydiert werden. Letzteres löst man in 5 %iger Na_2CO_3-Lösung, wobei TiO_2 zurückbleibt. – Bei der Analyse künstlicher Mischungen mit 60 bis 65 % WO_3, 25 bis 30 % W_2O_5, 3 bis 4 % WO_2, 3 bis 4 % W und 4 bis 5 % TiO_2 betrugen die relativen Fehler 0,5 % für WO_3, 0,4 % für W_2O_5, 0,6 % für WO_2 + W und 1,1 % für TiO_2.

2.2.4.3 Lanthanoid-Wolframate

Nach *Gorbenko* und Mitarbeitern schmilzt man schwerlösliche Wolframate der Lanthanoide mit *Kaliumhydroxid* im Silbertiegel. Man löst in Wasser unter Zusatz von Wasserstoffperoxid, wodurch Wolframblau oxydiert und auch eine bessere Zusammenballung der Hydroxide bewirkt wird. Anschließend können Wolfram photometrisch mit Thiocyanat und die Lanthanoide komplexometrisch gegen Xylenolorange bestimmt werden [5].

2.2.5 Sulfide

Von Katalysatoren auf Wolframsulfidbasis mit Zusätzen von NiS und Al_2O_3 erhitzen *Perčik* und *Chocjanivskij* 0,5 g mit 30 bis 40 ml Salzsäure + Salpetersäure (1+1) während 2 Std. am Rückflußkühler. Danach ist alles Wolfram als Wolframsäure abgeschieden und aller Schwefel zu Sulfat oxydiert [11].

2.2.6 Ferrowolfram

Für Ferrowolfram eignet sich sowohl ein alkalisch-oxydierender Schmelzaufschluß mit Natriumperoxid + Natriumcarbonat als auch die Behandlung mit Flußsäure und Salpetersäure. Arbeitsvorschriften finden sich u.a. im Kapitel 2.2.1 und im Kapitel 2.2.2 sowie im Zusammenhang mit Vorschriften zur Wolframbestimmung auch in den folgenden Kapiteln.

Abrösten durch Glühen an der Luft und Aufschluß der entstandenen Oxide mit Natriumcarbonat wird zur *Siliciumbestimmung* in Ferrowolfram empfohlen [1]; siehe auch Kapitel 2.2.2.

Literatur

1. Analyse der Metalle, Herausg. Chemikerausschuß der Ges. Deutscher Metallhütten- u. Bergleute e.V.: Bd. 2, Betriebsanalysen, Teil 2; 2. Aufl.; Springer, Berlin, Göttingen, Heidelberg 1961
2. *Blumenthal, H., Fall, W.:* Powder Met. Bull. **6**, 48-50 (1951); durch Chem. Abstr. **45**, 5060 i.
3. *Evans, B.S., Box, F.W.:* Analyst **68**, 203-06 (1943)
4. *Furey, J.J., Cunningham, T.R.:* Anal. Chem. **20**, 563-70 (1948)
5. *Gorbenko, F.P., Smirnaja, V.S., Vel'štein, E.I., Goljakova, E.S.:* Tr. Vses. Naučn.-Issled. Inst. Chim. Reaktivov Osobo Čist. Chim. Veščestv. **1969**, 264-69; durch Chem. Abstr. **75**, 136747 e.
6. *Gusev, S.I., Kumov, U.I.:* Ž. Anal. Chim. **3**, 373-76 (1948); durch [13]
7. *Juchimenko, E.V., Kotljar, E.E.:* Zavodsk. Laborator. **37**, 1338-39 (1971)
8. *Mürau, P.C.:* Anal. Chem. **33**, 1125-26 (1961)
9. *Negina, V.R., Šumanova, N.V., Blinova, R.V.:* Zavodsk. Laborator. **33**, 790-91 (1967); übersetzt: Industrial Labor. **33**, 928-29 (1967)
10. *Pemberton, R.:* Analyst **77**, 287-92 (1952)
11. *Perčik, F.I., Chocjanivskij, O.I.:* Visn. Kiiv. Politechn. Inst., Ser. Chim. Mašinobuduv Technol. **3**, 150-53 (1966); durch Chem. Abstr. **68**, 56323 d.
12. *Pilipenko, A.T., Kugai, L.N.:* Ukr. Chim. Ž. **25**, 786-88 (1959); durch Chem. Abstr. **54**, 11833 b.
13. *Robbins, D.:* Metallurgia **55**, 257-59 (1957)
14. *Schoeller, W.R., Powell, A.R.:* The Analysis of Minerals and Ores of the Rarer Elements. Charles Griffin u. Co., London, (1940); durch [13].
15. Spurenanalyse in hochschmelzenden Metallen; Herausg. Autorenkollektiv; VEB Dt. Verlag f. Grundstoffindustrie, Leipzig 1970.
16. *Sugawara, K.F.:* Anal. Chim. Acta **35**, 127-31 (1966)

2.3 Löseverfahren für Erze

Arme Erze mit z.B. 0,5 % WO_3-Gehalt werden üblicherweise durch eine alkalisch-oxydierende Schmelze mit Na_2CO_3 + NaOH + Na_2O_2 aufgeschlossen. Nach der Zerstörung des Peroxids eignet sich die erhaltene Lösung u.a. zur photometrischen Bestimmung von Wolfram und Molybdän mit Thiocyanat. Arbeitsvorschriften siehe Kapitel 6.1, S. 102.

Wolframreiche Erze und Konzentrate schließt man vorwiegend durch Abrauchen mit konzentrierter Salzsäure auf, oft unter Zusatz von Salpetersäure oder Perchlorsäure. Die Bestimmung erfolgt dann gravimetrisch als WO_3, wobei jedoch eine sorgfältige Berücksichtigung der oft erheblichen Verunreinigungen des Niederschlages erforderlich ist. Arbeitsvorschriften siehe Kapitel 4.

Für rasche *Betriebsanalysen phosphor- und arsenarmer Erze* wird auch ein Aufschluß mit Natriumcarbonat und anschließende Fällung mit Quecksilber(II)-salz empfohlen. Arbeitsvorschriften siehe Kapitel 4.3.3.

Für *wolframreiche Schlacken und Erze* sowie *Ferrowolfram* eignet sich auch der Aufschluß mit Natriumsulfid "in statu nascendi" [1]. Hierzu vermischt man die sehr fein gepulverte Substanz (Korngröße < 0,06 mm) mit einem Überschuß von wasserfreiem Natriumsulfat und erhitzt in einem Silberschiffchen etwa 1 Std. im Wasserstoff- oder Leuchtgasstrom auf 750 bis 850°C. Das so erhaltene Sintergut wird mit Wasser ausgekocht. Die Lösung wird abfiltriert und zur Abstumpfung der überschüssigen Lauge mit Ammoniumchlorid gekocht, wobei Eisensulfid, Mangansulfid und Kieselsäure ausfallen. Man filtriert ab, wäscht gut aus und scheidet aus dem Filtrat das Wolfram in üblicher Weise mit Säure ab [1].

Silicatgesteine mit Spuren von Wolfram werden fein pulverisiert und in der üblichen Weise mit Flußsäure + Schwefelsäure + Salpetersäure abgeraucht. Dann nimmt man mit verd. Schwefelsäure auf und bestimmt Wolfram photometrisch [4].

Niob- und tantalhaltige Mineralien schmilzt man mit Kaliumdisulfat und löst dann in Weinsäure. Die Arbeitsweise eignet sich auch bei Gegenwart von Zinn. Anschließend kann man z.B. Vortrennungen mit Schwefelwasserstoff sowie für Lanthanoide und Calcium mit Oxalsäure durchführen. Danach lassen sich Wolfram, Titan, Niob und Tantal gemeinsam mit Cinchonin und Tannin abscheiden; das Mitfallen von Zirkonium läßt sich dabei durch einen Zusatz von ÄDTA verhindern [3, 5].

Zinnerze werden alkalisch-oxydierend mit Natriumperoxid und Natriumhydroxid aufgeschlossen; Arbeitsvorschrift siehe Kapitel 4.2.4. Für wolframarme Erze mit Gehalten an Zinn, Arsen und Phosphor ist auch ein Aufschluß mit Säure möglich; Arbeitsvorschrift siehe Kapitel 4.2.3. – Von Cassiterit (SnO_2) schmilzt man 1 g im Nickeltiegel mit Natriumcarbonat und Natriumperoxid. Man löst in Wasser, säuert mit Salzsäure an und dampft zur Trockene. Den Rückstand nimmt man mit 10 ml Salzsäure und 200 ml Wasser auf und erhitzt zum Sieden. Dann kann das Wolfram in üblicher Weise durch Zusatz von Cinchonin abgeschieden werden. Die Fällung muß durch Abrauchen mit Flußsäure von mitgerissener Kieselsäure befreit werden [2].

Literatur

1. *Brintzinger, H., Rausch, F., Backhausen, M.:* Z. Anorg. Chem. **255**, 323-24 (1948)
2. *Kallmann, S.:* Ind. Engng. Chem., Anal. Edit. **15**, 166-74 (1943)
3. *Roy, A.K., Syamalarao, K., Bhattacharya, B.N.:* Indian J. Technol. **6**, 185-86 (1968)
4. *Sandell, E.B.:* Ind. Engng. Chem., Anal. Edit. **18**, 163-67 (1946)
5. *Tong, Yik Lum:* Malaysia Min. Lands Mines, Ann. Rept. Geol. Surv. **1968** (publ. 1970) 109-17; durch Chem. Abstr. **75**, 83800 h

2.4 Zerstörung von biologischem Material

Vor einer Wolframbestimmung kann biologisches Material mit oxydierenden Säuregemischen naßchemisch zerstört werden, es kann durch Erhitzen trocken verascht oder mit ionisiertem Sauerstoff im Hochfrequenzfeld "kalt" verascht werden.

Doshi und *Patel* haben die beiden ersteren Möglichkeiten vergleichend untersucht, wobei pflanzliches Gewebe zuvor mit radioaktiv markiertem Wolframat versetzt wurde [2]. – Zur *trockenen Veraschung* wurden die Proben unter der Infrarotlampe getrocknet und dann 24 Std. im Muffelofen erhitzt. Bei einer Veraschungstemperatur von 400°C findet man danach noch 94,2 % des Wolframs wieder, bei 700°C dagegen nur noch 65 %. – Die *nasse Veraschung* erfolgte mit einem Gemisch aus Salpetersäure, Schwefelsäure, Perchlorsäure und Wasser (375 : 450 : 150 : 25). Erhitzt man die Probe im Becherglas mit 25 bis 100 ml Säuremischung, bis keine Kohlenstoffteilchen mehr sichtbar sind, so wird das Wolfram zu etwa 99 % wiedergefunden. Auch Salpetersäure allein oder ein Gemisch aus Salpetersäure und Wasserstoffperoxid (1+1) ergeben eine Ausbeute an Wolfram von 98,5 bis 100 % [2].

Arbeitsvorschrift zur nassen Veraschung von Holz und Cellulosebrei [3]. In einem 250 ml-Becherglas versetzt man 1 g Probe mit 5 ml rauchender Salpetersäure und 4 ml konz. Perchlorsäure. Man bedeckt das Glas und erwärmt vorsichtig; wird die Reaktion zu heftig, entfernt man die Heizquelle. – Aus Sicherheitsgründen ist es wichtig, daß stets ein Überschuß an Salpetersäure vorhanden ist! – Sobald sich die Probe zersetzt hat, dampft man bis fast zur Trockene ein und läßt dann erkalten. Den Rückstand erhitzt man mit 5 ml 1 m Natronlauge bis fast zum Sieden und verdünnt nach dem Erkalten im Meßkolben auf 25 ml.

Bemerkungen:
I. Ein Anteil von 10 ml kann zur *photometrischen Wolframbestimmung* mit Thiocyanat benutzt werden. Dabei ist Molybdän zuvor mit H_2S abzutrennen. Die übrigen Elemente stören nicht in der Konzentration, in der sie in Holzproben vorkommen.

II. Nach *Allen* und *Hamilton* erhitzt man biologisches Material mit Salpetersäure, Schwefelsäure und Perchlorsäure, bis alles zersetzt ist. Falls erhebliche Mengen Kieselsäure vorliegen, raucht man mit Flußsäure ab. Zuletzt nimmt man mit Wasser auf [1].

Die sog. *Kaltveraschung* haben *Neuburger* und *Fourcy* mit dem Gerät "Tracerlab LTA 600" ausgeführt. Maximal 150 bis 200 mg pflanzliches Material werden dabei innerhalb von 5 bis 7 Std. mineralisiert. Man arbeitet mit 1 Torr Sauerstoff, welcher im Hochfrequenzfeld ionisiert wurde. Die Asche wird zur Bestimmung durch Neutronenaktivierung verwendet [4].

Literatur

1. *Allen, S.H., Hamilton, M.B.:* Anal. Chim. Acta 7, 483-93 (1952)
2. *Doshi, G.R., Patel, B.:* Current Sci. **42**, 307-09 (1973)
3. *Gran, G.:* Svensk Papperstid. **54**, 764-68 (1951); durch *Elwell, W.T., Wood, D.F.:* Analytical Chem. of Molybdenum and Tungsten; Pergamon Press, Oxford 1971
4. *Neuberger, M., Fourcy, A.:* J. Radioanal. Chem. **1**, 289-96 (1968)

2.5 Spurenanreicherung

Wegen der *Mitfällung* von Wolfram (VI) mit verschiedenen Niederschlägen vor seiner photometrischen Bestimmung mit Dithiol siehe Kapitel 6.2.1.5.

Zur gleichzeitigen spektrographischen Bestimmung von 39 metallischen Verunreinigungen in Kaliumchlorid fällt man alle gemeinsam mit Oxin, Thionalid und Tannin. Der Niederschlag wird bei 450°C über Nacht verascht. Bei 50 g Probe sind noch 20 ppb Wolfram erfaßbar [1].

Weitere Hinweise über Mitfällungsverfahren siehe Kapitel 3.5.

Anreicherung an *Anionenaustauschern* siehe im Kapitel 3., speziell auch 3.2.4, S. 27, sowie bei [2].

Literatur

1. *Farquhar, M.C., Hill, J.A., English, M.M.:* Anal. Chem. **38**, 208-11 (1966)
2. *Kawabuchi, K., Kuroda, R.:* Anal. Chim. Acta **46**, 23-30 (1969)

2.6 Flüchtigkeit von Wolfram(VI)-oxid

2.6.1 Flüchtigkeit beim Glühen

Wolframtrioxid ist die bevorzugte Wägeform bei gravimetrischen Wolframbestimmungen: Siehe Kapitel 4. Die verschiedenartigsten Niederschläge werden vor der Auswaage zu WO_3 verglüht. Auch bei Probenvorbereitungen ist häufig ein starkes Erhitzen der Substanz erforderlich. Das Wolframtrioxid ist jedoch bei höherer Temperatur merklich flüchtig. Sein *Dampfdruck* p_{WO_3} beträgt etwa 3.10^{-8} Torr bei 800°C, 5.10^{-6} Torr bei 900°C und 5.10^{-3} Torr bei 1100°C [6]. Die Glühtemperatur darf daher nicht zu hoch sein, wenn merkliche Verluste vermieden werden sollen.

De Clerq und *Duval* haben zahlreiche zur Wolframfällung empfohlene Niederschläge (siehe Kapitel 4) *thermogravimetrisch* untersucht. Unter denjenigen, welche beim Glühen einen Rückstand von WO_3 hinterlassen, wurde konstantes Gewicht z.T. bis etwa 1000°C oder noch etwas höher gefunden. Etwa 800°C Glühtemperatur reichen in fast allen Fällen aus, oft wird schon bei 700 bis 750°C *Gewichtskonstanz* erreicht [2].

Nach *Hillebrand* und *Lundell* sind zum Entwässern der Wolframsäure 750°C nötig, das WO_3 beginnt sich jedoch schon oberhalb von 800°C zu verflüchtigen. Allerdings ist unterhalb von 900°C die Verflüchtigungsgeschwindigkeit so gering, daß ein *praktischer Arbeitsbereich* von 750 bis 850°C genügende Sicherheit bietet [3]. Aus der *industriellen Praxis* entstandene Vorschriften geben meist 800°C als höchstzulässige Temperatur an: siehe Kapitel 4. Die *Verflüchtigung von* WO_3 *im Vakuum* (10^{-5} bis 10^{-6} mm) benutzen *Kunin* und *Tulepova* zur Trennung von WO_3 und Wolframmetall aus elektrolytisch isolierten Gefügebestandteilen [4].

2.6.2 Flüchtigkeit beim Abrauchen mit Säuren

Dampft man eine *perchlorsaure* und *flußsaure* Lösung bei 200°C unter einem Oberflächenstrahler ein, so wird Wolfram (und auch Molybdän) nicht verflüchtigt [1]. Wie die im Kapitel 4 gegebenen Arbeitsvorschriften zeigen, treten auch beim Kochen und Eindampfen stark *salzsaurer* oder *schwefelsaurer* Lösungen keine Wolframverluste ein. Es ist üblich, verunreinigtes WO_3 vor der Auswaage durch Abrauchen mit *Flußsäure* von Kieselsäure zu befreien: siehe Kapitel 4.

In einem *Strom von Chlorwasserstoff* bei höherer Temperatur (ca. 500°C) kann Wolfram dagegen verflüchtigt werden [5]; siehe hierzu auch Kapitel 3.6.2 und 17.2.1.

Literatur

1. *Chapman, F.W., Marvin, G.G., Tyree, S.Y.:* Anal. Chem. **21**, 700-01 (1949)
2. *de Clerq, M., Duval, C.:* Anal. Chim. Acta **5**, 401-09 (1951)
3. *Hillebrand, W.F., Lundell, G.E.F.:* Applied Inorg. Analysis; John Wiley, New York, 1929
4. *Kunin, L.L., Tulepova, I.V.:* Sb. Tr. Centr. Naučn.-Issled. Inst. Čern. Met. **1962**, 39-41; durch Chem. Abstr. **58**, 11022 d
5. *Lutz, C.W., Conroy, L.E.:* Anal. Chem. **38**, 139-40 (1966)
6. *Meyer, G., Oosterom, J.F., de Roo, J.L.:* Rec. Trav. Chim. Pays-Bas 78, 412-16 (1959)

3. Trennverfahren

3.1 Extraktionsverfahren

3.1.1 Extraktion mit Benzhydroxamsäure [22]

Das in Wasser und verdünnter Salzsäure schwer lösliche Chelat von Wolfram(VI) und Benzhydroxamsäure läßt sich durch höhere Alkohole ausschütteln. Im Bereich von 1 bis 6 m HCl ist die Säurekonzentration ohne Einfluß auf den Verteilungskoeffizienten. Die Tabelle 2 zeigt die Wirksamkeit einiger Extraktionsmittel bei einer Salzsäurekonzentration von 4m.

Tabelle 2. Extraktion von Wolfram(VI)-benzhydroxamat aus 4 m HCl

Lösungsmittel	*Extraktionsgrad %*
n-Hexanol	66,2
n-Pentanol	46,8
i-Pentanol	47,2
n-Butanol	54,2
i-Butanol	84,5

Benzhydroxamsäure soll bei der Extraktion in mindestens 10fachem Überschuß über Wolfram vorliegen. Das Verteilungsgleichgewicht stellt sich in weniger als 2 Min. ein. – Da mehrmals ausgeschüttelt werden muß, gibt man dem Butanol noch Chloroform zu, damit die organische Phase schwerer als die wäßrige wird und sich also einfacher abtrennen läßt.

Das Chelat hat die Zusammensetzung W : Bzh = 1 : 2 und wahrscheinlich die Formel

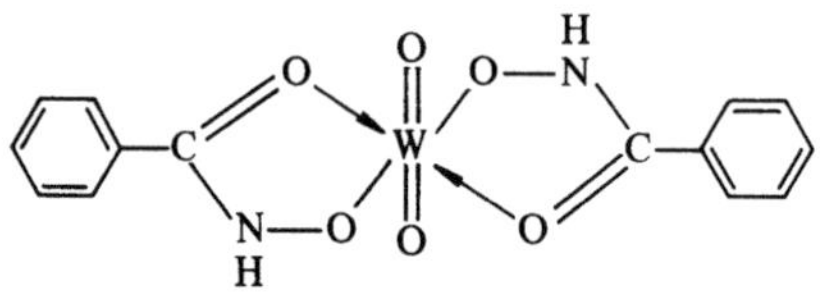

Anwendung. Die Extraktion mit Benzhydroxamsäure eignet sich zur Isolierung kleiner Mengen Wolfram aus Proben, die sehr viel Vanadium enthalten. Vanadium(IV) wird dabei nicht extrahiert; Vanadium(V) ist mit Ascorbinsäure zu reduzieren.

Die Bestimmung des Wolframs kann durch photometrische Messung des Chelates in der organischen Phase erfolgen; siehe hierzu auch Kapitel 6.2.9, S. 150. – Auch andere Bestimmungsverfahren lassen sich anschließen, wobei erforderlichenfalls das Lösungsmittel zu verdampfen und die organische Substanz naß zu veraschen ist. Es wurden noch 2.10^{-4} % W in Vanadium bestimmt [22]. Auch andere Elemente wie Zinn, Molybdän, Eisen, Niob u.a. werden unter den gleichen Bedingungen zusammen mit dem Wolfram extrahiert. Das ist bei der Wahl des Bestimmungsverfahrens zu berücksichtigen.

Arbeitsvorschrift. In einer Platinschale löst man unter vorsichtigem Erwärmen 0,1 bis 1 g Vanadium in 3 bis 5 ml Salpetersäure (1+1). Man dampft zur Trockene ein, gibt einige Tropfen Wasserstoffperoxid und 3 ml konz. Ammoniak hinzu und dampft erneut zur Trockene. – (Vanadiumpentoxid löst man in 3 ml konz. Ammoniak und dampft ein). – Den Rückstand von Ammoniumvanadat löst man in 20 ml konz. Salzsäure und verdünnt mit 24 ml Wasser. Man erhitzt zum Sieden und gibt 0,1 bis 0,3 g Ascorbinsäure in kleinen Anteilen dazu, bis alles Vanadium(V) reduziert ist. Die Lösung überführt man in einen Schütteltrichter und gibt nach dem Erkalten 3 ml 4 %ige Kaliumbenzhydroxamatlösung dazu. Man extrahiert zweimal mit je 10 ml Isobutanol-Chloroform-Gemisch (1+1). Die beiden Extrakte vereinigt man in einem weiteren Schütteltrichter und wäscht sie einmal durch Schütteln mit 10 ml 4 m Salzsäure in Gegenwart von etwas Ascorbinsäure. Sofern man die organische Lösung nicht photometriert, dampft man sie im Platintiegel am Wasserbad ein und glüht den Rückstand. Zur Asche gibt man 0,5 ml 2 %ige Natriumcarbonatlösung und 0,1 ml gesättigte Kaliumchloratlösung, dampft ein und erhitzt schnell auf 850 bis 900°C. Danach löst man in Salzsäure. Es sind 2 bis 9 μg Wolfram in 1 g Vanadium erfaßbar.

3.1.2 Extraktion mit α-Benzoinoxim

Wolfram(VI) bildet mit α-Benzoinoxim ein in Wasser schwer lösliches Chelat, das durch Chloroform, Benzol, höhere Alkohole und andere Lösungsmittel extrahierbar ist [21]. Die Verbindung hat sowohl als Niederschlag wie auch im organischen Extrakt die Zusammensetzung $WO_2(C_{14}H_{12}O_2N)_2$, abgekürzt WO_2Bx_2 (HBx = α-Benzoinoxim) [19]. Die Extraktion ist nicht quantitativ. Die Tabelle 3 gibt die Eignung einiger Lösungsmittel für die Ausschüttelung aus 1 m salzsaurer Lösung wieder.

Tabelle 3. Organische Extraktionsmittel für das Wolfram-Benzoinoximat aus 1 m Salzsäure

Extraktionsmittel	% W extr.	Extraktionsmittel	% W extr.
n-Butanol	48,4	Petroläther	88,4
i-Amylalkohol	81,0	Cyclohexan	93,3
Diäthyläther	69,0	Benzol	95,9
Methylisopropylketon	80,6	Toluol	95,0
Amylacetat	48,8	Chloroform	84,4
Tributylphosphat	7,1	Tetrachlorkohlenstoff	84,5

Die Löslichkeit des Wolfram-benzoinoximates in organischen Lösungsmitteln ist jedoch gering. Dieses Verfahren eignet sich daher nur für Wolframmengen im Mikrogramm-Bereich, etwa bis höchstens 60 μg Wolfram bei einmaligem Ausschütteln mit 50 ml Chloroform aus 1 m salzsaurer Lösung [21].

Die Säurekonzentration der wäßrigen Lösung soll bei Verwendung von Benzol etwa 0,1 bis 2 n und bei Chloroform 0,01 bis 0,1 n betragen. Sowohl bei höherer als auch bei geringerer Azidität verringert sich die Extrahierbarkeit. Salzsäure und Schwefelsäure sind etwa gleich gut geeignet [19, 21].

Die Extraktion mit Benzoinoxim dient zur Abtrennung des Wolframs vor seiner photometrischen Bestimmung mit Dithiol [14], Hydrochinon [21, 24] oder Thiocyanat [19]. Hierzu müssen zunächst das Lösungsmittel verdampft und das Benzoinoxim durch nasse Veraschung zerstört werden. Die Rückschüttelung des Wolframs aus dem Extrakt mit Lauge oder Säure verläuft unbefriedigend [21]. Die Selektivität der Trennung ist vor allem gegenüber Metallen recht gut. Die Isolierung des Wolframs mit Benzoinoxim wird zur Analyse von Stahl [21], Nickel [24] und Silikaten [14] empfohlen.

Komplexbildende organische Säuren wie Zitronen- oder Weinsäure verhindern die Extraktion. In höheren Konzentrationen stören auch Acetat und Formiat. ÄDTA sowie Ascorbinsäure hindern die Extraktion aus stärker saurem Medium nicht. Fluorid und

Phosphat stören: ersteres ist mit Schwefelsäure abzurauchen, von letzterem dürfen höchstens 1 bis 2 mg/ml der wäßrigen Lösung anwesend sein. Vanadat und Chromat müssen mit Ascorbinsäure oder Eisen(II) reduziert werden. Molybdat wird ebenfalls durch Benzoinoxim ausgeschüttelt. Es ist durch eine vorangehende Extraktion mit Xanthogenat zu entfernen. Thiocyanat sowie Wasserstoffperoxid stören.

Vor allem Silikat aber auch Niob und Tantal bilden unter den Arbeitsbedingungen Niederschläge, welche Wolframsäure stark mitreißen. Kieselsäure muß mit Flußsäure abgeraucht werden.

Arbeitsvorschrift für Stähle mit < 0,02 % Wolfram [21]. Man löst 1 g Stahl so weit wie möglich in 25 ml 6 m Salzsäure und filtriert den Rückstand ab. Soll die Endbestimmung nach der Isotopenverdünnungsmethode erfolgen, fügt man 3 ml Radiowolframlösung (= 180 μg aktives Wolfram) zum Rückstand. Dieser wird nun, unabhängig davon ob der Zusatz erfolgt ist oder nicht, mit Salzsäure und Salpetersäure so lange behandelt, bis sich von den dunklen Teilchen nichts mehr löst. Dann wird zur Trockene verdampft. Nach nochmaligem Behandeln mit Salzsäure und Eindampfen wird mit wenig 6 m Salzsäure aufgenommen und durch das bereits oben benutzte Filter filtriert, das dann verascht und im Platintiegel mit Flußsäure und Salpetersäure abgeraucht wird. Der neue Rückstand wird mit wenig wasserfreiem Natriumcarbonat aufgeschlossen und die Schmelze nach Auskühlen in dem zum Auflösen der Probe benutzten Becherglas mit Wasser gelöst. Nach schwachem Ansäuern, um die Hydroxide bzw. Carbonate in Lösung zu bringen, wird die Lösung mit dem oben erhaltenen Filtrat vereinigt. Etwas verdünnte Natronlauge wird zugesetzt um die Azidität unter 2 m zu bringen. Dann verdünnt man mit Wasser auf das 7 bis 10fache Volumen und füllt im 100 ml-Meßkolben mit Wasser auf.

Die ganze Lösung oder ein aliquoter Teil davon mit nicht mehr als 250 μg Wolfram wird in einem 100 ml-Schütteltrichter mit 1 m Salzsäure auf 50 bis 60 ml verdünnt. Ist Vanadium vorhanden, wird zu dessen Reduktion noch 1 ml 20 %ige Ascorbinsäurelösung zugesetzt. Zur Extraktion des Wolframs schüttelt man 3 bis 5mal mit 0,25 %iger Benzoinoximlösung in Chloroform aus und sammelt die Extrakte in einem zweiten Schütteltrichter. Zur Entfernung der mechanisch mitgerissenen Verunreinigungen wird kurz mit 5 bis 10 ml 1 m Salzsäure ausgeschüttelt. Anschließend verdampft man die Chloroformlösung in einem 100 ml-Erlenmeyerkolben auf dem Wasserbad zur Trockene, nimmt den Rückstand mit verdünnter Schwefelsäure (1+1) auf und zerstört die organische Substanz durch mehrmaliges Abrauchen mit Perchlorsäure bis zur SO_3-Entwicklung. Nach dem Verdünnen mit Wasser wird die Lösung wieder in einen Schütteltrichter gebracht. Ist Molybdän in störenden Mengen vorhanden, entfernt man es nach Zusatz einer Spatelspitze Kaliumxanthogenat durch mehrmaliges Ausschütteln mit 5 ml-Portionen Chloroform bis zu dessen Farblosigkeit. Die molybdänfreie Lösung wird in einer Quarzschale eingedampft und die restliche organische Substanz mit Perchlorsäure zerstört. Die Wolframbestimmung kann dann z.B. photometrisch mit Hydrochinon bei 20 ml Meßvolumen erfolgen. Ein aliquoter Teil der schwefelsauren Lösung des Farbkomplexes wird mit Wasser verdünnt und zur Ausbeutebestimmung nach der Isotopenverdünnungsmethode benutzt.

3.1.3 Weitere Extraktionsverfahren

3.1.3.1 Cupferron

Mit Cupferron (Nitrosophenylhydroxylamin) lassen sich Spuren an Wolfram und anderen Elementen von großen Mengen Uran abtrennen [12].

Arbeitsvorschrift. Zu 20 ml 5 n schwefelsaurer Probelösung gibt man 5 ml 8 %ige wäßrige Cupferron-Lösung, kühlt auf 5 °C ab und schüttelt unter ständiger Kühlung 20 Min. mit 10 ml Isopentanol-Chloroform (7+3). Die wäßrige Lösung wird nochmals mit Cupferron-Lösung versetzt und mit frischem Lösungsmittel bei 5 °C geschüttelt. Die vereinigten Extrakte wäscht man bei Zimmertemperatur mit 20 ml 5 n Schwefelsäure. Nach dem Abdampfen des Extraktionsmittels und dem Verglühen des organischen Materials lassen sich die isolierten Spurenelemente spektrographisch bestimmen: siehe hierzu Kapitel 7.3.1.1, S. 161 [12].

3.1.3.2 Benzoylphenylhydroxylamin (BPHA)

Das BPHA eignet sich zur Abtrennung von W, Mo, Nb, Ta, Ti,V(V) von großen Mengen Uran [16, 17]. Die Extraktion erfolgt aus 1 bis 8 m salzsaurer oder 14 bis 22 n schwefelsaurer Lösung mit Tetrachlorkohlenstoff, Chloroform, Benzol, Methylisobutylketon oder i-Amylalkohol. 10 μg Wolfram werden durch 10 mg BPHA bei einmaliger Extraktion innerhalb von 2 Min. in die organische Phase überführt. Keine Störung verursachen 500 mg Uranylnitrat; 10 mg Phosphate; je 1 mg Fe, Al, F. Tartrat; je 100 μg Cr(VI), V(IV), As(III), Sb(III), Bi, Ba; je 30 μg Pb, Ni, Ti, Cu. Mitextrahiert werden Mo(VI) und V(V) [17]. Der Extrakt kann durch Lösungsspektralanalyse untersucht werden. Es lassen sich dann noch weniger als 1 ppm Wolfram in Uran bestimmen [16].

3.1.3.3 Thenoyltrifluoraceton (TTA)

TTA gelöst in Acetophenon oder Butanol/Acetophenon extrahiert Wolfram(VI) aus etwa 6 bis 10 m salzsaurer Lösung. Das Chelat hat die Zusammensetzung WO_2 $(TTA)_2$. Beim Behandeln des Extrakts mit Thiocyanat und Zinn(II)-chlorid entsteht photometrisch bestimmbares Wolfram(V)-thiocyanat. Es stören Co, Mo, Ti, V, U [5, 6].

3.1.3.4 Tributylphosphat (TBP)

TBP extrahiert Wolfram (VI) aus konz. Salzsäure als WO_2Cl_2.2TBP [1], aus konz. Flußsäure als H_2WF_6.4TPB und aus 2 m Flußsäure als $H_2WO_2F_2$.4TBP [18]. Aus 1 bis 8 m Schwefelsäure werden durch TBP 5 bis 35 % Wolfram extrahiert. Aus 1 bis 2 m Schwefelsäure wird nur wenig Wolfram, dagegen 96 bis 99 % Tantal ausgeschüttelt, so daß TBP zur Trennung dieser beiden Elemente durch Gegenstromverteilung empfohlen wird [8]. Die Verteilungskoeffizienten von Wolfram, Molybdän und anderen Elementen im System TBP/1 bis 12 m HCl wurden radiochemisch bestimmt [13]. Vor der photometrischen Bestimmung mit Thiocyanat wird der Komplex durch Schütteln mit Wasser aus der organischen Phase reextrahiert [4].

3.1.3.5 Oxin und seine Derivate

8-Hydroxychinolin (HOx), *2-Methyl-8-hydroxychinolin* (HMeOx), *5,7-Dibrom-8-hydroxychinolin* (HBr_2Ox) sowie *8-Mercaptochinolin* (HSx) extrahieren Wolfram beim Schütteln mit einer Lösung des Chelatbildners in Chloroform [2]. Bei einer Wolframkonzentration von nur 10^{-7} m erfolgt nahezu quantitative Extraktion in einem relativ breiten Aziditätsbereich, wenn die Reagenskonzentration etwa 0,1 m beträgt. Mit steigendem Wolframgehalt der wäßrigen Lösung, ab 10^{-5} m, verringert sich die Extrahierbarkeit, und zwar besonders stark im pH-Bereich von 2 bis 3. Die Verteilungskurve zeigt dann zwei Maxima bei pH-Werten, welche von der Natur des Reagenses abhängen. Die Abbildung 1 zeigt Verteilungskurven mit HOx.

8-Hydroxychinolin läßt sich zur Abtrennung des Wolframs von großen Mengen Molybdän verwenden [27]. Durch Hydrazin wird nur Mo(VI), nicht aber W(VI) zur fünfwertigen Stufe reduziert. Mo(V) bildet mit ÄDTA ein stabiles Chelat und ist dann durch Oxin nicht mehr extrahierbar. Wolfram(VI) wird bei pH 2 bis 3 durch dreimaliges Schüt-

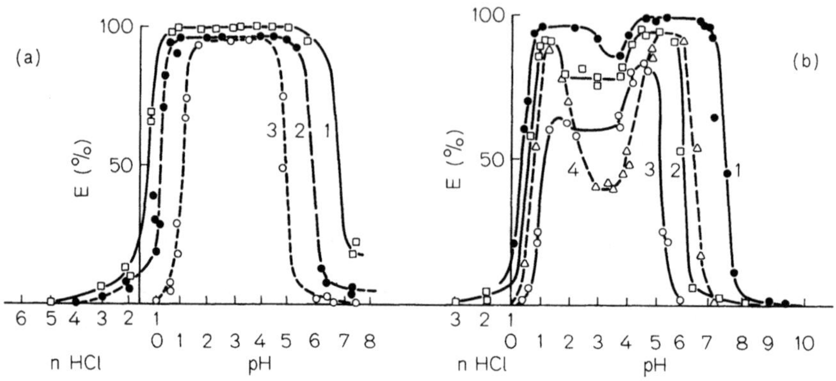

Abb. 1
Extraktion von W(VI) durch Lösungen von Oxin [HOx] in Chloroform [2]. a) [W]: 10^{-7} m; [HOx]: Kurve 1 10^{-1} m, Kurve 2 10^{-2} m, Kurve 3 10^{-3} m; b) [W]: 10^{-5} m; [HOx]: Kurve 1 10^{-1} m, Kurve 2 10^{-2} m, Kurve 3 10^{-3} m; Kurve 4 [W]: 10^{-4} m; [HOx]: 10^{-2} m

teln mit Oxin in Chloroform/Butanol-Gemisch (2:1) extrahiert und nach nasser Oxydation der eingedampften organischen Lösung photometrisch mit Thiocyanat bestimmt. Noch 0,0033 % Wolfram in Ammoniummolybdat sind mit einem Fehler von ± 8 % bestimmbar [27].

3.1.3.6 Amine

Amine extrahieren Wolfram(VI) aus saurer Lösung, haben dafür aber kaum analytische Anwendung gefunden. *Trioctylamin* (TOA) in Chloroform extrahiert Wolfram zu 90 % aus 1 m Salzsäure [23]; mit TOA in Kerosin werden bei pH 2,5 bis 4,5 bis 99,8 % W ausgeschüttelt, wobei Fluorid stört [28]. Spurenmengen W oder Mo werden aus flußsaurer Lösung durch TOA in Nitrobenzol als $(R_3NH)_2MOF_4$ extrahiert; ist die organische Phase dagegen an dem Metallkomplex gesättigt, liegt $R_3NH.HMO_2F_4$ vor [3]. Zur gemeinsamen Extraktion von Wolfram und Molybdän mit TOA aus bromwasserstoffsaurer Lösung siehe [29]. Über TOA-N-oxid siehe [7].

Mit *Tetraoctyl-* oder *Alkylbenzyldimethylamin* in Dichloräthan/Amylalkohol (20:1) beträgt der Verteilungskoeffizient aus 1 m Salzsäure etwa 10 [9].

Mit *Tricaprylamin* erfolgt optimale Extraktion bei pH 2,5, wobei keine Trennung von Molybdän möglich ist [26]. *Anilin* extrahiert 1 ppm Wolfram aus 1,5 m HCl zu 60 bis 90 % [25].

3.1.3.7 Thiocyanat

Wolfram(VI)-thiocyanat ist aus 4 m Salzsäure und 2 bis 3 m Thiocyanatlösung durch Methylisobutylketon zu 99,2 % extrahierbar [10]. Auch mit Amylalkohol/Chloroform (1:1) kann ausgeschüttelt werden. Nach Reduktion des Eisens mit Ascorbinsäure eignet sich diese Arbeitsweise zur Stahlanalyse. Molybdän wird dabei mitextrahiert; Fluorid stört. Die Wolframbestimmung kann anschließend nach nasser Veraschung des Thiocyanats photometrisch mit Hydrochinon erfolgen [20].

3.1.3.8 Acetylaceton

Dieses eignet sich zur selektiven Extraktion von Molybdän in Gegenwart von Wolfram und anderen Metallen [11, 15].

Literatur

1. *Arend, K.H., Specker, H.:* Z. Anorg. Allg. Chem. **333**, 18-24 (1964)
2. *Awad, K., Rudenko, N.P., Kuznecov, V.I., Gudym, L.S.:* Talanta **18**, 279-85 (1971)
3. *Cerjuta, J.S., Bagreev, V.V., Pal'šin, E.S.:* Ž. Neorg. Chim. **19**, 200-04 (1974); übersetzt: Russian J. Inorg. Chem. **19**, 107-10 (1974)
4. *De, A.K., Rahaman, M.S.:* Talanta **11**, 601-06 (1964)
5. *De, A.K., Rahaman, M.S.:* Anal. Chem. **36**, 685-87 (1964)
6. *De, A.K., Sahu, C.:* J. Inorg. Nucl. Chem. **31**, 2257-65 (1969)
7. *Ejaz, M.:* Anal. Chim. Acta **71**, 383-91 (1974)
8. *Favorskaja, L.V., Nikiforova, G.A., Pankova, E.N.:* Technol. Miner. Syr'ja **1972**, 188-95; durch Chem. Abstr. **81**, 109017 j
9. *Gil'bert, E.N., Pronin, V.A., Ivanov, I.M., Ivanova, S.N., Vasil'eva, A.A., Artjuchin, P.I., Gindin, L.M.:* Ž. Neorg. Chim. **13**, 1055-57 (1968); übersetzt: Russian J. Inorg. Chem. **13**, 551-52 (1968)
10. *Goto, H., Kakita, Y., Namiki, M.:* Nippon Kagaku Zasshi **82**, 580-06 (1961); durch Chem. Abstr. **55**, 20778 c
11. *Grubitsch, H., Heggebö, T.:* Mh. Chem. **93**, 274-81 (1962)
12. *Heres, A.:* Report **1973**,CEA-R-4433
13. *Ishimori, T., Watanabe, K., Nakamura, E.:* Bull. Chem. Soc. Japan **33**, 636-44 (1960); durch Chem. Abstr. **55**, 69f
14. *Jeffrey, P.G.:* Analyst **81**, 104-09 (1956)
15. *McKaveney, J.P., Freiser, H.:* Anal. Chem. **29**, 290-92 (1957)
16. *Muzik, R.J., Vita, O.A.:* Anal. Chim. Acta **57**, 331-40 (1971)
17. *Ni Che-Ming, Chu Chung-Fen, Liang Shu-Ch'uan:* Hua Hsueh Hsueh Pao **29**, 247-54 (1963); durch Chem. Abstr. **59**, 14644 und **62**, 5872 a
18. *Nikiforova, G.A., Pankova, E.N., Favorskaja, L.V.:* Vopr. Chim. Chim. Technol. **32**, 116-19 (1974); durch Chem. Abstr. **81**, 177320 c
19. *Peng, P.Y., Sandell, E.B.:* Anal. Chim. Acta **29**, 325 (1963)
20. *Pfeiffer, V.:* Mikrochim. Acta **1960**, 518-33
21. *Pfeiffer, V., Hecht, F.:* Z. Anal. Chem. **177**, 175-85 (1960)
22. *Poluektova, E.N., Nazarenko, V.A.:* Ž. Anal. Chim. **22**, 746-50 (1967); übersetzt: J. Anal. Chem. USSR **22**, 634-37 (1967)
23. *Selmer-Olsen, A.R.:* Acta Chem. Scand. **20**, 1621-25 (1966)
24. *Sverak, J.:* Z. Anal. Chem. **201**, 12-14 (1964)
25. *Titov, P.D.:* Izv. Sibirsk. Otd. Akad. Nauk SSSR, Ser. Chim. Nauk **1964**, 94-100; durch Chem. Abstr. **62**, 2227 g
26. *Topalov, B., Vasilev, C., Vračeva, N.:* Metalurgija (Sofia) **29**, 13-16 (1974); durch Chem. Abstr. **81**, 177312 b
27. *Vinogradov, A.V., Dronova, M.I.:* Ž. Anal. Chim. **20**, 343-46 (1965); übersetzt: J. Anal. Chem. USSR **20**, 315-18 (1965)
28. *Zelikman, A.N., Vol'dman, G.M., Rakova, N.N., Stenjuškina, T.P.:* Čvet. Metal **45**, 38-41 (1972); durch Chem. Abstr. **77**, 10268 x
29. *Zolotov, J.A., Bagreev, V.V., Cerjuta, J.S., Agrinskaja, N.A.:* Ž. Neorg. Chim. **19**, 482-87 (1974); durch Chem. Abstr. **80**, 149331 t

3.2 Trennung durch Anionenaustausch

3.2.1 Adsorption aus salzsaurer und flußsaurer Lösung

Aus stark salzsaurer Lösung werden Wolfram(VI), Molybdän(VI) und andere Elemente von stark basischen, nur schwach vernetzten Anionenaustauschern stark adsorbiert. Die Adsorptionswirkung stark vernetzter Harze gegen W(VI) u.ä. ist wesentlich geringer. Die Affinität zum Harz nimmt mit sinkender Salzsäurekonzentration ab, wobei W(VI) schließlich ausfällt. Für Trennungen ist ein solches System wenig geeignet, da die

Unterschiede in den Affinitäten nur gering sind [24]. Aus salzsauren Lösungen, welche zusätzlich 1 m an Flußsäure sind, werden sowohl W(VI) als auch Mo(VI) bedeutend schwächer adsorbiert, doch ergeben sich größere Unterschiede in den Verteilungskoeffizienten. Für Trennungen verwendet man Gemische aus HF und HCl oder adsorbiert aus HF und eluiert mit HCl, wobei die üblichen, stark vernetzten Harze benutzt werden. *Faris* hat die Verteilungskoeffizienten sehr vieler Elemente zwischen 1 bis 24 m HF und Dowex 1-x10 untersucht und graphisch dargestellt. Für Wolfram ist log D = 2,3 für 7 m HF und 1,2 für 24 m HF [10].

Die Kapazität des Harzes AV – 17 (Chloridform) beträgt bei einer Wolframkonzentration der Lösung von 0,05 m 3,67 mMol W/g für 0,3 m HF. Sie sinkt auf 2,33 mMol/g, wenn die HF-Konzentration auf 2,0 m steigt. Auch die Kapazität anderer Harze sinkt beim Übergang von 0,3 auf 2,0 m HF: sie beträgt für EDE – 10p 8,0 bzw. 5,33 und für AN – 2p 4,0 bzw. 3,0 mMol/g. Die Adsorptionsfähigkeit dieser Harze aus 1 m HF nimmt mit steigender HCl- und H_2SO_4-Konzentration ab. Aus 1 m HF und 0,1 bis 1 m HCl adsorbiert AV – 17 2,0 bis 1,5 mMol W/g, EDE – 10p 5,5 bis 2,2 mMol W/g und AN – 2p 2,8 bis 1,67 mMol W/g. An EDE – 10p lassen sich Chrom(III), Molybdän(VI) und Wolfram(VI) aus 0,5 m Flußsäure trennen: Chrom(III) wird durch 1 m Salzsäure und Wolfram(VI) durch 5 % NH_3 + 1 m NH_4Cl eluiert [29]. Zur Analyse hitzebeständiger Legierungen wurden Molybdän, Wolfram und Niob aus 1 m Flußsäure an AB – 17 adsorbiert. Wolfram eluierte man mit 6 m Salzsäure, Molybdän mit 7 m Salpetersäure [25]. Durch Elution mit HCl – HF – Gemischen sind Titan, Wolfram, Molybdän und Niob an Dowex 1 trennbar [17].

Aus 1 m flußsaurer Lösung werden Wolfram, Molybdän, Niob, Titan und Zirkonium durch Dowex 1-x8 stark adsorbiert, Eisen(III) dagegen nur wenig. Der Verteilungskoeffizient für Wolfram beträgt $1{,}4 \cdot 10^4$ bei eisenfreier Lösung und $2 \cdot 10^3$ in Gegenwart von 40 mg Fe/ml. Derjenige des Eisens beträgt 3 bei 40 mg Fe/ml. Diese Bedingungen eignen sich zur Isolierung von Spurenmengen obiger Elemente aus eisenreichen Proben. Es genügen 3 g Harz bei Anwesenheit von 10g Fe [3]. Der Verteilungskoeffizient des Wolframs nimmt stark ab, wenn 0,1 bis 5 m flußsauren Lösungen steigende Mengen Schwefelsäure beigemischt werden. Er beträgt 800 für 0,1 n, 80 für 1 n und 10 für 5 n schwefelsaures Medium [4].

3.2.1.1 Trennung von Titan, Zirkonium, Niob, Tantal, Molybdän und Wolfram zur Analyse von Legierungen [6, 18]

Nach *Headridge* und *Dixon* werden Ti, Zr, Nb, Ta, Mo und W aus 1 m Flußsäure und $< 0{,}1$ m Salzsäure von DeAcidite FF adsorbiert. Die nicht adsorbierten Kationen des V(IV), Cr(III), Mn(II), Fe(III), Co, Ni, Cu und Al lassen sich z.B. mit dem Kationenaustauscher Zeo-Karb 225 auftrennen [18]. Die adsorbierten Anionen können mit verschiedenen Elutionsmitteln nacheinander desorbiert und dann einzeln bestimmt werden. Die Analyse einer Legierung mit Trennung und anschließender Bestimmung obiger sechs Elemente läßt sich von zwei Arbeitskräften innerhalb von 5 Std. durchführen [6].

Austauschersäule DeAcidite FF, Type SRA 71 (7 bis 9 % vernetzt mit Divinylbenzol), Korngröße 100 bis 200 mesh (0,15 bis 0,074 mm) wird zur Entfernung der feinsten Teilchen mit Wasser aufgeschlämmt. Das Harz wird mit 5 m HCl regeneriert und mit Wasser chloridfrei gewaschen. Es kann bei 60°C im Exsikkator getrocknet werden.
Die Austauschersäule besteht aus einem Polyäthylenrohr von 14 cm Länge und 0,5 cm lichter Weite, das am unteren Ende einen 3 cm langen PVC-Schlauch mit Quetschhahn

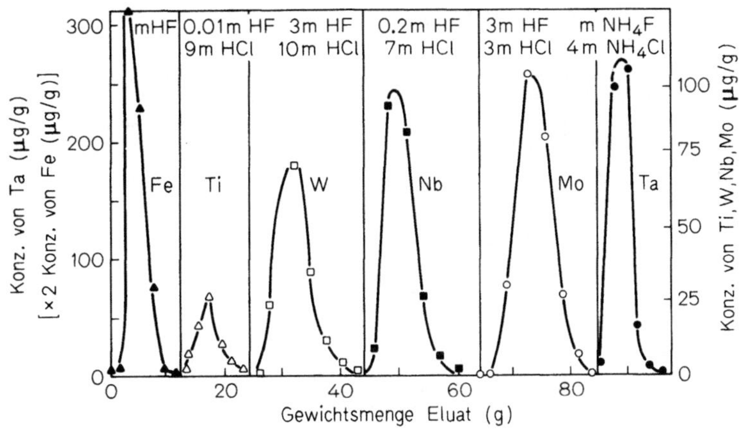

Abb. 2
Elutionskurven zur Trennung eines Gemisches von Fe, Ti, W, Nb, Mo, Ta. Elutionsmittel wie angegeben. [6] Bezüglich der Verteilungskoeffizienten sowie weiterer Elutionskurven siehe die Originalarbeit [6].

trägt. Die Harzfüllung ruht auf zwei gelochten Polyäthylenscheiben, welche 1 cm vom unteren Rohrende entfernt fest in das Rohr gedrückt sind. Zwischen diesen befindet sich noch eine dünne Schicht von Polyäthylenspänen. Das Rohr wird mit einer Menge Austauscherharz gefüllt, welche 1 ± 0,05 g Trockengewicht entspricht. Auf die Harzschicht drückt man eine zweite gelochte Polyäthylenscheibe.

Die Autoren haben einen Säulenkopf beschrieben, an welchen mit Schläuchen mehrere Vorratsgefäße für verschiedene Elutionsmittel angeschlossen werden können. Er gewährleistet einen Überdruck von 20 cm Flüssigkeitssäule und ermöglicht eine maximale Durchflußrate von 6 Tropfen/Min. Wegen Einzelheiten siehe die Originalarbeit [6]. Verwendet man nicht diese Anordnung, könnte das Austauscherrohr zur Aufgabe der Lösungen verlängert und mit einem Tropftrichter aus Plastik versehen werden.

Arbeitsvorschrift. [6]. Die Menge der flußsauren Lösungen wird durch Wägung statt durch Volumenmessung festgelegt. – Auf die Säule gibt man tropfenweise 0,5 g bis 1 g einer etwa 1 m flußsauren Lösung, welche etwa 15 mg Untersuchungssubstanz pro Gramm enthält. Die Durchflußgeschwindigkeit wird mit dem Quetschhahn auf etwa 3 Tropfen/Min. eingestellt (nicht mehr!). Das Eluat fängt man in einer trockenen, gewogenen 30 ml-Polyäthylenflasche auf. Bei einer Geschwindigkeit von etwa 6 Tropfen/Min. wäscht man mit 1 m Flußsäure, bis insgesamt 12 g (12 ml) Eluat vorliegen. Dieses enthält Fe, Cr, Ni, Co, Cu, Mn, Al und V(IV). Nun eluiert man mit einer Lösung, welche 0,01 m flußsauer und 9 m salzsauer ist. Die Tropfrate darf dabei während der ersten 10 Min. nur 2 bis 3 Tropfen/Min. betragen, danach 6 Tropfen/Min. Man fängt 12 g (11 ml) des Eluats in einer gewogenen 30 ml-Polyäthylenflasche auf. Es enthält Ti, Zr und V(V).

Danach eluiert man mit einer Lösung, welche 3 m flußsauer und 10 m salzsauer ist. Die Tropfrate muß während der ersten 10 Min. 2 bis 3 Tropfen/Min., dann 6 Tropfen/Min. betragen. Man fängt 20 g (18 ml) Eluat auf. Es enthält das Wolfram. Eluiert man nun mit 0,2 m HF + 7 m HCl bei 6 Tropfen/Min., enthalten die nächsten 20 g (18 ml) das Niob.

Bei anschließender Elution mit 3 m HF + 3 m HCl bei 6 Tropfen/Min. enthalten die folgenden 20 g (20 ml) das Molybdän. Eluiert man schließlich mit 1 m NH_4F + 4 m NH_4Cl bei 6 Tropfen/Min., enthalten die nächsten 13 g (12 ml) das Tantal.

Bemerkungen:
I. Es genügt, die zum *Auffangen der Eluate* benutzten Flaschen auf ± 1 ml für das jeweils zu sammelnde Volumen zu kalibrieren.

II. Titan und Wolfram müssen anfangs mit geringer *Durchflußrate* eluiert werden, anderenfalls geht Niob verloren.

III. Die *Kapazität des Harzes* beträgt 3,5 Milliäquivalente/g Trockensubstanz. Bei 1 %iger Beladung kann die Säule folgende Mengen aufnehmen, wenn jeweils nur ein Metall adsorbiert wird: 1,7 mg Titan; 3,2 mg Zirkonium; 6,4 mg Wolfram; 3,3 mg Niob; 3,4 mg Molybdän; 6,3 mg Tantal. Die Beladung sollte nicht über 3 % und darf nicht über 5 % hinausgehen.

IV. Das Harz wird von den starken Säuren langsam *angegriffen* und sollte nach zweimonatigem Gebrauch *ersetzt* werden.

V. Ist eines der Metalle abwesend, kann der betreffende Elutionsschritt *entfallen.*

VI. Wird die benutzte *Wolframbestimmung* durch Titan und Zirkonium nicht gestört (was z.B. für Dithiol zutrifft), so kann die Elution mit 0,01 m HF + 9 m HCl weggelassen werden. Ti und Zr begleiten dann das Wolfram.

VII. Falls Elemente, die erst in späteren Schritten des Elutionsganges auftreten, nicht getrennt werden müssen, können sie gemeinsam mit 1 m NH_4F + 4 m NH_4Cl *ausgewaschen* werden.

Anwendungen. Das Verfahren eignet sich für niedrig legierte Stähle mit 0,05 bis 0,3 % Wolfram ebenso wie für hochlegierte mit 20 % Wolfram. Die Bestimmung kann photometrisch mit Dithiol oder volumetrisch nach Reduktion mit Zink erfolgen.

Probenvorbereitung. In einem 100 ml-Teflonbecher gibt man zu 0,5 bis 1 g Legierung 10 ml 40 %ige Flußsäure und tropfenweise 2 bis 3 ml konz. Salpetersäure. Man erhitzt zur Zerstörung von Carbiden und dampft zur Trockene ein, um Salpetersäure so weit wie möglich zu entfernen. Den Rückstand erwärmt man mit 15 ml 1 m Flußsäure, bis sich möglichst alles gelöst hat. Die Lösung sammelt man in einer trockenen, gewogenen 30 ml-Polyäthylenflasche. Einen noch vorhandenen Rückstand erwärmt man mit weiteren 5 ml 1 m Flußsäure und spült dann den Becher zweimal mit 1 m Flußsäure nach. Die vereinigten Lösungen verdünnt man mit 1 m Flußsäure auf etwa 30 ml und wägt. Von hochlegierten Stählen und Ferrolegierungen lösen sich normalerweise 1 g in 30 ml. Liegt jedoch der Eisengehalt über 60 %, sollten nur 0,5 g/30 ml gelöst werden, da Fe(III) in 1 m Flußsäure nicht allzu gut löslich ist.

Weiterverarbeitung der Eluate. Viele Bestimmungsverfahren für die hier getrennten Elemente werden durch Fluorid gestört. Zu dessen Entfernung wägt man etwa 1 g Eluat genau ein und raucht in einem Becher aus Hartglas oder Quarz mit 1 bis 2 ml konz. Schwefelsäure ab. Dies hat besonders sorgfältig vor der Bestimmung von Titan und Zirkonium zu geschehen. Zur Zerstörung organischen Materials aus dem Harz dampft man dann noch mit 2 bis 3 Tropfen konz. Salpetersäure zur Trockene ein.

3.2.1.2 Weitere Arbeitsweisen für flußsaure Lösung

Zur Analyse von *Böden* können die Proben sauer aufgeschlossen werden. Vanadium und andere Metalle lassen sich aus citrathaltiger Lösung an einem Kationenaustauscher adsorbieren. Das Eluat enthält Molybdän und Wolfram. Es wird auf etwa 5 ml eingedampft; die Zitronensäure braucht nicht entfernt zu werden. Aus 9 m salzsaurer Lösung werden 40 µg Molybdän und 50 µg Wolfram an einer Säule (15 x 1 cm) von stark basischem Amberlite 400 adsorbiert. Man wäscht mit 9 m Salzsäure, eluiert Wolfram mit 70 ml 9 m salzsaurer + 1 m flußsaurer Lösung und anschließend Molybdän mit 70 ml 1 m Salzsäure. Die Bestimmung kann photometrisch mit Dithiol erfolgen [37].

Zur Analyse von *Hochtemperaturlegierungen* lassen sich Nickel, Chrom, Kobalt und Eisen durch Kationenaustausch entfernen. Anschließend werden Titan, Wolfram, Molybdän, Niob und Tantal von einem stark basischen Anionenaustauscher adsorbiert und mit Salzsäure und Flußsäure nacheinander eluiert [38].

Die Bestandteile von *Niob-Legierungen* können adsorptionschromatographisch an einem stark basischen Anionenaustauscher durch Elution mit konz. Flußsäure getrennt werden. Je nach den anwesenden Elementen (Nb, V, Ti, Mo, W) sind verschiedene Varianten der Arbeitsweise zweckmäßig. Gleichungen zur Berechnung der jeweils nötigen Säulenlängen wurden angegeben. An einer Säule von Dowex-1, 270 mesh, (270 x 25 mm) sind je 100 mg Titan, Molybdän und Wolfram von 700 mg Niob bei etwa 10 Std. Durchlaufzeit trennbar [11, 12].

3.2.1.3 Anwendung flüssiger Ionenaustauscher auf flußsaure Lösungen

Die verteilungschromatographische Trennung von *Niob, Wolfram, Molybdän und Zirkonium* ist mit Tri-n-oktylamin in Benzol möglich. Teflon dient als Träger. Die Adsorption erfolgt aus konzentriert salzsauer Lösung, zur Elution dienen konz. Salzsäure für W oder Mo, 7 m Salzsäure für Zr und 2 m NH_4Cl + 0,2 m NH_4F für Niob. Trennbar sind Niob, Wolfram und Zirkonium oder Niob, Molybdän und Zirkonium [14].

Eine mit Trioktylamin beladene Säule von Kel-F (Polytrifluorchloräthylen) kann nach dem Prinzip der Umkehrphasenchromatographie zur Trennung von *Chrom, Wolfram, Kobalt und Eisen* dienen. Das Verfahren wurde zur Aktivierungsanalyse von Stählen mit 0,007 bis 0,1 % Wolfram benutzt, wobei die Fehler 4 bis 6 % betrugen. Die Lösung der bestrahlten Probe in 10 m Salzsäure gibt man auf die Säule und spült Chrom(III) mit 10 m Salzsäure aus. Man eluiert Wolfram mit 7 m HCl + 1 m HF-Lösung, Kobalt mit 3 m Salzsäure und Eisen mit 1 m Salpetersäure [9].

3.2.2 Adsorption aus schwefelsaurer, peroxidhaltiger Lösung

Aus schwefelsaurer Lösung werden Wolframat, Molybdat und Anionen anderer Übergangsmetalle von stark basischen Anionenaustauschern wie Dowex-1 oder Bio-Rad AG 1 stark adsorbiert [22, 36]. Trotz genügend hoher Verteilungskoeffizienten finden sich etwas Wolfram und Molybdän im Eluat, vermutlich infolge von Hydrolyse oder zu langsamer Einstellung der Gleichgewichte. Schnelle und vollständige Adsorption von Wolfram, Molybdän, Niob und Tantal erfolgt jedoch in Gegenwart von 0,1 bis 1 % Wasserstoffperoxid. Die Säurekonzentration kann dabei zur quantitativen Adsorption von W(VI) 0,01 bis 6 n H_2SO_4 betragen. Das Adsorptionsverhalten auch zahlreicher anderer Anionen und Kationen aus schwefelsaurer Lösung wurde untersucht [36].

An einer Säule von 20 g (45 ml) Bio-Rad AG 1-x8 (200 bis 400 mesh; Sulfatform) läßt sich eine Mischung von 0,3 mMol Cr(III) und V(V), 0,5 mMol Mo(VI) und W(VI) durch Ionenaustauschchromatographie trennen. Man gibt 100 ml 0,1 m schwefelsaure und 0,1 % wasserstoffperoxidhaltige Lösung durch die Säule. Chrom(III) läuft durch und wird mit 300 ml 0,1 n H_2SO_4 + 0,1 % H_2O_2 ausgewaschen. Dann eluiert man V(V) mit 500 ml 1 n H_2SO_4 + 0,1 % H_2O_2 und danach Mo(VI) mit 800 ml 6 n H_2SO_4 + 0,1 % H_2O_2. Die Durchflußgeschwindigkeit beträgt stets 2 ml/Min. Zur Entfernung von Wasserstoffperoxid spült man mit 50 ml 0,1 n Schwefelsäure. Dann kann man Wolfram(VI) mit 300 ml 0,5 m NH_3 + 2 m NH_4NO_3 desorbieren. Soll lediglich Wolfram isoliert werden, wäscht man die übrigen Elemente mit 6 n H_2SO_4 + 0,2 % H_2O_2 aus [36].

Man kann auch so arbeiten, daß Wolfram und Molybdän gemeinsam von sonstigen Elementen getrennt werden [22]. Dies empfiehlt sich besonders dann, wenn eine Simultanbestimmung, z.B. photometrisch mit Dithiol angeschlossen wird. Die im folgenden beschriebene Arbeitsweise fand Anwendung zur Analyse von Silikatgesteinen mit etwa 0,1 bis 1 ppm Wolfram und 0,1 bis 6 ppm Molybdän. Man adsorbiert aus etwa 0,05 m schwefelsaurem und etwa 0,8 % Wasserstoffperoxid enthaltendem Medium. Zur Desorption eignet sich NaOH – NaCl-Lösung. Das Verfahren trennt Wolfram und Molybdän von Alkali- und Erdalkalimetallen, Ti, Fe(II), Fe(III), Al, Be, Cd, Co, Cu, Ga, Ge, Ni, V und Zn. Zwar werden U(VI), Th, Zr und Sc stark vom Harz adsorbiert, durch NaOH- NaCl-Lösung jedoch nicht eluiert.

Austauschersäule. Stark basisches Anionenaustauscherharz, Dowex 1-x8, Sulfatform, 100 bis 200 mesh, wird zur Entfernung feiner Teilchen mit Wasser aufgeschlämmt. Danach wäscht man es zunächst mit 3 m Schwefelsäure, bis mit Silbernitratlösung keine Chloridspuren mehr nachweisbar sind. Anschließend wäscht man mit Wasser sulfatfrei. Das Harz wird einige Std. bei 60°C getrocknet und im Exsikkator über gesättigter Kaliumbromid-Lösung aufbewahrt. 5 g trockenes Harz schlämmt man mit Wasser in eine übliche Glassäule von 15 mm Durchmesser, wobei eine Schicht von etwa 50 mm Höhe entsteht.

Arbeitsvorschrift für Silicate [22]. In eine Platinschale wägt man etwa 2 g gepulverte Probe ein, gibt 10 ml 5 m Schwefelsäure, 4 ml Salpetersäure und 10 ml Flußsäure dazu und dampft zur Trockene ein. Man erhitzt weiter bis keine Schwefelsäuredämpfe mehr entstehen. Zur Entfernung aller Spuren Fluorid wiederholt man das Abrauchen mit 2 ml Schwefelsäure und 20 ml Wasser. Danach gibt man erneut 2 ml H_2SO_4 und 20 ml H_2O hinzu und erhitzt ohne zu Kochen 30 Min. unter gelegentlichem Umrühren. Danach verdünnt man auf etwa 150 ml und kocht bis eine klare Lösung entsteht. Nach dem Erkalten gibt man 4 ml 30 %iges Wasserstoffperoxid dazu und verdünnt mit Wasser auf 200 ml. Die so vorbereitete Lösung gibt man mit einer Geschwindigkeit von 1 bis 2 ml/Min. durch die Harzsäule. Dann wäscht man mit 50 ml einer Lösung nach, welche 1 m an Ammoniumsulfat und 0,025 m an Schwefelsäure ist. Nun eluiert man Wolfram und Molybdän mit 50 ml einer Lösung, die 0,5 m an NaOH und 0,5 m an NaCl ist; die Durchflußgeschwindigkeit soll dabei 0,5 ml/Min. betragen. Die ersten 20 ml Eluat werden verworfen. Die folgenden 25 ml enthalten Molybdän und Wolfram.

Zur Vorbereitung auf die photometrische Simultanbestimmung mit Dithiol gibt man das Eluat in einen Kjeldahlkolben und erhitzt mit 2 ml Schwefelsäure bis zum starken Rauchen. Nach dem Erkalten gibt man einige Tropfen 30 %iges Wasserstoffperoxid hinzu und erhitzt erneut bis zum Rauchen. Man gibt einige ml Wasser und 3 Tropfen 85 %ige Phosphorsäure dazu, macht ammoniakalisch und verkocht den Ammoniak-Überschuß.

Bemerkung: Für die *photometrische Bestimmung* geben die Autoren zu obiger Lösung 1 ml 5 m Schwefelsäure und verdünnen mit Wasser auf 18 ml. Nach Zusatz von 3 ml 0,1 %iger Dithiol-Lösung erwärmen sie 30 Min. am Dampfbad und extrahieren nach dem Erkalten mit 5 ml n-Butylacetat. Es wird in 1 cm-Küvetten bei 630 und 670 nm gegen eine Blindprobe gemessen; siehe hierzu auch S. 132.

Anwendung flüssiger Ionenaustauscher. Der stark basische, flüssige Ionenaustauscher Aliquat 336 (Tricaprylmethylammoniumchlorid) bindet aus saurer Lösung Wolfram(VI), Molybdän(VI) und Vanadium(V). Diese Elemente sind durch Elution mit Schwefelsäure - Wasserstoffperoxid - Gemischen trennbar. Die Austauschersäule besteht aus inertem, makroretikularem Harz XAD-2 (60 bis 80 mesh), das mit einer 0,2 m Lösung von Aliquat 336 in Toluol beladen wurde [13].

3.2.3 Adsorption aus schwach saurer Lösung

Die Carbonatform des Anionenaustauschers AV-17 adsorbiert Wolfram(VI) und andere Metallionen aus Lösungen von pH 2,5. (Dabei liegt Dodekawolframat vor.) Sie lassen sich mit verschiedenen Elutionsmitteln desorbieren und trennen [2, 7, 8]. Man eluiert Nickel, Kupfer, Aluminium und Zink mit 280 ml 3 m Ammoniak-Lösung, dann Wolfram mit 220 ml 1 m Ammoniumcarbonat-Lösung, anschließend Rhenium mit 3000 ml 5 m Ammoniumcarbonat-Lösung und zuletzt Eisen mit 160 ml 1,5 m Salzsäure. - Die photometrische Bestimmung von 10 bis 100 μg Wolfram in Stahl ist innerhalb von 2 Std. mit ± 5 % Fehler möglich [2].

Aus einer Harzsäule von 15 x 1,6 cm werden Molybdän und Wolfram durch 370 ml 1 m Ammoniumcarbonat-Lösung bei einer Durchflußrate von 5 ml/Min. eluiert, während Beryllium adsorbiert bleibt [7].

Vor der polarographischen Bestimmung von Wolfram in vanadiumhaltigen Proben bringt man die Lösung auf pH 2,5 und gibt 25 bis 50 ml davon mit 1 ml/Min. durch eine Säule (9 x 1,6 cm) von AV-17 in seiner Carbonatform. Man wäscht mit 15 ml Wasser und eluiert dann Wolfram mit 220 ml 1 m Ammoniumcarbonat-Lösung bei 5 ml/Min. Gehalte von 0,3 bis 9 % Wolfram in Stählen wurden mit dieser Arbeitsweise bestimmt. Aus Mischungen von 5 mg Vanadium und 0,1 bis 1 mg Wolfram werden 92 bis 102 % des Wolframs wiedergefunden [8].

Aus einer Lösung, welche 0,5 m an Ammoniumthiocyanat und 0,5 m an Salzsäure ist, wird Wolfram(VI) durch Dowex 1 X-8 adsorbiert, Rhenium(VII) dagegen nicht. Die Trennung der beiden Elemente gelingt mit Mengen von 0,02 bis 10 mg Re und 0,03 bis 20 mg W. Das Wolfram(VI) wird durch 0,5 m NaCl- 0,5 m NaOH-Lösung eluiert [20].

Der Anionenaustauscher EDE-10p adsorbiert Wolfram(VI) aus Lösungen von pH 3 bis 0,5, wobei Hexawolframat vorliegen soll. Es kann mit 8 m Salzsäure oder 2,5 m Natronlauge desorbiert werden. Die Anionite AN-1 und AN-1f adsorbieren bei pH 3 das Wolfram(VI) nur zu 84,5 bzw. 43,5 % [34]. An EDE-10p lassen sich Uran(VI), Wolfram(VI), Molybdän(VI), Vanadium(V) und Chrom(VI) chromatographisch trennen [30].

3.2.4 Adsorption an DEAE-Cellulose

Diaminoäthylcellulose (kurz: DEAE) ist ein schwach basischer Anionenaustauscher. Seine Anwendung zur Adsorption von Wolfram wurde ausführlich von *Kuroda* und Mitarbeitern untersucht [19, 21, 26, 27]. Aus schwach saurer, Chlorid oder Thiocyanat enthaltender Lösung wird Wolfram(VI) stark adsorbiert. Die Anwendung von DEAE ermöglicht die Trennung von Eisen, Molybdän und Wolfram [27], von Molybdän und Wolfram [21] sowie die gemeinsame Abtrennung von Molybdän und Wolfram von großen Mengen Rhenium [19, 26]. Molybdän neigt bei der Elution zur Schwanzbildung, welche sich durch Erwärmen der Säule auf 50°C verringern läßt. Dennoch können von 200 μg Mo etwa 1 bis 2 μg auf der Säule verbleiben und mit dem Wolfram eluiert werden. Sie müssen erforderlichenfalls durch eine Wiederholung der Trennung beseitigt werden [21].

Austauschersäule [21, 26]. 1 g DEAE-Cellulose in der Chlorid-Form (Fa. Serva) wird in Wasser aufgeschlämmt und in ein Austauscherrohr von 1,5 cm Durchmesser gegeben. Die Celluloseschicht ist etwa 2,8 cm hoch. Sie wird mit einer Papierscheibe bedeckt. Die Säulenfüllung wird durch ein Mantelrohr auf 50°C erwärmt und vor Gebrauch mit Acetatpufferlösung von pH 3,3 gewaschen.

Arbeitsvorschrift zur Isolierung von Mo und W aus Rheniummetall [26]. Man löst Re-Metall in möglichst wenig Salpetersäure und engt bis fast zur Trockene ein. Den Rückstand nimmt man mit möglichst wenig Ammoniak auf, kocht zum Vertreiben des überschüssigen NH_3 und verdünnt im Meßkolben mit Wasser. Einen Anteil von 10 ml mit einem Gehalt von etwa 200 mg Re puffert man mit 0,1 m Natriumacetatlösung und 0,1 m Essigsäure auf pH 3,3. Die Lösung läßt man durch die erwärmte und gepufferte Säule fließen. Rhenium(VII) läuft durch und wird mit 50 ml einer 1:1-Mischung aus 0,2 m Acetatpuffer (pH 3,5) und 1 m NaCl-Lösung ausgewaschen. Dann eluiert man Molybdän(VI) mit 100 ml Pufferlösung von pH 4,2, welche 0,1 m an Acetat und 0,5 m an NaCl oder KCl ist. Zuletzt eluiert man Wolfram(VI) mit 20 ml 0,5 m NaCl – 0,5 m NaOH-Lösung.

Bemerkung: Die *Reproduzierbarkeit* für Wolfram beträgt ± 6 % bei 0,068 % W-Gehalt und ± 100 % bei 2.10^{-4} % W-Gehalt. Für Molybdän beträgt sie etwa ± 10 bis 15 % bei 2.10^{-3} % Mo-Gehalt. Dabei wurden Molybdän und Wolfram photometrisch mit Dithiol bestimmt.

Adsorption an Dextrangelen. Durch Dextrangele und DEAE-Sephadex werden Molybdän(VI) und Wolfram(VI) aus saurer Lösung quantitativ sorbiert. Dies kann zur Isolierung von Alkali- und Erdalkalimetallspuren aus Wolfram und seinen Verbindungen dienen [23, 28].

3.2.5 Sonstige Arbeitsweisen

Shishkov und Mitarbeiter haben die Sorptionsgleichgewichte von Molybdän(VI) und Wolfram(VI) an verschiedenen Harzen in Gegenwart komplexbildender organischer Säuren untersucht. Geprüft wurden der Kationenaustauscher KY-2 und der Anionenaustauscher EDE-10 unter Zusatz von Essigsäure [32], Malonsäure [33], Oxalsäure [35], Zitronensäure [31]. 10 g EDE-10 (Oxalatform) adsorbieren 1 mg W und Mo aus einer 1 m oxalsauren Lösung von pH 1. Desorption des Mo ist mit 200 ml 4 m HCl (2 ml/Min.), des W mit 280 ml 8 m HCl möglich. Die beiden Elemente sind bei Konzentrationsverhältnissen von 1 : 100 bis 100 : 1 trennbar [35].

Durch Adsorptionschromatographie an Dowex 1-x8 mit salz- und oxalsauren Lösungen sind Zirkonium, Titan, Niob, Tantal, Wolfram und Molybdän trennbar [1].

Die Trennung von Molybdän(VI) und Wolfram(VI) gelingt am stark basischen Harz AB-27 aus 4 bis 5 m Natronlauge. Wolfram wird mit 10 m Salzsäure desorbiert. Das Verfahren eignet sich zur Analyse von Molybdänerzen nach deren Aufschluß durch eine Alkalischmelze [5].

Das Austauschverhalten von Wofatit SBK [16] und Wofatit SBU [15] gegen Wolframat und zahlreiche andere Anionen wurde untersucht.

Literatur

1. *Bandi, W.R., Buyok, E.G., Lewis, L.L., Melnick, L.M.:* Anal. Chem. **33**, 1275-78 (1961)
2. *Danelija, A.G., Eristavi, D.I., Eristavi, V.D.:* Soobšč. Akad. Nauk Gruz. SSR **64**, 329-32 (1971); durch Chem. Abstr. **76**, 107551 b
3. *Danielsson, L.:* Ark. Kemi **27**, 453-58 (1967)
4. *Danielsson, L.:* Ark. Kemi **27**, 467-83 (1967)
5. *Darbinjan,M.V., Danieljan, A.A.:* Izv. Nauk Arm. SSR, Chim. Nauki **17**, 495-500 (1964); durch Chem. Abstr. **62**, 11128 e
6. *Dixon, E.J., Headridge, J.B.:* Analyst **89**, 185-204 (1964)
7. *Eristavi, V.D.:* Soobšč. Akad. Nauk Gruz. SSR **68**, 585-88 (1972); durch Chem. Abstr. **78**, 105608 t
8. *Eristavi, D.I., Eristavi, V.D., Danelija,A.G.:* Ž. Anal. Chim. **26**, 183-84 (1971); übersetzt: J. Anal. Chem. USSR **26**, 164-65 (1971)
9. *Espanol, C.E., Marafuschi, A.M.:* J. Chromatog. **29**, 311-15 (1967)
10. *Faris, J.P.:* Anal. Chem. **32**, 520-22 (1960)
11. *Ferraro, T.A.:* Talanta **15**, 923-30 (1968)
12. *Ferraro, T.A.:* Talanta **16**, 669-79 (1969)
13. *Fritz, J., Topping, J.J.:* Talanta **18**, 865-72 (1971)

14. *Gibalo, I.M., Mymrik, N.A.:* Ž. Anal. Chim. **25**, 1744-47 (1970); übersetzt: J. Anal. Chem. USSR **25**, 1496-98 (1970)
15. *Gürtler, O., Chu-Xuan-Anh, Holzapfel, H.:* Z. Chem. **11**, 186-87 (1971)
16. *Gürtler, O., Müller, G., Holzapfel, H.:* Z. Naturforsch. **B 23**, 1382-83 (1968)
17. *Hague, J.L., Brown, E.D., Bright, H.A.:* J. Res. Natl. Bur. Stand **53**, 261-62 (1954)
18. *Headridge, J.B., Dixon, E.J.:* Analyst **87**, 32-42 (1962)
19. *Ishida, K., Kuroda, R.:* Anal. Chem. **39**, 212-15 (1967)
20. *Kawabuchi, K.:* Nippon Kagaku Zasshi **85**, 787-89 (1964); durch Chem. Abstr. **62**, 7090 d
21. *Kawabuchi, K., Kuroda, R.:* Anal. Chim. Acta **46**, 23-30 (1969)
22. *Kawabuchi, K., Kuroda, R.:* Talanta **17**, 67-73 (1970)
23. *Krainer, H., Ortner, H.M., Müller, K., Spitzy, H.:* Talanta **21**, 933-43 (1974)
24. *Kraus, K.A., Nelson, F., Moore, G.E.:* J. Amer. Chem. Soc. 77, 3972-77 (1955)
25. *Kurbatova, V.I., Emaševa, G.N., Fedorova, N.D.:* Tr. Vses. Naučn.-Issled. Inst. Inst. Stand. Obrazcov 1971, 102-06; durch Chem. Abstr. **78**, 11145 n
26. *Kuroda, R., Kawabuchi, K.:* Z. Anal. Chem. **261**, 394-96 (1972)
27. *Kuroda, R., Kondo, T., Oguma, K.:* Talanta **20**, 533-39 (1973)
28. *Ortner, H.M., Krainer,H., Dalmonego, H.:* J. Chromatog. **82**, 249 (1973)
29. *Pacholkov, V.S., Panikarovskich, V.E.:* Izv. Vysš. Učeb. Zaved.,Chim. Chim. Technol. **10**, 168-72 (1967); durch Chem. Abstr. **67**, 50044 w
30. *Shishkov, D.A.:* Godišnik Minno-Geol. Inst. Sofija 7, 203-11 (1960/61); durch Chem. Abstr. **57**, 2830 h
31. *Shishkov, D.A., Koleva, E.:* Compt. Rend. Bulgare Sci. **17**, 909 (1964)
32. *Shishkov, D., Koleva, E., Velcheva, B.:* Compt. Rend. Acad. Bulgare Sci. **18**, 223-26 (1965)
33. *Shishkov, D., Koleva, E., Velcheva, B.:* Compt. Rend. Acad. Bulgare Sci. **18**, 231-33 (1965)
34. *Shishkov, D., Shishkova, L.G.:* Compt. Rend. Acad. Bulgare Sci. **17**, 243-46 (1964)
35. *Shishkov, D., Velcheva, B.:* Compt. Rend. Acad. Bulgare Sci. **17**, 905-08 (1964)
36. *Strelow, F.W.E., Bothma, C.J.C.:* Anal. Chem. **39**, 595-99 (1967)
37. *Watkinson, J.H.:* New Zealand J. Sci. **1**, 201-19 (1958)
38. *Wilkins, D.H.:* Talanta **2**, 355-60 (1959)

3.3 Trennung durch Kationenaustausch

Kationenaustauschharze absorbieren die abzutrennenden Metalle, während Wolfram(VI) als Anion die Säule passiert. In saurem Medium liegt W(VI) allerdings in merklichem Maße auch als Kation vor. Nach *Gottschalk* werden aus 0,1 m salzsaurer Lösung von 5 μMol Wolfram mehr als 50 % durch Permutit RS adsorbiert [3]. In 10 m Perchlorsäure beträgt der Verteilungskoeffizient zwischen Harz und flüssiger Phase sogar 1000 [7].

Durch Zusatz von Hilfskomplexbildnern überführt man daher das Wolfram in stabile anionische Komplexe, welche quantitativ durch die Säule laufen. Viel benutzt wird Wasserstoffperoxid [2, 6, 8]; auch Citrat [9], Oxalat [3] und Fluorid [5] haben sich bewährt. Möglich ist auch, als Kation adsorbiertes oder auf dem Harz als Wolframsäure gefälltes W(VI) durch Elution mit Natronlauge in WO_4^{2-} zu überführen und aus der Säule auszuwaschen [1].

Kationenaustauscher dienen bevorzugt zur Abtrennung zwei- und dreiwertiger Ionen vom Wolfram, doch eignen sie sich in bestimmten Fällen auch für höherwertige Metalle. Eine Trennung des Wolframats von Molybdat erfolgt nicht. Zu beachten ist, daß auch anionische Fluorokomplexe, z.B. des Aluminiums und Titans nicht adsorbiert werden [5].

3.3.1 Abtrennung aus peroxidhaltiger Lösung

Arbeitsvorschrift [2]. Eine 12 x 1,2 cm große Säule des stark sauren Kationenaustauschers Dowex 50 W-x8 (100 bis 200 mesh) wird durch Spülen mit Säure in die H^+-Form überführt. Eine Lösung mit 0,1 bis 0,5 mg WO_3 und etwa 0,5 mMol abzutrennenden Metallkationen läßt man durch die Säule laufen. Dann eluiert man das Wolfram mit 80 bis 90 ml 0,25 m Schwefelsäure oder Salpetersäure, welche 1 %ig an Wasserstoffperoxid ist. Man kann mit maximaler Durchflußgeschwindigkeit arbeiten.

Bemerkungen: I. Das Verfahren *trennt* Wolfram von Al, Co, Cr(III), Cu, Fe(III), Mn(II), Ni, Pb, Zn. Mit dem Wolfram eluiert werden Molybdän, Niob und Tantal.
II. Bei anschließender gravimetrischer Wolframbestimmung beträgt die relative *Standardabweichung* aus 18 Werten ± 0,15 % WO_3. In einer Legierung aus 40,09 % W und 59,91 % Cu wurde als Mittel aus 4 Bestimmungen 40,02 % Wolfram gefunden.

Arbeitsvorschrift zur Abtrennung von Titan [8]. Man verwendet eine 30 x 1,5 cm große Säule des Kationenaustauschers SBS in der H^+-Form. Zu 50 ml einer Lösung, welche je 0,5 bis 2,5 mg Wolfram und Titan enthält, gibt man 5 ml 10 %iges Wasserstoffperoxid. Man stellt mit Ammoniak auf pH 5 ein (Kongorot-Papier) und läßt die Lösung mit einer Geschwindigkeit von 3 bis 4 ml/Min. durch die Säule laufen.
Das Wolfram befindet sich quantitativ im Eluat. Titan kann mit 250 ml 10 %iger Schwefelsäure (10 ml/Min.) desorbiert werden.

3.3.2 Abtrennung von Vanadium aus citrathaltiger Lösung [9].

Erhitzt man eine 0,1 m salzsaure und 1 %ig citronensaure Lösung von Vanadat, Molybdat und Wolframat, so wird V(V) zu blauem V(IV)-Kation reduziert. Letzteres wird von einem stark sauren Kationenaustauscher quantitativ adsorbiert, während die anionischen Citratokomplexe des Mo(VI) und W(VI) die Säule passieren. Durch die beschriebene Arbeitsweise sind bis zu 1000 μg Vanadium abtrennbar, und zwar auch in Gegenwart der 5000-fachen Menge Eisen. – Das Verfahren wurde zur Analyse von Böden entwickelt.

Austauschersäule. In ein Rohr von 1,3 bis 1,5 cm Durchmesser füllt man je nach Probemenge eine 7 bis 20 cm hohe Schicht eines stark sauren Kationenaustauschers. Die Autoren benutzten ZeoKarb 225 mit 0,125 bis 0,25 mm Korngröße. Ein Tropftrichter, der Marken für 60 und 120 ml enthält, wird mit einem Gummistopfen auf das Rohr dichtschließend aufgesetzt. – Zur Regenerierung des Harzes dient 3 bis 4 m Salzsäure.

Arbeitsvorschrift [9].

a) *Probenvorbereitung* für Böden: 1 bis 5 g der fein gemahlenen Probe (120 mesh) verascht man über Nacht bei 450 bis 475°C in einer Platinschale oder einem hohen 100 ml-Quarzbecher. Man gibt einige ml Wasser, 10 ml 40 %ige Flußsäure und 0,5 ml konz. Schwefelsäure dazu und rührt um. Man dampft bei 80°C auf dem Wasserbad zur Trockene, um Silikat zu entfernen. Erforderlichenfalls wiederholt man die Behandlung mit Flußsäure. Den Rückstand löst man durch Kochen mit 10 ml konz. Salzsäure. (Dabei lösen sich Spuren von Platin, welche eine photometrische Molybdänbestimmung mit Dithiol stören können.) – Die Lösung dampft man zur Trockene ein, was auf dem Wasserbad geschehen soll, um Stoßen und erneutes Unlöslichwerden zu vermeiden.

b) *Ionenaustauschtrennung:* Den Eindampfrückstand löst man in 1 ml halbkonz. (6 m) Salzsäure und 4 bis 5 ml Wasser. Danach verdünnt man mit weiteren etwa 25 ml Wasser, gibt 2 ml 50 %ige Citronensäure-Lösung dazu und erhitzt zum Sieden. (Gibt man die Citronensäure schon vor dem Verdünnen hinzu, entstehen manchmal Fällungen.) – Man filtriert durch ein Papierfilter in den auf der Säule befindlichen Tropftrichter und wäscht mit heißem Wasser nach. Man verdünnt mit Wasser auf 60 ml, mischt und läßt diese Lösung mit 2 bis 3 ml/Min. durch die Säule laufen. Dann spült man noch mit 50 ml Wasser nach. Das Eluat enthält Wolfram(VI) und gegebenenfalls noch Molybdän(VI), die z.B. mit Dithiol nebeneinander bestimmt werden können; siehe S. 132.

Bemerkungen:

I. Bei *großen Probemengen* wendet man erforderlichenfalls die doppelte Menge Salzsäure und Citronensäure an und verdünnt auf 120 ml.

II. Zur *Austauschtrennung von Molybdän und Wolfram* siehe Kapitel 3.2.1.2.

III. Soll auch *Vanadium* bestimmt werden, eluiert man es mit 100 ml 0,15 %igem Wasserstoffperoxid und spült das Harz mit 25 ml Wasser nach.

3.3.3 Elution mit Natronlauge zur Stahlanalyse [1]

Metallkationen, vor allem Fe^{3+} werden vom Harz adsorbiert, wenn sich dieses in der Na-Form befindet. Die H-Form ist ungeeignet. Die Probelösung soll deshalb nur so viel Säure enthalten, daß das Eisen gelöst bleibt. Dies gelingt durch das beschriebene Eindampfen sicherer als durch Neutralisieren.
Wolfram fällt bei der Probenvorbereitung aus und wird zunächst über dem Harz durch eine Schicht Filterpapierbrei zurückgehalten. Nach der Behandlung mit Natronlauge fließt es als WO_4^{2-} durch die Säule.

Bei der Adsorption der Kationen soll die Durchflußrate gering, bei der Elution des Wolframats dagegen hoch sein.
Molybdat, Vanadat und Chromat werden mit dem Wolframat eluiert. Bestimmt man Wolfram fluorimetrisch mit Flavonol (siehe S. 201), stören diese Elemente. Chromat kann mit Formaldehyd zum unschädlichen Cr(III) reduziert werden; das Verhältnis V : W in dem Stahl darf jedoch nicht größer als 2, das Verhältnis Mo : W nicht größer als höchstens 4 sein.
Der Zeitbedarf des Verfahrens ist wesentlich geringer als derjenige einer Abscheidung durch Fällen von Wolframsäure.

Austauschersäule. In ein Austauscherrohr von 30 x 1,5 cm Größe wird eine 17 cm hohe Schicht von Dowex 50 W-x4 (50 bis 100 mesh) mit Wasser eingeschlämmt. Auch der Raum zwischen Harzschicht und Hahn muß während des Betriebes der Säule stets mit Flüssigkeit gefüllt sein. Auf die Harzschicht bringt man eine etwa 1 bis 2 mm dicke Schicht von Filterbrei. – Auf das obere Ende des Austauscherrohres ist ein Tropftrichter durch einen Gummistopfen dichtschließend aufgesetzt. Das Ablaufrohr der Säule führt in eine 500 ml-Saugflasche als Auffanggefäß. – Das Harz wird in die Na-Form überführt. Die Menge genügt für drei aufeinanderfolgende Proben. Danach eluiert man Fe(III) und die übrigen adsorbierten Ionen mit 3 m Salzsäure, bis mit Thiocyanat keine Rotfärbung mehr entsteht. Vor dem erneuten Gebrauch ist das Harz in die Na-Form umzuwandeln.

Arbeitsvorschrift [1]. Von Stählen mit etwa 0,4 bis 18 % Wolfram wägt man so viel ein, daß etwa 1,5 mg W vorliegen. Ist der Konzentrationsbereich nicht bekannt, nimmt man etwa 100 mg Probe. In einem 250 ml-Erlenmeyerkolben löst man die Einwaage in 25 ml Salzsäure und erwärmt so lange bis unterhalb des Siedepunktes, bis die Flüssigkeit zur Hälfte verdampft ist. Man gibt 25 ml Salpetersäure dazu und engt durch Erhitzen bis auf 2 ml ein. Es soll so weit wie möglich eingeengt werden, ohne daß Salze auskristallisieren. – Sind noch dunkle Partikel von ungelöstem Wolfram vorhanden, wiederholt man das Eindampfen mit weiteren 25 ml Salpetersäure. – Sofort danach spült man die Kolbenwandung mit 10 bis 15 ml Wasser ab, gibt 1 Tropfen Formaldehydlösung (37 %ig, p.a.) hinzu und kocht kurz auf.

Man dekantiert die Lösung in den auf der Säule sitzenden Tropftrichter, wobei es unschädlich ist, wenn ausgefallene Wolframsäure teilweise mitgerissen wird. Man läßt die Probe mit 3 bis 4 ml/Min. durch den Austauscher laufen, spült den Kolben dreimal mit je 10 bis 15 ml Wasser und gibt diese Anteile dekantierend ebenfalls in den Tropftrichter. Sind auch diese durchgelaufen, schließt man den Hahn. Die in dem Erlenmeyerkolben verbliebene Wolframsäure löst man in 50 ml 1 m Natronlauge. Muß dabei erwärmt werden, ist die Lösung vor der Aufgabe auf die Säule abzukühlen.

Die als Vorlage dienende Saugflasche schließt man an eine Saugpumpe an. Der Tropftrichter wird abgenommen und das Austauscherrohr so hoch mit Wasser gefüllt, daß letzteres nach dem Wiederaufsetzen des Trichters bis unter den Gummistopfen reicht. Man setzt den Tropftrichter wieder auf und gibt die natronalkalische Lösung hinein. Dann schaltet man die Pumpe ein, öffnet den Hahn und regelt die Durchflußgeschwindigkeit so hoch ein, daß bei den folgenden Arbeitsschritten ein Trockenlaufen der Säule noch vermieden werden kann. Eine Durchflußrate von 30 bis 40 ml/Min. genügt. Man spült Kolben und Tropftrichter dreimal mit 40 bis 50 ml Wasser, entfernt letzteren und spült die Säule weiter mit so viel Wasser, bis insgesamt etwa 450 ml Eluat vorliegen.

Bemerkung: Soll eine *fluorimetrische Wolframbestimmung* angeschlossen werden, setzt man 2 Tropfen Phenolphthaleinlösung zu und neutralisiert sorgfältig mit Salzsäure, so daß der letzte Tropfen 1 m Salzsäure eben den Umschlag noch farblos hervorruft. Dann verdünnt man im Meßkolben mit Wasser auf 1000 ml. Arbeitsvorschrift siehe S. 202.

3.3.4 Sonstige Anwendungen von Kationenaustauschern

Aus schwach saurer, *fluoridhaltiger Lösung* wird außer Wolfram(VI) auch Titan(IV) nicht adsorbiert. Aluminium und Chrom(III) finden sich spurenweise ebenfalls im Eluat. Die Arbeitsweise eignet sich zur Wolframbestimmung in Legierungen des Nickels, welches vom Harz festgehalten wird [5].

Nach einer Reduktion mit Bleiamalgam liegen Wolfram und Molybdän *dreiwertig* vor. In dieser Form werden Wolfram aus $\leq$ 9,6 m HCl und Molybdän aus $\leq$ 6 m HCl von sulfonierter Kohle, Espatit und Wofatit P zurückgehalten [4].

Zur Abtrennung kleiner Mengen Wolfram(VI) von Beryllium, Kupfer, Kobalt, Nickel und anderen *zweiwertigen Kationen* verwendet *Gottschalk* eine Säule mit 170 ml Permutit RS in der H-Form. Eine Lösung von pH 2 bis 5 mit maximal 25 mg Kationen versetzt man mit 1 ml 5 m Salzsäure und 1 ml 0,1 n Oxalsäure und füllt mit Wasser auf 50 ml auf. Die Lösung gibt man mit 3 ml/Min. durch die Säule und verwirft die ersten 50 ml Eluat. Man wäscht mit 100 ml 0,1 m Salzsäure bei 3 ml/Min. und mit weiteren 200 ml 0,1 m Salzsäure bei 5 bis 10 ml/Min. Diese Eluate enthalten das Wolfram. – Das Verfahren versagt bei vielen drei- und höherwertigen Kationen. – Das Harz wird mit 200 ml 3 m Salzsäure regeneriert [3].

Literatur

1. *Bottei, R.S., Trusk, A.:* Anal. Chim. Acta **37**, 409-12 (1967)
2. *Fritz, J.S., Dahmer, L.H.:* Anal. Chem. **37**, 1272-74 (1965)
3. *Gottschalk, G.:* Z. Anal. Chem. **187**, 164-82 (1962)
4. *Kokorin, A.I.:* Učenje Zapiski Kišinev. Univ. **14**, 111-14 (1954); durch Chem. Abstr. **52**, 5204 c
5. *Luke, C.L.:* Anal. Chem. **33**, 1365 (1961)
6. *Moroškina, T.M., Mel'nikov, Ju.A.:* Ž. Anal. Chim. **19**, 721-24 (1964); übersetzt: J. Anal. Chem. USSR **19**, 667-69 (1964)
7. *Nelson, F., Murase, T., Kraus, K.A.:* J. Chromatog. **13**, 503-35 (1964)
8. *Rjabčikov, D.I., Buchtiarov, V.E.:* Ž. Anal. Chim. **15**, 242 (1960); übersetzt: J. Anal. Chem. USSR **15**, 275 (1960)
9. *Watkinson, J.H.:* New Zealand J. Sci. **1**, 201-19 (1958)

3.4 Verschiedene chromatographische Verfahren

3.4.1 Flüssig-flüssig-Verteilung auf Säulen

Diese Arbeitsweise ist sowohl zur Trennung von Tracer-Mengen bei radiochemischen Verfahren als auch im mg-Bereich anwendbar. Als stationäre Phase dienen Methylisobutylketon (MIK) oder Tributylphosphat (TBP) auf Teflongranulat. Amylalkohol oder Amylacetat eignen sich nicht. – Als mobile Phase verwendet man Säuregemische. Unter Verwendung von MIK wurden Wolfram, Molybdän, Niob und Tantal mit einer Wiederfindungsrate von 99,3 ± 0,8 % getrennt [6].

Weinsäure verringert die Verteilungskoeffizienten von Wolfram und Molybdän, nicht jedoch von Rhenium. Sie verhindert die Fällung von Wolframsäure und verbessert dadurch die Reproduzierbarkeit. Mit steigender Salzsäurekonzentration werden Molybdän und Wolfram durch MIK oder TBP stärker adsorbiert, während die Azidität auf Rhenium nur geringen Einfluß hat. Eine mit TBP beladene Säule eignet sich zur chromatographischen Trennung von Tracer-Mengen W, Mo, Re; dabei ist eine hohe Durchflußgeschwindigkeit von 10 ml/Min. möglich. Die Sorption erfolgt aus 6 m Salzsäure + 0,2 m Weinsäure. Man eluiert Wolfram mit 3 m HCl + 0,2 m Weinsäure, dann Molybdän mit 0,1 m HCl + 0,2 m Weinsäure und zuletzt Rhenium mit Wasser [10].

Chromatographiesäule [10]. Ein Rohr von 70 bis 100 mm Länge und 3 bis 4 mm Durchmesser wird mit porösem Teflonpulver von 50 bis 100 µm Korngröße gefüllt. Man imprägniert den Träger durch Waschen mit TBP oder MIK und entfernt das überschüssige Lösungsmittel mit Wasser, welches an TBP bzw. MIK gesättigt ist. – Bei Verwendung einer mit MIK beladenen Säule sollen alle wäßrigen Lösungen stets mit MIK gesättigt sein. Beim Arbeiten mit TBP ist entsprechendes nicht nötig.

3.4.2 Chromatographie an Aluminiumoxid

Isopolyanionen des Molybdän(VI), Wolfram(VI) und Niob(V) werden von Al_2O_3, das mit Natronlauge behandelt wurde, stark sorbiert [4, 5]. Nach *Charlamov* und Mitarbeitern reagieren dabei OH-Gruppen der Al-Matrix unter Ausbildung chelatartiger Strukturen. Die monomeren Anionen MoO_4^{2-}, WO_4^{2-}, NbO_3^- werden von Aluminiumoxid dagegen nicht gebunden. Da die Isopolyanionen in verschiedenen pH-Bereichen existieren, können die drei Elemente leicht getrennt werden. Bei pH 4 werden Mo und W fest gebunden. Bei pH 7 bis 8,5 wird Wolfram noch fest, Molybdän aber nur noch schwach adsorbiert, so daß es selektiv eluiert werden kann. Bei pH 9 wird auch Wolfram desorbiert. Niob wird noch bei pH 12 fest von Aluminiumoxid gebunden, was seine Abtrennung von Mo und W ermöglicht. Durch starke Komplexbildner wie Tartrat + Wasserstoffperoxid kann Niob zu etwa 80 bis 95 % eluiert werden, der Rest wird von der Matrix und der Glaswand hartnäckig festgehalten.

Die Arbeitsweise eignet sich zur Isolierung kleiner Mengen Wolfram aus *Molybdän-Legierungen* (1 mg W neben 1 g Mo) sowie für *Stähle*, welche mehr als 3 % Wolfram und Molybdän neben etwa 1 % Niob enthalten. In letzterem Falle müssen jedoch zuvor W und Nb durch Fällung mit Phenylarsonsäure vom Eisen abgetrennt werden [5].

Chromatographiesäule [5]: Aluminiumoxid, "rein, wasserfrei" (TU MChP 2063-49) wird durch Dekantieren mit Wasser von feinen Anteilen befreit, bis das Waschwasser nach

10 Sek. langem Absitzen nicht mehr milchig ist. Danach wird das Präparat 10 Min. lang unter gelegentlichem Schütteln mit 4 %iger Natronlauge behandelt. Dann schwemmt man das Gemisch in das Chromatographierohr und wäscht mit Wasser, bis das Filtrat pH 8 bis 8,5 aufweist.

Man stellt eine Säule von 1,6 cm Durchmesser und 25 cm Schichtlänge her. Die Durchflußrate beträgt bei allen Arbeitsschritten etwa 1,5 ml/Min.

Arbeitsvorschrift zur Trennung von Molybdän und Wolfram [5]. Man löst 1 g Molybdän-Legierung mit weniger als 1 % Wolfram-Gehalt unter Erwärmen in 20 ml konz. Salzsäure und gibt tropfenweise 5 ml konz. Salpetersäure hinzu. Hat sich alles gelöst, engt man bis zum Sirup ein, spritzt die Wände des Lösegefäßes mit Wasser ab und dampft bis zur Trockene ein. Den Rückstand löst man in 50 ml verdünnter Salzsäure (1 : 100) und läßt erkalten. Unter Kontrolle mit einem pH-Meter bringt man die Lösung mit Ammoniak auf pH 8,5. Enthält sie einen Niederschlag, so wird sie filtriert.

Man läßt die so vorbereitete Probe durch die Säule fließen und wäscht mit verdünnter Ammoniak-Lösung von pH 8 bis 8,5 nach. Sobald etwa 200 ml Eluat aufgefangen sind, prüft man den letzten Anteil mit Thiocyanat, HCl und Zinn(II)-chlorid auf Molybdän. Erforderlichenfalls muß weiter eluiert werden, bis alles Mo ausgewaschen ist. Nun desorbiert man das Wolfram mit 250 ml 5 bis 10 %iger NH_3-Lösung.

Bemerkungen:

I. Zur *photometrischen Bestimmung* des Wolframs mit Thiocyanat verwendet man bei Gehalten bis maximal 0,5 % W das gesamte Eluat. Es wird so weit wie möglich nötig eingeengt.

II. Die relative *Standardabweichung* beträgt (bei anschließender photometrischer Bestimmung) etwa 2 bis 3 %.

Arbeitsvorschrift zur Trennung von Wolfram und Niob [5]. Die eisenfreie Probe wird mit Natriumcarbonat bei 850°C aufgeschlossen und die Schmelze in Wasser gelöst. Auf eine Säule von 2 cm Durchmesser und 7 bis 7,5 cm Schichtlänge gibt man 100 ml Probelösung von pH 11,5 bis 12, welche 5 mg Niob und 15 mg Wolfram enthält. Mit 250 ml 3 %iger NH_3-Lösung wird Wolframat quantitativ eluiert. Der größte Teil des Niobs läßt sich anschließend mit 350 ml einer Lösung auswaschen, welche 2 %ig an Ammoniumtartrat, 0,5 %ig an Wasserstoffperoxid ist und auf pH 7 bis 8 eingestellt wurde.

3.4.3 Anwendung von Ionensieben

Das hydratisierte Anion der *Dodekawolframatoborsäure* besitzt einen Durchmesser von 270 bis 300 nm. Es wird von großporigem Permutit ES aus etwa neutraler, wäßriger Lösung festgehalten, während kleinere Ionen wie Molybdat passieren können. Umgekehrt hält feinporiger Permutit zwar Molybdän(VI) fest, adsorbiert Wolframatoborat dagegen nicht. Dies läßt sich zur Trennung von Mo(VI) und W(VI) ausnutzen. – Hierzu dampft man die Probelösung mit einem sehr großen Überschuß (2 g) Borsäure zur Trockene ein, wobei Wolframatoborat entsteht. Eine entsprechende Molybdatoborsäure existiert nicht. Bei der Trennung am Permutit verbleiben 1 bis 2 % des Molybdäns beim Wolfram, wahrscheinlich als Molybdatowolframatopolyanion.

Im Eluat kann Wolframatoborsäure durch Kochen mit Natronlauge zerstört und das Wolframat bestimmt werden [2, 3].

3.4.4 Gaschromatographie

Milligramm-Mengen MoF_6 und WF_6 lassen sich gaschromatographisch trennen. Die Ausmessung der Banden ergibt eine Reproduzierbarkeit von ± 0,6 % für Molybdän und von ± 3 % für Wolfram [8]. Siehe auch Kapitel 16.3, S. 267.

3.4.5 Papierchromatographie

Molybdat und Wolframat im Verhältnis 1 : 1 bis 1 : 20 können als *Oxalatokomplexe* papierchromatographisch getrennt werden. Als Laufmittel dient Äthanol-Chloroform-10 %ige wäßrige Oxalsäure (7:2:1) [1].

Die Trennung von Molybdat, Wolframat, Chromat und Vanadat gelingt mit einem *HCl-H_2SO_4-Keton-Gemisch.* Mo und W werden mit Phenylfluoron, Cr und V mit Diphenylcarbazid nachgewiesen [7]. Mit *Collidin-Butanol-Salzsäure* sind Chrom, Wolfram, Molybdän und Vanadium trennbar. Nach Extraktion der Flecken können die Elemente photometrisch bestimmt werden. Die Ausbeute beträgt bei μg-Mengen $\geq$ 90 % [11].

Whatman-Papier No. 4, das über P_2O_5 getrocknet wurde, kann zur Trennung von Wolfram und Eisen dienen. Wolfram, Vanadium und Chrom bleiben am Startfleck, Molybdän wandert nur wenig. Man mischt 60 ml Amylalkohol, 10 ml Benzol, 30 ml konz. Salzsäure, 55 ml 85 %ige Ameisensäure und 155 ml Wasser, verwendet die wäßrige Phase des Gemisches als Sättigungsmittel und die organische Phase als Laufmittel. Nach dem Ablösen des Wolframats vom Papier mit Kalilauge erfolgt die photometrische Bestimmung mit Dithiol. Bei 10 μg beträgt der Fehler ± 2 bis 4 % [9].

Literatur

1. *Blasius, E., Czekay, A.:* Z. Anal. Chem. **156**, 81-100 (1957)
2. *Blasius, E., Pittack, H.:* Angew. Chem. **71**, 445-50 (1959)
3. *Blasius, E., Pittack, H., Negwer, M.:* Angew. Chem. **68**, 671-77 (1956)
4. *Charlamov, I.P., Jakovlev, P. Ja., Lykova, M.I.:* Zavodsk. Laborator. **26**, 786-87 (1960); durch Chem. Abstr. **54**, 20633 i
5. *Charlamov, I.P., Krivenkova, N.P., Bry'ko, V.M.:* Zavodsk. Laborator.**36**, 1428-33 (1970); übersetzt: Industrial Labor. **36**, 1824-28 (1970)
6. *Fritz, J.S., Dahmer, L.:* Anal. Chem. **40**, 20-23 (1968)
7. *Isaeva, K.G., Viktorova, M.E.:* Ž. Anal. Chim. **29**, 382-84 (1974); durch Chem. Abstr. **80**, 152402 x
8. *Juvet, R.S., Fisher, R.L.:* Anal. Chem. **37**, 1752-55 (1965)
9. *Lacourt, A.:* Ind. Chim. Belge **20**, 267-82 und 399-414 (1955)
10. *Moskvin, L.N., Šur, L.I., Caricyna, L.G., Martyš, G.T.:* Radiochim. **9**, 377-81 (1967); übersetzt Soviet Radiochem. **9**, 367-71 (1967)
11. *Witwit, A.S., Magee, R.J., Wilson, C.L.:* Talanta **9**, 495-99 (1962)

3.5 Trennung durch Fällung und Mitfällung

3.5.1 Fällung der Begleitelemente

Molybdän kann aus schwefelsaurer, weinsaurer Lösung mit Natriumsulfid als Sulfid gefällt werden, wobei Wolfram(VI) in Lösung bleibt. Das Verfahren eignet sich als Vortrennung vor der photometrischen Bestimmung kleiner Wolframgehalte in Ferromolybdän, doch sind empirische Korrekturfaktoren zur Auswertung erforderlich [3]. Eine Arbeitsvorschrift für die Abscheidung des Molybdäns bei der Analyse von Wolfram(VI)-oxid findet sich auch bei [1]. Der Niederschlag ist unrein.

Kleine Mengen *Vanadium* können in Gegenwart großer Wolframmengen mit Thioacetamid homogen als V_2S_5 gefällt werden. Die Lösung wird mit NH_4Cl-NH_3-Puffer auf pH 10,1 gebracht und 45 Min. auf 100°C erhitzt. Dann läßt man noch 20 Min. bei 0°C stehen. Aus dem Filtrat kann WO_3 mit $HClO_4$ abgeschieden werden [7].

Phosphat läßt sich mit "Magnesiamischung" als $MgNH_4PO_4 . 6H_2O$ ausfällen [5, 8]. 0,2 g P_2O_5 und 0,2 g WO_3 sind mit einmaliger Fällung trennbar. Diese Trennung besitzt besondere Bedeutung wegen der starken Tendenz zur Bildung leicht löslicher, säurebeständiger Wolframatophosphorsäure, wodurch viele Wolframbestimmungen durch Phosphat stark gestört werden.

Arbeitsvorschrift [5]. Die Probelösung kann 3,2 mg WO_3 neben 3,2 bis 200 mg P_2O_5 oder auch 200 mg WO_3 neben 3,2 bis 200 mg P_2O_5 enthalten. Sie wird mit Salzsäure angesäuert und mit 25 ml 20 %iger Ammoniumchlorid-Lösung versetzt, wobei häufig ein weißer Niederschlag von Ammoniumwolframatophosphat auftritt. Man neutralisiert mit halbkonz. Ammoniak-Lösung gegen Methylorange und gibt noch 5 ml im Überschuß zu. Dann verdünnt man auf 200 ml und erhitzt bis zum Sieden, wobei Wolframatophosphat zerstört wird. Unter gutem Rühren fällt man in der Hitze langsam und tropfenweise mit 10 bis 25 ml Magnesiamischung, gibt noch 5 ml konz. NH_3 dazu und läßt über Nacht stehen. Der Niederschlag wird mit 5 %iger NH_3-Lösung gewaschen; das Filtrat enthält das Wolframat.

Bemerkungen:

I. Nur bei *langsamer Fällung in der Hitze* werden wolframfreie Kristalle erhalten.

II. Soll auch eine *Phosphatbestimmung* ausgeführt werden, ist der Niederschlag zur Verbesserung seiner Stöchiometrie umzufällen. Siehe auch die Arbeitsvorschrift Kapitel 4.2.7, S. 58.

III. *Magnesiamischung:* 11 g krist. $MgCl_2$ + 21 g NH_4Cl + 25 ml konz. NH_3 + Wasser auf 200 ml [2].

Arsen(III) und Arsen(V) lassen sich aus schwefelsaurer, weinsaurer Lösung mit Schwefelwasserstoff abtrennen. Liegt Arsen(V) vor, fällt man in Gegenwart von Jodid als Reduktionskatalysator, so daß stets As_2S_3 erhalten wird. Die Lösung darf nur schwach sauer sein, um den Wolframtartratokomplex nicht zu zerstören; der pH-Wert soll etwa 0,8 bis 1 betragen. Man arbeitet bei 80°C in Gegenwart eines gegenüber Wolfram 30-fachen Weinsäureüberschusses. Es werden erhebliche Mengen Wolfram mitgefällt. Das Verfahren eignet sich zur Verringerung der durch Wolfram verursachten Störung bei der jodometrischen Arsenbestimmung [6]. Quantitativ verläuft dagegen die Abtrennung des Arsens durch Destillation: siehe Kapitel 3.6 [6].

Tantal(V) ist von Wolfram(VI) durch Fällung als Magnesiumtantalat trennbar [12, 13]. Liegt eine ternäre Wolfram-Tantal-Rhenium-Legierung vor, fällt man bei hohem Re-Gehalt zunächst W und Ta gemeinsam mit Cinchonin; bei geringem Gehalt an Re fällt man zunächst dieses mit Schwefelwasserstoff. Die Re-Ausbeuten sind bei beiden Verfahren nicht ganz quantitativ.

Arbeitsvorschrift für Re-freie Tantalproben [13]. Das Gemisch der Oxide von Tantal und Wolfram wird im Platintiegel mit 5 g Kaliumcarbonat bis zur klaren Schmelze erhitzt. Nach dem Erkalten löst man in 50 ml kaltem Wasser. Man gibt 10 ml 10 %ige Magnesiumchlorid-Lösung dazu, rührt um und erhitzt auf etwa 90°C. Man läßt 30 Min. abkühlen, filtriert das Mg-tantalat durch ein Papierfilter (Whatman No. 40) und wäscht mit 1 %iger Kaliumcarbonat-Lösung. – Aus dem Filtrat kann Wolfram mit Cinchonin gefällt werden.

Von *Rhenium* kann Wolfram in üblicher Weise durch Fällung mit Cinchonin getrennt werden.

3.5.2 Abtrennung von Wolfram mit organischen Fällungsmitteln

Die Fällung größerer Mengen Wolfram mit organischen Reagenzien zwecks gravimetrischer Bestimmung ist im Kapitel 4 besprochen.

In sehr stark verdünnter, saurer Lösung liegt Wolfram(VI) teils als lösliches Isopolyanion, teils in kolloidaler Form vor. Mit den in der Gravimetrie üblicherweise benutzten basischen Fällungsmitteln bleibt die Abscheidung des Wolframs in solchen Fällen recht unvollständig. Geeignet ist nur ein Reagens, welches sowohl Ionen als auch Kolloidteilchen fällt. Eine Mischung aus Methylviolett und Tannin genügt dieser Forderung. Noch bei einer Verdünnung von $1 : 10^{10}$ entsprechend 0,2 µg/200 ml Lösung wird Wolfram durch dieses Reagensgemisch aus 0,2 m salzsaurer Lösung quantitativ gefällt. Neben 1 µg W werden je 100 mg Aluminium, Calcium und Magnesium zu weniger als 0,3 % mitgefällt, 1 mg Silicium dagegen zu 80 %. Die Trennung des Wolframs von Molybdän, Titan und Zirkonium ist in dieser Weise nicht möglich [4].

Arbeitsvorschrift. 100 bis 200 ml Probelösung mit 0,2 bis 1 µg Wolfram(VI) werden 0,2 m salzsauer gemacht. Man gibt ein Stückchen mazerisiertes Papier hinzu und fällt heiß oder kalt mit einer wäßrigen Lösung von 50 mg Tannin sowie mit 10 ml 1 %iger wäßriger Lösung von Methylviolett. Nach 20 Min. filtriert man und wäscht mit einer angesäuerten Lösung der beiden Fällungsmittel. Die organische Substanz kann bei 700°C verglüht werden.

3.5.3 Mitfällung mit Eisen(III)-hydroxid aus alkalischer Lösung

Von *Uran* lassen sich 30 Elemente durch Fällung mit heißer 0,1 m Natriumcarbonat-Lösung in Gegenwart von Fe^{3+} oder Al^{3+} trennen. Uran bleibt als Carbonatokomplex gelöst. Mit dem $Fe(OH)_3$ mitgefällt werden u.a. W(VI) und Mo(VI) [19].
Zur Isolierung von Wolfram(VI) aus *Molybdän-Lösungen* ist die Mitfällung an $Fe(OH)_3$ durch Zugabe von Ammoniak wenig geeignet. Nur 70 bis 79 % werden ausgefällt. [21].

Aus *Ammoniumolybdat* wurde Wolfram durch Mitfällung an $Fe(OH)_3$ isoliert und photometrisch mit Thiocyanat bestimmt. Für jedes Prozent Mo-Gehalt ist das Ergebnis um 0,015 % Wolfram zu korrigieren. Bei Gehalten von 0,1 bis 1 % WO_3 beträgt der Fehler ± 10 % [14]. – Bei Gegenwart von 5 mg Fe(III) werden 0,1 bis 1 mg Wolfram(VI) im Bereich von pH 5 bis 8 quantitativ mitgefällt. 5 µg bis 1 mg Tantal fallen bei pH 5 bis 13 vollständig mit dem Eisen(III)-hydroxid aus. 1 µg Rhenium(VII) bleibt bei pH 5 bis 13 in Lösung. Dies ermöglicht eine schrittweise Trennung dieser drei Elemente [10].

Arbeitsvorschrift zur Trennung von Wolfram, Tantal und Rhenium [10]. Die angesäuerte Probelösung wird 1 m an Ammoniumchlorid gemacht, mit 5 mg Eisen(III)-chlorid versetzt und auf etwa 20 ml verdünnt. Man stellt mit Ammoniak auf pH 5 bis 8 oder mit Pyridin auf pH 6,5 ein. Tantal und Wolfram werden mitgefällt, Rhenium nicht. – Den Niederschlag zentrifugiert man ab und löst ihn in 1 m Salzsäure. Die Lösung gießt man in überschüssige, 70 bis 80°C warme 1 m Kalilauge und gibt dann NH_4Cl zu, bis pH 11 bis 13 erreicht ist. Tantal bleibt gelöst, Wolfram befindet sich im Niederschlag.

3.5.4 Mitfällung mit Mangan(IV)-oxidhydrat aus saurer Lösung

Aus 0,1 bis 6 m salpetersaurer Lösung werden Mikrogramm-Mengen Wolfram(VI) und Arsen(V) vollständig mit MnO_2xH_2O ausgefällt. Letzteres erzeugt man aus Permanganat und Mangan(II) durch 10 Min. langes Erwärmen. Eisen(III), Indium(III), Antimon(V) und Iridium(IV) fallen quantitativ nur aus 0,01 bis 1 m Salpetersäure; Kobalt(II), Kupfer(II) und Zink fallen nicht mehr bei pH $\leqslant 2$ [18].

Die Mitfällung mit Mangan(IV)-oxidhydrat eignet sich zur Isolierung von Wolfram(VI) aus *Uran-Niob-Zirkonium-Legierungen* [20]. Von 250 mg Uran werden weniger als 0,5 % mitgerissen; in Gegenwart von Fluorid fallen von 15 mg Zirkonium nur 0,2 % und von 15 mg Niob bis zu 2 % mit aus. Eisen(III) und Kobalt werden zu 17 bzw. 2 %, Titan und Vanadium größtenteils mitgefällt.

Arbeitsvorschrift [20]. Von der Probe wird ein Anteil mit einem Gehalt von 25 bis 50 μg Wolfram in Schwefelsäure oder Salpetersäure gelöst. Man macht die Lösung 0,5 bis 1 %ig schwefelsauer, gibt 5 ml 0,2 %ige Mangan(II)-sulfat-Lösung und 2 ml 5 %ige Ammoniumfluorid-Lösung dazu. Dann erwärmt man auf 60 °C und fällt mit 4 bis 5 ml 0,2 %iger Kaliumpermanganat-Lösung. Man erhitzt noch 1 bis 2 Std. am Wasserbad, filtriert dann ab und wäscht mit heißem Wasser. Den Niederschlag löst man in halbkonz. Salzsäure und verkocht das Chlor. – 25 bis 50 μg Wolfram werden zu 96 bis 97 % wiedergefunden.

3.5.5 Sonstige Spurenfänger

Eine teilweise Trennung des Wolframs von Molybdän ist durch Mitfällung mit *Metazinnsäure* möglich. Aus einer Mischung von etwa 5 mg W und 11 mg Mo werden aus 1,4 m Salpetersäure durch 20 mg Zinn (als Zinnsäure) 99,4 % des Wolframs und nur 6,8 % des Molybdäns gefällt. Hierdurch lassen sich Störungen der photometrischen Wolframbestimmung mit Thiocyanat vermindern [9, 15].

Fällt man aus molybdänreichen Proben einen kleinen Teil des Mo als *Ammoniummolybdatophosphat,* wird anwesendes Wolfram mitgerissen. Die hierdurch erzielte Anreicherung ermöglicht die spektrographische Bestimmung von 10^{-3} % Wolfram in Molybdän. Mitfällung mit Zinnsäure oder Kieselsäure eignet sich weniger gut [16].

Zur Anreicherung von $\leq 10^{-4}$ m Spurengehalten von W und anderen Elementen in hochreinem Zink oder Cadmium werden etwa 5 bis 25 % der Matrix mit Ammoniak als $Zn(OH)_2$ bei pH 6 bzw. als $Cd(OH)_2$ bei pH 7,5 gefällt. Die im Niederschlag angereicherten Spurenelemente wurden spektrographisch bestimmt [17].

Die Mitfällung von Molybdän und Wolfram mit *Zirkonium(IV)-oxidhydrat* sinkt mit steigendem pH-Wert. Die Wirksamkeit des Mitfällungsmittels gegenüber verschiedenen Anionen steigt in der Reihenfolge $CrCO_4^{2-} < MoO_4^{2-} < SeO_4^{2-} < WO_4^{2-} < PO_4^{3-}$ [11].

Literatur

1. Analyse der Metalle; Herausg. Chemikerausschuß der Ges. Deutscher Metallhütten- u. Bergleute e.V.: Bd. 2, Betriebsanalysen, Teil 2. Springer; Berlin, Göttingen, Heidelberg, New York. 2. Aufl. 1961
2. *Biltz, H., Biltz, W., Fischer, W.:* Ausführung quantitativer Analysen; S. Hirzel, Stuttgart
3. *Kalinskij, Ja. M., Naruta, E.G., Čabanenko, N.I. Nikoforova, K.I.:* Sb. Tr. Čeljabinsk. Elektromet. Komb. **1968**, 182-84; durch Chem. Abstr. **71**, 56358 f
4. *Kuznecov, V.I., Obožin, V.N., Pal'šin, E.S.:* Ž. Anal. Chim. **10**, 32-37 (1955); übersetzt: J. Anal. Chem. USSR **10**, 25-29 (1955)
5. *Lambie, D.A.:* Analyst. **58**, 74-77 (1943)
6. *Lambie, D.A.:* Analyst. **74**, 405-10 (1949)
7. *Martinez Lope, M.J., Maceira Vidan, A., Burriel Marti, F.:* An. Quim. **70**, 223-27 (1974); durch Chem. Abstr. **81**, 32890 d
8. *Nemirovskaja, A.F., Keremedžidi, L.N., Jašina, N.I.:* Tr. Novočerkask. Politechn. Inst. **143**, 55-62 (1963); durch Chem. Abstr. **61**, 1268 c
9. *Nishida, H.:* Japan Analyst. **13**, 760-63 (1964)
10. *Novikov, A.I., Rjazanov, G.K.:* Radiochim. **10**, 369-71 (1968); übersetzt: Radiochemistry **10**, 353-54 (1968)
11. *Plotnikov, V.I., Kočetkov, V.L.:* Izv. Akad. Nauk Kaz. SSR, Ser. Fiz.-Mat. **5**, 53-57 (1967); durch Chem. Abstr. **69**, 90509 z
12. *Powell, A.R., Schoeller, W.R., Jahn, C.:* Analyst **60**, 506-14 (1935)
13. *Reed, J.F.:* Anal. Chem. **33**, 1337-39 (1961)

14. *Ščerbakov, V.G.:* Sb. Tr. Vses. Naučn.-Issled. Inst. Tverd. Splavov **1964**, 274-80; durch Chem. Abstr. **62**, 1077 g
15. *Takahashi, S., Matsushima, M.:* Japan Analyst **15**, 511-13 (1966); durch Chem. Abstr. **65**, 14426 c
16. *Tarasevič, N.I., Chlystova, A.D., Pak, E.A.:* Zavodsk. Laborator. **25**, 955-56 (1959); durch Chem. Abstr. **54**, 8463 f
17. *Tipcova-Jakovleva, V.G., Dvorcan, A.G.:* Zavodsk. Laborator. **37**, 676-79 (1971); durch Chem. Abstr. **75**, 104747 p
18. *Ujihara, Y., Suzuki, Y.:* Radioisotopes **20**, 427-32 (1971)
19. *Upor, E., Nagy, G.:* Acta Chim. Acad. Sci. Hung. **52**, 235-41 (1967); durch Chem. Abstr. **67**, 70267 z
20. *Vinogradov, A.V., Dronova, M.I., Lopatina, N.N.:* Zavodsk. Laborator. **39**, 150-51 (1973); übersetzt: Industrial Labor. **39**, 204-05 (1973)
21. *Zelikman, A.N., Gorovic, N.N.:* Zavodsk. Laborator. **24**, 940-41 (1958); übersetzt: Industrial Labor **24**, 1050 (1958)

3.6 Trennung durch Verflüchtigung

3.6.1 Abtrennung von Arsen als $AsCl_3$

Die Probelösung mit 0,1 bis 2 g WO_3 und bis 0,1 g As_2O_3 versetzt man mit 10 ml Phosphorsäure (1,75), 1 g Natriumbromid und 1 g Hydraziniumsulfat. Nach Zusatz von Salzsäure destilliert man Arsentrichlorid ab. Letzteres wird im Destillat quantitativ wiedergefunden [3]. – Soll im Rückstand das Wolfram bestimmt werden, arbeitet man besser ohne Zusatz von Phosphorsäure und engt die Lösung unter Zusatz von HCl, NaBr und Hydraziniumsulfat auf ein kleines Volumen ein [4]. – Eine Arbeitsvorschrift findet sich auch bei [2].

3.6.2 Verflüchtigung von Wolfram als Chlorid

Das Verfahren dient zur Entfernung von Wolfram aus hoch wolframhaltigen Materialien mit anschließender Analyse des Rückstandes. Ferner wird es zur Bewertung von handelsüblichem Wolframmetall verwendet.

In einem Strom von Chloroform und Luft oder von Chloroform und Sauerstoff werden bei 800°C außer Wolfram auch Calcium, Magnesium und die Alkalimetalle verflüchtigt. Zurück bleiben u.a. SiO_2 und Aluminium. – Bei 430°C in einem Strom von S_2Cl_2 und Chlor sind Ca, Mg und die Alkalimetalle dagegen nicht flüchtig. Mit letzterem Verfahren findet man meist einen größeren Chlorierungsrückstand. Dieser kann zur Bestimmung von SiO_2, Ca, Mg und den Alkalimetallen benutzt werden [1, 2].
Die Untersuchung von Wolframcarbid nach Verflüchtigung des Wolframs im Chlorstrom beschreibt *Shanahan* [5]. Bezüglich der Analyse von Wolframbronzen durch Verflüchtigung in einem Strom von Chlorwasserstoff siehe Kapitel 17.2.1.

Literatur

1. *Agte, K., Becker-Rose, H., Heyne, G.:* Z. Angew. Chem. **38**, 1121-29 (1925)
2. Analyse der Metalle; Herausg. Chemikerausschuß der Ges. Deutscher Metallhütten- und Bergleute e.V.: Bd. 2, Betriebsanalysen: Springer, Berlin, Göttingen, Heidelberg; 2. Aufl. 1961
3. *Lambie, D.A.:* Analyst **74**, 405-10 (1949)
4. *Popov, M.A.:* Zavodsk. Laborator. **14**, 34-40 (1948); durch Chem. Abstr. **43**, 969 h
5. *Shanahan, C.E.A.:* Analyst **70**, 421 (1945)

4. Gravimetrie

4.1 Abscheidung von Wolframsäure durch Säuren allein

Aus wäßrigen Lösungen von Mono- oder Polywolframat wird durch starke Säuren "Wolframsäure" gefällt. Die Natur dieser Verbindung ist auf der folgenden Seite diskutiert. – Quantitative Abscheidung erfolgt nur beim Eindampfen einer genügend stark sauren Lösung und anschließendem Abrauchen zur Trockene. Perchlorsäure ist zwar am besten geeignet [3, 10], wird wegen der damit verbundenen Risiken aber nur wenig benutzt. Meistens verwendet man Salzsäure, gelegentlich Salpetersäure. Mit Schwefelsäure ergeben sich jedoch erhebliche Minusfehler [3].
Kleine Mengen Wolframsäure können kolloidal gelöst bleiben und Minderbefunde verursachen. Häufig erfolgt daher eine zusätzliche Fällung durch basische Reagenzien: siehe Kapitel 4.2. Die Eignung von Gelatine als Abscheidungshilfe ist umstritten; neben günstigen Ergebnissen, z.B. bei Zusatz von 15 ml 0,1 %iger Gelatinelösung [2, 18] wird über starke Streuungen und zu hohe Ergebnisse berichtet [15].
Die Abscheidung der Wolframsäure kann durch andere Substanzen erheblich gestört werden. In Anwesenheit von Phosphorsäure ist die quantitative Ausfällung schwierig; ihre vorherige Abtrennung als $MgNH_4PO_4 \cdot 6H_2O$ wird empfohlen [14]. – Alkohole, vor allem Glycerin behindern die Fällung von Wolframsäure [9]. – Auch Natriumsalze in höherer Konzentration (>2 %) können die vollständige Abscheidung verhindern. Bei Carbonataufschlüssen ist die Menge des Aufschlußmittels daher gering zu halten.
In Gegenwart von Schwermetallen, wie z.B. bei der Analyse von hochlegiertem Stahl, ist die zunächst ausfallende Wolframsäure in erheblichem Maße durch Eisen, Chrom, Molybdän, Vanadium, u.ä. verunreinigt. In Anwesenheit von Silikaten enthält der Niederschlag stets auch Kieselsäure. Darüberhinaus können gegebenenfalls auch Verunreinigungen durch Niob, Tantal, Zinn, Arsen, Antimon und Phosphor auftreten. Durch sorgfältige Arbeitsweise und evtl. auch eine Umfällung des Niederschlages läßt sich die Wolframsäure genügend rein erhalten, so daß die Ergebnisse den Ansprüchen an rasche *Betriebsmethoden* genügen. Kieselsäure wird durch Abrauchen mit Flußsäure entfernt.

Für sehr genaue Bestimmungen, vor allem für *Schiedsanalysen*, müssen jedoch die restlichen Verunreinigungen gesondert bestimmt und vom Gewicht des rohen WO_3 abgezogen werden. Das macht solche Verfahren sehr langwierig.

Die zusätzliche Anwendung basischer Fällungsmittel nach Kapitel 4.2 führt nicht zu verringerter Mitfällung von Begleitelementen.

Ein etwas reinerer Niederschlag läßt sich dagegen durch Fällung der Wolframsäure aus *homogener Lösung* erhalten. Die Arbeitsweise ist aber noch wenig erprobt.
Vor der Auswaage muß die Wolframsäure zu Wolfram(VI)-oxid, WO_3 verglüht werden. Hierfür ist eine *Temperatur* von 750 bis höchstens 800°C einzuhalten [1, 7, 11, 13]. Bei höherer Temperatur ist WO_3 schon merklich flüchtig, während unterhalb von etwa 750°C die Umwandlung zu WO_3 unvollständig bleiben kann; siehe hierzu auch Kapitel 2.6.1.

Wolframsäure H_2WO_4 hat in unendlich verdünnter wäßriger Lösung ein Aktivitätsprodukt von $2{,}1 \cdot 10^{-22}$ bei 20°C. Ihre *Löslichkeit* steigt merklich an bei pH-Werten oberhalb 5,4 sowie andererseits bei einer Salzsäurekonzentration von > 4,2 m [16].

Natur der gefällten "Wolframsäure" [8]. Beim Vermischen von Monowolframatlösungen mit Mineralsäuren entstehen gelbe oder weiße Niederschläge, für welche die pauschale Bezeichnung "Wolframsäure" üblich ist.
Aus 0,5 bis 9 m salz- oder salpetersaurer Lösung fällt bei Raumtemperatur ein gelber Niederschlag, der als Wolfram(VI)-oxid-dihydrat $WO_3 . 2H_2O$ anzusprechen ist. Nach vorsichtigem Trocknen bei Zimmertemperatur besitzt er eine kanariengelbe Farbe und einen schwankenden Wassergehalt in den Grenzen $WO_3 .(1{,}2$ bis $2{,}2)H_2O$. Er geht oberhalb von 50°C auch in Berührung mit der wäßrigen Lösung in $WO_3 . H_2O$ über; bei 100°C ist die Umwandlung nach 1 Std. vollständig. Auch Trocknen über P_2O_5 bei 25°C führt zu $WO_3 . H_2O$.

Aus 2 bis 9 m saurer Lösung fällt bei 100°C Wolfram(VI)-oxidmonohydrat $WO_3 . H_2O$. Nach dem Trocknen bei 100°C zeigt das Präparat eine orangegelbe Farbe und besitzt die Zusammensetzung $WO_3 .(0{,}6$ bis $1{,}1)H_2O$.
Bei 50°C und 2 bis 9 m Säuregehalt fallen Mischungen von $WO_3 . H_2O$ und $WO_3 . 2H_2O$ [8].

Die Verbindungen $WO_3 . H_2O$ und $WO_3 . 2H_2O$ enthalten das Wasser als Kristallwasser. Es liegen keine Hydroxogruppen vor [17].

Schwach saure Lösungen (0,2 bis 0,5 m) sind zunächst gelb und scheiden dann weiße Niederschläge aus. Bei Zimmertemperatur und 0,2 m HCl- oder HNO_3-Gehalt entsteht eine weitgehend amorphe, nicht kolloidale Verbindung der ungefähren Summenformel $WO_3 . 2H_2O$. Sie ist nach dem Trocknen cremefarbig und geht bei Berührung mit der 0,2 m sauren Mutterlauge innerhalb weniger Stunden in Wolfram(VI)-oxiddihydrat über.

Der aus 0,2 bis 0,5 m saurer Lösung bei 100°C fallende weiße Niederschlag wird von *Freedman* als Natriumoktawolframat $Na_2O(WO_3 . 1/2H_2O)_{8\text{-}40}$ angesprochen [8].

4.1.1 Arbeitsweise zur Abscheidung mit Perchlorsäure [1].

Das Verfahren wird vom Chemikerausschuß der Gesellschaft Deutscher Metallhütten- und Bergleute zur Analyse von *Wolframhammerschlag* empfohlen. Die Genauigkeit genügt bei derart einfachen Proben den Anforderungen an Schiedsanalysen. Der Zeitbedarf beträgt 7 Std.

Arbeitsvorschrift. 1 g des auf DIN 0,075 gepulverten Materials bringt man in ein 600 ml-Becherglas und behandelt es unter Erwärmen mit 50 bis 70 ml Salzsäure (1,19). Löst es sich hierbei nicht restlos, so setzt man noch wenig Salpetersäure und Flußsäure hinzu. Man versetzt nun mit 30 ml Perchlorsäure (1,67) und dampft 5 Min. über das beginnende Rauchen hinaus ein. – (Vorsicht wegen Explosionsgefahr bei Anwesenheit von Staub sowie bei hölzernen Abzügen!) – Nachdem die Lösung erkaltet ist, wird sie mit 100 ml Wasser verdünnt und nach Zusatz von 10 ml Salzsäure (1,19) einige Min. gekocht. Man verdünnt dann mit heißem Wasser auf 500 ml, kocht auf und filtriert die Wolframsäure, nachdem sie sich abgesetzt hat, durch ein doppeltes, mit Filterschleim gedichtetes Weißbandfilter ab. Sie wird mit heißer Salzsäure (1+3), zum Schluß zweimal mit heißem Wasser ausgewaschen. Der Wolframsäure-Niederschlag wird mit warmem Ammoniak in das Fällungsgefäß zurückgelöst, das Ammoniak verkocht und die Wolframsäure mit 25 ml Perchlorsäure erneut und, wenn nötig, ein drittes Mal zur Abscheidung gebracht. Hierbei wird wie vorhergehend verfahren. Der Niederschlag, der nun frei von Kobalt, Molybdän und Vanadium ist, wird in einem Platintiegel verascht und als WO_3 zur Auswaage gebracht. Die Glühtemperatur darf 800°C nicht überschreiten. Umrechnungsfaktor auf W = 0,7930.

Bemerkung: Etwa noch vorhandenes *Siliciumdioxid* wird durch Abdampfen mit wenig Flußsäure entfernt.

4.1.2 Schnellverfahren zur Analyse von Stählen und anderem säurelöslichem Probegut [13].

Beim Lösen wolframhaltiger Legierungen in Salpetersäure wird Wolfram zu Wolframsäure oxydiert, die mit Salzsäure abgeschieden wird. Wolfram wird als WO_3 gewogen.

Reagenzien

a) *Salzsäure,* rauchend, (1, 19), mindestens 36,4 %ig, p.a.
b) *Salpetersäure,* (1,40), mindestens 65 %ig, p.a.
c) *Salzsäure,* 1+1 bzw. 1+10 : 1 Raumteil Salzsäure, rauchend, (1,19) p.a., wird mit 1 bzw. 10 Teilen dest. Wasser verdünnt.
d) *Ammoniaklösung* (0,910), etwa 25 %ig, p.a.
e) *Ammoniumchlorid,* p.a.
f) *Flußsäure,* 38 bis 40 %ig, p.a.
g) *Schwefelsäure* (1,84), 95 bis 97 %ig, p.a.
h) *Kaliumhydroxid,* Plätzchenform, p.a.

Arbeitsvorschrift. Von Stählen, die unter 4 % Wolfram enthalten, werden 5 g, von solchen mit darüber liegendem Wolframgehalt 2 bis 3 g (genau gewogen) in 80 ml Salzsäure (1,19) gekocht, bis eine Reaktion nicht mehr wahrzunehmen ist. Nötigenfalls setzt man noch weitere Salzsäure zu. Dann wird mit Salpetersäure (1,40) oxydiert, wovon so viel angewendet wird, bis das heftige Schäumen an der Eintrittsstelle aufhört. Nach 10 Min. langem Stehen der Fällung bei etwa 90°C werden 100 ml heißes Wasser zugefügt. Die Flüssigkeit filtriert man durch ein mit Filterbrei gedichtetes Doppelfilter und wäscht den Niederschlag mit warmer Salzsäure (1+10) eisenfrei. An der Wand des Becherglases haftende Wolframsäure entfernt man mit einem mit Ammoniaklösung befeuchteten Stück Filterpapier und gibt dieses zusammen mit dem Doppelfilter in einen Platintiegel. – Das Filter wird mit 10 g Ammoniumchlorid versetzt und zur Trockene eingedampft. Den Rückstand nimmt man mit Salzsäure (1+1) auf, filtriert und wäscht die noch abgeschiedene Wolframsäure wie oben aus und gibt sie ebenfalls in den Platintiegel. – Die vereinigten Niederschläge werden geglüht, wobei 800°C nicht überschritten werden sollen. Der Glührückstand wird mit 2 bis 3 ml Flußsäure und 5 Tropfen Schwefelsäure (1,84) abgeraucht, unter den gleichen Bedingungen geglüht und gewogen. Ist das so erhaltene Wolfram(VI)-oxid rein gelb, so erübrigt sich eine Prüfung auf Verunreinigungen.

Bemerkungen: I. ***Berechnung:***

$$\frac{\text{Auswaage} \cdot 0{,}7930 \cdot 100}{\text{Einwaage}} = \%\ \text{Wolfram}$$

$$\frac{W}{WO_3} = 0{,}7930$$

II. Ist eine ***Bestimmung des Gewichts der Verunreinigungen*** nötig, so wird das Wolfram(VI)-oxid im Tiegel mit 4 g Kaliumhydroxid in Plätzchenform und so viel heißem Wasser gelöst, daß der Tiegel gut halb voll ist. Dann wird die Flüssigkeit in einem Becherglas mit Wasser verdünnt – der Tiegel wird mit einem Gummifinger ausgerieben –, filtriert und der Rückstand mit heißem Wasser alkalifrei gewaschen. Nach dem Veraschen und Glühen von Filter und Rückstand wird das Gewicht von dem oben festgestellten abgezogen.

4.1.3 Schnellverfahren des Chemikerausschusses des Vereins Deutscher Eisenhüttenleute [11a]

Nach dem Lösen des Probegutes in Salzsäure wird die Oxydation mit Salpetersäure in bestimmter Weise vorgenommen. Dadurch fällt die abgeschiedene Wolframsäure im wesentlichen frei von Verunreinigungen an. Auf eine Bestimmung der Verunreinigungen kann deshalb im allgemeinen verzichtet werden. Das Verfahren eignet sich nur für Probegut, das sich auf die angegebene Art lösen läßt und dessen Wolframgehalt möglichst nicht unter 1 % liegt.

Arbeitsvorschrift. Je nach dem Wolframgehalt wird die Einwaage und die angewendete Menge Salzsäure wie folgt gewählt:

Wolframgehalt [%]	Probegut [g]	Salzsäure ml	Konz. ($HCl + H_2O$)
1 bis 2	3	200	1+4
2 bis 8	2	200	1+3
über 8	1	100	1+2

Das möglichst fein zerspante Probegut wird in einem mit einem Uhrglas bedeckten 600 ml-Becherglas mit der vorgeschriebenen Menge Salzsäure, deren Konzentration einzuhalten ist, gelöst. Beim Lösen von Probegut mit hohem Siliciumgehalt fügt man einige Tropfen Flußsäure (40 %ig) zu. Nach dem Aufhören der Gasentwicklung engt man die Lösung auf etwa 60 ml ein (ein Abscheiden von Silicium ist auf jeden Fall zu vermeiden), wobei man des öfteren umschwenkt, um ein Ansetzen der Wolframsäure am Boden des Becherglases zu verhindern. Die Oxydation der Lösung mit Salpetersäure wird nun genau in der angegebenen Weise vorgenommen: Bei Probegut bis zu 2 % W wendet man Salpetersäure (1+1), sonst Salpetersäure (1,4; 65 %ig) an. Man stellt das Becherglas mit der siedenden Lösung auf eine weniger heiße Stelle der Heizplatte. Dann fügt man unter Umschwenken des Becherglases die Salpetersäure in Anteilen von jeweils 2 Tropfen (Pipette, Tropfflasche) zu, bis die entstehenden Gasbläschen sich an der Gefäßwand verteilen. Ist das der Fall, so ist der Endpunkt der Oxydation fast erreicht. Man wartet ab, ob die Oxydation bis zur Mitte des Becherglases fortschreitet. Geschieht das nicht, gibt man vorsichtig tropfenweise Salpetersäure zu, bis ein plötzliches Aufsteigen der Flüssigkeit das Ende der Oxydation anzeigt. Hierauf fügt man bei Stählen mit über etwa 2 % W noch 2 Tropfen Salpetersäure (1+1) im Überschuß zu, erhitzt die Lösung zum Sieden und hält sie etwa 3 Min. bei dieser Temperatur. Scheidet sich hierbei die Wolframsäure nicht rein gelb ab, muß länger gekocht werden. Lösungen von Probegut mit weniger als etwa 2 % W werden nicht aufgekocht. Man läßt die Wolframsäure sich etwa 3 bis 5 Min. absetzen, fügt dann etwa 200 ml heißes Wasser zu, erhitzt die Lösung und hält sie etwa 3 Min. im Sieden. Nachdem sich die Wolframsäure abgesetzt hat, filtriert man sie mit einem Filter, in das man etwas Filterbrei gegeben hat, ab. Man wäscht den Niederschlag zuerst mit heißer Salzsäure (1+20), bis im Filtrat Eisen nicht mehr nachzuweisen ist, und zuletzt zweimal mit heißem Wasser. Dann verascht man das Filter in einem gewogenen Platintiegel und glüht den Rückstand bei höchstens 800°C bis zum gleichbleibenden Gewicht. Das auf diese Weise erhaltene Wolfram(VI)-oxid ist frei von Verunreinigungen. Nur bei hoch siliciumhaltigem Probegut kann es Siliciumdioxid enthalten, das dann durch Abrauchen mit Flußsäure zu verflüchtigen ist; siehe hierzu z.B. S. 42 und 45.

Bemerkungen: I. Das Schnellverfahren erfordert einen *Zeitaufwand* von etwa 2 Stunden.

II. Die Grenzen für den *absoluten Fehler* betragen:

bei 1 % W etwa ± 0,07 % W
bei 5 % W etwa ± 0,15 % W
bei 20 % W etwa ± 0,3 % W.

4.1.4 Analyse von Stählen mit mehr als 3 % Wolfram [7].

Es erfolgt nur eine Abscheidung des Wolframs durch Salzsäure und keine Nachfällung durch Cinchonin. Bei Gehalten unter 3 % Wolfram ist letztere notwendig; liegen mehr als 3 % W vor, so ist sie jedenfalls dann zu empfehlen, wenn höhere Genauigkeitsansprüche gestellt werden [7]. Siehe hierzu S. 51.
Mitgefällte *Verunreinigungen* müssen gesondert bestimmt und berücksichtigt werden.

Arbeitsvorschrift [7] Zu 2 g Probe gibt man in einem 400 ml-Becherglas 40 ml konz. Salzsäure und erwärmt bis knapp zum Sieden. Ist die Reaktion beendet, kocht man 1 bis 2 Min. und oxydiert dann tropfenweise mit konz. Salpetersäure; ein Überschuß ist zu vermeiden. Dann engt man auf etwa 5 ml ein, bis der Rückstand sirupartig geworden ist; er darf jedoch an keiner Stelle trocken werden. Anschließend gibt man 150 ml Salzsäure (1+4) dazu, kocht 5 Min. und läßt 1 Std. stehen. Man filtriert durch ein mit Filterschleim gedichtetes Filter, wäscht den Rückstand mit heißer Salzsäure (1+19) eisenfrei und wäscht dann noch mit 2 %iger Ammoniumnitratlösung. Filter und Niederschlag bringt man in eine gewogene Platinschale. Die an der Wand des Becherglases anhaftende Wolframsäure wischt man mit einem Stückchen Filterpapier ab, das mit möglichst wenig Ammoniak-Lösung

(1+1) befeuchtet ist; dieses gibt man ebenfalls in die Schale. Man trocknet, verascht und glüht dann bei höchstens 800°C. Nach dem Erkalten gibt man 1 ml Schwefelsäure (1+4) und 2 ml Flußsäure zu, dampft zur Trockene ein und glüht bei höchstens 800°C. Das erhaltene rohe WO_3 wird gewogen.

Zur Bestimmung der Verunreinigungen schmilzt man das rohe WO_3 10 Min. mit 5 g Natriumcarbonat und löst die erkaltete Schmelze in 100 ml heißem Wasser. Man kocht 1 Min., filtriert durch ein Papierfilter (Whatman No. 40) und wäscht mit heißem Wasser. – Das Filtrat wird aufbewahrt. – Filter und Niederschlag trocknet und verascht man in der zuvor benutzten Platinschale. Dann glüht man bei 800°C, wägt und zieht die Auswaage vom Gewicht des rohen WO_3 ab.

Enthält der Stahl Chrom, ist die Lösung der Carbonatschmelze gelb. Das oben erhaltene Filtrat säuert man mit Schwefelsäure (1+6) an und gibt davon noch 20 ml im Überschuß zu. Man erhitzt zum Sieden, setzt 1 %ige Permanganatlösung bis zur bleibenden Rosafärbung hinzu und kocht einige Minuten. Danach zerstört man das überschüssige Permanganat mit 1 bis 2 Tropfen konz. Salzsäure und kocht 10 Minuten. Zur titrimetrischen Bestimmung des Dichromats kann man nach dem Erkalten einen abgemessenen Überschuß 0,1 n Fe(II)-Lösung zugeben und mit 0,1 n Permanganatlösung zurücktitrieren. 1 ml verbrauchte 0,1 n Fe(II)-Lösung entspricht 2,534 mg Cr_2O_3. Das Gewicht an Chrom(III)-oxid wird ebenfalls von der Auswaage an rohem WO_3 abgezogen.

Bei der Analyse von Schnelldrehstählen muß die Lösung der Carbonatschmelze außer auf Chrom auch auf Molybdän und Vanadium geprüft werden. Mit aliquoten Teilen der alkalischen Lösung führt man entsprechende photometrische Bestimmungen durch: siehe z.B. Kapitel 4.3.4, S. 63 und Kapitel 17.1.5, S. 271.

4.1.5 Das Salzsäure-Verfahren des Chemikerausschusses des Vereins Deutscher Eisenhüttenleute [11 a].

In der salzsauren Lösung des Probegutes wird das Wolfram durch Oxydation mit Salpetersäure als Wolframsäure abgeschieden, abfiltriert und geglüht. Nach dem Verflüchtigen des Siliciumdioxids werden die Verunreinigungen durch die mit abgeschiedenen Elemente wie Eisen, Chrom, Titan, Zirkonium, Niob, Tantal, Molybdän und Vanadium bestimmt und ihr Gewicht vom Ergebnis abgezogen. Das Salzsäureverfahren erfordert einen *Zeitaufwand* von etwa 8 Std. Es kommt *für sehr genaue Bestimmungen* in Betracht; bei etwas geringeren Ansprüchen ist das Schnellverfahren nach Kapitel 4.1.3, S. 42 vorzuziehen.

Die Grenzen für den *absoluten Fehler* betragen:

bei 1 % W etwa ± 0,05 % W
bei 5 % W etwa ± 0,1 % W
bei 20 % W etwa ± 0,15 % W
bei > 20 % W etwa ± 0,2 % W.

Wolframgehalte von weniger als 1 % sollten photometrisch bestimmt werden.

Arbeitsvorschrift. Je nach dem Wolframgehalt des Probeguts werden die Einwaage und die Menge der angewandten Salzsäure wie folgt gewählt:

Wolframgehalt [%]	Einwaage [g]	Salzsäure (1+1) [ml]
unter 3	5	100
3 bis 6	2	60
6 bis 10	1	50
über 10	0,5	50

Das Probegut wird in einem 600 ml-Becherglas mit der entsprechenden Menge Salzsäure (1+1) bis zum vollständigen Aufhören der Gasentwicklung erhitzt und anschließend auf etwa 20 ml eingeengt. Dann fügt man vorsichtig tropfenweise Salpetersäure (1,4) zu, bis die Lösung aufschäumt; ein Überschuß an Salpetersäure ist unbedingt zu vermeiden. Hierauf verdünnt man die Lösung mit etwa 100 ml heißem Wasser, erhitzt sie kurz zum Sieden und läßt sie so lange bei etwa 80°C stehen, bis sich der Niederschlag eben abgesetzt hat. Man filtriert durch ein mit etwas Filterbrei gedichtetes Filter und wäscht mit heißer Salzsäure (1+20). Am Becherglas anhaftende Reste von Wolframsäure entfernt man mit einem Stück Filterpapier, das mit konz. Ammoniak befeuchtet wurde. Schließlich wird das Becherglas mit trockenem Filterpapier ausgerieben.

Das Filter mit dem Niederschlag und die Filterstückchen werden in einen ausgeglühten und gewogenen Platintiegel gebracht. Bei sehr genauen Bestimmungen ist es notwendig, die noch im Filtrat enthaltenen, meist sehr geringen Mengen Wolframsäure abzuscheiden. Dazu wird das Filtrat nach Zufügen von etwa 10 g Ammoniumchlorid in einer Porzellanschale vollständig eingedampft. Der Rückstand wird mit etwa 50 ml Salzsäure (1+1) aufgenommen und mit 100 ml heißem Wasser versetzt. Man filtriert und wäscht den Niederschlag wie oben beschrieben und bringt ihn ebenfalls in den Platintiegel. Dann verascht man den Tiegelinhalt bei etwa 500°C und glüht den Rückstand bei höchstens 800°C.

Zum Glührückstand gibt man etwa 5 Tropfen Schwefelsäure (1+3) und etwa 3 ml Flußsäure (40 %ig) und dampft ein, bis Schwefelsäuredämpfe nicht mehr wahrzunehmen sind. Dann wird der Rückstand bei höchstens 800°C bis zur Gewichtskonstanz geglüht. Man erhält so das Gewicht des verunreinigten Wolfram(VI)-oxids (G_1).

Um die Verunreinigungen zu bestimmen, schmilzt man den Rückstand mit etwa 10 g Kaliumdisulfat, wobei man darauf achtet, daß eine klare Schmelze erhalten wird. Nach dem Erkalten wird der Tiegel in einem 600 ml-Becherglas mit etwa 400 ml Ammoniumcarbonat-Lösung [40 g $(NH_4)_2CO_3$ im Liter] unter Erwärmen ausgelaugt. Dann entfernt man den Platintiegel aus der Lösung, bringt sie zum Sieden und hält sie bei dieser Temperatur, bis sie nur noch schwach nach Ammoniak riecht. Man filtriert den Rückstand durch ein mit Filterbrei gedichtetes Filter ab und wäscht ihn mit etwa 300 ml Ammoniumcarbonat-Lösung [10 g $(NH_4)_2CO_3$ im Liter]. Das Filter verascht man in einem gewogenen Platintiegel und glüht den Rückstand bei 800°C bis zum gleichbleibenden Gewicht (G_2). Das Filtrat engt man auf etwa 400 ml ein, fügt etwa 30 ml Weinsäure-Lösung (300 g Weinsäure im Liter) hinzu, macht es zunächst mit Ammoniak (0,91) schwach alkalisch (Lackmuspapier) und dann mit Salzsäure (1+3) schwach sauer. Tritt hierbei eine Trübung oder Abscheidung von Wolframsäure auf, muß noch Weinsäurelösung zugesetzt werden. Dann wird die Lösung wieder schwach alkalisch gemacht und mit 5 ml Ammoniak (0,91) im Überschuß versetzt. Man erhitzt sie auf etwa 60°C und leitet Schwefelwasserstoff bis zur Sättigung ein, wobei anwesendes Kupfer als Sulfid ausfällt. Durch Zufügen von Salzsäure (1+3) bis zur sauren Reaktion wird Molybdän als Sulfid gefällt. Man läßt den Niederschlag sich kurze Zeit in der Wärme absetzen, filtriert ihn ab und wäscht ihn mit warmer Salzsäure, die man vorher mit Schwefelwasserstoff gesättigt hat. Das Filter mit dem Niederschlag verascht man vorsichtig in einem gewogenen Platintiegel und glüht den Rückstand bei höchstens 500°C bis zum gleichbleibenden Gewicht (G_3).

Berechnung:

$$P = \frac{[G_1 - (G_2 + G_3)] \cdot 0{,}7930 \cdot 100}{E}$$

Es bedeuten: P = Wolframgehalt in Prozent
E = angewandte Probemenge in Gramm.

4.1.6 Schiedsverfahren des Chemikerausschusses des Vereins Deutscher Eisenhüttenleute [11]

Das Verfahren eignet sich für Stahlsorten mit mehr als 1 % Wolfram. Geringere Wolframgehalte müssen photometrisch bestimmt werden. Elemente, die bei der Abscheidung der Wolframsäure zunächst teilweise mitgerissen werden oder mit ausfallen, wie Eisen, Chrom, Titan, Niob, Tantal, Molybdän, Vanadium usw. werden bei der *stets vorzunehmenden Reinigung der Wolframsäure* restlos erfaßt, so daß das Ergebnis für Wolfram durch ihre Anwesenheit nicht beeinflußt wird.

Zulässige Abweichung der Ergebnisse

Weichen die Einzelergebnisse um mehr als a · (0,10 + 0,01 · %W) % voneinander ab, so sind die Untersuchungen zu wiederholen. Der Faktor a, der die Anzahl der Bestimmungen berücksichtigt, ist aus der folgenden Tabelle zu entnehmen.

Tabelle 4

Anzahl der Parallelbestimmungen	2	3	4	5	6	7	8	9	10
Faktor a	1,0	1,1	1,2	1,3	1,4	1,4	1,5	1,5	1,5

Reagenzien

a) *Ammoniumthiocyanat-Lösung:* 10 g Ammoniumthiocyanat p.a. werden in 100 ml Wasser gelöst.
b) *Weinsäure-Lösung:* 300 g Weinsäure p.a. werden in 700 ml Wasser gelöst.
c) *Ammoniumcarbonat-Lösung 1* : 40 g Ammoniumcarbonat p.a. werden in l Liter Wasser gelöst.
d) *Ammoniumcarbonat-Lösung 2 :* 10 g Ammoniumcarbonat p.a. werden in l Liter Wasser gelöst.
e) *Kaliumsulfid-Lösung:* 100 ml Kaliumhydroxidlösung (5 %ig) werden mit Schwefelwasserstoff gesättigt und dann mit 100 ml der gleichen Kaliumhydroxidlösung gemischt.

Arbeitsvorschrift. Die Höhe der Einwaage sowie Menge und Konzentration der zum Lösen verwendeten Säure richten sich nach der Höhe des vorliegenden Wolframgehalts:

Wolframgehalt [%]	Einwaage [g]	Säure
unter 2	4	200 ml HCl (1+3)
2 bis 8	2	120 ml HCl (1+2)
über 8	1	80 ml HCl (1+1)

Die Probe erhitzt man in einem Becherglas von 600 ml Inhalt mit der entsprechenden Menge Salzsäure, bis man am Aufhören der Gasentwicklung erkennt, daß keine Reaktion mehr erfolgt. Bei schwer löslichen Stählen ist längeres Kochen und unter Umständen nachträgliches Zugeben von Salzsäure erforderlich.

Ist eine Gasentwicklung nicht mehr wahrzunehmen, so engt man die Flüssigkeit bis auf etwa 50 ml ein, stellt das Becherglas an eine weniger heiße Stelle der Heizplatte und oxydiert mit Salpetersäure (1+1). Hierbei muß ein auch nur geringer Überschuß an Salpetersäure unbedingt vermieden werden, weil sich sonst Minderbefunde an Wolfram ergeben können. Man setzt daher die Salpetersäure vorsichtig aus einer Tropfflasche unter dauerndem Umschwenken des Becherglases zu, wobei die Flüssigkeit aufsteigt und sich gelbe Wolframsäure ausscheidet. Man wartet bis die Flüssigkeit sich beruhigt hat und gibt dann noch ein bis zwei Tropfen Salpetersäure zu. Schäumt die Flüssigkeit an der Einfallstelle nicht mehr auf, so ist die Oxydation beendet. Es ist hierbei, besonders wenn Stähle mit geringem Wolframgehalt vorliegen, peinlichst darauf zu achten, daß eine weitere Zugabe von Salpetersäure nicht erfolgt, bevor der Inhalt des Becherglases sich vollständig beruhigt hat. Man verdünnt die Flüssigkeit nun mit 100 ml heißem Wasser, kocht sie kurz auf und läßt den Niederschlag bei 80°C absitzen. Dann filtriert man die Lösung unter Verwenden eines mittelfeinen Filters (Weißband) von 11 cm Durchmesser, das etwas Filterbrei enthält. Das Filter wird mit heißer Salzsäure (1+10) gewaschen, bis im Waschwasser mit Ammoniumthiocyanat-Lösung Eisen nicht mehr nachzuweisen ist. Reste von Wolframsäure, die nach dem Ausspülen mit der heißen Salzsäure trotz Reibens mit einem Gummiwischer noch an der Wandung haften, entfernt man mit einem Stückchen Filterpapier, das mit Ammoniak (0,91) getränkt wurde; die Glaswand wird danach mit etwas trockenem Filterpapier abgerieben. Beide Papierstückchen werden nicht zu dem Niederschlag auf das Filter, sondern unmittelbar in einen geglühten, gewogenen Platintiegel gegeben, der auch das Filter selbst mit dem Niederschlag für die spätere Veraschung aufnimmt.

Um auch die im Filtrat enthaltenen Reste von Wolframsäure zu erfassen, dampft man die Lösung nach Zusatz von 10 g Ammoniumchlorid in einer Porzellanschale zur Trockene. Den Rückstand löst man in etwa 50 ml Salzsäure (1+1), fügt etwa 100 ml heißes Wasser hinzu und filtriert und wäscht in der soeben beschriebenen Weise. Auch dieses Filter kommt in den Platintiegel zu den anderen, mit denen es, am besten in einem elektrisch geheizten Tiegelofen, verascht und mäßig geglüht wird, wobei wegen der Flüchtigkeit des Wolfram(VI)-oxids eine Temperatur von 800°C nicht überschritten werden darf.

In den nur selten vorkommenden Fällen, in denen Wolframstähle sich auch durch längeres Erhitzen mit Salzsäure nicht völlig zersetzen lassen, werden diese unter Zusatz von Perchlorsäure in Lösung gebracht. Man erhitzt, wie oben angegeben, zunächst mit Salzsäure, bis die Gasentwicklung aufhört, fügt dann 30 ml Perchlorsäure (1,6) hinzu und dampft bis zur Hälfte des Volumens ein. Man läßt abkühlen und dampft nach dem Zugeben von weiteren 30 ml Perchlorsäure nochmals ein und hält noch 5 Min. lang im schwachen Sieden. Die Lösung wird nach dem Erkalten mit 50 ml Salzsäure (1+1) versetzt und einige Min. gekocht. Man verdünnt sie dann mit heißem Wasser auf etwa 200 ml, läßt sie eine Stunde lang bei 80°C stehen und filtriert den Niederschlag unter Verwendung eines mittelfeinen Filters (Weißband) von 11 cm Durchmesser, in das man etwas Filterbrei gegeben hat, ab. Das Filter wäscht man mit heißer Salzsäure (1+10), bis es frei von Eisen ist, verascht es und glüht den Niederschlag bei 800°C im Platintiegel.

Den nach dem einen oder anderen Abscheidungsverfahren erhaltenen Glührückstand versetzt man dann mit einem Tropfen Schwefelsäure (1,84) und so viel Flußsäure, daß der Rückstand vollkommen damit bedeckt ist. Dann wird die Flüssigkeit vorsichtig verdampft. Sobald Schwefelsäuredämpfe sich nicht mehr entwickeln, wird der Tiegel, der nun frei von Siliciumdioxid ist, nochmals bei 800°C geglüht. Hierbei ist darauf zu achten, daß kein Verlust durch Verstäuben eintritt, weshalb man hierfür einen hohen, bedeckten Platintiegel wählt. Nach dem Abkühlen im Exsikkator wird der Tiegel gewogen. Das Gewicht seines Inhalts ist das des noch verunreinigt vorliegenden Wolfram(VI)-oxids (Gewicht G_1).

Um die Verunreinigungen zu bestimmen, schließt man den Tiegelinhalt mit etwa 10 g Kaliumdisulfat auf. Hierbei erhitzt man erst vorsichtig, steigert die Temperatur dann allmählich und schmilzt, bis ein völlig klarer, durchsichtiger Schmelzfluß erreicht ist. Nach dem Erkalten wird der Tiegel in ein Becherglas von 600 ml Inhalt gegeben und der Schmelzkuchen mit 400 ml Ammoniumcarbonat-Lösung 1 unter gelindem Kochen ausgelaugt. Nach dem Entfernen und Abspülen des Platintiegels wird dann so lange gekocht, bis die Lösung nur noch schwach nach Ammoniak riecht. Man filtriert dann unter Verwendung eines mittelfeinen Filters (Weißband), in das man etwas Filterbrei gegeben hat, von dem ungelösten Anteil ab. Letzterer kann aus den Oxiden des Eisens, Chroms usw. bestehen. Das Filter wäscht man so oft mit kalter Ammoniumcarbonat-Lösung 2, bis hiervon etwa 300 ml verbraucht sind. Darauf gibt man das Filter in einen gewogenen Platintiegel, trocknet und verascht es und glüht den Rückstand bei 800°C bis zum gleichbleibenden Gewicht. Man wägt den Tiegel nach dem Erkalten im Exsikkator. Nach dem Abziehen des Leerwertes von diesem Gewicht erhält man die Menge der auf dem Filter zurückgebliebenen Verunreinigungen (Gewicht G_2).

Das Filtrat wird auf etwa 400 ml eingedampft, mit 30 ml Weinsäure-Lösung versetzt, unter Verwenden von Lackmuspapier als Indikator mit Ammoniak (0,91) alkalisch und anschließend mit Salzsäure (1+3) schwach sauer gemacht. Hierbei darf eine Ausscheidung oder Trübung von Wolframsäure nicht eintreten, andernfalls ist eine größere Weinsäuremenge anzuwenden. Die Lösung wird darauf wieder ammoniakalisch gemacht, mit 5 ml Ammoniak (0,91) im Überschuß versetzt, auf 60°C erwärmt und mit Schwefelwasserstoff gesättigt. Hierbei scheidet sich unter Umständen vorhandenes Kupfer als Sulfid ab. Man säuert nun die Lösung mit Salzsäure (1+3) an, wobei etwa anwesendes Molybdän als Sulfid ausfällt. Dieses bringt man zusammen mit dem Kupfersulfid nach dem Absitzen bei 60°C auf ein mittelfeines Filter (Weißband) von 9 cm Durchmesser, in das man etwas Filterbrei gegeben hat. Man wäscht mit warmer, schwefelwasserstoffhaltiger Salzsäure (1+100). Das Filter wird in einem Porzellantiegel getrocknet und anschließend verascht, wobei man die Temperatur langsam auf 400°C bringt.

Nach dem Erkalten löst man den Inhalt des Tiegels, den man mit einem Uhrglas bedeckt, unter Erwärmen in 5 ml 20 %iger Natriumhydroxidlösung. Man spült die Lösung in ein 200 ml fassendes Becherglas, säuert mit Salzsäure (1+1) unter Prüfen mit Lackmuspapier an und setzt noch 10 ml der gleichen Säure zu. Das unter Umständen vorliegende Kupfer(II)-oxid wird durch Erwärmen gelöst. Die Lösung wird nun nach Zugeben von 30 ml Weinsäurelösung ammoniakalisch gemacht, mit 5 ml Ammoniak (0,91) im Überschuß versetzt, auf 60°C erhitzt und mit Schwefelwasserstoff gesättigt. Ein sich dabei abscheidender Niederschlag wird unter Benutzen eines mittelfeinen Filters (Weißband) von 9 cm Durchmesser, in das man etwas Filterbrei gegeben hat, abfiltriert und viermal mit Kaliumsulfidlösung gewaschen. Das Filtrat wird zunächst beseitegestellt und das Filter mit schwefelwasserstoffgesättigter Essigsäure (1+25) alkalifrei gewaschen. Man verascht das Filter und glüht den Niederschlag bei etwa 1000°C. Den Rückstand wägt man nach dem Erkalten im Exsikkator (Gewicht G_3).

Das Filtrat wird mit Salzsäure (1+3) angesäuert, ein dabei ausfallender Niederschlag nach dem Absitzen bei 60°C auf ein mittelfeines Filter (Weißband) von 9 cm Durchmesser, in das man etwas Filterbrei gegeben hat, gebracht und mit 40°C warmer, schwefelwasserstoffhaltiger Salzsäure (1+100) alkalifrei gewaschen. Das Filter mit dem Niederschlag verascht man im Porzellantiegel bei 450°C bis zum gleichbleibenden Gewicht (Gewicht G_4). Der Wolframgehalt ergibt sich nach der Formel

$$\% \mathrm{W} = \frac{[G_1 - (G_2 + G_3 + G_4)] \cdot 0{,}7930 \cdot 100}{E}$$

wobei E die Einwaage in Gramm bedeutet.

4.1.7 Homogene Fällung durch Zersetzung von Peroxowolframsäure

Beim Ansäuern einer Wolframatlösung ist die Abscheidung der Wolframsäure zunächst nicht quantitativ. Der Niederschlag löst sich mit Wasserstoffperoxid zu Peroxowolframsäure. Säuert man nun stark an und erhitzt einige Zeit, so wird die Peroxogruppe zersetzt [12]. Die Wolframsäure fällt dabei fast quantitativ aus und kann in üblicher Weise verglüht und als WO_3 gewogen werden [5, 6]. Die Mitfällung von Molybdän und Vanadium ist bei dieser Arbeitsweise bedeutend geringer als bei der Abscheidung mit Mineralsäure und Nachfällung mit Cinchonin oder Naphthochinolin (siehe Kapitel 4.2). Dennoch ist auch bei homogener Fällung eine *Umfällung des Niederschlages unumgänglich,* wenn das Gewichtsverhältnis von Wolfram zu Molybdän in der Probe kleiner als 1 ist. Bei geringerer Beimischung von Mo kann es genügen, den mitgefällten Molybdänanteil durch eine empirische Korrektur zu berücksichtigen [5].

Nach *Dams* und *Hoste* beträgt der Fehler bei Abwesenheit von Molybdän und Vanadium etwa - 0,1 % bei 50 bis 250 mg Wolfram und etwa - 0,6 % bei 10 bis 20 mg Wolfram [5].

Bei einer vergleichenden Überprüfung verschiedener Wolframbestimmungen fanden *Crossland* und *Fennell* für dieses Verfahren bei 100 mg Wolfram einen Fehler von - 0,45 % und Streuungen von ± 0,08 % [4].

Bei der Bestimmung von 250 mg Wolfram tritt ein Fehler von maximal 0,5 % auf in Gegenwart von 1,25 mg Molybdän bzw. 20 mg Vanadium, ein Fehler von maximal 1 % bei 2,2 mg Molybdän bzw. 50 mg Vanadium; neben 22 mg Mo beträgt der Fehler etwa 5 % [5]. Bei der Bestimmung von 100 mg Wolfram neben 0,75 mg Molybdän trat kein Fehler auf [4].

Die Fällung aus salpetersaurer Lösung verläuft schneller als aus perchlorsaurer oder schwefelsaurer [5]. Bei relativ hohem Verhältnis von Molybdän zu Wolfram (15 mg Mo + 50 mg W) ist eine Abscheidung bei nur 60°C günstig [5]. Bei nur 0,75 mg Mo neben 100 mg Wolfram kann man dagegen auch bei 80°C arbeiten [4]. Im Gegensatz zu den Angaben von *Dams* und *Hoste* genügen bei 60°C und 1,5 Std. Erhitzungsdauer nach *Crossland* und *Fennell* nicht zur quantitativen Abscheidung: es sind 80°C und 1,5 Std. Erhitzen nötig [4].

Das Verfahren fand Anwendung auf legierte Stähle [5] sowie auf komplizierte Tantalocolumbite [6]. In letzterem Falle wurden 0,8 bis 0,9 % Wolfram mit einer Streuung von ± 0,06 % neben etwa 65 % Nb + Ta, ferner neben Ti, Fe, Si, Sn bestimmt. Bei einer ähnlich zusammengesetzten, synthetischen Mischung mit 0,83 % Wolframgehalt ergab die Analyse 0,96 % Wolfram.

Arbeitsvorschrift für Stahl [5]. Man behandelt 1 bis 2 g Probe in einem 400 ml-Becherglas mit 30 ml konz. Salzsäure. Man erhitzt,bis die Reaktion nachläßt und gibt dann tropfenweise 20 ml konz. Salpetersäure (65 %ig) dazu. Falls danach noch Wolframcarbid-Teilchen ungelöst sind, gibt man zusätzlich 10 ml 70 %ige Perchlorsäure hinzu und dampft bis fast zur Trockene ein. Den Rückstand dampft man zweimal mit je 25 ml konz. Salpetersäure zur Trockene ein, um die Salzsäure vollständig zu vertreiben. Dann löst man den Rückstand in 50 ml Wasser, 2 ml 30 %igem Wasserstoffperoxid und 50 ml konz. Salpetersäure. – Bleiben dabei größere Mengen Kieselsäure ungelöst, werden sie abfiltriert; eine Korrektur des Ergebnisses wegen Siliciumgehalts der Auswaage wird dann als unnötig angesehen (Bemerkung I). – Man erhitzt die Lösung im Thermostaten 1,5 Std. auf 60°C. Danach filtriert man durch ein feinporiges Filter und wäscht mit heißer 1 %iger Salpetersäure. Man verascht, glüht bei höchstens 800°C und wägt als Wolfram(VI)-oxid (Bemerkung II).

Bemerkungen:

I. Bei erprobten Arbeitsweisen wird für genaue Bestimmungen stets das *Abrauchen* des WO_3 *mit Flußsäure* vorgeschrieben: siehe Kapitel 4.1.2 und 4.1.4.

II. Enthält die Probe merkliche Mengen *Molybdän* und *Vanadium*, muß man umfällen oder eine empirische Korrektur des Ergebnisses vornehmen. Statt dessen käme auch eine Molybdänbestimmung im WO_3 nach Kapitel 4.3.4 in Betracht.

Literatur

1. Analyse der Metalle; Herausg. Chemikerausschuß der Ges. Deutscher Metallhütten- und Bergleute e.V.: Bd. 2, Betriebsanalysen, Teil 2; Springer, Berlin, Göttingen, Heidelberg. 2. Aufl. 1961
2. *Bykovskaja, Ju.I.:* Tr. Inst. Met. im A.A. Baikova **1962**, 239-43; durch Chem. Abstr. **57**, 16124 c
3. *Claeys, A.:* Anal. Chim. Acta **17** (1957) 360-67
4. *Crossland, B., Fennell, T.:* Analyst **94** (1969) 989-91
5. *Dams, R., Hoste, J.:* Talanta 8 (1961) 664-72
6. *Dams, R., Hoste, J.:* Talanta **11** (1964) 1605-12
7. *Elwell, W.T., Wood, T.F.:* Analyt. Chem. of Molybdenum and Tungsten; Pergamon Press, Oxford 1971
8. *Freedman, M.L.:* J. Amer. Chem. Soc. **81** (1959) 3834-39
9. *Golubcova, Z.G., Lebedeva, L.I., Lichareva, T.P.:* Vestn. Leningrad. Univ., Fiz., Chim. **23** (1968) 129-32; durch Chem. Abstr. **69**, 70497 r.
10. *Goto, H., Kakita, Y.:* Science Repts. Res. Inst., Tohoku Univ., Ser. **A 2** (1950) 732-40; durch Chem. Abstr. **46**, 2957 d
11. Handbuch f. d. Eisenhüttenlaboratorium; Herausg. Chemikerausschuß des Vereins Deutscher Eisenhüttenleute e.V.: Bd. 4, Schiedsanalysen. Verlag Stahleisen, Düsseldorf. 1. Aufl. 1955

11a. Handbuch f.d. Eisenhüttenlaboratorium; Herausg. Chemikerausschuß des Vereins Deutscher Eisenhüttenleute e.V.: Bd. 2, Untersuchung der metallischen Stoffe. Verlag Stahleisen, Düsseldorf. 2. Aufl. 1966

12. *Leliaert, G., Hoste, J., Eeckhaut, Z.:* Rec. Trav. Chim. Pays-Bas T 79 (1960) 557; durch [5]
13. *E. Merck AG, Darmstadt:* Chem.-techn. Untersuchungsmethoden f. d. Eisen- und Stahlindustrie; Verlag Chemie, Weinheim 1958
14. *Mizeckaja, I.B.:* Chim. Redkich Elementov, Akad. Nauk SSSR, Inst. Obščei i neorg. Chim. **1955**, 115-23; durch Chem. Abstr. **50**, 3152 a
15. *Platunov, B.A., Guseva, M.I.:* Učenje Zapiski Leningrad. Gosudarst. Univ. im A.A. Ždanova, Nr. 155, Ser. Chim. Nauk Nr. 11, (1952) 66 - 79; durch Chem. Abstr. **49**, 15619 d
16. *Reznik, L.B.:* Materialy 4-oi (Cetvertoi) Naucn. Konf. Aspirantov., Sb. **1962**, 125-28; durch Chem. Abstr. **61**, 1247 g
17. *Schwarzmann, E., Glemser, O.:* Z. Anorg. Allg. Chem. **312** (1961) 45 - 49
18. *Tananaev, N.A., Locmanova, M.H.:* Ž. Anal. Chim. **1** (1946) 206-08; durch Chem. Abstr. **41**, 3710 f

4.2 Abscheidung von Wolframsäure unter Zusatz basischer Fällungsmittel

Die quantitative Abscheidung von Wolframsäure durch alleinige Anwendung von Säuren erfordert das Eindampfen der Lösung zur Trockene. Rascher und müheloser gelingt die Fällung unter Zusatz eines basischen Hilfsreagenses. Dabei entstehen keine definierten Verbindungen; die Niederschläge müssen zu Wolframtrioxid verglüht werden. Für verschiedene solcher Fällungen wurden die Thermolysekurven gemessen [8].

Die Ausführung erfolgt vorwiegend derart, daß zunächst durch starkes Ansäuern die Hauptmenge des Wolframs als "Wolframsäure" (siehe S. 41) gefällt wird; dann gibt man das basische Fällungsmittel dazu, um die noch gelösten Anteile niederzuschlagen. Hierfür ist es günstig, wenn das Reagens nicht nur ein Kation bildet, sondern auch flockend auf Kolloide wirkt. Bisweilen benutzt man daher ein Gemisch mehrerer Fällungsmittel.

In manchen Fällen gibt man das Hilfsreagens zu einer alkalischen Wolframatlösung und säuert erst dann an. Eine solche Arbeitsweise wird besonders für Tannin empfohlen

[18, 19, 20, 22]; eine entsprechende Arbeitsvorschrift findet sich auf S. 56. Die Verfahren mit und ohne Anwendung basischer Fällungsmittel liefern im wesentlichen gleiche Ergebnisse für den Wolframgehalt. Die Mitfällung von Begleitelementen wie z.B. Molybdän sowie Störungen durch Silikat oder Phosphat treten in gleicher Weise auf. Gute Resultate können in ihrer Gegenwart nur durch Vortrennungen, Umfällung oder nachträgliche Bestimmung der Verunreinigungen im WO_3 erhalten werden.

Im Laufe der Zeit wurde eine sehr große Zahl von Verbindungen als Fällungsmittel empfohlen. Weite Verbreitung hat jedoch nur das *Cinchonin* gefunden; der hiermit erhaltene Niederschlag geht oberhalb von 475°C in Wolfram(VI)-oxid über. Außer *Cinchonin* haben noch *Tanninsäure* (siehe S. 55), *Antipyrin* (=Phenazon) (siehe S. 56) *β-Naphthochinolin* (= 5,6-Benzochinolin) (siehe S. 57) sowie *Benzidin* eine gewisse Bedeutung erlangt.

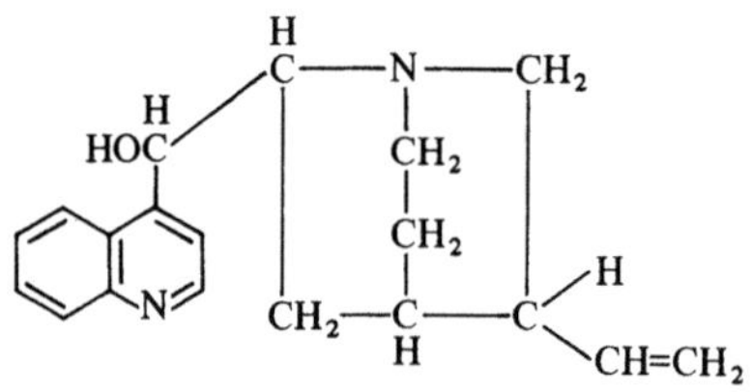

Cinchonin

Cinchonin: $C_{19}H_{22}N_2O$; Molgewicht 294,38; Schmelzpunkt 264°C; spezifische Drehung $[\alpha]_D$ + 229° in Alkohol. Cinchonin ist in Wasser und Alkalilaugen nur spurenweise löslich, leicht löslich dagegen in Säuren. 1 g löst sich in 60 ml kaltem oder 25 ml siedendem Alkohol, 110 ml Chloroform oder 500 ml Äther.

Außerdem wurden unter anderem vorgeschlagen: *Acridin* [11], *Brucin* [13], *Tannin* in Gegenwart von *Oxalsäure* [24], *8-Aminochinolin* [26], *Rhodamin B* [5, 6, 19], *Variaminblau* [10], *Pyridoin* [3], *1-Amino-4-(p-aminophenyl)naphthalin* [4], *Methylviolett + Tannin* [17], *Benzidin* [16].

4.2.1 Betriebsverfahren zur Analyse von Ferrowolfram [14]

Das Probegut wird mit Flußsäure und Salpetersäure gelöst, der größte Teil des Wolframs durch Abrauchen mit Schwefelsäure als Wolframsäure abgeschieden und der Rest mit *Cinchonin* gefällt. Der Zeitbedarf beträgt etwa 4 Std., die Fehlergrenze bei 80 % Wolframgehalt etwa ± 0,6 % W.

Das ausgewogene Wolframtrioxid kann in ebensolcher Weise *verunreinigt* sein wie bei anderen ähnlichen Verfahren. Eine besondere Berücksichtigung derartiger Verunreinigungen erfolgt bei diesem Betriebsverfahren jedoch nicht, oder vom Ergebnis wird ein Erfahrungswert abgezogen.

Reagenzien

a) *Cinchonin-Lösung:* 50 g Chinchonin werden in 250 ml Salzsäure (1,19) gelöst und mit 250 ml Wasser verdünnt.
b) *Cinchonin-Waschlösung:* 10 ml Cinchonin-Lösung (a.) werden mit 10 ml Salzsäure (1,19) gemischt und mit Wasser auf 1 Liter verdünnt.

Arbeitsvorschrift. In einer geräumigen Platinschale übergießt man 0,5 g Probegut mit 10 ml Flußsäure (40 %) und fügt etwa 10 ml Salpetersäure (1,4) in kleinen Anteilen zu, wobei man die Schale wegen der anfangs sehr heftigen Reaktion mit einem Platindeckel bedeckt. Dann erhitzt man und gibt tropfenweise noch so viel Salpetersäure (1,4) zu, wie zum vollständigen Lösen des Probeguts nötig ist. Der abgekühlten Lösung werden 15 ml Schwefelsäure (1+1) zugefügt, worauf auf dem Sandbade, bis zum Auftreten schwerer weißer Nebel erhitzt wird. Nach dem Erkalten spült man den Schaleninhalt in ein 600 ml-Becherglas und reinigt den Platindeckel und die Schale mit Filterpapier, das man anschließend ins Becherglas gibt. Die letzten an der Schale bzw. dem Deckel anhaftenden Reste von Wolfram(VI)-oxid werden mit Ammoniak (0,91) gelöst, die Lösung mit Salzsäure (1+1) angesäuert und mit dem Inhalt des Becherglases vereinigt. Das Reinigen der Platingeräte wird in gleicher Weise noch einmal vorgenommen. Dann verdünnt man die Lösung auf etwa 200 ml, fügt 10 ml Salzsäure (1,19) zu, erhitzt bis zum Sieden und filtriert durch ein Filter, das ein wenig Filterbrei enthält. Filter und Niederschlag werden dreimal abwechselnd mit heißer Salzsäure (1+3) und mit Salzsäure (1+200) gewaschen.

Das Filtrat wird auf etwa 350 ml verdünnt, mit 20 ml Salzsäure (1,19) versetzt und zum Sieden erhitzt. Nun fügt man 10 ml Cinchonin-Lösung zu, kocht etwa 15 Min. und filtriert dann. Filter und Niederschlag wäscht man zunächst dreimal mit Cinchonin-Waschlösung und darauf so lange mit Salzsäure (1+100), bis in der ablaufenden Waschflüssigkeit Eisen nicht mehr nachzuweisen ist. Die beiden Filter werden zusammen in einem Platintiegel verascht. Das Wolfram(VI)-oxid glüht man bei etwa 800 °C bis zum gleichbleibenden Gewicht.

4.2.2 Analyse von Erzen durch kombinierte Abscheidung mit Säure und Cinchonin [9, 15]

Das Verfahren wird für Wolframerze, Konzentrate u.ä. als *Schiedsmethode* verwendet. – Nach Abscheidung der Hauptmenge des Wolframs als Wolframsäure wird der restliche Anteil durch Cinchonin gefällt. Hierdurch wird unter anderem auch Wolframatophosphat mit erfaßt: siehe Kapitel 4.5, S. 68.

Der Niederschlag kann durch andere Metalle wie Molybdän, Eisen, Aluminium u.a. verunreinigt sein. Nach der Auswaage des rohen Wolfram(VI)-oxids müssen diese Anteile gesondert bestimmt und bei der Auswertung berücksichtigt werden. Siehe hierzu auch Kapitel 4.1, S. 40.

Reagenzien

a) *Cinchonin-Lösung:* Man löst 12,5 g Cinchonin in 100 ml Salzsäure (1+1) und filtriert.
b) *Cinchonin-Waschlösung:* Man gibt 15 ml Salzsäure (1,19) zu 12,5 ml Chinchonin-Lösung (a.) und verdünnt mit heißem Wasser auf 500 ml.
c) *Ammoniak-Waschlösung:* Ammoniaklösung (1+9), welche 1 g NH_4Cl in 100 ml enthält.

Arbeitsvorschrift. Das Erz wird im Achatmörser zerrieben, bis es durch ein 200 mesh-Sieb läuft (Korngröße $<$0,074 mm). – In einem 400 ml-Becherglas befeuchtet man 1 g Probe durch Umschwenken gleichmäßig mit 5 ml Wasser. Man gibt 100 ml konzentrierte Salzsäure dazu, legt ein Uhrglas auf und erwärmt 1 Std. auf 50 bis 60 °C. Dabei muß gelegentlich umgerührt werden, um die Bildung von Krusten zu vermeiden.

Danach legt man Glashaken über den Rand des Becherglases, legt das Uhrglas darauf und kocht, bis die Flüssigkeit auf etwa 50 ml eingeengt ist. Das Ungelöste ist gründlich umzurühren, und alle festen Bestandteile sind zu zerstoßen. Dann gibt man vorsichtig 40 ml konzentrierte Salzsäure und 15 ml konzentrierte Salpetersäure hinzu. Das Glas wird zugedeckt, um Verluste durch Verspritzen zu vermeiden. Wenn die Reaktion abgeklungen ist, entfernt man das Uhrglas wieder und engt erneut bis auf etwa 50 ml ein. Man gibt 5 ml konzentrierte Salpetersäure dazu, zerstößt wieder das noch Ungelöste und engt dann auf etwa 12 ml ein. Nach Zugabe von 150 ml heißem Wasser rührt man gut durch und erhitzt 30 Min. zum schwachen Sieden. Man gibt dann 5 ml Cinchonin-Lösung dazu und erwärmt 30 Min. auf einem siedenden Wasserbad.

Nachdem sich der Niederschlag abgesetzt hat, filtriert man die überstehende Flüssigkeit durch ein mit Filterschleim gedichtetes Papierfilter (Whatman No. 540). Den Rückstand wäscht man durch dreibis viermaliges Dekantieren mit heißer Cinchonin-Waschlösung. Dann bringt man ihn auf das Filter, wobei man die am Becherglas anhaftenden Reste mit einem Gummiwischer und kleinen Stückchen Filterpapier abwischt. Becherglas, Filter und Niederschlag werden sorgfältig gewaschen. Filtrat und Waschflüssigkeit werden vereinigt (A), mit Cinchonin-Lösung vermischt und beiseite gestellt, um die Vollständigkeit der Fällung zu überprüfen.

Den ausgewaschenen Niederschlag reinigt man durch Lösen in Ammoniak und erneute Fällung. Hierzu spritzt man ihn mit etwa 25 ml Wasser in das zuvor benutzte Becherglas zurück. – Das Filter wird aufbewahrt. – Man gibt etwa 6 ml Ammoniak-Lösung hinzu, wobei ein kleiner Überschuß an NH_3 vorliegen muß. Dann erwärmt man einige Min. bei bedecktem Becherglas. Die Innenwand spült man mit Ammoniak-Waschlösung. Schließlich rührt man gut um, filtriert durch das zuvor benutzte Filter und sammelt das Filtrat in einem 400 ml-Becherglas. Der zur Fällung benutzte Becher, das Filter und der Niederschlag werden mit warmer Ammoniak-Waschlösung gewaschen. Den erhaltenen Niederschlag (B) bewahrt man auf. Das Filtrat kocht man, bis die Hauptmenge an Ammoniak vertrieben ist, gibt dann 20 ml konzentrierte Salzsäure und 10 ml konzentrierte Salpetersäure hinzu und engt auf 12 ml ein. Dann verdünnt man mit heißem Wasser auf etwa 150 ml, gibt 10 ml Cinchonin-Lösung dazu, rührt gut durch und erwärmt 30 Min. auf 80 bis 90°C. Nach dem Erkalten gibt man etwas Filterschleim dazu, bringt den Niederschlag auf ein Filter (Whatman No. 40) und wäscht sorgfältig mit Cinchonin-Waschlösung. Dieses ist der Haupt-Wolframniederschlag, und er wird gemeinsam mit später anfallenden Niederschlägen geglüht. – Filtrat und Waschflüssigkeit werden vereinigt (C), durchmischt und zur Kontrolle auf vollständige Ausfällung beiseitegestellt. Der oben entstandene Niederschlag (B) kann noch Wolfram neben Eisen und/oder Aluminium enthalten. Man löst ihn in warmer Salzsäure (1+9), filtriert und wäscht abwechselnd mit kleinen Mengen heißer 0,5 %iger Ammoniumchlorid-Lösung und der Ammoniak-Waschlösung. Aus dem Filtrat scheidet man das Wolfram in gleicher Weise wie bei der mit der Hauptmenge durchgeführten Umfällung mit Säure und Cinchonin ab. Es wird mit dem zuvor erhaltenen Haupt-Wolframniederschlag vereinigt.

Der nach der Behandlung des Niederschlags (B) mit Salzsäure (1+9), NH_4Cl-Lösung und NH_3-Waschlösung noch verbliebene Rückstand (D) ist üblicherweise frei von Wolfram. Er enthält gegebenenfalls Kieselsäure, unzersetztes Silikat, Zinn (aus Cassiterit) sowie Niob und Tantal. Falls erforderlich, kann etwa doch noch enthaltenes Wolfram daraus in folgender Weise abgeschieden werden: Das Filter mit dem Rückstand (D) wird bei 650°C im Porzellantiegel verascht, die Asche in einen Platintiegel übergeführt und mit Flußsäure und Schwefelsäure abgeraucht. Den Rückstand schließt man mit möglichst wenig Natriumcarbonat auf und löst die Schmelze in Wasser. Man filtriert, säuert das Filtrat mit Salzsäure (1+1) an und verkocht das Kohlendioxid. Zur Prüfung auf Wolfram gibt man 5 ml Cinchonin-Lösung dazu, erwärmt 30 Min. am Wasserbad und läßt über Nacht stehen.

Falls aus dieser Lösung oder den zuvor beiseite gestellten Filtraten (A und C) noch eine Fällung entsteht, filtriert man sie durch ein gemeinsames Filter und wäscht die vereinigten Niederschläge mit Cinchonin-Waschlösung. Sie werden in Ammoniak (1+9) gelöst und in gleicher Weise wie oben umgefällt. Erst dann darf dieser Anteil mit dem Haupt-Wolframniederschlag vereinigt werden.

Den Haupt-Wolframniederschlag und die mit ihm vereinigten nachträglichen Fällungen bringt man einschließlich der Filter in eine kleine, gewogene Platinschale. Man trocknet und verascht dann bei 600°C, bis aller Kohlenstoff verbrannt ist. Nach dem Erkalten befeuchtet man den Rückstand mit etwas Flußsäure und dampft zur Trockene, um etwa vorhandenes Silikat zu vertreiben. Dann glüht man bei höchstens 800°C bis zur Gewichtskonstanz.

Das erhaltene rohe Wolframtrioxid kann durch Vanadium, Molybdän, Silber, Eisen, Phosphat verunreinigt sein (siehe Bemerkung). Diese Anteile müssen bestimmt und vom Rohgewicht abgezogen werden. Hierzu schließt man das rohe WO_3 mit wenig Natriumcarbonat auf, löst die Schmelze in Wasser, filtriert (durch Whatman No. 540) und wäscht zunächst mit warmer, 1 %iger Natriumcarbonat-Lösung, dann mit heißem Wasser. – Filtrat und Waschflüssigkeit werden aufbewahrt. – Der Niederschlag wird getrocknet, verascht, bei 800°C geglüht und nochmals in der gleichen Weise behandelt. – Das dabei erhaltene Filtrat wird mit dem obigen vereinigt. – Der nunmehr verbliebene Niederschlag wird bei 800°C geglüht. Sein Gewicht zieht man von demjenigen des rohen WO_3 ab. Kann Silber anwesend sein, wird der nach dem Aufschluß des rohen WO_3 verbliebene Rückstand zunächst mit Ammoniak-Lösung behandelt, filtriert und gewaschen. Der dabei verbleibende Rückstand wird geglüht und mit Carbonat aufgeschlossen, wie im vorangegangenen Abschnitt beschrieben. Das ammoniakalische Filtrat versetzt man mit Ammoniumsulfid-Lösung. Einen eventuell entstandenen Niederschlag filtriert man ab und glüht ihn zusammen mit den aus den vereinigten wäßrigen Lösungen der Carbonatschmelzen erhaltenen.

Die aufbewahrten Filtrate der beiden Carbonatschmelzen werden angesäuert und zur Vertreibung des CO_2 gekocht. Dann gibt man Ammoniak im Überschuß hinzu. Normalerweise entsteht dabei kein Niederschlag, anderenfalls filtriert man diesen ab, wäscht, glüht bei 800°C und zieht das Gewicht ebenfalls von dem des rohen WO_3 ab. – Zu der klaren, ammoniakalischen Lösung gibt man 3 bis 5 g Weinsäure und sättigt mit Schwefelwasserstoff. Dann säuert man mit Schwefelsäure (1+1) an und gibt dann davon noch so viel im Überschuß zu, daß eine Schwefelsäurekonzentration von 1+99 erreicht wird. Man erwärmt 1 Std. auf 50 bis 60°C und filtriert dann durch ein Filter Whatman No. 540. Den Niederschlag wäscht man mit H_2S-Wasser, welches 5 g Weinsäure und 5 ml konz. Schwefelsäure im Liter enthält. – Das Filtrat wird aufbewahrt, falls auf Verunreinigungen durch Phosphat und Vanadium geprüft werden soll.

Um mitgerissenes Wolfram aus dem Sulfidniederschlag zu entfernen, löst man diesen in heißer, verdünnter Salpetersäure, welche ein wenig Brom enthält. Dann verkocht man das Brom, gibt 1 bis 2 g Weinsäure dazu, macht ammoniakalisch und fällt erneut mit Schwefelwasserstoff wie oben beschrieben. Der gereinigte Niederschlag von Molybdänsulfid wird mit dem Filter verascht und bei 600°C geglüht. Das Gewicht zieht man ebenfalls von demjenigen des rohen WO_3 ab.

Bemerkung: Anwesendes *Molybdän* wird teilweise mit der Wolframsäure niedergeschlagen und läßt sich nicht ohne Wolframverluste verflüchtigen. Liegt Mo in erheblicher Menge vor, sollte die Lösung vor dem Filtrieren wenigstens 24 Std. stehen gelassen werden, da Molybdän die Ausfällung des Wolframs verzögert.

4.2.3. Analyse wolframarmer Erze mit Gehalten an Zinn, Arsen und Phosphor [2]

Das Erz wird durch Säure zersetzt und das Wolfram mit Cinchonin gefällt. Den Niederschlag reinigt man durch Lösen in Ammoniak und erneute Fällung mit Cinchonin. Molybdän fällt mit aus und muß in dem gewogenen, rohen WO_3 bestimmt und berücksichtigt werden.

Die *Ausführung* dauert 7 Std. Die Genauigkeit genügt den Anforderungen an *Schiedsverfahren.*

Reagenzien

Cinchonin-Lösung: 125 g Cinchonin werden in 500 ml Salzsäure (1,19) und 500 ml Wasser gelöst.

Arbeitsvorschrift [2]. 1 g feinstgeriebenes Erz wird im 400 ml-Becherglas mit 100 ml Salzsäure (1,19) längere Zeit bei 50°C behandelt, bis sich Wolframsäure auszuscheiden beginnt. Etwa auftretende Krusten werden durch öfteres Umrühren mit einem Glasstab zerstört. Nachdem die Zersetzung stattgefunden hat, gibt man 20 ml Salpetersäure (1,40) hinzu und dampft die Lösung bis auf etwa 10 ml ein. Dann setzt man 200 ml Wasser und etwas Filterschleim hinzu, kocht auf und fällt das Wolfram in der siedend heißen Lösung durch tropfenweises Zugeben von insgesamt 5 ml Cinchoninlösung. Sobald sich der Niederschlag abgesetzt hat, wird er auf ein kleines Filter abfiltriert und mit chinchoninhaltigem Wasser (20 ml Cinchoninlösung zu 1 Liter verdünnt) ausgewaschen. Am Becherglas haftende Reste von Wolframsäure bleiben vorerst unberücksichtigt. Zuletzt wäscht man Becherglas und Filter mit verdünnter Salzsäure aus, um überschüssiges Cinchonin zu entfernen. Dann wird der Niederschlag in das Becherglas zurückgespritzt und die Wolframsäure mit wenig Ammoniak (0,91) in Lösung gebracht. Nachdem man das Gemisch etwa 30 Min. in der Kälte stehen gelassen und darauf kurze Zeit aufgekocht hat, wird der aus Zinnstein, Siliciumdioxid usw. bestehende Rückstand durch das vorher benutzte Filter abfiltriert und mit heißem, NH_3 enthaltendem Wasser ausgewaschen. Nun verkocht man das Ammoniak, engt die Lösung auf 20 bis 30 ml ein, macht sie durch Hinzufügen von 1 ml Ammoniak (0,91) wieder klar und versetzt sie sodann mit 20 ml Salzsäure (1,19). Man engt sie zur besseren Abscheidung des Wolframs etwas ein, verdünnt sie auf ungefähr 100 ml, gibt etwas Filterschleim hinzu und fällt nun das Wolfram in der Siedehitze mit 5 ml Cinchoninlösung wie vorher. Nach einigen Min. schwachen Siedens läßt man den Niederschlag absitzen und filtriert ihn auf ein mit wenig Filterschleim versehenes Filter ab. An der Wandung des Becherglases haftende Reste des Niederschlages werden mit Filtrierpapier gesammelt, das mit einem Tropfen Ammoniak angefeuchtet wurde.

Das vorher benutzte Filter mit dem im Ammoniak unlöslichen Rückstand wird im Platintiegel verbrannt. Den geglühten Tiegelinhalt mischt man mit möglichst wenig Natriumkaliumcarbonat und erhitzt bis zum Schmelzfluß. Die erkaltete Schmelze löst man in wenig Wasser, filtriert vom Ungelösten ab, säuert das Filtrat mit Salzsäure (1+1) an und fällt nach Zugeben von weiteren 10 ml der Säure die Reste des Wolframs, wie oben angegeben, mit Cinchoninlösung. Darauf werden die beiden Filter mit den Cinchoninfällungen verascht, ihr Inhalt wird geglüht, und das Wolfram(VI)-oxid wird gewogen. Die Glühtemperatur darf 800°C nicht überschreiten.

Bemerkungen:

I. Zum Schmelzaufschluß soll nicht mehr Natriumkaliumcarbonat als nötig benutzt werden, da größere Mengen *Alkalisalze* die quantitative Fällung des Wolframs mit Cinchonin *beeinträchtigen.*

II. Zur *Bestimmung von Molybdän* im gewogenen, rohen Wolframtrioxid schließt man letzteres mit Natriumkaliumcarbonat auf. Die Molybdänbestimmung kann dann durch Fällung mit Schwefelwasserstoff aus weinsaurer Lösung erfolgen. Die Arbeitsweise ist im Kapitel 4.1, S. 45, ausführlich beschrieben. – Dabei wird eine Verunreinigung der Wolframsäure durch Kupfer ebenfalls berücksichtigt. Eine Umfällung des Sulfidniederschlages ist bei höheren Genauigkeitsansprüchen unumgänglich. – Auch eine photometrische Molybdänbestimmung nach Kapitel 4.3.4, S. 63 kommt in Betracht.

III. Für arsenhaltige Erze wird häufig empfohlen, die Probe vor dem Lösen zunächst zur *Entfernung des Arsens* abzurösten. Hierzu erhitzt man die trockene, fein gepulverte Probe einige Zeit in einem offenen Gefäß auf einige hundert Grad.

4.2.4 Analyse von Zinnerzen. Schiedsverfahren des Chemikerausschusses der Gesellschaft Deutscher Metallhütten- und Bergleute [1].

Die Probe wird mit Natriumperoxid aufgeschlossen. Das Wolfram wird mit Cinchonin gefällt und nach dem Lösen in Ammoniak durch Umfällen mit Cinchonin gereinigt. Das geglühte Wolframtrioxid kann die auch bei anderen Verfahren möglichen Verunreinigungen enthalten. Diese müssen in der üblichen Weise bestimmt und berücksichtigt werden.

Das Verfahren eignet sich für Proben mit einem *Wolframgehalt über 1 %.* Bei Gehalten von 1 bis 15 % Wolfram beträgt der Fehler etwa ± 2 %.

Reagenzien

a) *Cinchoninlösung:* 12,5 g Cinchonin werden in 50 ml Salzsäure (1,19) gelöst. Dann verdünnt man mit Wasser auf 100 ml.
b) *Waschlösung:* 20 ml Cinchoninlösung werden mit Wasser auf 1 Liter verdünnt.

Arbeitsvorschrift. In einem Eisentiegel von etwa 100 bis 150 ml Fassungsvermögen werden 5 g Probe mit einem Gemisch von 25 bis 50 g Natriumperoxid und 12,5 bis 25 g Natriumhydroxid vermischt. Die Mischung bedeckt man mit 12,5 g Natriumperoxid und erhitzt zum Schmelzen. Die Schmelze wird unter leichtem Schwenken bis zum gleichmäßigen Fluß auf Dunkelrotglut erhitzt. Mit einem Stäbchen aus Eisen oder Korund rührt man durch. Nach dem Erkalten wird der Schmelzkuchen in einem großen Becherglas mit 500 ml Wasser ausgelaugt. Tiegel und Stäbchen werden mit Salzsäure (1+4) in das Becherglas abgespült. Dann säuert man vorsichtig mit Salzsäure (1,19) an, so daß noch keine Wolframsäure ausfällt.

Falls beim Schmelzaufschluß ein Rückstand bleibt, wird er über ein mittelfeines Filter abfiltriert und erneut mit Natriumperoxid und Natriumhydroxid aufgeschlossen. Das salzsaure Filtrat des Zweitaufschlusses vereinigt man mit dem Hauptfiltrat.

Zur Abscheidung der Wolframsäure gibt man nun 50 ml Salzsäure (1,19) hinzu und erhitzt etwa 1 Std. auf 80°C. Dann gibt man etwas Filterschleim dazu und fällt den restlichen Anteil Wolframsäure durch Zutropfen von 4 bis 5 ml Cinchoninlösung. Nach dem Umschütteln und Absitzen wird durch Zugabe eines weiteren Tropfens Cinchoninlösung auf Vollständigkeit der Fällung geprüft. Nach dem Erkalten verdünnt man mit Wasser und filtriert durch ein mit Filterschleim gedichtetes Filter. Filter und Niederschlag werden zunächst mit Waschlösung, dann mit Salzsäure (1+10) gewaschen. Das Filtrat kann zur Zinnbestimmung benutzt werden. –

Der Niederschlag wird in das Fällungsgefäß zurückgespritzt und mit wenig Ammoniak (0,91) gelöst. Nach etwa 30 Min. Wartezeit und Zugabe von 20 ml Ammoniak (1+1) wird die Lösung kurz aufgekocht und durch das vorher benutzte Filter in ein 250 ml-Becherglas filtriert. Das Filter wird mit heißem Ammoniak (1+10) ausgewaschen und im Filtrat das Ammoniak verkocht. Die trüb gewordene Lösung klärt man durch Zugabe von 1 ml Ammoniak (0,91). Dann säuert man mit 20 ml Salzsäure (1,19) an, verdünnt auf 100 ml und erhitzt in Gegenwart von etwas Filterschleim zum Sieden. Das Wolfram wird nunmehr durch Zutropfen von 5 ml Cinchoninlösung erneut gefällt. Nach einigen Min. schwachen Siedens läßt man die Fällung absetzen und filtriert sie über ein mit Filterschleim beschicktes, mittelfeines Filter ab. An der Wand des Becherglases anhaftende Fällungsreste werden mit ammoniakgetränktem Filterpapier gesammelt und zum Filterinhalt gegeben.

Filter und Inhalt werden getrocknet, bei 750 bis höchstens 800°C verascht und der Rückstand bis zur Gewichtskonstanz geglüht. Nach dem Erkalten im Exsikkator wird das Wolfram als Wolfram(VI)-oxid ausgewogen. Der Umrechnungsfaktor von WO_3 auf W ist 0,7930.

4.2.5 Analyse von Erzen und Konzentraten. Arbeitsweise des US Bureau of Mines mit Cinchonin, Tanninsäure und Antipyrin [22]

Die Probe wird in Salzsäure gelöst, von welcher so viel anzuwenden ist, daß das Wolfram gelöst bleibt und der Aufschluß nicht durch ausfallende Wolframsäure behindert wird. Danach scheidet man die Hauptmenge des Wolframs durch Abrauchen mit Perchlorsäure ab und fällt den geringen Rest mit Cinchonin. Zur *Reinigung* löst man den Niederschlag mit Ammoniak und fällt erneut, diesmal mit Tanninsäure und Antipyrin. Die Verwendung dieser Reagenzien dient der Ersparnis an Cinchonin; die Ergebnisse sind ebensogut wie bei erneuter Anwendung von Cinchonin.

Die gravimetrische Bestimmung wird vor allem für Proben mit 5 % oder mehr Wolfram empfohlen, ist aber auch auf arme Erze mit weniger als 0,5 % Wolfram anwendbar. – Für arme Erze sind allerdings photometrische Verfahren vorzuziehen; siehe Kapitel 6.1.2.3.

Reagenzien

a) *Cinchonin-Lösung:* Man löst 125 g Cinchonin in 1 Liter Salzsäure (1+1)
b) *Cinchonin-Waschlösung:* 10 ml Cinchonin-Lösung und 20 ml Salzsäure verdünnt man mit Wasser auf 1 Liter.
c) *Ammoniak-Waschlösung:* 100 ml Ammoniaklösung (0,91) und 10 ml Salzsäure werden mit Wasser auf 1 Liter verdünnt.
d) *Tanninsäure-Lösung:* Man löst 10 g Tanninsäure in 100 ml Wasser. Die Lösung ist täglich frisch herzustellen.
e) *Antipyrin-Lösung:* Man löst 10 g Antipyrin in 100 ml Wasser.
f) *Antipyrin-Schwefelsäure-Waschlösung:* Man löst 3,52 g Antipyrin in 1760 ml Wasser und gibt dazu 5 ml konzentrierte Schwefelsäure.

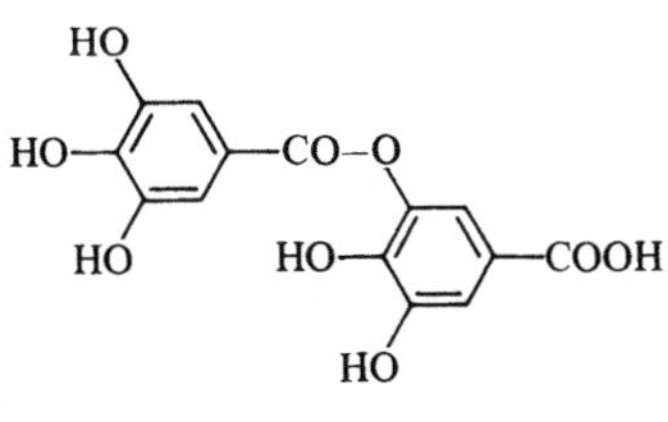

m–Digallussäure
(= m–Galloyl–gallussäure)

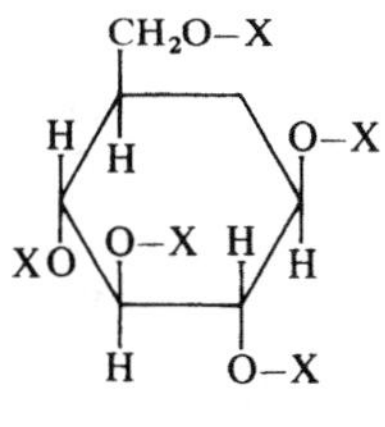

Pentadigalloylglucose
(X = m–Digalloyl)

Tannin (= Tanninsäure) ist ein Ester aus m-Digallussäure und Glucose, wobei das chinesische Tannin aus Pentadigalloylglucose besteht, während das türkische Tannin ärmer an Gallussäure ist. Tannin bildet ein gelblich-weißes bis hellbraunes, amorphes Pulver, das durch Licht und Luft allmählich dunkel verfärbt wird. Es ist daher verschlossen und lichtgeschützt aufzubewahren. Die Handelsware enthält üblicherweise etwa 10 % Wasser. Tannin zersetzt sich bei 210 bis 215°C, überwiegend zu Pyrogallol und CO_2. 1 g Tannin löst sich in 0,35 ml Wasser. Es ist leicht löslich in Alkohol und Aceton, jedoch praktisch unlöslich in Benzol, Chloroform, Äther, Petroläther, Schwefelkohlenstoff und Tetrachlorkohlenstoff. Pentadigalloylglucose: $C_{76}H_{52}O_{46}$, Molgewicht 1701, 18.

Antipyrin (=Phenazon; 1-Phenyl-2, 3-dimethyl-pyrazolon-5) $C_{11}H_{12}N_2O$; Molgewicht 188,22;; Schmelzpunkt 113°C. 1 g Antipyrin löst sich in weniger als 1 ml Wasser, 1,3 ml Alkohol, 1 ml Chloroform, 43 ml Äther. Die wäßrige Lösung reagiert neutral.

Antipyrin

Arbeitsvorschrift für Erze und Rückstände. Die Substanz wird bei 110°C getrocknet und sehr fein pulverisiert (>200 mesh, <0,074 mm Korngröße). Bei Gehalten von weniger als 0,5 % Wolfram wägt man 5 g Probe ein,bei höheren Gehalten entsprechend weniger.

Dabei soll schließlich eine Auswaage von nicht mehr als 150 bis 175 mg WO_3 erhalten werden. Notfalls muß zunächst eine vorläufige Bestimmung zur Ermittlung des ungefähren Gehaltes durchgeführt werden; die richtige Größe der Einwaage ist wichtig für die Zuverlässigkeit der Ergebnisse. In einem 250 ml-Becherglas behandelt man 0,25 bis 5 g genau gewogene Probe mit 50 ml konzentrierter Salzsäure. Man hält 3 Std. bei mäßiger Temperatur auf einer Heizplatte, wobei das Glas bedeckt bleiben soll, um unnötiges Verdampfen der Salzsäure zu vermeiden. Da die Substanz dazu neigt, am Boden des Becherglases festzubacken, muß sie gelegentlich umgerührt werden. Für Scheelit-Erze sind 3 Std. Reaktionszeit erforderlich. Der Aufschluß von Wolframit, Ferberit und Hübnerit verläuft schneller und vollständiger, wenn die Salzsäure in ein anderes Becherglas abgegossen wird, sobald sich gelbe Wolframsäure abzuscheiden beginnt. Dann gibt man frische Salzsäure zum Rückstand und behandelt weiter; erforderlichenfalls wird die Salzsäure mehrfach erneuert, bis nur noch ein rein weißer, unlöslicher Rückstand bleibt. Zuletzt vereinigt man alle abgegossenen Säureanteile wieder in dem Lösegefäß. Wurde nur eine einzige Portion Salzsäure benutzt, gibt man nach vollendetem Aufschluß nochmals 20 ml Salzsäure dazu.

Man gibt 10 ml Salpetersäure dazu und engt bis auf 10 ml ein. Dann fügt man 10 bis 15 ml Perchlorsäure hinzu und erhitzt bis zum Auftreten starker Perchlorsäure-Nebel (Explosionsgefahr durch hölzerne Abzüge, Staub usw.!). Man läßt erkalten, gibt 6 bis 10 ml Salzsäure (1+1) hinzu, erhitzt zum Sieden und verdünnt mit 200 ml heißem Wasser. Zur Abscheidung der letzten Reste Wolframsäure gibt man noch 5 ml Cinchonin-Lösung dazu, rührt noch etwas Filterbrei in die Lösung ein und kocht auf. Dann läßt man mehrere Std. lang, am besten über Nacht in der Wärme stehen. Man filtriert die Lösung und wäscht Becherglas und Filter sechsmal mit heißer Cinchonin-Waschlösung, dann noch sechsmal mit heißer, verdünnter Salzsäure (1:20). Eisen muß dabei durch die Salzsäure vollständig ausgewaschen werden (Filtrat mit Thiocyanat püfen!). – Das Filtrat ist frei von Wolfram und kann verworfen werden. – Mit 25 ml Wasser spült man den Niederschlag aus dem Filter zurück in das Becherglas. Man gibt 10 ml konz. Ammoniaklösung und einige Gramm Ammoniumchlorid dazu und kocht 5 Min. bis alle Wolframsäure gelöst ist. Dann filtriert man erneut durch das schon zuvor benutzte Filter und wäscht das Becherglas mehrmals mit heißer Ammoniak-Waschlösung. Das Filter wird noch etwa zehnmal gewaschen. Der aus Kieselsäure bestehende Rückstand sollte frei von Wolfram sein und kann verworfen werden. Bei der Analyse von Ferberit- und Wolframiterzen sollte aber geprüft werden, ob er tatsächlich frei von Wolfram ist (Bemerkung I).

Fällung mit Tanninsäure und Antipyrin: Das Filtrat wird gekocht, bis alles Ammoniak vertrieben ist und mit heißem Wasser auf etwa 200 ml verdünnt. Dann gibt man 5 ml Tanninsäurelösung dazu, säuert mit Schwefelsäure (1+1) an und gibt noch 12 ml Schwefelsäure (1+1) im Überschuß zu. Man gibt 8 g Ammoniumsulfat dazu und kocht auf. Man nimmt das Becherglas von der Heizplatte, rührt etwas Filterbrei in die Lösung ein und läßt dann erkalten. – Es empfiehlt sich, die Lösung auf unterhalb Zimmertemperatur abzukühlen, da der Tannin-Niederschlag in der Kälte leichter filtrierbar ist. – Unter gutem Rühren gibt man 10 ml Antipyrin Lösung dazu. Ein milchiges Aussehen der Lösung zeigt an, daß genügend Fällungsreagens angewandt wurde und daß nun sofort filtriert werden kann (Bemerkung II).Der mit Tanninsäure und Antipyrin entstehende Wolframniederschlag ist grob und schwammig; seine Farbe variiert zwischen hellgelb und dunkelbraun, abhängig von der vorliegenden

Menge Wolframsäure. Beim Erwärmen oder durch den Einfluß des Luftsauerstoffs wird er jedoch klebrig und haftet an der Glaswand. Um dies zu vermeiden, dekantiert man die Lösung vorsichtig durch ein Filter, bis nur noch etwa 1 cm Flüssigkeit über dem Niederschlag verbleibt. Sobald das Filter leergelaufen ist, spült man sofort die restliche Lösung und den Niederschlag auf das Filter. So läßt sich ein Austrocknen an der Luft vermeiden. Im Becherglas haften gebliebene Teilchen wischt man mit einem Stück Filterpapier ab und gibt dieses zum Niederschlag. Zuletzt wäscht man gut mit kalter Antipyrin-Schwefelsäure-Waschlösung, da der Wolframniederschlag in Wasser etwas löslich ist. Das Filter überführt man in einen gewogenen Platintiegel und stellt diesen in einen kalten Ofen. Man steigert langsam die Temperatur, so daß das Filter trocknet, verascht wird und aller Kohlenstoff verbrennt. Den Rückstand erhitzt man auf 600 bis 800°C. Nach dem Erkalten befeuchtet man ihn mit einigen Tropfen Wasser und gibt 2 ml Flußsäure zu. (Bemerkung III). Man bringt auf der Heizplatte zur Trockene und glüht schließlich bei höchstens 800°C. (Bemerkung V). Das Wolfram(VI)-oxid wird gewogen. Danach sollte es auf Molybdän geprüft werden, welches gegebenenfalls photometrisch bestimmt und berücksichtigt werden kann; siehe Kapitel 4.3.4, S. 63.

Bemerkungen:

I. Zur *Prüfung des Löserückstandes* auf Wolfram spült man diesen mit wenig Wasser in eine Porzellanschale, gibt 25 ml Salzsäure dazu und erhitzt 15 Min. zum schwachen Sieden. Nötigenfalls gibt man noch mehr Salzsäure dazu. Dann gibt man einen Streifen Zinnfolie oder einige Zinngranalien hinein und erhitzt weiter. Bei Anwesenheit von Wolfram bildet sich Wolframblau.

II. Zur *Fällung* von 100 mg WO_3 genügen 5 ml Tanninsäure- und 10 ml Antipyrinlösung. Enthält die Probe mehr WO_3, ist entsprechend mehr Fällungsmittel anzuwenden.

III. Der *Rückstand* enthält SiO_2, das *entfernt* werden muß. Vor allem bei der Analyse großer Einwaagen an wolframarmen silikatischen Erzen entstehen sonst große Überbefunde.

IV. Zur *Wiedergewinnung des Cinchonins* löst man 50 g Weinsäure in je 2 Liter cinchoninhaltiger Lösung. Man macht dann ammoniakalisch, filtriert die ausgeschiedene Cinchoninbase ab und wäscht gut mit heißem Wasser. Das Präparat muß schneeweiß sein. Anderenfalls gibt man 1 Liter Wasser dazu und löst es durch Zutropfen von Perchlorsäure. Man löst dann 25 g Weinsäure in der Flüssigkeit und fällt erneut mit Ammoniak. Man filtriert und wäscht mit heißem Wasser. Das Cinchonin wird in der Wärme getrocknet, darf aber nicht erhitzt werden, da es leicht verbrennt.

V. Die *Thermolysekurve* einer mit Tannin und Cinchonin erhaltenen Fällung zeigt starken Gewichtsverlust bis 540°C und danach eine nur noch geringfügige weitere Abnahme bis 987°C [8].

Arbeitsvorschrift für Konzentrate [22]. Die Probe muß bis auf eine Korngröße von weniger als 0,074 mm (200 mesh) zerkleinert werden. Anderenfalls kann der Aufschluß unvollständig bleiben. Man wägt 0,25 g Probe in ein 250 ml-Becherglas ein. Dazu gibt man bei Scheelit-Proben 50 ml Salzsäure, bei Wolframit, Ferberit oder Hübnerit 100 ml Salzsäure (siehe Bemerkung). Es muß gut umgerührt werden, um ein Anbacken der Substanz zu verhindern. Man legt ein Uhrglas auf und erhitzt knapp zum Sieden. Von Zeit zu Zeit muß umgerührt werden. Den Aufschluß setzt man 3 Std. bei mässiger Hitze fort, wobei die Salzsäure allmählich auf ein kleines Volumen eingeengt wird. Ein Eindampfen bis zur Trockene ist zu vermeiden. Man gibt dann weitere 20 ml Salzsäure sowie 20 ml Salpetersäure dazu, erhitzt stärker und engt auf etwa 10 ml ein. Man gibt 10 bis 15 ml Perchlorsäure dazu und erhitzt bis zum starken Rauchen (Vorsicht!).

Dieses Verfahren führt im allgemeinen zur vollständigen Zersetzung der Probe. Verbleiben jedoch nicht aufgeschlossenen Anteile, gibt man mehr Salzsäure dazu und setzt die Behandlung fort, bis eine klare Lösung und rein gelbe Wolframsäure vorliegen. Dann arbeitet man weiter wie oben für arme Erze beschrieben wurde.

Bemerkung: Wolframkonzentrate mit Ausnahme von Scheeliten sind im allgemeinen schwieriger als andere Erze durch Säuren in Lösung zu bringen. Wolframit-Konzentrate lösen sich meist schlechter als solche aus Hübnerit oder Ferberit. Eine große Menge heiße, konzentrierte Salzsäure ist das beste *Aufschlußmittel* für derartige Erze. Dabei soll das Wolfram(VI) in der Salzsäure gelöst bleiben, damit nicht die ausfallende Wolframsäure den weiteren Angriff auf die Substanz erschwert.

4.2.6 Fällung mit β-Naphthochinolin

Zur Fällung desjenigen Anteils Wolframsäure, der mit starker Mineralsäure nicht ausgefällt wurde, eignet sich u.a. auch β-Naphthochinolin (= 5,6-Benzochinolin). Der Niederschlag geht beim Verglühen oberhalb von 475°C in WO_3 über [8].

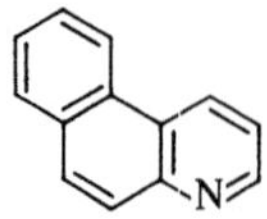

β–Naphthochinolin
(= 5.6–Benzochinolin; Naphthopyridin)

$C_{13}H_9N$; Molgewicht 179,21; Schmelzpunkt 93 bis 94°C. β-Naphthochinolin ist unlöslich in Wasser, löslich in verdünnten Säuren und sehr leicht löslich in Alkohol, Äther, Benzol.

Das Ergebnis einer solchen Arbeitsweise stimmt bei der Bestimmung von etwa 300 mg WO_3 mit demjenigen überein, das mit Cinchonin erhalten wird. Die Abweichung gegenüber der Fällung als Hg_2WO_4 nach Kapitel 4.3 beträgt nur etwa 0,1 % [6, 7]. Mehrere Versuche, mit β-Naphthochinolin Wolfram *selektiv neben Molybdän* zu fällen, verliefen *wenig erfolgreich.* Das Reagens eignet sich für diese schwierige Aufgabe etwa ebenso schlecht wie Cinchonin und andere Basen. Selbst bei einem Verhältnis Mo : W von nur 0,04 ergibt sich ein Fehler von + 2,5 %; bei Mo : W = 2 beträgt der Fehler fast 30 % [7]. Eine Umfällung des Niederschlages in Gegenwart von Wasserstoffperoxid oder Zinn(II)-chlorid verbessert das Ergebnis allerdings wesentlich [7, 23]. Anderenfalls muß in üblicher Weise eine Molybdänbestimmung in geglühtem WO_3 gemacht werden [23], oder es ist eine vorherige Abtrennung des Molybdäns erforderlich [21]. Zur Bestimmung großer Gehalte von Molybdän und Wolfram nebeneinander kann man beide Elemente mit β-Naphthochinolin oder Tannin fällen und nach dem Verglühen die Summe der Oxide wägen. Nach deren Aufschluß bestimmt man Molybdän durch komplexometrische Titration selektiv neben Wolfram und errechnet letzteres als Differenz [25].

β-Naphthochinolin wurde zur Analyse von *Ferrowolfram* und *Wolframmetall* benutzt [12].

Reagenzien

a) *Naphthochinolin-Lösung:* Man löst 2 g β-Naphthochinolin (= 5,6-Benzochinolin) in 100 ml 1,4 m Salpetersäure.

b) *Waschlösung:* 5 ml Naphthochinolin-Lösung mischt man mit 95 ml 0,2 m Salpetersäure.

Arbeitsvorschrift für molybdänfreie Proben [7]. Zu 25 ml einer kalten Lösung, welche eine Wolframatmenge entsprechend etwa 300 mg WO_3 enthält, gibt man tropfenweise unter ständigem Rühren 15 ml konzentrierte Salzsäure. Zuletzt gibt man noch einige Tropfen konz. Salpetersäure hinzu. Man erhitzt zum Sieden, rührt etwas Filterbrei in die Lösung und fügt dann 4 ml Naphthochinolin-Lösung dazu. Man beläßt die Probe noch 1 Std. am Dampfbad, filtriert heiß und wäscht den Niederschlag mit heißer Waschlösung. Man glüht bei 800°C und wägt als WO_3.

4.2.7 Gravimetrische Bestimmung von Phosphat in verunreinigtem Wolfram(VI)-oxid [9].

Aus phosphathaltigen Proben wird bei der Abscheidung von Wolframsäure oft auch ein Teil des Phosphats mitgefällt. Es kann nach der folgenden Arbeitsvorschrift als $Mg_2P_2O_7$ bestimmt und berücksichtigt werden.

Reagenzien

Magnesia-Mischung: Schwach ammoniakalische Lösung von 4 g $MgSO_4 . 7H_2O$ und 8 g NH_4Cl in 100 ml Wasser.

Arbeitsvorschrift [9]. Das gewogene, rohe WO_3 wird mit wenig Natriumkaliumcarbonat aufgeschlossen. Die erkaltete Schmelze löst man in Wasser, filtriert und wäscht mit 2 %iger Ammoniumnitrat-Lösung. Das Filter enthält mit der Wolframsäure mitgefällte Metalle, die nach dem Verglühen abgezogen werden können. Das Filtrat wird zur Abscheidung von Molybdän mit 10 bis 15 g Weinsäure versetzt und mit Schwefelsäure (1+1) angesäuert. Nach Zugabe von 5 ml 10 %iger Kaliumjodid-Lösung sättigt man mit Schwefelwasserstoff und filtriert MoS_3 sowie gegebenenfalls Ag_2S ab. Das Filtrat wird zur Vertreibung von H_2S gekocht, dann schwach ammoniakalisch gemacht und unter Rühren langsam und tropfenweise mit 20 ml Magnesiamischung versetzt. Danach gibt man auf je 100 ml Volumen noch 10 ml Ammoniaklösung dazu und läßt über Nacht stehen. Dann filtriert man, wäscht mit Ammoniaklösung (1+19), erhitzt erst langsam auf etwa 800°C und dann bis zur Gewichtskonstanz auf 1100°C.

Bemerkungen:

I. Der *Umrechnungsfaktor* von $Mg_2P_2O_7$ auf P_2O_5 beträgt 0,6378.

II. Zur *Korrektur der Wolframbestimmung* zieht man das Gewicht des P_2O_5 von der Auswaage an rohem WO_3 ab.

Literatur

1. Analyse der Metalle; Herausg. Chemikerausschuß der Ges. Deutscher Metallhütten- und Bergleute e.V.: Bd. 1, Schiedsanalsyen. 3. Auflage; Springer, Berlin, Heidelberg, New York 1966.
2. Analyse der Metalle; Herausg. Chemikerausschuß der Ges. Deutscher Metallhütten- und Bergleute e.V.: Bd. 2, Betriebsanalysen, Teil 2. 2. Auflage; Springer, Berlin, Göttingen, Heidelberg, New York 1961.
3. *Batt, A.N., Jain, B.D.:* Z. Anal. Chem. **195** (1963) 424-27
4. *Belcher, R., Nutten, A.J.:* J. Chem. Soc. **1951**, 1516-19
5. *Box, F.W.:* Analyst **69** (1944) 272; durch Chem. Abstr. **39**, 38[1]
6. *Claeys, A.:* Anal. Chim. Acta **17** (1957) 360-67
7. *Claeys, A.:* Anal. Chim. Acta **19** (1958) 114-18
8. *DeClerq, M., Duval, C.:* Anal. Chim. Acta **5** (1951) 401-09
9. *Elwell, W.T., Wood, D.F.:* Analyt. Chem. of Molybdenum and Tungsten; Pergamon Press, Oxford 1971
10. *Erdey, L., Buzas, I., Vigh, K.:* Talanta **14** (1967) 515-19
11. *Fidler, J.:* Collect. Czechoslov. Chem. Commun. **14** (1949)645-54; durch Chem. Abstr. **44**, 7185 h.
12. *Golubcova, R.B.:* Ž. Anal. Chim. 3 (1948) 118-22; durch Chem.Abstr. **43**, 7372 a.
13. *Grimaldi, F.S., Davidson, N.:* US Geol. Survey, Bull. No. 950, (1946) 135-38; durch Chem. Abstr. **41**, 49 f.
14. Handbuch für das Eisenhüttenlaboratorium; Herausg. Chemikerausschuß des Vereins Deutscher Eisenhüttenleute e.v.: Bd. 2, Die Untersuchung metallischer Stoffe. 2. Auflage; Verlag Stahleisen, Düsseldorf 1966
15. *Hillebrand, W.F., Lundell, G.E.F., Bright, H.A., Hoffman, J.I.:* Applied Inorganic Analysis, 2. Auflage; Wiley, New York 1953
16. *Knorre, G. von:* Z. Anal. Chem. **47** (1908) 37-57
17. *Kuznecov, V.I., Obožin*, V.K., Palšin, E.S.: Ž. Anal. Chim. **10** (1955) 25-29
18. *Lambie, D.A.:* Analyst **64** (1939) 481-90
19. *Lambie, D.A.:* Analyst **70** (1945) 124-28
20. *Lambie, D.A.:* Analyst **74** (1949) 405-10
21. *Muchina, Z.S., Ilina, L.I., Kondutova, N.:* Chim. Svoista Metody Anal. Tugoplavkich Soedin. **1969**, 108-13; durch Chem. Abstr. **72**, 50661 y.
22. *Peterson, H.E., Anderson, W.L., Howcroft, M.R.:* US Bureau of Mines, Rept. Investigations No. 6148 (1963)
23. *Sčerbakov, V.G., Stegendo, Z.K.:* Sb. Tr. Naučn.-Issled. Proekt. Inst. Tugoplavkich Met. Tverd. Splavov **1970**, 182-87; durch Chem. Abstr. **75**, 157888 s und **81**, 114123 v.
24. *Šeskol'skaja, A.Ja.:* Ž. Anal. Chim. **20** (1965) 1250-51
25. *Šeskol'skaja, A.Ja.:* Ž. Anal. Chim. **22** (1967) 812-14
26. *Yamamoto, K., Noda, Y.:* Japan Analyst **19** (1970) 112-14

4.3 Fällung von Metallwolframaten

Aus annähernd neutraler oder schwach saurer Lösung wird Monowolframat WO_4^{2-} durch verschiedene Metallkationen gefällt. Alle diese Verfahren haben den Nachteil, daß auch Molybdat, Chromat, Vanadat mit ausfallen. Außerdem kann der Niederschlag gegebenenfalls Silikat, Niobat, Tantalat, Phosphat, Sulfat und andere enthalten. Bei der Analyse von Erzen und technischen Erzeugnissen muß die zuerst erhaltene Fällung in umständlicher Weise gereinigt werden, um den Gehalt an anderen mitgefällten Anionen zu berücksichtigen.

Bariumwolframat [6, 9, 14] oder *Calciumwolframat* [8, 17] fällt man mit $BaCl_2$ bzw. $CaCl_2$ bei etwa pH 7,5 bis 8, trocknet bei etwa 750°C und wägt als $BaWO_4$ bzw. $CaWO_4$. Mit ausgefallenes Calciummolybdat geht beim Behandeln des Niederschlages mit Salzsäure in Lösung. Die zurückbleibende Wolframsäure kann zu WO_3 verglüht werden [8].

Bleiwolframat fällt man bei pH 6 bis 6,5, trocknet bei 110°C und wägt als $PbWO_4$ [10]. Bezüglich der Fällungsbedingungen siehe auch Kapitel 5.4, S. 87 bis 95.
Die Bestimmung als *Silberwolframat* ergibt einen Fehler von + 0,52 %. Außer Halogenidionen stören auch Arsenat, Vanadat und Chromat [19].

Die *Löslichkeiten* einiger Wolframate in Wasser von 25°C betragen (Gramm-Äquivalente/Liter): $CaWO_4$ $22{,}45 \cdot 10^{-5}$; $SrWO_4$ $16{,}94 \cdot 10^{-5}$; $BaWO_4$ $5{,}0 \cdot 10^{-5}$; $PbWO_4$ $7{,}0 \cdot 10^{-5}$ [3].

Die *Thermolysekurven* für einige analytisch benutzte Metallwolframate wurden gemessen [7]. Die Fällung erfolgte z.T. nach sehr alten Arbeitsvorschriften. Konstantes Gewicht ergeben $CaWO_4$ oberhalb 400°C, $CdWO_4$ im Bereich von 290 bis 972°C und $PbWO_4$ bereits ab 100°C. Für $BaWO_4$ wurde wegen mitgefälltem $BaCO_3$ bis 1011°C eine Gewichtsabnahme beobachtet. Hg_2WO_4 zersetzt sich zu WO_3; Gewichtskonstanz tritt im Bereich von 880 bis 959°C auf. Über die zulässige Glühtemperatur von WO_3 siehe dagegen auch S. 14.

Die *Quecksilberwolframate* haben als einzige Metallwolframate praktische Bedeutung zur gravimetrischen Wolframbestimmung erlangt. Geeignet ist sowohl *Quecksilber(I)-wolframat* Hg_2WO_4 nach *Berzelius* [4, 15, 18] als auch *Quecksilber(II)-wolframat* $HgWO_4$ nach *Blumenthal* [5]. Die Verbindungen sind nicht als solche wägbar, sondern müssen zu WO_3 verglüht werden, wobei giftige Hg-Dämpfe entstehen. Dabei wurde gelegentlich auch starke Korrosion der benutzten Platintiegel beobachtet [13].

Eine Umfällung des Niederschlages und die Korrektur der Auswaage für mitgefällte andere Ionen sind meist unerläßlich [1, 2]. Die Arbeitsweisen für die Fällung mit Hg(I) und mit Hg(II) sind ähnlich, nur muß in ersterem Falle die Azidität sehr sorgfältig kontrolliert werden. Die Anwendung von Hg(II) ist daher für Ungeübte einfacher. Auch ist der Niederschlag von Hg(II)-wolframat besser auswaschbar. Er neigt ferner beim Verglühen weniger als das Hg_2WO_4 zum Verpuffen und Zerstäuben, so daß die Temperaturführung beim Erhitzen etwas weniger kritisch ist [2, 5, 13, 20]. Beide Verfahren werden vom Chemikerausschuß der Ges. Deutscher Metallhütten- und Bergleute [1], dasjenige mit Hg(II) auch vom Chemikerausschuß des Vereins Deutscher Eisenhüttenleute [11] als *Schiedsverfahren* empfohlen.

Die Niederschläge beider Quecksilberwolframate bzw. der Glührückstand von WO_3 können durch Silicium, Molybdän, Eisen, Chrom, Kupfer usw. verunreinigt sein. Nach dem

Verflüchtigen des Siliciums mit Flußsäure glüht man das rohe WO_3 bei 750 bis höchstens 800°C und wägt. Dann schließt man mit Natriumcarbonat auf, bestimmt die Verunreinigungen und korrigiert die zuerst erhaltene Auswaage. Je nach den Genauigkeitsansprüchen sind hierfür bis zu drei weitere Bestimmungen nötig [1, 2, 11]. Für einfachere Zwecke beschränkt man sich auf die Bestimmung von Eisen, Chrom u.ä. durch eine Fällung mit Ammoniak oder Ammoniumcarbonat. Eine Berücksichtigung von anfangs evtl. mitgefälltem Molybdän, Vanadium und Kupfer unterbleibt dann [2, 16].

Die Fällung von Quecksilberwolframat eignet sich zur Analyse von *Wolframsäure, Wolfram-Metall, Ferrowolfram, Hartmetallen* mit Gehalten von Ta, Nb, Ti sowie von arsen- und phosphorarmen *Wolframerzen.* (Bei Erzen mit hohem As- und P-Gehalt wird die Fällung mit Cinchonin empfohlen: Siehe S. 53).

4.3.1 Analyse von säurebeständigem Probegut (Ferrowolfram, Wolframmetall) [1, 5, 11, 12, 16]

Die Probe wird alkalisch-oxydierend aufgeschlossen. Aluminium, Mangan und ein Teil der Kieselsäure lassen sich hydrolytisch abscheiden. Danach fällt man das Wolframat mit Quecksilber(II)-salzlösung und verglüht zu WO_3. Letzteres kann durch die Oxide von Silicium, Eisen, Chrom, Molybdän u.a. verunreinigt sein. Diese Verunreinigungen müssen berücksichtigt werden, was in verschiedener Weise möglich ist. Man raucht zur Entfernung von Silicat mit Flußsäure ab und schließt dann mit Natriumcarbonat auf. Man kann nun das Wolfram mit Salzsäure als Wolframsäure abscheiden und dadurch reinigen. Dann verglüht man zu WO_3 und wägt dieses: siehe Abschnitt c der folgenden Arbeitsvorschrift. – Eine andere Möglichkeit ist, die Verunreinigungen hydrolytisch zu fällen, zu den Oxiden zu verglühen und ihr Gewicht von dem des rohen WO_3 abzuziehen: siehe Abschnitt d der folgenden Arbeitsvorschrift. Im WO_3 anwesendes Molybdän muß in jedem Falle durch eine gesonderte photometrische Bestimmung erfaßt und bei der Auswertung berücksichtigt werden: Siehe Kapitel 4.3.4, S. 63.

Reagenzien [16]

a) *Quecksilber(II)-nitrat-Lösung:* Man löst 80 g $Hg(NO_3)_2$ in 1 Liter Wasser. Die hierbei durch Hydrolyse entstehende Trübung wird durch vorsichtige Zugabe von Salpetersäure (1+1) gerade beseitigt. Ein Überschuß an Säure ist zu vermeiden. 10 ml der Lösung reichen aus, um 400 mg Wolfram zu fällen.
b) *Natriumcarbonat,* p.a., wasserfrei
c) *Kaliumnitrat,* p.a.
d) *Natriumperoxid,* p.a., gekörnt
e) *Ammoniumcarbonat (Carbamat),* p.a.
f) *Äthanol,* 96 %ig
g) *Natriumcarbonat-Lösung:* 3 g Na_2CO_3, wasserfrei, werden in 97 ml Wasser gelöst.
h) *Salpetersäure* (1+1): 1 Vol. HNO_3 (1,4) p.a. + 1 Vol. Wasser
i) *Flußsäure,* 38 bis 40 %ig, p.a.
j) *Ammoniumchlorid,* p.a.
k) *Natriumkaliumcarbonat* oder Na_2CO_3 + K_2CO_3
l) *Salzsäure,* rauchend (1,19), p.a.
m) *Natronlauge,* 2 %ig, p.a.

Arbeitsvorschrift:

a) *Probenvorbereitung.* 1 g der feinst gepulverten Probe wird in einem offenen Platintiegel geröstet, zunächst bei dunkler Rotglut, dann bei 700 bis höchstens 800°C. Dabei rührt man öfters mit einem starken Platindraht um. Man röstet, bis die Probe nicht mehr aufglimmt. Nach dem Erkalten gibt man 8 g Natriumcarbonat und 0,1 g Kaliumnitrat dazu, bedeckt den Tiegel und erhitzt etwa 15 Min. lang zum ruhigen Schmelzfluß. Dabei wird der Tiegel öfters umgeschwenkt. Man schreckt von außen durch kaltes Wasser ab, drückt wenn möglich den Schmelzkuchen aus dem Tiegel heraus und gibt ihn zusammen mit dem Tiegel und dem Deckel in ein 600 ml-Becherglas. Man löst die Schmelze durch Erwärmen mit etwa 100 ml Wasser, gibt zur Reduktion von evtl. vorhandenem Manganat 2 g Natriumperoxid dazu und kocht etwa 5 Min. lang. Dann filtriert man in einen 500 ml-Meßkolben, wäscht mit 3 %iger Natriumcarbonat-Lösung und füllt mit Wasser auf. 250 ml der Lösung werden mit Ammoniumcarbonat und einigen Tropfen Äthanol gekocht, um Kieselsäure, Aluminium und Mangan so weit wie möglich abzuscheiden. Nach 2 bis 3 Std. filtriert man und wäscht mit Natriumcarbonatlösung.

b) *Fällung des Quecksilber(II)-wolframats.* Das Filtrat versetzt man unter kräftigem Rühren mit 20 ml Quecksilber(II)-nitratlösung und dann tropfenweise mit einer solchen Menge Salpetersäure (1+1), daß das braune Quecksilbercarbonat gerade in Lösung geht und das weiße $HgWO_4$ sichtbar wird. Es darf hierbei nicht mehr Salpetersäure als nötig verwendet werden. Wegen des reichlich entstehenden Kohlendioxids ist das Becherglas nach Möglichkeit bedeckt zu halten. Man kocht auf und gibt in der Hitze so viel 2 %ige Natronlauge dazu, daß eben eine bleibende Fällung von gelbem HgO entsteht. Dabei muß sich schließlich ein pH-Wert von etwa 3,5 einstellen. Man kocht etwa 5 Min., bis der Niederschlag kristallin geworden ist und läßt absetzen. Unter mehrmaligem Dekantieren mit heißem Wasser filtriert man durch ein doppeltes Weißbandfilter. Man wäscht mit heißem Wasser, bis im Filtrat mit Schwefelwasserstoff-Wasser kein Quecksilber mehr nachweisbar ist. Das Filter wird in einem Platintiegel unter dem Abzug zunächst getrocknet und verascht. Beides muß vorsichtig geschehen, anderenfalls kann durch plötzliches Verdampfen des Quecksilbers der Tiegelinhalt zerstäubt werden. Trocknen und Veraschen können mit einer freien, fächelnden Flamme erfolgen [13]. Den Veraschungsrückstand glüht man im Muffelofen bei 750 bis höchstens 800°C. Das erhaltene WO_3 kann gewogen werden. Der Umrechnungsfaktor von WO_3 auf W beträgt 0,7930.

c) *Reinigung des rohen WO_3.* Enthielt die Probe Silicium, Eisen, Chrom und Molybdän, so kann das WO_3 durch die Oxide dieser Elemente verunreinigt sein. Zur Entfernung von SiO_2 gibt man 0,5 bis 1 ml Flußsäure und etwas Ammoniumchlorid dazu und raucht bis zur Gewichtskonstanz ab. Sind Chrom und Eisen nicht anwesend, so glüht man nun bei 750 bis 800°C und wägt das WO_3 aus. Letzteres kann aber noch durch MoO_3 verunreinigt sein. In diesem Falle schließt man nach dem Wägen durch Alkalicarbonat auf, bestimmt das Molybdän photometrisch nach Kapitel 4.3.4, S. 63 und korrigiert die WO_3-Auswaage. Liegen Eisen und Chrom in der Probe vor, schließt man den von SiO_2 befreiten Rückstand mit 8 g Natriumkaliumcarbonat auf und scheidet die Wolframsäure durch konzentrierte Salzsäure nach Kapitel 4.1, S. 40 ab. Man filtriert durch ein doppeltes Filter, das mit Filterschleim gedichtet ist und wäscht mit warmer, verdünnter Salzsäure (1+10) eisenfrei. An der Gefäßwand haftende Wolframsäure wischt man mit einem durch NH_3-Lösung befeuchteten Stück Filterpapier ab und gibt dieses zusammen mit dem Doppelfilter in einen Platintiegel. Das Filtrat wird mit 10 g Ammoniumchlorid versetzt und zur Trockene eingedampft. Den Rückstand nimmt man mit Salzsäure (1+1) auf, filtriert die noch ausgeschiedene Wolframsäure ab, wäscht mit verdünnter Salzsäure und gibt dieses Filter ebenfalls in den Platintiegel. Nach dem Veraschen glüht man bei höchstens 800°C und wägt das WO_3. Anwesendes MoO_3 wird beim Glühen langsam verflüchtigt, soweit es nicht vom WO_3 eingeschlossen ist. Eine genügend lange Glühdauer ist gegebenenfalls von Vorteil.

d) *Bestimmung der Verunreinigungen im rohen WO_3* [1]. Statt das nach Abschnitt b) erhaltene unreine WO_3 durch nochmalige Abscheidung zu reinigen, kann man auch die enthaltenen Verunreinigungen bestimmen und bei der Auswertung berücksichtigen: Hierzu schließt man das von Silikat befreite gewogene WO_3 im Platintiegel mit 6 g Kaliumnatriumcarbonat auf. In einem 250 ml-Becherglas laugt man die Schmelze mit 100 ml Wasser aus, gibt 5 g Ammoniumchlorid dazu und kocht auf. Die ausgefallenen Verunreinigungen filtriert man durch ein Weißbandfilter ab und wäscht mit 2 %iger Ammoniumchlorid-Lösung aus. Das Filter wird im Platintiegel verascht. Den Rückstand glüht man bis zur Gewichtskonstanz und wägt. Sein Gewicht wird von demjenigen des unreinen WO_3 abgezogen. Im Filtrat bestimmt man nach Kapitel 4.3.4 photometrisch das Molybdän, rechnet auf MoO_3 um und zieht dessen Gewichtsmenge ebenfalls ab. Lag das Chrom als Chromat vor, z.B. nach einem alkalisch-oxydierenden Aufschluß des Probegutes, so arbeitet man für sehr genaue Bestimmungen (Schiedsanalysen) zu seiner Abtrennung wie folgt [1]: Das unreine WO_3 wird mit Natriumkaliumcarbonat aufgeschlossen. Die Schmelze laugt man mit 150 ml Wasser aus, neutralisiert mit Salpetersäure (1,4), fügt davon noch 5 ml im Überschuß zu und reduziert vorhandenes Chromat durch Zugabe von 20 ml Schwefliger Säure. Die Lösung wird mit Ammoniak (0,91) neutralisiert und mit 10 ml Ammoniak im Überschuß versetzt. Der in der Wärme entstehende Niederschlag wird durch ein mit Filterschleim gedichtetes Filter abfiltriert. Man wäscht mit kalter, 10 %iger Ammoniumchlorid-Lösung, verascht das Filter im Platintiegel und wiederholt den Aufschluß und die Fällung wie oben beschrieben. Das Gewicht des geglühten Rückstands wird von der Auswaage an rohem WO_3 abgezogen.

4.3.2 Analyse von Hartmetallen mit Gehalten von Niob, Tantal oder Titan [2].

Man löst die Probe in Salpetersäure und Flußsäure, schließt den Eindampfrückstand mit Alkalicarbonat auf und fällt Niob, Tantal und Titan mit Ammoniak. In der Lösung bestimmt man Wolfram durch Fällung mit Quecksilber(II)-salz.

Arbeitsvorschrift. [2]. 1,25 g des in einem Diamantmörser zerkleinerten Probegutes werden in einer Porzellanschale vorsichtig mit etwa 25 ml Salpetersäure und 10 ml Flußsäure unter schwachem Erwärmen gelöst. Es empfiehlt sich bei dieser Operation, die Schale mit einem Platindeckel zu versehen, damit Sprühverluste vermieden werden. Nach Beendigung der heftigen Reaktion gibt man nochmals 3 ml Flußsäure hinzu und dampft auf dem Wasserbade zur Trockene. Sodann wird der Trockenrückstand in der Schale mit etwa 15 g Kaliumnatriumcarbonat geschmolzen und die Schmelze nach dem Erkalten mit etwa 200 ml heißem Wasser ausgelaugt. Man füllt die erkaltete Lösung der Schmelze in einem 250 ml-Meßkolben auf, filtriert und entnimmt dem Filtrat 200 ml (= 1 g Einwaage). Diese Abmessung wird in einen 500 ml-Meßkolben übergeführt, vorsichtig mit Salpetersäure angesäuert und nach dem Verkochen des Kohlendioxids mit einem kleinen Überschuß an Ammoniak versetzt, um das in Lösung gegangene Niob und Tantal auszufällen. Nach kurzem Aufkochen läßt man abkühlen, füllt im Meßkolben auf und filtriert. In einem aliquoten Teil des Filtrats von 400 ml (= 0,8 g Einwaage) wird das Wolframat nach einer der beiden Quecksilbermethoden gefällt: siehe Kapitel 4.3.1, Abschnitt b) oder Kapitel 4.3.5. Dann prüft man das geglühte und gewogene rohe WO_3 nach Kapitel 4.3.2, Abschnitt d) auf Verunreinigungen und zieht deren Gewicht ab.

Bemerkungen:

I. Der *Trockenrückstand* darf nicht geglüht werden.

II. Die *Dauer des Verfahrens* beträgt einschließlich der Fällung des Quecksilberwolframats und der Prüfung auf Verunreinigungen etwa 6 Std.

III. Bei sorgfältiger Berücksichtigung aller Verunreinigungen erreicht das Verfahren die von Schiedsanalysen zu fordernde *Genauigkeit.*

4.3.3 Analyse phosphor- und arsenarmer Erze [1,2].

Das Verfahren eignet sich als rasche Betriebsmethode.

Arbeitsvorschrift. 2 g des fein gepulverten Erzes werden im Nickeltiegel mit etwa 20 g Kaliumnatriumcarbonat geschmolzen. Die Schmelze laugt man unter Erwärmen mit Wasser aus. – Bei Scheeliten verläuft das Auslaugen langsam: es empfiehlt sich bei solchen Proben, die Schmelze zunächst auf ein Nickelblech auszugießen. Eine Wiederholung des Schmelzaufschlusses ist bei Betriebsuntersuchungen nicht notwendig. – Die Lösung spült man in einen 500 ml-Meßkolben und füllt nach dem Erkalten mit Wasser zur Marke auf. Man filtriert dann durch ein Faltenfilter und entnimmt dem Filtrat 250 ml (= 1 g Einwaage) zur Bestimmung. Man fällt mit Quecksilber(II)-nitratlösung nach der in Kapitel 4.3.1, Abschnitt b) gegebenen Arbeitsvorschrift.

Bemerkungen:

I. In Anwesenheit von *Arsen* ist das Erz vor dem Schmelzaufschluß abzurösten. Siehe hierzu Kapitel 4.2.3, Bemerkung III, S. 54.

II. Der Wolframatniederschlag bzw. das WO_3 enthält gegebenenfalls vorhandenes *Chrom, Vanadium, Molybdän, Eisen, Silicium* usw. als Oxide. Sie müssen nach der Arbeitsvorschrift S. 62, Abschnitte c) und d) berücksichtigt werden.

4.3.4 Photometrische Bestimmung von Molybdän in verunreinigtem WO_3 [1].

Molybdän wird durch Reduktion mit Zinn(II)-chlorid in einen Molybdän(V)-thiocyanatokomplex übergeführt. Dieser kann durch Extraktion mit Amylacetat von gleichfalls entstandenem Wolfram(V)-thiocyanat abgetrennt und in der organischen Lösung photometriert werden. Bei höherem Molybdängehalt des WO_3 arbeitet man ohne Extraktion nur in wäßriger Lösung. Um den dabei nicht ganz auszuschaltenden Einfluß des Wolframs auf die Molybdänbestimmung zu berücksichtigen, setzt man in letzterem Falle bei der Aufstellung der Eichkurve auch eine Wolframatlösung zu.

Reagenzien

a) *Citronensäure-Lösung:* 40 g Citronensäure werden in Wasser auf 100 ml gelöst.
b) *Ammoniumthiocyanat-Lösung:* 10 g NH_4SCN werden in Wasser auf 100 ml gelöst. (Eine Rosafärbung der Lösung rührt von Eisenspuren her und stört nicht.)
c) *Isoamylacetat* (Auch Butylacetat ist verwendbar).
d) *Zinn(II)-chlorid/Citronensäure-Lösung:* 10 g $SnCl_2 . 2H_2O$ werden in 10 ml Salzsäure (1,19) gelöst. Dann erst verdünnt man mit 50 ml Wasser, gibt 16 g Citronensäure zu und füllt auf 100 ml auf.
e) *Kaliumthiocyanat-Lösung:* 25 g KSCN werden in Wasser auf 100 ml gelöst.
f) *Zinn(II)-chlorid-Lösung:* 10 g $SnCl_2 . 2H_2O$ werden in 10 ml Salzsäure (1,19) gelöst. Dann erst füllt man mit Wasser auf 100 ml auf.
g) *Weinsäure-Lösung:* 60 g Weinsäure werden in Wasser auf 100 ml gelöst.
h) *Molybdän-Standardlösung:* 252 mg $Na_2MoO_4 . 2H_2O$ werden im Meßkolben mit Wasser auf 1000 ml gelöst. Gehalt: 0,100 mg Mo/ml.
i) *Molybdän-Standardlösung:* 504 mg $Na_2MoO_4 . 2H_2O$ werden im Meßkolben mit Wasser auf 1000 ml gelöst. Gehalt: 0,200 mg Mo/ml.
j) *Natriumwolframat-Lösung:* Man löst 1,42 g $Na_2WO_4 . 2H_2O$ in Wasser auf 100 ml. 1 ml entspricht etwa 10 mg WO_3.

Arbeitsvorschrift I für Molybdängehalte unter 0,2 %. Zur Molybdänbestimmung verwendet man einen Carbonataufschluß von ausgewogenem WO_3 nach Kapitel 4.3.1, Abschnitt c) oder das Filtrat der mit Ammoniumchlorid ausgefällten Verunreinigungen nach Kapitel 4.3.1, Abschnitt d). – Die alkalische Lösung wird mit Schwefelsäure (1+4) bis etwa pH 7,5 abgestumpft und in einen 250 ml-Meßkolben übergespült. Man füllt mit Wasser auf. Von dieser Lösung pipettiert man 25 ml in einen 250 ml-Schütteltrichter, gibt 5 ml Citronensäurelösung (a), 5 ml Ammoniumthiocyanatlösung (b) und 3 ml Wasser dazu. Dann gibt man 25 ml Isoamylacetat (c) und 12,5 ml Zinn(II)-chlorid/Citronensäurelösung (d) hinzu und schüttelt kräftig. Nach der Phasentrennung läßt man die wäßrige Schicht in einen zweiten 250 ml-Schütteltrichter ab und extrahiert sie nochmals mit 25 ml Isoamylacetat. Danach wird die wäßrige Schicht abgetrennt und verworfen. Die beiden organischen Extrakte vereinigt man in einem weiteren Schütteltrichter, schüttelt mit 30 ml Wasser und verwirft die wäßrige Phase. Die organische Lösung gibt man in einen 100 ml-Meßkolben und füllt mit Äthanol zur Marke auf. Man photometriert bei 470 nm in 2 cm-Küvetten gegen eine Reagenzienblindprobe.

Bemerkungen:

I. Zur *Aufstellung der Eichkurve* arbeitet man in gleicher Weise unter Verwendung der Molybdän-Standardlösung (h) von 0,1 mg Mo/ml.

II. Der *Fehler* beträgt etwa ± 10 %.

Arbeitsvorschrift II (für Molybdängehalte über 0,2 %). Das Filtrat der mit Ammoniumchlorid ausgefällten Verunreinigungen nach Kapitel 4.3.1, Abschnitt d) wird in einen 500 ml-Meßkolben übergeführt und zur Marke aufgefüllt. Von dieser Lösung pipettiert man 20 ml in einen 50 ml-Meßkolben und gibt 3 ml Weinsäurelösung (g) sowie 10 ml Schwefelsäure (1+1) hinzu. Nach dem Erkalten fügt man 5 ml Kaliumthiocyanatlösung (e) und 5 ml Zinn(II)-chloridlösung dazu und füllt mit Wasser auf. – Nach 10 Min. Wartezeit photometriert man bei 470 nm in 2 cm-Küvetten gegen eine Reagenzienblindprobe.

Bemerkungen:

I Zur *Aufstellung der Eichkurve* arbeitet man in gleicher Weise unter Verwendung der Molybdän-Standardlösung (i) von 0,2 mg Mo/ml. Dabei setzt man den Mo-haltigen Proben, nicht jedoch den Blindproben, eine Wolfram-Menge zu, die etwa der Wolframmenge in den abpipettierten 20 ml Untersuchungslösung entspricht.

II Der *Fehler* beträgt etwa ± 5 %.

4.3.5 Fällung als Quecksilber(I)-wolframat [1, 2]

Reagenzien

Quecksilber(I)-nitrat-Lösung: 160 g $Hg_2(NO_3)_2 . 2H_2O$ werden mit 300 ml Wasser unter langsamem Erwärmen bis zum Sieden gelöst. Ein Rückstand wird durch tropfenweise Zugabe von Salpetersäure (1+1) gelöst. Ein Säureüberschuß ist zu vermeiden. Nach dem Erkalten verdünnt man mit Wasser auf 1000 ml.

Arbeitsvorschrift. 1 g Probe mit höchstens 60 % Wolframgehalt wird mit Alkalicarbonat aufgeschlossen. Man löst in Wasser und verdünnt in einem 1000 ml-Becherglas auf 250 bis 500 ml. Dazu gibt man einige Tropfen 0,1 %ige Methylorangelösung und neutralisiert mit Salpetersäure (1+3; etwa 16 %ig) bis zum Umschlag des Indikators. Man fügt 2 ml Salpetersäure (1+3) im Überschuß zu und verkocht das Kohlendioxid. In die siedende Lösung gibt man dann 40 ml Quecksilber(I)-nitrat-Lösung und stumpft mit 2 %iger Natriumcarbonat-Lösung vorsichtig bis pH 3,5 ab. Man prüft mit Indikatorpapier. Dann kocht man kurz auf. – Nach dem Absitzen des Niederschlages prüft man durch Zugabe einiger Tropfen Quecksilber(I)-nitrat-Lösung auf Vollständigkeit der Fällung. Die klare, überstehende Flüssigkeit gießt man durch ein Weißbandfilter ab und dekantiert den Niederschlag etwa viermal mit je 300 ml heißem, einige Tropfen Quecksilber(I)-nitratlösung enthaltendem Wasser. Dann erst bringt man den Niederschlag auf das Filter und wäscht mit heißem Wasser alkalifrei. – Unter Beachtung der in Kapitel 4.3.1, Abschnitt b) beschriebenen Vorsichtsmaßregeln trocknet, verascht und verglüht man. Dann wägt man als WO_3.

Bemerkungen:

I. Die ***Neutralisation*** der Lösung nach dem Fällen erfordert einige Übung. Der Niederschlag ist dadurch, daß er basisches Nitrat enthält, mitunter voluminös und deshalb schlecht filtrier- und auswaschbar.

II. ***Ammoniumsalze*** dürfen nicht zugegen sein.

III. Das ausgewogene WO_3 kann in gleicher Weise wie nach einer Fällung mit Quecksilber(II)-salz durch andere Probenbestandteile ***verunreinigt*** sein. Man arbeitet gegebenenfalls wie in Kapitel 4.3.1 Abschnitt c) oder d) beschrieben.

4.3.6 Analyse wolframarmer, stark arsen- und phosphorhaltiger Erze [2]

Nach dem Säureaufschluß wird ein Teil des Wolframs mit Salzsäure abgeschieden. Der Rest ist durch Phosphorsäure komplexiert und als Wolframatophosphat in Lösung gehalten worden. Er wird mit Cinchonin gefällt. Die vereinigten Niederschläge schließt man mit Alkalicarbonat auf und fällt dann mit Quecksilbersalz. Die reine Arbeitszeit für die Ausführung beträgt 5 Std. Die Genauigkeit entspricht nur den Anforderungen an Betriebsmethoden, nicht denjenigen an Schiedsanalysen.

Arbeitsvorschrift [2]. 2,5 g des feinst gepulverten Erzes zersetzt man mit einer Porzellanschale mit 30 ml Königswasser und dampft die Lösung zur Trockene. Nach dem Aufnehmen mit 20 ml konzentrierter Salzsäure wird der Schaleninhalt mit heißem Wasser auf 100 ml verdünnt, der Rückstand abfiltriert und sorgfältig ausgewaschen. Das Filtrat, das etwa 200 ml betragen soll, erhitzt man zum Sieden und fällt das restliche Wolfram durch tropfenweisen Zusatz von Cinchoninlösung: siehe Kapitel 4.2, S. 49. – Man setzt dabei etwas Filterschleim hinzu, kocht einige Min. und läßt die Fällung über Nacht stehen. Nach dem Abfiltrieren und Auswaschen wird dieser Niederschlag zusammen mit dem Rückstand vom Säureaufschluß und einschließlich der Filter in einem dünnwandigen Eisen- oder Nickeltiegel verascht und bei 750 bis höchstens 800°C geglüht. Dann schmilzt man mit Kaliumnatriumcarbonat, löst in Wasser und füllt im Meßkolben auf 250 ml auf. Man filtriert durch ein Faltenfilter und pipettiert vom Filtrat 200 ml (= 2 g Einwaage). Aus dieser Lösung fällt man das Wolfram mit Quecksilber(II)-salz nach Kapitel 4.3.1, S. 61 oder mit Quecksilber(I)-salz nach Kapitel 4.3.5, S. 65.

Bemerkungen:

I. Eine blaugrüne Färbung des WO_3 deutet auf eine Verunreinigung durch *Phosphorsäure* hin. Gegebenenfalls ist nach erneutem Aufschluß eine Umfällung nötig.

II. *Molybdän* wird mitgefällt und muß z.B. nach Kapitel 4.3.4, S. 63 in der Auswaage gesondert bestimmt und vom Ergebnis abgezogen werden.

III. In Anwesenheit von *Arsen* empfiehlt es sich, das Erz zunächst abzurösten. Siehe hierzu Kapitel 4.2.3, Bemerkung III., S. 53.

4.3.7 Analyse von Wolfram(VI)-oxid und Wolframsäure [2]

Arbeitsvorschrift. Man löst 1 g Wolfram(VI)-oxid in 10 ml Natronlauge (400 g NaOH/Liter). Bei unreiner, technischer Wolframsäure ist ein Schmelzaufschluß mit Kaliumnatriumcarbonat nötig: siehe Kapitel 4.1.4, S. 44. Anschließend bestimmt man das Wolfram durch Fällung mit Quecksilbersalz nach Kapitel 4.3.1, Abschnitt b) oder nach Kapitel 4.3.5.

Literatur

1. Analyse der Metalle; Herausg. Chemikerausschuß der Ges. Deutscher Metallhütten- und Bergleute e.V.: Bd. 1, Schiedsanalysen. 3. Auflage. Springer, Berlin, Heidelberg, New York 1966
2. Analyse der Metalle; Herausg. Chemikerausschuß der Ges. Deutscher Metallhütten- und Bergleute e.V.: Bd. 2, Betriebsanalysen, Teil 2. 2. Auflage; Springer, Berlin, Göttingen, Heidelberg 1961
3. *Berkem, A.R.:* Rev. Fac. Sci. Univ. Istanbul **8** (1943) 332-38; durch Chem. Abstr. **40**, 2717[5]
4. *Berzelius, J.J.:* Schweigger's Journal **16** (1816) 476
5. *Blumenthal, H.:* Metall und Erz **39** (1942) 253-54
6. *Buscaróns Ubeda, F., Herrera, A., Loriente Gonzales, E.:* An. Quim. Real Soc. Espan. Fisica Quimica **42** (1946) 1139-46; durch Chem. Abstr. **42**, 7195 b.
7. *DeClerq, M., Duval, C.:* Anal. Chim. Acta **5** (1951) 401-09
8. *de Sousa, A.:* Z. Anal. Chem. **140** (1953) 170-73
9. *DeWitte, M.C.:* Rec. Trav. Chim. Pays-Bas **62** (1943) 134-36
10. *Elwell, W.T., Wood, D.F.:* Analyt. Chem. of Molybdenum and Tungsten; Pergamon Press, Oxford 1971
11. Handbuch für das Eisenhüttenlaboratorium; Herausg. Chemikerausschuß des Vereins Deutscher Eisenhüttenleute e.V.: Bd. 4, Schiedsanalysen. 1. Auflage; Verlag Stahleisen, Düsseldorf 1955
12. Handbuch für das Eisenhüttenlaboratorium; Herausg. Chemikerausschuß des Vereins Deutscher Eisenhüttenleute e.V.: Bd. 2, Die Untersuchung metallischer Stoffe. 2. Auflage; Verlag Stahleisen, Düsseldorf 1966
13. *Konopik, N.:* Österr. Chem.-Ztg. **52** (1951) 196-97
14. *Liang, S.C., Hsu, P.Y.:* Acta Chim. Sinica **22** (1956) 93-102; durch Chem. Abstr. **52**, 4408 i.
15. *Mennicke, H.:* Untersuchungsmethoden des Molybdäns, Vanadiums und Wolframs; M. Krayn, Berlin 1913
16. *E. Merck AG, Darmstadt:* Chem.-techn. Untersuchungsmethoden für die Eisen- und Stahlindustrie; Verlag Chemie, Weinheim 1958
17. *Peltier, S., Duval, C.:* Anal. Chim. Acta **1** (1947) 408-16
18. *Rose, H.:* Ausführl. Handbuch der Analyt. Chemie, Bd. 2; Vieweg, Braunschweig 1851
19. *Varughese, K., Rao, K.S.:* Anal. Chim. Acta **57** (1971) 219-21
20. *Wirtz, H.:* Metall und Erz **41** (1944) 84-86

4.4 Fällung und Wägung von Chelaten

4.4.1 8-Hydroxychinolin

Mit 8-Hydroxychinolin (Oxin) fällt das gelbe Chelat $WO_2(C_9H_6ON)_2$. Die Fällung erfolgt quantitativ im pH-Bereich von 4,5 bis 5. Der Niederschlag enthält kein Kristallwasser und kann bei etwa 120°C getrocknet werden [1, 7]. Die Verbindung ist beständig bis 280°C und zersetzt sich bei höherer Temperatur [2]. Oberhalb von 674°C liegt dann WO_3 vor [5]. Alkali- und Erdalkalimetalle beeinträchtigen die Fällung nicht, zahlreiche andere Metalle werden jedoch zusammen mit dem Wolfram als Oxinate gefällt. Die Selektivität verbessert sich durch Zugabe von Hilfskomplexbildnern. Hierfür eignet sich Oxalsäure, während in Gegenwart von Weinsäure die Fällung des Wolframoxinats unvollständig bleibt [4, 6, 11]. Eine weitere, bedeutende Erhöhung der Selektivität ergibt sich durch Zusatz von Äthylendiamintetraacetat (ÄDTA) [13, 14, 15]. Molybdän(VI) und Uran(VI) werden stets mitgefällt [14], während Titan(IV) die Fällung des Wolframs zu verhindern scheint [15]. Aus neutraler oder ganz schwach saurer Lösung fällt Molybdän(VI)-oxinat, während Wolfram(VI) gelöst bleibt. Erst beim Ansäuern mit Essigsäure fällt dann Wolframoxinat [11]. Uran(VI)-oxinat ist im Gegensatz zu Wolfram(VI)-oxinat in 2 m Salzsäure löslich, so daß aus einem Gemisch beider Verbindungen das Uran entfernt werden kann. Hierdurch wurden 20 mg Wolfram neben 400 mg Uran mit einer Standardabweichung von ± 1 % (N=15) bestimmt [15]. Der Umrechnungsfaktor für $WO_2(C_9H_6ON)_2$ auf W beträgt 0,3648; lg F = 0,56202-1.

Arbeitsvorschrift nach Gottschalk [6]. Nach eventueller Vortrennung von Fremdionen oder nach ihrer Maskierung wird die 250 bis 300 mg WO_3 und 20 ml 2 n Oxalsäure enthaltende klare Lösung mit 5 m Natronlauge auf pH 9,5 (Thymolblau-Indikator) gebracht. Dann gibt man noch weitere 6 ml 5 m Natronlauge im Überschuß zu. Nach Zugabe von 40 ml 0,1 m Oxinacetatlösung (0,1 m an Oxin und 0,6 m an Essigsäure) wird die klare Lösung mit Wasser auf 600 ml verdünnt. Man erhitzt zum Sieden und gibt unter Rühren tropfenweise 2 m Essigsäure bis zur ersten Trübung zu. Letztere tritt bei pH 5,5 bis 6 auf; nur bei Gegenwart von Molybdän ist schon bei pH 7,5 bis 8 eine Trübung feststellbar. – Zur Vergrößerung der Kristallkeime wird die Zugabe für 1 bis 2 Min. unterbrochen und danach bis pH 4,7 bis 4,9 fortgesetzt. Lösung und Niederschlag werden unter Erkalten 30 Min. ausgerührt, wobei der zunächst gelbe Niederschlag sandfarben und grob kristallin wird. Nach Filtration über einen Porzellanfiltertiegel A 2 oder Glasfiltertiegel G 4 und portionsweisem Waschen mit insgesamt 80 bis 100 ml heißem Wasser trocknet man 90 Min. bei 120°C. Nachtrocknen bis zur Gewichtskonstanz erfolgt jeweils in Intervallen von 30 Min.

Bemerkungen:

I. Die *Standardabweichung* aus 25 Modellanalysen bei 300 mg WO_3 beträgt s = 0,72 mg WO_3, der Streubereich (einer Einzelbestimmung) für 99 %ige Sicherheit mithin ± 2,01 mg WO_3.

II. Der *Zeitbedarf* für die Einzelbestimmung beträgt etwa 3 bis 4 Std. gegenüber etwa 10 bis 20 Std. bei der Fällung als Quecksilberwolframat.

III. Keine *Störung* verursachen Alkalimetalle, Zinn, 30 mg SiO_2, kleine Mengen Phosphorsäure (30 mg P_2O_5), Acetat, Nitrat, Chlorid, Sulfat. Es stören Ammoniumsalze, Citrat und Tartrat. Zur Entfernung störender Kationen empfiehlt *Gottschalk* einen Kationenaustausch bzw. eine Hydrolysefällung.

IV. Das Verfahren fand *Anwendung* auf die Analyse von Scheelit, Wolframbronzen, Magnesium- und Calciumwolframat-Leuchtfarbstoffen.

Arbeitsvorschrift nach Vinogradov und Dronova [15]. Ein Anteil der Probe mit einem Gehalt von mindestens 15 bis 20 mg Wolfram wird in Salpetersäure, Salzsäure oder Flußsäure gelöst. Dann raucht man mit 2 bis 3 ml konzentrierter Schwefelsäure bis zum Auftreten dichter weißer Nebel ab und überführt den Rückstand mit heißer, 1 %iger Natronlauge in ein 200 ml-Becherglas. Man neutralisiert mit 10 %iger Oxalsäurelösung und gibt dann noch 5 ml davon im Überschuß hinzu. Man erhitzt zum Sieden und gibt (je nach der Menge der zu maskierenden Kationen) 10 bis 25 ml 10 %ige ÄDTA-Lösung dazu, wobei die Mischung siedend gehalten wird. Mit Natronlauge (nicht mit Ammoniak) stellt man unter Kontrolle durch Indikatorpapier pH 4,7 bis 5,0 ein. Falls dabei eine Trübung entsteht, erhitzt man weiter, bis sie sich gelöst hat. Nach dem Erkalten verdünnt man mit Wasser auf etwa 70 ml, gibt 50 ml Aceton und unter Rühren 10 bis 15 ml frische, 3 %ige Oxinlösung in Aceton dazu. Man erwärmt die Mischung am Wasserbad auf nicht mehr als 55 bis 60°C. In dem Maße wie das Aceton verdampft, fällt das in Wasser-Aceton-Gemisch lösliche Wolframoxinat aus. Die Fällung beginnt nach 30 bis 40 Min. und ist nach 3 bis 4 Std. vollständig. Man filtriert durch einen Glasfiltertiegel, wäscht 2 bis 3 mal mit kalter 2 m Salzsäure und dann mit 50 bis 60 ml heißem Wasser. Der Niederschlag wird 1 Std. bei 120°C getrocknet.

Bemerkungen:

I. *Molybdän(VI)* wird mitgefällt; *Titan(IV)* verhindert die Fällung des Wolframs.

II. Die Bestimmung von 20 mg Wolfram wird *nicht gestört* durch die Anwesenheit von 50 mg Al, Cu, Co, Cr(III), Fe(III), Mn(II), Ni, Pb, Zn; von 100 mg Sn, 150 mg Phosphat, 400 mg Uran(VI). Keine Störung verursachen Calcium und Magnesium [14, 15]. – Vanadium(V) wird unter den Arbeitsbedingungen zur vierwertigen Stufe reduziert, in welcher es einen stabilen ÄDTA-Komplex bildet. 50 mg Vanadium erzeugen einen Fehler von etwa + 3 % [15], während andere Bearbeiter in Gegenwart von 1200 mg V einen Fehler von etwa - 0,2 % beobachteten [14].

III. Bei der Analyse von Nickel-Legierungen mit etwa 15 % Wolfram, 25 % Chrom und nicht mehr als 4 % Eisen ergab sich aus 10 Bestimmungen eine relative *Standardabweichung* von ± 2,24 % [15].

IV. *Einfluß sonstiger Begleiter:* Keine Störung verursachen Nitrat und Sulfat, dagegen erzeugen 50 mg Chlorid sehr starke Minderbefunde. Keine Störung verursachen 50 mg Hg(II), Bi, Cd [13].

Sonstige Arbeitsweisen mit Oxin

Bisweilen wird das Wolframoxinat bei 750 bis 800°C zu WO_3 verglüht und letzteres gewogen. Die Fällung kann dabei auch aus heißer, salzsaurer Lösung erfolgen, wobei vermutlich ein Teil des Wolframs als Isopolywolframat gefällt wird [9, 12].

4.4.2 Sonstige Chelatbildner

Durch *N-Benzoylphenylhydroxylamin* (BPHA) wird Wolfram(VI) aus 0,5 bis 1 m salzsaurer Lösung als $WO_2(C_{13}H_{10}O_2N)_2$ gefällt. Das Chelat kann bei 115°C getrocknet und als solches gewogen oder bei 900°C zu WO_3 verglüht werden. Es stören Titan, Eisen, Molybdän, Vanadium, Chrom(VI), Phosphat und Fluorid, nicht jedoch Uran(VI) [10].

Die Fällung mit *α-Benzoinoxim* bleibt unvollständig [8]. Durch kombinierte Anwendung von α-Benzoinoxim und Cinchonin wird Wolfram(VI) aus kalter, schwefelsaurer Lösung vollständig niedergeschlagen. 20 bis 40 mg Wolfram sind neben 1 bis 8 g Uran mit einer Wiederfindungsrate von 100,1 ± 0,7 % bestimmbar [3]. Der Niederschlag von Wolfram(VI) mit *anti-1,5-Di(p-methoxyphenyl) -5-hydroxyamino-3-oximino-1-penten* wird vor der Wägung zu WO_3 verglüht [16].

Literatur

1. *Berg, R.:* Die analytische Verwendung von o-Oxychinolin. Die Chemische Analyse, Bd. 34; F. Enke, Stuttgart 1938
2. *Borrel, M., Pâris, R.:* Anal. Chim. Acta **4** (1950) 267-85
3. *Carpenter, R.L., Gardner, R.D., Ashley, W.H., Henicksman, A.L.:* US At. Energy Comm. LA-2270 (1959); durch Chem. Abstr. **53**, 13886 c.
4. *Cass, W.G.:* Chem. Age (London) **55** (1946) 709-12.
5. *DeClerq, M., Duval, C.:* Anal. Chim. Acta **5** (1951) 401-09.
6. *Gottschalk, G.:* Techn.-Wiss. Abhandl. Osram-Ges. **7** (1958) 347-49
7. *Halberstadt, S.:* Z. Anal. Chem. **92** (1933) 86-89.
8. *Hoenes, H.J., Stone, K.G.:* Talanta **4** (1960) 250-63
9. *Juchimenko, E.V., Kotljar, E.E.:* Zavodsk. Laborator. **37** (1971) 1052-53; übersetzt: Industrial Labor. **37** (1971) 1338-39
10. *Kaimal, V.R.M., Shome, S.C.:* Anal. Chim. Acta **31** (1964) 268-71
11. *Niericker, R., Treadwell, W.D.:* Helv. Chim. Acta **29** (1946) 1472-83.
12. *Nishida, H.:* Japan Analyst **13** (1964) 263-64; durch Chem. Abstr. **60**, 15137 g.
13. *Pribil, R., Sedlar, V.:* Collect. Czechoslav. Chem. Commun. **16** (1951) 69-79.
14. *Rehak, B., Malinek, M.:* Z. Anal. Chem. **153** (1956) 166-68.
15. *Vinogradov, A.V., Dronova, M.I.:* Ž. Anal. Chim. **23** (1968) 696-99; übersetzt: J. Anal. Chem. USSR **23** (1968) 600-03.
16. *Yoe, J.H., Jones, A.L.:* Ind. Engng. Chem., Anal. Edit. **16** (1944) 45-48.

4.5 Bestimmung als Wolframatophosphat

In saurer Lösung kondensieren Phosphat- und Wolframationen zu leicht löslichem Heteropolywolframatophosphat. Hierauf beruht die Störung, welche Phosphat bei vielen Verfahren zur Wolframbestimmung erzeugt. Es gelingt jedoch, die Reaktion so zu leiten, daß quantitativ Dodekawolframatophosphat entsteht [2, 3, 4].

$$PO_4^{3-} + 12\,WO_4^{2-} + 24\,H^+ \;=\; PW_{12}O_{40}^{3-} + 12\,H_2O$$

Um die gleichzeitig mögliche Bildung von Isopolywolframaten zu verhindern, muß Phosphat im Überschuß vorliegen, und das Ansäuern der zunächst alkalischen Lösung hat langsam und unter gutem Rühren zu erfolgen.

Mit großen organischen Kationen bildet Dodekawolframtophosphat definierte, schwer lösliche Salze, die nach dem Trocknen gewogen werden können. Quantitative Fällung ist mit Benzidin möglich [5]. Gut zu handhaben ist die Fällung mit Tri-n-butylamin, das Tris(tri-n-butylammonium)-dodekawolframatophosphat [2]

$$[(C_4H_9)_3NH]_3PW_{12}O_{40}$$

Das Verfahren eignet sich für Wolfram-Mengen von etwa 10 bis 200 mg. Es fand Anwendung zur Analyse von Ferrowolfram, Scheelit und Wolframit [4].
Bei einer vergleichenden Überprüfung verschiedener Bestimmungsmethoden ergaben sich für diese Arbeitsweise ein systematischer Fehler von + 0,24 % und Streuungen von etwa ± 0,06 % [1].

Reagenzien

a) *Tri-n-butylammoniumchlorid-Lösung:* Rohes Tri-n-butylamin wird durch Destillation gereinigt. Man sammelt die Fraktion von 206 bis 209°C bei 760 Torr bzw. besser von 83 bis 88°C bei 10 Torr. Davon stellt man eine 2 %ige wäßrige Lösung her, wobei man das Amin durch Schütteln mit verdünnter Salzsäure neutralisiert. Die Lösung muß täglich frisch hergestellt werden.
b) *Butylamin-Waschlösung:* 0,1 %ige Lösung des gereinigten Amins in 0,1 m Salzsäure.

Arbeitsvorschrift [2]. Zu 50 ml alkalischer Probelösung mit 10 bis 200 mg Wolfram(VI) gibt man 85 mg Phosphat als Dinatriumhydrogenphosphat. Unter gutem Rühren tropft man 6 m Salzsäure dazu bis ein pH-Wert von weniger als 2 erreicht ist. Dann gibt man noch weitere 4 ml 6 m Salzsäure im Überschuß hinzu. Man verdünnt mit Wasser auf 100 ml, erhitzt zum Sieden und gibt unter Rühren tropfenweise 10 ml Tributylammoniumchlorid-Lösung dazu. Man erhitzt noch etwa 15 Min., bis sich der Niederschlag zusammengeballt hat. Man läßt 1 Std. im Eisbad oder besser bei Zimmertemperatur über Nacht stehen. Dann filtriert man durch einen feinporigen Filtertiegel und wäscht mit einer möglichst kleinen Menge kalter Butylamin-Waschlösung und zuletzt mit etwas kaltem Wasser. Man trocknet 2 Std. bei 210°C und wägt nach dem Erkalten als $[(C_4H_9)_3NH]_3PW_{12}O_{40}$. Das Präparat ist etwas hygroskopisch.

Bemerkungen:

I. *Störungen:* Bei der Bestimmung von 200 mg Wolfram entsteht ein Fehler von weniger als 1 % in Gegenwart von je 200 mg Calcium, Kupfer, Blei, Nickel; von je 200 mg Kobalt und Mangan bei Zusatz von 100 mg Ascorbinsäure; von 25 mg Zinn(IV). Einen Fehler von etwa + 5 bis 6 % erzeugen je 10 mg Titan oder Niob (Tantal); in Gegenwart von 100 mg Aluminium entsteht ein Fehler von - 1,2 %. Keine Störung verursachen 2 g Natrium. Sehr stark stören Eisen(III), Molybdän(VI), Vanadium(V), welche mitgefällt werden. Die Störung durch Eisen(II) ist etwas geringer, so daß in Gegenwart von 100 mg Ascorbinsäure die Anwesenheit von bis zu 2 mg Eisen zulässig ist [4].

II. Zur *Abtrennung störenden Eisens* von der Wolframatophosphorsäure wurde eine Cellulosesäule empfohlen, welche nur die Heteropolysäure zurückhält [4].

Literatur

1. *Crossland, B., Fennell, T.:* Analyst **94** (1969) 989-91.
2. *Miller, C.C., Thow, D.H.:* Analyst **84** (1959) 440-46.
3. *Miller, C.C., Thow, D.H.:* Talanta **5** (1960) 129-30.
4. *Miller, C.C., Thow, D.H.:* Talanta **8** (1961) 43-51.
5. *Nazarenko, V.A., Švarcbud, L.E.:* Zavodsk. Laborator. **16** (1950) 357-58; durch Chem. Abstr. **44**, 6761 d.

5. Maßanalyse

5.1 Reduktometrische Titration

Mit verschiedenen Metallsalzlösungen kann Wolfram (VI) zur fünfwertigen Stufe reduziert werden.

$$WO_2Cl_3^- + e^- + 2H^+ + 2Cl^- \quad = \quad WOCl_5^{2-} + H_2O$$

Eine Weiterreduktion zu W(III) wurde verschiedentlich vermutet, bisher aber nicht nachgewiesen [1, 7]. W(IV) tritt unter den Bedingungen der reduktometrischen Titrationsverfahren nicht auf. In sehr schwach saurer Lösung, in welcher Isopolywolframate vorliegen, werden letztere in analytisch wenig definierter Weise zu Isopolywolframblau reduziert. Aus etwas stärker saurem Medium wird W(VI) teilweise als Wolframsäure gefällt: eine Titration ist nicht möglich, da der Niederschlag vom Titrationsmittel nur oberflächlich blau gefärbt, aber nicht quantitativ reduziert wird. Bei Säuregehalten im Bereich von 6 m HCl ist W(VI) zwar löslich, die Titration führt jedoch zu dunkelblauen, allmählich ausfallenden Produkten und liefert keinen brauchbaren Potentialsprung. Erst eine Säurekonzentration von mindestens etwa 9 m HCl entsprechend etwa 30 % HCl-Gehalt ermöglicht eine schnelle, glatte Reduktion zu W(V) und einen gut auswertbaren Potentialsprung. Letzterer ist um so besser, je höher die HCl-Konzentration ist. Die *Redoxpotentiale* der beteiligten Redoxpaare weichen in dem erforderlichen, konzentriert salzsauren Medium z.T. erheblich von den tabellierten Normalpotentialen ab. Daher sind von den nach ihren E_0-Werten in Betracht kommenden Reduktionsmitteln nur wenige tatsächlich zur Titration geeignet. Das Redoxpotential des Systems Ti(III)/Ti(IV) steigt mit der HCl-Konzentration. Benutzt man es zur Titration von W(VI) in konz. HCl, findet nur noch teilweise Reduktion zu W(V) statt, ein Potentialsprung tritt nicht auf. Für die Reaktion mit Sn(II) gilt ähnliches [7]. Als geeignet haben sich bisher nur Cr(II), V(II) sowie möglicherweise W(III) erwiesen [7]. Etwas ausführlicher untersucht wurde bisher nur die Titration mit Cr(II).

Tabelle 5. Redoxpotentiale des Wolframs in Volt gegen GKE, beim Verhältnis 1:1 der beiden Wertigkeitsstufen

m HCl	W(VI)/W(V)	W(V)/W(III)
12,5	+ 0,36	+ 0,05
10,0	+ 0,25	- 0,01
9,5	+ 0,22	
9,0		- 0,03
8,0	+ 0,20	

5.1.1 Bestimmung mit Chrom(II)

Wegen der *Luftempfindlichkeit* des Cr(II) und des W(V) muß unter Luftabschluß titriert werden. Da die Cr(II)-Titerlösung nur relativ schwach sauer ist, muß zu Beginn der Titration ein genügend großes Volumen mindestens 10 m salzsaurer Lösung vorliegen, damit auch am Äquivalenzpunkt der geeignete *Aziditätsbereich* nicht unterschritten wird. Abweichend von der ältesten Arbeitsweise [4, 5] ist es nicht erforderlich, bei erhöhter Temperatur zu titrieren [7, 10, 11], doch stellt sich das Redoxpotential an der Indikatorelektrode in der Wärme sehr viel schneller ein [14].

Apparatur

In mindestens 10 m salzsaurer Lösung verläuft die Reaktion schnell genug für die automatische Durchführung mit modernen registrierenden Titriergeräten, z.B. Metrohm Typ 336A. Auch das zugehörige, verschließbare Titriergefäß Metrohm Typ EA 880 für 100 ml Inhalt hat sich bewährt. Als Indikatorelektrode eignet sich ein Pt- oder Au-Draht. Er sollte stets in saure Cr(II)-Lösung eintauchend aufbewahrt und bei unsicherer Potentialanzeige etwa 1 Std. in einer heißen Cr(II)-Lösung unter Rühren abgebeizt werden. Die Bezugselektrode soll mit LiCl- statt mit KCl-Lösung gefüllt sein, da sonst das in HCl unlösliche KCl leicht das Diaphragma verstopft [14].

Reagenzien

a) *Chrom(II)-Lösung* 0,1 normal, in der üblichen Weise unter Luftabschluß aufbewahrt und eventuell durch einen Reduktor mit amalgamiertem Zink geleitet [3, 7]. Die Lösung soll salzsauer sein.
b) *Salzsäure,* konz. Man achte auf die Konzentration. Am besten geeignet ist die Qualität "rauchende, min. 36 %ig".

Arbeitsvorschrift [4, 10]. Von der Lösung der Analysensubstanz pipettiert man einen Anteil von höchstens 10 ml Volumen und einem Gehalt von etwa 50 bis 200 mg W(VI) in das Titriergefäß. Unter ständigem Rühren gibt man schnell mindestens 60 ml konz. Salzsäure dazu. Die anfangs ausfallende Wolframsäure löst sich rasch wieder auf. Die Lösung wird mit CO_2 oder N_2 etwa 10 Min. lang entlüftet und unter Luftabschluß mit 0,1 n Cr(II)-Lösung bei Zimmertemperatur titriert. Die Indizierung erfolgt mit einer blanken Platin-Elektrode; als Bezugselektrode dient eine Kalomel- oder eine Ag/AgCl-Elektrode. Das Potential der Indikatorelektrode nimmt während der Titration ab. Der Äquivalenzpunkt wird durch einen deutlichen Potentialsprung angezeigt. In Anwesenheit weiterer reduzierbarer Probenbestandteile erhält man gegebenenfalls mehrstufige Kurven.

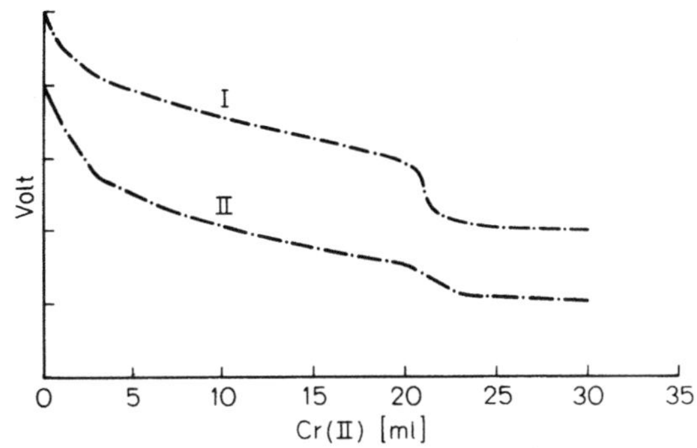

Abb. 3
Titration von W(VI) mit Cr(II) bei Zimmertemperatur. (Salzsäurekonzentration: I = 12 m, II = 9 m; Wolframmenge: 209,6 mg; Titrationsvolumen = 100 ml). [7]

Bemerkungen:

I. Zur Analyse von ***Wolframit*** und ***Scheelit*** wird eine Probe des Minerals mit der 8 bis 10-fachen Menge Natriumhydroxid und 1 g Natriumperoxid 30 bis 40 Min. geschmolzen. Die Schmelze wird mit Wasser ausgelaugt, mit H_2O_2 versetzt und bis zur vollständigen Zerstörung der Peroxide gekocht. Man filtriert und wäscht dann das Filter mit 2 %iger Natronlauge. Entsprechend dem Natronlaugegehalt dieser Lösung ist vor der Titration eine vergrößerte Menge konz. Salzsäure zuzusetzen. Ein ***Molybdängehalt*** des Minerals von weniger als 0,1 % kann unberücksichtigt bleiben. ***Phosphat*** muß entfernt werden, wenn davon mehr als nur Spuren anwesend sind [10].

II. Die Bestimmung ist auch in *Anwesenheit von Fe(III), Cr(VI), Cu(II) und Mo(VI)* möglich. Liegt außer W(VI) nur Fe(III) als reduzierbarer Bestandteil vor, erhält man unter den Bedingungen der obigen Arbeitsvorschrift eine zweistufige Kurve, deren scharfer erster Sprung die Reduktion des Eisens, der zweite diejenige des Wolframs anzeigt: siehe Abbildung 4 [5, 11]. Auch neben der gegenüber Wolfram fünffachen Gewichtsmenge Eisen(III) lassen sich noch ausreichende Ergebnisse erzielen [11]. Liegen W(VI) und Mo(VI) nebeneinander vor, so zeigt der erste Sprung die Reduktion des Mo(VI) zu Mo(V) an. Danach werden gleichzeitig Mo(V) zu Mo(III) und W(VI) zu W(V) reduziert: Siehe Abbildung 5. Der Wolframgehalt ergibt sich als Differenz aus der Summe Mo + W und dem aus dem 1. Äquivalenzpunkt ermittelten Mo-Gehalt.

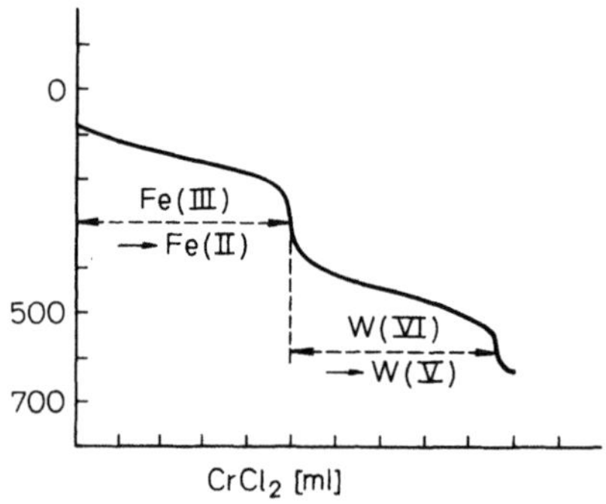

Abb. 4
Titration von Fe(III) + W(VI) mit Cr(II) nach [5]

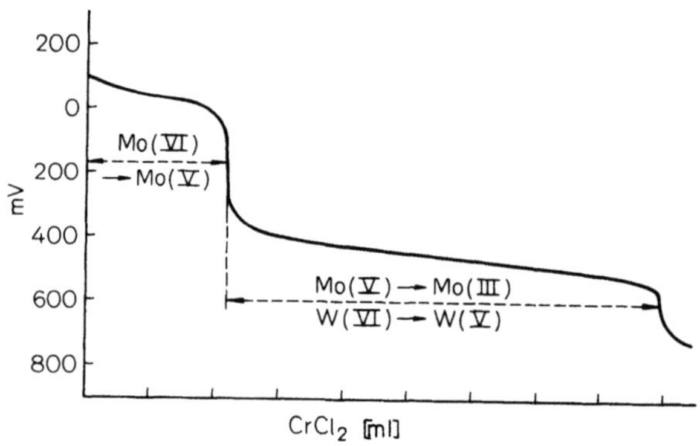

Abb. 5
Titration von Mo(VI) + W(VI) mit Cr(II) nach [5]

Liegen nebeneinander W(VI), Mo(VI) und Fe(III) vor, erfolgt bis zum 1. Sprung gleichzeitig die Reduktion des Fe(III) zu Fe(II) und des Mo(VI) zu Mo(V). Bis zum 2. Sprung werden dann wie oben Mo(V) zu Mo(III) und W(VI) zu W(V) reduziert: siehe Abbildung 6. Mit dem Ergebnis einer auf andere Weise durchgeführten Eisenbestimmung läßt sich dann der Wolframgehalt berechnen [5]. Liegen Cr(VI) und W(VI) nebeneinander vor, erhält man zwei Potentialsprünge. Die zwischen beiden Sprüngen verbrauchte Cr(II)-Menge entspricht der Reduktion des W(VI) zu W(V). Durch die konz. Salzsäure wird ein undefinierter Anteil des Cr(VI) zu Cr(III) reduziert, so daß der Cr(VI)-Gehalt nicht aus dem Verbrauch bis zum 1. Sprung ermittelt werden kann. Er muß erforderlichenfalls nach einer anderen Methode bestimmt werden [5].

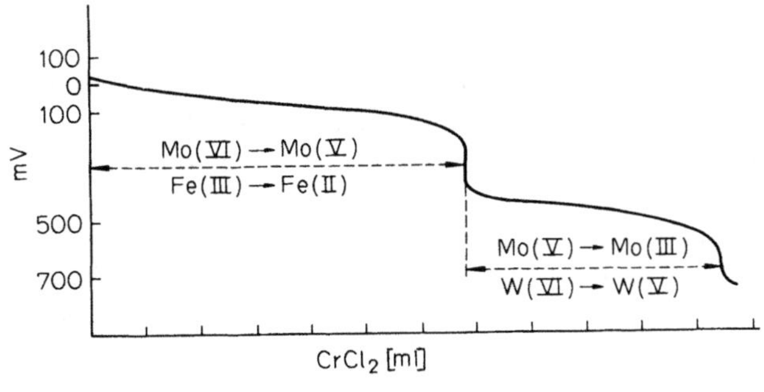

Abb. 6
Titration von Fe(III) + Mo(VI) + W(VI) mit Cr(II) nach [5]

III. Eine *Störung* der Titration verursachen Fluorid, Phosphat und Silicat. Es entstehen Komplexe von niedrigerem Redoxpotential oder Heteropolysäuren, welche auch in konz. Salzsäure längere Zeit haltbar sind [10, 11,12]. Die Anwesenheit von Citronensäure ist auch in höherer Konzentration unschädlich [2, 9], während Oxalsäure die Reduktion behindert [9].

IV. Als *Indikatorelektrode* ist statt Platin auch eine wachsimprägnierte Kohleelektrode verwendbar [12]. Einen besonderen Vorteil scheint diese aber nicht zu bieten.

5.1.2 Bestimmung mit Wolfram(III)

Nach *Geyer* und *Henze* [7] beträgt das Realpotential von W(V)/W(III) in 12,5 m salzsaurem Medium + 0,05 Volt, dasjenige von W(VI)/W(V) dagegen + 0,36 Volt (gegen GKE). Dies ermöglicht eine Titration nach der Gleichung

$$W_2Cl_9^{3-} + 4\,WO_2Cl_3^- + 4\,H^+ + 9\,Cl^- = 6\,WOCl_5^{2-} + 2\,H_2O$$

Die Reaktion verläuft um so vollständiger zum W(V), je höher die Salzsäurekonzentration ist. In 12 m salzsaurem Medium ergibt sich ein gut auswertbarer Potentialsprung: siehe Abbildung 7. Analytische Anwendung hat diese Möglichkeit bisher noch nicht gefunden.

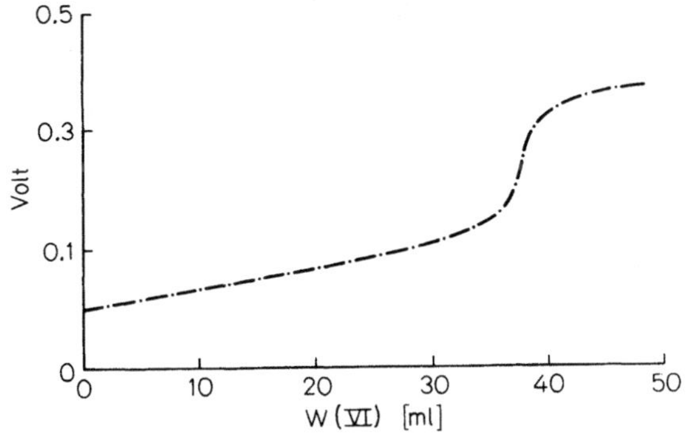

Abb. 7
Titration von W(III) mit W(VI) in 12 m Salzsäure bei Zimmertemperatur. Vorlage: 50 ml W(III)-Lösung mit 182 mg W; Titrationsflüssigkeit: 0,2083 m W(VI)-Lösung [7]

5.1.3 Bestimmung mit Vanadium(II)

Die reduktometrische Titration von W(VI) mit V(II) verläuft unter ähnlichen Bedingungen wie diejenige mit Cr(II). In mindestens 9 molar, besser 12 molar salzsaurer Lösung ist die Reaktion bei Zimmertemperatur rasch und vollständig, wobei nach *Geyer* und *Henze* Wolfram(V) und Vanadium(III) entstehen [7]. Bei potentiometrischer Indizierung mit einer Platinelektrode erhält man einen gut ausgebildeten Potentialsprung, der mit abnehmender HCl-Konzentration flacher wird: siehe Abbildung 8. Im Gegensatz zu älteren Angaben [13] wird die Titration durch Phosphorsäure gestört [7]. Analytische Anwendung hat diese Möglichkeit bisher noch nicht gefunden.

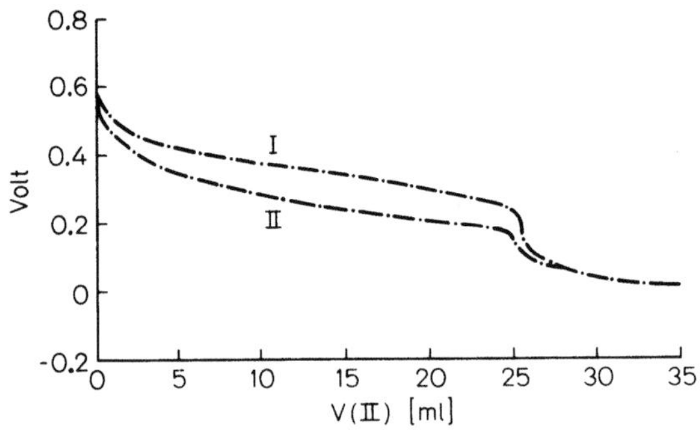

Abb. 8
Titration von W(VI) mit V(II) in Abhängigkeit von der Salzsäurekonzentration bei Zimmertemperatur. I = 12 m HCl, II = 9 m HCl; Wolframmenge = 201,0 mg [7]

Literatur

1. *Černikov, Ju.A., Gorjušina, V.G.:* Zavodsk. Laborator. **11** (1945) 137-41; durch Chem. Abstr. **40**, 1110⁸.
2. *El Wakkad, S.E.S., Rize, H.A.M.:* Analyst 77 (1952) 161-63.
3. *Flatt, M.R., Sommer, F.:* Helv. Chim. Acta **25** (1942) 684-94.
4. *Flatt, M.R., Sommer, F.:* Helv. Chim. Acta **27** (1944) 1518-22.
5. *Flatt, M.R., Sommer, F.:* Helv. Chim. Acta **27** (1944) 1522-32.
6. *Geyer, R., Henze, G.:* Z. Anal. Chem. **177** (1960) 185-90.
7. *Geyer, R., Henze, G.:* Wiss. Z. TH Chem. 3 (1960/61) 261-64.
8. *Gorjušina, V.G., Čerkašina, T.V.:* Zavodsk. Laborator. **14** (1948) 255-62; durch Chem. Abstr. **43**, 8957 i.
9. *Gorjušina, V.G., Čerkašina, T.V.:* Zavodsk. Laborator. **14** (1948) 873-74; durch Chem. Abstr. **43**, 8958 d.
10. *Kao, Shean-Shya, Tai, Shu-Kuli, Cheng, Shu-Hui:* Hua Hsüeh Hsüeh Pao **22** (1956) 328-34; durch Chem. Abstr. **52**, 9863 b.
11. *Muraki, J.:* J. Chem. Soc. Japan, Pure Chem. Sect. **76** (1955) 193-96; durch Chem. Abstr. **49**, 14567 f.
12. *Smith, D.P., Pope, M.T.:* Anal. Chem. **40** (1968) 1906-08.
13. *Treadwell, W.D., Niericker, R.:* Helv. Chim. Acta **24** (1941) 1067-79.
14. *Wünsch, G.:* unveröffentlicht

5.2 Oxydimetrische Titration

Wolfram(VI) läßt sich in saurer Lösung mit Metallen zu niedrigeren Wertigkeitsstufen reduzieren. Die Bestimmung erfolgt dann durch oxydimetrische Titration mit einem der bekannten Reagenzien wie Dichromat, Cer(IV) u.ä.

Je nach dem benutzten Reduktionsmittel entsteht W(V) oder W(III) [7]. Unter ungeeigneten Bedingungen erfolgt jedoch der Übergang in die dreiwertige Stufe nicht quantitativ. Daher finden sich in der älteren Literatur Arbeitsvorschriften, die scheinbar zu vierwertigem Wolfram führen [3, 10, 11, 22]. Tatsächlich gibt es jedoch bisher keinen Beleg für das Auftreten dieser Wertigkeitsstufe unter den hier in Betracht kommenden analytischen Bedingungen. Auch ältere Angaben, wonach es nicht möglich sei, bei der Reduktion von sechswertigem Wolfram zu definierten Wertigkeitsstufen zu gelangen, sind nach der in neuerer Zeit erfolgten Klärung der Verhältnisse gegenstandslos geworden.

Unter einwandfreien Reaktionsbedingungen entsteht nur *fünfwertiges Wolfram* bei Anwendung von Silber [7], Quecksilber [7, 29], Wismut [14, 23, 32] und Antimon [14, 34].

Zu *dreiwertigem Wolfram* führen Blei [7, 9, 12, 16, 17], Cadmium [5, 7, 13, 28], Zink [5, 7, 8, 23] sowie Wood-Legierung entsprechend ihrem Gehalt an Cd und Pb [33].

Ob die Metalle dabei in reiner Form, oberflächlich amalgamiert oder als flüssige Amalgame eingesetzt werden, beeinflußt zwar die experimentelle Ausführung, hat auf die erreichbare Wertigkeitsstufe des Wolframs jedoch keinen Einfluß.

Die Reduktion wird im allgemeinen in salzsaurem Medium ausgeführt, und dabei ist die HCl-Konzentration maßgebend für den Ablauf der Reaktion. Grundsätzlich ist eine möglichst hohe *Salzsäurekonzentration* erforderlich, mindestens 9 bis 10 molar, je höher desto besser. Unterhalb dieser Grenze führt die Reduktion je nach dem benutzten Metall nicht quantitativ bis zum W(V) oder sie bleibt bei einem Gemisch von W(V) und W(III) stehen [7]. Aus nur schwach salzsauren Lösungen wird teilweise Wolframblau gefällt. Bezüglich der *Redoxpotentiale* ist zu beachten, daß diese in konzentrierter Salzsäure erheblich von den tabellierten Normalpotentialen abweichen und oft auch stark von der HCl-Konzentration abhängen. Mit steigender Salzsäurekonzentration steigen die Potentiale der Paare W(VI)/W(V) und W(V)/W(III) an [6, 7].

Um Wolfram(VI) leichter in Lösung zu halten, empfehlen manche Vorschriften einen Zusatz von *Phosphorsäure.* Letztere wirkt sich jedoch ungünstig auf die Redoxreaktion aus. Zumindest wird die Reduktion verlangsamt und die Lage des Reaktionsgleichgewichtes tendenziell zu höheren Wertigkeitsstufen des Wolframs verschoben. Bei höheren Gehalten von Phosphorsäure, etwa beim Mischungsverhältnis HCl : H_3PO_4 = 1 : 1 wird daher im allgemeinen nicht mehr quantitativ eine bestimmte Wertigkeitsstufe erreicht. Dies gilt sowohl für Metalle, die in rein salzsaurer Lösung zu W(V) führen, als auch für solche, mit denen ansonsten W(III) entsteht.

Es bildet sich jedoch quantitativ W(III), wenn man in Gegenwart von *Flußsäure* mit Zink [8] oder in Gegenwart von *Oxalsäure* oder *Citronensäure* mit Bleiamalgam [12] oder Cadmiumamalgam [13] reduziert.

Welches *Oxydationsmittel* man zur Titration des niederwertigen Wolframs benutzt, ist von minderer Bedeutung. Bewährt haben sich Dichromat [7, 26, 27], Cer(IV) [7, 32] und Permanganat [4, 10, 24]. Gelegentlich wurden auch Hexacyanoferrat(III) [11, 16], Kupfer(II) [15, 30], Eisen(III) [14] und Vanadium(V) [19] benutzt. Auch Jodmonochlorid JCl ist anwendbar, die Potentialeinstellung erfolgt allerdings nur sehr langsam [23]. Die Abbildungen 9 bis 10 geben einige potentiometrische Titrationskurven des Wolfram(III) mit verschiedenen Oxydationsmitteln wieder [7]. Der erste Potentialsprung gehört jeweils zum Übergang W(III) → W(V), der zweite zu W(V) → W(VI).

Vor allem die bis zur dreiwertigen Stufe reduzierten Lösungen sind sehr empfindlich gegen *Luftsauerstoff.* Daher wird für praktische Zwecke häufig zunächst ein Überschuß eines Oxydationsmittels zugegeben und entweder dessen reduzierter oder dessen nicht verbrauchter Anteil titrimetrisch bestimmt [1, 5, 8, 9, 16,17, 18, 21].

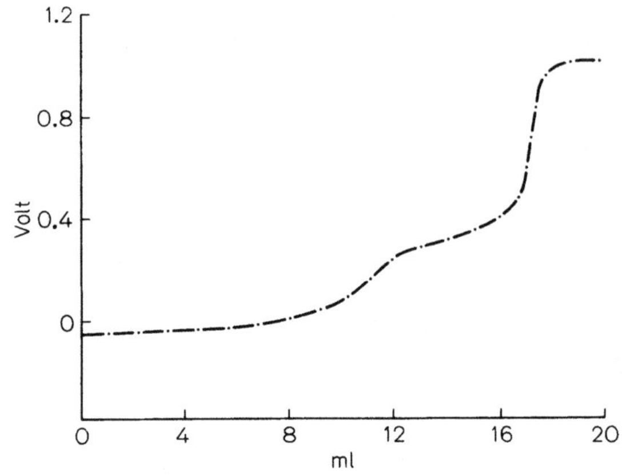

Abb. 9
Potentialverlauf bei der potentiometrischen Titration von Wolfram (III) mit 0,1 n $K_2Cr_2O_7$ in 11 m HCl [7]

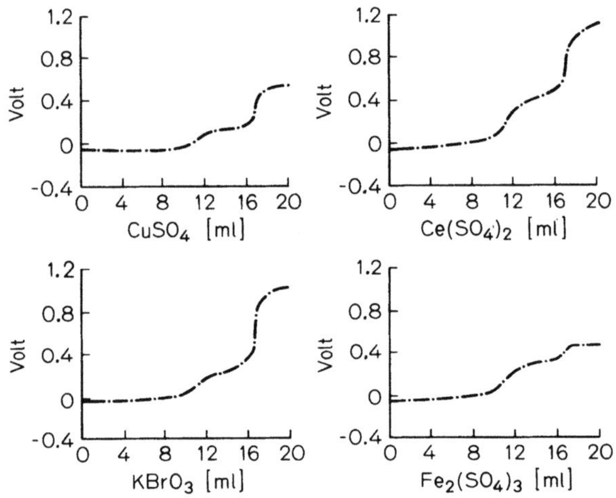

Abb. 10
Potentialverlauf bei potentiometrischen Titrationen von Wolfram (III) mit verschiedenen Oxydationsmitteln in 11 m HCl [7]

Fünfwertiges Wolfram wurde ferner erhalten bei der Reduktion mit Zinn(II) in Gegenwart von Oxalsäure [14], photochemisch (mit einer Quarzlampe) in alkoholisch-phosphorsaurer Lösung [19] sowie bei Anwendung einer mäßigen Menge Zinkstaub mit anschließender potentialkontrollierter Zugabe von Chrom(II)-Lösung [26, 27].

5.2.1 Bestimmung nach Reduktion zu dreiwertigem Wolfram

Die drei in Betracht kommenden Reduktionsmittel Blei, Cadmium und Zink unterscheiden sich erheblich in ihrer Reaktionsgeschwindigkeit. Recht langsam reduziert *Blei*. Die Arbeitsweise nach Luke [17, 18] mit einem bleigefüllten Reduktorrohr ergab bei der Überprüfung unbefriedigende Resultate [2]. Nach *Geyer* und *Henze* [7] sind 100 mg

W(VI) in konz. Salzsäure bei Zimmertemperatur durch 100g granuliertes Blei erst nach 48 Std. quantitativ in W(III) übergeführt. Bei 70°C genügen allerdings schon 10 Min. zur vollständigen Reduktion. Bei 60°C besitzt auch flüssiges *Bleiamalgam* eine genügende Reaktionsgeschwindigkeit [9]. Schneller als granuliertes Blei wirkt granuliertes *Cadmium*, doch sind auch hier bei Zimmertemperatur selbst in 12 m Salzsäure mehrere Std. bis zur völligen Durchreduktion erforderlich [7].
Die besten Ergebnisse werden bei Anwendung von *Zink* erhalten. Zu beachten ist hier jedoch die gegenüber Blei oder Cadmium viel stärkere Wasserstoffentwicklung. Dies führt zum Absinken der erforderlichen hohen *HCl-Konzentration* an der Zinkoberfläche. Die Entstehung von dreiwertigem Wolfram wird dadurch aber behindert, da sich dieses nur in sehr stark salzsaurer Lösung bildet [7]. Die Qualität des eingesetzten Zinkmetalls ist deshalb von großer Bedeutung: *Geyer* und *Henze* erhielten schlechte Ergebnisse mit granuliertem Zink, gute dagegen mit einem Zinkstaub, der kleine Mengen Blei enthielt [5, 7]. Statt in konzentrierter Salzsäure läßt sich quantitative Reduktion auch in einer Lösung erzielen, die 0,5 m an *Flußsäure* und 2 m an Salzsäure ist [8]. Dann kann man eine Reduktorsäule mit schwach amalgamiertem, feinem Zinkschrot verwenden und mit einer Durchflußgeschwindigkeit von 5 ml/Min. arbeiten.

5.2.1.1 Arbeitsweise nach Geyer und Henze [5]

Arbeitsvorschrift. Die Wolfram(VI)-Lösung wird auf ein möglichst kleines Volumen gebracht und in einem 300 ml-Erlenmeyerkolben mit etwa der siebenfachen Menge an konz. Salzsäure versetzt. Unter ständigem Umschwenken des Kolbens reduziert man durch portionsweises Zugeben von Zinkstaub (etwa unter Zusatz von etwas Bleiacetat). Dabei wird mit fließendem Wasser gekühlt, so daß die Temperatur der Lösung 20°C nicht übersteigt. Für Wolframmengen von 50 bis 250 mg kommt man mit etwa 5 bis 7 g Zinkstaub aus. Die grüne Lösung des leicht oxydierbaren Wolfram(III) gießt man über eine 10 cm hohe Säule von Cadmiumspänen, die sich in einem Filterrohr befinden, das dem bekannten Jones-Reduktorrohr ähnlich ist. Unter der Cadmiumschicht befindet sich Glaswolle, um die feinen Metallteilchen zurückzuhalten Das mit einem Glashahn versehene Ablaufrohr des Reduktors taucht mit seiner Spitze in eine Mischung von 50 ml 0,1 m Eisen(III)-sulfatlösung und 10 ml konz. Phosphorsäure ein. Das Reduktionsgefäß sowie das Filterrohr mit der Cadmiumsäule werden mit 100 ml Salzsäure (1+1) nachgewaschen. Die Titration erfolgt mit 0,1 m Cer(IV)-sulfatlösung unter Verwendung von Ferrophenanthrolin als Indikator. Das Titrationsvolumen kann bis 250 ml betragen.

Ein auf analoge Weise erhaltener *Leerverbrauch* ist zu berücksichtigen; *Geyer* und *Henze* fanden für diesen gleichbleibend 0,30 ml.

Bemerkungen:

I. Bei der Bestimmung von 52 bis 173 mg WO_3 wurde eine *Standardabweichung* von s = 0,321 mg WO_3 aus 24 Werten gefunden.

II. Der *Zeitbedarf* einer Bestimmung beträgt etwa 10 Min.

III. Als geeignet erwies sich ein *Zinkstaub* des VEB Berlin-Chemie ("Zinc. metallicum pulv. subt."), der 2,4 % *Blei* enthielt. Verwendet man eine Pb-freie Qualität, setzt man etwas Bleiacetatlösung hinzu. Ein *Kupfergehalt* von 0,16 % im Zinkstaub "für Analyse" der Fa. Riedel de Haen verlangsamte die Reduktion stark.

IV. *Braune Lösungen* sind nicht quantitativ reduziert; in konzentriert salzsaurem Medium zeigt Wolfram(III) eine rein *grüne* Färbung.

5.2.1.2 Arbeitsweise nach Headridge und Taylor [8]

Zink-Reduktor

Mit Rücksicht auf die flußsauren Lösungen besteht das Reduktorrohr aus einem 38 cm langen Polyäthylenschlauch mit 1,8 cm innerem Durchmesser. An sein unteres Ende wird ein kleiner Polyäthylentrichter mit 4 mm weitem Ablaufrohr angeschweißt. Letzteres kann mit einem Quetschhahn verschlossen werden. Am oberen Ende des Reduktorrohres wird als Flüssigkeitsreservoir ein Schütteltrichter aus Plastik befestigt. Die Metallfüllung ist 38 cm lang und ruht auf einer kleinen gelochten Scheibe aus Polyäthylen. – Das Reduktorrohr wird in seiner ganzen Länge mit dünnwandigem Polyäthylenschlauch von 6 mm innerer Weite umwickelt, durch den Kühlwasser geleitet werden kann. Die zum Auffangen des Eluats dienende 250 ml-Polyäthylenflasche ist mit einer dreifach durchbohrten Schraubkappe verschlossen, durch welche das Ablaufrohr des Reduktors sowie die Zu- und Ableitung für das Schutzgas führen. Das Gaseinleitungsrohr soll bis fast auf den Boden der Flasche reichen.

Vor der Ausführung einer Analyse wird der mit Zink gefüllte Reduktor bei eingeschaltetem Kühlwasser viermal mit je 25 ml Waschsäure durchgespült. Die Durchlaufgeschwindigkeit soll 5 ml/Min. betragen, und die Metallschicht muß stets mit Flüssigkeit bedeckt bleiben.

Reagenzien

a) *Flußsäure,* 40 %ig, 23 molar, wird zum Gebrauch 1+9 mit Wasser verdünnt.
b) *Wasser.* Das zum Verdünnen benutzte Wasser muß luftfrei sein, was z.B. durch 15 Min. langes starkes Kochen mit Abkühlung und Aufbewahrung unter flüssigem Paraffin möglich ist.
c) *Waschsäure,* 2 m salzsauer und 0,5 m flußsauer.
d) *Eisen(III)-Lösung,* 0,1 m, aus Eisen(III)-ammoniumsulfat
e) *Wolframstandardlösung.* Zweckmäßig ist ein Gehalt von 3 oder 4 mg W/ml. Herstellung siehe u.a. S. 105.
f) *Amalgamierter Zinkschrot.* Analysenreiner Zinkschrot, Korngröße 16 bis 30 mesh (0,6 bis 1,1 mm), wird mit verdünnter Salzsäure (2+98) und danach mit Wasser gewaschen. In einer verschlossenen Flasche werden davon 500 g mit 250 ml einer 2 %igen Quecksilber(II)-chloridlösung 45 bis 60 Sek. lang kräftig geschüttelt. Die überstehende Flüssigkeit wird abgegossen und das Zink mehrmals mit Wasser und dann mit verd. Schwefelsäure (2+98) gewaschen. Danach wäscht man es nochmals mit Wasser und bewahrt es unter verd. Salzsäure (1+99) auf. Der Amalgamierungsgrad beträgt 0,75 %; stärkere oder schwächere Amalgamierung verschlechtert die Brauchbarkeit.

Arbeitsvorschrift [8]. Eine kleine Polyäthylenflasche wird mit einer Markierung für genau 50 ml Inhalt versehen. In die Flasche gibt man so viel von der Probelösung, daß nicht mehr als 14,6 mg W bzw. 18,4 mg WO_3 vorliegen. Man gibt berechnete Mengen an konzentrierter Salzsäure und verdünnter Flußsäure hinzu und füllt mit Wasser auf 50 ml auf. Die Lösung soll jetzt 2 m salzsauer und 0,5 m flußsauer sein.

Die Wasserkühlung der Reduktorsäule (s.o.) wird schon einige Min. zuvor eingeschaltet. Unter ständiger weiterer Kühlung läßt man die saure Lösung durch den Reduktor fließen, wobei die Zinkschicht stets vollständig von der Flüssigkeit bedeckt bleiben muß. Die Durchlaufgeschwindigkeit soll sowohl hier als auch später beim Nachwaschen 5 ml/Min. betragen.
Die Plastikflasche wird dreimal mit je 5 ml Waschsäure nachgespült, und diese Anteile werden ebenfalls auf die Säule gegeben. Dann wäscht man den Reduktor noch mit insgesamt weiteren 20 ml Waschsäure in mehreren Anteilen nach. Sobald der letzte Anteil der Waschflüssigkeit so weit abgelaufen ist, daß die Zinkschicht gerade noch davon bedeckt blieb, wird der Hahn des Reduktors geschlossen. Der Rest der Flüssigkeit verbleibt in der Säule.

In eine 250 ml-Plastikflasche gibt man 10 ml 0,1 m Eisen(III)-Lösung und 30 ml konz. Phosphorsäure und fängt die aus der Säule auslaufende reduzierte Lösung einschließlich der Waschsäure darin auf. Um eine Reoxydation des Wolfram(III) zu vermeiden, wird die Flasche dabei ständig mit Stickstoff gespült, und das Auslaufrohr des Reduktors soll bis in die mit N_2 gefüllte Flasche hineinreichen. Dann spült man das Gaseinleitungsrohr mit Wasser ab, gibt 30 ml konz. Phosphorsäure und 10 ml konz. Schwefelsäure hinzu und verdünnt mit Wasser auf 230 bis 240 ml. Man gibt genau

5 Tropfen (0,25 ml) Indikatorlösung dazu und titriert mit 0,1 n Dichromatlösung bis zur bleibenden Purpurfärbung. Es soll eine Mikrobürette mit 5 oder 10 ml Fassungsvermögen benutzt werden. Vor der *Auswertung* ist der Blindwert abzuziehen (s.u.). 1 ml 0,1 n Dichromatlösung entspricht 7,730 mg WO_3 bzw. 6,131 mg W.

Zur *Bestimmung des Blindwertes* verarbeitet man eine bekannte Menge der Wolframstandardlösung in genau gleicher Weise. Die Differenz zwischen berechnetem und gefundenem Verbrauch an Dichromatlösung ist der Blindwert. Er beträgt etwa 0,1 ml. Es sind mehrere Bestimmungen nötig, deren Ergebnisse gemittelt werden.

Bemerkungen:

I. Aus 16 Bestimmungen von maximal 18 mg WO_3 erhielten die Autoren eine *Standardabweichung* von 0,021 mg WO_3. Sie fanden dabei einen mittleren systematischen Fehler von - 0,003 mg, der also nicht signifikant ist.

II. *Größere Mengen WO_3* als 18,4 mg werden unter den Bedingungen der Arbeitsvorschrift nicht quantitativ reduziert.

III. *Störungen* treten durch Elemente auf, die im Zinkreduktor ebenfalls reduziert werden. Diese reagieren in entsprechender Weise wie W(III) mit der vorgelegten Eisen(III)-Lösung und werden gemäß ihren Wertigkeitsstufen mit erfaßt. Es entstehen gegebenenfalls Eisen(II), Molybdän(III), Vanadium(II), Titan(III) und eine Mischung aus Chrom(II) und Chrom(III). Das Wolfram muß in Anwesenheit dieser Metalle nach einem der im Kapitel 3 beschriebenen Verfahren abgetrennt werden.

IV. Sind an störenden Bestandteilen nur *Eisen* und *Molybdän* anwesend, z.B. bei der *Analyse von Ferrowolfram,* so kann man mit dem nachfolgend beschriebenen Verfahren diese selektiv neben Wolfram reduzieren. Man bestimmt dann ihre Summe und berücksichtigt sie bei der Berechnung des Wolframgehaltes.

Arbeitsweise zur Berücksichtigung von anwesendem Fe und Mo [8]

Silberreduktor

Das Reduktorrohr besteht aus einem Polyäthylenschlauch von 38 cm Länge und 1 cm innerem Durchmesser, in dem unten ein Polyäthylenschlauch von 5 mm innerem Durchmesser dicht eingepaßt ist. Letzterer trägt einen Quetschhahn und führt in die Vorlageflasche. Der mittlere Teil des Reduktorrohres (28 cm) ist nach Art eines Liebig-Kühlers umgeben von einem dickeren Polyäthylenschlauch von 1,8 cm innerem Durchmesser, welcher Anschlußstutzen für Heißwasser trägt. Das Heißwasser soll etwa 70°C haben, so daß die aus der Silberschicht auslaufenden Lösungen eine Temperatur von etwa 60°C aufweisen. Das Lösungsreservoir am oberen Ende der Säule wird wie beim Zinkreduktor hergestellt. – In die Säule wird eine 34 cm lange Silberschicht eingebracht.

Reagenzien

a) *Eisen(III)-standardlösung,* zur Bestimmung des Blindwertes. Sie wird aus Eisen(III)-ammoniumsulfat hergestellt und nach einem der üblichen Verfahren zur Eisenbestimmung eingestellt. Sie soll zweckmäßig einen Gehalt von 3 bis 4 ml Fe/ml haben.

b) *Silber* zur Säulenfüllung. 40 g Silbernitrat werden unter Zusatz von 5 ml konz. Salpetersäure in 250 ml Wasser gelöst und mit einem Stück Zinkblech geschüttelt, bis alles Silber abgeschieden ist. Dann wäscht man mit verd. Schwefelsäure (1+99) frei von Zinkionen, wäscht mit Wasser frei von Schwefelsäure und bewahrt das Silber unter verd. Salzsäure (1+99) auf.

c) *Sonstige Reagenzien* siehe bei den Angaben zur Wolframbestimmung, S. 78

Arbeitsvorschrift [8]. In eine kleine Polyäthylenflasche pipettiert man so viel von der Probelösung, daß (neben dem Wolfram) nicht mehr als 22 mg Eisen und 8,8 mg Molybdän (13,2 mg MoO_3) vorliegen. Man gibt eine berechnete Menge konz. Salzsäure und verd. Flußsäure hinzu (siehe unten) und verdünnt mit Wasser zunächst auf etwa 40 ml. Dann leitet man 15 Min. lang einen sauerstoff-freien Stickstoffstrom hindurch, spült dann das Gaseinleitungsrohr mit Wasser ab und verdünnt mit Wasser auf 50 ml. Die Lösung muß jetzt 4,5 m salzsauer und 0,2 m flußsauer sein. Diese vorgeschriebenen Säurekonzentrationen müssen sorgfältig eingehalten werden.

Die Heizung des Silberreduktors wird rechtzeitig eingeschaltet, so daß sich die Säulenfüllung auf 60°C erwärmt. Die vorbereitete Analysenlösung wird auf etwa 60°C erwärmt und mit einer Geschwindigkeit von 5 ml/Min. durch die Säule gegeben. Dann wäscht man portionsweise mit insgesamt 50 ml einer Waschsäure nach, welche 4,5 m salzsauer und 0,2 m flußsauer ist. Die ablaufende reduzierte Lösung einschließlich der Waschsäure fängt man in einer mit Stickstoff gespülten Plastikflasche auf, in der sich 10 ml 0,1 m Eisen(III)-Lösung und 10 ml konz. Phosphorsäure befinden. Danach spült man das Gaseinleitungsrohr mit Wasser ab, gibt noch 30 ml konz. Phosphorsäure hinzu, verdünnt mit Wasser auf 230 bis 240 ml und titriert wie in der Arbeitsvorschrift zur Wolframbestimmung (S. 78) beschrieben. Vor der *Auswertung* wird der Blindwert abgezogen.

Zur *Ermittlung des Blindwertes* führt man genau nach obiger Arbeitsvorschrift zwei Bestimmungen aus, bei denen statt der Probe eine bekannte Menge Eisen-Standardlösung eingesetzt wird. Die beiden Fe-Mengen sollen recht verschieden groß sein und nicht mehr als 22 mg betragen.

Bemerkungen:

I. Sind W_1 und W_2 die beiden zur Blindwertbestimmung eingesetzten Fe-Mengen und V_1 und V_2 die zur Titration verbrauchten ml 0,1 n Dichromatlösung, so ist der *Blindwert* b [ml]:

$$b = \frac{W_1 . V_2 - W_2 . V_1}{W_1 - W_2}$$

Der Blindwert soll aus mehreren Bestimmungen ermittelt werden.

II. *Auswertung der Wolframbestimmung* von S. 78 bei Gegenwart von Fe und Mo. Im heißen Silberreduktor und bei der vorgeschriebenen Azidität entstehen Eisen(II) und Molybdän(III), also die gleichen Wertigkeitsstufen wie im Zinkreduktor. Wolfram(VI) wird dagegen unterhalb von 5,5 m HCl-Gehalt von Silber nicht reduziert. Die nach der Reduktion der Analysenlösung im Silberreduktor bei der Titration verbrauchten ml 0,1 n Dichromatlösung können also unmittelbar vom Ergebnis der Reduktion im Zink-Reduktor abgezogen werden. Die Differenz entspricht dem Wolframgehalt. Die Blindwerte sind ebenfalls abzuziehen.

III. *Probenvorbereitung für Ferrowolfram:* In einem Teflon-Becher löst man 0,1 bis 0,2 g der Legierung in 5 ml 40 %iger Flußsäure und 1 ml 36 %iger Salzsäure. Man gibt noch 1 ml konz. Wasserstoffperoxid hinzu und erwärmt, bis alles gelöst ist. Man dampft zur Trockene ein und löst den Rückstand in 5 ml 40 %iger Flußsäure. Dies wird noch zweimal wiederholt, um alles Wasserstoffperoxid zu zerstören. Danach löst man den Rückstand in 5 ml verd. Flußsäure (2+3) und überführt die Lösung unter Nachspülen mit Wasser in eine trockene, genau gewogene 100 ml-Polyäthylenflasche mit Schraubverschluß. In den Teflonbecher gibt man nochmals 5 ml verd. Flußsäure (1+10), kocht einige Min. und überführt unter erneutem Nachspülen mit Wasser ebenfalls in die gewogene Flasche. Man verdünnt mit Wasser auf ein passendes Gewicht, läßt erkalten und wägt genau. Dann entnimmt man zur Analyse genau gewogene Anteile.

5.2.1.3 Arbeitsweise nach Holt und Gray mit flüssigem Bleiamalgam [9]

Reduktor. Ein 400 ml-Schütteltrichter wird mit einer elektrischen Heizbandage umwickelt. Deren Regler stellt man so ein, daß sich der Gefäßinhalt auf etwa 60°C erwärmt. Dicht unterhalb des normalen Hahnes des Schütteltrichters wird noch ein Dreiwegehahn angebracht; sein seitliches Rohr dient zum Ablassen des Amalgams; durch das gerade Rohr fließt die reduzierte Lösung in das Titriergefäß. – Im Hals des Schütteltrichters befindet sich ein doppelt durchbohrter Stopfen, durch den ein Gaseinleitungsrohr sowie das Rohr eines kleinen Tropftrichters führen. Durch letzteren können Amalgam, Probelösung und Salzsäure zugegeben werden, ohne daß das Reduktorgefäß geöffnet werden muß.

Titriergefäß. Die Autoren titrieren in einer dreihalsigen Wulffschen Flasche, in die das Ablaufrohr vom Dreiwegehahn, Gaseinleitungsrohr, Bürettenrohr und ein Tropftrichter für Hilfsreagenzien führen. Die Lösung wird mit einem CO_2-Strom gerührt.

Reagenzien

a) *Bleiamalgam.* 40 g granuliertes Blei werden mit konz. Salzsäure bedeckt, 10 Min. gerührt und nach Abgießen der Säure mehrmals mit Wasser gewaschen. Das Blei wird zuerst zwischen Filterpapier und dann 10 Min. bei 100°C getrocknet. Dann gibt man es sofort in eine Schale mit 600 g Quecksilber und erhitzt unter ständigem Rühren eine Std. lang unter dem Abzug. Nach dem Erkalten filtriert man zweimal durch ein recht feines Tuch, wäscht gründlich mit Wasser und entfernt das anhaftende Wasser mit Filterpapier.

b) *Dichromatlösung*, 0,1 normal

c) *Indikatorlösung.* Diphenylaminsulfonsäure, Ba-Salz; 0,2 %ige Lösung in Wasser.

d) *Eisen(III)-Lösung.* 100 ml einer etwa 10 %igen wäßrigen Lösung von Eisen(III)-ammoniumsulfat werden mit 25 ml konz. Phosphorsäure vermischt.

Arbeitsvorschrift [9]. Die Probelösung mit einem Gehalt von etwa 30 bis 160 mg Wolfram wird in einem Erlenmeyerkolben eingedampft, bis sich Kristalle auszuscheiden beginnen. Dann gibt man einige Tropfen Wasser und 25 ml heiße konz. Salzsäure (36 %ig) hinzu, wobei sich die gelbe Wolframsäure rasch auflöst. Man kocht etwa 2 Min., läßt die Lösung auf 75 bis 80°C abkühlen und überführt sie in das mit CO_2 gespülte und vorgeheizte Reduktorgefäß. Der Kolben wird mit einer kleinen Menge konz. Salzsäure nachgespült. Dann gibt man flüssiges Bleiamalgam hinzu und verschließt luftdicht. Um Amalgam und Lösung in guten Kontakt zu bringen, wird das Reduktorgefäß bis zum Ende der Reduktion leicht geschwenkt. Die anfängliche Blaufärbung geht allmählich in das reine gelb über, welches dreiwertiges Wolfram unter diesen Bedingungen zeigt. Zur Sicherheit setzt man die Reduktion noch weitere 5 Min. fort. 30 mg Wolfram sind nach etwa 15 Min. quantitativ reduziert. Danach trennt man das flüssige Amalgam durch den seitlichen Stutzen des Dreiwegehahnes sorgfältig ab und gibt in das Reduktorgefäß einen kleinen Überschuß Eisen(III)-Lösung. Nach dem Durchmischen läßt man die Lösung in das mit CO_2 gespülte Titriergefäß ab und spült das Reduktionsgefäß noch mit 10 bis 20 ml Wasser nach. Nach Zugabe von 50 bis 75 ml Wasser, etwa 40 ml konz. Phosphorsäure und 8 Tropfen Indikatorlösung titriert man das entstandene Eisen(II) unter Schutzgas mit Dichromatlösung bis zum Umschlag nach Violett.

Bemerkungen:

I. *Kleine Wolframmengen* von etwa 3 bis 10 mg sind noch bestimmbar, wenn man die eingedampfte Probe in nur 50 ml konz. Salzsäure löst und bei der Titration 0,05 n Dichromat sowie eine Mikrobürette verwendet. Die Gelbfärbung der reduzierten Lösung ist bei so kleiner Wolframmenge nicht erkennbar.

II. Elektroplattierte *Wolfram-Nickel-Legierungen auf Kupferbasis* löst man in Königswasser und dampft den größten Teil der Säure ab. Der Rückstand wird mit 50 ml Wasser verdünnt, die Lösung mit Natronlauge schwach alkalisch gemacht und filtriert. Den Niederschlag wäscht man mit 35 ml Wasser, welches mit Natronlauge schwach alkalisch gemacht wurde. Filtrat und Waschwasser, die das Wolfram als Wolframat enthalten, werden mit Wasser auf 100 ml aufgefüllt.

III. Von *Ferrowolfram* schließt man 0,5 g mit der fünffachen Menge Natriumcarbonat auf, zieht die Schmelze mit Wasser aus, gibt 0,5 g Natriumperoxid hinzu, kocht 10 Min. und filtriert. Die Lösung wird im Meßkolben auf 500 ml aufgefüllt. Die Fällung des Eisens ist hierbei evtl. nicht vollständig, nach *Holt* und *Gray* genügt die Trennung jedoch für den vorliegenden Zweck.

5.2.1.4 Weitere Arbeitsweisen für die Reduktion zu dreiwertigem Wolfram

Kulev, Gavanorov und *Stanev* reduzieren im *Blei-Reduktor* bei 70 bis 80°C in einem Medium von Salzsäure und Ammoniumchlorid (2:1). Die Titration erfolgt entweder direkt mit Kaliumhexacyanoferrat(III) unter amperometrischer Anzeige durch eine rotierende Platinelektrode oder nach Zugabe von überschüssigem Eisen(III) mit Dichromat [16].

Shiokawa reduziert mit flüssigem *Zinkamalgam* in Gegenwart von Phosphorsäure, um eine Fällung von Wolframsäure zu vermeiden. Zur Analyse von Stahl und Ferrowolfram wird das Wolfram zunächst als Wolframsäure abgeschieden [24].

Nach *Yoshimura* hat die Anwendung von *Wood-Legierung* (50 % Bi, 25 % Pb, 12,5 % Cd,

12,5 % Sn) wegen des niedrigen Schmelzpunktes von 73 bis 74°C den Vorteil, daß in der Wärme das flüssige Metall mit der Lösung durch Schütteln in innige Berührung gebracht werden kann. Beim Abkühlen erstarrt es, so daß sich die Flüssigkeit leicht abgießen läßt. Außer Wolfram(III) entstehen unter diesen Bedingungen gegebenenfalls auch Titan(III), Uran(III) und Uran(V), Vanadium(II) und Molybdän(III) [33].

5.2.2 Bestimmung nach Reduktion zu fünfwertigem Wolfram

Über diese Arbeitsweise liegen bisher nur relativ wenige Arbeiten vor.

Im *Silberreduktor* wird Wolfram(VI) in mehr als 9 m Salzsäure innerhalb von 15 Min. bei Zimmertemperatur quantitativ zu W(V) reduziert [7]. Die Anwesenheit von Phosphorsäure behindert die Reduktion [31]. Bei 12 m HCl-Gehalt und 17 Min. Reaktionszeit ist ein Verhältnis von HCl : H_3PO_4 = 9 : 1 gerade noch zulässig; bei höherer Phosphorsäurekonzentration bleibt die Reduktion auch nach 40 Min. unvollständig [7]. In 0,5 m flußsaurer und weniger als 5,5 m salzsaurer Lösung bleibt das Wolfram auch im heißen Silberreduktor quantitativ sechswertig [8]; siehe auch Kap. 5.2.1.2, S. 80.

Zur Reduktion mit *Quecksilber* ist eine hohe Salzsäurekonzentration erforderlich, wobei auch in 12,5 m HCl nur die Wertigkeitsstufe fünf erreicht wird [7]. Arbeitet man bei 80°C, so genügt auch noch ein 8 m salzsaures Medium [29]. Die Abhängigkeit der Redoxpotentiale der Paare W(V)/W(VI), W(III)/W(V) und Hg/Hg(I) von der Salzsäurekonzentration zeigt die Abbildung 11. Die Anwesenheit von Phosphorsäure stört noch stärker als bei der Reduktion mit Silber. Auch in 12 m HCl wird bei einem Verhältnis von HCl : H_3PO_4 von 9 : 1 nur noch etwa die Hälfte des Wolframs reduziert [7].

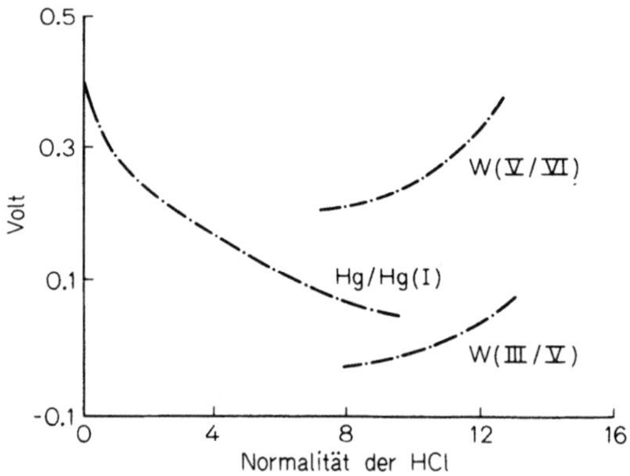

Abb. 11
Die Redoxpotentiale (gegen GKE) des Wolframs und des Quecksilbers in Abhängigkeit von der Salzsäurekonzentration [7]

Die Reduktion durch 2 bis 3 %iges flüssiges *Wismutamalgam* wird in konzentrierter Salzsäure ausgeführt [25, 32]. Bei einer gleichzeitigen Oxalsäurekonzentration von 0,1 m bleibt die Reduktion unvollständig [14]; über den Einfluß von Phosphorsäure liegen keine Angaben vor. *Someya* [25] reduziert bei 60 bis 70°C und titriert das Wolfram(V) nach Zusatz von $MnSO_4$ direkt mit Permanganat. Nach *Witwit* und *Magee* [32] genügt bei Zimmertemperatur 3 Min. langes Schütteln mit dem Amalgam, doch wurde bei der Bestimmung von 50 bis 200 mg Wolfram ein systematischer Fehler von - 1,3 % gefunden. Die Titration erfolgt dabei mit Cer(IV) potentiometrisch oder gegen Diphenylamin.

5.2.2.1 Arbeitsweise nach Geyer und Henze mit Silber [7]

Reduktor. Ein Reduktorrohr von 28 cm Länge und 1,8 cm innerem Durchmesser wird bis 5 cm unterhalb seiner kugelförmigen Erweiterung mit feinkristallinem Silber gefüllt. Letzteres erhält man durch Reduktion von Silberchlorid mit reinstem Zink (nicht mit Kupfer) in salzsaurer Lösung. In unbenutztem Zustand ist die Metallschicht von Wasser bedeckt, welches vor der Inbetriebnahme der Säule durch konzentrierte Salzsäure ersetzt wird.

Arbeitsvorschrift. Die Probe wird so vorbereitet, daß etwa 100 mg Wolfram in 50 ml bis 12 ml salzsaurer Lösung vorliegen. Diese gibt man in Anteilen von je etwa 10 ml in den Reduktor und läßt sie jeweils bis zur "Füll-Linie" (1 cm oberhalb der Metallschicht) durchlaufen. Die Verweilzeit im Reduktor (Durchlaufzeit) soll etwa 15 Min. betragen. Dann wird die Säule mit 200 ml konz. Salzsäure nachgespült. Die reduzierte Lösung läßt man in überschüssige Eisen(III)-sulfatlösung mit zugesetzter Phosphorsäure einfließen; siehe Kap. 5.2.1.1, S. 77. Die Titration erfolgt mit Cer(IV)-sulfat gegen Ferroin als Indikator.

5.2.2.2 Arbeitsweise nach Geyer und Henze mit Quecksilber [7]

Arbeitsvorschrift. Die Probe wird so vorbereitet, daß etwa 100 mg Wolfram in 50 ml 10 bis 12 m salzsaurer Lösung vorliegen. Diese gibt man in Anteilen von je etwa 10 ml in den Reduktor und läßt man das unverbrauchte Quecksilber und das entstandene Hg_2Cl_2 unter Überleiten von CO_2 durch eine Fritte ab und wäscht dreimal mit konz. Salzsäure. Die reduzierte Lösung wird potentiometrisch mit 0,1 n Dichromatlösung titriert.

Bemerkung: Bei geringer werdender ***Salzsäurekonzentration*** muß mit mehr Quecksilber immer länger geschüttelt werden. In 11 m HCl genügen 10 ml Hg und 20 Min., in 10 m HCl sind 25 ml Hg und 20 Min. Schüttelzeit erforderlich. Bei einer Schüttelzeit von wesentlich über 20 Min. könnte auch in 9 m Salzsäure noch quantitative Reduktion möglich sein.

Literatur

1. *Casarez Lopez, R., Villanua Fungairino, L.:* An. Fiz. Quim. **42** (1946) 69-86; 87-92; durch Chem. Abstr. **43**, 5699 d, e.
2. *Crossland, B., Fennel, T.:* Analyst **94** (1969) 989-91.
3. *Dotreppe, G.:* Chimie et Industrie **1931**, 173-78; durch Chem. Abstr. **25**, 3269[9]
4. *Fedorov, A.A.:* Sb. Tr. Centr. Naučn.-Issled. Inst. Chem. Met. 37 (1964) 33-46; durch Chem. Abstr. **62**, 15424 c.
5. *Geyer, R., Henze, G.:* Z. Anal. Chem. **172** (1960) 409-13.
6. *Geyer, R., Henze, G.:* Z. Anal. Chem. **177** (1960) 185-90.
7. *Geyer, R., Henze, G.:* Wiss. Z. TH Chem. **3** (1960/61) 99-105.
8. *Headridge, J.B., Taylor, M.S.:* Analyst **88** (1963) 590-98.
9. *Holt, M.L., Gray, A.G.:* Ind. Engng. Chem., Anal. Edit. **12** (1940) 144-46.
10. *Ishimaru, S., Saito, K.:* J. Chem. Soc. Japan, Ind. Chem. Sect. **54** (1961) 305-08; durch Chem. Abstr. **47**, 3179 i.
11. *Kiboku, M.:* Japan Analyst **6** (1957) 356-59.
12. *Kulev, I., Caikov, C.:* God. Visš. Chim.-Technol. Inst., Burgas, Bulg. **4** (1967) 45-56; durch Chem. Abstr. **77**, 121465 d.
13. *Kulev, I., Caikov, C.:* God. Visš. Chim.-Technol. Inst., Burgas, Bulg. **7** (1970) 63-68; durch Chem. Abstr. **79**, 111408 q.
14. *Kulev, I., Dobreva, J.:* God. Visš. Chim.-Technol. Inst., Burgas, Bulg. **4** (1967) 57-66; durch Chem. Abstr. **78**, 23543 d.
15. *Kulev, I., Dobreva, J.:* God. Visš. Chim.-Technol. Inst., Burgas, Bulg. **7** (1970) 53-61; durch Chem. Abstr. **79**, 111406 n.
16. *Kulev, I., Gavanarov, P., Stanev, D.:* Rudodobiv **1973**, 28-29; durch Chem. Abstr. **80**, 66468 s.

17. *Luke, C.L.:* Anal. Chem. **33** (1961) 1365-68.
18. *Luke, C.L.:* Anal. Chem. **33** (1961) 1964-65.
19. *Nemodruk, A.A., Bezrogova, E.V.:* Ž. Anal. Chim. **24** (1969) 404-08; übersetzt J. Anal. Chem. USSR **24** (1969) 292-94.
20. *Olsson, O.:* Ber. Dt. Chem. Ges. **46** (1913) 566-82.
21. *Perrier, L.:* Bull. Soc. Chim. France **1959**, 177.
22. *Polotebnova, N.A., Branover, L.M.:* Učenje Zapiski Kišinev. Univ. **14** (1954) 119-21; durch Chem. Abstr. **52**, 5203 h.
23. *Ševčik, J., Čihalik, J..* Collect. Czechoslov. Chem. Commun. **31** (1966) 3140-53.
24. *Shiokawa, T.:* J. Chem. Soc. Japan, Pure Chem. Sect. **70** (1949) 314-16; durch Chem. Abstr. **45**, 2815 g.
25. *Someya, K.:* Z. Anorg. Allg. Chem. **145** (1925) 168-80
26. *Suarez Acosta, R.:* Inst. Hierro Acero **9** (1956) 586-95.
27. *Suarez Acosta, R.:* Inst. Hierro Acero **11** (1958) 282-86.
28. *Treadwell, W.D., Niericker, R.:* Helv. Chim. Acta **24** (1941) 1067-79, 1098-1105.
29. *Trnka, J.:* Sb. Stat. Geol. Ustavu Čechoslov. Rep. **16** (1949) 453-57; durch Chem. Abstr. **45**, 1462 d.
30. *Wakamatsu, S.:* Japan Analyst **5** (1956) 347-48; durch Chem. Abstr. **51**, 12749 d.
31. *Weiner, R., Boriss, B.:* Z. Anal. Chem. **168** (1959) 195-98.
32. *Witwit, A.S., Magee, R.J.:* Anal. Chim. Acta **27** (1962) 366-70.
33. *Yoshimura, C.:* J. Chem. Soc. Japan, Pure Chem. Sect. **74** (1953) 325; durch Chem. Abstr. **47**, 9847
34. *Yoshimura, C.:* J. Chem. Soc. Japan, Pure Chem. Sect. **76** (1955) 409; durch Busev, A.I., Tipcova, V.G., Chlystova, A.D.: Zavodsk. Laborator. **28** (1962) 1414-24.

5.3 Azidimetrische Titration

5.3.1 Rücktitration von überschüssiger Base

Wolframsäure, H_2WO_4, ist eine mittelstarke Säure. Die Bruttobildungskonstante für das Gleichgewicht

$$H^+ + WO_4^{2-} = HWO_4^-$$

beträgt lg β = 3,8 [10]. Enthält eine Lösung Wolframat und freie starke Base, z.B. überschüssige Natronlauge, so kann man letztere leicht mit starker Säure titrieren, ohne daß das Anion WO_4^{2-} protoniert wird. Die Titrationskurve zeigt einen starken Sprung im Bereich von etwa pH 9: Abbildung 12, Punkt A. Zur analytischen Anwendung löst man WO_3, das nach üblichen Verfahren isoliert wurde (siehe Kapitel 4), in einer überschüssigen, gemessenen Menge eingestellter Natronlauge und titriert die nicht verbrauchte Lauge zurück:

$$WO_3 + 2\,OH^- = WO_4^{2-} + H_2O$$

Sofern man dabei nicht potentiometrisch indiziert, wird als Indikator stets Phenolphthalein empfohlen. Gibt man noch mehr Säure hinzu, so erhält man im Gebiet von etwa pH 4,5 einen weiteren, jedoch flachen pH-Sprung: Abbildung 12, Kurve 2, Punkt C. Dabei entstehen Isopolywolframatosäuren, es wird jedoch kein Gleichgewichtszustand erreicht. Bei der analytisch üblichen, relativ schnellen Ansäuerung werden bis zu diesem zweiten pH-Sprung je Mol WO_4^{2-} etwa 1,25 Mol H^+ verbraucht. Bei geringer Titrationsgeschwindigkeit ist der Verbrauch höher. Es entsteht zunächst Parawolframat A

$$6\,WO_4^{2-} + 7\,H^+ = [W_6O_{19}(OH)_3]^{5-} + 2\,H_2O$$

welches sich unter Verbrauch von Protonen langsam in höher kondensierte Isopolysäuren umwandelt [4]. Dieser zweite pH-Sprung ist analytisch unbrauchbar.

Arbeitsvorschrift [6]. 0,5 g Ferrowolfram werden im Nickeltiegel mit 5 g Natriumperoxid geschmolzen. Die abgekühlte Schmelze wird mit 160 ml Wasser und 90 ml konz. Salzsäure so weit wie möglich gelöst, mit 10 ml Salpetersäure (1+1) versetzt und 3 Min. gekocht. Dann verdünnt man mit Wasser auf etwa 350 bis 400 ml. Zur Vervollständigung der Wolframsäurefällung gibt man noch 5 ml einer 50 %igen wäßrigen Lösung von Dinatriumtartrat oder Dikaliumtartrat sowie 5 ml wäßrige Cinchoninlösung hinzu; siehe hierzu auch Kap. 4.2, S. 51. Man läßt 1 Std. stehen, filtriert, wäscht den Niederschlag fünfmal mit Salzsäure (1+3) und sieben bis achtmal mit Wasser. Filter und Niederschlag müssen völlig säurefrei gewaschen werden! Die letzten ablaufenden Anteile der Waschflüssigkeit müssen zugesetztes Phenolphthalein bereits mit einem Tropfen 0,1 n Natronlauge nach rot umschlagen lassen. – Der Niederschlag wird in einer abpipettierten, überschüssigen Menge eingestellter 0,1 n Natronlauge gelöst. Dabei soll die Lauge möglichst kein CO_2 aus der Luft absorbieren. Nach Zusatz einiger Tropfen Phenolphthalein-Indikatorlösung titriert man die nicht verbrauchte Lauge mit 0,1 n Salzsäure zurück. 1 ml verbrauchte 0,1 n Natronlauge entspricht 9,193 mg W bzw. 11,59 mg WO_3.

Bemerkungen:

I. Die Bestimmung ausgefällter Wolframsäure durch azidimetrische Rücktitration ist wesentlich *schneller als die gravimetrische Bestimmung* durch Verglühen zu WO_3 (siehe Kap. 4). Sie wird jedoch für *weniger genau* gehalten. Das mag teils an der Absorption von CO_2 aus der Luft liegen, teils aber auch daran, daß manche der empfohlenen Probenvorbereitungen so sehr auf Schnelligkeit abgestellt sind, daß die zuvor notwendige Abscheidung der Wolframsäure nicht quantitativ erfolgt.

II. Zur Analyse von *Ferrowolfram* wird auch empfohlen, 0,25 g gepulverte Probe mit Flußsäure zu lösen und zweimal mit Salpetersäure zur Trockene einzudampfen. Die abgeschiedene Wolframsäure wird abfiltriert und säurefrei gewaschen [2].

III. Proben aus der Verarbeitung von *Wolframit* werden nacheinander mit Salzsäure, Salpetersäure und zuletzt Königswasser behandelt, bis keine dunklen Teilchen mehr übrig sind. Nach dem Verdünnen mit Wasser filtriert man, wäscht den Niederschlag zunächst mit stark verdünnter, dann mit 2 %iger Salpetersäure und zuletzt gründlich mit Wasser. Zur Bestimmung löst man ihn in einer abgemessenen Menge Natronlauge unter Erwärmen auf 60 bis 70°C [1]. Zum Auswaschen wird auch 2 %ige Kaliumnitratlösung benutzt [5].

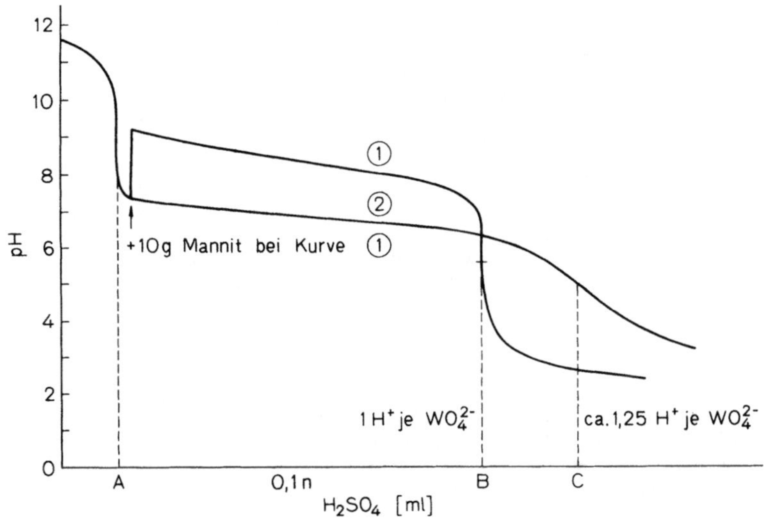

Abb. 12
Azidimetrische Titration von Wolframat; Kurve 1 mit, Kurve 2 ohne Mannitzusatz. [11]

5.3.2 Titration nach Bildung von Mannitowolframsäure

In neutraler oder schwach saurer Lösung bildet Monowolframat mit Polyolen wie Mannit unter *Protonenverbrauch* Komplexe, gegebenenfalls Mannitowolframsäure. Diese sind schwächer sauer als Wolframsäure und werden bei der Titration mit starken Säuren in definierter Weise protoniert. Dabei wird unabhängig von der Titrationsgeschwindigkeit genau 1 Mol H^+ je Mol WO_4^{2-} verbraucht [7, 9, 11]. Die Titrationskurve zeigt einen sehr gut ausgeprägten Sprung mit dem Äquivalenz- und Wendepunkt bei pH 5,5: Abbildung 12, Kurve 1, Punkt B.

Die *Zusammensetzung* der entstehenden Komplexe und die sich abspielenden Protonierungsreaktionen sind noch ungeklärt. Für das sich insgesamt ähnlich verhaltende Molybdat wird folgender Verlauf angenommen [3]:

$$2\,MoO_4^{2-} + C_6H_{14}O_6 + 2\,H^+ = [Mo_2O_7 \,.\, C_6H_{14}O_6]^{2-} + H_2O$$

Der Mannitowolframsäurekomplex ist recht schwach; ein scharfer Potentialsprung wird jedoch nur erhalten, wenn er sich annähernd quantitativ bildet. Es ist daher ein *sehr hoher Mannitüberschuß* erforderlich, und die Wolframkonzentration in der austitrierten Lösung soll nicht kleiner als etwa 0,01 m sein.

Zur analytischen Anwendung löst man WO_3, welches nach üblichen Verfahren erhalten wurde (siehe Kap. 4), in Natronlauge. Die Laugemenge braucht hier nicht bekannt zu sein. Dann neutralisiert man potentiometrisch oder gegen Phenolphthalein den Laugeüberschuß: Abbildung 12, Punkt A. Nach Zusatz von Mannit steigt der pH-Wert an. Man titriert mit Säure potentiometrisch oder gegen Methylrot bis zum zweiten pH-Sprung: Abbildung 12, Punkt B. Aus dem Säureverbrauch zwischen den Punkten A und B ergibt sich der Wolframgehalt.

Für die Anwendung von Indikatoren soll die *Wolframkonzentration* am Ende der Titration nicht kleiner als etwa 0,05 m sein, entsprechend 9,2 mg W/ml austitrierte Lösung. Bei stärkerer Verdünnung ist potentiometrische Anzeige erforderlich.

Arbeitsvorschrift zur Titration gegen Indikatoren [9]. In einem 250 ml-Becher aus Plastik (Polyäthylen) versetzt man 5 g gefällte Wolframsäure mit etwa 60 ml 1 m Natronlauge. Der Becher wird mit einem Uhrglas bedeckt, um Absorption von CO_2 aus der Luft möglichst zu vermeiden. Man erhitzt unter Rühren bis alles gelöst ist. Dann gibt man 1 Tropfen Phenolpthaleinlösung hinzu und neutralisiert mit 1 n Schwefelsäure genau bis zum Umschlag nach farblos. Man gibt etwa 20 g festen Mannit und 10 Tropfen Methylrotlösung dazu. Nachdem sich alles gelöst hat, titriert man mit eingestellter 1 n Schwefelsäure bis zur deutlichen Rosafärbung des Methylrots. Der Verbrauch an Schwefelsäure nach Zugabe des Mannits bis zum Indikatorumschlag ergibt den Wolframgehalt. 1 ml 1 n H_2SO_4 entspricht 183,9 mg W bzw. 231,9 mg WO_3. In entsprechender Weise lassen sich auch noch 500 mg Wolframsäure bestimmen. Man löst in einer anteilmäßig geringeren Menge 1 m Natronlauge und gibt nach dem Neutralisieren Mannit hinzu. Das Volumen soll jetzt 25 ml nicht wesentlich überschreiten. Dann titriert man mit 0,1 n Schwefelsäure.

Bemerkungen:

I. Das Verfahren wird durch alle Begleitstoffe gestört, welche im pH-Bereich von 5,5 bis 8,5 Protonen aufnehmen. *Es stören* unter anderem Carbonat, Phosphat, Silikat, Molybdat und Ammonium. In der Regel wird also das Wolfram zunächst als Wolframsäure isoliert werden müssen. Ohne weitere Vorbereitungen ist das Verfahren jedoch sehr gut geeignet zur Gehaltsbestimmung von Natriumwolframatlösungen, wie sie zur Eichung von photometrischen oder anderen Methoden benötigt werden.

II Wegen der Störung durch Silikat soll die stark alkalische Lösung nicht längere Zeit mit *Glas* in Berührung kommen.

III. Die zuzusetzende *Mannitmenge* braucht nicht genau eingehalten zu werden. Es genügt, sie einmal probeweise auszuwägen und später mit einem Löffel annähernd zu dosieren.

IV. In sauren Lösungen liegt Wolframat stets polymer vor. Es muß dann durch längeres Erhitzen in alkalischem Medium zu WO_4^{2-} *depolymersiert* werden. Siehe hierzu Kap. 17.1, S. 270.

V. Der meist vorhandene Carbonatgehalt der Natronlauge und die nicht ganz zu vermeidende Aufnahme von CO_2 aus der Luft erzeugen einen *Blindwert* (Leerverbrauch), der bei der Auswertung zu berücksichtigen ist. Zu seiner Bestimmung mißt man eine gleiche Menge der gleichen Natronlauge ab, die zum Lösen der Probe benutzt wurde. In möglichst genau gleicher Weise wie bei der Ausführung der Analyse erhitzt, rührt, neutralisiert und titriert man die Laugeprobe. Ein eventueller Säureverbrauch zwischen den Umschlägen des Phenolphthaleins und Methylrots wird von den Verbräuchen bei Wolframbestimmungen abgezogen. Der Blindwert sollte aus mehreren Bestimmungen gemittelt und von Zeit zu Zeit überprüft werden.

VI. *Genauigkeit:* Sowohl bei der Titration mit 1 n als auch mit 0,1 n Schwefelsäure sind die Endpunkte auf 0,01 ml scharf. Als relative Standardabweichung aus 5 Parallelwerten fand *Sinclair* ± 0,1 %. Die Abweichungen der gefundenen Werte von den Sollwerten lagen innerhalb des Vertrauensbereiches.

Arbeitsvorschrift zur potentiometrischen Titration [9, 11]. Die Probe wird wie in der oben beschriebenen Arbeitsweise in überschüssiger Natronlauge gelöst. Die Konzentration darf hier jedoch geringer sein und in der austitrierten Lösung als untere Grenze etwa 0,01 Mol W/Liter entsprechend 1,84 mg W/ml betragen. Unter Verwendung eines pH-Meters und einer Glaselektrode neutralisiert man auf pH 8,5, gibt Mannit zu und titriert mit 0,1 oder 0,01 n Schwefelsäure auf pH 5,5. – Besonders bequem ist die Ausführung mit einem registrierenden Titrierautomaten. Man titriert die schwach alkalische Lösung zunächst soweit, daß sich der erste Äquivalenzpunkt (Wendepunkt) eindeutig festlegen läßt, gibt dann Mannit zu und setzt die Titration fort. Man erhält eine Kurve nach Abbildung 12, Kurve 1. Der Verbrauch zwischen den Punkten A und B ergibt die Wolframmenge.

Bemerkungen:

I. Das Verfahren läßt sich auch mit einem *auf vorwählbaren Endpunkt arbeitenden Gerät* ausführen, wobei der Sollwert zunächst auf pH 8,5 und nach Zugabe des Mannits auf pH 5,5 einzustellen ist.

II. Bei der Titration von 25 ml einer 0,01 m Wolframlösung von Hand beträgt die relative *Standardabweichung* aus 5 Parallelwerten nach *Sinclair* 0,48 %.

Literatur

1. *Allan, C.J., Smith, G.A., Lewis, R.I.:* Bull. Inst. Mining Met., Nr. 481 (1946); durch Chem. Abstr. **41**, 672 f.
2. *Bogdančenko, A.G.:* Zavodsk. Laborator. **7** (1938) 1425-27; durch Chem. Abstr. **33**, 4903[6]
3. *Chalmers, R.A., Sinclair, A.G.:* J. Inorg. Nucl. Chem. **29** (1967) 2065-80.
4. *Glemser, O., Holznagel, W., Höltje, W., Schwarzmann, E.:* Z. Naturforsch. **20 b** (1965) 725-46.
5. *Heppell, D.H.:* Industrial Chem. **16** (1940) 173; durch Chem. Abstr. **34**, 5784[8]
6. *Kiriyama, S., Nishida, S.:* Sumitomo Metals **4** (1952) 310-18; durch Chem. Abstr. **48**, 6909 c.
7. *Lazarev, A.I.:* Zavodsk. Laborator. **26** (1960) 935-38; übersetzt: Industrial Labor. **26** (1960) 998-1001.
8. *Lee, W.L.:* Kumsok Hakhoe Chi **10** (1972) 207-13; durch Chem. Abstr. **79**, 38259 k.
9. *Sinclair, A.G.:* Talanta **16** (1969) 459-61.
10. *Tytko, K..H., Glemser, O.:* Z. Naturforsch. **25 b** (1970) 429-30.
11. *Wünsch, G.:* unveröffentlicht

5.4 Fällungtitration

Die Bestimmung von Wolfram durch Fällungstitration erfolgt ganz überwiegend durch Metallkationen, welche in Wasser schwer lösliche Monowolframate bilden. Als geeignet hat sich *Blei* erwiesen. Über die Brauchbarkeit von *Silber, Thallium(I), Quecksilber(I), Quecksilber(II)* und *Barium* gibt es nur spärliche und widersprüchliche Angaben. An organischen Reagenzien werden der Chelatbildner *8-Hydroxychinolin* und die Kationen des *Naphthochinolins* und des *Pinacyanols* zur Fällung von Wolframat benutzt. Ferner dient das *Diantipyrylmethylkation* zur Fällung der Wolframatophosphorsäure sowie des Wolfram(VI)-thiocyanatokomplexes. Nur über die Verfahren mit Blei liegen einige praktische Erfahrungen vor.

Zur *Endpunktsanzeige* dienen bei der Fällung von Bleiwolframat vor allem chelatbildende Indikatoren, daneben gelegentlich auch Adsorptionsindikatoren. Für die Titration mit den übrigen Kationen sowie oft auch für diejenige mit Blei bevorzugt man die elektrochemische Anzeige. Es eignen sich potentiometrische, amperometrische oder konduktometrische Verfahren. Ein allgemeiner Nachteil der Bestimmung durch Fällungstitration ist die *geringe Spezifität* der Verfahren. Die benutzten Reagenzien geben unter den Arbeitsbedingungen mehr oder weniger schwer lösliche Verbindungen außer mit Wolframat auch mit verschiedenen anderen Anionen, vor allem mit Molybdat. Praktisch wird häufig zunächst eine Abtrennung des Wolframs erforderlich sein.

5.4.1 Titration mit Blei gegen Indikatoren

Soll $PbWO_4$ gefällt werden, so ist zu beachten, daß Wolframat unterhalb von etwa pH 6,5 polymerisiert. Die Isopolywolframsäuren setzen sich mit Reagenzien aller Art nur langsam oder gar nicht ins Gleichgewicht. Zur Fällungstitration wird der pH-Bereich von 6 bis 6,5 empfohlen. Das $PbWO_4$ fällt nur langsam aus, so daß nur mit recht geringer Geschwindigkeit titriert werden darf. Gute Ergebnisse lassen sich im allgemeinen nur beim Arbeiten in der Siedehitze erzielen. Als Indikator dient am häufigsten das Pyridyl-(2-azo-4)-resorcin, PAR [7, 16, 17, 18, 23, 27]. Dieser Indikator bildet mit Pb^{2+}-Ionen ein rotes Chelat.

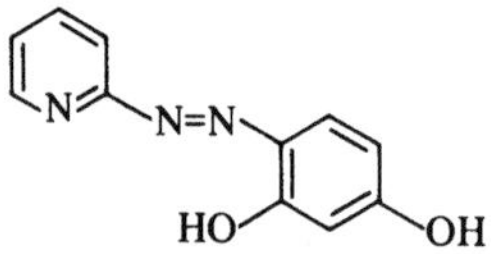

PAR

Beim Einbringen des ersten Tropfens Bleilösung in die Probe erfolgt in Gegenwart von PAR ein Farbumschlag von gelb nach rot. In der Siedehitze geht die Rotfärbung innerhalb von 1 bis 2 Sek. allmählich wieder in reines Gelb über. Der Vorgang wiederholt sich bei jeder Bleizugabe, bis die Lösung beim Erreichen des Endpunktes rot bleibt. Neben der sehr schnellen Umsetzung von Reagens und Indikator

$$\underset{\text{gelb}}{Pb^{2+} + PAR^{2-}} \rightleftharpoons \underset{\text{rot}}{PbPAR}$$

verläuft wesentlich langsamer die Ausfällung des zunächst an PAR gebundenen Bleis als Bleiwolframat

$$\underset{\text{rot}}{PbPAR} + WO_4^{2-} \rightleftharpoons PbWO_4 + \underset{\text{gelb}}{PAR^{2-}}$$

Die richtige pH-Einstellung ist von wesentlicher Bedeutung für Verlauf und Ergebnis der Titration. Zur Pufferung sind Acetat oder Citrat nicht brauchbar, da der Indikator irreversibel gerötet wird. *Püschel, Lassner* und *Scharf* empfehlen Hexamethylentetramin (Urotropin) [23]. *Sommer* fand nicht dieses, wohl aber Pyridin, oder "Tris", Tris(hydroxymethyl)aminoäthan, als geeignet [27]. Nach *Cheng* und *Goydish* ändert sich der pH-Wert während der Titration normalerweise nicht, so daß kein Puffer nötig ist [7]. Wie bereits erwähnt, stört *Molybdat.* Es kann in entsprechender Weise wie Wolframat mit Blei titriert werden [22] und wird unter den Bedingungen der Wolframbestimmung quantitativ mitgefällt. Sofern man keine Abtrennung vornimmt (siehe Kap. 3), kann man durch Titration mit Blei die Summe von Molybdän und Wolfram ermitteln und dann das analytisch weniger problematische Molybdän nach einer anderen Methode gesondert bestimmen. Die restlose Entfernung sonstiger störender Ionen wie insbesondere Fluorid muß schon durch eine geeignete Probenvorbereitung erfolgen [18].

5.4.1.1 Titration gegen PAR nach Püschel, Lassner und Scharf [17, 23]

Reagenzien

a) *Bleinitrat-Lösung,* 0,1 molar, wird hergestellt durch Auflösen von Bleinitrat in Wasser und Gehaltsbestimmung durch Titration mit ÄDTA gegen PAR.
b) *PAR-Indikator-Lösung.* 0,1 %ige wäßrige Lösung von Pyridyl-(2-azo-4)-resorcin.

Probenvorbereitung. Die folgende Arbeitsweise eignet sich u.a. für unreines *Wolfram-Metall,* für *Kupfer, Nickel und Eisen enthaltende Wolframlegierungen,* für *thoriumhaltige Wolframelektroden* sowie für *Sinterhartmetalle* auf Basis WC-TiC-TaC(NbC) mit Kobaltbindung. Da die meisten in Betracht kommenden Materialien erhebliche Inhomogenitäten aufweisen, wählt man zweckmäßig eine Einwaage von 10 g. Das Auflösen obiger Substanzen erfolgt in der Platinschale mit einem Gemisch von Flußsäure und Salpetersäure; siehe Kapitel 2. Danach wird die Lösung zur Trockene eingedampft und der Rückstand mit Kaliumnatriumcarbonat aufgeschlossen. Nach Auflösen des Schmelzkuchens in Wasser wird im Meßkolben auf 1000 ml aufgefüllt. Einen Teil der Lösung filtriert man durch ein trockenes Blaubandfilter, wobei die Hydroxide der übrigen Metalle im Rückstand bleiben. Vom klaren Filtrat werden 10 ml zur Titration entnommen.

Arbeitsvorschrift. Die Lösung mit etwa 80 bis 90 mg Wolfram(VI) wird mit Wasser auf ungefähr 250 ml verdünnt und mit verdünnter Salpetersäure auf pH 2 bis 3 gebracht. Sodann wird zum Vertreiben des Kohlendioxids einige Min. gekocht. Man versetzt die Lösung mit 1 g festem Hexamethylentetramin, wobei sich ein pH-Wert von 6 bis 6,5 einstellen muß. Nach Zusatz von 8 bis 10 Tropfen Indikatorlösung titriert man die siedende Lösung unter heftigem Rühren (heizbarer Magnetrührer) langsam und tropfenweise mit 0,1 m Bleinitratlösung bis zur bleibenden Rotbärbung. Solange die gelbe Farbe wiederkehrt, wird die Titration fortgesetzt, bis der himbeerrote Farbton bestehen bleibt.

Bemerkungen:

I. Die Lösung muß während der gesamten Titration *siedend gehalten und gut gerührt* werden. Sie muß auch genügend verdünnt sein.

II. Die *Titriergeschwindigkeit* soll 1 Tropfen Bleilösung in 1 bis 2 Sek. nicht übersteigen.

III. Bei Wolframgehalten von 80 bis 95 % in der Untersuchungssubstanz beträgt der mittlere absolute *Fehler* ± 0,25 %.

IV. Der *Zeitbedarf* beträgt nach vollendetem Aufschluß 30 Min.

V. Das Verfahren eignet sich auch für den *Halbmikrobereich* (1 bis 10 mg Wolfram), vorausgesetzt daß die Konzentration der Lösung nicht unter 2 mg W/100 ml liegt. Bei Verwendung von 0,005 m Bleilösung darf die Titrationsgeschwindigkeit nur 1 Tropfen in 4 Sek. betragen.

VI. *Störungen:* Zulässig sind noch 50 mg Sulfat sowie 200 mg Fluorid [18]. Es stören sämtliche Kationen, die mit PAR reagieren, unter anderem Eisen, Nickel, Kupfer, Kobalt und Uran. Nach einem alkalischen Aufschluß können sie abfiltriert werden. Aluminium fällt beim pH-Wert der Titration aus und ist ebenfalls abzufiltrieren. Chromat, Molybdat und Vanadat stören, da sie als Bleisalze ausfallen; Vanadat ergibt außerdem mit PAR eine intensive Violettfärbung. Es stören ferner komplexbildende Anionen wie Acetat, Tartrat und Citrat [22].

Anwendung zur Analyse von Ferrowolfram. Nach *Kawahata* und Mitarbeitern schmilzt man 0,2 g gepulverte Probe mit 9 g eines Gemisches von Natriumperoxid und Natriumcarbonat (1+2) im Nickeltiegel 15 bis 20 Min. bei 600 bis 800°C. Man löst die Schmelze in Wasser, verdünnt auf 250 ml und filtriert durch ein trockenes

Filter. Ein Anteil von 25 ml wird mit Salpetersäure (1+1) angesäuert, mit Wasser auf 100 ml verdünnt und zum Sieden erhitzt. Man gibt 15 ml 30 %ige Hexamethylentetramin-Lösung dazu und stellt pH 6,2 bis 6,8 ein. Nach Zusatz einiger Tropfen PAR-Lösung titriert man mit 0,02 m Bleinitrat-Lösung bis zur bleibenden Rotfärbung. Eine Bestimmung dauert 50 Min. Es stören Vanadat, Molybdat und Sulfat [13].

Arbeitsvorschrift zur Berücksichtigung von anwesendem Molybdat [16].

a) *Bestimmung der Summe von Mo und W.* Ein Anteil der Analysenlösung, der bei einem Titrationsvolumen von nicht mehr als 300 bis 400 ml bis zu 0,8 Millimol Mo + W enthalten darf, wird bei pH 6,8 wie beschrieben titriert.

b) *Titrimetrische Bestimmung von Molybdän nach Umsetzung von Molybdän(V) mit ÄDTA* [15, 16]. Zu einem weiteren Anteil der Analysenlösung mit einem Gehalt von 0,05 bis 0,2 Millimol Molybdän gibt man einen gemessenen Überschuß von 0,05 m ÄDTA-Lösung, 5 g Weinsäure, 2 bis 3 g Hydrazinsulfat und 2 ml Schwefelsäure (1+1). Man verdünnt auf 150 bis 200 ml, kocht 5 Min. und stellt den pH-Wert mit Ammoniaklösung auf 4 bis 5 ein. Man gibt 80 ml Methanol und 5 bis 8 Tropfen gesättigte alkoholische *Pyridylazonaphthol*-Lösung hinzu, titriert den ÄDTA-Überschuß mit 0,05 m Kupfersulfat-Lösung bis zur Violettfärbung zurück und titriert dann mit 0,05 m ÄDTA-Lösung bis zum Umschlag nach rein gelb.

c) *Berechnung.* Es sei V das Gesamtvolumen der Analysenlösung in ml, A der zur Summenbestimmung entnommene Anteil in ml, B der zur Molybdänbestimmung entnommene Anteil in ml, C der Verbrauch an Bleilösung in ml, D das insgesamt angewandte Volumen an ÄDTA-Lösung in ml, E der Verbrauch am Kupferlösung in ml sowie R, S, T die Molaritäten der Pb- bzw. ÄDTA- bzw. Cu-Lösung. Dann gilt

$$\text{mg Mo} = 191{,}9.(D.S.-E.T.).V/B$$
$$\text{mg W} = 183{,}9.(C.R.V/A - \text{mg Mo}/95{,}95.R)$$

Bemerkungen:

I. Der relative *Fehler* der Wolframbestimmung ist kleiner als 1 % für ein molares Mo : W-Verhältnis von 1:20 bis 20:1; für die Molybdänbestimmung ist er kleiner als 1 %, wenn das Verhältnis größer als 1:20 ist.

II. Bei der Titration von Molybdat mit Blei beträgt, anders als bei der Titration von reinem Wolfram, die *höchstzulässige Menge an Sulfat* nur 1 bis 2 mg *und an Fluorid* nur 2 bis 3 mg [18].

5.4.1.2 Titration gegen sonstige Indikatoren

5.4.1.2.1 PAN-CuÄDTA

Zur Anzeige von freien Bleiionen eignet sich als Indikatorsystem PAN-CuÄDTA. Dabei verdrängt freies Blei das Kupfer aus seinem ÄDTA-Komplex. Cu^{2+} reagiert mit PAN, Pyridylazonaphthol, unter scharfem Farbwechsel von gelb nach rot. Für die Endpunktsanzeige der Wolframat-Titration ist die Menge an CuÄDTA-Komplex sehr kritisch. Leicht kommt es bei der Zugabe der ersten Tropfen Blei-Lösung wegen der nur langsamen Ausfällung des $PbWO_4$ zu einer irreversiblen Rotfärbung des PAN-Indikators [23].

5.4.1.2.2 Xylenolorange

Nach *Cheng* und *Goydish* eignet sich Xylenolorange als Indikator für die Fällungstitration von Molybdat und Wolframat bei pH 5,5 bis 6,5. Ein Pufferzusatz soll dabei nicht erforderlich sein [7]. Liegt zunächst nur Wolframat vor, so setzt man stets eine bekannte Menge Molybdat-Standardlösung zu, und zwar so viel, daß das Molverhältnis Mo : W > 1 wird. Die Gesamtmenge an W + Mo soll 2 Millimol nicht überschreiten. Man stellt mit Ammoniak bzw. Essigsäure pH 5 bis 6 ein, gibt 5 bis 6 Tropfen 0,1 %ige wäßrige Lösung von Xylenolorange dazu und titriert mit 0,025 m Bleinitratlösung. Gegen Ende muß unter gutem Rühren langsam titriert werden; Erhitzen ist nicht vorgeschrieben. Der Umschlag erfolgt von gelb nach rot [7].

5.4.1.2.3 Pentacenderivat

Das 6,13-Dihydro-6,13-dihydroxy-1,4;8,11-pentacenchinon-2,6-disulfonat gibt mit Blei-Ionen einen farbigen Komplex und eignet sich nach *Brantner* zur Indizierung der Fällungstitration von Wolframat. Dabei soll die Titration bereits in der Kälte und auch schneller als bei Verwendung von PAR möglich sein. Man arbeitet bei pH 6,2 bis 6,5 in Urotropinpuffer und bei einem Volumen von nur etwa 10 ml. Titriert wird mit 0,01 oder 0,005 m Bleinitratlösung. Der Umschlag erfolgt von rot nach blau. Der mittlere Fehler der Bestimmung von etwa 1 bis 6 mg Wolframat beträgt ±0,3 % [4].

5.4.1.2.4 Adsorptionsindikatoren

Erythrosin erzeugt eine gelbe Fluoreszenz, die am Äquivalenzpunkt verschwindet. 0,2 bis 40 mg Wolfram (oder in gleicher Weise auch Molybdän) werden unter Zusatz von 1 bis 3 Tropfen 0,1 %iger alkoholischer Erythrosin-Lösung mit Blei titriert. Man arbeitet in Urotropinpuffer bei pH 5,25 bis 6,5. Für mehr als 0,2 mg Wolfram beträgt der relative Fehler weniger als 4,6 % [20].

Diaminechtscharlach 6 BS (Cassella) wird nach *Grubitsch, Özbil* und *Kluge* bei der Titration von Wolframat mit Blei in der Nähe des Äquivalenzpunktes adsorbiert [11]. Der Niederschlag erscheint rot gefärbt. Zur besseren Erkennbarkeit der Farbänderung setzt man noch den nicht adsorbierbaren Farbstoff Aminschwarzgrün B (Agfa) hinzu, der in verdünnter Lösung rein blau ist.

Arbeitsvorschrift [11]. Die von störenden Ionen freie Wolframatlösung wird mit stickoxidfreier Salpetersäure schwach sauer gemacht. Als Indikator dienen hierfür 2 bis 3 Tropfen 0,1 %ige wäßrige Lösung des Na-Salzes von Bromthymolblau. – Man kocht zur Austreibung des CO_2 einige Min. und stellt sodann mit carbonatfreier Natronlauge genau auf die grüne Umschlagsfarbe des Bromthymolblaus ein. Bereits geringe Abweichungen nach gelbgrün oder blau führen zu Fehlergebnissen! – Nun muß zunächst das Bromthymolblau durch etwas Brom*dampf* und Aufkochen zerstört werden. Man gibt je 3 bis 4 Tropfen der 0,2 %igen wäßrigen Lösungen von Diaminechtscharlach 6 BS und Aminschwarzgrün B hinzu. Dann titriert man unter stetem Umschwenken die sich von Siedehitze abkühlende Lösung in rascher Tropfenfolge mit 0,05 m Bleinitratlösung, bis eine Änderung des Farbtones sichtbar wird. Bei tropfenweiser Zugabe des Titriermittels färbt sich die Flüssigkeit im Äquivalenzpunkt blau, der Niederschlag rot. Dieser Punkt ist bei Wolframmengen über 30 mg sehr scharf erkennbar. Die Titration soll in einem Flüssigkeitsvolumen von etwa 50 ml ausgeführt werden. Der mittlere Fehler einer Einzelbestimmung beträgt etwa 0,1 bis 0,2 %.

Bemerkung: Es dürfen 1 g Kalium- oder Natriumnitrat anwesend sein. In Mengen von einigen hundert mg stören NH_4Cl, NH_4NO_3, CH_3COONa, CH_3COOK. Komplexbildner wie Tartrat, Oxalat, Citrat und Phosphat müssen abwesend sein. Ferner stören Molybdat, Vanadat, Chromat, Plumbat, Aluminat. Carbonat, wie sie in der Lösung eines alkalisch-oxydierenden Aufschlusses vorliegen können.

5.4.2 Potentiometrische Titration mit Blei

Die Fällungstitration von Wolframat mit Blei läßt sich potentiometrisch mit einem *Wolframdraht* indizieren, der gegen eine Kalomelelektrode geschaltet ist [10, 11]. Dabei verändert sich das Potential der Indikatorelektrode zu positiveren Werten, so daß es sich nicht um ein Ansprechen von W-Metall auf WO_4^{2-} gemäß der Nernstschen Gleichung handeln kann. Auch erhält man einen gleichartigen, allerdings kleineren Potentialsprung, wenn man statt des Wolframdrahtes einen solchen aus *Molybdän* verwendet. Titriert man in nicht gepufferter Lösung, so ergibt auch die *Glaselektrode* einen kleinen Potentialsprung. Die Potentialänderungen an der Wolfram- oder Molybdänelektrode sind in nicht gepufferter Lösung größer als in gepufferter, jedoch auch in letzterer noch gut ausgeprägt. Schließlich zeigen sowohl die Wolfram- als auch die Molybdänelektrode eine Abhängigkeit des Potentials von der Bleikonzentration, und zwar ändert es sich bei 50°C um 20 bis 25 mV je Dekade der Konzentration [10]. Als *Bezugselektrode* eignet sich außer der Kalomelelektrode auch ein Platindraht [11].

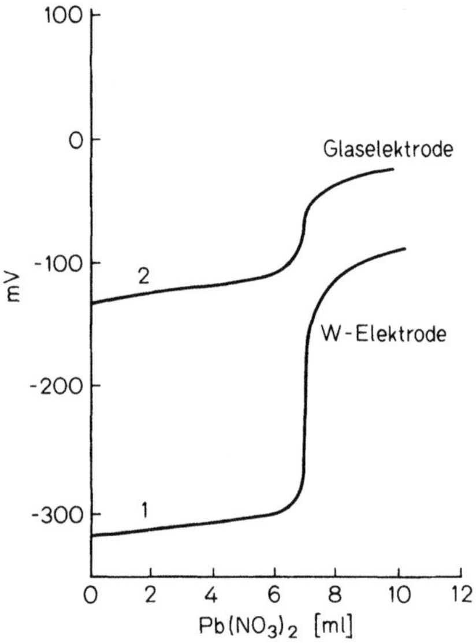

Abb. 13
Indikation der Titration von Na_2WO_4 mit 0,05 m $Pb(NO_3)_2$ an der Wolfram- und der Glaselektrode bei 50 °C in nicht gepufferter Lösung. [10]

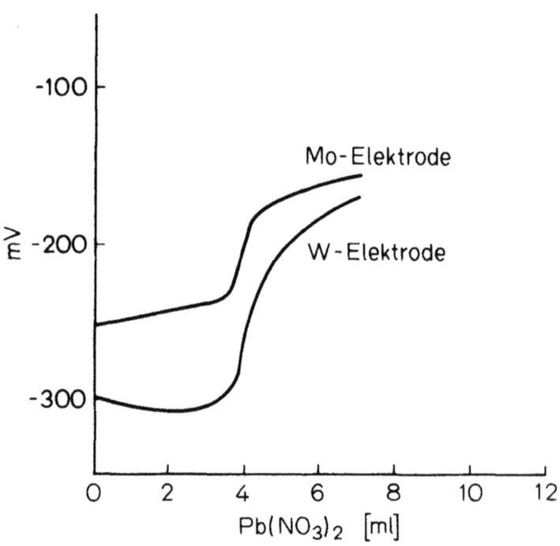

Abb. 14
Indikation der Titration von Na_2WO_4 mit 0,05 m $Pb(NO_3)_2$ an der Wolfram- und Molybdänelektrode in gepufferter Lösung bei 50°C. [10]

Der Potentialsprung resultiert nach *Geyer* und *Neumann* beim Arbeiten in ungepufferter Lösung vorwiegend aus der Empfindlichkeit der Wolfram- und Molybdänelektrode sowohl gegenüber Wasserstoffionen als auch gegenüber Bleiionen [10]. Für das *Zustandekommen der Potentiale* wird angenommen, daß das Elektrodenmetall sich mit einer Deckschicht oder einem Oberflächenfilm überzieht. Dadurch bildet sich zwar kein Nernstsches Metallpotential, wohl aber unter Mitwirkung von Adsorptionsvorgängen ein Membranpotential. Nur trennt die Membran hier nicht – wie sonst üblich – zwei Lösungen, sondern an die Stelle der einen Lösung tritt die Metallphase. Durch die Gleichartigkeit der Adsorption erklärt sich das lediglich graduell unterschiedliche Verhalten von Molybdän und Wolfram. Mit steigender Temperatur geht die Adsorption der Anionen fast ganz zurück, während die Bleipotentiale fast unverändert bleiben. In gepufferter Lösung bei 50°C verhalten sich diese Elektroden somit annähernd wie Bleielektroden im Sinne der Nernstschen Gleichung [10].
Ähnliche Titrationskurven wurden von *Brintzinger* und *Jahn* auch mit einer Wolframelektrode bei der Fällung von Wolframat mit Bariumionen erhalten [5, 6]; siehe hierzu auch Kap. 5.4.5.

Arbeitsvorschrift [11]. Die von störenden Ionen freie Wolframatlösung wird mit stickoxidfreier Salpetersäure schwach sauer gemacht. Als Indikator dienen hierfür 2 bis 3 Tropfen 0,1 %ige wäßrige Lösung des Na-Salzes von Bromthymolblau. – Man kocht einige Min. zur Austreibung des CO_2 und stellt sodann mit carbonatfreier Natronlauge genau auf die grüne Umschlagsfarbe des Bromthymolblaus ein. Bereits geringe Abweichungen nach gelbgrün oder blau führen zu Fehlergebnissen! – Die Titration erfolgt bei 50°C unter Rühren mit 0,05 m Bleinitratlösung. Als Elektrodensysteme sind die Kombinationen Wolfram/Kalomel oder Wolfram/Platin verwendbar. Die Zugabe der Bleilösung soll tropfenweise erfolgen. In der Nähe des Äquivalenzpunktes titriert man mit Anteilen von je 0,02 ml, wobei nach jedem Zusatz 1/2 Min. gewartet werden soll. Es erfolgt ein sehr scharfer und steiler Potentailsprung von 100 bis 150 mV.

Bemerkungen:

I. Bezüglich der ***Störungen*** siehe Kap. 5.4.1.2.4, S. 91.

II. Der ***Wolframdraht*** kann eine Länge von etwa 0,5 cm haben und muß blank, evtl. geschmirgelt oder geglüht sein.

III. Die ***Temperatur*** von 50°C ist konstant zu halten. Bei 20°C sowie bei 75°C erfolgt der Potentialsprung schon vor dem Äquivalenzpunkt [11].

5.4.3 Amperometrische Titration mit Blei

Man mißt den kathodischen Reduktionsstrom der Bleiionen an einer Platin- oder Quecksilberelektrode. Am Äquivalenzpunkt beginnt der fließende Strom stark anzusteigen: Abbildung 15 (siehe nächste Seite).

Die allgemeinen *Titrationsbedingungen* sind durch die Eigenschaften des chemischen Systems bestimmt und weitgehend ähnlich wie bei den übrigen Indizierungsverfahren. Es muß in der Hitze unter gutem Rühren langsam titriert werden. Es stören Ionen, welche mit Pb^{2+} Fällungen ergeben oder welche Blei bzw. Wolframat komplex binden. Liegen Wolframat und Molybdat nebeneinander vor, so ergibt die Titration deren Summe. Man kann in diesem Falle entweder Wolfram zuvor als WO_3 isolieren [3], oder man führt eine zweite Titration nach einem anderen Verfahren aus, bei dem nur Molybdän erfaßt wird. Letzteres ist z.B. durch amperometrisch indizierte Fällungstitration mit 8-Mercaptochinolin möglich, wobei Wolframat durch Phosphorsäure maskiert wird [3]. Manche störenden Kationen wie Nickel lassen sich durch ausgewählte schwache Komplexbildner mas-

kieren, ohne daß die Fällungstitration gestört wird. Geeignet sind hierfür Glycin oder Äthylendiamin [2].
Zur *Endpunktsanzeige* dient eine rotierende Platinelektrode [2, 3] oder eine Quecksilbertropfelektrode [12, 31], welche mit - 0,5 bis - 1 V gegen eine Kalomelelektrode polarisiert werden. Auch zwei Platinelektroden sind anwendbar [8].

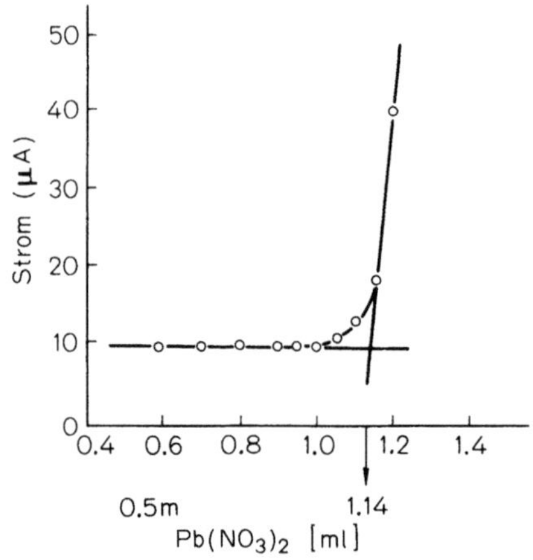

Abb. 15
Amperometrische Titration von WO_4^{2-} mit Pb^{2+} nach [2]

Als *Leitelektrolyt* wird eine etwa 0,1 bis 0,3 m Kaliumnitratlösung [12, 31] oder der auch zur pH-Einstellung dienende Acetatpuffer [2, 3] verwendet. Bei manchen Arbeitsweisen enthält die Lösung außerdem etwa 15 bis 50 % Äthanol [3, 12].
Die *Erzeugung der Bleiionen* läßt sich auch *coulometrisch* durch anodische Auflösung eines Bleidrahtes durchführen [31]. Es wurde mit Generatorströmen von 20 bis 40 mA bei 15 V Spannung gearbeitet, was einer Bildungsgeschwindigkeit von 2 bis 4.10^{-7} Grammäquivalenten Pb^{2+} pro Sek. entspricht. Damit ergab sich für die Titration einer $2{,}5.10^{-3}$ m Wolframatlösung ein rel. Fehler von 0,39 % und für eine $2{,}5.10^{-4}$ m Lösung ein solcher von 1,6 %.

Arbeitsvorschrift [3]. Das nach üblichen Verfahren abgeschiedene Wolfram(VI)-oxid wird in Natronlauge gelöst. In ein 100 ml-Becherglas gibt man einen solchen Anteil der Probelösung, daß 5 bis 10 mg Wolfram vorliegen. Man fügt 1 bis 2 Tropfen Methylrot-Indikatorlösung und tropfenweise Essigsäure (1+1) bis zur Rosafärbung hinzu. Man gibt 10 ml Acetatpufferlösung von pH 4,5 sowie 5 ml Äthanol dazu, verdünnt mit Wasser auf 30 ml und erhitzt auf 80°C. Dann titriert man mit Bleinitratlösung. Zur Anzeige dient eine rotierende Platinelektrode, die mit -0,5 V gegen eine gesättigte Kalomelektrode polarisiert ist. – Der Wirkungswert der Bleinitratlösung soll nach dem gleichen Verfahren mit einer Probe von bekanntem Wolframgehalt bestimmt werden.

Bemerkungen:

I. Die *Ergebnisse* liegen um bis zu 3,5 % höher als bei gravimetrischer Bestimmung [2, 3].

II. Bei der Analyse von *Nickellegierungen* setzt man 2 ml einer 20 %igen Lösng von Glycin und 2 bis 4 ml gesättigte Natriumacetatlösung zu und stellt mit Essigsäure pH 6,5 bis 7 ein [2].

5.4.4 Konduktometrische Titration mit Blei

Nach *Rother* und *Jander* läßt sich eine 0,01 m Wolframatlösung mit 0,2 m Bleinitratlösung unter konduktometrischer Anzeige titrieren [24]. Man arbeitet bei Zimmertemperatur und guter Rührung bei einem pH-Wert von 7 bis 9. Nach jedem Zusatz der Bleilösung stellt sich sofort eine konstant bleibende Leitfähigkeit ein. Bei stärkerer Verdünnung oder höherer Temperatur liegen die Ergebnisse um 4 bis 10 % zu niedrig. Die Abbildung 16 zeigt den Verlauf der Titrationskurve.

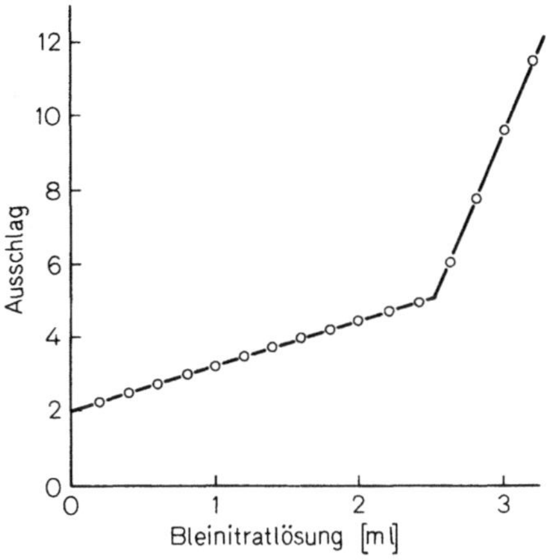

Abb. 16
Konduktometrische Titration von WO_4^{2-} mit Pb^{2+} nach [24]

5.4.5 Titration mit sonstigen Metallkationen

Quecksilber. Man titriert mit Quecksilber(I), wobei Hg_2WO_4 ausfällt. Möglich ist eine amperometrische Endpunktsanzeige mittels einer rotierenden Platinelektrode [28]. Die potentiometrische Anzeige an einer Wolframelektrode (siehe Kap. 5.4.2) gelingt mit einem Fehler von -0,35 bis 0,61 %, doch erfordert die Potentialeinstellung nach jedem Reagenszusatz eine Wartezeit von 2 Min. [25]. Von anderen Autoren wurden mit dieser Arbeitsweise jedoch keine brauchbaren Ergebnisse erhalten [10]. – Bei Zugabe einiger Tropfen einer 0,2 %igen wäßrigen Lösung von Trypaflavin zu einer neutralen Wolframatlösung entsteht eine intensiv grüne Fluoreszenz, die beim Zutropfen von Quecksilber(I)-nitratlösung zunächst verschwindet und am Endpunkt wiederkommt. Mit diesem reversiblen Adsorptionsindikator sind 0,3 bis 42 mg Wolfram titrierbar [1].

Thallium. Die Fällung von Tl_2WO_4 läßt sich in 40 bis 50 %igem Äthanol bei pH 6 ausführen. Die Anzeige kann potentiometrisch mit einer Meßkette aus Wolfram und amalgamiertem Blei erfolgen. Man kann auch bei pH 5,4 arbeiten und amperometrisch mit -0,8 V Polarisationsspannung indizieren [32].

Barium. Nach *Brintzinger* und *Jahn* läßt sich die Fällung von $BaWO_4$ mit einem Wolframdraht potentiometrisch indizieren [5]; siehe auch Kap. 5.4.2. Zur Anwendung auf die Stahlanalyse wurde zunächst eine Fällung mit Ammoniak und Wasserstoffperoxid ausgeführt. Chromat und Wolframat sind auch nebeneinander erfaßbar [6]. Andere Autoren hatten bei der Verwendung von Barium keinen Erfolg [10]. – Photometrische Endpunktsanzeige ist mit dem Indikator Nitchromazo bei $\lambda = 650$ mm möglich. Man titriert eine 80 bis 90 % Methanol enthaltende 10^{-2} bis 10^{-5} m Wolframatlösung bei pH 5,2 bis 5,5. Noch 20 μg W sind bestimmbar [14].

Silber. Die Fällung von Ag_2WO_4 läßt sich nicht amperometrisch an der rotierenden Platinelektrode indizieren [28, 29]. Über die Brauchbarkeit der potentiometrischen Anzeige mit einer Silberelektrode liegen noch keine nutzbaren Angaben vor [26].

5.4.6 Titration mit organischen Reagenzien

Die Fällung von Wolfram(VI) mit *8-Hydroxychinolin* kann amperometrisch durch den Reduktionsstrom des Reagenses an einer Quecksilberelektrode indiziert werden [9]. *Pinacyanol* fällt bei pH 3 ein Salz, welches das Reagens und Wolfram(VI) im Verhältnis 1 : 2 enthält. Der Endpunkt wird an der blauen Farbe des überschüssigen Reagenses erkannt [30].
Mit *β-Naphthochinolin* titriert man amperometrisch in Gegenwart von Phosphat und Jodid bei -0,86 V Polarisationsspannung [21].

Diantipyrylmethan fällt aus schwefelsaurer, mehr als 5 % Thiocyanat enthaltender Lösung die Thiocyanatokomplexe von Wolfram(VI) und Molybdän(VI). Die Anzeige erfolgt amperometrisch mit einer tropfenden Quecksilberelektrode bei einer Polarisationsspannung von -1,2 V gegen GKE [33]. Mit Phosphorsäure läßt sich Wolfram(VI) in Wolframatophosphorsäure überführen. Diese wird aus 3,5 bis 4,5 n schwefelsaurer Lösung mit Diantipyrylmethan gefällt. Die Anzeige erfolgt amperometrisch. Es stören Molybdat, Vanadat und die gegenüber W(VI) mehr als 0,5-fache Menge Eisen(III) und Chrom(III). Keine Störung bei der Bestimmung von 0,5 mg W/ml erzeugt jedoch die 100-fache Menge Na, K, Mg, Zn, Al, Cu, Co, Ni, Mn [19].

Literatur

1. *Andruško, G.S., Maksimyčeva, Z.T., Talipov, Š.T.:* Dok. Akad. Nauk Uzb. SSR **27** (1970) 26-27; durch Chem. Abstr. **80**, 22294 c.
2. *Babko, A.K., Volkova, A.I.:* Zavodsk. Laborator. **24** (1958) 135-37.
3. *Bogovina, V.I., Novak, V.P., Mal'cev, V.F.:* Ž. Anal. Chim. **20** (1965) 951-54; übersetzt J.Anal. Chem. USSR **20** (Heft 9) (1965) 1018-21.
4. *Brantner, H.:* Mikrochim. Acta **1962**, 125-27.
5. *Brintzinger, H., Jahn, E.:* Z. Anal. Chem. **94** (1933) 396-403.
6. *Brintzinger, H., Jahn, E.:* Angew. Chem. **47** (1934) 456-57.
7. *Cheng, K.L., Goydish, B.L.:* Microchem. J. **13** (1968) 35-41.
8. *Čirkov, S.K., Studenskaja, L.S.:* Bjull. Naučn.-Techn. Inform. Ural. Naučn.-Issledovatel. Inst., Černych Metal. **1959**, 113-20; durch Chem. Abstr. **55**, 4247 f.
9. *Degterev, N.M.:* Zavodsk. Laborator. **22** (1956) 167; durch Busev, A.I., Tipcova, V.G., Chlystova, A.D.: Zavodsk. Laborator. **28** (1962) 1414-24.
10. *Geyer, R., Neumann, M.:* Acta Chim. Acad. Sci. Hung. **60** (1969) 349-55.
11. *Grubitsch, H., Özbil, N., Kluge, K.:* Z. Anal. Chem. **166** (1959) 114-20.
12. *Kalvoda, R., Zyka, J.:* Chem. Listy **45** (1951) 84-85; durch Chem. Abstr. **45**, 6533 g.
13. *Kawahata, M., Mochizuki, H., Kajiyama, R., Ichihashi, K.:* Japan Analyst **12** (1963) 659-60; durch Chem. Abstr. **59**, 12173 d.
14. *Kreškov, A.P., Kuznečov, V.V., Mežlumjan, P.G.:* Ž. Anal. Chim. **29** (1974) 1349-52; übersetzt J. Anal. Chem. USSR **29** (1974) 1165-68.
15. *Lassner, E., Scharf, R.:* Z. Anal. Chem. **167** (1959) 144; **168** (1959) 429.
16. *Lassner, E., Scharf, R.:* Chemist-Analyst **49** (1960) 68-69.
17. *Lassner, E., Scharf, R., Püschel, R.:* Z. Anal. Chem. **165** (1959) 29-32.
18. *Lassner, E., Schedle, H.:* Talanta **13** (1966) 326-28.
19. *Lugovoi, S.V., Rjazanov, I.P.:* Sb. Naučn. Tr., Magnitogorsk. Gornomet. Inst. **1971**, 64-67; durch Chem. Abstr. **77**, 147257 u.
20. *Maksimyčeva, Z.T., Andruško, G.S., Talipov, S.T.:* Dok. Akad. Nauk Uzb. SSR **28** (1971) 26-27; durch Chem. Abstr. **80**, 22337 u.
21. *Muchina, Z.S., Il'ina, K.L., Kondukova, N.S.:* Chim. Svoista Metody Anal. Tugoplavkich Soedin. **1969**, 108-13; durch Chem. Abstr. **72**, 50661 y.
22. *Püschel, R., Lassner, E., Scharf, R.:* Z. Anal. Chem. **163** (1958) 104-10.

23. *Püschel, R., Lassner, E., Scharf, R.:* Z. Anal. Chem. **163** (1958) 344-49.
24. *Rother, E., Jander, G.:* Z. Angew. Chem. **43** (1930) 930-33.
25. *Rusina, O.N., Baglei, R.I.:* Mater. Naučn.-Techn. Konf. Sev.-Kavkaz. Gornomet. Inst. **1968** (publ. 1970) 68; durch Chem. Abstr. **78**, 52179 v.
26. *Shivahare, G.C.:* Naturwissenschaften **52** (1965) 157.
27. *Sommer, L., Janoscova, L.:* Collect. Czechoslav. Chem. Comm. **39** (1974) 101-09.
28. *Songina, O.A., Kotlarskaja, V.Z., Voilošnikova, A.P.:* Izv. Akad. Nauk Kaz. SSR, Ser. Chim. **1955**, 77-83; durch Chem. Abstr. **49**, 13022 h.
29. *Songina, O.A., Zacharov, V.A., Mambetkaziev, E.A.:* Izv. Akad. Nauk Kaz. SSR, Ser. Chim. **18** (1968) 31-35; durch Chem. Abstr. **70**, 64036 u.
30. *Turov, P.P., Turova, T.S.:* Ž. Anal. Chim. **25** (1970) 934-39; übersetzt: J. Anal. Chem. USSR **25** (1970) 807-11.
31. *Tutundzic, P.S., Stojkovic, D.J.:* Ž. Anal. Chim. **21** (1966) 436-42; übersetzt: J. Anal. Chem. USSR **21** (1966) 388-94.
32. *Yoshimura, C., Uno, S., Noguchi, H.:* Japan Analyst **12** (1963) 42-47; durch Chem. Abstr. **58**, 10720 g.
33. *Živopiscev, V.P., Sadakov, J.A.:* Uč. Zap. Perm. Gos. Univ. **141** (1966) 174-78; durch Chem. Abstr. **68**, 56321 b.

5.5 Indirekte Titrationen

Zur indirekten titrimetrischen Bestimmung von Wolframat fällt man letzteres meist als $PbWO_4$ oder $CaWO_4$ und bestimmt komplexometrisch die gefällte oder nicht gefällte Menge des Kations. Möglich ist auch die Fällung von Wolframoxinat (siehe Kap. 4.4) und die Titration des gefällten oder nicht gefällten Oxins. Einige sonstige Möglichkeiten sind im Kap. 5.5.3 aufgeführt.

5.5.1 Komplexometrische Titration nach Fällung von Metallwolframaten

Die Fällung mit *Calcium* eignet sich vor allem für etwas größere Wolframatmengen. Sie wird bei pH 8 ausgeführt. Den abfiltrierten Niederschlag von $CaWO_4$ zersetzt man mit konz. Salzsäure zu Wolframsäure und Calciumionen. Letztere titriert man mit ÄDTA [5, 8]. Wolframsäure, $WO_3 . H_2O$ reagiert nicht mit ÄDTA.
Die Fällung mit *Blei* eignet sich auch für geringere Wolframatmengen. Vorwiegend fällt man mit einer abgemessenen Menge eingestellter Bleilösung und titriert den Überschuß des Fällungsmittels [1, 2, 6, 12, 15]. Möglich ist auch, das $PbWO_4$ in alkalischer Tartratlösung zu lösen und dann den Bleigehalt des Niederschlages zu bestimmen [3, 13].
Auch *Eisen(III)* wurde zur Fällung von Wolframat benutzt und der Fe-Überschuß gegen Sulfosalicylsäure als Indikator mit ÄDTA titriert [4].

Die *Endpunktsanzeige* erfolgt fast stets mit den bekannten metallochromen Indikatoren. Bei Fällung mit Blei ist auch amperometrische Indizierung möglich [3].
Störungen verursachen alle Ionen, die unter den Arbeitsbedingungen Fällungen mit dem jeweiligen Kation ergeben, also vor allem auch Molybdat. Ferner stören Komplexbildner.

5.5.1.1 Arbeitsweise zur Fällung mit Calcium [8]

Reagenzien

a) *Calciumchlorid-Lösung:* 10 g $CaCl_2 . 2H_2O$ + 90 ml Wasser.
b) *Salzsäure:* 25 %ig, (Dichte 1,125)
c) *Natronlauge:* 10 g NaOH + 90 ml Wasser.
d) *Indikatorpuffertabletten* "Merck"
e) *Ammoniak-Lösung:* 25 %ig, (Dichte 0,910)

f) *ÄDTA-Lösung:* 0,1 m Lösung von Äthylendiamintetraacetat
g) *Zinksulfat-Lösung:* 0,1 m
h) *Universalindikatorpapier* pH 1 bis 10, "Merck"

Arbeitsvorschrift [8] Die höchstens schwach alkalische Lösung (pH etwa 8; Universalindikatorpapier), die bis etwa 0,5 g Wolframationen enthalten kann, wird mit 10 ml etwa 10 %iger Calciumchloridlösung versetzt und kurz zum Sieden erhitzt. Nach dem Abkühlen, zuletzt in Eis, werden für je 50 ml Flüssigkeit 100 ml Äthanol hinzugefügt. Dann wird durch einen Porzellanfiltertiegel A 2 abgesaugt und der Rückstand 2 bis 3mal mit Äthanol gewaschen. Der Filtertiegel wird in das Becherglas, in dem die Fällung vorgenommen wurde, zurückgegeben und mit 20 bis 30 ml Salzsäure auf dem Wasserbade erhitzt. Dabei scheidet sich die gelbe Wolframsäure ab. Nach dem Erkalten und Verdünnen mit Wasser auf etwa 150 ml werden 25 ml 0,1 m ÄDTA-Lösung zugesetzt. Danach neutralisiert man mit Natronlauge gegen Universalindikatorpapier. Man gibt 2 Indikatorpuffertabletten und 2 ml Ammoniaklösung dazu und titriert dann mit 0,1 m Zinksulfatlösung bis zum Umschlag von Olivfarben auf Rot.
1 ml ÄDTA-Lösung entspricht 24,785 mg WO_4^{2-}.

Bemerkungen:

I. Statt Indikatorpuffertabletten zu benutzen, kann man auch mit einem Ammoniak/Ammoniumchloridpuffer pH 10 einstellen und 1 Mikrospatelspitze *Eriochromschwarz* T/NaCl-Verreibung (1+99) zugeben.

II. Nach *de Sousa* filtriert man zunächst die Wolframsäure ab und wäscht mit Wasser chloridfrei, letzteres als Zeichen, daß auch alles Calcium aus dem Niederschlag ausgewaschen wurde. Dann vereinigt man Filtrat und Waschwasser und titriert darin das Calcium mit ÄDTA in üblicher Weise [5].

III. Zur *Probenvorbereitung von Mineralien* schmilzt man 1 g fein pulverisierte Probe im Platintiegel mit 7 bis 8 g Natrium-Kaliumcarbonat. Die Schmelze löst man in Wasser, kocht anhaftende Reste mit Wasser aus dem Tiegel heraus, kocht alle vereinigten Anteile auf, filtriert und wäscht mit heißem Wasser. Die wolframathaltige Lösung verdünnt man auf etwa 200 ml und stellt mit konz. Salzsäure auf pH 8 ein. – Eine Bestimmung dauert einschließlich der Probenvorbereitung 3 bis 4 Std. Bei WO_3-Gehalten der Probe von 10 bis 25 % fand *de Sousa* etwa 0,5 % weniger als bei der gravimetrischen Bestimmung; bei 25 bis 70 % WO_3 wurden nur 0,1 % weniger gefunden.

5.5.1.2 Arbeitsweise zur Fällung mit Blei

Reagenzien

a) *Acetatpufferlösung,* pH 5
b) *Bleimaßlösung,* 0,02 molar, auf pH 5 gepuffert.
c) *ÄDTA-Lösung,* 0,01 molar.
d) *Xylenolorangelösung,* 0,1 %ig in Wasser.

Arbeitsvorschrift [1]. Eine Probe mit etwa 20 mg Wolfram(VI) verdünnt man im 800 ml-Becherglas auf etwa 500 ml und stellt mit 1 m Natriumcarbonatlösung etwa pH 11,5 ein. Dann läßt man zur Zerlegung von Iso- oder Heteropolywolframaten mindestens 1 Std. stehen. – In schneller Arbeitsweise gibt man 20 ml Acetatpufferlösung dazu und stellt mit 1 m Essigsäure unter Kontrolle mit einem pH-Meter pH 5 ein. Dann vollführt man unverzüglich die Fällung durch Zugabe eines abgemessenen Volumens 0,02 m Bleilösung. Dabei ist ein Überschuß von etwa 1 ml Bleilösung anzuwenden. Die benötigte Menge muß zuvor in einem Vorversuch näherungsweise bestimmt worden sein. Dann kocht man 15 Min., wobei der Niederschlag kristallin wird. Man läßt erkalten, überprüft die Einhaltung des pH-Wertes, gibt 3 Tropfen Xylenolorangelösung hinzu und titriert mit 0,01 m ÄDTA–Lösung bis zum Farbumschlag nach gelb.

Bemerkungen:

I. Je nach der Probenvorbereitung kann Wolfram(VI) *polymerisiert* vorliegen und muß zunächst durch Alkalischmachen in WO_4^{2-} überführt werden. Beim Ansäuern auf pH 5 darf es nicht erneut in merklichem Maße polymerisieren. Daher ist schnelles Arbeiten nötig.

II. Das Verfahren wurde u.a. zur Bestimmung des Gesamtwolframgehaltes in *niederwertigen Wolframverbindungen* benutzt. Siehe hierzu auch Kap. 17.3.

III. *Arbeitsweise in Anwesenheit von Molybdat* [15]. Molybdat wird quantitativ mitbestimmt. Man ermittelt daher zunächst wie vorstehend beschrieben die Summe von Wolframat und Molybdat. In einem weiteren Anteil der Probe bestimmt man auf komplexometrischem Wege den Molybdängehalt, z.B. nach der im Kap. 5.4.1.1, S. 90 gegebenen Arbeitsvorschrift. Der Wolframgehalt errechnet sich als Differenz.

IV. *Probenvorbereitung für Eisenlegierungen* [15]. Man löst 0,3 bis 0,5 g Probe unter Erhitzen in 50 ml Salzsäure + Salpetersäure und dampft zur Trockene ein. Den Rückstand löst man in 10 ml konz. Salzsäure und verdünnt dann mit Wasser auf 100 ml. Man neutralisiert mit 20 %iger Natronlauge bis Eisenhydroxid ausfällt, gibt noch 20 ml Lauge im Überschuß zu und kocht 5 bis 10 Min., um alles Wolframat zu lösen. Niederschlag und Lösung überführt man in einen 250 ml-Meßkolben und füllt mit Wasser auf. Nach dem Absitzen der Fällung entnimmt man von der überstehenden klaren und farblosen Lösung einen Anteil zur Wolframbestimmung. Depolymerisieren ist hier nicht nötig.

5.5.2 Jodometrische Titration nach Fällung von Wolframoxinat

Man fällt Wolfram(VI) mit 8-Hydroxychinolin nach im wesentlichen den gleichen Verfahren, welche auch zur gravimetrischen Bestimmung mit diesem Reagens üblich sind; siehe hierzu Kap. 4.4.1, S. 66. Viele gleichfalls fällbare Kationen lassen sich mit ÄDTA maskieren. Wolframoxinat ist in den meisten Säuren schlecht löslich; infolge Komplexbildung löst es sich jedoch in Phosphorsäure [11]. Auch in Natronlauge löst es sich auf; setzt man dann Oxalsäure zu, so fällt es beim Ansäuern nicht wieder aus, da ein Wolframoxalatokomplex entsteht. Das als WO_2Ox_2 gefällte Oxin kann nun in der für Oxinate allgemein üblichen Weise bromatometrisch bestimmt werden. Die eigentliche Titration erfolgt dabei meist jodometrisch. Es läßt sich jedoch in Phosphorsäure gelöstes Wolframoxinat auch unmittelbar mit Bromatlösung potentiometrisch titrieren [11].

Es sind ferner Arbeitsweisen bekannt, Wolfram(VI) mit einem gemessenen Überschuß eingestellter Oxinlösung zu fällen und im Filtrat den Reagensüberschuß bromatometrisch-jodometrisch zu bestimmen [7, 9]. Die prinzipielle Schwierigkeit besteht allerdings wie bei der Fällung anderer Metalloxinate so auch im Falle des Wolframs darin, daß man in der Hitze fällen muß, Oxin jedoch mit Wasserdampf flüchtig ist.
Über die praktischen Anwendungen der Titration nach Fällung als Oxinat liegen bisher nur wenige Erfahrungen vor [7, 10, 16]. Im allgemeinen werden sich aber die zur gravimetrischen Bestimmung gegebenen Vorschriften nach der Isolierung des Niederschlages auch auf eine titrimetrische Auswertung umstellen lassen.

Reagenzien

a) *Bromatlösung,* 0,1 normale = 1/60 molare Lösung von $KBrO_3$; 2,784 g/Liter
b) *Thiosulfatlösung,* 0,1 n = 0,1 m

Arbeitsvorschrift [10, 16]. Aus einer Probe mit mehr als etwa 50 mg Wolfram wird in üblicher Weise (siehe Kap. 4.4.1, S. 66) Wolframoxinat gefällt, auf einer Prozellanfritte abfiltriert und gewaschen. Den Filtertiegel mit dem Niederschlag erwärmt man im Becherglas mit 40 ml 2 m Natronlauge, bis alles Oxinat gelöst ist. Der Tiegel wird gut mit Wasser nachgewaschen und die Lösung auf 100 ml verdünnt. Man gibt 30 ml gesättigte Oxalsäurelösung dazu und gießt die Mischung unter Umrühren in ein weiteres Becherglas, in dem sich 30 ml konz. Salzsäure befinden. – Es soll nicht umgekehrt die Säure in die alkalische Lösung gegeben werden. – Man füllt im Meßkolben mit Wasser auf 250 ml auf und entnimmt davon 50 oder 100 ml zur Titration. Man setzt einen Tropfen Methylrotlösung zu und gibt aus einer Bürette unter gutem Rühren 0, 1 n Bromatlösung bis zur Entfärbung des Indikators zu. Dann gibt man noch 4 ml Bromatlösung im Überschuß zu, setzt sofort genügend Kaliumjodid hinzu (z.B. 10 ml 10 %ige KJ-Lösung) und titriert das ausgeschiedene Jod gegen Stärke mit 0,1 n Thiosulfatlösung.

Bemerkungen:

I. *Reaktionsgleichungen und Auswertung.*

$$WO_4^{2-} + 2\ C_9H_6ON^- + 4\ H^+ = WO_2(C_9H_6ON)_2 + 2\ H_2O$$

$$3\ C_9H_6ON^- + 2\ BrO_3^- + 10\ Br^- + 6\ H^+ = 3\ C_9H_4ONBr_2^- + 6\ Br^- + 6\ H_2O$$

1 Mol BrO_3^- erzeugt mit überschüssigem Br^- 6 Mol Br.
1 W bindet 2 Oxin, 1 Oxin verbraucht 4 Br, 8 Mol Br entsprechen also 1 Mol Wolfram.
1 ml 0,1 normale (= 1/60 molare) BrO_3^--Lösung entspricht 1/80 Millimol Wolfram = 2,30 mg W.
Bei der jodometrischen Titration entspricht 1 ml 0,1 n Thiosulfatlösung 1 ml BrO_3^--Lösung.

Berechnung: mg Wolfram = 2,30 · (ml 0,1 n BrO_3^- - ml 0,1 n $S_2O_3^{2-}$)

II. Der relative *Fehler* einer Bestimmung von 10 bis 100 mg W beträgt etwa 0,5 % [16].

III Probenvorbereitung und Fällungsvorschrift zur Analyse von *Wolfram-Thorium-Legierungen* siehe [10].

5.5.3 Sonstige indirekte Titrationsverfahren

Rührt man eine neutrale oder schwach alkalische Wolframatlösung mit festem *Bariumthiosulfat,* so entsteht schwer lösliches $BaWO_4$. Eine äquivalente Menge $S_2O_3^{2-}$ geht in Lösung und läßt sich jodometrisch bestimmen [17].
Mit *Wasserstoffperoxid* bildet Wolfram(VI) ähnlich wie Mo(VI), Nb(V), Ti(IV) einen *Peroxokomplex* im Verhältnis 1:1. Das Redoxpotential dieser Komplexe ist etwas niedriger als dasjenige des Wasserstoffperoxids. Noch etwas niedriger liegen die Potentiale der Tartrato-peroxo-komplexe des W(VI) bzw. Mo(VI). Sie betragen gegen die gesättigte Kalomelektrode 0,55 V für H_2O_2, 0,50 V für den Wolfram-peroxokomplex und 0,47 V für den Wolfram-tartratoperoxokomplex, gemessen bei 5.10^{-3} m H_2O_2, 5.10^{-3} m Wolframperoxokomplex, 1 m Schwefelsäure und 0,1 m Weinsäure. – Titriert man potentiometrisch mit eingestellter Sulfit-Lösung, erhält man eine zweistufige Titrationskurve, welche bis zum ersten Sprung die Reduktion des überschüssigen Wasserstoffperoxids anzeigt. Der Verbrauch bis zum zweiten Sprung entspricht der Reduktion des Komplexes. Die Potentialeinstellung nach jeder Reagenszugabe dauert 1 bis 2 Min. Der Fehler beträgt bei Bestimmung von 30 bis 120 mg Wolfram bis zu 2,6 % [14].

Literatur

1. *Bourret, P., Lecuire, J.M., Weis, C.:* Chim. Anal. **52** (1970) 1114-19
2. *Bykovskaja, J.I.:* Tr. Inst. Met. im A.A. Baikova **1962**, 244-45; durch Chem. Abstr. **58**, 2843 h.
3. *Chang, T'i-Heng, Tsao, Fei-Yun, Shu, Shih-Ming:* Hua Hsueh Hsueh Pao **30** (1964) 230-32; durch Chem. Abstr. **61**, 6392 c.
4. *Crisan, J.A., Pricop, D.C.:* Stud. Univ. Babes-Bolyai, Ser. Chem. **13** (1968) 27-28; durch Chem. Abstr. **71**, 18586 w.
5. *de Sousa, A.:* Anal. Chim. Acta **9** (1953) 309-13.
6. *Konkin, V.D., Zichareva, V.I.:* Sb. Tr. Ukr. Naučn.-Issled. Inst. Metal 8 (1962) 337-41; durch Chem. Abstr. **58**, 11955 d.
7. *Kozyreva, L.S., Kutlinikov, A.F.:* Konstrukts. Uglegrafit. Materialy **1964**, 325-30; durch Chem. Abstr. **62**, 5889 h.
8. *Merck, E.:* Komplexometrische Bestimmungsmethoden mit Titriplex; 3. Auflage, Darmstadt

9. *Merz, J.A.:* Svensk Kem. Tidskr. **53** (1941) 400-04; durch Chem. Abstr. **36**, 1867[8]
10. *Milner, G.W.C., Barnett, G.A.:* Atomic Energy Research Establ. (Gt. Brit.) C/R 1865 (1956).
11. *Niericker, R., Treadwell, E.D.:* Helv. Chim. Acta **29** (1946) 1472-83.
12. *Pang, Yu-Lung:* Yu Se Chin Shu **1959**, No. 20, 29-32; durch Chem. Abstr. **58**, 10726 a.
13. *Pang, Yu-Lung:* Hua Hsueh Hsueh Pao **28** (1962) 341-43; durch Chem. Abstr. **59**, 12173 e.
14. *Pjatnickij, J.V., Tao, Wang-Ch'ung:* Ž. Anal. Chim. **24** (1969) 545-49; übersetzt: J. Anal. Chem. USSR **24** (1969) 411-15.
15. *Popova, O.J., Seraja, O.G.:* Ž. Anal. Chim. **23** (1968) 791-92; übersetzt: J.Anal. Chem. USSR **23** (1968) 686-87.
16. *Pribil, R., Sedlar, V.:* Collect. Czechoslov. Chem. Comm. **16** (1951) 69-79.
17. *Santos Romero, M.:* An. Fiz. Quim. **42** (1946) 985-92; durch Chem. Abstr. **41**, 5052 e.

6. Photometrie

6.1 Bestimmung mit anorganischen Reagenzien

6.1.1 Bestimmung mit Thiocyanat in wäßriger Lösung

Wolfram bildet in saurer Lösung bei Gegenwart eines starken Reduktionsmittels einen gelben Thiocyanatokomplex mit einem Absorptionsmaximum bei etwa 400 nm. Auf diese Reaktion gründet sich eine der ältesten [8] und neben der Dithiol-Methode meist benutzten photometrischen Wolframbestimmungen.
Sie besitzt bei genügender Einfachheit eine recht gute Selektivität: bei der Ausführung in wäßriger Lösung stört nur Vanadium sehr stark. Unterstützt durch die Trennwirkung einer Extraktion läßt sich das Verfahren fast spezifisch gestalten: siehe Kap. 6.1.2. Über die günstigsten Reaktionsbedingungen gibt es zahlreiche und einander teilweise widersprechende Arbeiten.
Kritisch sind die Natur des Reduktionsmittels, die Säurekonzentration und auch die Reihenfolge der Reagenszugaben. Die Thiocyanatkonzentration ist weniger problematisch.

Die *Natur des Farbkomplexes* wurde besonders sorgfältig von *Gottschalk* untersucht [13], und zwar für ein nur mäßig stark saures Medium (1 n HCl) und Reduktion mit $TiCl_3$. Danach bildet sich ein Komplex des fünfwertigen Wolframs der Formel

$[W(OH)_2(SCN)_4]^-$. Die Gesamtreaktion formuliert *Gottschalk* als

$$WO_4^{2-} + [Ti(H_2O)_6]^{3+} + 4\,SCN^- + 3\,H^+ = [W(OH)_2(SCN)_4]^-$$
$$+ [Ti(OH)_3(H_2O)_3]^+ + 2\,H_2O$$

Die Gleichgewichtskonstante wurde zu $K = (2{,}17 \pm 0{,}13) \cdot 10^3$ gefunden.
Ältere Annahmen, wonach ein W(III)-Komplex vorliegen soll [12], sind gegenstandslos geworden. *Crouthamel* und *Johnson* haben ein Reaktionsschema diskutiert [4], wonach bei Reduktion in sehr stark saurer Lösung mit $SnCl_2$ in einem 2-Elektronenschritt zunächst W(IV) entstehen soll, welches dann zu W(III) und W(V) disproportioniert. Letzteres bildet dann den photometrisch gemessenen Thiocyanatokomplex. Ein Beweis für das Auftreten von W(IV) unter analytischen Bedingungen steht jedoch noch aus; vgl. auch Kap. 5.1 und 5.2.
Verschiedentlich wurde über zwei verschiedene Komplexe berichtet, außer über den bekannten gelben noch über einen purpurfarbigen [4, 12]. Letzterer trat bei Reduktion in schwefel- statt salzsaurer Lösung auf [12]. In salzsaurer Lösung bei Gegenwart von Aceton tritt eine Absorptionsbande mit dem Maximum bei $\lambda = 510$ nm auf, welche im Verlauf einiger Stunden allmählich verschwindet. Entsprechend nimmt die Extinktion des gelben Komplexes bei 400 nm zu: siehe Abb. 17 [4].

Die Natur dieses Komplexes ist noch ungeklärt. – Eine weitere Absorptionsbande wird gelegentlich im roten Spektralbereich beobachtet: Abb. 18. Sie rührt von Wolframblau her, das bei Reduktion in zu schwach saurem Medium entsteht. Zusammen mit der

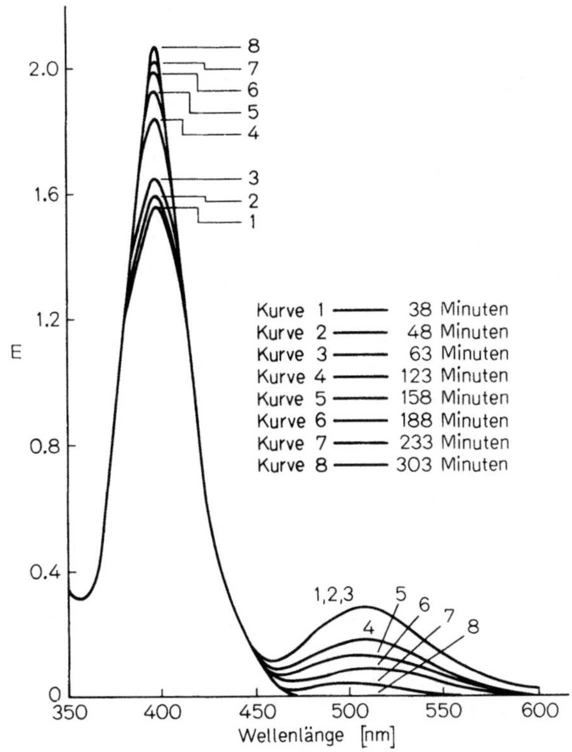

Abb. 17
Wolfram(V)-thiocyanatokomplexe. Absorptionsspektren in Abhängigkeit von der Zeit. 1,23.10^{-4} m W(V) in 0,12 m HCl; 60 Vol.-% Aceton und 0,6 m NH_4SCN [4]

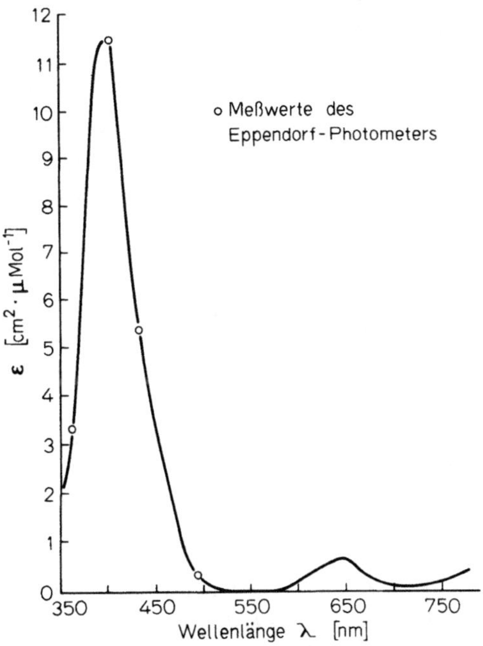

Abb. 18
Absorptionssepktrum von $[W(OH)_2(SCN)_4]^-$ nach [13]

gelben Farbe des W(V)-thiocyanatokomplexes nimmt dann die Lösung einen grünlichen Farbton an [13].
Das Absorptionsmaximum des gelben W(V)-thiocyanatokomplexes wurde bei $\lambda = 398$ mm [4] bzw. 405 mm [5, 13] gefunden. Der Extinktionskoeffizient wird für wäßrige Lösungen mit $\epsilon = 11509$ $1.Mol^{-1}.cm^{-1}$ [4] angegeben.
Die gelben Thiocyanatokomplexe des sechswertigen Wolframs wurden von *Pfeifer* untersucht [22]. Sie werden bisher nicht photometrisch genutzt.

Als *Reduktionsmittel* kommen verschiedene Stoffe in Betracht. Mehr oder weniger gut geeignet sind *Quecksilber* [4], *Zinnamalgam* [12], *Cadmium* [28], *Wismutamalgam* [26], während *Hydroxylamin, Ascorbinsäure* und *Hydrazin* in 1n HCl ohne Wirkung bleiben [13]. Auch *photochemische Reduktion* in Gegenwart von Äthanol ist möglich [20]. Praktisch am meisten benutzt werden *$SnCl_2$* [4, 11, 27] sowie *$TiCl_3$* [5, 13]. Häufig werden beide Reduktionsmittel nacheinander benutzt, indem zunächst eine "Vorreduktion" mit Sn(II) und dann ihre Vervollständigung mit Ti(III) erfolgt [5, 10, 19]. Für die Reduktion mit $SnCl_2$ wird eine möglichst hohe HCl-Konzentration gefordert [4]. Die alleinige Anwendung von Sn(II) ergibt jedoch nicht immer befriedigende Ergebnisse, wofür seine langsame und wenig reproduzierbare Reduktionswirkung verantwortlich ist [13]. Mit $TiCl_3$ verläuft die Reaktion schneller und auch in weniger stark saurer Lösung [5, 13]. Die *Säurekonzentration* spielt für Schnelligkeit und Vollständigkeit der Reduktion eine erhebliche Rolle. Auch auf die zeitliche Beständigkeit der Extinktion hat sie starken Einfluß. Bei der Reduktion mit Zinnamalgam wird ein Säuregehalt von 6 n vorgeschrieben [12], bei Anwendung von $SnCl_2$ ist nach *Crouthamel* und *Johnson* sogar konzentriert salzsaures Medium (10n) erforderlich [4]. Für Titan(III)-chlorid beträgt die niedrigste zulässige HCl-Konzentration nur etwa 1 m [13], wobei jedoch schon in merklichem Maße Wolframblau entsteht. Die günstigsten Ergebnisse werden mit diesem Reduktionsmittel nach *Eckert* und *Bauersachs* in $\geqq 5$ m salzsaurer Lösung erzielt [5]. Die Anwendung von Salzsäure hat sich am besten bewährt. Die Streuung der Ergebnisse wird größer, wenn man HCl ganz oder teilweise durch Schwefelsäure ersetzt; auch Gegenwart von Phosphorsäure verschlechtert die Reproduzierbarkeit [5].

In starker Salzsäure findet jedoch bereits eine *Zersetzung des Thiocyanats* unter allmählicher H_2S-Entwicklung statt [5, 13].

Bezüglich der *Reihenfolge der Reagenszusätze* wird von manchen Bearbeitern gefordert, daß zunächst W(VI) zu W(V) zu reduzieren sei und danach erst Thiocyanat zugesetzt werden solle [5, 10, 11, 12]. In anderen Fällen ist dagegen die Reduktion in Gegenwart von Thiocyanat vorgeschrieben [13, 14].

Wichtige Störungen des Verfahrens:

Vanadium wird zur dreiwertigen Stufe reduziert und bildet dann wie W(V) einen gelb gefärbten Thiocyanatokomplex. Bei der Ausführung der Wolframbestimmung in wäßriger Lösung muß Vanadium entweder abgetrennt oder durch einen Korrekturfaktor berücksichtigt werden. Extrahiert man jedoch den W-SCN-Komplex gemäß Kap. 6.1.2, bleibt Vanadium in der wäßrigen Phase zurück und die Störung ist ausgeschaltet.
Einen gelben Thiocyanatokomplex bildet unter den Reaktionsbedingungen auch *Niob*. Zur Simultanbestimmung von W und Nb kann man zunächst die Summe beider Komplexe bei 400 nm messen, denjenigen des Niobs durch Oxalat zerstören und den Wolframkomplex erneut bei 400 nm messen [18].
Molybdän wird zur dreiwertigen Stufe reduziert [4] und bildet dann einen nahezu farblosen Thiocyanatokomplex. Unter den Bedingungen vieler Arbeitsweisen entsteht anfangs eine merkliche vom Mo herrührende Färbung, die aber nach kurzer Zeit verblaßt. Anwendung von $TiCl_3$ als Reduktionsmittel ist in Gegenwart von Mo besonders vorteilhaft [19].

Zur Bestimmung neben sehr viel Mo ist allerdings eine Vortrennung erforderlich [25]. *Eisen* stört nicht, da es zur zweiwertigen Stufe reduziert wird.

6.1.1.1 Allgemeine Arbeitsweise im Anschluß an Gottschalk [13, 14, 29]

Vorbemerkungen. W(VI) bildet in saurer Lösung Isopolysäuren, gegebenenfalls auch Heteropolysäuren. Diese müssen zunächst durch Alkalischmachen zerstört werden, sonst treten Störungen der Farbentwicklung auf. – Die Reihenfolge der Reagenszugaben muß eingehalten werden:
Probe – Thiocyanat – HCl – Reduktionsmittel ! Wird die Lösung grünlich (Mischfarbe des gelben W-SCN-Komplexes mit Wolframblau), muß sie unter Zugabe von mehr HCl neu angesetzt werden.

Reagenzien

a) *Thiocyanat-Lösung:* 5 molare Lösung von NH_4SCN in Wasser. Eine Rosafärbung (Fe-Spuren) stört nicht.
b) *Salzsäure, halbkonz.:* ca. 6 m, ca. 18 bis 19 %ig.
c) *$TiCl_3$-Lösung:* 0,01 m in halbkonz. HCl. Man. verdünnt 1 ml handelsübliche, etwa 1 m (15 %ige) $TiCl_3$-Lösung (Fa. Merck) mit halbkonz. HCl auf 100 ml. Die Lösung muß täglich frisch hergestellt und stets gut verschlossen werden.
d) *Zinn(II)-chlorid-Lösung:* 1 m Lösung von $SnCl_2 \cdot 2H_2O$ in halbkonz. HCl. Sie wird rasch oxydiert und ist alle drei Tage frisch herzustellen.
e) *Wolframat-Standardlösung:* Man löst 1,794 g $Na_2WO_4 \cdot 2H_2O$ p.a. in Wasser auf 1000 ml, oder man löst 1,26 g WO_3 bzw. 1,358 g H_2WO_4 in einer kleinen Menge starker Natronlauge und verdünnt mit Wasser auf 1000 ml. Gehalt: 1000 μg W/ml. Die Lösung wird in einer Plastikflasche aufbewahrt. Zum Gebrauch wird sie wöchentlich frisch mit Wasser 1 : 10 verdünnt. Gehalt: 100 μg W/ml.

Arbeitsvorschrift [29]. Von der Lösung der Untersuchungssubstanz pipettiert man so viel in einen 100 ml-Meßkolben, daß etwa 20 bis 1000 μg W vorliegen. Ohne Rücksicht auf evtl. ausfallende Hydroxide macht man mit Natronlauge deutlich alkalisch: pH bis ca. 11 (mit pH-Papier oder durch Zugabe einiger Tropfen Phenolphthalein-Lösung prüfen!). Das Volumen der Lösung darf jetzt höchstens etwa 50 ml betragen, damit bei der Reduktion eine genügend hohe Säurekonzentration vorliegt. – Nun gibt man unter jedesmaligem Mischen 10 ml Thiocyanat-Lösung und 10 ml halbkonz. HCl zu. Enthält die Probe größere Mengen Fe(III) oder Mo(VI), gibt man statt der halbkonz. HCl 10 ml $SnCl_2$-Lösung zu. Ausgefallene Hydroxide müssen sich lösen. Zuletzt pipettiert man 10 ml 0,01 m $TiCl_3$-Lösung zu, mischt, füllt mit Wasser auf und mischt sofort wieder. Gleichzeitig mit der Analysenlösung stellt man eine Reagenzienblindlösung her: 50 ml Wasser + 10 ml Thiocyanatlösung + 10 ml halbkonz. HCl (bzw. $SnCl_2$-Lösung) + 10 ml $TiCl_3$-Lösung + Wasser auf 100 ml. – Nach frühestens 30 und spätestens 60 Min. photometriert man die Analysenlösung gegen die Blindlösung bei $\lambda = 406$ nm (Hg-Filter). Liegen weniger als etwa 200 μg W vor, mißt man bei d = 5 cm Schichtdicke. – Zur ***Aufstellung der Eichkurve*** arbeitet man in gleicher Weise unter Verwendung der Wolfram-Standardlösung statt der Untersuchungslösung.

Störungen. Keine Störung verursacht die Anwesenheit von je 50 Millimol Li, Na, Mg, Ca, Mn(II), Cl^-; von je 25 Millimol K, Sr, As, SO_4^{2-}, PO_4^{3-}, Citronensäure; von je 10 Millimol Zn, Cd, Sn(II), Sb, Sc, Ce(III), Weinsäure; von je 5 Millimol Ba, Co, Ni, Sn(IV), Borat; von 1 Millimol Th; von je 0,5 Millimol Zr, Cr(III); von je 0,1 Millimol Al, Ti(IV), Oxalat; von je 0,01 Millimol U(VI), Cu, Hg. Benutzt man $SnCl_2$ bei der Reduktion, so verursachen 10 Millimol Fe und 1 Millimol Mo noch keine Störung. Bis zu 5 Millimol Zr werden maskiert, wenn man zur Analysenlösung 3,5 g Na_2SO_4 zugibt; ferner bis zu 0,5 Millimol Bi und In, wenn man 1,5 g Weinsäure zugibt, sowie ferner 0,1 Millimol Nitrat, wenn man 450 mg Ascorbinsäure zugibt. In Gegenwart von 1 Millimol Pb filtriert man vor der Messung.

Das Ausmaß der durch V, Cr(III), U(VI), Co, Bi, Ni verursachten Störung hängt von der vorliegenden Wolfram-Menge ab: einen Fehler von nicht mehr als 1 % verursacht die gegenüber der W-Menge 200-fache Gewichtsmenge (!) Co, die 25-fache Menge U, die 12-fache Menge Ni, die 7,5-fache Menge Cr(III), die 2,2-fache Menge Bi(III) und die 0,1-fache Menge V.
Starke Oxydationsmittel stören. HNO_3 ist mit H_2SO_4 oder HCl abzurauchen. Die Störung durch die Eigenfärbung von Ni-Ionen läßt sich ausschalten, wenn man der Blindlösung annähernd ebensoviel Ni zusetzt wie in dem vorgelegten Volumen der Untersuchungslösung enthalten ist. In dieser Weise kann man W-Spuren in Ni-Metall bestimmen.

Probenvorbereitung. Die Untersuchungssubstanz wird in HCl oder H_2SO_4 gelöst; muß HNO_3 benutzt werden, setzt man anschließend 1 bis 2 ml konz. H_2SO_4 zu und raucht ab. WO_3 und Wolframsäure löst man in Natronlauge. Säureunlösliche Rückstände schließt man mit 1 g Na_2CO_3 auf; die Lösung wird mit 10 ml 2 m HCl neutralisiert. *Rechenbeispiele* für maximal mögliche Einwaagen je Bestimmung unter Berücksichtigung obiger Störungsangaben: *Kalkstein:* Ohne Störung zulässig sind maximal 50 mMol Ca = 2 g Ca, entsprechend einer Einwaage von 5 g $CaCO_3$; da noch 20 μg W bestimmbar sind, können also noch 4.10^{-4} % W in Kalkstein erfaßt werden. *Eisenlegierungen:* Maximal zulässig sind 10 mMol Fe entsprechend 550 mg Stahl-Einwaage je Bestimmung.

6.1.1.2 Arbeitsweise nach Eckert und Bauersachs

Anwendung. Das Verfahren wurde besonders zur Analyse von wolframlegiertem Nickel für Oxidkathoden mit 1 bis 5 % W-Gehalt entwickelt.

Reagenzien

a) *Mischsäure:* 1 Vol.-Teil konz. Salpetersäure p.a. (d 1,4) wird mit 5 Vol.-Teilen konz. Salzsäure p.a. (d 1,19) vermischt.
b) *Ammoniak:* Konz. Ammoniak p.a. (d 0,910) wird im Verhältnis 1 : 1 mit dest. Wasser verdünnt.
c) *Zinn(II)-chlorid-Lösung:* 2 m Lösung in halbkonz. Salzsäure, alle drei Tage frisch anzusetzen.
d) *Titan(III)-chlorid-Lösung:* Der Gehalt der handelsüblichen $TiCl_3$-Lösung (etwa 15 %ig, Fa. Merck), der sich zwischen 13 und 16 Gew.-% $TiCl_3$ bewegen soll, muß wegen der allmählich stattfindenden Oxydation durch die Luft etwa alle drei bis vier Wochen kontrolliert werden, z.B. durch Titration mit $KMnO_4$-Lösung.
e) *Thiocyanat-Lösung:* 2 m Lösung von KSCN in Wasser.

Arbeitsvorschrift [5]. In einen 50 ml-Meßkolben gibt man so viel von der Probelösung, daß 50 bis 200 μg W vorliegen. Man versetzt mit 15 ml konz. Salzsäure, wonach das Volumen wegen der bei der Reduktion notwendigen Säurekonzentration 25 ml nicht übersteigen soll. Man reduziert mit 5 ml $SnCl_2$-Lösung und 0,2 ml $TiCl_3$-Lösung, gibt dann noch 5 ml KSCN-Lösung hinzu und füllt mit Wasser zur Marke auf. Nach 15 Min. wird die Extinktion gegen Wasser gemessen. Sie ist für mindestens 45 Min. konstant. Man mißt im Spektralphotometer bei 401 nm oder im Linienphotometer mit dem Hg-Filter 405 nm bei einer Schichtdicke von 1 cm. In gleicher Weise, jedoch ohne Zusatz von Analysenprobe wird eine *Blindlösung* hergestellt. Ihre gegen Wasser gemessene Extinktion zieht man von der obigen ab. (Siehe auch unten: Korrektur für Nickel).

Bemerkungen:

I. Zur *Aufstellung der Eichkurve* (Abb. 19) dient eine Stammlösung mit 20 μg W/ml.

II. Bei Einwaagen von 2 bis 5 mg Nickellegierung je Bestimmung mit 3,5 bis 4 % W-Gehalt beträgt die *relative Standardabweichung* ± 1,5 %.

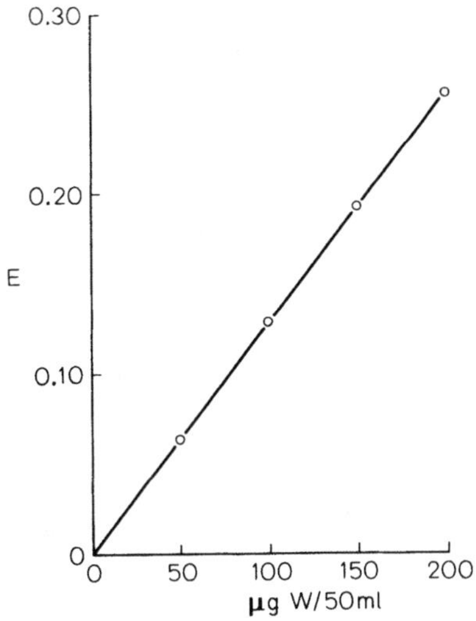

Abb. 19
Eichkurve zur W-Bestimmung nach [5]. $\lambda = 401$ nm; d = 1 cm.

Probenvorbereitung für Nickellegierungen. In einem hohen 50 ml-Becherglas löst man 25 bis 50 mg der Legierung mit 1 bis 5 % W in 1 ml Mischsäure und dampft auf dem Sandbad ein. Anschliessend fügt man 2 ml konz. HCl hinzu und raucht erneut zur Trockene ab. Den Rückstand löst man (erforderlichenfalls unter vorsichtigem Erwärmen) in 10 ml Ammoniak und läßt zur Zerstörung von Polywolframatosäuren 2 Std. stehen. Danach überführt man die Lösung in einen 50 ml-Meßkolben und füllt mit Wasser auf. Hiervon entnimmt man einen Anteil von maximal 10 ml mit einem Gehalt von 50 bis 200 µg W zur Analyse.

Korrektur für Nickel. Das Verhältnis der molaren Extinktionskoeffizienten einer reinen Nickellösung und des Wolfram-thiocyanatokomplexes beträgt 1:2390 [5]. Die Eigenabsorption des Nickels in dem hier vorliegenden Konzentrationsbereich ist bei der Meßwellenlänge also gering. Da das Nickel die vom W-SCN-Komplex herrührende Extinktion E_W nicht beeinflußt, kann man letztere einfach bestimmen, indem man von der Gesamtextinktion E_g diejenige einer Nickel-Lösung gleicher Konzentration abzieht. Ist C_{Ni} die Konzentration des Nickels in der gemessenen Lösung, so ergibt sich für die Messung bei 401 nm (Spektralphotometer Zeiss PMQ II):

$$E_W = E_g - 0{,}08359 \cdot C_{Ni}$$

und für die Messung mit der Hg-Linie bei 405 nm (Photometer Eppendorf):

$$E_W = E_g - 0{,}07968 \cdot C_{Ni}$$

Statt dieser rechnerischen Korrektur kann man auch die Extinktion einer gleichkonzentrierten wolframfreien Nickel-Lösung gegen Wasser messen und die Extinktion von der Gesamtextinktion abziehen.

Störungen. Im Kathodennickel kommen Co, Fe, Mn, Mg, Al, Si nur in Konzentration unter 1 % vor und üben dann keinen störenden Einfluß aus. Zulässig sind mindestens noch je 6 mg Mn, Fe, Co, Ni, Cr. Alkali- und Erdalkali-Ionen stören nicht. Mehr als 4 µg Cu/ml stören durch ausfallendes CuSCN. Molybdän stört erheblich: 5 mg erzeugen eine Extinktion von etwa E = 0,1. Vanadium stört sehr stark: 0,5 mg V erzeugen etwa E = 0,55. Salpetersäure muß abgeraucht werden, da sie schlecht reproduzierbare Minderbefunde hervorruft.

6.1.1.3 Schiedsverfahren des Chemikerausschusses der Gesellschaft Deutscher Metallhütten- und Bergleute e.V. [2].

Grundlage. Das Wolfram wird nach dem Lösen der Probe als WO_3 abgeschieden, letzteres alkalisch aufgeschlossen und nach der Reduktion durch $SnCl_2$ in den Thiocyanatokomplex überführt.

Anwendungen. Das Verfahren eignet sich je nach der Probenvorbereitung für Wolframhammerschlag mit < 8 % W sowie für (wismuthaltige) Erze mit bis zu 10 % W.

Zuverlässigkeit. Bei Gehalten um 5 % etwa ± 3 %.

Reagenzien

a) *Cinchonin-Lösung:* 12,5 g Cinchonin werden mit 500 ml Salzsäure (1,19) gelöst und mit Wasser zu 100 ml verdünnt.
b) *Waschlösung:* 20 ml Cinchoninlösung (a) zum Liter verdünnt.
c) *Kaliumthiocyanat-Lösung:* 25 g zu 100 ml gelöst.
d) *Zinn(II)-chlorid-Lösung:* 12 g $SnCl_2 . 2H_2O$ werden mit 600 ml Salzsäure (1,19) gelöst und mit Wasser zum Liter aufgefüllt. Die Lösung ist frisch zu bereiten.
e) *Titan(III)-chlorid-Lösung:* 15 %ige handelsübliche Lösung.
f) *Wolfram-Stammlösung:* 1 g frisch geglühtes Wolfram(VI)-oxid wird im Eisentiegel mit 5 g Natriumperoxid aufgeschlossen, die Schmelze in Wasser gelöst und im Meßkolben auf 1 Liter aufgefüllt.
g) *Wolfram-Standardlösung:* Die Wolfram-Stammlösung wird durch ein trockenes Faltenfilter in ein trockenes Becherglas abfiltriert. 50 ml Filtrat werden im Meßkolben zum Liter aufgefüllt. Gehalt: 1 ml entspricht 0,05 mg WO_3.

Arbeitsvorschrift für Wolfram-Hammerschlag. 1 g Probe (Feinheitsgrad 0,2 DIN 4188) wird in einem 600 ml-Becherglas mit 100 ml Salzsäure (1,19) versetzt und auf dem Sandbad bis auf etwa 20 ml eingeengt. In die heiße Lösung gibt man zur vollständigen Oxydation (Aufschäumen!) tropfenweise Salpetersäure (1,4). Nach Eindampfen bis zur Sirupdicke verdünnt man mit Wasser auf 200 ml, gibt 10 ml Salzsäure (1,19) zu, erhitzt zum Sieden und fügt zur kochenden Lösung 5 ml Cinchoninlösung (a). Nach Zugabe von etwas Filterbrei kocht man nochmals etwa 5 Min., läßt 2 Std. absitzen und filtriert über ein doppeltes Filter, auf das noch etwas Filterschleim gegeben wird. Der Niederschlag wird zunächst mit Waschlösung (b), dann mit kalter Salzsäure (1+100) gewaschen. Filter und Niederschlag werden in einem Eisentiegel verascht. Der Rückstand wird mit 10 g Natriumperoxid aufgeschlossen. Die Schmelze wird in dem anfangs benutzten 600 ml-Becherglas mit 200 ml Wasser ausgelaugt, die Lösung aufgekocht und in einen 500 ml-Meßkolben überführt. Nach Auffüllen und Durchschütteln wird durch ein Faltenfilter mit einem Rundfilter als Unterlage filtriert. Vom klaren Filtrat werden 5 ml (= 0,01 g Einwaage) in einem 50 ml-Meßkolben mit 1 ml Phosphorsäure (1,7) und 5 ml Kaliumthiocyanatlösung (c) versetzt. Man füllt mit der Zinn(II)-chloridlösung (d) fast auf, fügt mit einer Stechpipette 0,1 ml Titan(III)-chloridlösung (e) zu und füllt mit der Zinn(II)-chloridlösung (d) auf. Nach Schütteln wird nach einer Wartezeit von 5 min. in 2 cm-Küvetten bei 436 nm gegen Wasser gemessen.
Eichkurve: In verschiedenen Abnahmen der Wolfram-Standardlösung (g) [0,1 g bis 0,7 mg WO_3] wird das Wolfram, wie beschrieben, bestimmt.

Probenvorbereitung für (wismuthaltige) Erze. 1 bis 5 g Probe (Feinheitsgrad 0,08 DIN 4188) werden in einem Eisentiegel mit 10 bis 20 g Natriumperoxid und Natriumcarbonat (1+1) vermischt und mit 5 g der gleichen Mischung abgedeckt. Man erhitzt unter leichtem Umschwenken bis zum ruhigen Fluß der Schmelze, kühlt ab und laugt mit 200 ml Wasser in einem bedeckten 800 ml-Becherglas aus. Nach kurzem Aufkochen überführt man die Suspension in einen 500 ml-Meßkolben, füllt auf und filtriert durch ein trockenes Faltenfilter in ein trockenes Becherglas ab. Je nach zu erwartendem Wolframgehalt wird ein aliquoter Teil der Lösung in ein 600 ml-Becherglas abgemessen, mit Salzsäure (1,19) neutralisiert und nach Zugabe von 100 ml Salzsäure (1,19) im Überschuß bis zur Sirupdicke eingedampft. Man verfährt weiter wie oben beschrieben.

6.1.1.4 Arbeitsweise der B.I.S.R.A. zur Stahlanalyse [6, 19]

Grundlage: Die Probe wird in Phosphorsäure und Schwefelsäure gelöst. Man reduziert Fe(III) und W(VI) mit Zinn(II)-chlorid und vervollständigt die Reduktion nach Zusatz von Thiocyanat durch Titan(III)-chlorid.

Anwendungsbereich. Stähle bis 3 % Wolframgehalt; bei verringerter Einwaage sind auch höhere Gehalte erfaßbar.

Reproduzierbarkeit: Bei 2 % Wolframgehalt etwa ± 0,05 % (abs.).

Reagenzien

a) *Phosphorsäure-Schwefelsäure* (3:3:14). In etwa 600 ml Wasser gibt man vorsichtig und unter Rühren 150 ml H_3PO_4 (1,75) und 150 ml H_2SO_4 (1,84). Nach dem Erkalten verdünnt man auf 1 Liter.

b) *Zinn(II)-chloridlösung,* 0,5 %ig. Man löst 2,5 g $SnCl_2 . 2H_2O$ in 250 ml konz. Salzsäure (1,16) und erwärmt bis die Lösung klar ist. Dann verdünnt man mit Wasser auf 1 Liter. Die Lösung ist täglich frisch herzustellen.

c) *Titan(III)-chloridlösung.* 1 g Titanmetall löst man unter leichtem Erwärmen in 25 ml konz. Salzsäure und verdünnt mit Wasser auf 100 ml. (Handelsübliche $TiCl_3$-Lösung "Merck" enthält 14,5 bis 15,5 % $TiCl_3$ in Salzsäure). Die Lösung ist täglich frisch herzustellen.

d) *Ammoniumthiocyanat-Lösung,* 25 %ig. Man löst 25 g NH_4SCN in Wasser und verdünnt auf 100 ml.

Arbeitsvorschrift. 1 g Probe löst man im 250 ml-Becherglas in 40 ml Phosphorsäure-Schwefelsäure, legt ein Uhrglas auf und erwärmt auf der Heizplatte bis zum Ende der Reaktion. Man gibt 6 ml konz. Phosphorsäure (1,75) hinzu, oxydiert durch tropfenweise Zugabe von konz. HNO_3 und engt bis zum Rauchen ein. Nach dem Erkalten gibt man 50 ml Wasser zu und erhitzt, bis alle löslichen Salze aufgelöst sind. Man filtriert falls nötig durch eine Schicht Filterbrei und wäscht diese mit verd. H_2SO_4 (1+99) nach. Die vereinigten Filtrate füllt man im Meßkolben mit Wasser auf 100 ml auf. Hiervon pipettiert man je 5 ml in zwei 50 ml-Meßkolben. Zur Herstellung der *Analysenlösung* pipettiert man in den einen der beiden Meßkolben genau 40 ml $SnCl_2$-Lösung, 3 ml Thiocyanatlösung und 1 ml $TiCl_3$-Lösung. Diese Reihenfolge ist einzuhalten; nach jedem Zusatz wird gut durchmischt. Dann füllt man mit Wasser zur Marke auf und läßt zur Farbentwicklung 5 Min. stehen. Zur Herstellung der *Blindlösung* pipettiert man in den anderen Meßkolben 40 ml $SnCl_2$-Lösung und füllt mit Wasser zur Marke auf. Man läßt die Lösung 5 Min. stehen.
Man photometriert bei 400 nm. Bei $<$0,7 % W mißt man in 4 cm-, bis 1,5 % W in 2 cm- und bis 3 % W in 1 cm-Küvetten.
Zur *Aufstellung der Eichkurve* gibt man zu 5 Proben von je 1 g spektralreinem Eisen bekannte Mengen einer Standardlösung mit 2 mg W/ml und arbeitet weiter wie oben beschrieben.

Bemerkungen:

I. Für Proben mit *mehr als 3 % W* wägt man entsprechend weniger ein und ergänzt mit reinem Eisen auf 1 g. Man kann auch in 0,5 cm-Küvetten messen.

II. Zur *Zersetzung der Probe* sind auch andere Säuregemische brauchbar, sofern HNO_3 durch Abrauchen entfernt wird und die fertige Lösung 6 ml H_2SO_4 (Dichte 1,84) und 12 ml H_3PO_4 (Dichte 1,75) in 100 ml enthält. Stähle, welche sich schlecht lösen oder säureresistente Carbide hinterlassen, behandelt man mit 15 ml konz. HCl und 5 ml konz. HNO_3, engt zum Rauchen ein, gibt nach dem Erkalten 20 ml Wasser zu und engt erneut zum Rauchen ein.

III. Enthält die Probe mehr als 2 % *Kupfer,* kann CuSCN ausfallen, das durch eine Glasfritte abzufiltrieren ist.

IV. Ein *Molybdängehalt* bis zu 4 % stört nicht.

V. *Vanadium stört,* da sein gelber Thiocyanatokomplex mitgemessen wird. Liegt der V-Gehalt der Probe unter 0,3 %, so kann man zur Korrektur mit genügender Genauigkeit für je 0,1 % anwesendes Vanadium den gefundenen Wolframgehalt um 0,019 % vermindern. Bei höheren V-Gehalten zeigt sich, daß die nötige Korrektur auch vom V:W-Verhältnis in der Probe abhängt. Man muß dann mit bekannten V-Mengen eine Korrekturkurve aufstellen, bei der annähernd ebensoviel W zugesetzt wurde wie dem Gehalt der Probe entspricht.

6.1.1.5 Differentialverfahren zur Bestimmung hoher Konzentrationen [24]

Prinzip. Man photometriert gegen eine Standardlösung als Vergleich, welche eine hohe, bekannte Wolframkonzentration enthält. Bezüglich meßtechnischer Einzelheiten einer solchen optischen Skalendehnung siehe auch [29].

Anwendungsbereich. Das Verfahren eignet sich für Scheelit und Anreicherungsprodukte mit 5 bis 50 % W in Gegenwart von nicht mehr als 12 % Mo.

Reproduzierbarkeit. Der Variationskoeffizient beträgt 3 %.

Reagenzien

a) *Titan(III)-chloridlösung,* 2 %ig in halbkonz. Salzsäure. Sie ist vor Gebrauch frisch aus 15 %iger $TiCl_3$-Lösung herzustellen.
b) *Wolframstandardlösung:* Gehalt 1 mg W/ml.

Arbeitsvorschrift [24]. 0,1 bis 0,5 g Probe röstet man im Nickeltiegel bei 600°C, gibt 2 g NaOH hinzu und schmilzt im Muffelofen bei 700°C. Die Schmelze laugt man mit heißem Wasser aus, läßt das Ungelöste absitzen und entnimmt einen aliquoten Teil zur Bestimmung. – In 50 ml-Meßkolben gibt man soviel von der Eich- bzw. Probelösung, daß 3 bis 8 mg Wolfram vorliegen. Man fügt 20 ml 2 %ige Natronlauge und 2 ml 50 %ige KSCN-Lösung hinzu, ergänzt mit konz. Salzsäure (1,19) auf etwa 40 ml, gibt 2 ml 2 %ige $TiCl_3$-Lösung hinzu und füllt mit konz. HCl zur Marke auf. – Man mißt im Spektralphotometer bei 490 nm in 5 cm-Küvetten gegen eine Standardlösung mit 3 mg W/50 ml.

Bemerkung:

Die Lösungen befolgen im Bereich von 3 bis 8 mg W/50 ml das *Lambert-Beersche-Gesetz.* Auch im Bereich von 12 bis 20 mg W/50 ml wird Linearität beobachtet; die Messung erfolgt in diesem Bereich gegen einen Standard mit 12 mg W/50 ml.

6.1.1.6 Verfahren für arme Scheelit-Erze [16]

Anwendungsbereich. Das Verfahren eignet sich für arme Erze mit 0,1 % WO_3-Gehalt. Es wurde für australische King-Island-Erze entwickelt.

Reproduzierbarkeit. Bei 0,111 % WO_3-Gehalt wurde die Standardabweichung aus 15 Werten zu 0,002 % gefunden.

Reagenzien

a) *Zinn(II)-chloridlösung,* 4 molar. Man löst 20 g Zinn(II)-chlorid in 20 ml konz. HCl. Die Lösung ist stets frisch herzustellen.
b) *Thiocyanat-Lösung,* 5 %ig. Man löst 20 g NH_4SCN in 400 ml Wasser.

Arbeitsvorschrift [16]. In einem Eisentiegel schmilzt man etwa 5 bis 15 g NaOH zur Entwässerung, läßt erstarren und bewahrt den Tiegel bis zum Gebrauch im Exsikkator oder bei 110°C im Trockenschrank auf. – Man schmilzt 0,2 bis 2 g fein gepulverte Probe mit etwa 5 bis 15 g entwässertem NaOH bei starker Rotglut; die Schmelze darf jedoch nicht allzu heiß werden. Nach dem Erkalten bringt man den Tiegel samt Inhalt in einen bedeckten 250 ml-Becher, gibt vorsichtig 80 ml kochendes Wasser hinzu und erhitzt bis der Schmelzkuchen zerfallen ist. Der Tiegel wird mit heißer 0,5 %iger Natronlauge nachgespült. Dann filtriert man durch ein Papierfilter (Whatman Nr. 540) in einen Meßkolben passender Größe, wäscht das Filter mit Natronlauge nach und füllt mit Wasser auf. – In einen 50 ml-Meßkolben pipettiert man maximal 7,5 ml Probelösung mit einem Gehalt von 0,05 bis 0,6 mg Wolfram. Man gibt vorsichtig 5 ml konz. H_2SO_4 dazu und läßt erkalten. Dann gibt man 10 ml konz. Salzsäure und 2,5 ml $SnCl_2$-Lösung hinzu und stellt den Kolben 5 Min. in ein siedendes Wasserbad. Nach dem Abkühlen auf 20°C, das nicht länger als 20 bis 30 Min. dauern sollte, füllt man mit Thiocyanatlösung zur Marke auf. Nach einer Wartezeit von 30 Min. mißt man bei 400 nm und 4 cm Schichtdicke. Die Extinktion einer Reagenzienblindprobe wird abgezogen.

Bemerkungen:

I. Mit dem Spekker Absorptiometer Mod. H. 760 und Kodak-Filter No. 1 wurde eine ***gekrümmte Eichkurve*** erhalten.

II. *Störungen:* Keine Störung verursacht die Anwesenheit von 1 mg MoO_3 im abpipettierten aliquoten Anteil des Aufschlusses. Höhere Gehalte können durch eine Korrektur berücksichtigt werden. Dabei muß jedoch die Korrekturkurve in Anwesenheit von möglichst der gleichen Wolfram-Menge aufgestellt werden, wie sie in der Probelösung vorliegt. *Silikat* fällt aus der sauren Lösung aus, soll abfiltriert oder besser abzentrifugiert werden und verursacht geringe Minderbefunde. *Phosphat* stört nicht, wenn seine Menge nicht höher als die an WO_3 ist.

6.1.1.7 Weitere Arbeiten zur Bestimmung als Thiocyanat in wäßriger Lösung

Verfahren mit spezieller Probenvorbereitung und evtl. Vortrennung gibt es unter anderem für die Bestimmung in *Tantal* [15], *Titan* [21], *Molybdän* [1, 25], *Zirkonium* [3]. Zur Analyse von *Hochtemperatur-Legierungen* isoliert man W zusammen mit Nb, Si, Ti sowie teilweise Mo durch Abrauchen mit Säure und vervollständigt die Abscheidung mit Cinchonin. Nach Verflüchtigung des Siliciums wird Mo aus tartrathaltiger Lösung mit H_2S entfernt. Nach der Zerstörung der Weinsäure durch Abrauchen kann Wolfram in Gegenwart von Niob bestimmt werden [11]. Bei Mineralen mit mehr als 0,5 bis 1 % *Antimon* fällt man letzteres aus salzsaurer Lösung noch vor der Zugabe des Ti(III) durch NaH_2PO_2 aus [9]. Wegen weiterer Arbeitsvorschriften zur Stahlanalyse siehe auch [12, 17, 23, 27]. *Molybdän* stört besonders stark, wenn zugleich viel Eisen anwesend ist, so daß empfohlen wird, letzteres aus HCl mit iso-Propyläther zu entfernen [7]; siehe hierzu auch Kap. 6.1.2.

Literatur

1. *Bush, G.H., Higgs, D.G.:* Analyst **80** (1955) 536
2. Chemikerausschuß der Ges. Deutscher Metallhütten- u. Bergleute e.V.: Analyse der Metalle, Bd. 1 (Schiedsanalysen); Springer, Berlin, Heidelberg, New York; 3. Aufl. 1966
3. *Cheng, K.L., Goward, G.W., Wilson, B.B.:* Nucl. Sci. Abstr. **13** (1959) Nr. 559; US At. Energy Comm. Rep. WADP-CTA (GLA)-180 (1957)
4. *Crouthamel, C.E., Johnson, C.E.:* Anal. Chem. **26** (1954) 1284-91.
5. *Eckert, G., Bauersachs, E.:* Z. Anal. Chem. **163** (1958) 161-69.
6. *Elwell, W.T., Wood, D.F.:* Analyt. Chemistry of Molybdenum and Tungsten; Pergamon Press, Oxford 1971.
7. *Faye, G.H., Guest, R.J., McAdam, R.C.:* Can. Dept. Mines Techn. Survey, Mines Branch, Techn. Bull., TB 37 (1962), 23 pp.; durch Chem. Abstr. **57**, 15800 h.
8. *Feigl, F., Krumholz, P.:* Angew. Chem. **45** (1932) 674-75.
9. *Fer'jančič, F.A.:* Zavodsk. Laborator. **13** (1947) 668-76; durch Chem. Abstr. **42**, 7194 h.
10. *Fogg, A.G., Marriott, D.R., Burns, D.T.:* Analyst **95** (1970) 854-61.
11. *Geld, J., Carroll, J.:* Anal. Chem. **21** (1949) 1098-1101.
12. *Gentry, C.H., Sherrington, L.G.:* Analyst **73** (1948) 57.
13. *Gottschalk, G.:* Z. Anal. Chem. **187** (1962) 164-82.
14. *Gottschalk, G.:* Techn.-Wiss. Abhandl. Osram Ges. **9** (1967) 251-66.
15. *Hakkila, E.A., Waterbury, R.G., Nelson, G.B.:* US At. Energy Comm. TID-7629 (1961) 55-61 .
16. *Hope, R.P.:* Australasian. Inst. Mining Met., Proc. **1958**, 51-64.
17. *Luke, C.L.:* Anal. Chem. **36** (1964) 1327-29.
18. *McDuffie, B., Bandi, W.R., Melnick, L.M.:* Anal. Chem. **31** (1959) 1311-15.
19. Methods of Analysis Committee of the Metallurgical (General) Division of the B.I.S.R.A. (Brit. Iron Steel Research Assoc.): J. Iron Steel Inst. (London) **172** (1952) 413-15; **178** (1954) 267-69.
20. *Nemodruk, A.A., Bezrogova, E.V.:* Ž. Anal. Chim. **24** (1969) 404-08; durch Chem. Abstr. **71**, 27233 f.
21. *Norwitz, G., Codell, M.:* Anal. Chim. Acta **11** (1954) 359-66.
22. *Pfeifer, V.:* Mikrochim. Acta **1960**, 518-33.
23. *Piper, E., Hagedorn, H.:* Arch. Eisenhüttenwes. **28** (1957) 373-77.
24. *Strel'cova, S.A., Radžakova, M.M.:* Zavodsk. Laborator. **34** (1968) 277; übersetzt: Industrial Labor. **34** (1968) 326.
25. *Vinogradov, A.V., Dronova, M.I.:* Ž. Anal. Chim. **20** (1965) 343-46; übersetzt: J. Anal. Chem. USSR **20** (1965) 315-18.
26. *Voss, F.S., Trivisonno, C.F.:* US At. Energy Comm. GAT-T-11H (1963), 10 pp.; durch Chem. Abstr. **63**, 17144 b.
27. *Westwood, B., Mayer, A.:* Analyst **72** (1947) 464
28. *Wohlmann, E.:* Geologie **13** (1964) 845-54.
29. *Wünsch, G.:* Optische Analysenmethoden zur Bestimmung anorg. Stoffe; de Gruyter, Berlin 1976, Sammlung Göschen Bd. 2606.

6.1.2 Bestimmung mit Thiocyanat nach Extraktion

Der in saurer, wäßriger Lösung vorliegende W(V)-thiocyanatokomplex (siehe Kap. 6.1.1) kann mit verschiedenen Extraktionsmitteln ausgeschüttelt und in der organischen Lösung photometrisch bestimmt werden. Hierdurch erfolgt eine Abtrennung von stark farbigen Begleitstoffen, vor allem den in der Stahlanalyse durch ihre Eigenfärbung störenden Ionen der Übergangsmetalle [21]. Auch die bei Bestimmungen in wäßriger Lösung sehr schwerwiegende Störung durch Vanadium wird fast völlig ausgeschaltet [10]. Andererseits stört Molybdän stärker, vor allem wenn gleichzeitig Eisen anwesend ist [8, 10].

Der anionische Wolfram(V)-thiocyanatokomplex kann je nach der Art des Extraktionsmittels als salzartiges Ionenpaar mit großen Kationen oder aber auch als freie Säure in die organische Phase übergehen. Gut bewährt hat sich die Ausschüttelung mit einer Lösung von *Tetraphenylarsoniumchlorid* in Chloroform. Dabei wird die Verbindung $[(C_6H_5)_4As]\,[W(OH)_2(SCN)_4]$ ausgeschüttelt [1,2]. Eine entsprechende Zusammensetzung wurde für das Anion auch in wäßriger Lösung gefunden: siehe Kap. 6.1.1. Das Ionenpaar zeigt in der organischen Lösung ein Absorptionsmaximum bei 400 nm mit einem Extinktionskoeffizienten von 14700 $l.Mol^{-1}.\,cm^{-1}$ [10]. Die Extraktion mit Tetraphenylarsoniumchlorid fand in verschiedenen Modifizierungen Anwendung zur Analyse von Stahl [1, 8, 10] und von Ferroniob [12]. Eine kurze, vergleichende Untersuchung einiger ähnlicher Reagentien zeigte, daß *Triphenylmethylarsoniumjodid* sowie *Triphenylmethylphosphoniumbromid* etwa ebenso gut geeignet sind. Bei Verwendung von *Tetraphenylphosphoniumchlorid* oder von *Diphenyliodoniumchlorid* wurde der Komplex zwar ebenfalls ausgeschüttelt, die Farbe des Extraktes verblaßte jedoch schnell [10]. Die Extraktion mit *Triphenylguanidin* und Chloroform fand Anwendung zur Bestimmung von mehr als 0,5% Wolfram in hochlegierten Stählen und Nickellegierungen. Das Absorptionsmaximum wurde bei 418 nm gefunden. Das Lambert-Beersche Gesetz ist im Bereich von 20 bis 200 µg W/50 ml erfüllt [11]. Die Thiocyanatokomplexe verschiedener Metalle, unter anderen des Wolframs und Molybdäns lassen sich mit *Nitron* in Dichloräthan ausschütteln [4, 5]. Bei Extraktion mit *Zephiramin* (Benzyldimethyltetradecylammoniumchlorid) und Chloroform stören Vanadium und Molybdän [17]. Außer den Thiocyanatokomplexen anderer Metalle wird auch derjenige des W(V) durch *Carbazolin* und Chloroform extrahiert [23].

Eine Lösung von *Tributylphosphat* in Chloroform hat sich als Extraktionsmittel bei der Analyse von Erzen bewährt [20].

Zur Extraktion der Wolfram(V)-thiocyanatosäure dienen *Diäthyläther* [21], *iso-Propyläther* [3, 19, 26], *Butylacetat* [14, 18, 24, 25], *Amylalkohol* [15] und *Butylalkohol* [16]. Auch *Methylisobutylketon (MIK)* [13] oder ein Gemisch aus diesem und *Mesityloxid* [22] wurde benutzt.

Eine vergleichende Prüfung der Bestimmung mit Dithiol (siehe Kap. 6.2) und derjenigen mit Thiocyanat und Butylacetat erwies beide Verfahren als etwa gleich gut [25].

Mit *i-Butylacetat* oder *i-Butanol* werden gute Ergebnisse in der Analyse reiner Wolframatlösungen erzielt; bei der Anwendung auf Stähle ergaben sich jedoch grobe Plusfehler infolge von Oxydationsvorgängen in der organischen Phase [10]. Letztere lassen sich durch *Zusatz von Hydrochinon* in manchen Fällen vermeiden. Auch bei der Ausschüttelung mit Tetraphenylarsoniumchlorid wird die Zugabe von Hydrochinon zum Extraktionsmittel empfohlen [10]. Benutzt man *i-Propyläther*, so soll dieser stets frisch mit $SnCl_2$-Lösung geschüttelt worden sein [19]. Erwähnt sei schließlich noch die Möglichkeit, W(VI) aus stark salzsaurer Lösung mit Tributylphosphat oder Thenoyltrifluoraceton auszuschütteln und in der organischen Phase mit $SnCl_2$ und Thiocyanat umzusetzen [6, 7].

6.1.2.1 Arbeitsweise ohne Vortrennung für Stahl [10]

Das Verfahren eignet sich zur Bestimmung von Wolframspuren in Anwesenheit von Vanadium, da dessen Thiocyanatokomplex nicht ausgeschüttelt wird. Das Ausmaß der durch Molybdän verursachten Störung hängt stark vom Mo : Fe-Verhältnis in der Probe ab. Es liegt dabei ein Mo-Fe-Interelementeffekt vor (siehe Kap. 6.1.2.2). Durch geeignete Wahl von Probemenge und Schichtdicke der Küvetten läßt sich das Verfahren der jeweiligen Probenzusammensetzung anpassen.
Niedrig legierte Stähle mit < 0, 25 % W erfordern eine relativ hohe Einwaage, so daß die Lösung viel Fe enthält. Infolge des hohen Fe-Gehaltes sind dann nur 0,3 % Mo störungsfrei zulässig. Verringert man die Einwaage einer solchen Probe auf ein Fünftel, so daß die Fe-Menge ebenfalls auf 1/5 sinkt, verursachen selbst 12 % Mo keine Störung. Damit die Extinktion nicht zu klein wird, sind jetzt 5 cm-Küvetten erforderlich.
Stähle mit hohem Wolfram-Gehalt erlauben eine geringere Einwaage, so daß wegen der nun geringeren Fe-Mengen ein sehr viel höherer Mo-Gehalt nicht stört. Bei genügend kleinem Fe-Gehalt der Probe sind weit über 60 % Mo zulässig: siehe Abb. 20.

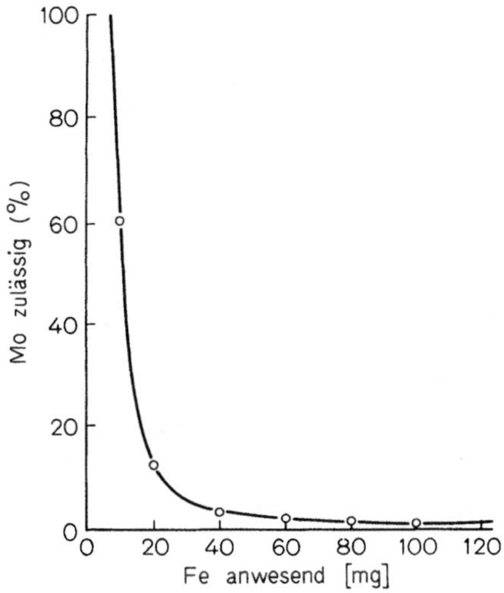

Abb. 20
Zulässiger Mo-Gehalt (%) der Untersuchungssubstanz in Abhängigkeit vom Fe-Gehalt (mg) der analysierten Lösung. [10]

Bei Einhaltung der vorgeschriebenen Einwaagen und Verdünnungsfaktoren gemäß Tab. 6 sind störungsfrei im Stahl bestimmbar: < 0,25 % W neben 0,3 % Mo; 0,25 bis 0,5 % W neben 3 % Mo; 0,5 bis 1,25 % W neben 12 % Mo; 1,25 bis 2,5 % W neben 60 % Mo und 2,5 bis 25 % W neben bis zu 97,5 % Mo. – Eisen allein verursacht keine Störung.

Reagenzien

a) *Salzsäure,* konz. p.a., Dichte 1,16 bis 1,18
b) *Salpetersäure,* konz., p.a.
c) *Orthophosphorsäure,* konz., p.a.
d) *Wolfram-Standardlösung:* 2,243 g $Na_2WO_4.2H_2O$ werden im Meßkolben mit Wasser zu 500 ml gelöst. Davon verdünnt man 5 ml im Meßkolben mit konz. Salzsäure auf 500 ml. Gehalt: 25 μg W/ml.
e) *Zinn(II)-chloridlösung,* 10 %ig in konz. HCl. Man löst 20 g $SnCl_2.2H_2O$ in 180 ml konz. HCl. Die Lösung ist wöchentlich frisch herzustellen.
f) *Titan(III)-chloridlösung:* etwa 15 %ig, handelsüblich
g) *Thiocyanatlösung:* 2 molar in Wasser, etwa 3 Wochen haltbar.
h) *Tetraphenylarsoniumchlorid-Lösung:* 0,025 molar. Man löst 1,05 g Tetraphenylarsoniumchlorid in 100 ml Wasser. Die Lösung muß alle zwei bis drei Wochen frisch hergestellt werden.
i) *Chloroform mit 0,08 % Hydrochinon:* 20 ml einer 1 %igen Lösung von Hydrochinon in Äthanol werden täglich frisch mit Chloroform auf 250 ml verdünnt. Die alkoholische Hydrochinonlösung ist im Dunkeln etwa eine Woche haltbar und muß verworfen werden, wenn sie sich rosa färbt.
j) *Ammoniumhydrogenfluorid* NH_4HF_2
k) *Salzsäure,* 6 molar. 258 ml konz. HCl werden mit Wasser auf 500 ml verdünnt.

Tabelle 6. *Einwaage und Probenteilung für Stahl*

Erwarteter W-Gehalt [%]	Einwaage [g]	Lösung verdünnen auf [ml]	Davon zur Analyse entnehmen [ml]	Max. Fe-Gehalt in der Analysenlösung [mg]*	Max. zulässiger Mo-Gehalt in der Stahlprobe [%]**
< 0,25	0,5	50	10	100	0,3
0,25 - 0,5	0,5	50	5	50	0,3
0,5 - 1,25	0,2	50	5	20	12
1,25 - 2,5	0,1	50	5	10	60
2,5 - 5,0	0,1	100	5	5	unbegrenzt
5,0 - 12,5	0,1	100	2***	2	unbegrenzt
12,5 - 25	0,1	100	1***	1	unbegrenzt

* Tatsächliche Fe-Menge [mg] = angegebener Wert x $\frac{100 - \%\text{Gehalt aller Legierungsbestandteile}}{100}$

** Falls der Mo–Gehalt den bei der vorliegenden Fe-Menge höchstzulässigen Wert überschreitet, müssen Einwaage oder aliquoter Lösungsanteil so weit verringert werden, daß ein genügend kleiner Fe-Gehalt erreicht wird.

*** Um diese kleinen Volumina zu vermeiden, kann man zuvor entsprechend stärker verdünnen

Probenvorbereitung für Stahl

a) Man löst eine entsprechende Einwaage (nach Tab. 6) unter vorsichtigem Erwärmen in 25 ml konz. HCl und einer geringstmöglichen Menge konz. HNO_3 (5 bis 10 Tropfen). Hat sich alles gelöst, kocht man 5 Min. bis zum Verschwinden der Stickoxide. Dann verdünnt man mit konz. HCl im Meßkolben auf 50 bzw. 100 ml (nach Tab. 6).
b) Man löst eine entsprechende Einwaage in 5 ml konz. H_3PO_4 und 2,5 ml konz. HNO_3. Man erwärmt leicht bis alles gelöst ist und erhitzt so lange bis zum knappen Sieden, bis keine Stickoxide mehr entwickelt werden. Nach dem Erkalten verdünnt man mit konz. HCl im Meßkolben auf 50 bzw. 100 ml (nach Tab. 6).

Arbeitsvorschrift. [10]. Mit einer Sicherheitspipette pipettiert man bis zu 10 ml der Wolfram-Standardlösung (25 μg W/ml) oder einen geeigneten Anteil (nach Tab. 6, Spalte 4) der Stahl-Lösung in einen 100 ml-Erlenmeyerkolben. Dazu gibt man aus einer Bürette so viel konz. HCl, daß das Gesamtvolumen 16 ml beträgt. Aus einer Sicherheitspipette gibt man 4 ml $SnCl_2$-Lösung hinzu und schwenkt um, wobei die Mischung bei den meisten Stahlsorten farblos wird. Dann gibt man aus einer Mikrobürette 0,2 ml $TiCl_3$-Lösung hinzu und erhitzt 5 Min. bis zum knappen Sieden. (Falls die Lösung bei Zugabe von $SnCl_2$ grün wird, sind noch Stickoxide anwesend. Sie muß dann gekocht werden, bis wieder eine Braunfärbung auftritt. Dann gibt man weitere Zinn(II)-chloridlösung bis zur Farblosigkeit zu, gibt dann 0,2 ml $TiCl_3$-Lösung dazu und erhitzt 5 Min. bis zum knappen Sieden). – Danach läßt man erkalten, evtl. im Eisbad. Die Lösung kann in diesem Stadium 2 Std. stehen bleiben, ohne daß das Ergebnis beeinträchtigt würde.

Man überführt die Lösung in einen 100 ml-Schütteltrichter mit Teflon-Hahn; der Erlenmeyerkolben wird zweimal mit je 10 ml konz. HCl nachgespült. Mit einer Sicherheitspipette gibt man 1 ml Tetraphenylarsoniumchlorid-Lösung hinzu, schwenkt um, pipettiert 3 ml Thiocyanatlösung dazu und schwenkt erneut um. Dann schüttelt man dreimal mit hydrochinonhaltigem Chloroform aus, zuerst mit 9 ml, dann mit 8 bzw. 7 ml. Vor der zweiten und dritten Extraktion gibt man noch jeweils 10 Tropfen Tetraphenylarsoniumchlorid-Lösung dazu. Die Extrakte vereinigt man in einem 100 ml-Schütteltrichter mit Teflon-Hahn. Man gibt 10 ml Wasser aus einem Meßzylinder sowie 1,5 bis 2 g NH_4HF_2 hinzu und schüttelt, um mitextrahiertes Niob auszuwaschen. Danach wird die Chloroformlösung durch ein Papierfilter (Whatman Nr. 1) in einen 25 ml-Meßkolben filtriert. Die wäßrige, fluoridhaltige Lösung schüttelt man mit 1 ml hydrochinonhaltigem Chloroform und gibt diesen Anteil ebenfalls durch das Papierfilter in den Meßkolben. Das Filter wird mit etwas hydrochinonhaltigem Chloroform nachgewaschen und der Meßkolben mit diesem Lösungsmittel zur Marke aufgefüllt. Man photometriert bei 402 nm gegen Chloroform als Vergleich.

Bemerkungen:

I. Zur *Aufstellung der Eichkurve* muß mit der Wolframstandardlösung die gesamte Arbeitsvorschrift durchlaufen werden, da bei den Extraktionsschritten möglicherweise Wolframverluste auftreten.

II. Die *relative Standardabweichung* aus 12 Bestimmungen an reinen Wolframatlösungen wurde bei $4{,}42 \cdot 10^{-5}$ Mol W/l zu 0,5 % gefunden.

III. In 1 cm-Küvetten ergeben 100 μg W eine *Extinktion* von etwa 0,32.

IV. *Störungen* [1]. Bei Bestimmung von 92 μg W entsteht ein Fehler von weniger als 1,5 % in Anwesenheit von 9,1 mg Ta, 7,5 mg Fe, 1,8 mg Ti, je 1 mg Mo, Co, Cr, Mn, Ni, von 0,25 mg V, 37 μg Nb. Es stören Oxydationsmittel wie Stickoxide. In Anwesenheit von Titan kann ein Niederschlag entstehen, der sich jedoch bei längerem Schütteln mit dem Extraktionsmittel wieder löst.

6.1.2.2 Arbeitsweise für Stahl mit Abtrennung des Eisens [8]

Die Bestimmung als $[(C_6H_5)_4As]\,[W(OH)_2SCN)_4]$ wird durch Molybdän nur dann gestört, wenn zugleich genügend Eisen anwesend ist. Als Ausweg bietet sich eine vorherige Trennung von Fe und Mo an. Sie kann so erfolgen, daß man W(VI) und Mo(VI) gemeinsam als Chelate des α-Benzoinoxims mit Chloroform extrahiert, wobei Fe in der wäßrigen Phase verbleibt (vgl. auch Kap. 3). Die organische Lösung wird zur Trockene eingedampft und ohne die sonst oft übliche nasse Veraschung des Chelatbildners direkt mit konz. HCl und $SnCl_2$ behandelt. Dann extrahiert man wie in Kap. 6.1.2.1 nach Zusatz von Tetraphenylarsoniumchlorid und Thiocyanat. Bei dieser Arbeitsweise sind noch 4 % Mo im Stahl zulässig [8].

Einfacher und wirksamer als das Verfahren mit α-Benzoinoxim ist es, das Eisen aus halbkonzentriert salzsaurer Lösung mit Methylisobutylketon (MIK) auszuschütteln [8]. Unter den in der folgenden Vorschrift gegebenen Bedingungen sind dann noch 25 % Mo im Stahl zulässig, während ohne Vortrennung bei gleichartiger Einwaage und Aliquotierung (Kap. 6.1.2.1) nur 0, 5 % Mo anwesend sein dürfen. Ohne Abtrennung des Eisens sind Spuren Wolfram neben viel Mo nur bei sehr kleiner Probemenge bestimmbar, da die Fe-Menge klein bleiben muß. Dies führt zu unerwünscht niedrigen Extinktionen.

Der Vorteil einer Abtrennung des Eisens besteht alo darin, daß größere Einwaagen möglich sind. Dies ergibt höhere Meßwerte bzw. erlaubt geringere W-Gehalte zu bestimmen.

Beide Trennverfahren werden *durch Phosphorsäure gestört,* welche sonst gern zum Lösen der Proben benutzt wird, um Verluste von Wolfram durch Hydrolyse zu vermeiden. Es ist daher bei der Probenvorbereitung besondere Sorgfalt nötig. Nach der Extraktion des Eisens stört H_3PO_4 nicht mehr und kann dann bei Bedarf zugesetzt werden.

Reagenzien

a) *Methylisobutylketon*

b) *Die übrigen wie in Kap. 6.1.2.1, S. 114*

Probenvorbereitung für Stahl. Unter leichtem Erwärmen löst man 0,5 g Probe in 25 ml konz. HCl und einer geringstmöglichen Menge HNO_3 (5 bis 10 Tropfen). Hat sich alles gelöst, kocht man 5 Min. zum Vertreiben der Stickoxide. Dann verdünnt man mit konz. HCl im Meßkolben auf 50 ml. – Falls ein kleiner Löserückstand bleibt, wird er abfiltriert, in einer kleinen Menge Phosphorsäure-Salpetersäure-Gemisch (2+1) gelöst und auf ein bekanntes Volumen aufgefüllt. Nachdem aus dem Hauptteil der Probe das Eisen ausgeschüttelt wurde (s.u.), vereinigt man einen aliquoten Teil der phosphorsauren Lösung mit dem eisenfreien Teil der Probe.

Arbeitsvorschrift [8]. Mit einer Sicherheitspipette pipettiert man 10 ml der konzentriert salzsauren Lösung in einen 100 ml Schütteltrichter, in dem sich 10 ml Wasser und 10 ml Methylisobutylketon befinden. Man schüttelt unverzüglich zur Entfernung des Eisens und läßt die wäßrige Phase in einen 100 ml-Erlenmeyerkolben ab. Die organische Phase schüttelt man mit zwei Portionen von je 4 ml 6 m HCl und gibt diese ebenfalls in den Kolben.
Die salzsaure Lösung wird bis fast zur Trockene eingedampft und dann sofort mit 16 ml konz. HCl und 4 ml $SnCl_2$-Lösung versetzt. Man erhitzt 5 Min. bis knapp unterhalb des Siedepunktes und kühlt dann ab, evtl. im Eisbad. Die Lösung überführt man in einen 100 ml-Schütteltrichter mit Teflon-Hahn und spült den Kolben zweimal mit je 10 ml 6 m Salzsäure nach. Mit einer Sicherheitspipette gibt man 1 ml Tetraphenylarsoniumchlorid-Lösung zu, schwenkt um, pipettiert 3 ml Thiocyanatlösung dazu und schwenkt erneut um. Dann schüttelt man dreimal mit hydrochinonhaltigem Chloroform aus, zuerst mit 9 ml, dann mit 8 bzw. 7 ml. Vor der zweiten und dritten Extraktion gibt man noch jeweils 10 Tropfen Tetraphenylarsoniumchlorid-Lösung dazu.
Die Extrakte vereinigt man in einem 100 ml-Schütteltrichter mit Teflon-Hahn. Man gibt 20 ml Wasser aus einem Meßzylinder sowie 1,5 bis 2 g NH_4HF_2 hinzu und schüttelt zur Entfernung von Niob. Danach wird die Chloroformlösung durch ein Papierfilter (Whatman Nr. 1) in einen 25 ml-Meßkolben filtriert. Die wäßrige, fluoridhaltige Lösung schüttelt man mit 1 ml hydrochinonhaltigem Chloroform und gibt diesen Anteil ebenfalls durch das Papierfilter in den Meßkolben. Das Filter wird mit etwas hydrochinonhaltigem Chloroform nachgewaschen und der Meßkolben mit diesem Lösungsmittel zur Marke aufgefüllt. Man photometriert in 1 cm-Küvetten bei 402 nm gegen Chloroform als Vergleich.

Bemerkung: Sobald zwecks Entfernung des Eisens die konzentriert salzsaure Lösung der Probe mit Wasser auf etwa 6 m HCl-Gehalt gebracht wird, besteht die *Gefahr von Wolframverlusten* durch Hydrolyse. In diesem Stadium müssen Verzögerungen vermieden werden. Die nur noch 6 m salzsaure Lösung muß so schnell wie möglich ausgeschüttelt und dann in den Erlenmeyerkolben abgelassen werden.

6.1.2.3 Arbeitsweise für Wolframerze [20].

Zur Analyse amerikanischer Wolframerze mit etwa 0,5 % WO_3 wurde vom U.S. Bureau of Mines die folgende Arbeitsweise angegeben. Sie erlaubt eine relative Genauigkeit von 1 % oder besser. Nach einem alkalisch-oxydierenden Schmelzaufschluß wird W(VI) in salzsaurer Lösung mit $SnCl_2$ reduziert und das W(V)-thiocyanat durch Tributylphosphat (TBP) in Tetrachlorkohlenstoff ausgeschüttelt. Die lineare Eichkurve erfaßt den Bereich von 4 bis 160 μg W in 5 ml organischem Extrakt. – Einzelheiten über das Verteilungsgleichgewicht sind nicht bekannt.

Reagenzien

a) *Weinsäure*, 40 %ig: 800 g Weinsäure werden in Wasser auf 2 Liter gelöst.
b) *Reduktionslösung:* 25 g $SnCl_2 \cdot 2H_2O$ werden in konz. Salzsäure auf 250 ml gelöst.
c) *Thiocyanat-Lösung:* 80 g Natriumthiocyanat werden in Wasser auf 200 ml gelöst.
d) *Extraktionsmittel:* 10 % Tributylphosphat in Tetrachlorkohlenstoff.
e) *Wolfram-Standardlösung:* Gehalt 1 mg WO_3/ml als wäßrige Lösung von Natriumwolframat, gravimetrisch kontrolliert.

Probenvorbereitung. In einen 20 ml-Eisentiegel gibt man 2,5 g Aufschlußmittel ($Na_2CO_3 + K_2CO_3$; 1 + 1) und 0,5 g Probe. – Je nach dem Wolframgehalt sind diese Mengen angemessen zu variieren. – Man gibt noch 0,5 g Natriumperoxid und 1,0 g Natriumhydroxid hinzu, rührt gut durch und schmilzt im Muffelofen etwa 7 Min. bei 750 °C. Man gießt die Schmelze auf eine Stahlplatte, läßt erkalten und bringt dann Tiegel und Schmelzkuchen in ein 250 ml-Becherglas. Man erwärmt mit 100 ml Wasser bis die Schmelze zerfallen ist, kratzt den Tiegel aus, filtriert durch ein grobes Papierfilter und wäscht den Rückstand dreimal mit heißem Wasser.
Zum Filtrat gibt man 10 ml 40 %ige Weinsäure und 15 ml Salzsäure. Man erhitzt zum Vertreiben des Kohlendioxids, engt erforderlichenfalls ein und läßt erkalten. Je nach dem erwarteten Wolframgehalt füllt man dann im Meßkolben auf 100, 200 oder 500 ml auf.

Arbeitsvorschrift [20]. In ein 50 ml-Becherglas pipettiert man einen geeigneten Anteil der Probelösung: 1 bis 5 ml mit 5 bis 200 µg WO_3 entsprechend 4 bis 160 µg W. – Man gibt 10 ml Reduktionslösung dazu und erhitzt 20 Min. mäßig stark auf einer Heizplatte; die Probe darf nicht kochen. Man läßt 10 Min. in einem kalten Wasserbad abkühlen. Man gibt 1 ml Thiocyanat-Lösung hinzu, überführt in einen 25 ml-Meßkolben und füllt mit Wasser zur Marke auf. Zur vollständigen Farbentwicklung läßt man 30 Min. in einem kalten Bad stehen. Danach pipettiert man einen Anteil von 15 ml in einen 60 ml-Schütteltrichter, pipettiert genau 5 ml Extraktionsmittel dazu und schüttelt kräftig 1 Min. lang. Man läßt die Phasen sich trennen und stopft einen kleinen Wattebausch in das Auslaufrohr des Schütteltrichters. Unter Verwerfen des ersten durchgelaufenen Anteils filtriert man die organische Lösung durch die Watte in eine 1 cm-Küvette.
Man photometriert bei 410 nm gegen reines Extraktionsmittel als Vergleich. Die Autoren ziehen dann einen mittleren Reagenzienblindwert von E = 0,008 von allen Meßwerten ab. Dieser Wert sollte aber von jedem Benutzer der Methode für seine Reagenzien und seine Arbeitsweise, gegebenenfalls einschließlich des Aufschlusses, neu bestimmt werden. Zur Aufstellung der Eichkurve pipettiert man geeignete Anteile der Standardlösung und arbeitet wie oben beschrieben.

6.1.2.4 Isotopenverdünnungsmethode für Gesteine [15].

In Gegenwart von ^{181}W als Leitisotop zersetzt man die Probe mit Flußsäure und Perchlorsäure. Molybdän wird aus salzsaurer Lösung mit Tributylphosphat entfernt. Danach extrahiert man Wolfram mit α-Benzoinoxim in Chloroform. Beim Schütteln der organischen Phase mit $SnCl_2$-Lösung wird Wolfram reextrahiert und reduziert. Nach Zusatz von Thiocyanat extrahiert man den W(V)-SCN-Komplex mit Amylalkohol und photometriert. Die chemischen Verluste an Wolfram betragen etwa 50 % und werden durch Messung der ^{181}W-Aktivität korrigiert.
Das Verfahren wurde zur Analyse silikatischer und sulfidischer Erze mit 2 bis 42 ppm W benutzt. Die relative Standardabweichung beträgt etwa 12 %. Die Ergebnisse zeigen befriedigende Übereinstimmung mit solchen, die durch Neutronenaktivierung erhalten werden.

Reagenzien

a) *Aluminiumchlorid-Lösung.* Man löst 20 g $AlCl_3 \cdot 6H_2O$ in 300 ml konz. Salzsäure und verdünnt mit Wasser auf 1 Liter.

b) *Tributylphosphat-Lösung.* 200 ml Tributylphosphat und 200 ml Chloroform werden gemischt.
c) *α-Benzoinoxim-Lösung.* 4,0 g α-Benzoinoxim werden in 200 ml Äthanol gelöst. Die Lösung ist täglich frisch herzustellen.
d) *Zinn(II)-chlorid-Lösung, konz.* 9,0 g $SnCl_2 . 2H_2O$ werden in 200 ml konz. Salzsäure gelöst. Die Lösung ist täglich frisch herzustellen.
e) *Zinn(II)-chlorid-Lösung, verdünnt.* 50 ml der konzentrierten Lösung werden täglich frisch mit 200 ml Wasser verdünnt.
f) *Kaliumthiocyanat-Lösung.* 39 g KSCN gelöst in 100 ml Wasser. Die Lösung ist wöchentlich frisch herzustellen.
g) *Salzsäure, 6 molar.* 258 ml konz. Salzsäure werden mit Wasser auf 500 ml verdünnt.
h) *Äthanol-Lösung.* 50 ml Äthanol und 50 ml 6 m HCl werden gemischt.
i) *Wolfram-Standardlösung.* Man löst 89,7 mg $Na_2WO_4 . 2H_2O$ und 0,3 g NaOH in Wasser auf 500 ml. Gehalt: 100 μg W/ml.
j) *Leitisotopen-Lösung.* Handelsübliches ^{181}W wird mit 2 %iger Natronlauge so weit verdünnt, daß ein Anteil von 0,01 ml 10 000 Imp./Min. ergibt. Er enthält < 0,1 μg W.

Geräte

a) *Zähleinrichtung.* NaJ(Tl)-Detektor und Ein-Kanal-Analysator mit Fenster für 59 keV-Strahlung.
b) *Extraktionsapparat.* Die Autoren benutzten ein unter dem Abzug aufgebautes Gestell mit 18 Schütteltrichtern. Durch je ein Gaseinleitungsrohr wurde ihr Inhalt mit Druckluft durchmischt. Danach wurden die Einleitungsrohre herausgezogen. Das Gerät arbeitet schneller und ebenso wirksam als wenn von Hand oder auf der Maschine geschüttelt wird.

Arbeitsvorschrift [15]. In einen Teflonbecher wägt man 0,5 g Probe mit 2 bis 20 ppm Wolfram ein und gibt 0,01 ml Leitisotopenlösung dazu. Gleichzeitig stellt man einen Zählstandard für die Probe her indem man in einem gläsernen Zählgefäß 0,01 ml Isotopenlösung mit 10 ml Wasser verdünnt.

Silikatische Proben versetzt man mit 15 ml konz. Flußsäure und 1 ml konz. Perchlorsäure. Man raucht über Nacht auf der Heizplatte bei einer Oberflächentemperatur von 120°C ab. – Sulfidische Proben dampft man vor Zugabe der Flußsäure und Perchlorsäure zunächst mit 5 ml rauchender Salpetersäure zur Trockene ein. Man löst die Salze durch Zugabe von 15 ml Aluminiumchlorid-Lösung, nötigenfalls unter schwachem Erwärmen. Es darf nicht zu stark erhitzt werden, da die Säurekonzentration an dieser Stelle wichtig ist. Die Lösung überführt man in einen 60 ml-Schütteltrichter, extrahiert zweimal mit je 10 ml Tributylphosphat-Lösung, verwirft die organischen Phasen und wäscht einmal mit 10 ml Chloroform.

In 50 ml-Bechergläser pipettiert man Anteile der Wolfram-Standardlösung, so daß 1 bis 10 μg W vorliegen und gibt jeweils 0,01 ml Isotopenlösung sowie 15 ml Aluminiumchlorid-Lösung hinzu. Die Mischungen überführt man in 60 ml-Schütteltrichter. Gleichzeitig stellt man einen Zählstandard für die Standardlösungen her, indem man 0,01 ml Isotopenlösung im Zählgefäß mit 10 ml Wasser verdünnt.

In die Schütteltrichter mit den Proben- und Standardlösungen gibt man je 5 ml Benzoinoxim-Lösung und extrahiert 2 Min. lang mit 7 ml Chloroform. Die Extraktion wird mit weiteren 5 ml Benzoinoxim-Lösung und 7 ml Chloroform wiederholt. Die Extrakte vereinigt man in einem 20 ml-Becherglas, verwirft die wäßrige Phase und gibt die organische Lösung zurück in den Schütteltrichter.

Man wäscht zur Entfernung von Kupfer ein- oder mehrmals mit verdünnter $SnCl_2$-Lösung, bis der Benzoinoxim-Extrakt nicht mehr grün ist. Die organische Phase wird in das 20 ml-Becherglas abgelassen und nach dem Verwerfen der wäßrigen Phase in den Schütteltrichter zurückgegeben. Nun reextrahiert man das Wolfram durch Schütteln mit 5 ml konzentrierter $SnCl_2$-Lösung, verwirft die organische Phase und wäscht die wäßrige zweimal mit 5 ml Chloroform.

Die wäßrige Lösung erhitzt man in einem 15 ml-Becherglas 10 Min. auf einer Heizplatte mit einer Oberflächentemperatur von 100°C. Dann kühlt man im Eisbad und überführt in den Schütteltrichter. Nach Zugabe von 0,25 ml KSCN-Lösung extrahiert man mit 3,0 ml Amylalkohol. Die wäßrige Phase wird verworfen. In den Schütteltrichter gibt man 1,0 ml Äthanol-Lösung, mischt und läßt die Lösung in eine 5 cm-Küvette ab. Man photometriert bei 405 nm gegen Amylalkohol.

Probelösungen, Standardlösungen und Zählstandards werden gezählt und die Ergebnisse um die Nullrate korrigiert.

Bemerkungen:

I. *Auswertung:* Die Anzahl μg W im Extrakt jeder Wolfram-Standardlösung, X, ergibt sich nach der Gleichung

$$X = m_1 \cdot \frac{R_1}{R_2}$$

wobei m_1 die ursprünglich vorgelegte Anzahl μg W und R_1 bzw. R_2 die Zählraten des Extraktes aus der Wolfram-Standardlösung bzw. des Zählstandards für die Wolframstandardlösung bedeuten. Zur Aufstellung der Eichkurve trägt man die Werte von X gegen die Extinktionen der W-Standardlösungen auf. Daraus bestimmt man m_2, die Anzahl μg W im Extrakt der Probelösung.
Die Anzahl μg W in der ursprünglichen Probe, Y, ergibt sich nach der Gleichung

$$Y = m_2 \cdot \frac{R_4}{R_3}$$

wobei R_3 bzw. R_4 die Zählraten des Extrakts aus der Probelösung bzw. des Zählstandards für die Probelösung bedeuten.

II. Störungen. Ohne Störung sind maximal zulässig (mg): Fe ($>$50), Ti (1,5), Mo (0,5), Nb (0,25), Cu (1,0), V (0,05), Cr (0,375), Ni (0,02), Mn (3,5). Bei Ti-Mengen über 1,5 mg täuscht jedes mg Ti etwa 0,5 μg W vor. Bei dreimaligem Waschen mit verdünnter $SnCl_2$-Lösung sind noch 25 mg Cu zulässig. Größere Mo-Mengen als 0,5 mg können durch zusätzliche TBP-Extraktionen entfernt werden.

III. Die Tabelle 7 gibt die durchschnittlichen prozentualen *Wolfram-Verluste* bei den einzelnen Trennschritten an.

Tabelle 7.

Schritt	Proben	Standards
1. TBP-Extr.	5,0	
2. TBP-Extr.	4,8	
$HCCl_3$-Wasch.	0,4	
Oxim-Extr.	21,0	6,3
Wasch. verd. $SnCl_2$	0,8	0,7
Reextr. konz. $SnCl_2$	7,5	17,6
1. $HCCl_3$-Wasch.	0,3	0,4
2. $HCCl_3$-Wasch.	0,4	0,4
Amylalkohol-Extr.	12,7	12,2
Gesamtverlust	52,9 %	37,6 %

6.1.2.5 Arbeitsweise zur Spurenbestimmung in Molybdän nach Neef und Döge [18]

Grundlage. Die Trennung von Wolfram und Molybdän beruht auf dem verschiedenen Verhalten beider Elemente gegen Reduktionsmittel. Zuerst wird das Molybdän mit Thioglykolsäure reduziert und als Mo(V)-thiocyanatokomplex in Gegenwart von Citrat selektiv ausgeschüttelt. Nach Reduktion mit $TiCl_3$ wird Wolfram als W(V)-thiocyanatokomplex mit Butylacetat extrahiert und in der organischen Phase photometrisch bestimmt.

Anwendungsbereich. Es sind noch 0,5 μg W in 0,1 bis 0,5 g Molybdän erfaßbar.

Genauigkeit. Im Bereich von 35 bis 190 ppm W stimmen die Ergebnisse auf 6 % oder besser mit den durch Aktivierungsanalyse bestimmten überein. Die relative Standardabweichung wurde bei 170 ppm W zu 3,8 % (f=6) und bei 2 ppm W zu 20 % (f=4) gefunden. Die Nachweisgrenze nach *Kaiser* und *Specker* (3-σ-Kriterium) beträgt 5 ppm bei einer Einwaage von 0,1 g Mo und 1 ppm bei 0,5 g Mo.

Zeitbedarf. Zur Durchführung von zwei Analysen benötigt man etwa zwei Std.

Verteilungssystem. Die Extrahierbarkeit des Mo(V)-thiocyanatokomplexes steigt mit der Schwefelsäurekonzentration bis 6 n H_2SO_4-Gehalt an. Für salzsaure Lösungen durchläuft sie ein Maximum im Bereich von 4 m HCl-Gehalt. Unter den gleichen Bedingungen ist die Extraktion des W(VI)-thiocyanatokomplexes wesentlich geringer und wird durch Citronensäure weiter vermindert. Sie steigt für schwefel- und salzsaure Lösungen bis 6 n Säuregehalt an. Die günstigste Trennung von Mo(V) und W(VI) erhält man bei 4 n H_2SO_4-Gehalt. Der dabei auftretende W-Verlust von etwa 5 % wird bei der Eichung berücksichtigt. In der Tabelle 8 sind die Verteilungskoeffizienten und Trennfaktoren für die in der Arbeitsvorschrift angegebenen allgemeinen Bedingungen dargestellt.

Tabelle 8. *Verteilungsverhältnis von Molybdän(V) und Wolfram(VI) und Trennfaktoren für die Mo/W-Trennung*

Säure, n	H_2SO_4			HCl		
	β_{Mo}	β_W	$\frac{\beta_{Mo}}{\beta_W}$	β_{Mo}	β_W	$\frac{\beta_{Mo}}{\beta_W}$
0,5	1,1	0,0001	11000	38	0,0002	190000
1,0	4 5	0,0003	15000	140	0,001	140000
1,5	18	0,0007	26000	290	0,007	41000
2,0	44	0,002	28000	430	0,02	21000
2,5	144	0,005	28000	560	0,04	14000
3,0	248	0,01	28000	690	0,07	9900
4,0	815	0,03	28000	770	0,14	5500
5,0	1220	0,07	18000	690	0,25	2800
6,0	2300	0,14	16000	340	0,40	850

Die Extrahierbarkeit des Wolfram(V)-thiocyanatokomplexes steigt mit der Konzentration an Schwefelsäure und Thiocyanat. Letztere darf jedoch nicht zu hoch sein, weil die Thiocyanwasserstoffsäure, die ebenfalls gut extrahiert wird, sich in der organischen Phase unter Bildung der störenden gelbgrünen Isoperthiocyansäure zersetzt. Beide lassen sich ohne nennenswerte Wolframverluste mit verdünnter Salzsäure aus der organischen Phase auswaschen. – Der Verteilungskoeffizient des W(V)-thiocyanatokomplexes nimmt mit steigender Salzsäurekonzentration ab und beträgt für 6 m HCl-Gehalt noch 150.

Arbeitsvorschrift [18].

a) *Wolframgehalte von 50 bis 200 ppm.* In einem Gemisch von 2 ml Wasser, 2 ml konzentrierter Flußsäure und 1,5 ml konzentrierter Salpetersäure werden 100 mg Molybdän gelöst. Die Lösung wird zur Trockene eingedampft und der Rückstand mit 1 ml 8 m Natronlauge aufgenommen. Man neutralisiert die Probelösung und überführt sie mit wenig Wasser in einen Schütteltrichter. Zu dieser Lösung, die etwa 5 ml betragen soll, werden 2 ml 60 %ige Citronensäurelösung, 2 ml 5 m Ammoniumthiocyanatlösung, 6 ml 10 n Schwefelsäure und 10 Tropfen Thioglykolsäure gegeben. Nach einer Wartezeit von 15 Min. schüttelt man 90 Sek. mit 15 ml Butylacetat. Auf eine vollständige Trennung der Phasen ist zu achten. Die wäßrige Phase wird in einen zweiten Schütteltrichter überführt und die organische Phase verworfen. – Anschließend wird die wäßrige Phase mit 1 ml 5 m Ammoniumthiocyanatlösung und 2 Tropfen Thioglykolsäure versetzt. Nach 5 Min. schüttelt man 60 Sek. mit 10 ml Butylacetat und überführt die wäßrige Phase zur Wolframextraktion in einen weiteren Schütteltrichter. – Zu dieser Lösung gibt man 2 ml 5 m Ammoniumthiocyanatlösung, 2 ml 10 n Schwefelsäure und 3 ml 0,1 m Titan(III)-chloridlösung in 4 n Schwefelsäure. Nach 15 Min. extrahiert man mit genau 10 ml Butylacetat. Danach wird die organische, wolframhaltige Phase dreimal mit 10 ml 1 m Salzsäure 60 Sek. gewaschen und anschließend zentrifugiert. Die Extinktion der Lösung wird in einer 3 cm-Küvette bei $\lambda = 400$ nm gemessen.

b) *Wolframgehalte von 1 bis 50 ppm.*
Zu der 0,5 g Molybdän enthaltenden Probelösung (7 ml) werden 6 ml 60 %ige Citronensäurelösung, 10 ml 5 m Ammoniumthiocyanatlösung, 6 ml 20 n Schwefelsäure und 1 ml Thioglykolsäure gegeben.

Nach einer Wartezeit von 15 Min. wird der Molybdän(V)-thiocyanatokomplex zunächst mit 30 ml Butylacetat und anschließend mit 15 ml Butylacetat 90 Sek. extrahiert. Die Extraktion des restlichen Molybdäns erfolgt nach Zugabe von 2 ml 5 m Ammoniumthiocyanatlösung und 6 Tropfen Thioglykolsäure mit 15 ml Butylacetat. – Zur wäßrigen Phase gibt man 4 ml 5 m Ammoniumthiocyanatlösung, 2 ml 20 n Schwefelsäure und 3 ml 0,1 m Titan(III)-chloridlösung in 4 n Schwefelsäure. Die weitere Ausführung der Analyse erfolgt wie unter a) beschrieben.

6.1.2.6 Simultanbestimmung von Wolfram und Molybdän [19].

Die Absorptionsmaxima der Thiocyanatokomplexe von Wolfram(V) und Molybdän (V) liegen in Isopropyläther genügend weit auseinander, um eine Simultanbestimmung durch Messung bei zwei Wellenlängen zu ermöglichen: Abb. 21

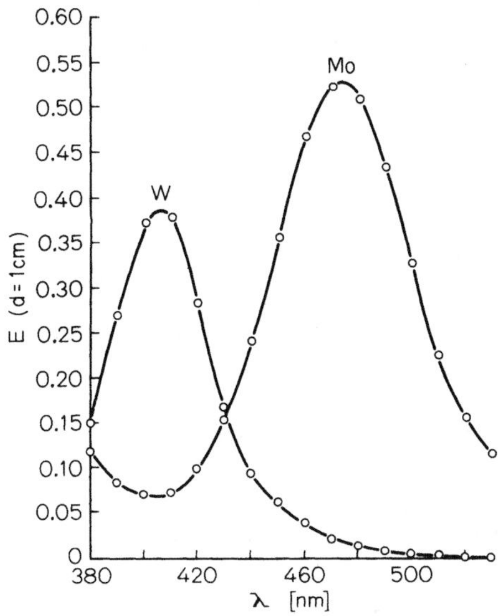

Abb. 21
Absorptionsspektren der Thiocyanatokomplexe des W(V) und Mo(V) in Isopropyläther, gemessen gegen das Lösungsmittel. 20 μg W bzw. 20 μg Mo in 5 ml Extrakt. [19]

Bei λ = 405 nm ist die vom Wolfram erzeugte Extinktion etwa sechsmal so hoch wie die von einer gleichen Gewichtsmenge Molybdän erzeugte. Bei λ = 490 nm ist die vom Molybdän hervorgerufene Extinktion einige Hundert mal höher als diejenige von einer gleichen Gewichtsmenge Wolfram. 30 μg Mo bzw. 30 μg W in 5 ml Isopropyläther ergeben bei 490 nm eine Extinktion von 0,64 bzw. 0,002 gegen Lösungsmittel.
Diese Verhältnisse eignen sich zwar vor allem zur Bestimmung von Molybdän neben Wolfram, doch kann auch letzteres neben der 10 bis 20-fachen Menge Mo mit einer für Spurenanalysen oft ausreichenden Genauigkeit erfaßt werden. 1 μg W neben 10 μg Mo ist auf 5 bis 10 % genau zu bestimmen. Der Fehler einer Bestimmung von 1 μg Mo neben 10 bis 20 μg W beträgt nur wenige Prozent. Das Verfahren wurde im Anschluß an die Isolierung von W und Mo durch Extraktion mit α-Benzoinoxim benutzt. Nach der

Reduktion mit $SnCl_2$ wurden die Thiocyanatokomplexe mit Isopropyläther ausgeschüttelt und im Extrakt gemessen.
Weitere Erfahrungen mit dieser Methode liegen nicht vor.

Literatur

1. *Affsprung, H.E., Murphy, J.W.:* Anal. Chim. Acta **30** (1964) 501-08.
2. *Affsprung, J.W., Murphy, J.W.:* Anal. Chim. Acta **32** (1965) 381-85.
3. *Akiyama, K., Kobayashi, Y.:* Japan Analyst **14** (1965) 292-96.
4. *Babenko, O.S., Tolmačev, V.M.:* Dopividi Akad. Nauk Ukr. SSR **1962**, 394-97; durch Chem. Abstr. **57**, 4296 i.
5. *Babenko, O.S., Tolmačev, V.M.:* Tr. Komis. po Analit Chim. Akad. Nauk SSSR, Inst. Geochim. i Analit . Chim. **14** (1963) 160-71; durch Chem. Abstr. **59**, 14556 g.
6. *De, A.K., Rahaman, M.S.:* Talanta **11** (1964) 601-06.
7. *De, A.K., Rahaman, M.S.:* Anal. Chem. **36** (1964) 685-87.
8. *Fogg, A.G., Jarvis, T.J., Marriott, T.R., Burns, D.T.:* Analyst **96** (1971) 475-79.
9. *Fogg, A.G., Marriott, T.R., Burns, D.T.:* Analyst **95** (1970) 848-53.
10. *Fogg, A.G., Marriott, T.R., Burns, D.T.:* Analyst **95** (1970) 854-61.
11. *Il'jina, L.I.:* Fiz.-Chim. Metody Anal. Metal. Splavov **1969**, 102-04; durch Chem. Abstr. **74**, 119694 x.
12. *Kajiyama, R., Ichihashi, K., Ichikawa, V.:* Japan Analyst **18** (1969) 1500-03; durch Chem. Abstr. **72**, 96387 s.
13. *Kakita, Y., Goto, H.:* Science Repts. Res. Inst. Tohoku Univ., Ser. A **15** (1963) 1-11; durch Chem. Abstr. **59**, 2161 d.
14. *Kammori, O., Takahari, T.:* Japan Analyst **15** (1966) 251-56; durch Chem. Abstr. **65**, 4660 h.
15. *Lillie, E.G., Greenland, L.P.:* J. Res. US Geol. Surv. **1** (1973) 555-58.
16. *Macaberidze, T.G.:* Ežegodnik Kavkazk. Inst. Mineral. Syr'ja **1957**, 51; durch Chem. Abstr. **57**, 7901 h.
17. *Matsuo, H., Chaki, S., Hara, S.:* Japan Analyst **17** (1968) 752-56; durch Chem. Abstr. **69**, 64402 q.
18. *Neef, B., Döge, H.G.:* Talanta **14** (1967) 967-75
19. *Peng, P.Y., Sandell, E.B.:* Anal. Chim. Acta **29** (1963) 325-34.
20. *Peterson, H.E., Anderson, W.L., Howcroft, M.R.:* US Bur. Mines, Rept. Invest. No. 6148 (1963), 30 pp.
21. *Sandell, E.B.:* Ind. Engng. Chem., Anal. Edit. **18** (1946) 163-67.
22. *Shinde, V.M., Khopkar, S.M.:* Talanta **16** (1969) 525-29.
23. *Tananaiko, M.M., Vinokurova, G.M.:* Ukr. Chim. Ž. **28** (1962) 651-52; durch Chem. Abstr. **58**, 6177 g.
24. *Toussaint, C., Cattin, G.:* Analusis **1** (1972) 347-51.
25. *Vas'kova, A.G., Avilov, V.B., Kiseleva, O.A., Kaminskaja, V.N.:* Zavodsk. Laborator. **35** (1969) 795-96; übersetzt: Industrial Labor. **35** (1969) 954.
26. *Ward, F.N.:* Geol. Survey, Circ. 119 (1951) 1-4; durch Chem. Abstr. **46**, 204 e.

6.1.3 Bestimmung als Peroxowolframat

Mit Wasserstoffperoxid bildet Wolfram(VI) Peroxoanionen verschiedener und noch relativ wenig untersuchter Natur. Sie leiten sich teils vom Monowolframation, teils von Isopolywolframaten ab. In neuerer Zeit wurde aus salzsaurer Lösung das Anion $WO(O_2)Cl_4^{2-}$ erhalten, dessen Absorptionsmaximum bei λ = 309 nm liegt [3]. In konzentrierter Schwefelsäure und bei einer H_2O_2-Konzentration von 0,12 % fanden *Schäfer* und *Schulte* ein Absorptionsmaximum bei λ = 310 nm mit einem Extinktionskoeffizienten von ϵ = 460 l.Mol^{-1}.cm^{-1} [2]. – Im übrigen wurde H_2O_2 bisher verschiedentlich benutzt, um Wolfram(VI) bei der Bestimmung anderer Elemente zu maskieren. Siehe auch Kap. 6.2.4.3, mit Angaben über W(VI)-Chelate, welche zusätzlich die Peroxogruppe enthalten.

Nach *Parker* und *Boltz* bildet W(VI) in stark saurer Lösung mit H_2O_2 einen farblosen Komplex, der unter optimalen Bedingungen ein Absorptionsmaximum bei λ = 262 nm mit einem Extinktionskoeffizienten von ϵ = 907 $l.Mol.^{-1}.cm^{-1}$ aufweist [1]. Am günstigsten ist eine H_2SO_4-Konzentration von 20 %. Mit steigender Säurekonzentration verschiebt sich das Absorptionsmaximum zu größeren Wellenlängen und die Extinktion nimmt ab. In phosphorsaurer oder phosphor- und schwefelsaurer Lösung ist die Empfindlichkeit geringer als in H_2SO_4. Verwendung von Perchlorsäure führt zu gekrümmten Eichkurven. Die Konzentration an H_2O_2 soll nicht allzu hoch gewählt werden, da es bei der Meßwellenlänge selbst merkliche Absorption zeigt. Der Komplex bildet sich nur langsam, so daß die Lösung 30 Min. auf 40°C erwärmt werden muß. Oberhalb 60°C wird Peroxowolframsäure zersetzt; unter den empfohlenen Arbeitsbedingungen ist sie jedoch mindestens 22 Std. beständig.

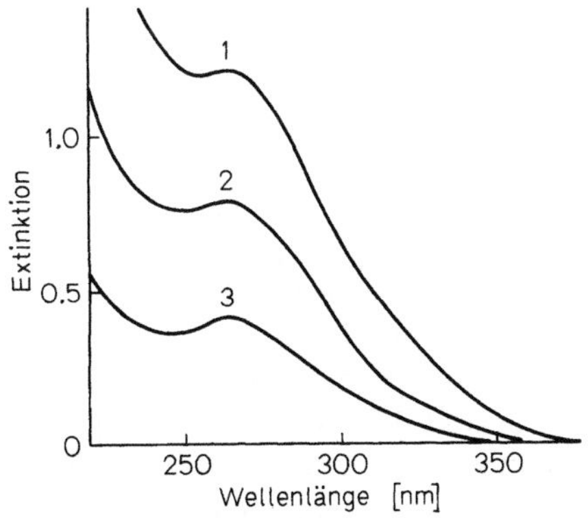

Abb. 22
Absorptionsspektrum von Peroxowolframsäure in 20% H_2SO_4. Kurve 1 : 240 μg W/ml; Kurve 2: 160 μg W/ml; Kurve 3: 80 μg W/ml. [1]

Arbeitsvorschrift [1]. In einen 50 ml-Meßkolben gibt man so viel von der Probelösung, daß maximal 10 mg W vorliegen; optimal ist der Bereich von 2,5 bis 8 mg W. Man verdünnt mit Wasser auf etwa 25 ml und läßt dann langsam 10,0 ml konzentrierte Schwefelsäure (96 %ig) zufließen. Man kühlt unter fließendem Wasser auf Zimmertemperatur ab, gibt 1 ml 3 %iges Wasserstoffperoxid hinzu und füllt mit Wasser zur Marke auf. Der Kolben wird für eine halbe Stunde in ein Wasserbad von 40°C gestellt und danach wieder auf Zimmertemperatur abgekühlt. Man photometriert bei 262 nm gegen eine in gleicher Weise hergestellte wolframfreie Blindprobe.

Bemerkungen:

I. Die *Eichkurve* ist bis 200 μg W/ml linear.

II. Mit 100 μg W/ml ergibt sich eine *Extinktion* von E = 0,483.

III. Die *Standardabweichung* aus 18 Bestimmungen bei 100 μg W/ml beträgt 0,013 Extinktionseinheiten, entsprechend 2,7 %.

IV. *Störungen.* Es stören schon in einer Konzentration von weniger als 1 μg/ml: As(V), Bi, Br^-, $Fe(CN)_6^{3-}$, F^-, Fe(III), Fe(II), Mo(VI), PO_4^{3-}, SCN^-, $S_2O_3^{2-}$, Ti(IV), U(VI), V(V). Zulässig ist 1 μg/ml Al, Sb(III), Ba, BrO_3^-, Cu(II), $Fe(SCN)_6^{4-}$, J^-, Sn(IV), Sn(II), Zn; ferner 2 μg/ml As(III), Ce(III), Ce(IV), Citrat, ClO_3^-, Pb, Oxalat; ferner 4 μg/ml Hg(II); ferner 5 μg/ml JO_4^-; ferner 10 μg/ml Cd, $Cr_2O_7^{2-}$, JO_3^-, MnO_4^-; ferner 20 μg/ml NO_2^-; 50 μg/ml Co(II); 100 μg/ml Cr(III), SO_3^{2-}, 200 μg/ml NH_4^+, Tartrat. Keine Störung verursachen 1000 μg/ml Acetat, Borat, Ca, CO_3^{2-}, Cl^-, ÄDTA, Li, Mg, Mn(II), Ni, ClO_4^-, K, Ag, Na, Sr und SO_4^{2-}.

Literatur

1. *Parker, G.A., Boltz, D.F.:* Anal. Letters **1** (1968) 679-86.
2. *Schäfer, H., Schulte, F.:* Z. Anal. Chem. **149** (1956) 73-85.
3 *Wendling, E.:* Bull. Soc. Chim. France **1966**, 404-12.

6.1.4 Bestimmung als Polywolframatosäure

6.1.4.1 Vanadatowolframatosäuren

In saurer Lösung wird Wolframat durch einen Überschuß von Phosphat und Vanadat in eine gelbe Vanadatowolframatophosphorsäure (abgekürzt PVW) überführt [1, 2, 4]. Ihre Stöchiometrie unter den analytischen Bedingungen ist nicht untersucht. Ein Absorptionsmaximum wurde bis herab zu 260 nm nicht gefunden [2]. Die photometrische Messung der PVW wird im UV-Gebiet durch die starke Reagensabsorption behindert. Mißt man in der flachen Flanke der Absorptionsbande bei $\lambda = 400$ nm, so beträgt der Extinktionskoeffizient nur etwa $\epsilon = 621$ $l.Mol^{-1}.cm^{-1}$ [2]. Wegen dieser geringen Empfindlichkeit eignet sich das Verfahren nur zur Bestimmung relativ hoher Konzentrationen. Es ist besonders einfach, unterliegt jedoch starken Störungen durch Komplexbildner, Reduktionsmittel und insbesondere durch andere, Polysäuren bildende Elemente. Die vorherige Isolierung des Wolframs als WO_3 wird empfohlen [2]. Die PVW soll bei pH 1,8 gemessen werden. Bei höherem pH-Wert steigt die Absorption des Vanadatreagenses stark an, bei niedrigerem pH sinkt die Empfindlichkeit. Das Verhältnis von Phosphat zu Vanadat ist sehr kritisch und soll von dem vorgeschriebenen nicht abweichen.

Reagenzien

a) *Phosphorsäure - Vanadat - Reagens.* Man löst 0,8 g $NaVO_3$ in 50 ml verdünnter Natronlauge, neutralisiert mit HCl, HNO_3 oder H_2SO_4 und verdünnt mit Wasser auf etwa 80 ml. In einem 100 ml-Meßkolben vermischt man die Lösung mit 20 ml 85 %iger Phosphorsäure und füllt nach dem Erkalten mit Wasser zur Marke auf. Das Reagens ist in einer Plastikflasche aufzubewahren.
b) *Wolframstandardlösung.* Gehalt 200 μg W/ml als Natriumwolframat; in einer Plastikflasche aufzubewahren.

Arbeitsvorschrift [2]. In einen 50 ml-Meßkolben gibt man so viel von der neutralen Probelösung, daß 0,5 bis 6 mg W als Wolframat vorliegen. – Erforderlichenfalls scheidet man das Wolfram zuerst als WO_3 ab (vgl. Kap. 3), löst in Natronlauge und neutralisiert mit HCl, HNO_3 oder H_2SO_4. – Dann pipettiert man 2,5 ml Phosphorsäure-Vanadat-Reagens hinzu und füllt mit Wasser zur Marke auf. Man photometriert bei einer Wellenlänge im Bereich von 360 bis 460 nm gegen eine wolframfreie Blindlösung als Vergleich.

Bemerkungen:

I. Die *Eichkurve* ist im angegebenen Konzentrationsbereich von 10 bis 120 μg W/ml linear.

II. Die Extinktion ist mindestens 24 Std. *konstant.*

III. *Störungen.* Es dürfen nicht anwesend sein: Cr(III), Fe(III), Citrat, $Cr_2O_7^{2-}$, J^-, JO_4^-, MnO_4^-, SO_3^{2-}, $S_2O_3^{2-}$, Tartrat, AsO_4^{3-} sowie zusätzliches Vanadat. Höchstens zulässig ist, bezogen auf die meßfertige Lösung, eine Konzentration von 10 μg/ml NO_2^-; 25 μg/ml Au(III), Ni, F^-; Oxalat; 200 μg/ml GeO_3^{2-}; 1000 μg/ml Al, NH_4^+, Ba, Be, Cd, Ca, Co, Cu(II), Li, Mg, Mn(II), Hg(II) K, Sr, U(VI), Zn, Acetat, Borat, Br^-, $HCOO^-$, JO_3^-, NO_3^-, ClO_4^-, PO_4^{3-}, SeO_4^{2-}, Silikat, SO_4^{2-}, SCN^-. Durch Bildung von Niederschlägen stören Bi, Pb, Th, Zr, Ag. Ob Mo stört, wurde nicht geprüft.

6.1.4.2 Molybdatowolframatosäuren

An Stelle von Vanadat ist auch Molybdat als polysäurebildendes Reagens geeignet. Je nachdem, ob zusätzlich Phosphat anwesend ist oder nicht, entsteht eine Molybdatowolframatophosphorsäure (abgekürzt PMoW) oder eine Molybdatowolframsäure (abgekürzt MoW). Diese absorbieren noch kürzerwellig als die vanadiumhaltigen Typen. Man reduziert sie deshalb zu den entsprechenden "Polyblau"-Verbindungen, welche im roten Spektralbereich z.T. hohe Extinktionskoeffizienten erreichen. Wie von der ähnlichen Phosphorbestimmung als "Phosphormolybdänblau" sattsam bekannt, sind die Reduktionsbedingungen derartiger Verbindungen jedoch recht kritisch.
Guyon und *Marks* erzeugen MoW bei pH 3,3 und reduzieren mit Hydrazin nach stärkerem Ansäuern. Das MoW-Blau weist eine breite Absorptionsbande mit dem Maximum bei $\lambda = 760$ nm auf. Die Eichkurve erfaßt den Bereich von 0 bis 15 μg W/ml. Sie ist gekrümmt. Der formale Extinktionskoeffizient bei μg W/ml beträgt $\epsilon = 20850$ $1.\mathrm{Mol}^{-1} \cdot \mathrm{cm}^{-1}$ [3].
Nach *Reznik, Ganzburg* und *Mal'ceva* eignet sich Ascorbinsäure als Reduktionsmittel für MoW in 0,01 bis 0,04 n schwefelsaurer Lösung. Dabei besitzt die entstehende MoW-Blau-Verbindung eine Absorptionsbande im Gebiet von 725 bis 800 nm. Bei Anwendung von Zinn(II)-chlorid reduziert man besser bei einem H_2SO_4-Gehalt von 0,32 bis 0,48 n und erhält eine andere MoW-Blau-Verbindung mit einer Bande bei 700 nm. In beiden Fällen beträgt das Mo : W-Verhältnis in der Verbindung 5 : 1. Etwa 10 bis 100 μg W/ml sind bestimmbar [6].
Mal'ceva und *Reznik* arbeiten unter Zusatz von Phosphat und erzeugen in der Siedehitze mit Ascorbinsäure eine reduzierte PMoW-Säure, die ein Absorptionsmaximum bei λ = 825 nm aufweist. Es sind 0,5 bis 5 mg W/50 ml bestimmbar [5].

Literatur

1. *Charreton, B., Chauveau, F., Bertho, G., Courtin, P.:* Chim. Anal. **47** (1965) 17-21.
2. *Gullstrom, D.K., Mellon, M.G.:* Anal. Chem. **25** (1953) 1809-13.
3. *Guyon, J.C., Marks, J.Y.:* Anal. Chem. **40** (1968) 837-38.
4. *Lennard, G.J.:* Analyst **74** (1949) 253-57; durch Chem. Abstr. **43**, 6941 b.
5. *Mal'ceva, G.V., Reznik, B.E.:* Ž. Anal. Chim. **28** (1973) 1751-53; übersetzt: J. Anal. Chem. USSR **28** (1973) 1557-59.
6. *Reznik, B.E., Ganzburg, G.M., Mal'ceva, G.V.:* Ž. Anal. Chim. **23** (1968) 1848-51; übersetzt: J. Anal. Chem. USSR **23** (1968) 1620-22.

6.1.5 Katalytische Verfahren

Verschiedene Redoxreaktionen, bei denen ein stark farbiger Stoff entsteht oder verschwindet, werden durch Spuren von Wolframat katalysiert. Die Reaktionsgeschwindigkeit, gemessen als Veränderung der Extinktion mit der Zeit, steht unter geeigneten Bedingungen in linearem Zusammenhang mit der Wolframkonzentration. Der Vorteil dieser katalytisch-photometrischen Verfahren ist ihre z.T. extrem hohe Empfindlichkeit: einige gehören zu den empfindlichsten Wolframbestimmungen überhaupt. Ihr Nachteil ist die geringe Spezifität: ähnliche katalytische Wirkung haben meist auch verschiedene andere Ionen, vor allem Molybdat.
Diese Verfahren werden gern bei physikalisch-chemischen Untersuchungen benutzt, u.a. zur Bestimmung kleiner Löslichkeitsprodukte.
Malachitgrün wird *durch Titan(III) entfärbt* [9]. Molybdat und Wolframat katalysieren die Reaktion, die mit abnehmendem pH-Wert immer schneller abläuft. Zur Wolframbe-

stimmung arbeitet man am besten bei pH 1 bis 2 [6]. Mit diesem Verfahren wurden 0,3 bis 0,7 % W im Stahl bei 0,1 g Einwaage und 100 ml Meßvolumen bestimmt [1]. Die Reaktion läßt sich auch in der Art eines Tüpfeltests auf Papier ausführen. Durch photometrische Reflexionsmessung sind dann 0,06 bis 0,6 μg W erfaßbar. [8].

Die *Entfärbung von Indigocarmin durch Wasserstoffperoxid* wird durch Wolframat verhindert, wenn zugleich Benzoat oder Phthalat zugegen sind. In Anwesenheit von Succinat oder Citrat wird sie dagegen durch Wolframat beschleunigt [4].
Basisch Blau K wird *durch Titan(III) entfärbt.* Wolframat katalysiert die Reaktion, welche auch mit steigender Konzentration an Säure und Ti(III) schneller verläuft. Die eigentliche katalytische Wirkung soll von fünfwertigem Wolfram ausgehen, welches zunächst aus W(VI) und Ti(III) entsteht. Wolframkonzentrationen von $4{,}7 \cdot 10^{-8}$ bis $3{,}3 \cdot 10^{-7}$ Mol/l sind bestimmbar [5].
Die *Oxydation von Rubeanwasserstoffsäure durch Wasserstoffperoxid* wird von Wolframat und auch von Molybdat katalysiert. Bestimmbar sind 10^{-8} bis 10^{-7} g W bzw. Mo in 25 ml Meßvolumen. Eisen ist auch in großem Überschuß durch ÄDTA maskierbar, so daß sich das Verfahren ohne Vortrennung für Gehalte von 0,05 bis 0,5 % W bzw. Mo in Eisenlegierungen eignet [7].
Die *Oxydation von Jodid durch Wasserstoffperoxid* zu Jod wird durch verschiedene Substanzen beschleunigt und u.a. zur Bestimmung von Molybdat [2] sowie Wolframat [3] benutzt. Man arbeitet in Anwesenheit von Stärke und mißt die Bildungsgeschwindigkeit der Blaufärbung. Diese steigt nicht nur mit der Konzentration an Wolframat, sondern auch mit dem Gehalt an Jodid, H_2O_2 und HCl. Die Arbeitsbedingungen müssen daher konstant gehalten werden.

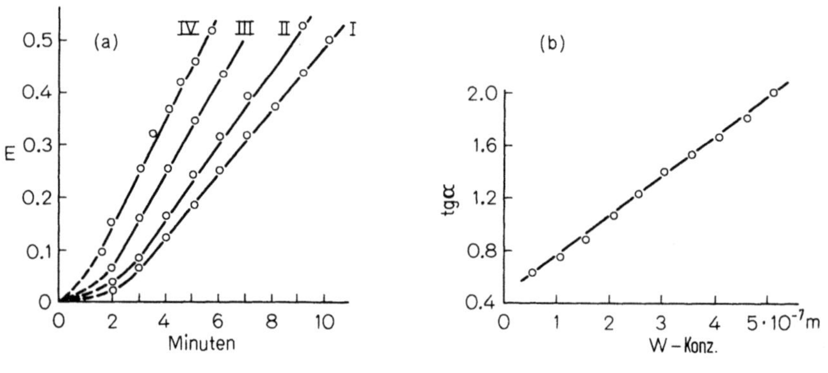

Abb. 23
Katalytisch-photometrische Bestimmung nach [3]
a). Extinktionszunahme im System KJ-H_2O_2-Na_2WO_4-HCl-Stärke-H_2O. I: 5.10^{-8}m W; II: 1.10^{-7}m W: III: $1{,}5.10^{-7}$m W; IV: 2.10^{-7}m W.
b). Eichkurve: Abhängigkeit der Reaktionsgeschwindigkeit von der W-Konzentration

Arbeitsvorschrift [2, 3]. In einen 50 ml-Meßkolben pipettiert man 5 ml 1 n HCl, 5 ml 0,005 m KJ-Lösung, etwas Stärkelösung und so viel von der Probelösung, daß 0,46 bis 4,6 μg W vorliegen. Man verdünnt mit Wasser, mischt, gibt 5 ml 0,01 m H_2O_2-Lösung dazu, mischt sofort und füllt mit Wasser zur Marke auf. Der Augenblick der H_2O_2-Zugabe ist der Nullpunkt der Zeitmessung. Man mißt photometrisch bei etwa 550 nm die Extinktion in Abhängigkeit von der Zeit während etwa 10 Minuten. Bei Aufstellung der Eichkurve trägt man die Extinktionsänderung pro Zeiteinheit gegen die Wolframatkonzentration auf.

Bemerkungen:

I. Die Autoren arbeiten bei einer *Temperatur* von 24 bis 25°C, offenbar ohne Verwendung eines Thermostaten.

II. Die geringste *noch nachweisbare W-Konzentration* wurde theoretisch zu etwa 2.10^{-9} Mol W/l ermittelt.

III. Mit diesem Verfahren wurden die *Löslichkeiten* von H_2WO_4 und Hg_2WO_4 bei 25°C in 1 n HCl untersucht. Sie betragen $(1,0 \pm 0,1).10^{-4}$ bzw. $(2,2 \pm 0,2).10^{-4}$ Mol/l.

IV. *Störungen.* Vollständig unterdrückt wird die Reaktion in Gegenwart von 10^{-4} Mol/l an AsO_4^{3-}, SiO_2^{3-}, F^-, Citrat, Tartrat, Oxalat. Keine wesentliche Störung verursacht dagegen eine Konzentration von 0,1 Mol/l an Ca, Mg, Al, Zn, Ni, Co, Mn(II), Na. Es stören (Mol/l) : Fe^{3+} (3.10^{-5}), Pb^{2+} (3.10^{-5}), Cd^{2+} (5.10^{-5}), Cu^{2+} (1.10^{-3}), $H_2PO_4^-$ (1.10^{-4}).

Literatur

1. *Goto, H., Ikeda, S.:* J. Chem. Soc. Japan, Pure Chem. Sect. **73** (1952) 652-54; durch Chem. Abstr. **47**, 4790 d.
2. *Jacimirski, K.B., Afanaseva, L.P.:* Ž. Anal. Chim. **11** (1956) 319; übersetzt: J. Anal. Chem. USSR **11** (1956) 327-30.
3. *Jacimirski, K.B., Regin, V.I.:* Ž. Anal. Chim. **13** (1958) 112-15; übersetzt: J. Anal. Chem. USSR **13** (1958) 121-25
4. *Krause, A., Meteniowski, P., Wachowski, L.:* Mh. Chem. **102** (1971) 494-97.
5. *Omarova, E.S., Speranskaja, E.F., Kozlovskij, M.T.:* Ž. Anal. Chim. **23** (1968) 1826-28; übersetzt: J. Anal. Chem. USSR **23** (1968) 1600-02.
6. *Omarova, E.S., Speranskaja, E.F., Kozlovskij, M.T.:* Izv. Akad. Nauk Kaz. SSR, Ser. Chim. **18** (1968) 32-38; durch Chem. Abstr. **69**, 32763 s.
7. *Pantaler, R.P.:* Ž. Anal. Chim. **18** (1963) 603-09; übersetzt: J. Anal. Chem. USSR **18** (1963) 519-24.
8. *Pavlova, V.K., Voevuckaja, R.N.:* Ž. Anal. Chim. **29** (1974) 731-34; übersetzt: J. Anal. Chem. USSR **29** (1974) 623-26.
9. *Sandell, E.B.:* Ind. Engng. Chem., Anal. Edit. **10** (1938) 667-68.

6.1.6 Sonstige anorganische Reagentien

Die analytischen Eigenschaften von *Cyanokomplexen* des Mo(IV) und W(IV) vom Typ $Me^{IV}(CN)_8^{4-}$ beschreibt *Perez.* Absorptionsmaxima treten bei 365 und 370 nm sowie 240 und 250 nm auf. Konzentrationen von 10^{-2} bis 10^{-5} m lassen sich photometrisch bestimmen [3].
Mit *Hexacyanoferrat (II)* bildet W(VI) einen rötlichen Komplex, dem die Zusammensetzung $[Fe(CN)_6.2WO_3]^{4-}$ zugeschrieben wird. In oxalsaurer Lösung bei pH 2,5 erhält man bei $\lambda = 480$ mm eine lineare Eichkurve bis hinauf zu $1,5.10^{-3}$ Mol W/l. Die Temperatur muß genau konstant gehalten werden [1].
Larumbe bestimmt WO_4^{2-} mit $K_4Fe(CN)_6$ in salzsaurer Lösung bei $\lambda = 377$ nm [2].

Literatur

1. *D'Amore, G.:* Annali Chimica **45** (1955) 759-66.
2. *Larumbe, F.H.:* Anales Asoc. Quim. **45** (1957) 52-58; durch Chem. Abstr. **51**, 15328 c.
3. *Perez, S.V.:* Acta Salamanticensia, Ser. Cienc. **4** (1959), No. 2, 67 pp.; durch Chem. Abstr. **58**, 5039 e.

6.2 Bestimmung mit organischen Reagentien

6.2.1 Bestimmung mit Dithiol

Wolfram bildet in saurer Lösung mit Dithiolen farbige Chelate, die in Wasser unlöslich, aber mit verschiedenen Lösungsmitteln extrahierbar sind. Toluol-3,4-dithiol wird seit langem zur photometrischen Bestimmung benutzt.
Eine neuere Untersuchung zeigt, daß o-Xylol-4,5-dithiol in mancher Hinsicht günstiger ist [16]. Auch 1,2-Dicyanoäthylendithiol ist geeignet [6].

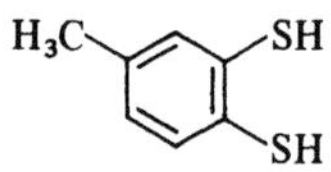

Toluol–3,4–dithiol

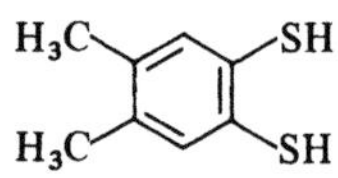

o–Xylol–4,5–dithiol

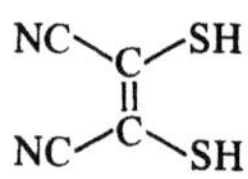

1,2–Dicyanoäthylen–dithiol

Über die Natur der Verbindungen ist noch relativ wenig bekannt. Zwar existiert ein farbiges Chelat des sechswertigen Wolframs mit Toluoldithiol [34], das analytisch genutzte leitet sich jedoch vom fünfwertigen Wolfram ab [13]. Die notwendige Reduktion wird meist mit $TiCl_3$ [14, 41], Ti-Metall [13, 24] oder mit $SnCl_2$ [30, 33, 37] ausgeführt, kann aber auch durch einen Überschuß des Dithiols erfolgen [1, 23]. Die Stöchiometrie des blaugrünen W(V)-toluoldithiolchelates unter analytischen Bedingungen wurde noch nicht untersucht. Für das Chelat des Xyloldithiols (Xdt) ergab sich $W(Xdt)_3$ [16]. Über kristalline Wolfram-Tris-Chelate verschiedener aromatischer Dithiole siehe [35, 36]. Die Liganden sind trigonal-prismatisch um das Metall koordiniert, woraus sich auch die beiden Absorptionsbanden bei etwa 360 und 640 nm erklären lassen [15, 16]. Ein Nachteil dieser Reagentienklasse ist, daß Molybdän ganz ähnliche Chelate bildet, deren Absorptionsspektren diejenigen der W-dithiolate stark überlappen: Abb. 24, 25.

Der Extinktionskoeffizient des W(V)-toluoldithiolates im organischen Extrakt bei 640 bis 650 nm beträgt 20000 bis 22000 $l.Mol^{-1}.cm^{-1}$ [9, 34].
Schon Spuren von Molybdän stören die Wolframbestimmung erheblich. Möglich ist eine Simultanbestimmung beider Elemente durch Messung bei zwei Wellenlängen [16, 18, 21, 23]. Die Dithiolchelate von W(VI) und Mo(VI) sind unter den üblichen Arbeitsbedingungen nicht extrahierbar, sechswertiges Molybdän jedoch allgemein viel leichter reduzierbar als W(VI). Dies ermöglicht es, zunächst unter schwach reduzierenden Bedingungen das Mo(V)-dithiolat zu erzeugen und extraktiv abzutrennen. Erst dann reduziert man stärker und schüttelt das W(V)-Chelat aus [2, 14, 28]. Diese oft durchgeführte Vortrennung ist allerdings nur bei nicht allzu großem Mo-Überschuß möglich. Anderenfalls sind der photometrischen Bestimmung sonstige Trennverfahren für Mo und W vorzuschalten [10, 39, 40]; vgl. auch Kap. 3. Durch Ti(III) wird Molybdän bis zur dreiwertigen Stufe reduziert und bildet dann kein extrahierbares Dithiolat mehr; etwa die 10-fache Gewichtsmenge Mo gegenüber W kann unter diesen Bedingungen noch störungsfrei anwesend sein [9]. Auch bei Reduktion mit $SnCl_2$ in salzsaurer Lösung wird die Mo-Störung unterdrückt [30, 31, 33].

Experimentelle Nachteile der Dithiole sind der unangenehme Geruch und die hohe Empfindlichkeit der Reagentien gegen Oxydation durch Luftsauerstoff.
Gegenüber der photometrischen W-Bestimmung mit Thiocyanat, welche durch Vanadium sehr stark, durch Mo aber nicht gestört wird, ist umgekehrt das Dithiolverfahren gegen V unempfindlich, kann dagegen u.U. stark durch Mo gestört werden.

Bisweilen wird berichtet, daß volle Farbentwicklung oder genügende Reproduzierbarkeit nur auftreten, wenn Phosphorsäure, Eisen oder einige andere Metalle anwesend sind [1, 10]. Die Wirkung dieser Begleiter ist ungeklärt; im Falle des Molybdäntoluoldithiolates erhöht Fe(II) die Komplexbildungsgeschwindigkeit [11].

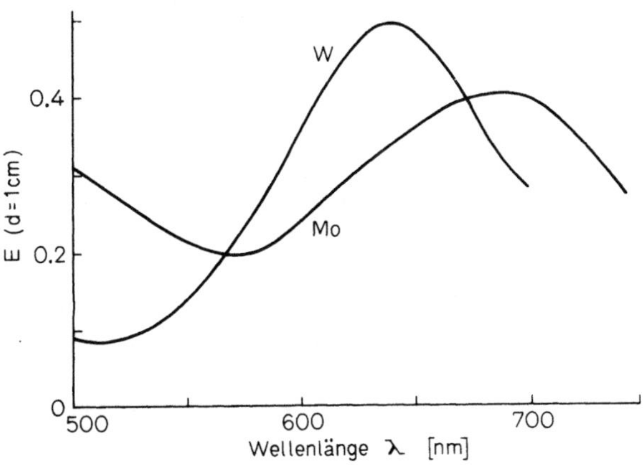

Abb. 24
Absorptionsspektren der Toluoldithiol-Komplexe des W(V) und Mo(V) nach [13].

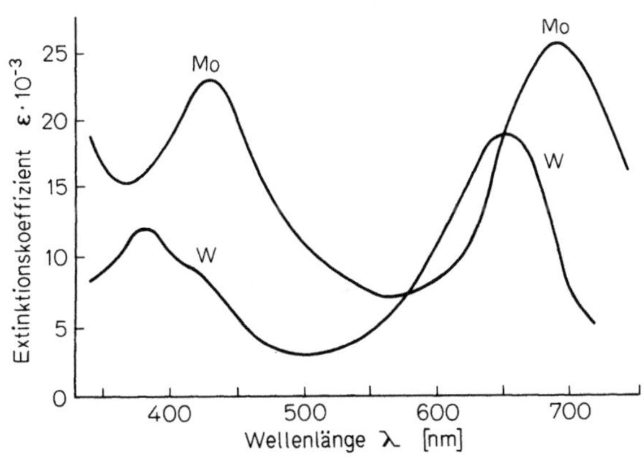

Abb. 25
Absorptionsspektren der o-Xyloldithiol-Komplexe des W(V) und Mo(V) in CCl_4 nach [16].

6.2.1.1 Schnellverfahren für Böden, Sedimente und Gesteine mit Zinkdithiol [33]

Allgemeines. Zink bildet mit Toluoldithiol einen farblosen Komplex, der unter den Bedingungen der Wolfram- oder Molybdänbestimmung glatt zerlegt wird. Er ist gegen Luftoxydation sehr viel beständiger als das Dithiol selbst und vereinfacht dadurch die Handhabung des Reagenses. Wegen ihrer geringen Löslichkeit verwendet man die Substanz als Suspension in Alkohol. Thioglykolsäure kann zur weiteren Stabilisierung zugesetzt werden. Ansonsten ist keine andere Arbeitsweise nötig als bei Verwendung des freien Dithiols. Zur Wolframbestimmung wurde Zinkdithiol u.a. benutzt von [9, 33, 34].

Prinzip. Nach einem sauren Aufschluß reduziert man mit $SnCl_2$, extrahiert nach Zusatz von Zinkdithiol-Suspension und vergleicht die blaugrüne Färbung mit einer Standardreihe. Je Mann und Tag sind 100 Bestimmungen möglich. Noch 4 ppm W bei 0,25 g Einwaage lassen sich erfassen.

Reagenzien

a) *Kaliumhydrogensulfat,* geschmolzen und gepulvert
b) *Salzsäure,* konz., 36 %ig
c) *Zinn(II)-chlorid-Lösung.* 10 g $SnCl_2 . 2H_2O$ werden in konz. HCl auf 100 ml gelöst.
d) *Zinkdithiol-Lösung.* Zu 0,6 g Zinkdithiol gibt man 4 ml Äthanol und 8 ml Wasser, danach 4 g Natriumhydroxid und 2 ml Thioglykolsäure (Dichte 1,33). Man verrührt die Mischung gut, verdünnt mit Wasser auf 200 ml und verrührt wieder. Ist die Suspension nicht in Gebrauch, sollte sie im Kühlschrank aufbewahrt werden.
e) *Isoamylacetat*
f) *Wolfram-Standardlösung.* 89,7 mg $Na_2WO_4 . 2H_2O$ werden in konz. Salzsäure auf 100 ml gelöst: Gehalt 100 μg W/ml. Daraus stellt man nach Bedarf Lösungen mit 1 bzw. 10 μg W/ml in konz. HCl her.

Arbeitsvorschrift [33]. Man wägt 0,25 Probe in ein Reagenzglas (150 x 16 mm) aus Borosilikatglas ein, gibt 1 g $KHSO_4$ zu und mischt. Man erhitzt bis zum ruhigen Schmelzfluß und noch weitere 2 Min. Man zieht die Schmelze am Sandbad mit 5 ml konz. HCl aus, gibt dann nochmals 5 ml konz. HCl dazu, mischt und läßt absitzen. 5 ml der klaren Lösung pipettiert man in ein randloses Reagenzglas (150 x 16 mm) aus Borosilikatglas, in dem sich 5 ml Zinn(II)-chloridlösung befinden. Man erhitzt genau 10 Min. im siedenden Wasserbad, gibt 1 ml Dithiol-Lösung zu der noch warmen Mischung und läßt 10 Min. stehen. Man gibt genau 0,5 ml Isoamylacetat hinzu, verschließt mit einem Gummistopfen und schüttelt kräftig 30 Sek. lang. Dann vergleicht man die Farbtiefe der organischen Phase mit einer Standardreihe.
Zur Herstellung der Standardreihe gibt man in 11 Reagenzgläser 0; 0,5; 1,0; 1,5; 2,0; 3,0; 4,0; 5,0; 6,0; 7,0; 10,0 μg W, verdünnt mit konz. HCl auf 5 ml, gibt 5 ml Zinnchlorid-Lösung dazu, erhitzt genau 10 Min. im siedenen Wasserbad und arbeitet weiter wie oben beschrieben.

Bemerkungen:

I. Längeres Erhitzen nach Zugabe des Dithiols *steigert die Empfindlichkeit* [30].

II. Statt des visuellen Farbvergleichs läßt sich auch eine *photometrische Messung* bei 630 nm ausführen.

III. Die *saure Schmelze* mit $KHSO_4$ ist leichter zu handhaben und ergibt im Durchschnitt höhere Wolframwerte als das ältere Verfahren des alkalischen Aufschlusses [30]. Auch ein Aufschluß mit K_2CO_3-KNO_3-NaCl (5:1:4) bei im übrigen ähnlicher Arbeitsweise wurde empfohlen [5].

IV. Die *Standardabweichung* beträgt 19 ppm bei 278 ppm W-Gehalt, 2 ppm bei 6 ppm und 3 ppm bei 50 ppm W-Gehalt.

V. *Störungen:* Bei der Bestimmung von 5 μg W verursachen keine Störungen: 5 mg Pb; je 2 mg Ca, Fe, Mg; je 1 mg Al, Co, Mn, Ni, V, Zn; je 0,5 mg Mo (!), Cu; 0,05 mg Hg; 1 mg (Cr(III) täuscht etwa 0,5 bis 0,6 μg W vor.

6.2.1.2 Arbeitsweise für Titan, Zirkonium und ihre Legierungen [10].

Das Verfahren nach *Elwell* und *Wood* ist vor allem für Ti und Ti-Legierungen mit weniger als 0,05 % Wolfram bestimmt. Es kann jedoch auch für Gehalte bis 1 % W benutzt werden. Zur Analyse von Zr und seinen Legierungen ist die Arbeitsweise die gleiche, nur wird bei Aufstellung der Eichkurve eine Zr-Lösung statt der Ti-Lösung zugesetzt. Gehalte bis hinauf zu mindestens 20 % Zinn, Mangan, Vanadium, 10 % Aluminium sowie 5 % Kupfer, Eisen, Chrom und Nickel stören nicht. Molybdän wird zuvor als Mo(V)-thiocyanat mit Butylacetat entfernt; Gehalte bis 1 % Mo stören dann nicht. – Eisen muß anwesend sein um vollständige Farbentwicklung zu gewährleisten.

Reagenzien

a) *Zinn(II)-chloridlösung*, 10 %ig. 10 g $SnCl_2.2H_2O$ werden in 100 ml konz. Salzsäure unter leichtem Erwärmen gelöst.
b) *Eisenlösung.* 1,5 g Eisen werden in 25 ml Schwefelsäure (1+4) gelöst und mit Wasser auf 100 ml verdünnt. Gehalt: 15 mg Fe/ml.
c) *Dithiol-Lösung.* Der Inhalt einer frisch geöffneten Ampulle mit 1 g Toluoldithiol wird durch Erwärmen im Wasserbad auf 40°C verflüssigt und in 100 ml Isoamylacetat gelöst. Nicht benötigte Anteile Dithiol aus größeren Packungen sollen bis zum Gebrauch im Kühlschrank aufbewahrt werden. – Zur Haltbarkeit von Dithiol-Lösungen siehe [3].
d) *Titan(IV)-sulfatlösung.* Man löst 0,625 g Titan unter leichtem Erwärmen in 125 ml Schwefelsäure (1+4) und 1 ml HBF_4. Dann oxydiert man mit einem kleinen Überschuß von konz. HNO_3, verkocht die Stickoxide und verdünnt nach dem Erkalten auf 250 ml.
e) *Zirkonium(IV)-sulfatlösung.* Mit 0,625 g hochreinem Zirkonium verfährt man wie für Titan beschrieben.
f) *Wolfram-Standardlösung.* Man löst 0,1794 g $Na_2WO_4.2H_2O$ in Wasser auf 1000 ml und verdünnt davon 100 ml auf 1000 ml. Gehalt: 10 μg W/ml.

Aufstellung der Eichkurve 1 für Mo-freie Proben mit 0,05 bis 0,8 % Wolfram. In fünf 100 ml-Erlenmeyerkolben gibt man 5,0 ml Titansulfat-Lösung sowie 2,5 bzw. 5,0 bzw. 7,5 bzw. 10,0 ml Wolframstandardlösung. Die fünfte Probe dient als Blindprobe. – Man gibt 1 ml Eisenlösung zu und dampft ab, bis Schwefelsäurenebel auftreten. Nach dem Erkalten gibt man 5 ml Zinn(II)-chloridlösung dazu und erhitzt unter häufigem Umschütteln 4 Min. auf einem siedenden Wasserbad. Man gibt 10 ml Dithiol-Lösung dazu, erhitzt unter häufigem Umschütteln nochmals 4 Min. und kühlt dann auf 30°C ab. Man überführt die Lösung in einen Schütteltrichter und spült dreimal mit je 2 ml Isoamylacetat nach. Man schüttelt und verwirft dann die (untere) wäßrige Phase. Der organische Extrakt wird zweimal mit je 10 ml Salzsäure (4+1) gewaschen; die salzsauren Lösungen verwirft man. Die organische Lösung läßt man in einen trockenen 50 ml-Meßkolben ab und füllt mit Isoamylacetat zur Marke auf. Man photometriert in 4 cm-Küvetten bei $\lambda = 630$ nm.

Aufstellung der Eichkurve 2 für Mo-freie Proben mit 0,002 bis 0,08 % Wolfram. In fünf 100 ml-Erlenmeyerkolben gibt man 25,0 ml Titansulfatlösung sowie 1,25 bzw. 2,5 bzw. 3,75 bzw. 5,0 ml Wolframstandardlösung. Die fünfte Probe dient als Blindprobe. – Nach Zugabe von 1 ml Eisenlösung arbeitet man weiter wie für die Eichkurve 1, füllt den Amylacetatextrakt jedoch nur in einem (trockenen) 25 ml-Meßkolben auf.

Arbeitsvorschrift für Mo-freie Proben mit 0,05 bis 0,8 % Wolfram. Man löst 0,25 g Probe unter leichtem Erwärmen in 50 ml Schwefelsäure (1+4) und 0,5 ml HBF_4. Dann oxydiert man mit einem kleinen Überschuß an konz. Salpetersäure, verkocht die Stickoxide und verdünnt nach dem Erkalten

im Meßkolben auf 100 ml. Von dieser Lösung pipettiert man einen Anteil von 5 ml in einen 100 ml-Erlenmeyerkolben, gibt 1 ml Eisenlösung zu und arbeitet weiter wie für die Aufstellung der Eichkurve 1.
Die *Auswertung* erfolgt nach der Eichkurve 1.

Aufstellung der Eichkurve 3 für Proben mit 0,05 bis 0,8 % Wolfram und bis zu 1 % Molybdän. In fünf 150 ml-Bechergläser gibt man 5,0 ml Titansulfatlösung sowie 2,5 bzw. 5,0 bzw. 7,5 bzw. 10,0 ml Wolframstandardlösung. Die fünfte Probe dient als Blindprobe. – Man gibt 2 ml konz. Schwefelsäure zu, engt bis zum Auftreten von Schwefelsäurenebeln ein und läßt abkühlen. Dann gibt man 10 ml Wasser, 0,5 ml Thioglykolsäure (1+1) und 1 ml 20 %ige Kaliumthiocyanat-Lösung dazu und läßt 15 Minuten stehen. – Unter Nachspülen mit wenig Butylacetat überführt man die Probe in einen 100 ml-Schütteltrichter und schüttelt etwa 1 Min. mit 25 ml n-Butylacetat. Die untere (wäßrige) Phase läßt man in einen 100 ml-Erlenmeyerkolben ab, wobei darauf zu achten ist, daß von der organischen Phase nichts mitgerissen wird. Letztere wird verworfen. – Man gibt 1 ml Eisenlösung zu, engt bis zum Auftreten von Schwefelsäurenebeln ein, gibt etwa 0,5 ml konz. Salpetersäure dazu und engt erneut bis zum Rauchen ein. Nach Zugabe von 5 ml Zinn(II)-chloridlösung arbeitet man weiter wie für die Aufstellung der Eichkurve 1.

Aufstellung der Eichkurve 4 für Proben mit 0,002 bis 0,08 % Wolfram und bis zu 1 % Molybdän. In fünf 150 ml-Bechergläser gibt man 25 ml Titansulfatlösung sowie 1,25 bzw. 2,5 bzw. 3,75 bzw. 5,0 ml Wolframstandardlösung. Die fünfte Probe dient als Blindprobe. – Man engt bis zum Auftreten von Schwefelsäurenebeln ein und läßt erkalten. Dann gibt man 10 ml Wasser zu und arbeitet weiter wie für die Aufstellung der Eichkurve 3, füllt den Amylacetatextrakt jedoch nur in einem (trockenen) 25 ml-Meßkolben auf.

Arbeitsvorschrift für Proben mit 0,05 bis 0,8 % Wolfram und bis zu 1 % Molybdän. Man löst 0,25 g Probe unter leichtem Erwärmen in 50 ml Schwefelsäure (1+4) und 0,5 ml HBF_4. Dann oxydiert man mit einem kleinen Überschuß von konz. Salpetersäure, verkocht die Stickoxide und verdünnt nach dem Erkalten im Meßkolben auf 100 ml. Von dieser Lösung pipettiert man einen Anteil von 5 ml in ein 150 ml-Becherglas. – Man gibt 2 ml konz. Schwefelsäure dazu, engt bis zum Rauchen ein und arbeitet weiter wie für die Aufstellung der Eichkurve 3.
Die *Auswertung* erfolgt nach der Eichkurve 3.

Arbeitsvorschrift für Proben mit 0,002 bis 0,08 % Wolfram und bis zu 1 % Molybdän. Man löst 0,25 g Probe unter leichtem Erwärmen in 50 ml Schwefelsäure (1+4) und 0,5 ml HBF_4. Dann oxydiert man mit einem kleinen Überschuß von konz. Salpetersäure, verkocht die Stickoxide und verdünnt nach dem Erkalten im Meßkolben auf 100 ml. Von dieser Lösung pipettiert man einen Anteil von 25 ml in ein 150 ml-Becherglas. – Man engt bis zum Auftreten von Schwefelsäurenebeln ein und arbeitet weiter wie für die Aufstellung der Eichkurve 4.
Die *Auswertung* erfolgt nach der Eichkurve 4.

6.2.1.3 Simultanbestimmung von Wolfram und Molybdän mit o-Xyloldithiol [16]

o-Xylol-4,5-dithiol (Xdt) bietet gegenüber Toluoldithiol (Tdt) wegen seines hydrophoberen Charakters Vorteile bei der Extraktion. Die Mo- und W-Xdt-Komplexe werden bei einmaligem Ausschütteln mit Tetrachlorkohlenstoff augenblicklich in die organische Phase übergeführt. Nach CCl_4-Zugabe und kurzem Schütteln erfolgt die Phasentrennung in weniger als einer Minute. Bei den Tdt-Komplexen beträgt die Zeit für die Extraktion und Phasentrennung zwei bis drei Min. und mehr. Daher hat das X dt auch Vorteile zur *Nacheinanderbestimmung* von Mo und W, bei welcher die Zeit für die Abtrennung des Mo-Komplexes knapp bemessen sein muß, damit noch nicht in merklichem Umfang W(V)-dithiolat entsteht. Durch den geringeren Dampfdruck des Xdt ist die Geruchsbelästigung geringer als beim Tdt. Zur Darstellung des Xyloldithiols siehe [16].

Simultanbestimmungen mit *Toluoldithiol* beschreiben [18, 21, 23].

Ein Nachteil der Simultanbestimmung sowohl mit Xdt als auch mit Tdt ist, daß kein besonderes Reduktionsmittel wie $TiCl_3$ benutzt werden kann, da sonst Mo bis zur dreiwertigen Stufe reduziert wird. Durch das Dithiol selbst wird in den analytisch sinnvollen Reaktionszeiten zwar Mo(VI) quantitativ zu Mo(V), jedoch W(VI) nur teilweise zu W(V) reduziert. Es tritt also ein Verlust an Empfindlichkeit auf. Unter den Bedingungen der nachfolgenden Arbeitsvorschrift werden nur etwas mehr als 60 % des W(VI) reduziert [16]. Absorptionsspektren siehe Abbildung 25, S. 129.

Reagenzien

a) *Xyloldithiol-Lösung,* 0,5 %ig. 1,25 g o-Xylol-4,5-dithiol, hergestellt nach [16], werden bei 35°C in 200 ml einer 2,5 %igen Natronlauge gelöst, filtriert, mit 3 ml Thioglykolsäure versetzt und mit Wasser auf 250 ml aufgefüllt. Die Lösung wird in einer Plastikflasche aufbewahrt.
b) *Titan(III)-chloridlösung,* 1 %ig in konz. HCl.
c) *Tetrachlorkohlenstoff,* frisch destilliert.

Arbeitsvorschrift. Zur Probelösung mit etwa 20 bis 60 μg Mo und 40 bis 120 μg W gibt man 2 ml 2,5 m HCl, 15 ml Xyloldithiol-Lösung und Wasser auf ein Gesamtvolumen von 20 ml. Man erwärmt 20 Min. in einem Wasserbad von 90°C, läßt 10 Min. abkühlen und extrahiert dann mit 25 ml CCl_4. Man mißt in 1 cm-Küvetten bei optimal 630 und 710 nm.

Bemerkungen:

I. Die *Auswertung* kann rechnerisch in der für Simultanbestimmungen üblichen Weise erfolgen; siehe hierzu auch [41]. *Hoyer* und Mitarbeiter haben jedoch auch ein *Nomogramm* dafür angegeben [16].

II. Bei Verwendung des Photometers "Spekol" mit Zusatzverstärker mißt man zweckmäßiger und etwas empfindlicher ***bei 640 und 740 nm.***

6.2.1.4 Aufeinanderfolgende Bestimmung von Molybdän und Wolfram in Niob und Tantal [10, 14]

Das Verfahren eignet sich für Gehalte von jeweils 0,002 bis 0,02 % (20 bis 200 ppm) Molybdän und Wolfram. Noch 5.10^{-5} % (0,5 ppm) Mo bzw. W sind erfaßbar, wenn man die Einwaage vergrößert und Nb(Ta) zunächst aus salz- und flußsaurer Lösung durch Ausschütteln mit Methylisobutylketon entfernt [20]. Ist nur der Wolfram-Gehalt zu bestimmen, so entfallen die Eichung für Mo und die photometrische Messung des Mo-haltigen Extraktes.
Keine Störung bei Bestimmung von 50 μg Mo und W verursachen bis zu 1 mg Al, Cr, Co, Fe, Ni, V; viel Cu stört durch Reagensverbrauch und Bildung eines Niederschlages. Die Bestimmung von 0,01 % W bzw. Mo wird durch Gehalte von mindestens 0,2 % an Al, Fe, Cr, Ni, Co, V nicht gestört.
Man reduziert zunächst Mo(VI) selektiv neben W(VI) durch Hydroxylamin und extrahiert es als Mo(V)-toluoldithiolkomplex durch Tetrachlorkohlenstoff. Die verbliebene W-haltige wäßrige Lösung wird zur Zerstörung organischer Bestandteile mit H_2SO_4 und HNO_3 abgeraucht. Dann reduziert man mit Titan(III). Den unter Erhitzen gebildeten W(V)-toluoldithiolkomplex extrahiert man mit CCl_4. Bei der Aufstellung der Eichkurven muß Niob bzw. Tantal zugesetzt werden.

Reagenzien

a) *Dithiol-Lösung.* Man löst 1 g Toluoldithiol unter leichtem Erwärmen (nicht über 35°C) in 100 ml 4 %iger Natronlauge, gibt 2 ml Thioglykolsäure dazu und verdünnt mit Wasser auf 200 ml. Zur Haltbarkeit von Dithiol-Lösungen siehe [3].

b) *Titan(III)-sulfatlösung.* Man löst 1 g Titan unter leichtem Erwärmen in 125 ml Schwefelsäure (1+4) und verdünnt im Meßkolben auf 250 ml. Die Lösung sollte stets frisch hergestellt werden.

c) *Niob-Lösung.* 1 g hochreines Niob löst man in einem 100 ml-Erlenmeyerkolben durch Erhitzen mit 10 g $KHSO_4$ und 20 ml. konz. H_2SO_4. Man überführt die Lösung in einen 100 ml-Meßkolben, spült mit H_2SO_4 (1+2) nach und füllt mit H_2SO_4 (1+2) zur Marke auf.

d) *Tantal-Lösung.* 1 g hochreines Tantal löst man in einer kleinen Platinschale unter leichtem Erwärmen in 10 ml Flußsäure und etwa 1 ml konz. Salpetersäure. Nach dem Erkalten gibt man 6 ml konz. H_2SO_4 hinzu, engt bis zum Auftreten von Schwefelsäurenebeln ein und dampft dann vorsichtig bis zur Trockene ab. Den Rückstand schmilzt man mit 10 g $KHSO_4$ und löst die Schmelze unter leichtem Erwärmen in 1 ml Flußsäure und 20 ml konz. Schwefelsäure. Man überführt die Lösung in einen 100 ml-Meßkolben, spült mit H_2SO_4 (1+2) nach und füllt mit H_2SO_4 (1+2) zur Marke auf.

e) *Molybdän-Standardlösung.* Man löst 0,3684 g Ammoniummolybdat in Wasser auf 1000 ml und verdünnt davon 25 ml auf 1000 ml. Gehalt: 5 μg Mo/ml.

f) *Wolfram-Standardlösung.* Man löst 0,1794 g $Na_2WO_4 \cdot 2H_2O$ in Wasser auf 1000 ml und verdünnt davon 50 ml auf 1000 ml. Gehalt: 5 μg W/ml.

Aufstellung der Eichkurve für Molybdän und Wolfram. In sechs 100 ml-Erlenmeyerkolben gibt man 15 ml Niob-Lösung (bzw. Tantal-Lösung) sowie 0,6 bzw. 1,2 bzw. 1,8 bzw. 2,4 bzw. 3,0 ml Molybdän-Standardlösung und 0,6 bzw. 1,2 bzw. 1,8 bzw. 2,4 bzw. 3,0 ml Wolfram-Standardlösung. Die sechste Probe dient als Blindprobe. – Man engt bis zum Auftreten von Schwefelsäurenebeln ein und gibt nach dem Erkalten 15 ml Salzsäure (1+2), 0,5 ml Flußsäure sowie 0,5 ml 10 %ige Hydroxylammoniumchlorid-Lösung dazu. Man überführt die Lösung in einen 100 ml-Schütteltrichter und spült mit möglichst wenig Wasser nach. Dann gibt man 10 ml Dithiol-Lösung dazu, schüttelt gut durch und schüttelt während 15 Min. noch gelegentlich durch. Dann gibt man 20 ml Tetrachlorkohlenstoff dazu und extrahiert 2 Min. lang.
Die (untere) organische Phase läßt man in einen trockenen 50 ml-Meßkolben ab, extrahiert noch zweimal mit je 10 ml CCl_4 (1 Min. schütteln) und füllt die vereinigten Extrakte mit CCl_4 zur Marke auf. Zur Molybdänbestimmung photometriert man die Lösung in 4 cm-Küvetten bei 680 nm.

Die von Molybdän befreite wäßrige Phase engt man in einem 100 ml-Erlenmeyerkolben bis zum Auftreten von Schwefelsäurenebeln ein. Man läßt etwas abkühlen, oxydiert mit 0,5 ml konz. Salpetersäure und erhitzt erneut bis zum Rauchen. Nach dem Erkalten spült man die Innenwand des Kolbens mit etwa 10 ml Wasser ab, engt bis zum Rauchen ein und erhitzt noch weitere 15 Min. bis zum Rauchen. Nach dem Erkalten gibt man 25 ml Titan(III)-sulfatlösung, 20 ml konz. Salzsäure und 0,5 ml Flußsäure hinzu. Man erwärmt 5 Min. in einem Wasserbad von 80 bis 90°C. Dann gibt man 10 ml Dithiol-Lösung und 0,5 ml Flußsäure hinzu und erwärmt unter gelegentlichem Umschütteln weitere 15 Min. lang. Man gibt nochmals 0,5 ml Flußsäure hinzu, läßt erkalten und überführt dann die Lösung in einen 100 ml-Schütteltrichter. Den Kolben spült man zweimal mit je 3 ml Tetrachlorkohlenstoff nach und extrahiert durch 2 Min. langes Schütteln des Trichters. Die untere (organische) Phase läßt man in einen trockenen 25ml-Meßkolben ab, extrahiert noch zweimal mit je 5 ml CCl_4 (1 Min. schütteln) und füllt die vereinigten Extrakte mit CCl_4 zur Marke auf. Zur Wolframbestimmung photometriert man die Lösung in 4 cm-Küvetten bei 640 nm.

Arbeitsvorschrift für Niob. 0,5 g Probe löst man in einem trockenen Erlenmeyerkolben in einer erhitzten Mischung von 5 g $KHSO_4$ und 10 ml konz. H_2SO_4. Nach dem Erkalten spült man die Lösung mit H_2SO_4 (1+2) in einen 50 ml-Meßkolben über und füllt mit H_2SO_4 (1+2) auf. – Einen Anteil von 15 ml engt man in einem 100 ml-Erlenmeyerkolben bis zum Auftreten von Schwefelsäurenebeln ein, gibt nach dem Erkalten 15 ml Salzsäure (1+2) hinzu und arbeitet weiter wie für die Aufstellung der Eichkurve.

Arbeitsvorschrift für Tantal. 0,5 g Probe löst man in einer kleinen Platinschale unter leichtem Erwärmen in 5 ml Flußsäure und etwa 0,5 ml konz. Salpetersäure. Nach dem Erkalten gibt man 3 ml konz. H_2SO_4 hinzu, engt bis zum Auftreten von Schwefelsäurenebeln ein und dampft dann vorsichtig bis zur Trockene ab. Den Rückstand schmilzt man mit 5 g $KHSO_4$ und löst die Schmelze unter leichtem Erwärmen in 0,5 ml Flußsäure und 10 ml konz. Schwefelsäure. Nach dem Erkalten spült man die Lösung mit H_2SO_4 (1+2) in einen 50 ml-Meßkolben und arbeitet weiter wie für Niob beschrieben.

6.2.1.5 Weitere Arbeitsweisen zur Bestimmung mit Dithiol

Verfahren für geochemische Proben. Nach *Quin* und *Brooks* können je Mann und Arbeitstag 150 bis 200 Bestimmungen in *Böden, Sedimenten, Gesteinen* und *Pflanzen* ausgeführt werden. Die mit $KHSO_4$ aufgeschlossenen bzw. bei 500°C veraschten Proben werden zur Unterdrückung der Mo-Störung mit $SnCl_2$ reduziert. Die Extraktion des Wolfram-dithiolates erfolgt nicht durch Schütteln, sondern durch mehrstündiges Erwärmen mit einer Lösung von Dithiol in Amylacetat. Hierzu sind Teströhren geeigneter Größe nötig. Das restliche Tröpfchen mit der organischen Lösung des Chelates nimmt man mit Petroläther auf. Noch 0,2 ppm in Böden und 0,01 ppm in getrockneten Pflanzen sind mit ± 11 % Fehler erfaßbar [31]. – *Bowden* schließt 0,25 g *Böden* und *Sedimente* mit 1,25 g K_2CO_3-KNO_3-NaCl (5 : 1 : 4) auf, löst mit 5 ml Wasser 30 Min. am Wasserbad und läßt 3 Std. absitzen. Nach Reduktion mit $SnCl_2$ extrahiert man mit Petroläther und Äthanol (1 : 1). Man vergleicht die Farbtiefe visuell mit derjenigen von Standardproben [5]. – Ein ähnliches Verfahren gibt *North* an, wonach 4 bis 400 ppm Wolfram und 1 bis 100 ppm Molybdän in *Böden* bestimmt werden. Die Reduktion erfolgt zur W-Bestimmung mit $SnCl_2$, zur Mo-Bestimmung mit Hydroxylamin [30]. – Zur Analyse von *Böden* und *Pflanzen* trennt *Watkinson* zunächst W und Mo als Citratokomplexe von Vanadium und anderen störenden Elementen mit einem Kationenaustauscher ab, trennt dann Mo und W voneinander durch Anionenaustauschchromatographie und bestimmt jedes für sich mit Dithiol [39]. – Weitere Ionenaustauschverfahren für *Wässer* und *Silikate,* an welche Bestimmungen mit Dithiol angeschlossen werden, beschreiben *Kawabuchi* und *Kuroda* [22, 23, 25].

Spurenanreicherung durch Mitfällung. Zur Analyse von *Platinwerkstoffen* wird nach *Lorenz* und *Geissler* das Wolfram an Zinn(IV)-oxidhydrat mitgefällt. Dann löst man in 10 m HCl, reduziert mit $TiCl_3$ und extrahiert den Dithiolkomplex mit Amylacetat. Noch 0,005 % W sind erfaßbar; die relative Standardabweichung beträgt 5,3 % (N = 20) bei 20 μg W [27]. – Aus *Silikaten* und *Wässern* isolieren *Chan* und *Riley* Molybdän und Wolfram durch Mitfällung an Mangan(IV)-oxidhydrat. Man trennt dann Mangan von W und Mo durch Ionenaustausch, extrahiert Mo(V)-dithiolat in Gegenwart von Citrat und bestimmt nach nasser Veraschung des organischen Materials das Wolfram mit Dithiol. Die Ausbeute an W beträgt 94±1 %, die relative Standardabweichung 9 %. Erfaßbar sind 0,1 μg W/l in Wässern und 0,5 bis 1 μg W/g in Sedimenten [7]. Zur Anreicherung aus *Wässern* fällen *Kopylova* und *Charlamova* unter Zusatz von Tannin oder Gelatine. Diese Arbeitsweise sammelt Wolfram(VI) in jedweder Form (Monowolframat, Isopolywolframat, Kolloide) und trennt es von Mn, Cu, Ag, Pb, Bi, As, Sb, Ge, V, nicht jedoch von Mo. Man filtriert , röstet, löst in Salzsäure und reduziert mit $TiCl_3$. Der W-dithiolkomplex wird mit Amylacetat extrahiert [24].

Bestimmung in verschiedenen Metallen. Zur *Stahlanalyse* erzeugen *Bagshawe* und *Truman* zunächst selektiv das Mo(V)-dithiolchelat unter sorgfältig kontrollierten Bedingungen durch Reduktion mit Hydroxylamin und entfernen es mit Amylacetat. Bei der Analyse von 18/8-Stählen beträgt der absolute Fehler der Wolframbestimmung auch in Gegenwart von 3 % Mo etwa 0,01 % [2]. – Die Untersuchung von *Titan, Zirkonium* und deren *Legierungen* beschreiben *Wood* und *Clark.* Die Proben werden in H_2SO_4 (1+4) und HBF_4 gelöst; anwesendes Mo entfernt man durch Fällung mit H_2S. Es sind 0,002 bis 3,2 % W erfaßbar. Das Verfahren beansprucht mehr Zeit als die von den Autoren gleichfalls beschriebene Bestimmung mit Thiocyanat. Es ist jedoch empfindlicher und wird nicht durch Vanadium gestört [40]. – Zur Bestimmung in *Titan* siehe [32], in *TiO_2* [37], in hochlegierten *Stählen* und *Titanlegierungen* (mit $<$ 0,05 bis 0,5 % W) [28], in *Plutonium* [29], in *Tantal, Titan* und *Zirkonium* [13], in *Zircaloy 2* [4], in *Rhenium* [25]. – Zur Bestimmung in *Kupfer* entfernen *Zopatti* und *Pollock* die Hauptmenge Cu durch Elektrolyse und danach die verbliebenen Cu-Spuren durch Extraktion mit Neocuproin. Nach nasser Veraschung der organischen Bestandteile wird Molybdän mit Dithiol entfernt. Dann erzeugt man den W(V)-dithiol-Komplex unter Anwendung von Titan(III) bei 80 bis 90°C [42].

Sonstige Anwendungen. Zur Analyse von *biologischem Material* veraschen *Allen* und *Hamilton* die Probe auf nassem Wege, entfernen verschiedene Metalle als Dithizonate und isolieren Mo und W durch Extraktion mit Cupferron. Nach erneuter nasser Veraschung werden Mo und W nacheinander bestimmt. Mit Dithiol reduziert man zunächst in der Kälte nur Mo und nach dessen Ausschüttelung in der Hitze das Wolfram [1]. – Zur *Stahlanalyse* trennt *Lacourt* das Wolfram papierchromatographisch von Mo, Cr, V, Fe und erzeugt den Wolfram-dithiolkomplex nach der Elution des Papiers mit Na_2CO_3-Lösung. Die Reproduzierbarkeit aus 19 Bestimmungen beträgt 2 % bei 10 μg W [26].

Literatur

1. *Allen, S.H., Hamilton, M.B.:* Anal. Chim. Acta **7** (1952) 483-93.
2. *Bagshawe, B., Truman, R.J.:* Analyst **72** (1947) 189-92.
3. *Bode, H., Schaaf, G.:* Z. Anal. Chem. **159** (1957/58) 182-95.
4. *Booth, E., Parker, A.:* At. Energy Res. Establ., AM 10 (1959); durch Chem. Abstr. **53**, 18753 c.
5. *Bowden, P.:* Analyst **89** (1964) 771-74; durch Chem. Abstr. **62**, 12438 d.
6. *Chakrabarti, A.K., Bag, S.P.:* Anal. Chim. Acta **59** (1972) 225-30.
7. *Chan, K.M., Riley, J.P.:* Anal. Chim. Acta **39** (1967) 103-13.
8. *Dobkina, B.M., Nadežina, G.B.:* Chim. Metody Anal. Niobija Splavov **1970**, 52-56; durch Chem. Abstr. **76**, 41547 w.
9. *Dobkina, B.M., Sazikova, G.B.:* Zavodsk. Laborator. **34** (1968) 32.
10. *Elwell, W.T., Wood, D.F.:* Analyt. Chem. of Molybdenum and Tungsten; Pergamon Press, Oxford 1971.
11. *Gilbert, T.W., Sandell, E.B.:* J. Amer. Chem. Soc. **82** (1960) 1087-91.
12. *Gleu, K., Schwab, R.:* Chemiker-Ztg. **74** (1950) 302.
13. *Greenberg, P.:* Anal. Chem. **29** (1957) 896-98.
14. *Hobart, E.W., Hurley, E.P.:* Anal. Chim. Acta **27** (1962) 144-52.
15. *Hoyer, E., Dietzsch, W., Schroth, W.:* Z. Chem. **11** (1971) 41-53.
16. *Hoyer, E., Müller, H., Wagler, H.:* Wiss. Z. Univ. Leipzig, Math.-Naturwiss. Reihe **21** (1972) 47-61.
17. *Jeczalik, A.:* Chem. Analit. **16** (1971) 1271-78.
18. *Jeffrey, P.G.:* Analyst **81** (1956) 104-09.
19. *Kallmann, S., Hobart, E.W., Oberthin, H.K.:* Anal. Chim. Acta **41** (1968) 29-34.
20. *Kallmann, S., Hobart, E.W., Oberthin, H.K.:* Talanta **15** (1968) 982-95.
21. *Kawabuchi, K.:* Japan Analyst **14** (1965) 52-56.

22. *Kawabuchi, K., Kuroda, R.:* Anal. Chim. Acta **46** (1969) 23-30.
23. *Kawabuchi, K., Kuroda, R.:* Talanta **17** (1970) 67-73.
24. *Kopylová, M.M., Charlamová, A.V.:* Novje Metody Analiza Sostava Prodzemn. Vod.: **1967**, 30-36; durch Chem. Abstr. **68**, 62531 m.
25. *Kuroda, R., Kawabuchi, K.:* Z. Anal. Chem. **261** (1972) 394-96.
26. *Lacourt, A.:* Ind. Chim. Belge **20** (1955) 267-82, 399-414.
27. *Lorenz, G., Geissler, W.:* Neue Hütte **18** (1973) 434-37.
28. *Machlan, L.A., Hague, J.L.:* J. Res. Natl. Bur. Stand. **59** (1957) 415-20.
29. *Nelson, G.B., Waterbury, G.L.:* US At. Energy Comm., TID-7629, 62-68 (1961).
30. *North, A.A.:* Analyst **81** (1956) 660-68.
31. *Quin, B.F., Brooks, R.R.:* Anal. Chim. Acta **58** (1972) 301-09.
32. *Short, H.G.:* Analyst **76** (1951) 710-14.
33. *Stanton, R.N.:* Australas. Inst. Mining Met., Proc. No. 236 (1970) 59-60; persönl. Mitteilung.
34. *Stěpanová, N.A., Jakušina, G.A.:* Ž. Anal. Chim. **17** (1962) 858-64; übersetzt: J. Anal. Chem. USSR **17** (1962) 845-51.
35. *Stiefel, E.I., Eisenberg, R., Rosenberg, R.C., Gray, H.B.:* J. Amer. Chem. Soc. 88 (1966) 2956-66.
36. *Stiefel, E.I., Gray, H.B.:* J. Amer. Chem. Soc. 87 (1965) 4012-13.
37. *Stonhill, L.G.:* Chemist-Analyst **47** (1958) 68-69.
38. *Sugawara, K.F.:* Anal. Chim. Acta **35** (1966) 127-31.
39. *Watkinson, J.H.:* New Zealand J. Sci. 1 (1958) 201-19.
40. *Wood, D.F., Clark, R.T.:* Analyst **83** (1958) 326-34.
41. *Wünsch, G.:* Optische Analysenmethoden zur Best. anorg. Stoffe; de Gruyter, Berlin 1976; Sammlung Göschen Bd. 2606
42. *Zopatti, L.P., Pollock, E.N.:* Anal. Chim. Acta **32** (1965) 178-80.

6.2.2 Bestimmung mit Hydrochinon

In konzentriert schwefelsaurem Medium liefert Wolfram(VI) mit Hydrochinon eine Rotfärbung von ungeklärter Natur [2, 4]. Sie eignet sich zu einer empfindlichen Bestimmung und fand bisher vor allem zur Stahlanalyse Verwendung [1, 2, 5, 6, 10, 13], wird jedoch durch verschiedene andere Metalle gestört. Färbungen verschiedener Art und Stärke infolge Reaktion mit Hydrochinon ergeben auch Molybdän, Titan, Niob und Tantal; durch ihre Eigenfärbung in dem Reaktionsmedium stören Ni, Cu, Co, V, Ru, Cr(VI), Mn(VII); Fällungen können entstehen bei Gegenwart von Fe(II), Fe(III), Sn, Mn(II), Hg, Cr(III), Ce(III), As, Zn [3]. Die praktisch wichtigsten Störungen durch Fe(III), V(V) und Mo(VI) wurden durch Zugabe eines Reduktionsmittels wie $SnCl_2$ unterdrückt. Eigenfärbungen von Ionen der Übergangsmetalle können durch eine hydrochinonfreie Blindprobe kompensiert werden. Als *ernste Störung* bleiben höhere Gehalte an *Niob* sowie vor allem schon *Spuren von Titan.* Der Einfluß mäßiger Titanmengen läßt sich rechnerisch kompensieren, wenn der Ti-Gehalt bekannt ist; in Gegenwart höherer Ti-Konzentrationen ist eine Vortrennung nötig. Abb. 26 zeigt die Spektren der mit W, Ti, Nb und Ta entstehenden Verbindungen [9]. Wegen der nur mäßigen Überlappung der Spektren mit Nb und W fand Hydrochinon schon mehrfach Anwendung zur Simultanbestimmung dieser beiden Elemente durch Messung bei zwei Wellenlängen [5, 7, 9, 13].

Die Raumtemperatur beeinflußt die Farbintensität; tägliche Eichmessungen werden für nötig erachtet [10]. Die Anwesenheit steigender Mengen Wasser in dem konzentriert schwefelsauren Reaktionsmedium verringert die Intensität der Färbung. Durch Zusatz entsprechend größerer Mengen Hydrochinon läßt sich dies zwar ausgleichen, doch müssen die Arbeitsbedingungen konstant gehalten werden. Das zur Unterdrückung von Störungen zugesetzte $SnCl_2$ würde eine Fällung ergeben; um dies zu verhindern, gibt man H_3PO_4 zu. Beide Reagentien beeinflussen jedoch sowohl die Farbintensität als auch die Lage des Absorptionsmaximums [10].

Die Reagenslösung von Hydrochinon in konz. H_2SO_4 ist empfindlich gegen Licht und Oxydationsmittel, vor allem auch gegen Spuren von Nitrat. Ihrer Herstellung und Aufbewahrung ist ebenso wie der Reinigung der Gefäße besondere Aufmerksamkeit zu schenken. Anderenfalls führen gelbe bis dunkelbraune Verfärbungen zu hohen Blindextinktionen. Die Lösung soll täglich frisch hergestellt werden [10] bzw. für die Simultanbestimmung von W und Nb vor Gebrauch 16 und 24 Std. gestanden haben [9].

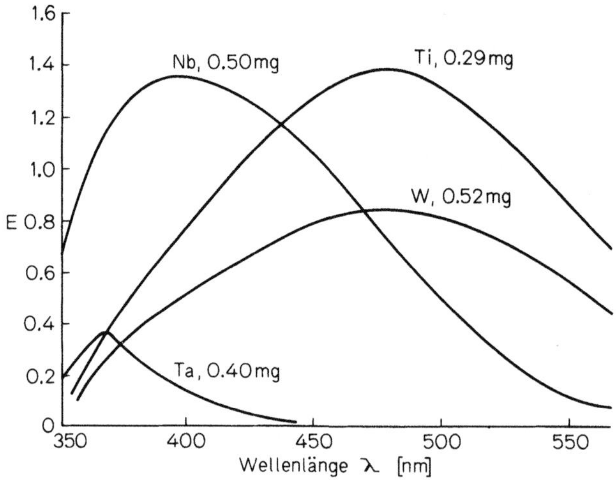

Abb. 26
Absorptionsspektren von Hydrochinon-Komplexen unter den Bedingungen der Arbeitsvorschrift nach [9]

Um Störungen durch Begleitelemente auszuschalten, wurde das Hydrochinonverfahren häufig im Anschluß an Vortrennungen angewandt: zur Stahlanalyse nach Fällung des Wolframs mit Cinchonin [10], nach gemeinsamer hydrolytischer Fällung von W, Nb und Ta [5], nach Extraktion mit α-Benzoinoxim, wobei eine zusätzliche Abtrennung des Molybdäns mit Xanthogenat durchgeführt wurde [12]. Die Bestimmung mit Hydrochinon fand ferner Anwendung zur Analyse von Nickel nach Isolierung des Wolframs mit α-Benzoinoxim [14], zur Analyse von Uran-Tantal-Wolframlegierungen [3], sowie im Anschluß an die Extraktion von W(VI)-thiocyanatokomplexen [11]. Im Rahmen einer Kombination verschiedener Verfahren, welche aus einer einzigen Einwaage eines legierten Stahles Mn, Ni, Mo, Cr, W, V, Cu, Ti und Co zu ermitteln gestattet, wurde Wolfram mit Hydrochinon ohne Trennverfahren bestimmt [1]. Wolframverluste bei der Probenvorbereitung wurden nach dem Verfahren der Isotopenverdünnung mit ^{185}W korrigiert [8].

Arbeitsweise zur Simultanbestimmung von Wolfram und Niob [9].

Reagenzien

a) *Lösesäure:* Zu 300 ml Wasser gibt man vorsichtig 400 ml 85 %ige Phosphorsäure und 120 ml 95 %ige Schwefelsäure. Dann verdünnt man mit Wasser auf 1 Liter.
b) *Zinn(II)-chloridlösung:* Man löst zunächst jeweils für sich 88 g $SnCl_2 . 2H_2O$ in 60 ml konz. Salzsäure sowie 50 g Weinsäure in 100 ml Wasser. Dann mischt man beide Lösungen und verdünnt mit Wasser auf 250 ml.

c) *Verdünnungssäure:* Zu 600 ml Wasser gibt man 350 ml konz. H_2SO_4 und verdünnt mit Wasser auf 1 Liter.

d) *Hydrochinonlösung:* In einer trockenen 1 Liter-Flasche aus braunem Glas gibt man zu genau 15,0 g Hydrochinon aus einem Meßkolben 500 ml 95 %ige Schwefelsäure. Man verschließt die Flasche und schüttelt des öfteren um, bis sich alles gelöst hat. Die Lösung soll vor Gebrauch 16 bis 24 Std. stehen bleiben. Zum Abmessen dient eine braune 50 ml-Bürette.

e) *Niob-Standardlösung:* In einer Platinschale versetzt man 1 g Niob-Pulver mit 30 ml Wasser, 20 ml konz. Salpetersäure und etwa 5 ml 48 %iger Flußsäure. Man erwärmt bis unterhalb der Siedetemperatur bis alles gelöst ist und verdünnt nach dem Erkalten im Meßkolben mit Wasser auf 1000 ml. Dann gießt man die Lösung sofort in eine Plastikflasche. Gehalt: 1 mg Nb/ml.

f) *Tantal-Standardlösung:* Man behandelt 1 g Tantalpulver in gleicher Weise wie für Niob beschrieben. Gehalt: 1 mg Ta/ml.

g) *Titan-Standardlösung:* Man behandelt 0,5 g Titan in gleicher Weise wie für Niob beschrieben. Gehalt: 0,5 mg Ti/ml.

h) *Wolfram-Standardlösung:* Man löst 1,7938 g $Na_2WO_4 . 2H_2O$ in Wasser auf 1000 ml. Gehalt: 1 mg W/ml; eine genaue Gehaltsbestimmung ist empfehlenswert.

Einwaage und Probenteilung: Zur Erzielung günstiger Extinktionen eignet sich für einen Stahl mit 0,75 % Nb und 0,18 % W eine Einwaage von etwa 1 g, wenn zur Analyse ein Anteil von 1 ml aus 50 ml Lösung entnommen wird. Siehe auch Abbildung 26 und Tabelle 9 (S. 139).

Arbeitsvorschrift [9]. Zu der eingewogenen Probe gibt man in einem 250 ml-Becherglas 50 ml halbkonz. Salzsäure, 25 ml Lösesäure und 5 ml konz. Salpetersäure. – Legierungen auf Kobalt- und Nickelbasis läßt man über Nacht in der Wärme stehen, damit sich alles löst. – Man dampft bis zum Auftreten von Schwefelsäurenebeln ein und läßt noch 1 Min. rauchen. Wenn der Rückstand dann noch sehr dunkel ist oder Carbide enthält, gibt man zu der rauchenden Lösung tropfenweise konz. HNO_3, bis sie hell geworden ist. Dann raucht man noch einige Min. lang ab, um alles Nitrat restlos zu entfernen! Man nimmt das Becherglas von der Heizplatte und gibt nach etwa 1 Min. 25 ml Verdünnungssäure hinzu. (Läßt man die Lösung vor dem Verdünnen kalt werden, entsteht eine sirupöse Masse, die sich nur sehr schwierig löst.) Nach dem Erkalten überführt man die Lösung in einen 50 ml-Meßkolben. Bei Legierungen auf Kobaltbasis scheiden sich beim Abrauchen Co-Salze ab. Man dekantiert daher die Lösung, löst den Rückstand durch Erhitzen mit 3 ml konz. Salzsäure und überführt diesen Anteil nach dem Erkalten ebenfalls in den 50 ml-Meßkolben. Man gibt aus einer Bürette 10 ml $SnCl_2$-Lösung in das Becherglas, schwenkt um und gießt die Lösung in den Meßkolben. Man spült das Becherglas noch mit einigen ml Verdünnungssäure nach und füllt mit dieser Säure zur Marke auf. Die Probe soll vor der Weiterverarbeitung mindestens 15 Min. und höchstens 1 Std. stehen bleiben, damit einerseits vollständige Reduktion von Fe und Mo aber andererseits noch keine Bildung von Wolframblau erfolgen kann.
Von dieser Lösung pipettiert man genau 1 ml in ein 250 ml-Becherglas, welches 25,00 ml Hydrochinon-Lösung enthält. Man mischt sorgfältig, wobei sich ein möglicher Niederschlag lösen muß. Dann läßt man zur Vervollständigung der Farbentwicklung 10 Min. stehen. (Dies ist die Analysenlösung). – Einen weiteren Anteil von 1 ml pipettiert man in ein 250 ml-Becherglas, welches genau 25 ml 95 %ige Schwefelsäure enthält. (Dies ist die Blindprobe zur Korrektur der Eigenfärbung von Metallionen.) – Nach einer Farbentwicklungszeit von 10 ± 2 Min. photometriert man diese beiden Lösungen sowie außerdem die Hydrochinon-Lösung jeweils gegen konz. Schwefelsäure als Vergleich. Man mißt bei $\lambda = 400$ nm und bei $\lambda = 500$ nm.

Auswertung. Für jede der beiden Wellenlängen zieht man die Extinktionen der Blindlösung und der Hydrochinonlösung von derjenigen der Analysenlösung ab. Das Ergebnis wertet man rechnerisch an Hand von Eichmessungen in der für Simultanbestimmungen üblichen Weise aus; siehe hierzu [15]. Der Reagentienblindwert einer einwandfreien Hydrochinonlösung beträgt etwa E = 0,03 bei 400 nm und 0,01 bei 500 nm. In Anwesenheit von *Titan* und *Tantal* müssen die Ergebnisse auf Grund entsprechender Eichmessungen korrigiert werden; siehe hierzu [15]. 1 % Ta täuscht etwa 0,08 % Nb vor, stört die Wolframbestimmung aber nicht. 0,01 % Ti täuscht 0,03 % W vor. Als Beispiel gibt die Tabelle 9 die von *McKaveney* erhaltenen Eichwerte als Steigungen der Eichgeraden wieder, wobei entsprechend der Arbeitsvorschrift stets 1 ml Probelösung zu 25 ml Hydrochinonreagens gegeben wurde.

Tabelle 9. *Steigung der Eichkurven nach* [9]*; die Schichtdicke wurde nicht angegeben.*

Element	Extinktionseinheiten je mg Metall bei 400 nm	bei 500 nm
Wolfram	1,00	1,66
Niob	3,07	1,16
Titan	2,60	4,71
Tantal	0,25	0,00

Literatur

1. *Blazejak-Ditges, D.:* Radex-Rundschau **1970**, 32-39
2. *Bogatzki, G.:* Z. Anal. Chem. **114** (1938) 170-81.
3. *Bricker, C.E., Waterbury, G.R.:* Anal. Chem. **29** (1957) 1093-95.
4. *Heyne, G.:* Z. Angew. Chem. **44** (1931) 237-38.
5. *Ikenberry, L., Martin, J.L., Boyer, W.J.:* Anal. Chem. **25** (1953) 1340-44.
6. *Johnson, C.M.:* Iron Age **157** (1946), No. 14, 66-69 und No. 15, 66-68; durch Chem. Abstr. **40**, 3363^7, 3364^1.
7. *Kawahata, M., Mochizuki, H., Misaki, T.:* Japan Analyst **11** (1962) 188-92.
8. *Leliaert, G., Hoste, J., Eeckhaut, Z.:* Rec. Trav. Chim. Pays-Bas 79 (1960) 557-66.
9. *McKaveney, J.P.:* Anal. Chem. **33** (1961) 744-47.
10. *Norwitz, G., Gordon, H.:* Anal. Chim. Acta **69** (1974) 59-68.
11. *Pfeifer, V.:* Mikrochim. Acta **1960**, 518-33.
12. *Pfeifer, V., Hecht, F.:* Z. Anal. Chem. **177** (1960) 175-85.
13. *Sommariva, A., Devoti, A.:* Met. Ital. **52** (1960) 341-54.
14. *Sverak, J.:* Z. Anal. Chem. **201** (1964) 12-14.
15. *Wünsch, G.:* Optische Analysenmethoden zur Bestimmung anorg. Stoffe; de Gruyter, Berlin 1976; Sammlung Göschen Bd. 2606.

6.2.3 Bestimmung mit 8-Hydroxychinolin und seinen Derivaten

6.2.3.1 8-Hydroxychinolin

Wolfram(VI) bildet mit 8-Hydroxychinolin (Oxin) in neutraler oder schwach saurer Lösung ein wasserunlösliches Chelat WO_2Ox_2; siehe auch Kap. 4. Es ist etwa im pH-Bereich 2 bis 6 durch Chloroform extrahierbar. Bei pH-Werten unterhalb etwa 4 macht sich die konkurrierende Bildung von Isopolywolframat bemerkbar, so daß, abhängig von der Arbeitsweise, die Extrahierbarkeit abnimmt [5]. Zur Verringerung von Störungen arbeitet man dennoch manchmal bei pH 2 [3, 6]. Das Absorptionsmaximum nach Extraktion mit Chloroform liegt bei 367,5 nm [3, 5]. Die photometrische Messung wird zuweilen auch bei 400 nm ausgeführt [1, 6]. Die Bestimmung des Wolframs mit Oxin wird durch zahlreiche Metalle gestört. Von diesen läßt sich Vanadium nach Reduktion mit Ascorbinsäure durch ÄDTA maskieren [6]; Mo und V wurden vor der Wolframbestimmung mit Xanthat und Chloroform abgetrennt [1]. Zur Analyse von hochlegierten Stählen sowie von Legierungen mit Zr, U und Be sind umfangreiche Vortrennungen nötig. Molybdän und andere Metalle sind mit Oxin und Chloroform selektiv neben Wolfram ausschüttelbar, wenn letzteres mit Fluorid maskiert wird. Die Fluoridkonzentration ist dabei kritisch. Anschließend kann Wolfram mit Borsäure demaskiert und dann gleichfalls mit Oxin ausgeschüttelt werden. Kobalt und Vanadium sind auch durch Ionenaustauscher entfernbar [3].

Durch *Photometrie im Infrarotgebiet* lassen sich Wolfram, Molybdän und Vanadium nebeneinander bestimmen. Man fällt alle drei Metalle zugleich als Oxinate und preßt den getrockneten Niederschlag in KBr. Man mißt Wolfram bei 10,61 μm, Molybdän bei 10,80 μm und Vanadium bei 10,5 μm. Das Lambert-Beersche Gesetz ist bis $\leqslant$ 2 mg/200 mg KBr erfüllt. Der Arbeitsbereich reicht von 3 bis 15 μg/200 mg KBr; die Reproduzierbarkeit beträgt etwa 3 % [4].
Zur Kinetik der Chelatbildung mit 8-Hydroxychinolin sowie mit 8-Hydroxychinolinsulfonsäure siehe [2].

6.2.3.2 5,7-Dibrom-8-hydroxychinolin

Dibromoxin (DBO) bildet mit Wolfram(VI) ein Chelat $WO_2(C_9H_4ONBr_2)_2$ [7]. Entsprechend dem gegenüber Oxin stärker sauren Charakter des Liganden wird dieser Komplex aus stärker saurer Lösung durch Halogenkohlenwasserstoffe ausgeschüttelt als der Oxinatkomplex. Mit Dichloräthan ist er etwa zwischen pH 4 und einem HCl-Gehalt von 5,5 m extrahierbar; quantitative Extraktion erfolgt im Bereich von pH 1 bis 2 m HCl-Gehalt. Das Absorptionsmaximum im Extrakt liegt bei 370 bis 380 nm; der Extinktionskoeffizient beträgt dort 4700 $l.Mol^{-1}.cm^{-1}$. Das Lambert-Beersche Gesetz ist im Bereich von $3{,}6.10^{-6}$ bis 5.10^{-4} Mol W/l erfüllt. Die Farbe des Komplexes entwickelt sich innerhalb von 6 bis 10 Min. und bleibt über 24 Std. konstant.

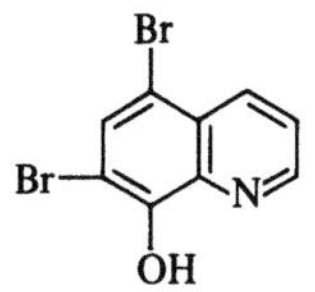

Dibromoxin

Eine störungsfreie Bestimmung ist möglich neben der 1000-fachen Menge Alkali- und Erdalkalimetallen, Al, Cr(III), Ni, Co, Mn(II), Pb, As(V), Re(VII) und Bi. Es stören Fe(II), Fe(III), Mo(VI), Ti(IV) sowie Tartrat, Oxalat und Citrat. Auch das nicht untersuchte Vanadium dürfte stören. Eisen ist durch ÄDTA maskierbar. Das Verfahren wurde zur Stahlanalyse benutzt.

Arbeitsvorschrift [7]. Man löst 0,1 g Stahl unter Erwärmen in 10 ml Schwefelsäure (1:4), oxydiert mit einigen Tropfen HNO_3 und verkocht die Stickoxide. Nach dem Erkalten überführt man die Lösung in einen 50 ml-Meßkolben und füllt auf. Zu einem Anteil von 5 ml gibt man 4 ml 0,2 m ÄDTA-Lösung, stellt pH 0,5 ein und verdünnt auf etwa 10 ml. Dann schüttelt man 10 Min. lang mit genau 10 ml einer 5.10^{-3} m Lösung von Dibromoxin in Dichloräthan, filtriert den Extrakt durch ein trockenes Papierfilter und mißt in 1 cm-Küvetten gegen eine Reagentienblindprobe.

Literatur

1. *Amano, H.:* Science Repts. Res. Inst., Tohoku Univ., Ser. A **12** (1960) 16-23; durch Chem. Abstr. **54**, 13961 i.
2. *Diebler, H., Timms, R.E.:* J. Chem. Soc. A **1971**, 273-77.
3. *Eberle, A.R.:* Anal. Chem. **35** (1963) 669-73.
4. *Magee, R.J., Witwit, A.S.:* Anal. Chim. Acta **29** (1963) 517-23.
5. *Motojima, K., Hashitani, H.:* Japan Analyst **9** (1960) 151-61.
6. *Stoljarov, K.P.:* Vestn. Leningrad. Univ., Fiz. Chim. **18** (1963) 140-45; durch Chem. Abstr. **60**, 8638 h.
7. *Žarovskij, F.G., Gorina, D.O.:* Ž. Anal. Chim. **26** (1971) 766-71; übersetzt: J. Anal. Chem. USSR **26** (1971) 666-71.

6.2.4 Bestimmung mit Hydroxyazofarbstoffen

Zur Wolframbestimmung eignen sich zahlreiche Azofarbstoffe, welche zwei benachbarte phenolische OH-Gruppen besitzen und also zur Ausbildung von Chelaten befähigt sind.

6.2.4.1 Stilbazo

Stilbazo (Stilben-4,4'-bis[(azo-1) -3,4-dihydroxyazobenzol] -2,2'-disulfonsäure) bildet bei pH 2 bis 6 einen wenig beständigen rotbraunen und bei pH $\leqslant 1$ einen blauen Komplex mit W(VI). Letzterer besitzt bei $\lambda = 574$ nm einen Extinktionskoeffizienten von 64000 $1.Mol^{-1}.cm^{-1}$. Die Reaktion verläuft bei Raumtemperatur nur langsam; die Extinktion wird erst nach 2 Std. konstant. Durch Erhitzen wird der Komplex zerlegt. Ein etwa dreifacher Reagensüberschuß ist bei etwa pH 1 ausreichend, wobei Stilbazo zur neutralen Wolframatlösung zu geben und erst danach pH 1 einzustellen ist [4]. Die Reproduzierbarkeit des Verfahrens ist gering [1].

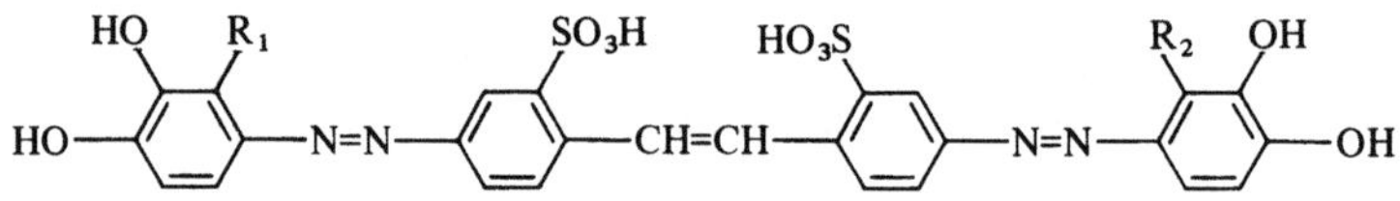

Stilbazo: R_1, R_2= H
Stilbazogall: R_1, R_2= OH

6.2.4.2 Stilbazogall

Mit Stilbazogall entsteht bei pH 2 ein 1:1-Komplex mit W(VI). Er weist ein Absorptionsmaximum bei 550 nm mit dem Extinktionskoeffizienten 21000 $1.Mol^{-1}.cm^{-1}$ auf. – Bei pH 5 liegt ein 1:2-Komplex (W:Stilb) mit $\lambda_{max} = 520$ nm und $\epsilon = 37000$ $1.Mol^{-1}.cm^{-1}$ vor. Bei beiden pH-Werten stören Mo(VI), Cr(III), Cr(VI), V(V), Ti, Th und Zr sehr stark; Cr, Al, Cu und Fe stören vor allem bei pH 5 [2, 3].

Arbeitsvorschrift. Zur Bestimmung versetzt man die Probelösung mit 5 ml einer 10^{-4} molaren Lösung von Stilbazogall, gibt 5 ml Acetatpufferlösung von pH 4,9 dazu und verdünnt im Meßkolben mit Wasser auf 25 ml. Nach 5 bis 15 Min. mißt man bei 520 nm gegen eine Reagentienblindprobe.

6.2.4.3 Chelate mit Peroxogruppen

Ternäre Komplexe aus Wolfram(VI), Wasserstoffperoxid und *Bisazoderivaten der Chromotropsäure* wurden von *Savvin* und Mitarbeitern untersucht. Am besten geeignet sind solche, die eine o,o'-Dihydroxyazogruppe enthalten [6]. Zur Wolframbestimmung brauchbar ist auch der Komplex aus W(VI), H_2O_2 und *Magneson XC,* der die Komponenten im Verhältnis 1:1:1 enthält. Er existiert in 0,1 bis 1,5 m salzsaurer Lösung und weist bei $\lambda_{max} = 570$ nm einen Extinktionskoeffizienten von 20000 $1.Mol^{-1}.cm^{-1}$ auf. Es sind 20 bis 100 μg W/25 ml bestimmbar. Durch ÄDTA läßt sich die 50-fache Menge Al,

Fe, Bi, Zr und Th maskieren. Bis zur vollen Ausbildung des Komplexes ist eine zweistündige Wartezeit erforderlich [7].

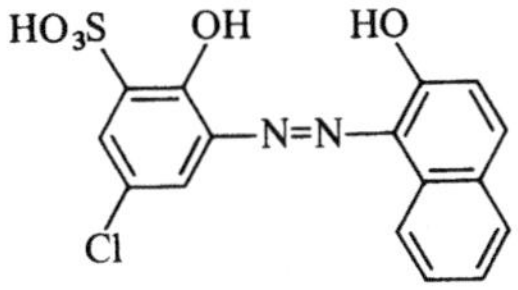

Magneson XC

6.2.4.4 Sonstige Verbindungen

Ein zur photometrischen Bestimmung geeignetes Wolframchelat bildet ferner das Dihydroxythiazo [2-(3,4-dihydroxyphenylazo)-4-phenyl-5-benzoylthiazol]: pH-Bereich 4,0 bis 5,5; Absorptionsmaximum bei 540 nm mit $\epsilon = 70000\ l.Mol^{-1}.cm^{-1}$; Arbeitsbereich von 1 bis 35 μg W/ml in Wasser-Äthanol-Gemisch [5].

Literatur

1. *Dymov, A.M., Kozel, L.Z.:* Izv. Vysš. Učeb. Zaved., Černaja Met. **1961**, 192-97; durch Chem. Abstr. **56**, 7997 d.
2. *Ishii, H., Einaga, H.:* Bull. Chem. Soc. Japan **39** (1966) 193.
3. *Ishii, H., Einaga, H.:* J. Chem. Soc. Japan, Pure Chem. Sect. **88** (1967) 183-87.
4. *Kleiner, K.E., Klibus, A.K.:* Ž. Obšč. Chim. **28** (1958) 2013-20; übersetzt: J. Gen. Chem. USSR **28** (1958) 2052-58.
5. *Korolkova, V.S., Putnins, J., Gudriniece, E.:* Latvijas PSR Zinat. Akad. Vestis, Chim. Ser. **1967**, 266-71 und **1970**, 76-80; durch Chem. Abstr. **67**, 121948 g und **73**, 31190 y.
6. *Savvin, S.B., Namvrina, E.G., Ochranova, L.A.:* Ž. Anal. Chim. **28** (1973) 1119-23; übersetzt: J. Anal. Chem. USSR **28** (1973) 992-95.
7. *Savvin, S.B., Namvrina, E.G., Tramm, R.S.:* Ž. Anal. Chim. **27** (1972) 108-15; übersetzt: J. Anal. Chem. USSR **27** (1972) 87-92.

6.2.5 Bestimmung mit Hydroxytriphenylmethanfarbstoffen und Xanthenderivaten

6.2.5.1 Brenzkatechinviolett

Dieses bildet mit Wolfram(VI) je nach dem pH-Wert Chelate verschiedener Zusammensetzung [2, 3, 5]. Zur Ausschaltung von Störungen durch Molybdän und Vanadium reduziert man diese Metalle mit Hydroxylamin [5]. In Gegenwart von NH_2OH entstehen ternäre Komplexe aus W(VI), Brenzkatechinviolett und Hydroxylamin, deren Zusammensetzung vom pH-Wert abhängt [2]. Die größte Empfindlichkeit der Farbreaktion ergibt sich bei pH 2 bis 2,5 [2, 5]. Bei pH 2 beträgt das Verhältnis W : Brenzkatechin 1:1 [5]. Das Absorptionsmaximum liegt bei 560 nm. Das Lambert-Beersche Gesetz ist im Bereich von 0,4 bis 5 μg W/ml erfüllt. Molybdän kann nach der Reduktion durch ÄDTA maskiert werden; ein zu großer Überschuß komplexiert jedoch auch W(VI) in merklichem Maße [5]. Zur Analyse von Stahl und Nickellegierungen wurden Fe(III), Ti, Nb und Al hydrolytisch abgetrennt; Fe(II), Ni, Mn(II) und Co(II) stören nicht [5]. Für die Bestimmung neben größeren Mengen Molybdän wird empfohlen, gegen eine Blindprobe zu messen, welche ebensoviel Mo enthält wie die Analysenprobe [2].

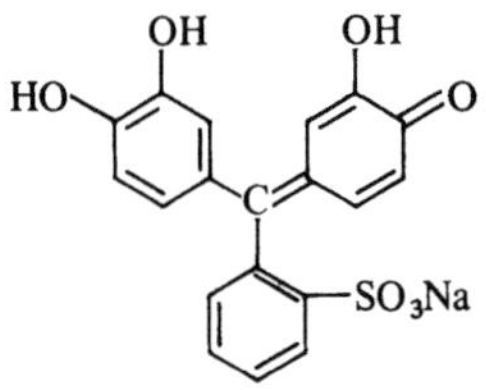

Brenzkatechinviolett

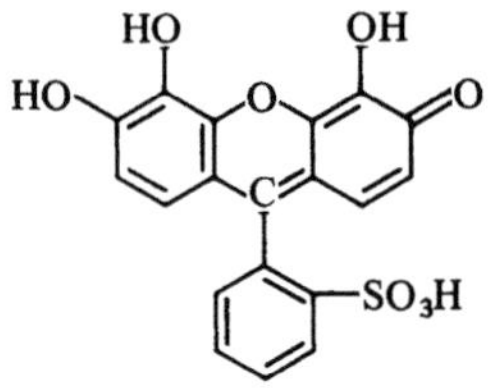

Pyrogallolrot

6.2.5.2 Pyrogallolrot

In schwach saurer Lösung bildet Pyrogallolrot (PR) mit Wolfram(VI) ein Chelat, dessen Lichtabsorption durch die Anwesenheit stark oberflächenaktiver Stoffe wie Cetyltrimethylammoniumchlorid (CTA) erheblich gesteigert wird [6]. Die Abbildung 27 zeigt Absorptionsspektren dieses Systems.

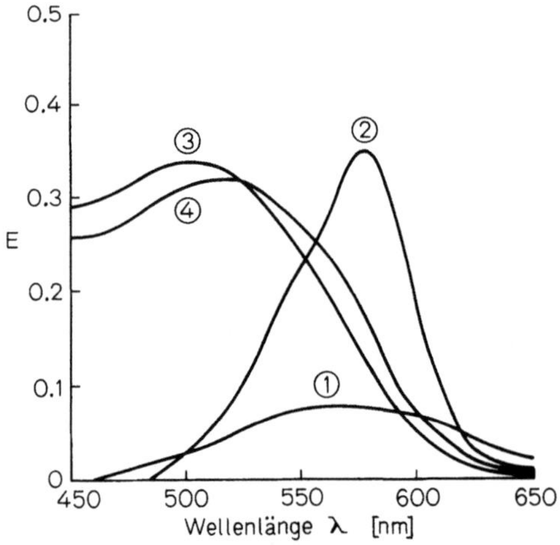

Abb. 27
Absorptionsspektren im System W(VI)-Pyrogallolrot-Cetyltrimethylammonium bei pH 4,7 (Acetatpuffer). [6]
1) Chelat ohne CTA (6.10^{-6} m W; 6.10^{-5} m PR)
2) Chelat mit CTA (6.10^{-6} m W; 6.10^{-5} m PR; 3.10^{-4} m CTA)
3) Pyrogallolrot ohne CTA ($2{,}5.10^{-5}$ m PR)
4) Pyrogallolrot mit CTA ($2{,}5.10^{-5}$ m PR; 3.10^{-4} m CTA)
Nr. 1 und 2 gegen Reagenzienblindprobe, Nr. 3 und 4 gegen Wasser gemessen.

Der Farbkomplex hat die Zusammensetzung W : PR = 1 : 1. Sein Absorptionsmaximum liegt in Gegenwart von CTA bei 576 nm; der Extinktionskoeffizient beträgt dort 60000 $l.Mol^{-1}.cm^{-1}$, entsprechend einer “Empfindlichkeit nach Sandell” von 0,003 µg W/ml. (Zur Definition und Umrechnung dieser Größe siehe auch [7].) Die intensivste Absorption tritt bei etwa pH 4,7 auf; zur Einstellung dieses pH-Wertes wird ein Acetatpuffer empfohlen. Die Konzentration an CTA soll 2 bis 4.10^{-4} Mol/l betragen. In Gegenwart von ÄDTA als Maskierungsmittel entsteht bei Bestimmung von 27 µg W ein Fehler von höchstens ± 3 % bei Anwesenheit von 10 mg Cl^-, NO_3^-, SO_4^{2-}, $S_2O_3^{2-}$, HPO_4^{2-}, F^-, von 0,5 mg Ca, Fe(III), Co, Ni, Cu, Cr(III), Al, Be und von 0,1 mg Th. Stark stören bereits 0,1 mg Mo(VI), V(V), Zr, U(VI) und Ti.

Arbeitsvorschrift [6]. In einen 25 ml-Meßkolben gibt man so viel von der neutralen Probelösung, daß höchstens 45 µg W vorliegen und verdünnt mit Wasser auf 10 ml. Dazu gibt man 1 ml 2 m HNO_3, 1 ml 0,1 m ÄDTA-Lösung, 2,5 ml 2 m Natriumacetatlösung sowie 5 ml Reagenslösung, welche 3.10^{-4} m an Pyrogallolrot und $1,5.10^{-3}$ m an CTA ist. Man füllt mit Wasser zur Marke auf. Nach 20 Min. photometriert man bei 576 nm gegen eine Reagentienblindprobe.

6.2.5.3 Gallein

In Anwesenheit von Cetyltrimethylammoniumchlorid ermöglicht Gallein in entsprechender Weise wie Pyrogallolrot eine photometrische Wolframbestimmung. Maximale Absorption tritt im pH-Bereich von 2,0 bis 3,8 und bei einer Wellenlänge von 590 nm auf. Für die Zusammensetzung des Komplexes wurde im Widerspruch zu dem ganz ähnlichen des Pyrogallolrots das Verhältnis W : Gallein = 1 : 2 gefunden [4].

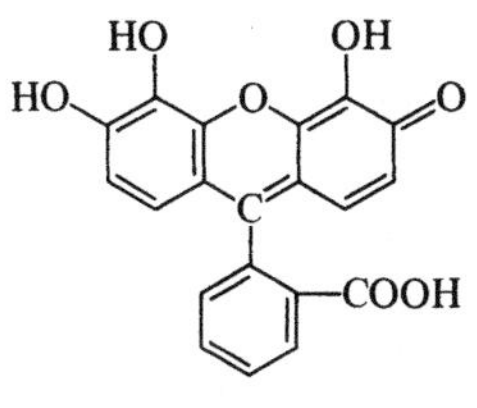

Gallein
(=Pyrogallolphthalein)

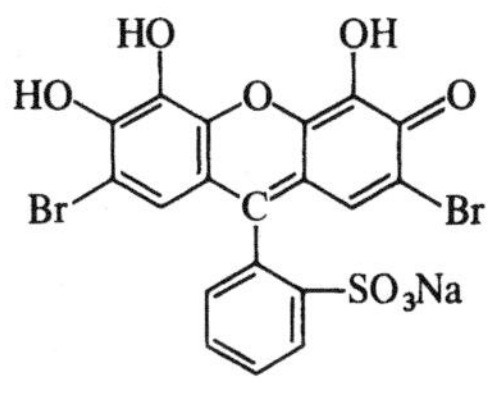

Brompyrogallolrot

6.2.5.4 Brompyrogallolrot

Dieses bildet mit W(VI) ohne Zusatz eines Netzmittels im pH-Bereich von 4,7 einen 1:1-Komplex, der in seinem Absorptionsmaximum bei 530 nm einen Extinktionskoeffizienten von 8000 $l.Mol^{-1}.cm^{-1}$ aufweist [1a].
In Gegenwart eines Überschusses des oberflächenaktiven Zephiramins bildet Brompyrogallolrot (BPR) in optimal 1,0 bis 1, 3 m salzsaurer Lösung einen blauen Komplex mit Wolfram(VI) [1]. Er besitzt die Zusammensetzung W : BPR = 1 : 1 und weist bei $\lambda = 621$ nm ein Absorptionsmaximum mit $\epsilon = 65000$ $l.Mol^{-1}.cm^{-1}$ auf. Das Lambert-Beersche Gesetz ist im Bereich von 2 bis 35 µg W/25 ml erfüllt. Es stören Hg, Bi, Sb(III), Sn(IV), V(V), Cr(VI), Mo(VI) und Nitrit, wenn sie in gleicher Konzentration wie Wolfram vorliegen.

Arbeitsvorschrift [1]. In einen 25 ml-Meßkolben gibt man eine Probe mit 2 bis 35 µg W(VI), eine passende Menge 3 m Salzsäure, 2,0 ml 2 %ige Lösung von Gummi arabicum, 2,0 ml 0,01 m Lösung von Zephiramin und 1,0 ml 0,03 %ige Lösung von Brompyrogallolrot. Dann füllt man mit Wasser zur Marke auf, wobei eine Azidität von 1 bis 1,3 m erreicht werden soll. Man erhitzt 10 Min. im Wasserbad auf 55 ± 2°C und läßt dann 20 Min. abkühlen. Man photometriert bei 621 nm gegen eine Reagentienblindprobe.

Literatur

1. *Deguchi, M., Mamiya, T.:* Japan Analyst **25** (1976) 60-62.

1a. *Dhupar, S.C., Srivastava, K.C., Banerjee, S.K.:* Bull. Inst. Chem., Acad. Sinica **1972**, 33-38; durch Chem. Abstr. 79, 100191 n.

2. *Lebedeva, L.I., Golubcova, Z.G., Janklovič, N.G.:* Ž. Anal. Chim. **26** (1971) 1962-66; übersetzt: J. Anal. Chem. USSR **26** (1971) 1754-57.

3. *Majumdar, A.K., Saviar, C.P.:* Naturwiss. **45** (1958) 84.

4. *Mori, I.:* Japan Analyst **23** (1974) 291-93.

5. *Paščenko, E.N., Mal'cev, V.F.:* Zavodsk. Laborator. **34** (1968); übersetzt: Industrial Labor. **34** (1968) 13-15.

6. *Shijo, Y., Takeuchi, T.:* Japan Analyst **22** (1973) 1341-45.

7. *Wünsch, G., Umland, F.:* Bor. Hdb. Anal. Chem. III a α 1; Springer, Berlin, Heidelberg, New York 1971; S. 89.

6.2.6 Bestimmung mit Hydroxyfluoronen

Die Eignung des auch zur Bestimmung anderer Elemente dienenden sogenannten *Phenylfluorons* wurde von *Buganov* und Mitarbeitern ausführlich untersucht [1, 2, 3, 4, 5]. Dieses Reagens, das 2,3,7-Trihydroxy-9-phenyl-6-fluoron, bildet mit Wolfram(VI) im pH-Bereich von 3,8 bis 4,4 ein gelbes Chelat der Zusammensetzung W : R = 1 : 2. Das Chelat weist in seinem Absorptionsmaximum bei 453 nm einen Extinktionskoeffizienten von 8530 l.Mol^{-1}.cm^{-1} auf. Das Lambert-Beersche Gesetz ist bei Konzentrationen von 1,6 bis 23.10^{-6} Mol W/l erfüllt. Der Komplex bildet sich bei Zimmertemperatur innerhalb von 30 Min. Erhitzen auf 90°C verkürzt die Farbentwicklungszeit auf 5 Min., intensiviert die Farbe und verbessert die Stabilität. – Molybdän bildet mit dem Reagens einen purpurfarbigen Komplex und stört stark.

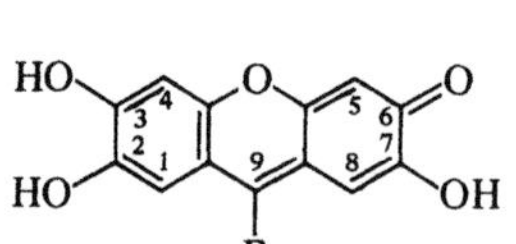

2,3,7–Trihydroxy–6–fluorone
mit Substituenten R in 9–Stellung

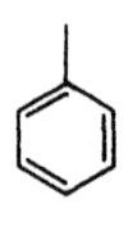

Phenylfluoron

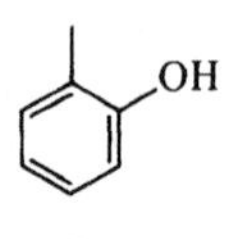

Salicylfluoron

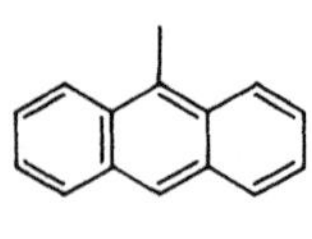

Anthrafluoron

Poluektov und *Nazarenko* haben 19 Derivate des Trihydroxyfluorons auf ihre Verwendbarkeit zur Wolframbestimmung untersucht [6]. Oberhalb von etwa pH 0,5 bis 1 entstehen farbige Komplexe, für deren Zusammensetzung im Gegensatz zu *Buganov* ein Verhältnis W : R = 1 : 1 gefunden wurde. Viele sind in Wasser nur wenig löslich. Man photometriert dann ein Kolloid, welches durch Gelatine stabilisiert wurde, oder man setzt Äthanol als Lösungsvermittler hinzu. Alkohol vermindert jedoch die Empfindlichkeit der Farbreaktion. – Um Ausfällung von Wolframsäure während der nur langsam verlaufenden Bildung der Hydroxyfluoronchelate zu vermeiden, arbeitet man in Gegenwart von Citronensäure als Hilfskomplexbildner [6].

Unter den geprüften Substanzen erwiesen sich *Anthrafluoron* sowie *Salicylfluoron* als gut geeignet, nicht zuletzt auch deshalb, weil sie leicht herstellbar sind. Das Chelat mit Salicylfluoron zeigt Absorptionsmaxima bei 475 und 560 nm; bei beiden Wellenlängen beträgt der Extinktionskoeffizient 25500 $l.Mol^{-1}.cm^{-1}$. Das Lambert-Beersche Gesetz ist bis hinauf zu 4 μg W/ml erfüllt [6].

Auch die Verwendung von *Vanillindinitrofluoron* wurde beschrieben. Die rotbraune Lösung seines Wolframchelates wird durch Gummi arabicum stabilisiert. Das Absorptionsmaximum liegt bei 520 nm [7].

Literatur

1. *Achmedova, Ch.A., Tataev, O.A., Buganov, Ch.G.:* Sovrem. Metody Chim. Technol. Kontr. Proizvod. **1968**, 135; durch Chem. Abstr. **72**, 18221 u.
2. *Buganov, Ch.G.:* Mater. Nauč. Konf. Aspir. Rostov Univ., **1967**, 69-72; durch Chem. Abstr. **71**, 18585 v.
3. *Buganov, Ch.G., Bagdasarov, K.N., Tataev, O.A.:* Sb. Statei Molodych Uč. Dagestan Fil. Akad. Nauk SSSR **1969**, 198-202; durch Chem. Abstr. **75**, 104784 y.
4. *Buganov, Ch.G., Bagdasarov, K.N., Tataev, S.A., Achmedova, Ch.A.:* Sovrem. Metody Chim. Technol. Kontr. Proizvod. **1968**, 84-85; durch Chem. Abstr. **72**, 8942 r.
5. *Buganov, Ch.G., Tataev, O.A., Bagdasarov, K.N.:* Sb. Nauč. Soobšč. Dagestan Univ., Kafendra Chim. **1967**, 48-53; durch Chem. Abstr. **69**, 64404 s.
6. *Poluektova, E.N., Nazarenko, V.A.:* Ž. Anal. Chim. **19** (1964) 856-63; übersetzt: J. Anal. Chem. USSR **19** (1964) 793-99.
7. *Straub, G., Ratkovics, R.:* Veszpremi Vegyipari Egyetem Közlemyei **4** (1960) 191-13; durch Chem. Abstr. **55**, 13166 g.

6.2.7 Bestimmung mit Flavonen und Pyranolen

6.2.7.1 Morin

Im pH-Bereich von 3,0 bis 4,5 bildet Morin mit Wolframat einen Komplex, welcher ein Absorptionsmaximum bei 413 nm mit einem Extinktionskoeffizienten von 17000 $l.Mol^{-1}.cm^{-1}$ besitzt. Seine effektive Stabilitätskonstante bei pH 3,6 beträgt 1.10^{10}. Man arbeitet in einer wäßrigen Lösung, die 4 % Dimethylsulfoxid enthält. Steigender Gehalt an DMSO und abnehmender pH-Wert vermindern die Empfindlichkeit [1].

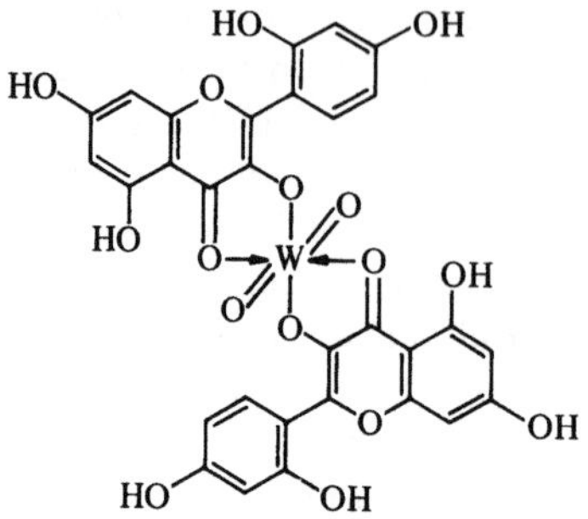

Chelat mit Morin

6.2.7.2 Dihydroxybenzopyranole

Poluektova hat die Eignung von verschiedenen Dihydroxybenzopyranolen geprüft [2]. Zur photometrischen Bestimmung wird das 6,7-Dihydroxy-2,4-diphenylbenzopyranol empfohlen. Bei Gegenwart von Citrat, 0,02 % Gelatine und 20 % Äthanol ist bei pH 2 das Lambert-Beersche Gesetz bis 2 μg W/ml erfüllt. Der Extinktionskoeffizient beträgt 39000 $l.Mol^{-1}.cm^{-1}$ bei 500 nm. Störungen von ≤ 2 % verursachen (mg): Ni (0,2), Co (1,0), Ca (0,4), Zn (1,0), Cu (0,1) und Mn (0,5). Mit ÄDTA und 0,5 ml 10 %iger Thioglykolsäure lassen sich 10 μg Mo sowie kleine Mengen Fe, Al, V, Ti, Zr, Hf, Sn und Ge maskieren. Niob und Tantal müssen entfernt werden. – Nach Ausschüttelung durch Chloroform liegt das Absorptionsmaximum bei 535 nm. *Poluektova* hat für den extrahierten Komplex den sehr hohen Extinktionskoeffizienten von 93000 $l.Mol^{-1}.cm^{-1}$ angegeben [2]. Bei einer Nachprüfung wurden jedoch nur streuende Werte von etwa der gleichen Größe wie in wäßriger Lösung erhalten [3].

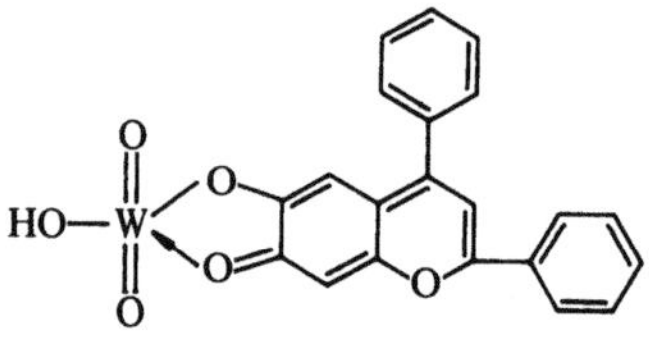

Chelat mit Dihydroxydiphenylbenzopyranol

Literatur

1. *Ishibashi, N., Kohara, H.:* Japan Analyst 13 (1964) 239-44.
2. *Poluektova, E.N.:* Ž. Anal. Chim. 21 (1966) 187-91; übersetzt: J. Anal. Chem. USSR 21 (1966) 165-67.
3. *Wünsch, G.:* unveröffentlicht

6.2.8 Bestimmung mit Polyphenolen

Wolframat bildet in schwach saurer Lösung farbige Komplexe mit Brenzkatechin und zahlreichen anderen Substanzen, welche eine ortho-Diphenolgruppierung enthalten. Der Nachteil dieser Reagentienklasse ist ihre mangelnde Selektivität: In ähnlicher Weise wie W(VI) reagieren viele andere Elemente mit Polyphenolen, vor allem Mo(VI), V(V),

Nb(V), Ti(IV) und Fe(III). Im allgemeinen lassen sich diese Reagentien daher nur auf reine Wolframatlösungen oder im Anschluß an ein Trennverfahren anwenden. Dann allerdings haben einige den Vorzug einfacher Arbeitsweise.

Untersucht wurde unter anderem die Komplexbildung von Wolframat mit *Brenzkatechin* [2, 3, 4], *3,5-Dinitrobrenzkatechin* [8], *Brenzkatechin-3,5-disulfonsäure* (Tiron) [11], *Pyrogallol* [13], *Pyrogallolsulfonsäure* [5] und *Protocatechualdehyd* [4]. Die Chelate haben bei niedrigem pH-Wert (etwa pH < 5, je nach Substituenten) die Zusammensetzung W : R = 1 : 1, bei höherem pH-Wert jedoch 1 : 2. Bei pH 7 wird auch ein 1 : 3-Komplex beobachtet [9]. Mit dem durch Substituenteneinflüsse besonders stark sauren Dinitrobrenzkatechin bildet sich der 1 : 2-Komplex noch in 0,01 bis 0,5 m salzsaurer Lösung. Sein Extinktionskoeffizient zeigt den für Chelate dieser Reagentienklasse bemerkenswert hohen Wert von 10000 $l.Mol^{-1}.cm^{-1}$ in dem Absorptionsmaximum bei 400 nm [8].

Die Chelate des Wolframs mit Brenzkatechin (Brz) oder Dinitrobrenzkatechin (DnBrz) lassen sich nach Zusatz organischer Kationen durch polare Lösungsmittel ausschütteln. Mit Äthylhexandiol (ÄHD) $HOCH_2CH(C_2H_5)CH(OH)C_3H_7$ entsteht bei pH 1,3 ein Ionenpaar ÄHD : W : Brz = 1 : 1 : 1. Das mit Trioctylamin oder Amberlite LA2 durch Butylacetat extrahierte Chelat hat bei pH 1,3 die Zusammensetzung W : Brz = 1 : 1, bei pH 5 dagegen 1 : 2 [9]. Als Extraktionsmittel geeignet sind ferner Diantipyrylmethan [6, 14], Antipyrin [6], Hexyldiantipyrylmethan [12], Dimedrol [10], Brilliantgrün [7] sowie Anilin [1]. Es wird dabei der 1 : 2-Komplex des W(VI) mit Brz bzw. DnBrz ausgeschüttelt.

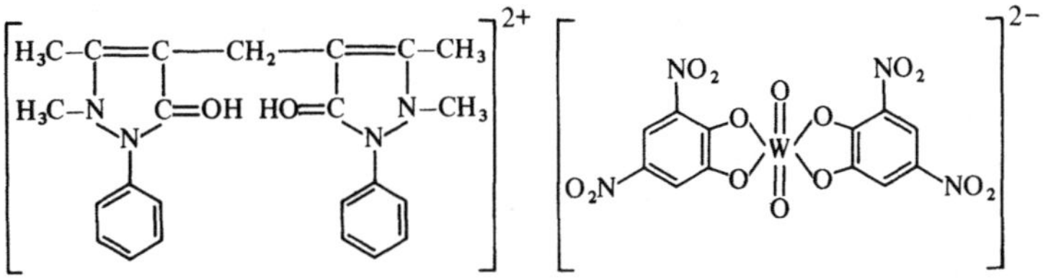

Ionenpaar des Diantipyrylmethylkations mit Dinitrobrenzkatechinatowolframat

Literatur

1. *Ali-Zade, T.D., Gamid-Zade, G.A., Kuliev, V.I.:* Azerb. Chim. Ž. **1971**, 130-33; durch Chem. Abstr. **77**, 56109 z.
2. *Busev, A.I., Sokolova, T.A.:* Ž. Anal. Chim. **23** (1968) 1348-54; übersetzt: J. Anal. Chem. USSR **23** (1968) 1186-91.
3. *Černaja, N.A., Pankovskaja, I.G., Šnaiderman, S.Ja.:* Izv. Vysš. Učeb. Zaved., Chim. Chim. Technol. **14** (1971) 1137-40; durch Chem. Abstr. **75**, 155439 x.
4. *Halmekoski, J.:* Suomen Kemistilehti, **B 35** (1962) 81-83.
5. *Horak, J., Okač, A.:* Collect. Czechoslov. Chem. Commun. **29** (1964) 188-96.
6. *Nazarenko, V.A., Poluektova, E.N., Šitareva, G.G.:* Ž. Anal. Chim. **28** (1973) 101-04; übersetzt: J. Anal. Chem. USSR **28** (1973) 82-85.
7. *Nazarenko, V.A., Poluektova, E.N., Šitareva, G.G.:* Ž. Anal. Chim. **28** (1973) 1966-69; übersetzt: J. Anal. Chem. USSR **28** (1973) 1744-46.
8. *Poluektova, E.N., Šitareva, G.G.:* Ž. Anal. Chim. **27** (1972) 1301-04; übersetzt: J. Anal. Chem. USSR **27** (1972) 1174-76.
9. *Schumacher, E.:* Diplomarbeit, Münster 1972.
10. *Šesterova, I.P., Talipov, Š.T., Ismailova, V. Ch.:* Uzb. Chim. Ž. **17** (1973) 12-14; durch Chem. Abstr. **81**, 20504 t.

11. *Shimizu, T., Kato, K., Oyama, S., Hosohara, K.:* Japan Analyst **15** (1966) 120-14.
12. *Šnaiderman, S.Ja., Gumen, A.S.:* Ž. Anal. Chim. **27** (1972) 2060-64; übersetzt: J. Anal. Chem. USSR **27** (1972) 1873-76.
13. *Šnaiderman, S.Ja., Pankovskaja, U.G., Černaja, N.W.:* Ukr. Chim. Ž. **37** (1971) 1100-04.
14. *Tananaiko, M.M., Godovana, O.N., Verbljudova, N.I.:* Visn. Kiiv. Univ., Ser. Chim. **1969**, 7-10; durch Chem. Abstr. **74**, 19094 h.

6.2.9 Bestimmung mit sonstigen Reagentien

Rhodamin B ergibt mit Wolframat in saurer Lösung eine salzartige Verbindung, wobei ein Farbumschlag von gelbrot nach violett erfolgt. Die Fluoreszenz des Reagenses verschwindet dabei. Die Verbindung ist in Wasser schwer löslich, flockt bei Zimmertemperatur aber nur langsam aus [4]. Durch Zusatz von Gummi arabicum läßt sich das Kolloid 2 bis 3 Std. stabilisieren. Das Absorptionsmaximum liegt bei 600 nm, höchste Empfindlichkeit wird bei pH 1,7 erzielt. Zinn stört stark. Das Reagens wurde zur Analyse armer Erze benutzt [7]. Die Verbindung läßt sich aus schwach salzsaurer Lösung durch Chloroform, Amylalkohol, Benzol oder Toluol ausschütteln. Es sind 10 bis 50 µg W/ml Extrakt bestimmbar [3].
Methylviolett und Wolframat bilden eine Trübung, die zur photometrischen Bestimmung von 1 bis 36 µg W/ml geeignet ist [6].

Aus *8-Mercaptochinolin* (Thioxin) und Wolframat entsteht ein dunkelgrüner Niederschlag, der im pH-Bereich von 0,5 bis 3 die Zusammensetzung 1 : 1 hat. Das Chelat ist durch ein Gemisch aus gleichen Teilen Butanol und Chloroform zu etwa 80 % ausschüttelbar [5].
Mit *Benzhydroxamsäure* bildet W(VI) ein Chelat im Verhältnis W : R = 1 : 2, welches aus 1 bis 6 m salzsaurer Lösung durch höhere Alkohole extrahierbar ist. Bei $\lambda = 290$ nm ist das Lambert-Beersche Gesetz im Bereich von 2 bis 20 µg W/ml erfüllt [8].

Das Chelat der *Zitronensäure* mit W(VI) kann bei pH 2 und $\lambda = 234$ nm zur photometrischen Bestimmung dienen [10]. *Ascorbinsäure* bildet mit Wolfram(VI) und auch mit anderen Metallen Chelate, deren optische Eigenschaften untersucht wurden [11].

Mit *Thioglykolsäure*, $HS\text{-}CH_2\text{-}COOH$ entsteht bei optimal etwa pH 4 ein Chelat, das in seinem Absorptionsmaximum bei $\lambda = 305$ nm einen Extinktionskoeffizienten von 5300 $l.Mol^{-1}.cm^{-1}$ besitzt [2, 12]. Es hat die Zusammensetzung W : TGS = 1 : 2 und wurde auch präparativ erhalten [12]. Es liegt W(VI) vor; eine Reduktion durch das Reagens findet nicht statt.

Alizarinsulfonat (Alizarin S) bildet bei pH 3,5 mit Wolframat ein rotes Chelat W : Aliz = 1 : 2, das in seinem Absorptionsmaximum bei 470 nm einen Extinktionskoeffizienten von etwa 5800 $l.Mol.^{-1}.cm^{-1}$ besitzt [1, 9].

Literatur

1. *Banerji, S.K., Dey, A.K.:* Z. Anal. Chem. **179** (1961) 30-37.
2. *Buchar, V.M.:* Nature **191** (1961) 489-90.
3. *Busev, A.I., Byr'ko, V.M., Kovtun, N.P., Karalašvili, L.G.:* Ž. Anal. Chim. **25** (1970) 237-42; übersetzt: J. Anal. Chem. USSR **25** (1970) 197-201.

4. *Heyne, G.:* Z. Angew. Chem. **44** (1931) 237-38.
5. *Nazarenko, V.A., Poluektova, E.N.:* Ž. Anal. Chim. **26** (1971) 1331-35; übersetzt: J. Anal. Chem. USSR **26** (1971) 1186-90
6. *Nemirovskaja, A.F., Petrašen, V.I.:* Nauč. Tr., Novočerkask. Politechn. Inst. **26** (1955) 237-45; durch Chem. Abstr. **51**, 17585 h.
7. *Pollock, J.B.:* Analyst **83** (1958) 516-22.
8. *Poluektova, E.N., Nazarenko, V.A.:* Ž. Anal. Chim. **22** (1967) 746-50; übersetzt: J. Anal. Chem. USSR **22** (1967) 634-37.
9. *Sinha, S.N., Dey, A.K.:* Z. Anal. Chem. **183** (1961) 182-87.
10. *Smith, D.P., Pope, M.T.:* Anal. Chem. **40** (1968) 1906-08.
11. *Stoljarov, K.P., Amantova, J.A.:* Talanta **14** (1967) 1237-44.
12. *Wünsch, G.:* unveröffentlicht

7. Spektralanalyse

7.1 Spektrale Eigenschaften des Wolframs

Das Emissionsspektrum des Wolframs ist sehr linienreich. Im blau-violetten und ultravioletten Spektralbereich eignen sich zahlreiche Linien zur quantitativen Bestimmung. Besonders empfindlich und am meisten benutzt sind diejenigen bei 430,211 nm, 429,461 nm und 400,875 nm. Weitere empfindliche Linien liegen bei 294,698 nm, 272,435 nm sowie bei 271,890 nm. Mit modernen Spektrometern wird auch die Linie bei 207,911 nm verwendet. Die wichtigsten spektralen Störungen rühren von nahe benachbarten Linien des Eisens und Titans her.
Die Tabelle 10 gibt eine Zusammenstellung wichtiger Wolframlinien, ihrer relativen Empfindlichkeiten sowie der in Betracht zu ziehenden Störlinien. In der Abbildung 28 ist das Profil der Linie bei 207,91 nm dargestellt.

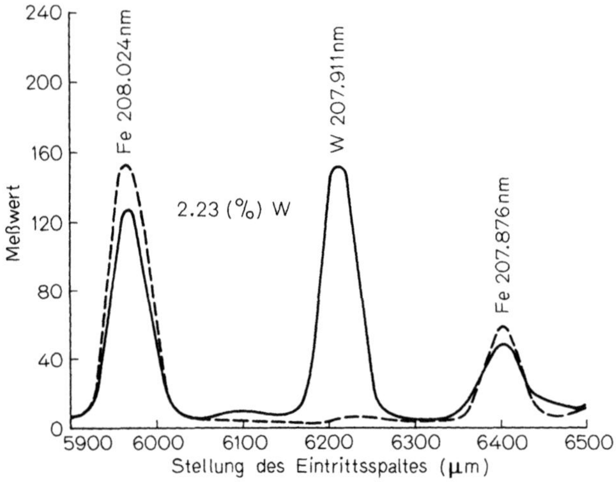

Abb. 28
Spektrometrisch bestimmtes Profil der Linie W 207,911 nm im Stahl. Arbeitsbedingungen nach Tabelle 17, S. 185. Als innerer Standard diente das Licht nullter Ordnung. [13]

Tabelle 10. *Analytisch wichtige Spektrallinien des Wolframs und Störlinien*

Erläuterungen zur Tabelle 10.

Spalte 1: Ionisierungsgrade nach *Harvey* [20]
Spalte 2: Empfindlichkeitsfaktoren zur halbquantitativen Analyse nach *Harvey,* [20] für Bogenanregung und Graphitmatrix. Die Empfindlichkeit der Linie ist um so größer, je ***kleiner*** der Faktor ist.
Spalte 3: Nach *Ritsch* [12, 42], visuell geschätzt nach dem Atlas von *Gatterer* und *Junkes*; Intensitäten von 1 bis 10 steigend. (B = Bogen; F = Funken).
Spalte 4: Nach *Meggers* [12], gemessen im Kupferbogen
Spalte 5: Nach den M.I.T.-Wavelength Tables [60]. (B = Bogen; F = Funken).
Spalte 6: R = Selbstumkehr; LL= Letzte Linie, Hauptnachweislinie

1	2	3		4	5		6
		relat. Intensitäten					
Linie [nm]	Faktor nach Harvey	nach Ritsch B	F	nach Meggers B	nach M.I.T. B	F	Bemerk.
Ca I 430,253	0,02	6	6				R
Fe 430,22							
W I 430,211	0,05	8	5	240	60	60	LL
W I 429,461	0,02	9	6	450	50	50	R, LL
Fe I 429,413	0,5						
Ti II 429,412	0,5	5	8				
W I 410,270		7	3	110			
Ti I 400,893	1,0	5	2				
W I 400,875	0,02	9	9	950	45	45	LL
Sc II 361,384	0,02						
W II 361,379		2	5		10	30	
Fe I 321,594	1,0						
Nb II 321,560	0,006						
W 321,556	0,05	6	5	130	10	9	
Ru I 294,699	0,5						
W I 294,698	0,015	7	3	300			R, LL
Ta I 294,691	1,0						
Mo 294,482	1,0						
V II 294,457	0,05						
W I 294,440	0,01	6	4	300			R, LL
Fe II 294,439	0,5						
Ga I 294,418	0,03						
Cr I 289,675	0,2						
W I 289,645	0,05	6	4	190			
Re I 289,602	0,4						
Mn II 272,445	5,0						
W I 272,435	0,015	7	4	320			
Ru 272,406	2,0						
Fe I 271,902	1,0						
W I 271,890		6	3	260			
Sb I 271,889	0,3						
Cu II 271,878	3,0						
Ge I 258,919	0,3	4	3				
W II 258,917		2	5		15	25	
Th 258,906	0,5	2	1				
Fe 243,634	5,0						
W I 243,596	0,15	6	3	160			
Nb 243,595	1,0	1	3				
Co II 239,739	0,2	2	6				
W II 239,709	0,07	2	8		18	30	
Co II 239,677	5,0						
Os 239,677	2,0						
Ru 239,671	0,5						
W II 220,449							
W 207,911							siehe Abb. 28

Tabelle 11. *Analytische Nutzung von Wolfram-Linien*

Wolframlinie [nm]	Bezugslinie [nm]	Matrix/Probe	Bemerkung	Lit.
430,22		Ärosol	Plasmaflamme	51
429,61	Untergrund			24
	Pb 434,04	Mineralien	+ AgCl, + PbO	30
	Untergrund	Mineralien	Anreicherung	39
410,270	Mo 400,60	Mo	0,2 bis 1 % W	15
400,875		Schlacken	Stör.: Ti 400,89	4
		Aerosol	Plasmaflamme	44
		Aerosol	C_2H_2/O_2-Flamme	14
		Aerosol	C_2H_2/N_2O-Flamme	18
	Mo 400,60	Mo	0,01 bis 0,2 % W	15
	Mo 400,936	Mo		52
	Nb 403,59	Nb_2O_5		46
	Ni 231,60	Ni	Spektrometer	33
330,08	Ni 331,57	Erze	$+SiO_2$, AgCl, NiO	7
304,97	Mo 305,02	Mo		8, 9, 10, 11
294,698	Si 297,035	Silikat	Stör.: Fe 297,01	1
	Si 298,764	Si	Filter 100 % W, 10 % Si	58
	Ga 294,36	U	Extr. Anreicherung	22
	Al 305,99	UF_4	$+ Al_2O_3 + GeO_2$	41
	Mo 295,181	Mo		52
294,440	Si 297,035	Silikat	Stör.: Fe 297,01	1
289,645	Untergrund			24
	Untergrund	Sulfide, Silikate	Q 24	45
	Cu 288, 29	CuO		32
	Co 335,44	Schlacke		50
239,709		Ti	halbquant.	17
	Zr 239,72	Zr	50 ppm W	17
	La 261,03	Nb	vacuum cup	31
207,911	Fe 271,447	Stahl	Quantovac	13

7.2 Verdampfungsverhalten und Matrixeinflüsse

Wie auch andere Elemente, so verdampft Wolfram im Bogen und Funken mit einer Geschwindigkeit, welche stark von der Zusammensetzung der Probe abhängen kann. Verdampft man während der Messung nur einen Teil des Materials, so hängt auch der in dieser Zeit verdampfte Anteil von der Natur der Probe ab. Hieraus ergeben sich möglicherweise Analysenfehler sowie häufig auch eine ungenügende Nachweisempfindlichkeit. Schnelle Verdampfung eines möglichst großen Anteils des Wolframs läßt sich durch Hilfsreagentien erzielen, welche im Elektrodenkrater flüchtige Wolframverbindungen entstehen lassen. Es ergibt sich eine niedrigere Nachweisgrenze, eine verkürzte Analysenzeit und auch die Unabhängigkeit der Eichkurve von der Art der ursprünglichen Wolframverbindung, ob also z.B. WO_3 oder WC vorlag. Matrixeinflüsse werden dagegen durch eine solche Arbeitsweise zwar in manchen Fällen verringert, jedoch nicht ausgeschaltet. Es bleibt wesentlich, ob die Probe als Hauptbestandteil z.B. Silikat, Graphit oder Erdalkalicarbonate enthält. Je nach der Art der Matrix sind die einzelnen Hilfsreagentien mehr oder weniger gut wirksam. Allgemein eignen sich leicht verdampfbare und leicht dissoziierbare Halogenide am besten, wie z.B. Cu_2Cl_2, $CuCl_2$, $PbCl_2$, AgCl oder auch polymere Fluorkohlenwasserstoffe (Teflon).

7.2.1 Silicat-Matrix [47, 48]

Spurengehalte von Wolfram und Molybdän verdampfen im Kohlebogen nur langsam aus einer Silicat-Matrix. Die Verdampfungskurve zeigt mehrere Maxima, welche durch die Reaktion der Metalle unter anderem mit dem Graphit und dem Silicium verursacht sein können: siehe Abbildung 29, Kurven 1 bis 3.
Eine erheblich beschleunigte und gleichmäßigere Verdampfung erhält man durch Zumischung vonHalogeniden. Geprüft wurden NaCl, KCl, CsCl, $BaCl_2$, $AlCl_3$, $ZnCl_2$, $SnCl_2$, AgCl, $PbCl_2$, $CdCl_2$, $CuCl_2$ und Cu_2Cl_2. Das Mischungsverhältnis Halogenid: Probe betrug stets 1:1. Die beste Wirkung unter diesen Bedingungen zeigt Cu_2Cl_2. Es ergibt sich eine Verdampfungskurve nach Abbildung 29, Kurve 4. – Die Temperatur des Entladungsplasmas wird durch Cu_2Cl_2 (und $CdCl_2$) nicht wesentlich beeinflußt; alle anderen geprüften Halogenide setzen die Temperatur herab.

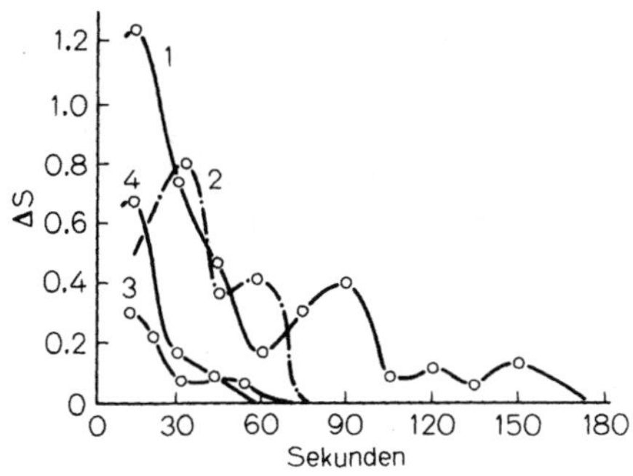

Abb. 29
Verdampfungskurven aus einer Silicat-Matrix (W 400,875 nm; Gleichstromkohlebogen) [48]
1) 1.10^{-1} % W ohne Zusätze; 2) 5.10^{-2} % W ohne Zusätze;
3) 1.10^{-2} % W ohne Zusätze; 4) 1.10^{-2} % W mit Zusatz von Cu_2Cl_2

Der Zusatz von Cu_2Cl_2 erlaubt eine Meßzeit von nur 70 Sek. Man erhält eine Verbesserung der Nachweisempfindlichkeit um den Faktor 10, und zwar von 5.10^{-3} % W ohne Zusätze auf 5.10^{-4} % W in Gegenwart von Cu_2Cl_2. Die relative Standardabweichung beträgt 10 % bei der Bestimmung von 1.10^{-3} % W in einer Silikat-Matrix nach der folgenden Arbeitsweise.

Apparatur
Spektrograf DFS-13 mit einem Gitter mit 600 Furchen/mm
Spaltbreite 0,016 mm
Elektrodenbecher 5 mm tief, 4 mm Durchmesser
Wechselstrombogen 10 A

Arbeitsvorschrift. Die Probe wird mit der gleichen Menge Cu_2Cl_2 im Achatmörser verrieben. 20 mg davon gibt man in den Becher der Graphitelektrode. Man photographiert die Entladung 70 Sek. lang. Ausgewertet werden die Linie W 400,875 nm und die Untergrundschwärzung.

Bemerkungen:

I. Die *Eichkurve* lg I_L/I_U gegen lg C (%) ist *linear* im Bereich von lg C_W = - 3,5 bis - 2.

II. *Molybdän* ist in gleicher Weise bestimmbar. Ausgewertet wird die Linie Mo 317,035 nm. Bestimmbar sind 1.10^{-5} % Mo mit einer relativen Standardabweichung von 10 %. Die Empfindlichkeit verbessert sich durch den Zusatz von Cu_2Cl_2 von 5.10^{-4} % Mo auf 5.10^{-6} % Mo. Die Eichkurve ist linear im %-Bereich von lg C_{Mo} = - 5,5 bis - 3.

7.2.2 Aluminium-Silicat-Matrix [23, 24]

Die im folgenden besprochenen Untersuchungsergebnisse beziehen sich auf *Granit* und ähnliche *Eruptivgesteine* mit SiO_2 und Al_2O_3 als Hauptbestandteilen sowie wechselnden Gehalten an Fe, Ca, Alkalimetallen und anderen gesteinsbildenden Elementen. Zusammenfassend ist festzustellen, daß das Verdampfungsverhalten von Wolfram (sowie von Molybdän und Zinn) durch Zusatz von Halogenierungsmitteln bedeutend verbessert wird. Die Natur der vorliegenden Wolframverbindung (Oxid, Wolframat usw.) ist dann ohne Einfluß auf die Eichkurven; auch die Nachweisgrenze wird herabgedrückt. Der Einfluß der Hauptbestandteile auf die Eichkurven läßt sich dagegen durch den Zusatz von Halogeniden nicht beseitigen; er wird allenfalls in seiner Auswirkung verändert, teils sogar ungünstig beeinflußt.

Wie die Abbildung 30, Kurve 1, zeigt, verdampft Wolfram aus Proben der oben beschriebenen Art nur langsam. Setzt man jedoch Teflon (Kurve 2) oder $CuCl_2$ (Kurve 3) hinzu, so wird die Verdampfung wesentlich beschleunigt. Auch das Verhältnis von Linie zu Untergrund sowie die Nachweisempfindlichkeit verbessern sich. – Im Gegensatz dazu läßt eine Zumischung von Graphit das zweite Maximum der Verdampfungskurve (Abbildung 30, Kurve 1) ansteigen und verzögert die Verflüchtigung des Wolframs.
Ähnliches gilt auch für das Verdampfungsverhalten von Mo und Sn.

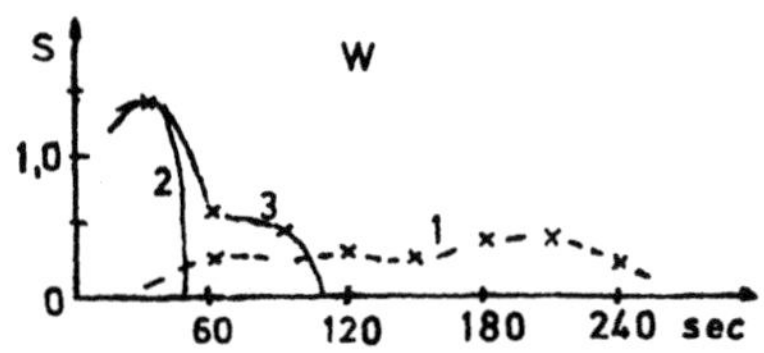

Abb. 30
Verdampfungskurven aus einer Granit-Matrix. [23]
1) ohne Zusätze; 2) mit Teflon; 3) mit $CuCl_2$

Wolfram kann in Gesteinsproben in verschiedener Form gebunden sein, was Rückwirkungen auf sein Verdampfungsverhalten hat. Das würde jeweils neue Eichungen je nach der Art der Probe erfordern. Die Abbildung 31a zeigt Eichkurven, bei deren Aufstellung verschiedene Mineralien einer Granit-Matrix zugemischt wurden. Wie aus Abbildung 31b ersichtlich ist, ergibt sich in Gegenwart von $CuCl_2$ eine einzige Eichkurve für alle Proben. Die wirksamen Halogenierungsmittel $CuCl_2$ und Teflon reagieren im Entladungskrater jedoch nicht nur mit dem zu bestimmenden Element, sondern auch mit Bestandteilen der Matrix. Deren Verdampfungsverhalten beeinflußt aber die Intensität der Wolframlinie erheblich. Die Abbildung 32 zeigt die Abhängigkeit des Wolframsignals vom Prozentgehalt einer Granit-Matrix an Ca, Fe, Mg, Na und K, wenn kein Fluorierungsmittel zugesetzt wird. – Für Molybdän ergeben sich ähnliche Abhängigkeiten.

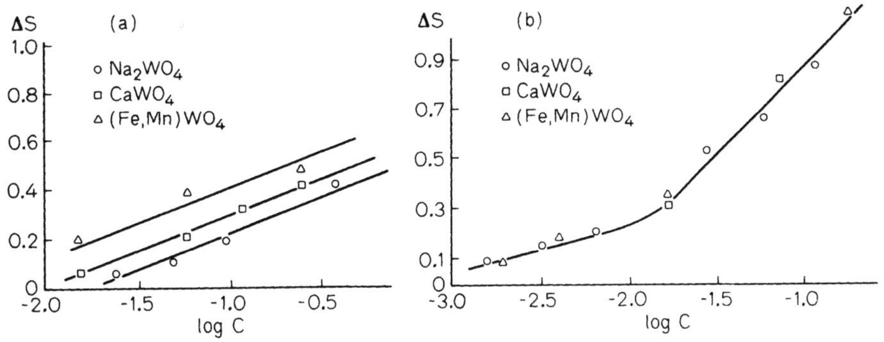

Abb. 31
Eichkurven zur Bestimmung verschiedener Wolframverbindungen in einer Granit-Matrix. [23]
a) ohne $CuCl_2$-Zusatz; b) mit Zusatz von $CuCl_2$.

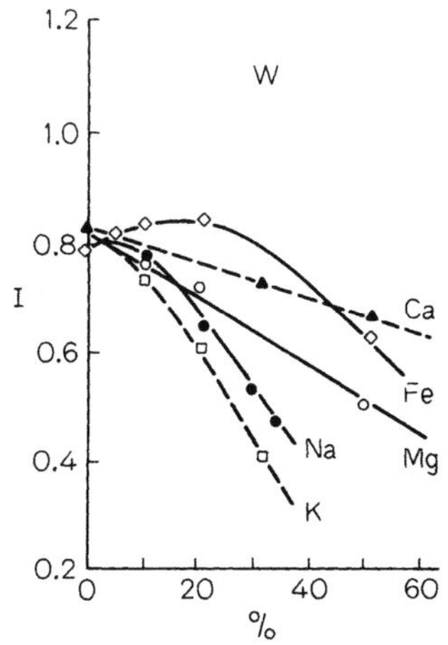

Abb. 32
Abhängigkeit der Intensität der Wolframlinie vom Gehalt einer Granit-Matrix an Ca, Fe, Mg, Na, K; ohne Zusatz von Halogenierungsmitteln. [24]

Wie aus einem Vergleich der Abbildungen 32 und 33 a, b hervorgeht, ergeben sich bei Zusatz von Teflon kaum Veränderungen gegenüber teflonfreien Proben, wenn der Eisengehalt sich ändert. Eine Verstärkung des Matrixeinflusses gegenüber Proben ohne Halogenierungsmittel erzeugt $CuCl_2$ bei steigendem Gehalt an Fe oder Ca sowie auch Teflon bei steigendem Ca-Gehalt.

Es muß allerdings bedacht werden, daß den Messungen aus Abbildung 32 und 33 einheitliche Aufnahmezeiten von 60 Sek. bei Zusatz von $CuCl_2$ bzw. 15 bis 20 Sek. bei Zusatz von Teflon zugrunde liegen. Ob sich durch verlängerte Aufnahmezeiten die Matrixeinflüsse verringern lassen, wurde nicht untersucht.

Arbeitsweise zur Analyse von Eruptivgesteinen [23]

Apparatur
Mittlerer Quarz-Spektrograf ISP-28
Dreilinsiger Kondensor mit Zwischenblende 5 mm
Spaltbreite 0,008 mm
Graphitelektrode mit Becher 5 mm tief, 4 mm Durchmesser
Wechselstrombogen 9 A

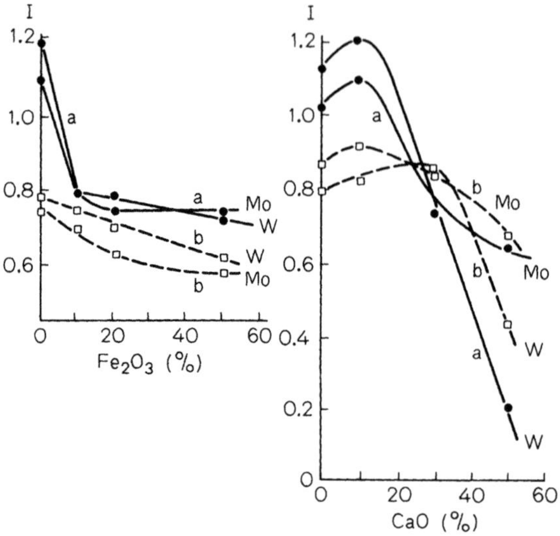

Abb. 33
Wirkung von Halogenierungsmitteln bei einer Granit-Matrix: Abhängigkeit der Linienintensitäten des W und Mo vom Gehalt an Fe_2O_3 bzw. CaO. [24] Kurven a: mit $CuCl_2$-Zusatz, Kurven b: mit Teflon-Zusatz

Arbeitsvorschrift. 30 mg Probe werden mit der gleichen Menge $CuCl_2$ oder Teflon vermischt. Man photographiert die Entladung 60 Sek. lang und belichtet zur Steigerung der Empfindlichkeit zweimal die gleiche Stelle der Platte. Ausgewertet werden die Linie W 294,69 nm und die Untergrundschwärzung.

Bemerkungen:

I. Die *Empfindlichkeit* der Wolframbestimmung beträgt 1.10^{-3} % W.

II. Mit den Linien Mo 317,03 nm bzw. Sn 284,0 nm ergeben sich unter diesen Bedingungen *Nachweisempfindlichkeiten* von 3 bis 5.10^{-5} % *Molybdän* bzw. 1 bis 2.10^{-4} % *Zinn.*

7.2.3 Graphit-Matrix [53]

Aus einer Graphit-Matrix verdampfen Wolfram und auch Molybdän nur langsam, so daß sich eine geringe Nachweisempfindlichkeit ergibt. Rasche Verdampfung und bedeutend gesteigerte Empfindlichkeit erhält man jedoch bei Zusatz von Halogenierungsmitteln. Deren Wirkung ist für Wolfram wesentlich größer als für Molybdän.
Von den Halogeniden KCl, NaCl, CsCl, $PbCl_2$, AgCl, $CuCl_2$, Cu_2Cl_2 eignet sich $PbCl_2$ am besten. Auch Cu_2Cl_2 und $CuCl_2$ zeigen gute Wirkung. Die Abbildung 34 zeigt die Verdampfungskurven des Wolframs aus reiner Graphit-Matrix und bei Zusatz von $PbCl_2$ sowie $CuCl_2$.

Die Empfindlichkeiten betragen aus reiner Graphit-Matrix 3.10^{-2} % für Wolfram und 3.10^{-4} % für Molybdän. In einem Gemisch aus Graphit und $PbCl_2$ betragen sie 1.10^{-3} % W bzw. 5.10^{-5} % Mo.

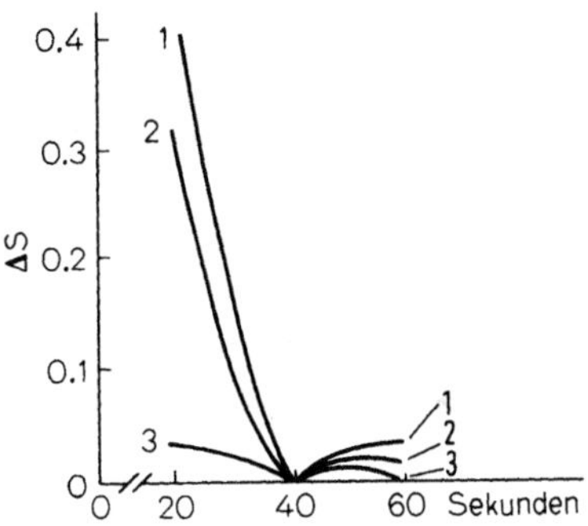

Abb. 34
Verdampfungskurven des Wolframs aus einer Graphit-Matrix. [53]
1) mit $PbCl_2$; 2) mit $CuCl_2$; 3) ohne Zusätze

Apparatur
Quarzspektrograf ISP-22
Graphitelektrode mit Becher 3 mm tief, 4 mm Durchmesser
Gleichstrombogen 14 A

Arbeitsvorschrift. Ammoniumwolframat wird mit Graphitpulver vermischt, so daß sich eine Konzentration von $1.10.^{-3}$ bis 1.10^{-1} % Wolfram ergibt. Davon mischt man 20 mg mit der gleichen Menge $PbCl_2$. Ausgewertet werden die Linie W 294,438 nm und die Untergrundschwärzung. Die Eichkurve Δ S gegen lg C (%) ist linear.

Bemerkungen:

I. Die *relative Standardabweichung* beträgt 4 % bei der Bestimmung von 3.10^{-3} % Wolfram.

II. Für *Molybdän* ergeben sich mit den Linien Mo 313,259 nm bzw. Mo 281,694 nm lineare Eichkurven im Bereich von 5.10^{-5} bis 5.10^{-2} % bzw. 10^{-2} bis 10^{-1} % Mo. Die Standardabweichung beträgt 12 % bei 1.10^{-4} % Mo.

7.2.4 Schwer flüchtige Metalloxide als Matrix [57]

Bei der Bestimmung von Wolframspuren in TiO_2, ZrO_2, HfO_2, Nb_2O_5 und Ta_2O_5 lassen sich durch Zusatz von AgCl, CdS und Graphit eine schnellere Verdampfung und eine gute Nachweisempfindlichkeit erzielen. Graphit dient als Träger bei der Probenvorbereitung und hat nur geringen Einfluß auf die Verdampfung. Wolfram wird aus einem solchen Gemisch unter den Bedingungen der Arbeitsvorschrift zu etwa 50 % verflüchtigt, und zwar unabhängig von der Art der Analysenprobe.

Apparatur
Gitterspektrograf, Lineardispersion 0,2 oder 0,4 nm/mm
Graphitelektrode mit Becher (3,9 x 7 mm)
Bogenstrom 8 A bzw. 6,5 A bei der Analyse von Nb_2O_5

Arbeitsvorschrift. Die Oxidprobe mischt man mit AgCl, CdS und Graphit im Verhältnis 18 : 4 : 1 : 2. Davon gibt man 62 mg in den Elektrodenbecher. Bei der Analyse von Oxiden des Ti, Zr, Hf und Ta soll die Temperatur im Krater etwa 1500°C betragen, entsprechend einem Bogenstrom von 8 A. Für Nb_2O_5 soll sie nur 1300°C betragen (6,5 A Bogenstrom), sonst entstehen eine Schmelze oder Sinterprodukte, so daß keine optimal gleichmäßige Verdampfung zustande kommt. – Die Aufnahmezeit beträgt 60 Sek. Ausgewertet werden die Linie W 294,698 nm bei der Analyse von TiO_2 oder ZrO_2 bzw. die Linie W 283,137 nm bei der Analyse von HfO_2, Nb_2O_5 oder Ta_2O_5.

Bemerkungen:

I. Die *Eichkurven* sind linear, je nach der Art des Oxids jedoch von etwas unterschiedlicher Lage.

II. Der *Arbeitsbereich* beträgt 3.10^{-4} bis 1.10^{-2} % W in TiO_2 und ZrO_2, 5.10^{-4} bis 1.10^{-2} % W in HfO_2, 1.10^{-3} bis 2.10^{-2} % W in Nb_2O_5 und 5.10^{-4} bis 2.10^{-2} % W in Ta_2O_5.

III. Die *Nachweisgrenzen* liegen bei 1.10^{-4} % W in TiO_2 und ZrO_2, 2.10^{-4} % W in HfO_2 und Ta_2O_5 sowie bei 5.10^{-4} % W in Nb_2O_5.

7.2.5 Sonstige Zusatzstoffe

Die Tabelle 12 gibt einen Überblick über sonstige Hilfsreagentien, die als Verdampfungshilfen oder spektrochemische Puffer geeignet sind. In manchen Fällen können sie zugleich als innerer Standard dienen: siehe Tabelle 11, S. 154.

Tabelle 12.

Reagens	Probe	Literatur
AgCl	Uran, U_3O_8 Nb_2O_5 Silikatische Erze Silikate organ. Anreicherung Nb_2O_5	[2] [5] [7] [27] [38] [46]
AgCl + PbO	Minerale	[30]
AgCl + SrF_2	U_3O_8	[40]
LiF	Sulfide	[45]
NaF + Teflon	Y_2O_3	[25]
LiF + ZnS	Silikate	[45]
ZnO	MoO_3	[15]
$CaSO_4$	Silikate	[21]

7.3 Anreicherungsverfahren

Nachweisempfindlichkeit und Reproduzierbarkeit der spektralanalytischen Wolframbestimmung lassen sich in vielen Fällen durch eine Anreicherung des Wolframs oder eine Abtrennung der Matrix verbessern. Es kommen dafür vor allem die Flüssig-flüssig-Verteilung (Extraktion) sowie Mitfällungsverfahren in Betracht.

7.3.1 Abtrennung und Anreicherung durch Extraktion

7.3.1.1 Uran

Zur Bestimmung von Wolfram und anderen Elementen in *Uran* extrahiert man diese Bestandteile aus 10 m salzsaurer Lösung durch Benzoylphenylhydroxylamin in Chloroform. Die organische Phase untersucht man durch Lösungsspektralanalyse [36]. Die Arbeitsweise ist im Kapitel 7.4.3, S. 167 ausführlich beschrieben.
Zur Analyse von *Uran* eignet sich auch die Extraktion der Spurenbestandteile mit Cupferron in Chlorofrom [22]. Die Arbeitsweise zur Ausschüttelung ist im Kapitel 3.1.3.1, S. 18 beschrieben. Zur Vereinheitlichung der Matrix bei der spektrographischen Bestimmung setzt man allen Eich- und Analysenproben vor der Extraktion noch 10 mg Eisen hinzu. Als innerer Standard dient ein Zusatz von 20 μg Gallium. Nach dem Verglühen der Extrakte spektrographiert man eine Matrix von Fe_2O_3, was einen Spektrographen von nicht geringem Auflösungsvermögen erfordert. Die Tabelle 13 gibt die mit dieser Arbeitsweise erfaßbaren Elemente und Konzentrationen an.

Apparatur und Aufnahmebedingungen [22]

Spektrograf	Jarrel-Ash; Lineardispersion 0,25 nm/mm.
Elektroden	Becherelektrode (Ringsdorf 0041) mit 5 mg Probe je Aufnahme; anodisch geschaltet. Gegenelektrode: Stab mit 3 mm Durchmesser
Elektrodenabstand	4 mm
Anregung	Gleichstrombogen 5 A; 3,3 nF; 320 μH
Vorbrennzeit	15 Sek.
Belichtungszeit	60 Sek.
Rotierende Sektorblende	Steigung 2
Emulsion	Kodak SA-1

Tabelle 13. Analyse von Uran nach *Heres* [22]

Element	Wellenlänge [nm]	Nachweisgrenze [μg/g Uran]
Mo	317,03	0,1
Nb	313,08	0,5
Sn	284,00	0,1
Ta	293,40	0,5
Ti	308,80	0,2
V	311,80	0,2
W	294,70	0,5
Zr	349,62	2
Ga	294,36	innerer Standard

7.3.1.2 Plutonium

Zur Analyse von Pu löst man dieses in Salzsäure und extrahiert Wolfram, Tantal, Titan, Zirkonium und Lanthanoide aus 6 m Salpetersäure durch eine 20 %ige Lösung von Trioctylamin in Xylol. Die Ausbeute an Wolfram beträgt dabei 88 %. Der Extrakt wird eingedampft und unter Zusatz von GeO_2 bei 650°C verascht. Bei Verwendung eines Kohlebogens lassen sich 5 bis 2000 ppm Wolfram mit einem Fehler von ± 7 % bestimmen. Ausgewertet wird die Linie W 294,698 nm [29].

7.3.1.3 Alkalimetalle

Man löst etwa 5 g Alkalimetall in Äthanol und neutralisiert mit Salzsäure von bekannter Konzentration, woraus sich die genaue Einwaage errechnet [59]. Nach dem Abdampfen des Alkohols extrahiert man mit einer 1 %igen Lösung von 8-Hydroxychinolin in Chloroform-Butanol-Gemisch (2:1) nacheinander bei pH 6 bis 7 das Mn und Ni, dann bei pH 4 bis 5 das Ta, Nb, Sn, Ti, Fe und Zr sowie schließlich bei pH 2 bis 3 das Wolfram und Molybdän. Die Ausbeute an Wolfram und Molybdän beträgt 85 %. – Die vereinigten Extrakte werden zusammen mit 20 mg Kupferoxid und einem Zusatz von 0,1 % Kobalt als innerem Standard eingedampft und bei 500°C verascht. Man gibt dann noch 55,1 mg CuO hinzu und spektrographiert.
Mit diesem Anreicherungsverfahren sind noch etwa 9.10^{-4} % Wolfram bestimmbar, gegenüber nur 10^{-2} % ohne Anreicherung. Die relative Standardabweichung einer Einzelbestimmung beträgt ± 10 %, berechnet aus N = 10 Werten. Ausgewertet werden die Linien W 294,70 nm und als innerer Standard Co 304,40 nm.
Wegen der Bestimmung der übrigen extrahierten Spurenelemente siehe die Originalarbeit [59].

7.3.2 Anreicherung durch Fällung

Wolfram(VI) kann durch verschiedenartige Niederschläge mitgerissen und hierdurch angereichert werden. Durch *Molybdatophosphat* wird es aus saurer Lösung niedergeschlagen, möglicherweise durch Einbau in das Molekül der Heteropolysäure. Diese Möglichkeit nutzt man vor allem zur Bestimmung von Wolframspuren in Molybdän und dessen Verbindungen. Das Verfahren ist im Kapitel 7.8.3, S. 177 im einzelnen beschrieben.

Für Proben anderer Art haben sich *Aluminiumhydroxid* [43], *Titan(IV)-oxidhydrat* [61] sowie eine Mischung von *Tannin und Methylviolett* [38, 39] bewährt.

7.3.2.1 Arbeitsweise nach Pavlenko zur Bestimmung von Wolfram und Molybdän in Eruptivgesteinen [38, 39]

Die Empfindlichkeit einer direkten spektrografischen Bestimmung von Wolfram und Molybdän in Gesteinen beträgt etwa 5.10^{-4} % für Wolfram und 1.10^{-4} % für Molybdän. Eine Anreicherung durch Fällung mit Tannin und Methylviolett erlaubt, noch 3.10^{-5} % W bzw. 2.10^{-6} % Mo zu erfassen. Bei der Analyse verschiedener Granite haben schwankende Zusammensetzungen der Probe keinen Einfluß auf die Genauigkeit. Die Abweichungen von polarografisch oder direktspektrografisch gefundenen Gehalten verschiedener Proben sind nicht größer als ± 12 bis 15 %. Bei wiederholter Analyse ein- und derselben Probe ergibt sich aus N = 15 Werten eine relative Standardabweichung der Wolframbestimmung von ± 8 %, der Molybdänbestimmung von ± 10 %.

Apparatur

Spektrograf:	zur Wolframbestimmung ISP-51 A mit Kamera UF-85; zur Molybdänbestimmung Q 24
Spalt:	0,02 mm
Elektrode:	Becherelektrode, Becher 2,5 mm tief und 3,5 mm weit; als Anode geschaltet.
Anregung:	Gleichstrombogen 10 A

Belichtungszeit: 2,5 Min.
Emulsion: "spektrografisch Typ II"; Empfindlichkeit 22 GOST-Einheiten für W bzw. 8 oder 12 GOST-Einheiten für Mo.

Arbeitsvorschrift. Man mischt 1 g fein gepulverte Probe mit 8 g Natriumcarbonat und schmilzt im Platintiegel auf der Gebläseflamme. Bei sauren und neutralen Gesteinen erfordert der Aufschluß 45 Min., bei basischen und ultrabasischen 30 Min. Den Schmelzkuchen läßt man mit 150 ml kaltem Wasser über Nacht stehen, filtriert dann und wäscht den Rückstand mit etwa 150 ml 1 %iger Natrium-carbonat-Lösung. Das Filtrat, welches Wolfram und Molybdän enthält, neutralisiert man mit verdünnter Salzsäure gegen Methylorange und säuert dann mit 6 m Salzsäure auf pH 0,18 bis 0,2 an. Zu dieser Lösung gibt man 2 %ige Lösungen von Methylviolett und Tannin, so daß 50 mg Tannin und 100 mg Methylviolett auf je 100 ml Lösungsmenge zugesetzt werden. Zur Vervollständigung der Mitfällung läßt man 20 bis 30 Min. stehen und filtriert dann. Der Niederschlag wird getrocknet und bei 600°C verascht. Von der gewogenen Aschemenge vermischt man 2 mg mit 18 mg eines Silikates, das frei von Wolfram und Molybdän ist. Zur spektrografischen Analyse stopft man 10 mg dieser Mischung in die Becherelektrode.

Bemerkungen:

I. Die *Mitfällung* des Wolframs und Molybdäns ist im Bereich von 10^{-4} bis 10^{-5} % *quantitativ.*

II. Zur *Auswertung* dienen die Extinktionen der Linien W 429,46 nm und Mo 317,035 nm, jeweils gegen den Untergrund gemessen.

III. Zur *Aufstellung der Eichkurven* mischt man WO_3 bzw. MoO_3 mit dem auch zur Analyse zugesetzten Silikat. Die Eichkurven lg I_L/I_U gegen lg C sind linear im Bereich von lg C = -2,5 bis -1,5 für Wolfram und von - 3,5 bis - 2,0 für Molybdän.

IV. Wolfram- und Molybdängehalte *über 10^{-4}* % werden zweckmäßiger unter Zusatz von AgCl ohne Anreicherung direkt spektrografisch bestimmt.

7.3.2.2 Mitfällung an Aluminiumhydroxid [43]

Das Anreicherungsverfahren wurde zur Bestimmung von $2 . 10^{-5}$ % Wolfram in *Eisen und Konzentraten* entwickelt. Dabei werden je Bestimmung 10 g Probe naßchemisch aufgeschlossen, so daß eine wäßrige, wolframhaltige Lösung entsteht. Aus dieser wird das Wolfram durch die unten beschriebene Arbeitsweise *quantitativ* niedergeschlagen. Auch andere Spurenelemente fallen dabei mit aus; sofern ihre Konzentration in dem Al_2O_3 nicht sehr hoch ist, stören sie die Wolframbestimmung allerdings nicht.
Scobie benutzte zur spektrografischen Analyse einen großen Hilger-Quarzspektrografen und einen Gleichstrombogen.

Arbeitsvorschrift. Die alkalische oder annähernd neutrale Lösung der Untersuchungssubstanz wird im 1000 ml-Becherglas auf 700 bis 800 ml verdünnt. Man gibt 3 bis 5 ml 0,1 %ige Methylorange-Lösung hinzu, neutralisiert mit Salzsäure und gibt dann noch 5 bis 10 ml Salzsäure im Überschuß hinzu. Man pipettiert 10 ml einer Aluminiumsulfat-Lösung (10 mg Al/1) hinzu und erhitzt zum Sieden. Dann stellt man das Gefäß auf eine mäßig heiße Heizplatte und gibt zur beständig siedenden Lösung aus einer Tropfpipette so viel gesättigte $NaHCO_3$-Lösung, daß eben die Fällung des Aluminiums beginnt. Man kocht noch 5 Min., gibt noch mehr Methylorange dazu und setzt dann pro Min. etwa 25 bis 30 Tropfen $NaHCO_3$-Lösung hinzu, bis die Mischung deutlich alkalisch geworden ist. Nach Zugabe von weiteren 10 bis 15 Tropfen Hydrogencarbonatlösung hält man noch 2 bis 3 Min. im Sieden. Nach dem Absitzen des Niederschlages filtriert man durch ein Papierfilter (Whatman No. 41) und wäscht mit heißem Wasser. Filter und Niederschlag werden im Porzellantiegel vorsichtig verascht und dann bei 800°C 30 bis 60 Min. geglüht. Nach dem Erkalten wägt man die Oxide (Bemerkung I). Sie werden dann zerkleinert, aber nicht fein gepulvert. Zur spektrografischen Analyse wägt man 30 mg in eine Graphit-Becherelektrode ein.

Bemerkungen:

I. Enthält die Untersuchungssubstanz erhebliche Mengen *Aluminium,* so ist das Gewicht der Oxide höher als bei der Herstellung der Standardproben. Dies ist bei der Auswertung zu berücksichtigen.

II. Die *Auswertung* erfolgt mit der Linie W 289,645 nm.

III. Zur *Herstellung von Standardproben* fällt man bekannte Mengen Wolframat entsprechend der Arbeitsvorschrift in Gegenwart von 10 ml der Al-Lösung von 10 mg Al/l. Mit 0,1 mg Wolfram erhält man nach dem Glühen eine Al_2O_3-Matrix mit 0,1 % Wolframgehalt. Es werden Standardproben bis herab zu $1{,}6 \cdot 10^{-3}$ % Wolframgehalt hergestellt.

7.3.2.3 Mitfällung an Titan(IV)-oxidhydrat [61]

Zur Wolframbestimmung in *Gesteinen* löst man die gepulverte Probe in Flußsäure und Schwefelsäure. Dann setzt man Titan(IV) als Spurensammler hinzu und fällt mit Tannin, Antipyrin oder Cinchonin. Der Niederschlag wird getrocknet, verascht und dann zur spektrografischen Analyse mit Ammoniumsulfat vermischt. Mit der Linie W 294,7 nm lassen sich auf diese Weise noch 0,7 ppm Wolfram nachweisen.

7.4 Bestimmung durch Lösungsspektralanalyse

Die Lösungsspektralanalyse ist vor allem dann von Vorteil, wenn stark inhomogene und gleichzeitig sehr harte Proben zu untersuchen sind. Dann stoßen sowohl das Anfunken des kompakten Probestücks als auch eine Pulverisierung auf Schwierigkeiten. Nach einem naßchemischen Aufschluß des Materials kann jedoch die Lösung nach einer der üblichen Techniken untersucht werden. Ein lösungsanalytisches Verfahren bietet sich ferner an, wenn nach einem Anreicherungsvorgang, z.B. nach einer Extraktion ohnehin eine flüssige Probe vorliegt. Wolfram wurde durch Lösungsspektralanalyse in *Hartmetallen* [26], *hochschmelzenden Legierungen* [31], *Kalkstein* [34] und *Uran* [36] bestimmt. Die Probenzufuhr erfolgte dabei mit dem *Kohlerad* [26], einem *Pumpsystem* [36] und der *vacuum cup-Methode* [31, 34]. Die *poröse Becherelektrode* hat sich dagegen zur Wolframbestimmung nicht bewährt, da die Empfindlichkeit völlig unzureichend ist [37].

7.4.1 Analyse von Hartmetallen mit der Kohlerad-Elektrode [26]

Das Verfahren eignet sich zur gleichzeitigen Bestimmung der Hauptbestandteile Wolfram, Kobalt, Titan, Tantal und Niob sowie der Verunreinigungen Eisen, Nickel, Chrom, Mangan, Magnesium und Calcium in Hartmetallen. Die Proben werden in Flußsäure gelöst und die Lösungen mit Citronensäure stabilisiert. Die Kohleradelelektroden werden imprägniert, um einen gleichmäßigen Lösungstransport zu gewährleisten. Bei den fünf untersuchten Typen von Hartmetallen wurden keine Interelementeffekte beobachtet. Die Eichkurven sind linear. Die günstigen Eigenschaften des Verfahrens sind teils auf die gleichmäßige Probenzufuhr und teils auf die ähnlichen Flüchtigkeiten der Fluoride der zu bestimmenden Elemente zurückzuführen [26].

Chemische Probenvorbereitung. Das Probegut (Metallcarbide und Hartmetallpulver auf Co-Basis) wird im Soxhlet mit Benzol von anhaftendem Paraffin befreit und dann zerkleinert. Davon löst man 200 mg Probe in einer Platinschale in 10 ml konzentrierter Flußsäure, wobei man noch tropfenweise konzentrierte Salpetersäure hinzugibt. Dann fügt man 25 ml Zitronensäure-Lösung (200 mg/ml) hinzu und engt zur Vertreibung der Hauptmenge an Flußsäure und Salpetersäure auf dem Dampfbad bis auf ein kleines Vo-

lumen ein. Der Rückstand wird noch zweimal mit Wasser verdünnt und erneut stark eingeengt. (Abrauchen mit Schwefelsäure führt zur Fällung von Wolframsäure). Zum zuletzt erhaltenen Rückstand gibt man 10 ml Kupfersulfat-Lösung (50 mg Cu/ml). Kupfer dient als innerer Standard und spektrochemischer Puffer. Die Mischung füllt man im Meßkolben auf 25 ml auf und überführt sie in eine Vorratsflasche aus Plastik.
Eine so hergestellte Analysenlösung enthält im Milliliter 8 mg Probe, 20 mg Cu und 200 mg Zitronensäure. Sie ist bei Titangehalten über 10 % zwei Tage haltbar, bei geringeren Ti-Gehalten noch länger. Die Eichlösungen für die Hauptbestandteile werden in gleicher Weise aus spektralreinen Metallen hergestellt. Für die Spurenverunreinigungen benutzt man Lösungen der Nitrate dieser Elemente.

Apparatur

Kohlerad-Elektrode. Graphitscheiben von 10 mm Durchmesser und 3,2 mm Dicke werden in eine Verdünnung (1:4) von Zaponlack in Aceton getaucht und auf einer Glasplatte unter einer Infrarotlampe getrocknet. Zur Messung taucht die Elektrode 2 mm tief in die Analysenlösung, von der sich etwa 1 ml in einem Plexiglasschiffchen befindet. Pro Minute werden etwa 0,07 ml Lösung verbraucht. Eine imprägnierte Elektrode braucht vor der Messung nicht erst einige Zeit zwecks gleichmäßiger Sättigung durch die Lösung gedreht zu werden. Bei der Aufnahme dreht sich das Kohlerad mit 10 Umdrehungen pro Min.

Anregung
Hochspannungsfunken-Generator (RFT, HFO-1)
Spitzenspannung 15 kV
Kapazität 6 nF
Selbstinduktion 0,08 mH
Funkenstrecke 3 mm
Gegenelektrode Graphit, halbrund mit 6,15 mm Durchmesser
Vorfunkzeit 30 Sek.
Aufnahmezeit 2 Min.

Spektralapparat. Hilger u. Watts, Typ E 478 mit Quarzoptik. Wellenlängenbereich 249 bis 360 nm. Spaltbreite 0,02 mm. Zwecks optimaler Ausleuchtung befand sich die Entladung im Brennpunkt einer Quarzlinse (Abstand zwischen Funkenstrecke und Spalt 36 cm, zwischen Funkenstrecke und Linse 5,6 cm). Mit dieser Ausleuchtung wird die Aufnahmezeit bei gleicher Linienschwärzung gegenüber der internen Abbildung auf 1/7 herabgesetzt. Sie eignet sich jedoch nicht zur Verwendung mit einer Stufenblende, in welchem Falle die interne Abbildung benutzt werden muß.

Photographische Bedingungen
Emulsion: Gevaert, Scientia 34 B 50
Entwicklung: Kodak D 19, 4 Min. bei 20°C, mechanisch bewegt.

Auswertung. Als Bezugslinie dient für alle Elemente der Tabelle 14 die Kupferlinie Cu I 303,610 nm. An den Linien der zu bestimmenden Elemente wird eine Untergrundkorrektur angebracht. Die Auswertung erfolgt mit einer allgemeinen P-Transformation nach *Kaiser.* Die Bestimmung von Wolframgehalten im Bereich von 50 bis 80 % erfolgt mit der Linie W I 294,738 nm. Die relative Standardabweichung beträgt ± 2,9 % bei 70 % W.

Tabelle 14. Analytische Daten zur Analyse von Hartmetallen [26]

Element, Linie [nm]	Konz.-bereich [%]	rel. Stand.-abweich. [%] (Konz. in Klammern)	Nachweisgrenze [%]
W I 294,738	50 - 85	2,9 (70)	
Ti II 283,216	5 - 26	3,4 (15)	
Ti II 316,177	0,5 - 5	3,2 (3)	
Ti II 323,452	0,08 - 0,5	6,2 (0,2)	0,038
Co I 306,182	4 - 5	3,2 (10)	
Ta 301,254	1 - 6	5,4 (4)	0,37
Nb II 295,088	0,2 - 0,6	5,7 (0,4)	0,084
Fe II 259,957	0,03 - 0,5	4,3 (0,1)	0,015
Ni I 305,082	0,09 - 0,3	6,7 (0,2)	0,044
Cr II 284,325	0,02 - 0,2	7,4 (0,1)	0,013
Mn I 279,482	0,02 - 0,2	6,5 (0,1)	0,083
Mg II 279,553	0,004 - 0,02	6,3 (0,01)	0,0023
Ca II 317,933	0,04 - 0,2	5,6 (0,1)	0,017

Bemerkung: Das Verfahren fand *Anwendung* auf Proben mit 60 bis 85 % WC, 5 bis 30 % TiC, 0 bis 5 % TaC, 0 bis 0,5 % NbC und 3 bis 22 % Co.

7.4.2 Analyse hochschmelzender Metalle mit der vacuum cup-Elektrode [17, 31].

Das Verfahren fand Anwendung auf Niob-Legierungen mit je 3 % Titan und Zirkonium sowie 5 % Molybdän, ferner auf Legierungen von Tantal und Molybdän mit anderen hochschmelzenden Metallen. Die bestimmbaren Elemente, die erfaßbaren Konzentrationsbereiche sowie die benutzten Linien sind in der Tabelle 15 wiedergegeben. Wolfram ist im Bereich von 10 bis 100 µg/ml bestimmbar.
Die Eichkurven werden durch keines der übrigen Elemente beeinflußt, wenn man zur Auswertung Linien benutzt, welche frei von spektralen Störungen sind.

Tabelle 15. Analytische Daten zur Analyse hochschmelzender Metalle [17]

Element	Analysenlinie [nm]	La-Linie als innerer Standard bei 100 µg La/ml	Konzentrations-bereich [µg/ml]
Ti	324,86	324,51	2,5 - 25
	323,45	324,51	0,5 - 10
Zr	273,49	261,03	2,5 - 50
	327,31	324,51	1,0 - 20
Hf	286,17	261,03	10 - 100
	282,02	261,03	5 - 50
V	312,12	324,51	5 - 25
	309,31	324,51	0,5 - 10
Nb	295,09	261,03	5 - 50
	316,34	261,03	2 - 25
Ta	260,36	261,03	5 - 100
	240,07	261,03	2 - 50
Cr	285,57	261,03	2,5 - 25
	284,33	261,03	0,5 - 10
W	239,71	261,03	10 - 100
Mo	287,15	261,03	5 - 50
	281,62	261,03	2 - 25

Apparatur. 3,4 m Ebert-Spektrograf (Jarrel-Ash); Versorgungsgerät für kondensierten Wechselspannungsfunken (Jarrel-Ash Varisource). Das Spektrum 2. Ordnung wird im Bereich von 230 bis 350 nm auf Eastman-Kodak-Film spectrum analysis No. 1 registriert.

Anregungsbedingungen für die den Angaben der Tabelle 15 zugrunde liegende höchste Meßempfindlichkeit:

Kapazität	0,0025 μF
Induktivität	Rest
Primärwiderstand (Einstellung)	6
Sekundärwiderstand	Rest
Primärspannung	225 V
Hilfsfunkenstrecke	wie zur Erreichung des Stromes nötig
Funkenstrecke	2 mm
Funkenstrom	10,5 A
Entladungen je Halbwelle	17
Vorsprühzeit	keine
Spalt	30 μm
Belichtungszeit	2 Min.

Arbeitsvorschrift. Zu 200 mg Probe gibt man 5 ml Flußsäure und dann tropfenweise konzentrierte Salpetersäure. Sobald alles gelöst ist, läßt man erkalten, gibt 5,0 ml konzentrierte Schwefelsäure dazu und engt bis zum Rauchen der Schwefelsäure ein. Nach dem Erkalten überführt man den Rückstand in einen 100 ml-Meßkolben, spült das Lösegefäß mit 30 ml 9 %iger Oxalsäure nach und füllt dann zur Marke auf. (Falls Oxalate ausfallen, kann man als Hilfskomplexbildner auch 12 %ige Zitronensäure-Lösung verwenden.)
Zur Aufstellung der Eichkurven stellt man Standardlösungen der Elemente in einem geeigneten Lösungsmittel her und erhitzt mit Schwefelsäure bis zum Rauchen. Da Interelementeffekte vernachlässigbar gering sind, kann man mehrere Elemente in beliebiger Konzentration mischen. Die fertigen Eichproben müssen den gleichen Gehalt an Schwefelsäure und Komplexbildner wie die Analysenproben haben.
Als innerer Standard werden alle Proben auf eine Konzentration von 100 μg Lanthan/ml gebracht; auch Y, Co, V oder Hf sind als innerer Standard brauchbar.
Zur Messung füllt man die Lösung in die vacuum cup-Elektrode und zündet die Funkenentladung unter den angegebenen Bedingungen bei Benutzung einer geeigneten Gegenelektrode. Die photografische Aufnahme und die Auswertung der Linienpaare erfolgen in üblicher Weise.

7.4.3 Arbeitsweise nach Muzik und Vita zur Analyse von Uran [36]

Das Verfahren erfaßt die Elemente *Wolfram, Molybdän, Niob, Tantal, Titan* und *Zirkonium.* Diese Metalle werden aus 10 m salzsauren Uranlösungen mit N-Benzoyl-N-phenylhydroxylamin (BPHA) in Chloroform ausgeschüttelt. Der Extrakt wird eingeengt und unter Verwendung eines Lösungstransportsystems der Funkenanregung unterworfen. Noch vor der Extraktion zugesetztes *Hafnium dient als innerer Standard.* Der Extrakt ist leichter zu handhaben und erfordert ein Drittel weniger Zeit für eine einzelne Analyse als andere spektrografische Verfahren für diese Elemente. Die Nachweisgrenzen liegen zwischen 0,9 μg/g U für Tantal und 0,1 μg/g U für Molybdän. Die Standardabweichung im Bereich von 2 bis 10 μg beträgt im Mittel 9 %. Im Vergleich zu üblichen Ausführungen der Kohleradmethode ergeben sich durch das *Lösungstransportsystem* außer für Tantal niedrigere Nachweisgrenzen sowie eine bessere Reproduzierbarkeit. Auch zeigte die Kohleradmethode bei der Bestimmung von Niob, Tantal und Zirkonium zu niedrige Ergebnisse, welche auf die Verdampfung der BPHA-Chelate sowie auf die Bildung unlöslicher Oxide bei der Entzündung zurückgeführt werden; das Verhalten von Wolfram, Molybdän und Titan wurde in dieser Hinsicht nicht untersucht.

Arbeitsvorschrift zur Anreicherung. In eine 200 ml-Platinschale wägt man 6 g Uran als U_3O_8, UO_2, $UO_2(NO_3)_2$ oder UO_2F_2 ein. Man löst die Probe in 10 ml 8 m Salpetersäure; $UO_2(NO_3)_2$ und UO_2F_2 können in Wasser gelöst werden. UO_2-Proben sind beim Auflösen zuzudecken. – Man gibt zunächst 10 ml Wasser und 10 ml konzentrierte Flußsäure und dann vorsichtig 15 ml konzentrierte Schwefelsäure hinzu. Dann raucht man zur Trockene ab, um Fluorid und Nitrat zu vertreiben. Den erkalteten Rückstand löst man in 20 ml 6 m Salzsäure und überführt dann die Lösung in einen 125 ml-Schütteltrichter. Man spült die Platinschale zweimal mit je 20 ml konzentrierter Salzsäure nach und gibt diese Anteile ebenfalls in den Schütteltrichter. Schließlich setzt man noch 2 ml (= 27 µg Hf) der Hafnium-Standardlösung dazu und mischt.

Man gibt 20 ml einer 0,5 %igen Lösung von BPHA in Chloroform hinzu und schüttelt 10 Sek. durch. Nach dem Ablassen des Überdrucks schüttelt man noch 10 Min. auf der Schüttelmaschine. Nach 10 Min. Wartezeit für die Phasentrennung läßt man die untere, organische Schicht in eine 50 ml-Platinschale ab. Der Inhalt des Schütteltrichters wird mit 5 bis 10 ml Chloroform nachgewaschen. Die vereinigten organischen Lösungen engt man unter der Infrarotlampe auf etwa 1 ml ein. Vollständiges Eintrocknen ist zu vermeiden, damit keine Chelate verflüchtigt werden. Die Schalenwand spült man mit 2 bis 3 ml Chloroform ab und läßt die Flüssigkeit an der Luft eintrocknen. Dann pipettiert man 1,8 ml Chloroform in die Schale, deckt diese zu und löst den eingetrockneten Rückstand unter leichtem Umschwenken. Die Lösung zieht man in eine 5 ml-Spritze, drückt dann die Luft aus dieser heraus und spült die Spitze der Nadel mit Chloroform ab. Die so vorbereitete Probe kann nun in der weiter unten beschriebenen Weise der Entladungsstrecke zugeführt werden [36].

Eich- und Reagenslösungen

a) *BPHA-Lösung:* 0,5 %ige Lösung von Benzoylphenylhydroxylamin in Chloroform.

b) *Wolfram-Standardlösung:* Man löst 89,7 mg $Na_2WO_4 \cdot 2H_2O$ in 500 ml 12 m Salzsäure. Gehalt: 100 µg W/ml.

c) *Molybdän-Standardlösung:* Man löst 92, 0 mg $(NH_4)_6Mo_7O_{24} \cdot 4H_2O$ (SpecPure) in 500 ml 12 m Salzsäure. Gehalt: 100 µg Mo/ml.

d) *Niob-Standardlösung:* Man löst 71,53 mg Nb_2O_5 (SpecPure) in 500 ml 18 m Schwefelsäure. Gehalt: 100 µg Nb/ml.

e) *Tantal-Standardlösung:* Man schmilzt 61,05 mg Ta_2O_5 (SpecPure) mit 5 g $KHSO_4$, löst in 100 ml 10 %iger Weinsäure und verdünnt mit Wasser auf 500 ml. Gehalt: 100 µg Ta/ml.

f) *Titan-Standardlösung:* Man löst 50,0 mg Titanschwamm (SpecPure) in 500 ml 12 m Salzsäure. Gehalt: 100 µg Ti/ml.

g) *Zirkonium-Standardlösung:* Man schmilzt 67,54 mg ZrO_2 (SpecPure) mit 5 g $KHSO_4$, löst in 100 ml 10 %iger Weinsäure und verdünnt mit Wasser auf 500 ml. Gehalt: 100 µg Zr/ml.
Alle Standardlösungen werden mit 12 m Salzsäure nach Bedarf weiter verdünnt.

h) *Hafnium-Standardlösung:* Man schmilzt 58,96 mg HfO_2 (SpecPure) mit 5 g $KHSO_4$, löst in 100 ml 10 %iger Weinsäure und verdünnt mit Wasser auf 500 ml. Zum Gebrauch verdünnt man davon 67,5 ml mit 12 m Salzsäure auf 500 ml. Gehalt: 13,5 µg Hf/ml.

Apparatur. Bausch u. Lomb- Zweigitter-Spektrograf (30 000 Striche/inch), Bereich 230 bis 310 nm in der 1. Ordnung; B u. L-Kondensor; NSL SpecPower als Anregungsquelle; Sage-Pumpe (Nr. 237-1) mit veränderbarer Förderleistung für Spritzen; laminare Schutzgaszufuhr (Zeebac Nr. 2204 Atmo-Jet) mit Keramikspitze; durchbohrte Elektrode Met Bay Nr. 1132; Gegenelektrode mit flachem Ende; 5 ml-Spritze mit Kanüle aus rostfreiem Stahl; Teflonschlauch mit 0,034 inch Innendurchmesser und 0,012 inch Wandstärke (Bel-Art Nr. 21195).

Aufnahmebedingungen

Funkenstrecke:	3 mm
Gitter:	1. Ordnung, 230 bis 310 nm
Kondensor:	100 % Durchlässigkeit

Spalt:	10 µm	*Vorfunkzeit:*	5 Sek.
Stufenfilter:	100 % / 10 %	*Belichtungszeit:*	2 Min.
Spannung:	195 V Wechselstrom	*Emulsionstyp:*	SA-1
Widerstand:	Null Ohm	*Entwicklung:*	3 Min.
Kapazität:	0,0012 µF	*Unterbrecher:*	20 Sek.
Induktivität:	300 µH	*Fixierung:*	1 Min.
Strom:	3,2 A		
Funkenspannung:	No. 2		
Funken je Halbwelle:	22		
Hilfsfunkenstrecke:	3 mm		

Arbeitsvorschrift zur Spektralanalyse. Das eine Ende eines etwa 38 cm langen Teflonschlauches wird in die größere Öffnung der Elektrode gesteckt. Dann führt man Schlauch und Elektrode durch die Öffnung des wassergekühlten Schutzgasstandes und befestigt die Elektrode im Elektrodenhalter. Die Funkenstrecke wird auf 3 mm eingestellt, wobei das obere Ende des Keramikrohres für die Schutzgaszufuhr etwa 3 mm unter der Spitze der Kapillarelektrode bleiben soll. Man benutzt eine flache Gegenelektrode, wie angegeben.

Das freie Ende des Teflonschlauchs verbindet man mit der Spritze und drückt die Lösung so weit in den Schlauch, bis sie etwa 5 cm vom unteren Ende der Elektrode entfernt ist. Dann befestigt man die Spritze an der Pumpe. Man stellt einen Schutzgasstrom von 10 Liter Argon/Min. ein und regelt die Spritzenpumpe so, daß 0,5 ml Lösung/Min. gefördert werden. (Schnellere Probenzufuhr verschlechtert das Signal/Rausch-Verhältnis, langsamere erhöht den Untergrund).

Die Entladung wird gezündet, sobald der erste Tropfen auf der Spitze der Elektrode erscheint.

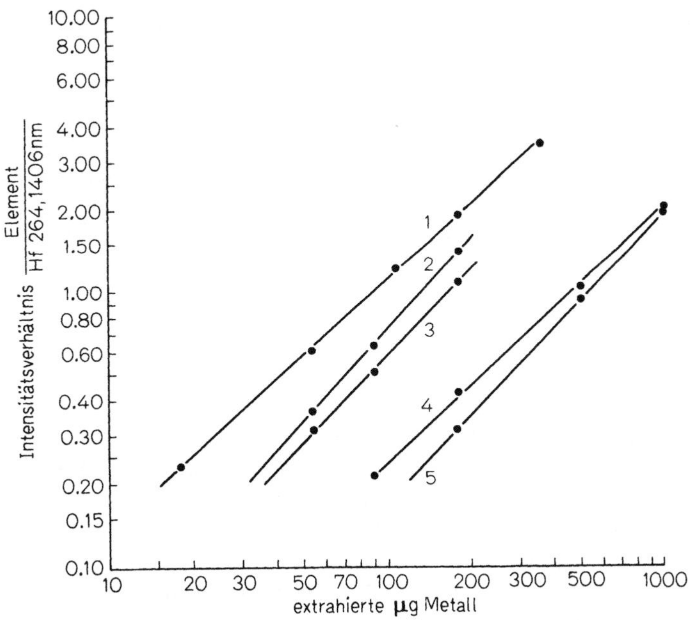

Abb. 35
Eichkurven nach Muzik und Vita [36] mit 10 %-Filter.
1) Ti 288,4107 nm; 2) Nb 259,0944 nm; 3) Ta 260,3573 nm;
4) Mo 253,8455 nm; 5) W 239,7091 nm.

Eichung und Auswertung. Eichkurven können in gleicher Weise mit Metallmengen von 1 bis 1000 μg aufgestellt werden.. Als Bezugslinie dient Hf 264,1406 nm mit dem 10 %-Filter. Die Abbildung 35 gibt einige Beispiele. Für Wolfram erreicht man mit der Linie W 239,709 nm eine Nachweisgrenze von 3,5 μg W/ml. Im Bereich um 5 μg W/ml bei 100 %-Filter ergibt sich eine Standardabweichung von 9 % (aus N = 13 Werten) und im Bereich um 555 μg W/ml bei 10 %-Filter eine solche von 4 % (aus N = 2 Werten). Wegen ausführlicherer Angaben für die übrigen Elemente siehe die Originalarbeit [36].

7.5 Anwendung von chemischen und Plasmaflammen

7.5.1 Chemische Flammen

Wolfram läßt sich mit guter Empfindlichkeit durch eine flammenphotometrische Arbeitsweise bestimmen. Eine systematische Untersuchung oder praktische Anwendungen liegen bisher aber nicht vor. In einer stark reduzierenden, vorgemischten Acetylen/O_2-Flamme erzielten *D'Silva, Kniseley* und *Fassel* mit der Linie W I 400,88 nm in Emission eine Nachweisgrenze von 4 μg W/ml. Ohne Vormischung der Gase betrug sie nur 90 μg W/ml [14].

Nach *Gaux* beträgt die Nachweisgrenze in Emission mit der gleichen Linie 4 μg W/ml in einer Acetylen/Luft-Flamme und sogar 0,5 μg W/ml in der Acetylen/Lachgas-Flamme [18]. Dies ist unter Umständen empfindlicher als die Bestimmung durch AAS; siehe Kapitel 8.
Zu obigen Untersuchungen wurden modifizierte AAS-Geräte benutzt.

7.5.2 Plasmaflammen

Erste Angaben über die Brauchbarkeit hochfrequenter Plasmaflammen zur Wolframbestimmung machten *Tappe* und *van Calker* [51]. Mit Luft als Arbeitsgas und einer Plasmatemperatur von 3000 bis 4000 K ergab sich eine Nachweisgrenze von 25 μg W/ml. Mit einem Argonplasma wurde die gleiche Empfindlichkeit erreicht, bei Verwendung von reinem Stickstoff betrug die Nachweisgrenze jedoch nur 100 μg W/ml. Die bei diesen Untersuchungen ausgewertete Linie W I 430,2 nm hat ein Anregungspotential von 3,2 eV und ein Ionisierungspotential von 8,1 eV [51].
Soulliat und *Robin* haben Argon als Arbeitsgas und einen Hochfrequenzgenerator für 5,4 MHz bei 6,6 kW Maximalleistung verwendet [44]. Die Vernebelung der wäßrigen Probelösung erfolgte durch einen Ultraschallzerstäuber. Die Nachweisgrenzen zahlreicher Elemente mit dieser Anordnung wurden untersucht. Mit der Wolframlinie bei 400,875 nm (Anregungspotential 3,4 eV) sind noch 0,1 μg W/ml nachweisbar. Weitere Angaben zur Wolframbestimmung wurden nicht gemacht [44].

Goto, Hirokawa und *Suzuki* [19] benutzten eine hochfrequente Plasmaflamme und einen Gitter-Spektralapparat (Fastie-Ebert; Eintrittsspalt 0,3 mm; Gitter mit 1200 Strichen/mm; blaze-Wellenlänge 500 nm; Dispersion 0,25 nm/mm). Die Vernebelung der Lösung erfolgte mit einem gewöhnlichen Zerstäuber, die Durchflußrate des Ärosols betrug 3,7 ml/Min. Letzteres wurde einem Stickstoff-Plasma mit einer Maximaltemperatur von 4500 K zugeführt. Zahlreiche Elemente lassen sich mit einer solchen Anordnung mit guter Empfindlichkeit und Reproduzierbarkeit bestimmen. Die Tabelle 16 gibt die Ergebnisse für Wolfram wieder.

Tabelle 16. Arbeitsbedingungen und Nachweisgrenzen für Wolfram [19]

Linie [nm]	Lösung	Nachweisgrenze [μg/ml]
W I 429,461	1 m HNO_3	0,4
	1 m HCl	0,4
	1 m NH_3	0,6
W I 430,211	1 m HNO_3	2
	1 m HCl	1
	1 m NH_3	3

Zur Herstellung der Probelösung wurde Wolfram in Wasserstoffperoxid gelöst und die Lösung mit HNO_3, HCl oder NH_3 versetzt.
Für die Linie W I 429,461 nm und 1 m salzsaure Lösung ist die Eichkurve im Bereich von 1 bis 10 μg W/ml linear.

Genauere Untersuchungen über die Bestimmung von Wolfram und Molybdän in einem Argonplasma stellte *Suzuki* an [49]. Die Probelösung wurde mit einem Ultraschallzerstäuber vernebelt und in einem Gasstrom von optimal 2,5 l Ar/Min. dem Plasmabrenner zugeführt. Die Durchflußrate des Tangentialgasstromes betrug 6 l Ar/Min. Über eine Integrationszeit von 20 Sek. wurde die Linie W I 400,875 nm gegen den Untergrund bei 400,832 nm gemessen. Entsprechend wurden Mo I 386,411 nm und der Untergrund bei 386,275 nm ausgewertet.

Ergebnisse
Die Linienintensität steigt für beide Elemente an, wenn die Konzentration der Lösung an Phosphorsäure von 1n auf 3n steigt, darüber bleibt sie bis 6 n H_3PO_4 konstant. Für phosphorsaure Lösungen mit 10 ml H_3PO_4/100 ml bleibt die Intensität konstant, wenn die Konzentration von Salzsäure oder Salpetersäure von 1 m auf 7 m ansteigt. Mit steigendem Gehalt von Perchlorsäure oder Schwefelsäure nimmt das Signal jedoch ab. Eine sehr starke Signaldepression erzeugt Natrium. Schon durch einen Zusatz von 0,5 g Natriumcarbonat zu einer Lösung, die in 100 ml 1 mg W, 25 ml HCl und 10 ml H_3PO_4 enthält, wird die Emission der Wolframlinie fast völlig unterdrückt. Für Molybdän gilt ähnliches.

Die Eichkurven sind für Wolfram und Molybdän im Bereich von 2 bis 20 μg/ml linear. Bei der Analyse von Werkzeug- und Schnelldrehstählen treten keine Störungen durch Eisen, Nickel, Mangan, Chrom u.a. auf. In einem Werkzeugstahl, dessen chemische Analyse 3,28 % Wolfram ergab, wurden mit der Plasmaflamme 3,33 % W gefunden. Die Standardabweichung aus 6 Werten betrug dabei 0,227 % (abs.) bzw. 6,8 % (rel.) [49].

7.6 Spektrometrische Analyse fester Stahlproben [6, 13]

Mit einem modernen Vakuumspektrometer lassen sich sowohl niedrig- als auch hochlegierte Stähle mit 0,02 bis 20 % Wolframgehalt analysieren.

Apparatur. De Laffolie [13] sowie *Bruch* [6] benutzten das Gerät Quantovac der Fa. Applied Research Laboratories mit Gittern, die in der 1. Ordnung eine Lineardispersion von 0,46 bzw. 0,47 nm/mm ergaben. Die Breite des Eintrittsspaltes betrug 0,02 mm. Bei der Justierung wurden 25 % des theoretischen Auflösungsvermögens erreicht [13]. Die Funkenkammer wird mit Argon gespült, wobei sich für die Wolframbestimmung ein relativer Fehler von ± 1 % erzielen läßt. Die Anregung in Luft ergibt dagegen häufig große Abweichungen [6]. Es wird ein Mittelspannungsfunkenerzeuger (Multisource) mit einer Funkenfolge von 50 Funken/Sek. benutzt [13]. Die Tabelle 17 gibt die Arbeitsbedingungen nach *de Laffolie* wieder.
wieder.

Tabelle 17. *Arbeitsvorschrift zur spektrometrischen Stahlanalyse* [13].

Probenvorbereitung:	Von heißer Gußprobe 15 bis 20 mm dicke Scheibe von 30 bis 35 mm Durchmesser abtrennen. Scheibe in Wasser kühlen, am Stein vorschleifen, mit Papier Körnung 100 fertigschleifen, auf Kupferblock kühlen.
Gegenelektrode:	Silberstab, Kegel mit 45° Spitze, Spitze abgerundet. Nach je 50 Aufnahmen abpinseln, nach 400 Aufnahmen wechseln.
Elektrodenabstand:	5 mm, nach jeder Aufnahme mit Abstandslehre kontrollieren.
Schutzgas:	Argon

Gasstrom [Liter/min.] während:	Pause:	0,5	*Integrationszeit:*	15 bis 20 Sek.
	Spülung:	5	*Ladespannung:*	950 V
	Vorfunken:	5		
	Aufnahme:	5	*Kapazität:*	15 μF
Spülzeit:	10 Sek.		*Induktivität:*	45 μH
Vorfunkzeit:	12 Sek.		*Widerstand:*	3,6 Ohm

Eichung. Die Eichung erfolgt für alle Elemente der Tabelle 18 mit der Eisen-Linie bei 271,441 nm als innerem Standard. Zur Wolframbestimmung mißt man die Linie W 207,911 nm. Ihr Profil zeigt die Abbildung 28, S. 152. Es ergeben sich für Wolfram und alle anderen Elemente der Tabelle 18 Eichkurven, welche mit Hilfe von Korrekturpotentiometern über den gesamten angegebenen Konzentrationsbereich linearisiert werden können. Für Kohlenstoff, Chrom, Kupfer und Nickel sind Eichkurven für zwei Gehaltsbereiche erforderlich.

Tabelle 18. *Die spektrometrisch bestimmten Elemente, ihre Spektrallinien und Gehaltsbereiche* [13]

Element	Linie [nm]	Gehaltsbereich [%]
Phosphor	178,280	0,003 - 0,07
Schwefel	180,731	0,003 - 0,07
Kohlenstoff	193,090	0,005 - 2,0
Wolfram	207,911	0,02 - 2,0
Kupfer	213,598	0,005 - 2,0
Nickel	225,386	0,02 - 4,0
Silicium	251,612	0,05 - 2,0
Eisen	271,441	innerer Standard
Molybdän	281,615	0,01 - 1,0
Chrom	286,093	0,02 - 4,0
Mangan	293,306	0,02 - 2,0
Vanadium	311,071	0,01 - 1,0
Aluminium	396,153	0,005 - 0,2

Die Eichmessungen für Wolfram erfolgen durch *de Laffolie* unter anderem an Proben mit 0,03 % W und 1,35 % V; mit 1,70 % W, 0,04 % V und 0,58 % Mn; mit 0,28 % W, 0,69 % V und 1,55 % Cu. Die zur Wolframeichung benutzten Proben enthielten ansonsten etwa 0,08 % C, 0,1 % Si, 0,15 bis 0,5 % Mn, 0,04 % Cr, 0,03 % Mo, 0,07 % Ni, über 0,2 % Al, 0,008 % P und 0,012 % S [13].
Nach *de Laffolie* mißt und integriert man so lange, bis der dem inneren Standard Fe 271,441 nm zugeordnete Kondensator eine vorgegebene Spannung erreicht hat [13].
Nach *Bruch* ist es jedoch sowohl für niedrig als auch besonders für hochlegierte Stähle günstiger, über eine konstante Meßzeit zu integrieren. Mit dieser Meßweise wurden 10 bis 20 % Wolfram in hoch legierten Stählen mit guter Reproduzierbarkeit und einem relativen Fehler von ± 1 % bestimmt [6].

Störungen. Unter den Anregungsbedingungen der Tabelle 17 sind Matrixeffekte bei niedrig- und mittellegierten Stählen nur noch gering. Bei der Bestimmung von Wolfram und den meisten anderen angegebenen Elementen bestehen keine Einflüsse durch dritte Legierungspartner auf die Eichkurven. Eine Korrektur erfordern nur der Einfluß von Kohlenstoff auf die Schwefelbestimmung und von Chrom auf die Phosphorbestimmung [13].

7.7 Analyse von Wolframcarbid-Hartmetallen nach Knott, Kinson und Belcher [28]

Um Interelementeffekte zu unterdrücken und aus dem stark inhomogenen Material homogene Preßlinge herzustellen, wurden drei verschiedene Probenvorbereitungen vergleichend erprobt. Die besten Ergebnisse liefert ein oxydierender Schmelzaufschluß mit Lithiumnitrat unter Zusatz von Lithiumtetraborat und Lanthantetraborat; die Schmelzperle wird mit Graphit verpreßt. Es sind mit dieser Arbeitsweise 55 % Wolfram mit einer relativen Standardabweichung von ± 0,5 % bestimmbar.
Verzichtet man auf Oxydation und Schmelzaufschluß und verpreßt das fein gepulverte Hartmetall mit den Tetraboraten und Graphit, so beträgt die Standardabweichung der Wolframbestimmung ± 1 %; für die Nebenbestandteile der Probe ist sie nur wenig schlechter als bei dem zuvor erwähnten Verfahren. Beide Probenvorbereitungen führen für alle zu bestimmenden Elemente zu linearen Eichkurven.
Das unmittelbare Anfunken gesinterter Carbide ergibt eine schwach gekrümmte Eichkurve und ± 0,9 % Standardabweichung bei der Wolframbestimmung; für die anderen Bestandteile, vor allem für Titan, Niob, Tantal und Kobalt ist diese Technik jedoch ungünstig [28].

Reagentien

a) *Schmelzgemisch:* 64 % Lithiumtetraborat und 36 % Lanthantetraborat
b) *Lithiumnitrat,* wasserfrei
c) *Graphitpulver,* spektralrein, verpreßbar

Arbeitsvorschrift zur Probenvorbereitung

a) *Herstellung oxydierter Preßlinge:* Stückige Carbide werden zunächst im Wolframcarbid-Mörser bis auf weniger als 0,5 mm Korngröße zerkleinert und dann weiter in einer Wolframcarbid-Schwingmühle (Fa. Siebtechnik) bis auf weniger als 0,125 mm pulverisiert. – Wolframoxid wird in der Schwingmühle auf <0,063 mm vermahlen und bei 110°C getrocknet.

In einen Platin-Gold-Tiegel (95/5), der 2 g Schmelzgemisch und 500 mg Lithiumnitrat enthält, wägt man 85 mg Carbide bzw. 100 mg Oxid ein. (Pt-Au-Tiegel sind besser geeignet als Graphittiegel, da letztere viel schwieriger restlos zu säubern sind). – Mit einem Platindraht rührt man das Gemisch um. Bei Carbidproben erhitzt man zunächst 15 Min. auf 800°C, um die Carbide in Oxide zu überführen. Alle Proben schmilzt man 10 Min. bei 950°C. Die erkaltete Schmelzperle wird gewogen, mit dem 1,5-fachen ihres Gewichtes an Graphit vermischt und 3 Min. in einem 100 ml-Wolframcarbidgefäß vermahlen. Dann verpreßt man das Pulver mit 45 kN (4590 kp) zu einem Preßling von 25 mm Durchmesser.

b) *Herstellung von Carbidpulver-Preßlingen:* 200 mg Carbidpulver werden mit 2 g Schmelzgemisch und 3,3 g Graphitpulver gemischt und in einem 100 ml-Wolframcarbidgefäß auf der Schwingmühle 3 Min. vermahlen. Aus dem Pulver stellt man wie oben beschrieben Preßlinge her.

c) *Stücke von gesinterten Carbiden* können mit Siliciumcarbid-Schleifscheiben angeschliffen werden. Fallen zahlreiche Proben an, sind Diamantschleifscheiben oder elektrolytisches Polieren erforderlich.

d) *Herstellung von Eichproben:* Soweit keine Standardsubstanzen verfügbar sind, stellt man die Eichproben aus Metalloxiden in der unter a) oder b) beschriebenen Weise her. – Die Tetraboratpreßlinge sind schwach hygroskopisch, was zu einer allmählichen Verschiebung der Eichkurven führen würde, wenn diese mit älteren Preßlingen überprüft werden. Die Eichpreßlinge sollen daher bei 110°C aufbewahrt und vor Gebrauch oberflächlich gesäubert werden.

Apparatur. Spektrometer Jarrel-Ash, Modell 66-105; Dispersion 0,42 nm/mm; Wellenlängenbereiche von 175 bis 210 nm und von 220 bis 420 nm; Druck 0,65 $N.m^{-2}$; Eintrittsspalt 25 μm.

Austrittsspalte und Wellenlängen

Element	W	Al	La	Untergrund	Co	Ni
Spalte [μm]	75	50	35	100	50	75
Wellenlänge [nm]	400,88	396,15	379,08	363,05	345,35	341,48

Element	Ti	Nb	V	Cr	Ta	Fe	Si
Spalt [μm]	50	35	75	75	50	50	100
Wellenlänge [nm]	324,20	319,50	310,23	267,72	263,96	259,84	251,61

Elektroden. Graphit; 6,5 mm Durchmesser, ASTM C5A (Spitze); Elektrodenabstand 4 mm; Argonstrom 7,5 1/Min.; Preßlinge von Hand poliert auf 400 grit (SiC), Sinterstücke maschinell poliert auf 60 grit (SiC).

Anregungs- und Aufnahmebedingungen.

	Preßlinge		Sinterstücke
Hochspannungsfunke	23 kV		27 kV
Induktivität	40 μH		Rest
Strom	5,5 r.f.A		9 r.f.A
Kapazität		7,5 nF	
Primärwiderstand		30 Ohm	
Sekundärwiderstand		< 1 Ohm	
Funkenfrequenz		300 $Sek.^{-1}$	
Vorspülen		5 Sek.	
Vorfunken	10 Sek.		30 Sek.
Integrationszeit		25 Sek.	
Bezugslinie	La 379,08 nm		Untergrund

Tabelle 19. *Statistische Daten zur Analyse von WC-Hartmetallen* [28]

Element	Gehalt	Oxidpreßlinge		Pulverpreßlinge		Sinterstücke	
	$\overline{x}$[%]	$s_{rel.}$ [%]	Eich-kurve [%]	$s_{rel.}$ [%]	Eich-kurve [%]	$s_{rel.}$ [%]	Eich-kurve [%]
W	55,4	0,5	17-25	1,0	55-90	0,9	55-90 n.l.
Co	10,3	1,1	0-18	1,7	0-18	2,5	2,5-15
Ti	15,1	1,4	0-12	1,3	0-15	1,7	0-15 n.l.
Ta	10,8	1,8	0-12	2,4	0-11	3,1	0-11 n.l.
Nb	1,22	2,5	0-8	3,2	0-1,5	5,6	0-1,5
V	0,07	7,1	0-0,3	7,1	0-0,1	7,1	0-0,1
Ni	0,07	10,5					
Cr	0,12	8,7					
Fe	0,33	3,3					
Si	0,14	3,5					
Al	0,04	26					

Mittelwert $\overline{x}$ und relative Standardabweichung $s_{rel} = s.100/\overline{x}$ aus 12 Werten bestimmt.
n.l. = nicht lineare Eichkurve mit einer zu höheren %Gehalten abnehmenden Steigung

Störungen. Die Bestimmung der Hauptbestandteile Wolfram, Titan und Kobalt unterliegt nur geringen Störungen durch andere Spektrallinien: Tabelle 20. Für die übrigen Bestandteile, vor allem für die Spurenverunreinigungen, sind jedoch wegen der außerordentlich linienreichen Spektren der vorliegenden Elemente größere Korrekturen erforderlich. Ein Gehalt von je 1 % der in der folgenden Tabelle 20 angegebenen Störelemente erzeugt eine positive Störung (Plusfehler) der Bestimmung von Tantal, Wolfram, Kobalt und Niob:

Tabelle 20. *Spektrale Störungen*

Bei Bestimmung von	Tantal			Wolfram			Kobalt		Niob
positive Störung von [%]	0,006	0,017	0,004	0,001	0,035	0,0002	0,001	0,006	0,0007
verursacht durch 1 % an	Si	Fe	Nb	Si	Cr	V	Ca	Ni	Al

7.8 Analyse von Molybdän und Molybdäntrioxid

Bei der Verdampfung des relativ leicht flüchtigen MoO_3 im Gleichstrom-Kohlebogen lassen sich noch etwa 30 bis 100 ppm Wolfram (3 bis 10.10^{-3} %) spektrografisch erfassen. Führt man eine Anreicherung durch Mitfällung von WO_3 an Ammoniummolybdatophosphat durch, so sind 10^{-3} % Wolfram mit einem Fehler von ± 20 % bestimmbar. Bei Gehalten von 0,4 bis 1 % Wolfram in Molybdäntrioxid kann man nach einer empirischen Formel auch ohne Eichmessungen auswerten, wobei der Fehler 5 bis 10 % beträgt.

7.8.1 Bestimmung in Molybdänpulver [15, 17]

Das Verfahren verwendet Zinkoxid als spektrochemischen Puffer. Außer Wolframgehalten von 0,01 bis 1 % sind auch andere Elemente nach einer etwas modifizierten Arbeitsweise bestimmbar: siehe hierzu [15].

Apparatur und Aufnahmebedingungen

Zwei-Gitter-Spektrograf (Bausch und Lomb)
Gitter 15000; Bereich 700 bis 900 nm
Biprisma 0,6 opt. Dichte
Primärblende 0,5 mm
Glasfilter zwischen Spalt und Biprisma
Spalt 20 µm Breite; 1,5 mm Höhe
Elektrode Graphitstab; 6,3 mm Durchmesser, becherförmig ausgehöhlt: 3,2 mm tief und 3,2 mm Durchmesser; Becherwand mit Steigung von 15°, so daß sie am oberen Rand noch 0,25 mm dick ist.
Gegenelektrode konisch
Elektrodenabstand 3 mm
Bogen 300 V; 5 A Gleichstrom
Emulsion Kodak SA-1
Entwicklung Jarrel-Ash-Maschine; 21°C; 2,5 Min. mit Entwickler D-19
Schnellphotometer mit Spalt 8 µm

Arbeitsvorschrift. Man mischt 0,5 g Molybdänpulver mit dem gleichen Volumen Zinkoxid und homogenisiert in einer Schwingmühle (Typ Crescent Wig-L-Bug mit Polystyrolgefäß und Plexiglaskugeln). Die Mischung stopft man in den Elektrodenbecher, so daß die Füllung mit dem Becherrand glatt abschließt. Die Aufnahmedauer beträgt 1 Min. Es werden jeweils zwei Aufnahmen gemacht. Für Routineanalysen photografiert man auf jeder Platte auch zwei Standardproben. Für Wolframgehalte von 0,01 bis 0,2% wertet man die Linie W 400,87 nm aus, für Gehalte von 0,2 bis 1% die Linie W 410,27 nm. In beiden Fällen dient die Linie Mo 400,60 nm als innerer Standard.

Bemerkungen:

I. Die *relative Standardabweichung* beträgt ± 7 % bei einer Konzentration von 0,06 % W.

II. Zur *Herstellung von Standardproben* löst man MoO_3 in Ammoniak, filtriert und dampft zur Trockene. Das gereinigte MoO_3 wird im Wasserstoffstrom zum Metall reduziert, mit Flußsäure (1+1), dann mit konzentrierter Salzsäure und zuletzt mit Wasser gewaschen. Durch Vermischen des Mo-Pulvers mit trockenem, sehr feinem Wolframpulver stellt man Standardproben für den angegebenen Konzentrationsbereich her. Die Proben werden nochmals im Wasserstoff-Reduktionsofen reduziert.

7.8.2 Analyse von Molybdäntrioxid [16]

Das Verfahren erlaubt die Erfassung von 30 ppm Wolfram sowie von Spuren anderer Elemente in MoO_3: Siehe Tabelle 21. Wegen der großen Flüchtigkeit der Matrix arbeitet man mit kathodischer Verdampfung. Die Spektren der ersten 30 und der darauffolgenden 60 Sek. des Bogenbrandes werden getrennt aufgenommen. Durch diese Trennung der leicht und schwer flüchtigen Spurenelemente wird das Linien-Untergrundverhältnis verbessert. In der Tabelle ist vermerkt, in welcher Abbrandphase die jeweilige Linie ausgewertet wird.

Apparatur und Aufnahmebedingungen

Spektrograf: 2-m-Plangitterspektrograf des VEB Carl Zeiss, Jena; Gitter mit 650 Furchen/mm in der 2. Ordnung
Lichtquelle: Gleichstrombogen von 220 V und 9 A
Elektroden: Trägerelektrode: Kathode, 4-mm-Stab, im oberen Teil 8 mm lang auf 2,5 mm Außendurchmesser verjüngt und mit 6 mm tiefer Bohrung von 1,8 mm Durchmesser versehen.

	Gegenelektrode: Stab von 4 mm Durchmesser, 10 mm lang auf 2,5 mm Durchmesser verjüngt.
Elektrodenabstand:	4 mm
Spaltbreite:	10 µm
Spaltbeleuchtung:	Direkte achtfach vergrößerte Abbildung der Bogenmitte auf den Spalt
Belichtungszeit:	90 Sek. (mit Weiterbewegung der Plattenkassette nach 30 Sek.)
Photomaterial:	ORWO-Spektralplatten WU 2
Entwicklung:	4 Min. Schaukelentwicklung im ORWO-Entwickler MH 28

Tabelle 21. *Analysenlinien, Erfassungsgrenzen und logarithmische Streufaktoren für die Analyse von Molybdäntrioxid* [16]

Element, Linie [nm]	Abbrand-phase (siehe Text)	Erfassungs-grenze [ppm]	logar. Streu-faktor ν
Ag 328,0	1	0,1	1,20
Cr 301,5	2	30	1,18
Cu 327,4	1	0,3	1,20
Fe 259,9	2	3	1,29
Mg 279,6	1	0,02	1,48
Mn 280,1	1	0,2	1,23
Ni 300,2	2	1	1,23
Pb 280,0	1	2	1,23
Si 251,0	1	0,06	1,70
Sn 300,9	1	3	1,23
W 294,4	1	30	1,26

Bemerkung: Die in der Tabelle angegebenen *logarithmischen Streufaktoren* ν dienen zur Reproduzierbarkeitsbewertung logarithmisch-normalverteilter Meßergebnisse, wie sie bei spektralanalytischen Spurenanalysen oft vorliegen. Ist S_{lg} die Standardabweichung der Meßwertlogarithmen, so ist der Streufaktor $\nu = 10^{S_{lg}}$. Die dem Vertrauensintervall $x \pm \Delta x$ entsprechende Größe Δa ist dann

$$\Delta a = x \cdot 10^{\pm S_{lg} \cdot t} = x \cdot \nu^{\pm t}$$

wobei t der Student'sche Faktor t(P,f) ist.
Bei der Mittelwertbildung über N Einzelmessungen ist bei logarithmisch-normaler Verteilung nicht das arithmetische, sondern das geometrische Mittel $\bar{x}_{geom}$ zu bilden. Dementsprechend ist dann:

$$\Delta a' = \bar{x}_{geom} \cdot 10^{\pm S_{lg} \cdot t/\sqrt{N}} = \bar{x}_{geom} \cdot \nu'^{\pm t}$$

Das Intervall $\Delta a'$ ist also asymmetrisch zum geometrischen Mittelwert.

7.8.3 Bestimmung von Wolfram in Molybdän und Molybdaten nach Anreicherung [52]

Man fällt aus stark saurer Lösung einen Teil des Molybdän(VI) als Ammoniummolybdatophosphat, wobei 90 % des anwesenden Wolframs mitgerissen werden. Zinnsäure, Kieselsäure oder Zirkoniumphosphat sind als Spurensammler weniger gut geeignet. Das Verfahren verbessert die Empfindlichkeit der Wolframbestimmung um etwas mehr als eine Zehnerpotenz. Die Autoren konnten unter ihren Arbeitsbedingungen ohne Anreicherung 0,02 bis 0,05 % W, mit Anreicherung dagegen 0,001 % Wolfram bestimmen [52].

Apparatur und Aufnahmebedingungen

Spektrograf:	KS-55 mit Quarzoptik im Bereich von 290 nm bzw. mit Glasoptik im Bereich von 400 nm
Spaltbeleuchtung:	dreilinsiger Kondensor
Spalt:	0,012 mm
Anregung:	Gleichstrombogen 6 A
Elektroden:	Becherelektrode, 2 mm tiefe Aushöhlung; konische Gegenelektrode
Elektrodenabstand:	2,5 mm
Aufnahmezeit:	1 Min.; keine Vorbrennzeit
Emulsion:	"Typ II Spektral" für den Bereich um 290 nm "Typ I Spektral" für den Bereich um 400 nm

Arbeitsvorschrift. Von Molybdän-Metall röstet man 1 g bei 500 bis 600°C zu MoO_3 ab. Man löst 3 g MoO_3 bzw. 3,7 g Paramolybdat in 30 ml Ammoniak (1:2). Die Lösung gießt man in ein Gemisch aus 20 ml konzentrierter Salzsäure und 50 ml Wasser. Nach dem Abkühlen auf 18 bis 20°C gibt man 0,25 ml 2 %ige Ammoniumphosphat-Lösung dazu. Man läßt 30 Min. stehen, filtriert dann den Niederschlag ab und verglüht ihn bei 600°C. Den Rückstand wägt man zur Bestimmung des Anreicherungsverhältnisses und verreibt ihn im Achatmörser mit der gleichen Gewichtsmenge Graphit. Von dieser Mischung füllt man eine stets gleiche Menge von etwa 20 mg in die Becherelektrode.

Auswertung. Für Wolframgehalte von 0,001 bis 0,01 % wertet man das Linienpaar W 400,875 nm und Mo 400,936 nm aus, für Gehalte von 0,005 bis 0,1 % Wolfram das Paar W 294,698 nm und Mo 295,181 nm.

Bemerkungen:

I. Das *Anreicherungsverhältnis* beträgt 16 bis 18.

II. Zur *Aufstellung der Eichkurve* stellt man wie beschrieben eine salzsaure Lösung von spektralreinem Molybdän her und gibt bekannte Mengen Wolframat hinzu. Dann fällt man mit Ammoniumphosphat.

III. Der *Fehler* beträgt etwa 20 %.

7.8.4 Vereinfachte Auswertung nach Chlystova und Tarasevič für Wolframbestimmungen in Molybdäntrioxid [8,11]

Für Wolframgehalte von 0,4 bis 1 % in MoO_3 läßt sich eine empirische Auswerteformel angeben, wenn man die Linien W 304,97 nm und Mo 305,02 nm auswertet. Ist ΔS die Extinktionsdifferenz der beiden Linien und c die Wolframkonzentration, so gilt empirisch nach [8,11]:

$$10^{\Delta S} = 2\,c \quad \text{oder} \quad \Delta S = \lg c + \lg 2$$

Wurde zuvor eine Anreicherung oder eine Verdünnung durchgeführt, um den Wolframgehalt der MoO_3-Probe in den oben angegebenen Bereich zu bringen, so gilt entsprechend:

$$10^{\Delta S} \cdot \frac{K}{N} = C_{orig} \quad \text{oder} \quad \Delta S + \lg \frac{K}{N} = \lg C_{orig} + \lg 2$$

Dabei bedeutet K die Menge des Niederschlages nach Kapitel 7.8.3, S. 177 und N die Menge des bei der Anreicherung eingesetzten MoO_3.

Diese empirische Formel ist nur im Konzentrationsbereich von 0,4 bis 1 % Wolfram brauchbar. Die relative Standardabweichung unter den unten angegebenen Arbeitsbedingungen beträgt 6 bis 7 %. Nach chemischer Anreicherung oder Verdünnung sind auch Gehalte von $6 \cdot 10^{-3}$ bis 5 % W in MoO_3 halbquantitativ mit Fehlern von etwa 40 % nach dieser Formel bestimmbar.

Apparatur und Aufnahmebedingungen

Quarzspektrograf:	KS-55 oder DFS-13
Spalt:	12 bis 14 μm
Anregung:	Wechselstrombogen 5 bis 6 A; Anregungsquelle DG-1
Aufnahmezeit:	45 bis 60 Sek.
Emulsion:	Spektralplatten Typ I oder II

Bemerkung: Molybdänmetall wird zuvor bei etwa 500°C zu MoO_3 *abgeröstet.*

7.9 Bestimmung von Wolfram und Molybdän in Nioboxid [46]

Das Verfahren gestattet, noch 7.10^{-6} % Wolfram und 5.10^{-6} % Molybdän in Nb_2O_5 zu bestimmen. Liegt Niobmetall zur Analyse vor, wandelt man es zunächst in das Oxid um, da metallische Eichproben in diesem Konzentrationsbereich nur schwierig erhältlich sind. Für die Bestimmung in Nb_2O_5 kann dagegen die Eichung an Mischungen der pulverförmigen Oxide erfolgen.
Zur Bestimmung benutzt man die sehr empfindlichen Linien W 400,875 nm und Mo 368,411 nm, wobei jeweils die Linie Nb 403,592 nm als innerer Standard dient. Zur Steigerung der Empfindlichkeit, vor allem der Wolframbestimmung, mischt man die Oxidprobe mit der gleichen Menge Silberchlorid, welches die Verdampfung erleichtert: siehe S. 159. Eine Schutzgasatmosphäre aus 80 % Argon und 20 % Sauerstoff verbessert das Signal-Rausch-Verhältnis durch die Unterdrückung der CN-Banden. Der Sauerstoffanteil des Gasgemisches wirkt ferner der Bildung schwer flüchtiger Carbide entgegen.

Apparatur

Gitterspektrograf:	(Jarrel-Ash), 5900 Striche/cm
Spaltbreite:	12 μm
Elektrode:	hinterdrehte Becherelektrode nach *Fassel*
Gegenelektrode:	Graphitstab von 3,2 mm Durchmesser, planar
Elektrodenabstand:	2 mm
Anregung:	Gleichstrombogen 5 und 20 A
Schutzgas:	80 % Ar + 20 % O_2, 5 Liter/min.
Emulsion:	Kodak SA-1

Arbeitsvorschrift. Die Nioboxid-Probe wird mit der gleichen Menge AgCl vermischt und mit 5,25 to/cm^2 zu einer Pastille von 6 mm Durchmesser und 600 mg Gewicht verpreßt. Diese gibt man in die Becherelektrode. Man photografiert zunächst 120 Sek. bei 5 A Bogenstrom und dann noch 120 Sek. bei 20 A. Ausgewertet werden die oben angegebenen Linien.

Bemerkungen:

I. Die *Eichkurven* I_W/I_{Nb} bzw. I_{Mo}/I_{Nb} gegen lg c sind im Bereich von 7 bis 17 ppm Wolfram bzw. 5 bis 10 ppm Molybdän schwach gekrümmt. Im Bereich von 17 bis 507 ppm W bzw. 10 bis 250 ppm Mo sind sie linear.

II. Die *Standardabweichungen* aus N = 10 Werten betragen $4{,}6.10^{-6}$ % Wolfram bei 57.10^{-6} % Wolframgehalt bzw. $3{,}4.10^{-6}$ % Mo bei 50.10^{-6} % Molybdängehalt.

III. Arbeitet man sofort mit 20 A *Bogenstrom,* wird die Probe infolge plötzlicher Gasentwicklung aus der Elektrode herausgeschleudert.

7.10 Analyse von Silicium nach Vecsernyes [58]

Das Verfahren erlaubt die Bestimmung von Wolfram und weiteren 17 Elementen in hochreinem Silicium. Alle Elemente werden mit der gleichen Arbeitstechnik in einer Aufnahme erfaßt. Die Tabelle 22 gibt die Konzentrationsbereiche an.

Tabelle 22. *Bestimmbare Elemente und Konzentrationsbereiche in Gew.-% nach* [*58*]

Al	1.10^{-7}-1.10^{-4}	In (1.)	1.10^{-5}-1.10^{-3}
As	5.10^{-7}-1.10^{-3}	In (2.)	5.10^{-7}-7.10^{-4}
Au	8.10^{-6}-1.10^{-3}	Mg	1.10^{-6}-5.10^{-3}
B	5.10^{-7}-2.10^{-4}	Ni	8.10^{-6}-3.10^{-2}
Ba	2.10^{-6}-5.10^{-4}	Pb	1.10^{-5}-2.10^{-3}
Ca	5.10^{-5}-2.10^{-3}	Sb	5.10^{-7}-1.10^{-3}
Co	5.10^{-6}-1.10^{-4}	Sn	6.10^{-6}-1.10^{-3}
Cu	1.10^{-7}-1.10^{-5}	Ti	5.10^{-6}-2.10^{-4}
Fe	5.10^{-6}-2.10^{-3}	W	5.10^{-5}-1.10^{-2}
		Zn	2.10^{-5}-1.10^{-3}

Apparatur

Mittlerer Quarzspektrograf, Typ ISP 22, mit Zwischenabbildung und Zeiss-3-Stufenfilter.

Spaltbreite 10 μm

Elektrodenabstand: 5 mm. Mit den Zwischendiaphragmen wird nur der mittlere 2 mm lange Bogen abgebildet.

Anregung: Wechselstromabreißbogen nach *Pfeilsticker;* 220 V; 8,5 bis 9 A.

Belichtung: 240 Sek., Verhältnis Brennen zu Kühlen 2 : 2 Sek.

Spektralplatte: Agfa blau rapid

Entwicklung: Methol-Hydrochinon-Pottasche

Arbeitsvorschrift. Bestimmbar sind 5.10^{-5} bis 1.10^{-2} % Wolfram in 10 mg Probe. Die Anregung erfolgt in Argon; *Vecsernyes* hat hierfür eine Schutzgaskammer beschrieben (Abbildung siehe Originalarbeit [58]). – Die Siliciumprobe wird im Achatmörser feinst gepulvert und homogenisiert, wofür etwa 1 Std. erforderlich ist. 10 mg Probe werden in eine hinterdrehte Becherelektrode (Typ RW O, Ringsdorf) eingefüllt. Als Gegenelektrode dient ein Graphitstab mit Mittelstift. Nach dem Einsetzen der Elektroden in die Schutzgaskammer wird diese 5 Min. mit Argon (1,3 l/Min.) gespült; danach wird die Gasgeschwindigkeit auf 100 ml/Min. vermindert.

Auswertung. Ausgewertet werden die in der Tabelle 23 angegebenen Linienpaare, wobei stets Silicium als innerer Standard dient.

Tabelle 23. *Verwendete Analysenlinienpaare* [*nm*].

Die Zahlen in Klammern sind die Transparenzwerte (%) der Dreistufenfilter.

As	I	234,984	(100)	Si	I	245,2136	(10)
B	I	249,7733	(100)	Si	I	245,2136	(10)
Pb	I	283,3069	(100)	Si	I	297,0347	(50)
W		294,698	(100)	Si	I	298,764	(10)
Ti	II	308,8025	(100)	Si	I	302,000	(100)
Au	I	312,278	(50)	Si	I	302,000	(100)
Cu	I	324,754	(50)	Si	I	302,000	(100)
Co	I	340,512	(100)	Si	I	302,000	(100)
Al	I	396,1527	(100)	Si	I	410,2946	(100)
Ba	II	455,4042	(50)	Si		413,096	(10)
Fe	I	248,327	(100)	Si	I	245,2136	(10)
Sb	I	259,806	(100)	Si	I	256,864	(10)
Mg	I	285,2129	(50)	Si	I	297,0347	(50)
Ni	I	300,2491	(100)	Si	I	302,000	(100)
Al	I	309,2713	(100)	Si	I	302,000	(100)
Sn	I	317,502	(100)	Si	I	302,000	(100)
In	I	303,9356	(100)	Si	I	297,0347	(50)
Ca	II	393,3666	(50)	Si		413,096	(10)
In	I	451,1323	(50)	Si		413,096	(10)
Zn	I	481,0534	(50)	Si		413,096	(10)

Eichung. Zur Herstellung von Eichproben werden reinstes Silicium und Wolframpulver im Achatmörser feinst gepulvert und gemischt. In entsprechender Weise lassen sich Standards für Al, As, Au, B, Co, Cu, Fe, Sb, Ni, Sn, Ti und Zn herstellen. – Die Metalle In, Pb, Ba, Ca und Mg glüht man mit Siliciumpulver im Quarztiegel 3 Std. bei 900°C in einer Wasserstoffatmosphäre. Die nicht sauerstoffempfindliche, inhomogene Legierung wird gepulvert, chemisch analysiert und mit reinstem Silicium weiter verdünnt.

7.11 Analyse von Silicaten und Sulfiden [45]

Das Verfahren erlaubt die Bestimmung von 3.10^{-3} bis 3.10^{-1} % Wolfram sowie von 1.10^{-3} bis 3.10^{-1} % Molybdän in sulfidischen Gesteinen und Silikaten. Lithiumfluorid wird als Verdampfungshilfe beigemischt, was vor allem für die Erfassung geringer Wolframgehalte wesentlich ist. Da sich bei sulfidischen Proben eine höhere Empfindlichkeit, d.h. eine steilere Eichkurve als bei rein silikatischem Material ergibt, wird letzterem außerdem Zinksulfid zugesetzt.

Apparatur

Spektrograf:	Quarzspektrograf Q 24
Zwischenblende:	3,2 mm
Spalt:	20 μm
Anregung:	Wechselstrombogen 18 A
Elektrodenabstand:	2,5 mm
Emulsion:	Agfa Spektral Blau Hart
Schnellphotometer	

Arbeitsvorschrift. Sulfidisches Material mischt man mit Lithiumfluorid im Verhältnis 5 : 1. Silikate mischt man im Verhältnis 5 : 1 mit einem Gemisch aus gleichen Teilen LiF und ZnS. Dann homogenisiert man durch Verreiben in einer Achatschale unter Äthanol. Die Aufnahmedauer beträgt 30 Sek. Man photometriert die Linien W I 289,6 nm bzw. Mo I 317,0 nm jeweils gegen den angrenzenden Untergrund.

Bemerkungen:

I. Zur *Herstellung von Standardproben* mischt man Zinksulfid (für sulfidische Proben) oder Granit (für Silikatproben) mit WO_3 und MoO_3.

II. Die *relative Standardabweichung* beträgt bei der Analyse von Silikaten ± 15 % für Wolfram und ± 16 % für Molybdän. Bei der Analyse von Sulfiden beträgt sie ± 8 % für Wolfram und ± 13 % für Molybdän.

II. *Palladium* eignet sich wegen seines ähnlichen Verdampfungsverhaltens *als innerer Standard.*

7.12 Bestimmung in verschiedenen Materialien

7.12.1 Aerosole

Nach *Liplavk* und *Černoušova* filtriert man 30 bis 50 l Luft mit einer Geschwindigkeit von 7 bis 10 l/min. durch ein Papierfilter. Letzteres wird im Porzellantiegel bei 500°C 15 Min. lang verascht. Den Rückstand vermischt man mit 150 mg Graphit und preßt

16 mg der Mischung in eine Graphit-Becherelektrode. Man benutzt einen Gleichstrombogen von 10 A und belichtet 20 Sek. lang. Ausgewertet wird die Linie W 289,6 nm gegen den Untergrund. – Statt dessen kann man auch Kupferoxid als Matrix verwenden und die Linie Cu 288,29 nm als inneren Standard heranziehen [32].

7.12.2 Bor

Zur Analyse von reinem Bor oxydiert man dieses mit verdünnter Salpetersäure und verflüchtigt die Borsäure mit Flußsäure. Den Rückstand nimmt man mit Graphit oder Silberchlorid auf. Unter Verwendung der Linie W 294,698 nm sind noch 5.10^{-5} % Wolfram in Bor erfaßbar [55, 56].

7.12.3 Molybdän

Zur spektralanalytischen Bestimmung *höherer Konzentrationen* an Wolfram in Molybdän oder Molybdän-Wolfram-Legierungen verdünnt man die Probe durch Zugabe von weiterem Molybdat. Dann fällt man mit Phosphat Ammoniummolybdatophosphat, wobei Wolfram mitgefällt wird. Der Niederschlag dient zur Wolframbestimmung. Die Arbeitsweise ist auf S. 178 beschrieben. Es sind 50 % Wolfram mit einem Fehler von ± 2 % (aus N=15 Werten) bestimmbar [9, 10].

7.12.4 Nickel

Die direkte spektrometrische Analyse von Legierungen mit hohem Nickelgehalt beschreibt *Marlow*. Er benutzte ein 2,5 m-Wadsworth-Gerät (Jarrel-Ash atom counter) und Funkenanregung. Die Vorfunkzeit betrug 30 Sek., die Meßzeit etwa 26 Sek. Bei einem Wolframgehalt von 1,5 % ergab diese Apparatur eine Standardabweichung von ±2 % gegenüber einer solchen von ± 2,5 % bei Verwendung eines 3,4 m-Ebert-Gerätes mit photographischer Registrierung [33].

7.12.5 Niob

Zur Bestimmung von Wolframspuren in Niob überführt man dieses in Nb_2O_5 und vermischt das Oxid als Verdampfungshilfe mit Silberchlorid. Die Linie Nb 268,1 nm dient als innerer Standard [5].

7.12.6 Plutonium

20 bis 1000 ppm Wolfram sowie 10 bis 1000 ppm Tantal in Plutonium-Metall lassen sich bestimmen, wenn man das Pu als unlösliches PuF_3 abzentrifugiert. Die Anregung erfolgt durch eine Funkenentladung zwischen Graphitelektroden [3].

7.12.7 Rhenium

In Ammoniumperrhenat lassen sich 5.10^{-3} % Wolfram und 5.10^{-4} % Molybdän ohne besondere empfindlichkeitssteigernde Maßnahmen bestimmen. Die relative Standardabweichung (aus je N = 5 Werten) beträgt ± 10 % bei 1.10^{-2} % Wolfram bzw. ±13 % bei 1.10^{-3} % Molybdän [54].

Apparatur und Aufnahmebedingungen

Gitterspektrograf:	DFS-19; 600 Striche/mm
Spalt:	19 µm breit, 2 mm hoch
Elektroden:	Graphit-Becherelektrode (1 mm tief); konische Gegenelektrode
Elektrodenabstand:	2,5 mm
Probemenge:	30 mg
Anregung:	Gleichstrombogen, 5 A
Belichtungszeit:	25 Sek.
Emulsion:	spektrograf., Typ I; Empfindlichkeit 4,5 GOST-Einheiten
Mikrophotometer	

Bemerkungen:

I. *Ausgewertet* werden die Linien W 400,875 nm bzw. Mo 317,035 nm für niedrige sowie Mo 423,295 nm für höhere Gehalte.

II. Zur *Herstellung von Eichproben* im Bereich von 5.10^{-4} bis 1 % mischt man Eichlösungen von Ammoniumwolframat bzw. Ammoniummolybdat mit Ammoniumperrhenat.

7.12.8 Schlacken

Etwa 0,4 bis 2,1 % Wolfram lassen sich in Schlacken mit einem absoluten Fehler von ± 0,05 % bestimmen. Die auszuwertende Linie W 400,88 nm kann einer spektralen Störung durch die Linie Ti 400,89 nm unterliegen, so daß ein guter Spektralapparat erforderlich ist [4].

Apparatur

Dreiprismenspektrograf	
Spalt:	20 µm
Spaltbeleuchtung:	Auf den Spalt wird nur der Bereich 4 mm über der Kathode abgebildet. Das Anodenkontinuum wird ausgeblendet. Zwischenabbildung, Zwischenblende mit Filter 22 %.
Elektrode:	Kohlebecher, kathodisch geschaltet
Elektrodenabstand:	10 mm, nachreguliert
Belichtung:	3 Min. 10 Sek.

Arbeitsvorschrift. Man gibt zur gepulverten Schlacke 7,4 % Co_3O_4 als inneren Standard und vermischt die so hergestellte Probe mit Graphit im Verhältnis 1 : 5. Als innerer Standard dient die Linie Co 402,09 nm. – Ein Zusatz von NaCl verbessert möglicherweise die Reproduzierbarkeit.

7.12.9 Silicate

Unter Verwendung eines Hilger-Quarzspektrografen lassen sich mit den Linien W 294,7 nm oder W 294,4 nm etwa 0,03 bis 5 % WO_3 in silicatischem Material bestimmen. Als innerer Standard dient die Linie Si 297,035 nm. Bei Eisengehalten über 0,4 % wird diese Bezugslinie durch die Linie Fe 297,01 nm gestört. Man benutzt dann statt dieser die Linie Si 256,8 nm. Der Fehler beträgt ± 4,5 % WO_3 in Abwesenheit bzw. ± 6,5 % WO_3 in Anwesenheit von Eisen. – Zur Vereinheitlichung der Eichung kann man Si-freien Proben Quarzpulver zusetzen [1].

Zahlreiche seltene Elemente, u.a. Wolfram und Molybdän lassen sich in Silikaten bestimmen, wenn man einen Gleichstrom-Kohlebogen und $CaSO_4$ als Puffer und inneren Standard verwendet [21].

7.12.10 Uran

Noch 1 ppm Wolfram (und Tantal) läßt sich in U_3O_8 nach der Trägerdestillationsmethode bestimmen. AgCl und SrF_2 dienen als Träger. Man verwendet einen Gleichstrombogen von 10 A und eine Belichtungszeit von 170 Sek [40].
Eine ähnliche Methode beschreiben auch [2].

7.12.11 Zirkonium

In Zircalloy lassen sich in der nachstehend beschriebenen Weise Spuren von Wolfram, Bor, Cadmium und Blei spektrografisch bestimmen. Die Proben werden als Metallscheiben eingesetzt [35].

Apparatur und Aufnahmebedingungen

Spektrograf:	3,4 m-Ebert-Gerät; Gitter mit 600 Strichen/mm; blaze-Wellenlänge 500 nm; Wellenlängenbereich 225 bis 285 nm; Spektrum 2. Ordnung mit einer Linerardispersion von 0,25 nm/mm.
Blende:	5 x 15 mm
Spalt:	20 µm
Elektroden:	Probe als Scheibe; Graphit-Gegenelektrode mit 90°-Konus.
Elektrodenabstand:	2 mm, genau einzuhalten!
Anregung:	Abreißbogen nach *Pfeilsticker*, 6 A, Brennverhältnis 1 : 10; Unterbrechungsfrequenz 1/Sek.
Vorbrennzeit:	15 Sek.
Belichtungszeit:	45 Sek.
Emulsion:	Kodak SA-1

Tabelle 24. *Linienpaare und Konzentrationsbereiche zur Bestimmung in Zircalloy* [35]

Element, Linie [nm]	Innerer Standard [nm]	Konzentr.-bereich [ppm]
W I 272,43	Zr 271,60	20 - 200
B I 249,77	Zr 249,53	0,3- 5
Cd I 228,80	Zr 228,81	0,3- 5
Pb I 283,31	Zr 271,60	10 - 100

Die Reproduzierbarkeit beträgt etwa 10 % im Bereich von 10 bis 200 ppm und 15 % unterhalb von 1 ppm. Die Ergebnisse chemischer und spektrografischer Wolframbestimmungen im Bereich von 15 bis 70 ppm unterscheiden sich um 20 bis 30 % [35].

Literatur:

1. *Ahrens, L.H.:* J. South African Chem. Inst. **23** (1943) 21-26; durch Chem. Abstr. **37**, 4324[1]
2. *Alduan, F.A., Capdevila, C.:* An. Quim. **70** (1974) 601-05; durch Chem. Abstr. **82**, 38199 c.
3. *Barton, H.N.:* Appl. Spectroscopy **19** (1965) 159-62; durch Chem. Abstr. **64**, 19 b.
4. *Brintzinger, H., Titzmann, R.:* Z. Anal. Chem. **128** (1948) 486-88.
5. *Brooks, L.S.:* Spectrochim. Acta **21** (1965) 1023-27; durch Chem. Abstr. **63**, 2379 d.
6. *Bruch, J.:* Z. Anal. Chem. **215** (1966) 332-43.
7. *Chandola, L.C.:* India At. Energy Comm., Bhabha At. Res. Cent. (Rep.) **1970**, BARC-468 (6 pp); durch Chem. Abstr. **74**, 82787 b.
8. *Chlystova, A.D.:* Ž. Anal. Chim. **23** (1968) 211-13; übersetzt: J. Anal. Chem. USSR **23** (1968) 169-71.
9. *Chlystova, A.D., Kabeševa, E.T.:* Vestn. Moskovsk. Gosudarst. Univ., Ser. Chim. **12** (1971) 98-100; durch Chem. Abstr. **74**, 134584 c.
10. *Chlystova, A.D., Tarasevič, N.I.:* Zavodsk. Laborator. **34** (1968) 1327; übersetzt: Industrial Labor. **34** (1968) 1600-01.
11. *Chlystova, A.D., Tarasevič, N.I.:* Ž. Anal. Chim. **25** (1970) 515-17; übersetzt: J. Anal. Chem. USSR **25** (1970) 441-43.
12. *D'Ans-Lax:* Taschenbuch f. Chemiker u. Physiker, Bd. III; Springer, Berlin, Heidelberg, New York 1970.
13. *de Laffolie, H.:* DEW Techn. Ber. **5** (1965) 36-48.
14. *D'Silva, A.P., Kniseley, R.N., Fassel, A.V.:* Anal. Chem. **36** (1964) 1287-89.
15. *Dyck, R., Veleker, T.J.:* Anal. Chem. **31** (1959) 1640-43.
16. *Ehrlich, G., Döge, H.G., Drescher, A., Friedrich, K., Gerbatsch, R., Mai, H.:* Spurenanalyse in hochschmelzenden Metallen; VEB Dt. Verlag f. Grundstoffindustrie; Leipzig 1970.
17. *Elwell, W.T., Wood, D.F.:* Analyt. Chem. of Molybdenum and Tungsten; Pergamon Press, Oxford 1971.
18. *Gaux, R.:* Méthod. Phys. Anal. **6** (1970) 118-28.
19. *Goto, H., Hirokawa, K., Suzuki, M.:* Z. Anal. Chem. **225** (1967) 130-37.
20. *Harvey, C.E.:* Semiquantitative Spectrochemistry; ARL Inc., Glendale 1964
21. *Harvey, C.O., Murray, K.L.H.:* Analyst **83** (1958) 136-43.
22. *Heres, A.:* Report **1973** CEA-R-4433 (17 pp).
23. *Ivanova, G.F.:* Ž. Anal. Chim. **20** (1965) 82-86; übersetzt: J. Anal. Chem. USSR **20** (1965) 72-76.
24. *Ivanova, G.F.:* Ž. Anal. Chim. **21** (1966) 1307-10; übersetzt: J. Anal. Chem. USSR **21** (1966) 1165-67.
25. *Izmailova, D.N., Zacharija, N.F.:* Ukr. Chim. Ž. **34** (1968) 109-10; durch Chem. Abstr. **68**, 101479 x.
26. *Kantor, T., Erdey, L., Szabo-Akos, Z.:* Talanta **17** (1970) 1199-1203.
27. *Kaufman, D., Dederian, S.K.:* Anal. Chem. **21** (1949) 613-16.
28. *Knott, A.C., Kinson, K., Belcher, C.B.:* Anal. Chim. Acta **59** (1972) 119-25.
29. *Ko, R.:* Anal. Chem. **36** (1964) 2513-14.
30. *Kuznecova, E.F., Marzuvanov, V.L., Možaeva, O.I.:* Vopr. Obšč. Prikl. Fiz., Tr. Repub. Konf., 1., **1967** (publ. 1969) 221-24; durch Chem. Abstr. **72**, 38590 s.
31. *Leao, E.C., Hobart, E.W., Fornwalt, D.E.:* Appl. Spectroscopy **20** (1966) 400; durch [17].
32. *Liplavk, I.L., Černousova, K.G.:* Soobšč. Nauč. Rab. Inst. Ochrany Truda, Vses. Centr. Sov. Profsojuzov 1962; durch [17].
33. *Marlow, S.:* Appl. Spectroscopy **19** (1965) 35; durch [17].
34. *Matherny, M., Pliesvoska, N.:* Chem. Zvesti **27** (1973) 327-35; durch Chem. Abstr. **79**, 87080 d.
35. *Matsumara, T., Mizuno, T.:* Japan Analyst **18** (1969) 1439-47.
36. *Muzik, R.J., Vita, O.A.:* Anal. Chim. Acta **57** (1971) 331-40.
37. *Owen, L.E., Ellenburg, J.Y.:* Anal. Chem. **23** (1951) 1823-25.
38. *Pavlenko, L.I.:* Izvest.. Akad. Nauk SSSR, Ser. Fiz. **23** (1959) 1152; durch Chem. Abstr. **54**, 6388 b.
39. *Pavlenko, L.I.:* Ž. Anal. Chim. **15** (1960) 463-66; übersetzt: J. Anal. Chem. USSR **15** (1960) 531-34.
40. *Pepper, C.E., Blank, G.R.:* Report **1973**, NLCO-1105 (12 pp); durch Chem. Abstr. **81**, 20497 t.
41. *Podobnik, B., Spenko, M.:* Anal. Chim. Acta **34** (1966) 294-301.
42. *Ritsch, R.:* Spectrochim. Acta **B 27**, (1972) 225-26.
43. *Scobie, A.G.:* Ind. Engng. Chem., Anal. Edit. **15** (1943) 79-80.
44. *Souillat, J.C., Robin, J.P.:* Analusis **1** (1972) 427-33.
45. *Spackov, A.:* Collect. Czechoslov. Chem. Commun. **30** (1965) 1255-59.
46. *Spitz, J., Chazee, J.J., Tran Van Danh:* Méthod. Phys. Anal. **4** (1968) 375-78.
47. *Šuvalova, E.I., Chlystova, A.D., Tarasevič, N.I., Gongaljuk, N.G.:* Vestn. Moskovsk. Gosudarst. Univ., Ser. Chim. **14** (1973) 490-91; durch Chem. Abstr. **80**, 10038 j.

48. *Šuvalova, E.I., Chlystova, A.D., Tarasevič, N.I., Gongaljuk, N.G.:* Ž. Anal. Chim. **29** (1974) 384-86; übersetzt: J. Anal. Chem. USSR **29** (1974) 324-26.
49. *Suzuki, M.:* Japan Analyst **19** (1970) 207-12.
50. *Svehla, A.:* Chem. Listy **68** (1974) 1075-83; durch Chem. Abstr. **82**, 67834 m.
51. *Tappe, W., van Calker, J.:* Z. Anal. Chem. **198** (1963) 13-20.
52. *Tarasevič, N.I., Chlystova, A.D., Pak, E.A.:* Zavodsk. Laborator. **25** (1959) 955-56; übersetzt: Industrial Labor. **25** (1959) 996-97.
53. *Tarasevič, N.I., Chlystova, A.D., Šuvalova, E.I.:* Ž. Anal. Chim. **26** (1971) 1958-61; übersetzt: J. Anal. Chem. USSR **26** (1971) 1750-53.
54. *Tarasevič, N.I., Chlystova, A.D., Šuvalova, E.I.:* Ž. Anal. Chim. **28** (1973) 1419-22; übersetzt: J. Anal. Chem. USSR **28** (1973) 1266-68.
55. *Tarasevič, N.I., Železnova, A.A.:* Ž. Anal. Chim. **18** (1963) 1345-48; durch Chem. Abstr. **60**, 6206 f.
56. *Tarasevič, N.I., Železnova, A.A.:* Tr. Komis. po Analit. Chim., Akad. Nauk SSSR, Inst. Geochim. i Analit. Chim. **15** (1965) 121-26; durch Chem. Abstr. **63**, 7638 a.
57. *Turulina, O.P., Zacharija, N.F.:* Ž. Anal. Chim. **28** (1973) 1754-58; übersetzt: J. Anal. Chem. USSR **28** (1973) 1561-64.
58. *Vecsernyes, L.:* Z. Anal. Chem. **182** (1961) 429-35.
59. *Vinogradov, A.V., Dronova, M.I., Korovin, J.I.:* Ž. Anal. Chim. **18** (1963) 29-32; übersetzt: J. Anal. Chem. USSR **18** (1963) 25-28.
60. *Weast, R.C. (Herausg.):* Handbook of Chemistry and Physics; The Chem. Rubber Co., Cleveland, 52. Aufl. 1971/72.
61. *Wilson, S.H., Fieldes, M.:* Analyst **69** (1944) 12; durch [17].

8. Atomabsorptionsspektralanalyse

Teilweise bearbeitet von G. Kiefhaber

Wolfram kann durch Atomabsorptionsspektralanalyse (AAS) mit befriedigender Empfindlichkeit bestimmt werden. Die erforderlichen Bedingungen werden geprägt durch die hohe Bildungsenthalpie der Wolframoxide. Eine genügende Bildung freier Wolframatome läßt sich nur in einer reduzierenden Flamme erzielen. Als praktisch brauchbar hat sich allein eine Lachgas/Acetylen-Flamme erwiesen, welche mit Acetylenüberschuß betrieben wird. Sie ermöglicht mit der praktisch meist benutzten Resonanzlinie W 400,88 nm eine Empfindlichkeit von 20 μg W/ml für 1 % Absorption und eine Nachweisgrenze von 3 μg W/ml [6, 9]. Die Anwendung von NO statt N_2O als Oxydans ergibt etwa die gleiche Empfindlichkeit aber ein schlechteres Signal/Rausch-Verhältnis und infolgedessen eine Nachweisgrenze von 23 μg W/ml [15].

Für die N_2O-Acetylenflamme wurde theoretisch untersucht, wie sich das Mischungsverhältnis N_2O : Acetylen auf die Bildung freier Wolframatome auswirkt [12]. Danach ist bei einer Temperatur von 2900 K und brenngasreicher, reduzierender Flamme ($N_2O : C_2H_2 = 1{,}80$) der Anteil freier W-Atome um den Faktor 7000 höher als in einer brenngasarmen Flamme ($N_2O : C_2H_2 = 2{,}20$). Vergleicht man verschiedene Elemente (Cu, Fe, Al, Mo, Ti, W, Si), so erweist sich ein Brenngasüberschuß als um so wichtiger, je höher die Dissoziationsenergie des Monoxids ist. Diese beträgt für WO 6,8 ± 0,4 eV. Die Tabelle 25 zeigt berechnete Molenbrüche für verschiedene Wolframspezies in Abhängigkeit vom Mischungsverhältnis der Flamme und für eine Temperatur von 2900 K.

Tabelle 25. *Molenbrüche bei 2900 K; nach [12]*

Verhältnis $N_2O : C_2H_2$	W-Atome	WO	WO_2	WO_3	W_2O_6
1,90	0,9527	0,0473			
2,00	0,6719	0,3265	0,0016		
2,10	0,0006	0,2089	0,6847	0,1056	0,0002

Auch in einer *Plasmaflamme* läßt sich Wolfram empfindlich nachweisen. *Wendt* und *Fassel* benutzten einen Generator von 5 kW nominaler Ausgangsleistung und Argon als Arbeitsgas. Einem Plasma aus 0,4 l Ar/Min. wurde mit Hilfe eines Ultraschallzerstäubers ein Aerosol zugeführt, das 0,12 ml Lösung/Min. in 0,5 l Ar/Min. enthielt. Mit der Linie W 400,88 nm ergab diese Anordnung eine Nachweisgrenze von 3 μg W/ml Lösung [18].

Ein elektrischer *Lichtbogen* in einer Argonatmosphäre zwischen Graphitelektroden eignet sich ebenfalls als Verdampfungsquelle zur Wolframbestimmung. Die Lösung wird als Aerosol eingesprüht. Die Empfindlichkeit verbessert sich, wenn man dem Schutzgas Kohlenwasserstoffe beimischt und so der Bildung von Wolframmonoxid entgegenwirkt. Bei Messung der Linie W 255,14 nm ergab sich eine lineare Eichkurve bis maximal 300 μg W/ml, eine Empfindlichkeit von 3,6 μg W/ml für 1 % Absorption und eine Nachweisgrenze (3 σ) von 1 μg W/ml [7].

Von den zahlreichen *Spektrallinien* des Wolframs findet ganz überwiegend diejenige bei 400,88 nm Verwendung in den üblichen Arbeitsvorschriften. Sie hat neben hoher Empfindlichkeit auch den Vorteil, daß in ihrem Spektralbereich keine CN-Banden der N_2O-C_2H_2-Flamme liegen. Daher ist der Flammenuntergrund sehr gering und das Signal/Rausch-Verhältnis hoch [6]. Mit der Linie W 255,1 nm beträgt die Empfindlichkeit in einer N_2O-Acetylen-Flamme 5 µg W/ml für 1 % Absorption [19]. Die Tabelle 26 gibt für eine Anzahl von Linien die gemessenen Extinktionen bei einer Konzentration von 1000 µg W/ml. Verwendet wurde das Gerät Perkin-Elmer 303 bei einer spektralen Spaltbreite von 0,2 nm [6].

Tabelle 26. *Empfindlichkeit von Wolframlinien bei der AAS* [6]

Wellenlänge [nm]	Extinktion bei 1000 µg W/ml	Bemerkungen
245,200	0,002	
255,135	0,25	
260,939 260,690	0,037	nicht aufgelöst
265,654	0,075	
268,141	0,19	
271,890		Stör. Cu 271,88 nm aus Kathode
272,435	0,092	
276,234	0,002	
283,138	0,10	
287,939	0,080	
289,645	0,087	
291,100	0,031	
294,440	0,17	
294,698 294,738	0,13	nicht aufgelöst
319,157	0,002	
354,523		CN-Bande
361,752	0,033	
376,845	0,002	
378,077		CN-Bande
381,748		CN-Bande
384,749		CN-Bande
386,798		CN-Bande
400,875	0,11	
407,436	0,049	
426,939	0,005	
429,461	0,047	
430,211	0,075	

8.1 Standardbedingungen [9]

Stammlösung. Man löst 17,95 g $Na_2WO_4 \cdot 2H_2O$ in etwa 200 ml Wasser, gibt 100 ml Natronlauge hinzu und füllt im Meßkolben mit Wasser auf 1 Liter auf. Gehalt: 10 mg W/ml. – Die Lösung soll in einer Plastikflasche aufbewahrt werden.

Geräteeinstellung (für den Typ Perkin-Elmer 300):

Wellenlänge:	400,88 nm
spektrale Spaltbreite:	0,7 nm
Lichtquelle:	Wolfram-Hohlkathodenlampe, Stromstärke nach Angabe des Herstellers

Flamme: Lachgas/Acetylen, reduzierend
Brenner: Schlitzlänge 5 cm

Bemerkung: Man erhält eine Empfindlichkeit von etwa 20 ppm W für 1 % Absorption. Die Eichkurve ist bis max. etwa 2500 ppm W linear.

8.2 Bestimmung in Werkzeugstahl mit 2 bis 6 % Wolfram [5]

Um eine möglichst genaue Analyse durchführen zu können, sollten Proben- und Vergleichslösungen im Eisen- und Säuregehalt angenähert übereinstimmen. Standards mit genau bekanntem Gehalt aller Legierungsbestandteile sind die N.B.S. Standards, die von dem "National Bureau of Standard Tool Steels" erhältlich sind und bei dieser Methode zur Herstellung der Eichlösungen verwendet werden. Während der ganzen Analyse werden Standards und Proben genau gleich behandelt.

Probenvorbereitung. Es werden genau 0,500 g zerkleinerter Probe (Feil-, Bohr- oder Drehspäne) und mehrere Portionen geeigneter Standardsubstanz (i.a. genügen zwei) in verschiedene 150 ml-Bechergläser abgewogen. Man löst die Substanz jeweils in 25 ml eines Gemisches aus Schwefelsäure, Phosphorsäure, Perchlorsäure und dest. Wasser im Verhältnis 1 : 1 : 1 : 3 unter vorsichtigem Erwärmen. Sobald die Lösung eine klare, grünliche Färbung annimmt, lasse man abkühlen, da bei zu langem Erhitzen gelbliches WO_3 ausfallen würde. Die Lösungen werden in 50 ml Meßkolben mit dest. Wasser bis zur Eichmarke aufgefüllt. Sie brauchen zur Wolframbestimmung nicht weiter verdünnt zu werden. Die Blindlösung zum Nullabgleich des Gerätes wird durch Erwärmen und Verdünnen von 25 ml Lösungssäuregemisch hergestellt.

Messung. Die Geräteeinstellung erfolgt nach den Angaben der Hersteller; für das Gerät Perkin-Elmar 300 siehe Kap. 8.1. Nach dem Nullabgleich des Gerätes werden die Absorptionen der Proben und Standards gemessen.. Zur Herstellung der Eichkurve wird die Extinktion gegen die Wolframkonzentration der Standardlösungen aufgetragen. Aus diesem Diagramm läßt sich der Wolframgehalt der unbekannten Proben ermitteln.

8.3 Bestimmung in legierten Stählen [2]

Die folgende Methode ist geeignet, 0,2 bis 10 % Wolfram in Stahllegierungen zu bestimmen. Der relative Fehler dieser Methode liegt bei etwa 3 %. Es müssen der Probe angepaßte Vergleichslösungen hergestellt werden, um Störungen kompensieren zu können. Dazu werden folgende ***Stammlösungen*** angesetzt:

Cr 2000 ppm: 2,828 g Kaliumdichromat in 500 ml Wasser
Mn 200 ppm: 0,200 g Manganmetall (p.a.) in 1000 ml verd. Salzsäure
Mo 5000 ppm: 0,500 g Mo-Staub in etwas konz. HNO_3 + HCl unter H_2O_2-Zusatz lösen und auf 100 ml auffüllen

W 5000 ppm: 0,5 g W in HNO_3/HF lösen (100 ml Endvolumen)
V 1000 ppm: 0,5 g V in HF/HNO_3 lösen (500 ml Endvolumen)
Fe 50 g/l: 12,5 g Fe in HCl lösen (Endvolumen 250 ml)
K 10 g/l: man löst 19,1 g KCl in Wasser auf 1000 ml.

Vorbereitung der Standardlösungen. Es werden 5 Standardlösungen bereitet, die für alle üblichen Legierungen ausreichen. Für spezielle Zwecke können die Elementanteile noch erweitert werden (z.B. bis 1500 ppm W). Die Lösungen werden, wie in der folgenden Tabelle angegeben, in 5 Meßkolben gefüllt und auf 100 ml aufgefüllt. Standard "A" ist die Blindlösung zum Nullabgleich, "a" ist die Menge der Stammlösung in ml, die in die Meßkolben gegeben wird, "b" ist die tatsächliche Metallkonzentration nach der Verdünnung.
Da dieses Verfahren auch zur Molybdänbestimmung verwendet werden kann, wurde die Tabelle vollständig wiedergegeben, zur Wolframbestimmung ist Spalte "C" überflüssig.

Tabelle 27. *Herstellung der Standardlösungen*

Stammlösung		A	B	C	D	E	F	Maßeinheit
10 g/l K		10-11	10-11	10-11	10-11	10-11	10-11	ml
1 : 1 HNO_3		15-20	15-20	15-20	15-20	15-20	15-20	ml
48 % HF		2- 3	2- 3	2- 3	2- 3	2- 3	2- 3	ml
2000ppm Cr	a	0	5	10	15	0	2	ml
	b	0	100	200	300	0	40	ppm
200 ppm Mn	a	0	0	5	10	15	20	ml
	b	0	0	10	20	30	40	ppm
5000 ppm Mo	a	0	5	10	0	1	2	ml
	b	0	250	500	0	50	100	ppm
1000 ppm V	a	0	5	10	15	20	0	ml
	b	0	50	100	150	200	0	ppm
5000 ppm W	a	0	10	0	1	2	5	ml
	b	0	500	0	50	100	250	ppm

Probenvorbereitung. Genau 0,5 g der Probe werden in einen Teflonbecher gegeben. Man fügt 20 ml 1 : 1 verd. Salpetersäure, sowie 2 - 3 ml 48 %ige Flußsäure hinzu. Der Becher wird abgedeckt und vorsichtig erwärmt, bis die Probe vollständig gelöst ist. Nun werden 10 ml Kalium-Stammlösung und 3 ml 1 : 1 verd. Salzsäure zugegeben. Nach Abkühlen gibt man die Lösung in einen 100 ml Meßkolben, spült den Becher mit 1 %iger HNO_3 und füllt damit auf 100 ml auf. Eine Filtration erwies sich trotz eines Kohlenstoffgehaltes bis 0,8 % als nicht erforderlich.

Meßvorgang und Geräteeinstellung
Gerät: Perkin-Elmer Mod. 303 mit Schreiber Mod. 165
Wellenlänge: 255,1 nm
spektrale Spaltbreite: 0,2 nm
Lampenstrom: 28 mA
Ansaugrate 10 ml/min.

Es wurde eine Lachgas-Acetylen-Flamme benutzt, wobei die Gasmengen und die Brennerhöhe so eingestellt wurden, daß bei Ansaugen einer 500 ppm Wolframlösung eine maximale Extinktion erzielt wurde. Nun wurden die Extinktionen der Proben- und Vergleichslösungen gemessen. Bei sehr geringen Konzentrationen kann die Skalendehnung benutzt werden.
Die Matrixeinflüsse unter den angegebenen Bedingungen für eine konstante Wolframkonzentration von jeweils 500 ppm sind in der Tabelle 28 zusammengestellt.

Tabelle 28. *Matrixeinflüsse auf die W-Bestimmung (500 ppm W)*

Zusätze	% Absorption
keine (500 ppm W)	22,3
2 % HF	22,5
2 % HF + 7 % HNO_3	22,5
2 % HF + 7 % HNO_3 + 5 % HCl	29,0
2 % HF + 4000 ppm Fe + 7 % HNO_3(=X)	39,0
X + 500 ppm K	39,5
X + 1000 ppm K	40,0
X + 1500 ppm K	40,0
2 % HF + 200 ppm Fe + 7 % HNO_3	24,5
2 % HF + 600 ppm Fe + 7 % HNO_3	37,5
2 % HF + 1000 ppm Fe + 7 % HNO_3	40,0
2 % HF + 2000 ppm Fe + 7 % HNO_3	40,0
2 % HF + 4000 ppm Fe + 7 % HNO_3	40,0

Der Einfluß von HF ist vernachlässigbar, während der Zusatz von K und Fe die Empfindlichkeit bis zu einem bestimmten Sättigungswert steigert.

8.4 Bestimmung in Stahl [15a]

Das Verfahren gestattet es, bis herab zu 0,1 % Wolfram zu erfassen.
Durch die Wahl eines geeigneten Lösungsmittels werden Störungen weitgehend unterdrückt, so daß ein Standard für alle Analysen ausreicht. Die durch den Fe-Gehalt hervorgerufene Verringerung der Extinktion (bis zu 50 % bei 1 % Fe und 50 ppm W als Na_2WO_4) wird durch die Verwendung von $HClO_4$, H_3PO_4 und H_2SO_4, welche eine Signalerhöhung bewirken, ausgeglichen.

Herstellung des Standards. Zunächst werden Stammlösungen bereitet, aus denen durch geeignetes Verdünnen die Eichlösungen erhalten werden.
W : 1g/Liter. Man löst 1,420 g Ammoniumwolframat in 1 Liter Wasser. In sechs 250 ml Bechergläser gibt man folgende Mengen an Wolfram-Stammlösung: 0; 5; 10; 20; 30; 40 ml. In jedes Glas gibt man nun 1 g Eisenpulver und 50 ml einer Mischung aus 300 ml Wasser, 100 ml konz. Perchlorsäure, 100 ml konz. Phosphorsäure und 100 ml konz. Schwefelsäure. Nach der unter vorsichtigem Erwärmen erfolgten Auflösung tropft man konz. Salpetersäure zu und dampft ein, bis die Perchlorsäure beginnt, abzurauchen. Nun läßt man abkühlen, verdünnt etwas, filtriert und füllt die Lösung auf ein Endvolumen von 100 ml auf.

Probenvorbereitung. Genau 1 g der Probe werden abgewogen und, ebenso wie die Standardlösungen, gelöst und verdünnt.

Geräteeinstellung. Für das Unicam SP 90 AAS-Gerät werden folgende Einstellungen empfohlen:

Wellenlänge:	255,1 nm (Wolfram Hohlkathodenlampe)
Spaltbreite:	0,05 mm
Brenner:	5 cm Lachgasbrenner mit 0,59 mm breitem Schlitz
Beobachtungshöhe:	8 mm über Brennerkopf
Acetylendurchfluß:	4,5 l/min
Lachgasdurchfluß:	5 l/min

Der wolframfreie Standard dient zum Nullabgleich, der zur Erreichung einer möglichst großen Genauigkeit zwischen der Messung wiederholt werden sollte.

Erweiterung des Meßbereiches. Um Konzentrationen zu ermitteln, die außerhalb der Eichkurve liegen, können die Proben mit einer 1 %igen Fe-Lösung um ein definiertes Maß verdünnt werden, so daß sie wieder in den Erfassungsbereich der Eichkurve gelangen.
Die Fe-Lösung wird folgendermaßen hergestellt:
Genau 1 g Fe-Pulver wird in 40 ml konz. HCl und 5 ml konz. Salpetersäure gelöst. Anschließend gibt man 20 ml Perchlorsäure hinzu, engt bis zum Rauchen der Perchlorsäure ein und verdünnt auf 100 ml.

8.5 Bestimmung in Hochtemperatur-Nickellegierungen [16]

Das Verfahren erlaubt eine sehr genaue Bestimmung von Wolfram, das mit etwa 8 - 14 % wesentlicher Bestandteil spezieller Nickellegierungen ist. Da die Legierungsbestandteile durch gegenseitige Beeinflussung das Analysenergebnis verfälschen können, ist ein Standard erforderlich, der die Ionen der Probenlösung angenähert enthält. Für den Standard müssen zunächst folgende *Stammlösungen* angesetzt werden.
100 mg/ml Nickel: dazu löst man 405 g $NiCl_2 \cdot 6\,H_2O$ in Wasser und verdünnt auf 1 Liter.
10 mg/ml von jedem anderen Legierungsbestandteil:
Man löst 10 g des betreffenden Metalls in der angegebenen Säure und verdünnt mit Wasser auf 1 Liter.

Cr:	in 1 % HCl	Ni:	in halbkonz. HF und HNO_3
Al:	in 3 % HCl	Ta:	in halbkonz. HF und HNO_3
Co:	in konz. HCl	Ti:	in konz. HCl und HNO_3
Fe:	in konz. HCl	W:	in konz. HF und HNO_3
Mo:	in halbkonz. HCl und HNO_3	V:	in verd. H_2SO_4

Vorbereitung des Standards.
1. Es werden drei Standardlösungen mit bekanntem Wolframgehalt hergestellt. Dazu gibt man unterschiedliche Mengen der Stammlösungen jedes Legierungsbestandteils (einschließlich Nickel) in einen 250 ml-Teflonbecher. Die Zusammensetzung der Standardlösungen hinsichtlich der vorhandenen Ionen und deren Konzentration sollte mit der

Probe annähernd übereinstimmen. Man variiere mit der Zusammensetzung des Standards also (etwa) in dem zu erwartenden Bereich, wobei die Gesamtmetalleinwaage 0,5 g betragen soll.
2. Zu den so vorbereiteten Lösungen gibt man 10 ml konz. HCl und bedeckt das Becherglas mit einer geriffelten Polypropylenscheibe.
3. Die Lösung wird gerade eben bis zur Trockene eingedampft, um störendes Nitrat zu vertreiben.
4. Die Deckscheibe und die Ränder des Bechers werden mit einer geringen Menge aqua dest. abgespült. Nach Zugabe von 10 ml HCl wird erneut eingedampft.
5. Nach Abkühlen werden 5 ml HCl und 2 ml HF hinzugefügt. Ränder und Deckscheibe werden mit 25 ml Wasser abgespült. Man läßt kurz aufkochen, bis die Salze gelöst sind und füllt in einem Meßkolben auf 100 ml auf.

Probenvorbereitung. Genau 0,5 g der Probe werden in einen 250 ml-Teflonbecher gegeben und eben mit Wasser bedeckt. Dann wird der mit einer Polypropylenscheibe abgedeckte Becher mit einer Mischung aus 5 ml HNO_3 und 2 ml HF bis zum vollständigen Lösen der Probe erhitzt. Sodann verfahre man wie in Punkten 3 - 5 der Standardvorbereitung angegeben. Eine weitere Verdünnung ist im allgemeinen zur Wolframbestimmung nicht erforderlich. Die optimale Wolframkonzentration liegt bei 500 ppm.

Geräteeinstellung für Techtron AA 4, das mit einem AB40 Lachgasbrenner ausgestattet ist:

Lachgasdruck:	16 psi
Flamme:	reduzierend eingestellt
Wellenlänge der Resonanzlinie:	400,9 nm
Lampenstrom der Wolfram-Hohlkathodenlampe:	15 mA
Spaltbreite:	50 μm
Brennerhöhe:	Einstellung 7

8.6 Bestimmung in Hochtemperatur-Kobaltlegierungen [17]

Diese Legierungen enthalten etwa 5 - 15 % Wolfram. Die Bestimmung erweist sich als wenig problematisch, da Störungen kaum auftreten oder leicht zu beseitigen sind; lediglich Cr und Ta bewirken eine Erhöhung des Absorptionssignals. Es kann durch geeignete Standards, die diese Ionen enthalten, ausgeglichen werden. Es ist überflüssig, für alle Kobaltlegierungen dieses Typs eine genau angepaßte Standardsubstanz zu verwenden. Ausreichend ist eine Vergleichslösung, die in dem zu bestimmenden Kation, der Säurestärke und der Anionenkonzentration übereinstimmt. Wegen der Verwendung von Flußsäure müssen Polypropylen- oder Teflonbecher und -Flaschen benutzt werden.

Es werden *Stammlösungen* angesetzt, aus denen durch geeignetes Mischen und Verdünnen die Standards erhalten werden. Das Endvolumen beträgt je Liter:
50 mg/ml Kobalt: 200 g $CoCl_2 \cdot 6\,H_2O$ in Wasser
10 mg/ml Wolfram: 10 g Wolframpulver in konz. HF und HNO_3; + H_2O
10 mg/ml Chrom: 10 g Cr in HCl gelöst; + H_2O
10 mg/ml Tantal: 10 g Ta in verd. HF und HNO_3 gelöst; + H_2O

Vorbereitung des Standards.

1. Man gebe verschiedene Mengen der Wolfram-Stammlösung in der Größenordnung der zu erwartenden Probenkonzentration in 250 ml Teflonbecher.
2. Dann werden jeweils 5 ml Co-Stammlösung hinzugegeben.
3. Anschließend fügt man 10 ml konz. HCl hinzu und deckt den Becher mit einer Polypropylenscheibe ab.
4. Die Lösung wird bis zur Trockene eingedampft.
5. Nach Abkühlen gibt man 5 ml HCl und 2 ml HF zu und spült Deckscheibe und Becherränder mit 25 ml dest. Wasser ab.
6. Die Lösung wird bis zum Sieden erhitzt, bis alles gelöst ist und im Meßkolben mit dest. Wasser auf 100 ml aufgefüllt.
7. Um Störungen zu kompensieren, mischt man, falls erforderlich, noch jeweils 2,5 ml Cr- und Ta-Stammlösung zu.
8. Die so erhaltenen Lösungen werden zur Messung verwendet. Die optimale Wolframkonzentration liegt bei 500 ppm.

Probenvorbereitung. Man gibt genau 0,5 g Probe in einen 250 ml Teflonbecher. Es kommen 15 ml konz. HCl, 5 ml konz. HNO_3 und 5 ml konz. HF hinzu. Der Becher wird abgedeckt und erhitzt, bis die Probe gelöst ist. Man dampft bis zur Trockene ein und verfährt wie in Punkten 3 - 7 angegeben.

Geräteeinstellung für Techtron AA 4 mit AB 50 Brennerkopf:

Flamme:	Acetylen/Lachgas, reduzierend
Brennerhöhe:	Einstellung 9
Wellenlänge:	400,88 nm
Spaltbreite:	0,050 mm
Lampenstrom:	15 mA

8.7 Bestimmung in Uranlegierungen [1]

Neben anderen Elementen der IV., V. und VI. Nebengruppe kann auch Wolfram im Konzentrationsbereich zwischen 0,01 und 1 % in Uranlegierungen durch das hier beschriebene Verfahren bestimmt werden. In einer simulierten Uranlegierung mit bekanntem Wolframgehalt betrug die Standardabweichung bei 1 % W 0,6 %; bei 0,1 % W 1 % und bei 0,01 % W 6,9 %.

Wie man feststellte, werden auftretende Störungen durch die Uranmatrix unterdrückt, ebenso wie sie auch eine Steigerung der Absorption des zu bestimmenden Elementes bewirkt.

Weiterhin wurden die Auswirkungen verschiedener Säuren, die zum Lösen der Proben verwendet werden, auf die Absorption untersucht:

HF erhöht die Absorption, HCl und HNO_3 zeigen keinen Einfluß, während H_2SO_4, $HClO_4$ und H_3PO_4 eine Signaldepression bewirken. Bei jeweils gleicher Wolframkonzentration ergaben sich folgende Extinktionen:

HCl	HNO_3	H_2SO_4	$HClO_4$	H_3PO_4	(4 % Säurekonzentration)
0,225	0,225	0,090	0,200	0,115	Extinktion für Wolfram

Das Uran verursacht eine leichte Untergrundabsorption, welche aber durch den U-Gehalt der Blindlösung kompensiert wird.

Stammlösungen

Uran: Uranmetall wird in HCl und H_2O_2 gelöst. Gehalt 200 mg U/ml.

Wolfram: Wolframmetall wird in konz. Salpetersäure und Flußsäure gelöst und mit Wasser verdünnt. Gehalt: 1 mg W/ml.

Probenvorbereitung

1. 1 g Probe wird in einen 100 ml Teflonbecher eingewogen.
2. Man gibt 3 ml konz. Salzsäure hinzu.
3. Um das Uran zu Uran (VI) zu oxydieren, gibt man etwas 30 %iges Wasserstoffperoxid hinzu.
4. Sodann tropft man etwas 48 %ige HF und konz. HNO_3 zu und erwärmt, bis die Probe vollständig gelöst ist.
5. Die Lösung wird dann in einen 25 ml Meßkolben gegeben, mit 20 Tropfen HF versetzt, mit Wasser bis zur Marke aufgefüllt und in eine Polyaethylenflasche zur Aufbewahrung umgefüllt.
6. Der Standard wird bereitet, indem man Uranlösung, Salzsäure sowie Flußsäure in einem geeigneten Verhältnis miteinander mischt, das dem der Probe entsprechen soll. Dann gibt man soviel Wolframstammlösung hinzu, daß man sich dem Probenwert so weit wie möglich annähert.
7. Die Blindlösung zum Nullabgleich stellt man wie den Standard her, nur wird die Wolframlösung weggelassen.

Geräteeinstellung für Techtron AA 4
Resonanzlinie: 255,1 nm
Lampenstrom für eine Varian-Techtron Wolframhohlkathodenlampe: 20 mA
Spaltbreite: 25 μm
Verstärkerstufe: 8

Die Einstellung der Lachgas-Acetylen-Flamme sowie der Brennerhöhe erfolgt durch Ausgleich auf max. Extinktion beim Ansaugen einer Wolframstandardlösung.
Nach dem Nullabgleich mißt man die Extinktion der Probe und des Standards. Die Konzentration des gesuchten Elementes in der Probe errechnet man nach folgender Formel:

$$\% = \frac{\text{Gramm im Standard} \cdot E_{(\text{Probe})} \cdot 100}{\text{Gramm Einwaage} \cdot E_{(\text{Standard})}}$$

Der Meßbereich ist linear bis zu einer Extinktion von 0,300. Bei sehr geringen Konzentrationen sollte die Skalendehnung benutzt werden.

8.8 Bestimmung in Silikatgesteinen [4]

Das Verfahren erlaubt die Erfassung von Wolframkonzentrationen, wie sie bei der Untersuchung von Bohrkernen auftreten. Störungen durch andere Elemente wurden nicht beobachtet, so daß keine besonderen Kompensationsmaßnahmen erforderlich sind.

Pobenvorbereitung. 0,200 g des sorgfältig pulverisierten und homogenisierten Materials werden zusammen mit 1,20 g Lithiummetaborat in einen 30 ml Platintiegel gegeben. Man erhitzt in einem Muffelofen bei 1000°C etwa 15 Min. lang. Anschließend wird der

Tiegel zur Zerkleinerung der Schmelze in kaltes Wasser gehalten. Dann wird die Probe durch Hinzufügen von 30 ml heißem Wasser und 10 ml konz. HCl gelöst, 10 - 15 Min. mit einem Magnetrührer gerührt und in ein 100 ml Becherglas gegeben. Sofern die Probe in dem Tiegel noch nicht vollständig gelöst ist, wiederhole man den Lösungsvorgang mit weiterem heißen Wasser und Salzsäure. Die gesamte Lösung wird auf ein Volumen von etwa 5 ml eingeengt, wobei Wolframsäure als flockiger Niederschlag ausfällt. Man löst durch Zufügen von 3 - 4 ml konz. Ammoniaklösung. Dabei fallen verschiedene Elemente als Hydroxide aus, was jedoch die Wolframanalyse in keiner Weise beeinflußt. Die Suspension wird vollständig in ein graduiertes Zentrifugenröhrchen übergeführt und auf ein Volumen von 20 ml aufgefüllt. Nach dem Zentrifugieren kann die überstehende Lösung für die Messung verwendet werden. Zur Aufnahme der *Eichkurve* bedient man sich der vom Gerätehersteller angegebenen Standardbedingungen (vgl. S. 188). Nach Messung jeder Probe wiederholt man mit der Blindlösung den Nullabgleich. Nach Messung von drei Proben sollte der Brennerkopf gereinigt werden.

Geräteeinstellung

Gerätetyp:	Perkin-Elmer Mod. 303
Resonanzlinie:	400,88 nm
spektrale Spaltbreite:	0,7 nm
Lampenstrom:	40 mA
Flamme:	Acetylen/Lachgas, reduzierend
Registrierung:	Schreiber Perkin-Elmer Mod. 165 mit 30-facher Skalendehnung, Dämpfung 4 und Vorschubgeschwindigkeit 20 mm/min.

Der Prozentgehalt an WO_3 kann nach der auf S. 195 angegebenen Formel berechnet werden.

Bemerkungen:

I. Die *Standardabweichung* aus 20 Bestimmungen einer Probe von etwa 0,55 % WO_3 beträgt 0,06 %.

II. Zwei Bearbeiter können *innerhalb eines Tages* 50 bis 70 Bestimmungen ausführen, je nach der Lösegeschwindigkeit der Probe.

III. Die zentrifugierte Probe sollte binnen zwei Stunden gemessen werden. *Aufbewahrung* bis zum nächsten Tage führt zu fehlerhaften Ergebnissen.

8.9 Bestimmung in Erzen nach Extraktion des Wolframs [11]

Mit dem hier beschriebenen Verfahren kann der Wolframgehalt in Erzen bestimmt werden, sofern dieser größer als etwa 0,5 % ist. Das Verfahren beruht auf der Überführung von Wolframat in Wolframatophosphat mit anschließender Extraktion in DIBK mit 3 % Aliquat 336. Die auf diesem Wege gewonnenen Ergebnisse stimmen recht gut mit den auf naßanalytischem Wege gewonnenen überein. Der Phosphorsäuregehalt beeinflußt die Extraktion. Die beste Extraktion erreicht man mit einem H_3PO_4-Gehalt zwischen 5 und 10 %. Der Zusatz von 3 % Aliquat 336 ist zur vollständigen Extraktion (91 %) notwendig. Ein höherer Zusatz verringert die Empfindlichkeit infolge zu hoher Viskosität der organischen Phase.

Probenvorbereitung. 0,2 g Probe werden mit 1 g Lithiummetaborat gemischt und in einem vorgeheizten Graphittiegel geschmolzen. Die Schmelze gießt man in ein 50 ml Gefäß, das 40 ml 5 - 10 %ige Phosphorsäure enthält. Es wird nun auf einem heizbaren Magnetrührer zum Sieden erhitzt. Auftretende Niederschläge beeinflussen das Analysenergebnis nicht. Nach dem Abkühlen versetzt man die Lösung mit 10 ml Diisobutylketon, welches 3 % Methyl-tricaprylammoniumchlorid (Aliquat 336) enthält. Hiermit kann das Wolframatophosphat zu 90 % aus der wässrigen Phase extrahiert werden. Nach 3 min. kräftigem Schütteln wird zentrifugiert. Die organische Phase wird nun zur Messung verwendet.
Der *Standard* wird bereitet, indem eine geeignete Menge Wolframsäure ebenso wie die Probe behandelt wird.
Die *Messung* erfolgt mit der Linie W 400,88 nm und reduzierender Acetylen/Lachgasflamme. Der Autor benutzte das Gerät Perkin-Elmer Mod. 303.

8.10 Schnellbestimmung in Erzen und Konzentraten [10]

Das Verfahren gestattet, Gehalte von etwa 1 bis 40 % WO_3 mit hoher Geschwindigkeit zu bestimmen. Etwa 100 Proben je Mann und Tag können untersucht werden. Die relative Standardabweichung beträgt dabei max. ± 3,5 %.Wolframarmen Proben zugesetzte WO_3-Mengen werden vollständig wiedergefunden.
Die zu untersuchenden Erze Scheelit $CaWO_4$,Wolframit (Fe, Mn) WO_4 und Tungstit WO_3 sind in Flußsäure löslich. Nach der Verflüchtigung des Siliciums fällt alles Wolfram als gelbe Wolframsäure aus, welche sich in etwa 0,5 m KOH-Lösung schnell löst. Die hierbei entstehenden Hydroxidniederschläge des Fe, Mn und evtl. Al schließen kein Wolfram ein.

Geräteeinstellung

Gerät:	Varian Techtron AA 5
Wellenlänge:	255,1 nm
Spaltbreite:	0,15 mm
Lichtquelle:	Hohlkathodenlampe ASL
Lampenstrom:	20 mA
Brenner:	Techtron AB 40 oder AB 50
Flamme:	Acetylen/Lachgas, reduzierend, rote Zone 2 cm hoch: 15 p.s.i. N_2O (7,5 Skalenteile), 16 p.s.i. C_2H_2 (8,0 Skalenteile)
Skalendehnung:	nur für Proben mit weniger als 10 % WO_3

Probenvorbereitung. In einem Plastikbecher erwärmt man auf dem siedenden Wasserbad 0,2 g Probe mit 10 ml eines (1+1)-Gemisches von Flußsäure (40%ig) und Salpetersäure (70%ig). Nach 2 bis 3 Std. ist die Lösung zur Trockene eingedampft. Man gibt nun 10 ml 0,5 m Kalilauge dazu und erhitzt noch 20 Min. Unter Nachspülen mit Wasser überführt man die Lösung und einen eventuellen Rückstand in ein 10 ml-Zentrifugenglas und ergänzt mit Wasser auf 10 ml. Man zentrifugiert 2 Min. mit 5000 U/Min.

Bemerkungen:

I. *Wolframstandardlösung.* Man löst 6,30 g WO_3 (99,9 %ig) in heißer 0,5 m Kalilauge und verdünnt mit dieser Lauge im Meßkolben auf 500 ml. Gehalt 10000 ppm W. Durch Verdünnen mit 0,5 m Kalilauge stellt man daraus Lösungen mit 7500, 2000, 500, 200 und 100 ppm W her.

II. *Eichkurve.* Unter den Meßbedingungen ist die Eichkurve bei höheren Gehalten stark gekrümmt: siehe Abb. 36.

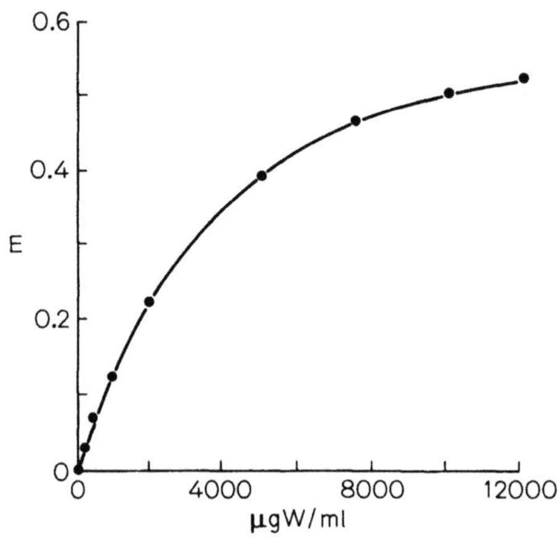

Abb. 36
Eichkurve für Wolfram, ohne Skalendehnung, nach [10]

III. *Störungen.* Keine Störung verursachen die Gehalte der untersuchten Proben an Ca, Fe, Mn und Al. Kalium erfordert eine Korrektur, wenn bei kleinen Wolframgehalten eine Skalendehnung durchgeführt wird.

8.11 Bestimmung in Niob [14]

Gehalte von etwa 1 bis 10 % Wolfram in Niob können ohne vorhergehende Trennung bestimmt werden. Die relative Standardabweichung beträgt ± 5 %. Der Gehalt der Lösung an Niob, Zirkonium, Schwefelsäure und Wasserstoffperoxid beeinflußt die Meßergebnisse.

Geräteeinstellung

Gerät:	Perkin-Elmer Mod. 303
Wellenlänge:	400,88 nm
Flamme:	Acetylen/Lachgas, reduzierend
Sonstige Daten:	nach Angaben des Geräteherstellers

Probenvorbereitung. Man löst 0,1 g Probe unter Erhitzen in 1,5 ml konz. H_2SO_4, welcher man 0,3 g Ammoniumsulfat zugefügt hat. Dann überführt man die Lösung in einen 50 ml-Meßkolben, gibt 2 ml 30 %iges Wasserstoffperoxid hinzu und füllt mit Wasser zur Marke auf.

Standardlösungen
Wolfram: Man löst 179 mg $Na_2WO_4 . 2H_2O$ in Wasser, gibt einige Tropfen 25 %ige Natronlauge hinzu und verdünnt mit Wasser auf 100 ml. Gehalt: 2 mg W/ml.
Niob: Man löst 0,5 g Niob-Pulver wie in der Probenvorbereitung beschrieben in 7,5 ml H_2SO_4 und 1,5 g $(NH_4)_2SO_4$, gibt 10 ml H_2O_2 hinzu und verdünnt auf 250 ml. Gehalt: 2 mg Nb/ml.
Zirkonium: Man löst 354 mg $ZrOCl_2$ in 4 bis 5 ml konz. Salzsäure und verdünnt mit Wasser auf 50 ml. Gehalt: 2 mg Zr/ml.

Bemerkung: Die Analyse von Nioblegierungen durch AAS ergab im allgemeinen um 5 % niedrigere Wolframgehalte als die *photometrische* Bestimmung mit Thiocyanat.

8.12 Bestimmung in sonstigen Materialien

Bei der Analyse von hochlegiertem Material treten nach *Rooney* und *Pratt* starke Interelementeffekte auf, welche nur die Auswertung nach der Additionsmethode (Eichzusatzverfahren) zulassen [13]. Da das Verfahren neben der Bestimmung des Wolframs auch diejenige des Siliciums gestatten soll, löst man die Proben unter Zusatz von Flußsäure und versprüht flußsaure Lösungen in der Flamme. Diese Arbeitsweise erfordert Meßkolben aus Plastik und eine wirksame Absaugung der Verbrennungsgase. Die Methode eignet sich für Gehalte von etwa 0,6 bis 20 % W in Nickellegierungen mit hohen Anteilen an Mo, Cr, Cu, Fe sowie in hochlegiertem Stahl. Die relative Standardabweichung beträgt ± 2,3 % bei 1,5 % Wolframgehalt. Die Ergebnisse stimmen auf ± 1 % (rel.) oder besser mit gravimetrisch bestimmten bzw. garantierten Werten überein. Gemessen wird die Linie W 255,1 nm bei einer Bandbreite von 0,15 nm (Gerät: Southern Analytical A 3000) unter Verwendung einer reduzierenden Lachgas/Acetylen-Flamme [13].

Literatur

1. *Gardner, R.D., Henicksman, A.L., Ashley, W.H.:* US At. Energy Comm. **1970**, LA - 4529 (6 pp.); durch Chem. Abstr. **76**, 20884 p.
2. *Husler, J.W.:* At. Absorpt. Newsl. **10** (1971) 60-62.
3. *Judelevič, I.G., Šaburova, V.P.:* Chem. Analit. **19** (1974) 941-48; durch Chem. Abstr. **82**, 80043 x.
4. *Keller, E., Parsons, M.L.:* At. Absorpt. Newsl. **9** (1970) 92-93.
5. *Knight, D.M., Pyzyna, M.K.:* At. Absorpt. Newsl. **8** (1969) 129-30.
6. *Manning, D.C.:* At. Absorpt. Newsl. **5** (1966) 127-34.
7. *Marinkovic, M., Vickers, T.J.:* Appl. Spectroscopy **25** (1971) 319-24.
8. *Morrow, R.W.:* Report **1972**, Y-1812 (11 pp.); durch Chem. Abstr. **77**, 56054 c.
9. *Perkin-Elmer Corp.:* Analytische Methoden in der Atomabsorptionsspektralanalyse, 1972.
10. *Quin, B.F., Brooks, R.R.:* Anal. Chim. Acta **65** (1973) 206-09.
11. *Rao, P. Dharma:* At. Absorpt. Newsl. **9** (1970) 131-32.
12. *Reigle, L.L., McCarthy, W.J., Ling, A.C.:* J. Chem. Engng. Data **18** (1973) 79-86.
13. *Rooney, R.C., Pratt, C.G.:* Analyst **97** (1972) 400-04.
14. *Saltykova, A.M., Davidovič, N.K., Melamed, Š.G.:* Ž. Anal. Chim. **27** (1972) 1216-18; übersetzt: J. Anal. Chem. USSR **27** (1972) 1091-93.

15. *Slavin, W., Venghiattis, A., Manning, D.C.:* At. Absorpt. Newsl. **5** (1966) 84-88.
15a. *Thomerson, D.R., Price, W.J.:* Analyst **96** (1971) 825-34.
16. *Welcher, G.G., Kriege, H.:* At. Absorpt. Newsl. **8** (1969) 97-101.
17. *Welcher, G.G., Kriege, H.:* At. Absorpt. Newsl. **9** (1970) 61-64.
18. *Wendt, R.H., Fassel, V.A.:* Anal. Chem. **37** (1965) 920-22.
19. *Willis, G.C.:* Nature **207** (1965) 716-17.

9. Fluorimetrie

Einige Chelatbildner, welche mit zahlreichen Elementen fluoreszierende Komplexe bilden, erlauben auch eine fluorimetrische Bestimmung des Wolframs. Die Reaktionen sind durchweg sehr wenig spezifisch, so daß eine wirksame Vortrennung unerläßlich ist. Die bisher beschriebenen Verfahren erlauben zwar noch 0,04 μg W/ml zu erfassen, doch wurde über regelrechte Spurenanalysen von Wolfram in technischen Produkten bisher nichts berichtet.

9.1 Bestimmung mit Flavonol [1, 2, 3]

Flavonol (3-Hydroxyflavon) bildet mit Wolframat in schwach saurer Lösung ein blau fluoreszierendes Chelat, welches 6 bis 42 μg W/100 ml zu bestimmen gestattet.

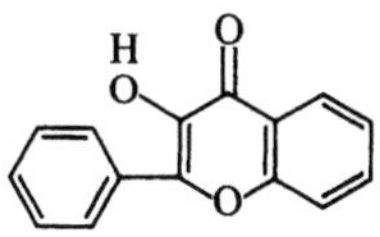

Flavonol

Die Verbindung besitzt die Zusammensetzung Flavonol : W = 1 : 1. Das Intensitätsmaximum des Fluoreszenzlichts liegt bei 460 nm für das Chelat und bei 490 nm für das Reagens. Die Fluoreszenz ist sehr stark pH-abhängig, so daß für sehr gute Pufferung der Lösungen gesorgt werden muß. Maximale Intensität ergibt sich bei pH 4,2; die Arbeitsvorschrift führt zu einem pH-Wert von 3,99 bis 4,08, was von den Autoren als ausreichend bezeichnet wird [1]. Die Fluoreszenzintensitität nimmt im Bereich kleiner Ionenstärken mit steigender Elektrolytkonzentration ab, ist im Bereich von 0,05 bis 0,5 m NaCl-Gehalt jedoch von der Ionenstärke unabhängig. Die Intensität ist außerdem stark temperaturabhängig: im Bereich von Zimmertemperatur sinkt sie um 2,5 % je Grad Temperaturzunahme [1].

Apparatur

Fluorimeter:	Turner Mod. 100
Primärfilter:	Corning CS 7-60
Sekundärfilter:	Corning CS 5-61 (Durchlässigkeit 66 % bei 460 nm und 30 % bei 490 nm) sowie zusätzlich als Schutz gegen Streulicht (<415 nm) das Filter Wratten CS 2A.

Reagenzien

Flavonol-Lösung: Dioxan wird 24 Std. über Natrium am Rückfluß gekocht und dann abdestilliert. Man löst 100 mg Flavonol (3-Hydroxyflavon; Fa. Eastman Kodak) in 1000 ml gereinigtem Dioxan. Die Lösung ist in einer gut verschlossenen, dunklen Flasche wenigstens drei Monate haltbar.

Puffer-Lösung: 10,0 g Kaliumhydrogenphthalat und 8,0 g NaCl werden in Wasser auf 1000 ml gelöst. Das NaCl soll die günstige Ionenstärke einstellen.
Wolframstandardlösung: Man löst 2,678 g $Na_2WO_4 . 2H_2O$ in Wasser auf 1000 ml. Gehalt: 1,5 mg W/ml. Die Lösung wird mit Wasser bis auf einen Gehalt von 1,5 μg W/ml verdünnt.

Arbeitsvorschrift [*1*]. In 100 ml-Meßkolben pipettiert man 10 ml Probelösung oder 10 ml Wolfram-Standardlösung oder zur Herstellung der Blindprobe 10 ml Wasser. Dann gibt man 5 ml Flavonol-Lösung dazu und füllt mit der Pufferlösung zur Marke auf. Die Fluoreszenz ist nach einer Wartezeit von 20 Min. für mindestens 3 Std. konstant. Man mißt bei 460 nm. – Zur Berücksichtigung des Temperatureinflusses stellt man zugleich mit jeder Analysenprobe auch eine Eichprobe her.

Bemerkungen:

I. Die *Eichkurve* ist im Bereich von 6 bis 42 μg W/100 ml linear, bei höherer und niedrigerer Konzentration dagegen negativ gekrümmt.

II. Bei der Stahlanalyse mischt man zur *Maskierung von Vanadium* der Pufferlösung noch 12 ml 2,5 m NaCN-Lösung je Liter hinzu.

III. Zur *Vereinfachung der Arbeitsweise* kann man auch 5 Teile Flavonol-Lösung und 85 Teile Pufferlösung mischen. Dann füllt man 10 ml wolframhaltige Lösung bzw. 10 ml Wasser mit dieser Mischung im Meßkolben auf 100 ml auf. Die Flavonol-Puffer-Mischung ist höchstens 4 Std. haltbar.

IV. *Störungen:* Keine Störung verursachen die gegenüber Wolfram 300-fache Menge Ni und Co, die 100-fache Menge Mn(II), 30-fache Menge Cu(II), 10-fache Menge Mo(VI), 0,5-fache Menge Fe(III) und die 0,3-fache Menge Cr(III). Stark stören Chromat und Vanadat.

Anwendungen

I. Zur Bestimmung von 0,6 bis 8,5 % in *Wolfram-Nickel-Legierungen* löst man 100 bzw. 50 mg Probe in Salpetersäure [1]. Dann neutralisiert man mit 10 m Natronlauge gegen Phenolphthalein und gibt noch 5 ml Lauge im Überschuß dazu. Man kocht 30 Sek. lang, spült die Gefäßwände mit Wasser ab und kocht nochmals 30 Sek. Längeres Kochen ist zu vermeiden, damit nicht das stark störende Al aus dem Glas gelöst wird. Dann neutralisiert man genau mit Salzsäure, gibt 1 ml konz. Salzsäure im Überschuß hinzu und verdünnt im Meßkolben auf 1000 ml. Zur Eichung muß man eine Wolfram-Standardlösung gleicher Azidität verwenden. Hierzu mischt man 100 ml einer Wolfram-Standardlösung von 15 μg W/ml mit 1 ml konz. HCl und verdünnt mit Wasser auf 1000 ml. Die absolute Standardabweichung beträgt ± 0,04 % W im Bereich von 0,49 bis 2,44 % W-Gehalt [1].

II. Zur *Stahlanalyse* muß zunächst eine Vortrennung durch Kationenaustausch durchgeführt werden [2]. Die Arbeitsweise ist im Kap. 3.3.3, S. 31 ausführlich beschrieben. Das Eluat eignet sich zur fluorimetrischen Bestimmung mit Flavonol, wenn der Stahl nicht mehr als die gegenüber Wolfram zweifache Vanadiummenge und maximal vierfache Molybdänmenge enthält. Das Verfahren eignet sich für Wolframgehalte von 0,4 bis etwa 18 %. Die absolute Standardabweichung (aus 7 Bestimmungen) bei 18,25 % W beträgt ± 0,26 % W [2].

III. Auch *reines Wolfram, thoriumhaltiges Wolfram* sowie hochschmelzende *Co-Ni-Legierungen* mit etwa 4 % W lassen sich mit Flavonol analysieren [3]. Für einen Gehalt von 98 % W geben die Autoren eine absolute Standardabweichung (aus 12 Bestimmungen) von nur ± 0,08 % W an. Zur Erzielung so hoher Reproduzierbarkeit sind allerdings bei der Probenvorbereitung zahlreiche Kunstgriffe zu beachten, derentwegen auf die Originalarbeit verwiesen sei [3].

9.2 Bestimmung mit Carminsäure [5]

Carminsäure bildet in schwach saurer Lösung ein rot fluoreszierendes Chelat mit Wolfram(VI). Der Komplex besitzt die Zusammensetzung Reagens : W = 1 : 1 und eine Stabilitätskonstante von ungefähr 3.10^5. Das Verfahren erlaubt die Bestimmung von 0,04 bis 0,36 μg W/ml bei einem pH-Wert von optimal 4,6. Das Fluoreszenzmaximum des Chelates liegt bei 585 nm, das Anregungsmaximum bei 515 nm [5].

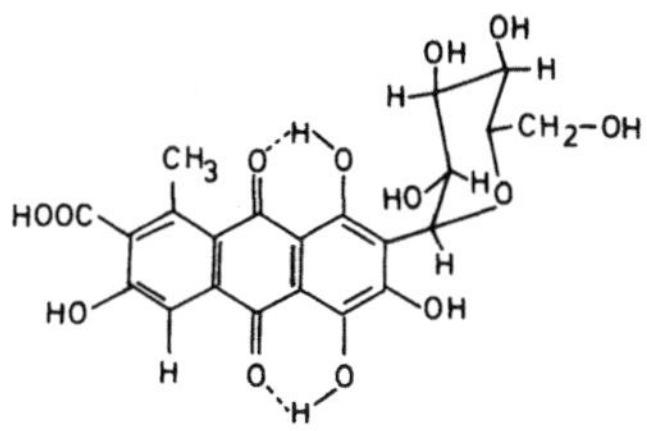

Carminsäure

Die Fluoreszenz des Wolframchelates ist am höchsten bei einem 9-fachen molaren Reagensüberschuß; bei höherem Überschuß wird sie infolge Reabsorption des Fluoreszenzlichtes durch die Carminsäure wieder geringer. Mit steigender Pufferkonzentration nimmt die Intensität ab, desgleichen mit steigender Temperatur (1,2 % pro Grad).

Apparatur. Spektralfluorometer Typ Farrand; mit 2 Gittermonochromatoren, Bandbreiten 10 nm; *Quarzküvetten* 10 x 20 x 50 mm.

Reagenzien

Carminsäure-Lösung: 10^{-3} molar: Man löst 492,4 mg Carminsäure unter Zusatz der eben nötigen Menge an Natronlauge in 600 ml Wasser. Dann stellt man mit Essigsäure einen pH-Wert von 4,6 ein und verdünnt mit Wasser auf 1000 ml. Die Lösung ist einige Wochen haltbar.

Pufferlösung. Man verdünnt 50 ml Eisessig mit Wasser auf etwa 800 ml und stellt mit konz. NH_3-Lösung auf pH 4,6 ein. Dann füllt man mit Wasser auf 1000 ml auf.

Wolfram-Standardlösung, 10^{-2} molar: Man löst 3,30 g $Na_2WO_4 \cdot 2H_2O$ in Wasser auf 1000 ml. Diese Stammlösung wird mit Wasser nach Bedarf stärker verdünnt.

Arbeitsvorschrift [5]. In einen 100 ml-Meßkolben, welcher 1 ml Pufferlösung enthält, pipettiert man 0,2 bis 2 ml einer 10^{-4} molaren Wolfram-Standardlösung, entsprechend 3,6 bis 36 μg W. Man gibt 1,6 ml Carminsäure-Lösung dazu und füllt dann mit Wasser zur Marke auf. Nach einer Wartezeit von 15 Min. ist die Fluoreszenzintensität für mehrere Std. konstant. – Man regt bei 515 nm an und mißt bei 585 nm. Mit jeder Gruppe von Analysenproben mißt man zwei Eichproben mit 3,6 und 36 μg W. Die Eichkurve ist linear und geht nach Abzug des Blindwertes durch den Koordinatennullpunkt.

Bemerkungen:

I. *Molybdän(VI)* ist unter ähnlichen Bedingungen wie Wolfram(VI) bestimmbar.

II. Die *Molybdänbestimmung* wird durch zahlreiche Ionen *gestört;* entsprechende Angaben zur Wolframbestimmung fehlen, doch sind auch für letztere viele *Störungen* zu erwarten. Vor der Bestimmung mit Carminsäure wird zumeist eine Abtrennung des Wolframs durchgeführt werden müssen; praktische Erfahrungen liegen bisher nicht vor.

III. Bei *Zusatz von 20 % Aceton* steigt die Fluoreszenzintensität des Chelates um 50 %, während diejenige des Reagenses kaum beeinflußt wird.

IV. Sowohl das Chelat als auch das Reagens sind bei pH 4,6 durch Mono- oder Dinonylamin in Benzol oder Amylacetat *extrahierbar.*

9.3 Bestimmung mit sonstigen Reagentien

Morin bildet mit Wolfram(VI) ein Chelat im Verhältnis 1 : 1; vgl. Kap. 6.2.7.1. Dessen Anregungsmaximum liegt bei 410 bis 415 nm, das Fluoreszenzmaximum bei 500 bis 510 nm. Die Fluoreszenzausbeute beträgt 24,3 %. Der optimale pH-Bereich ist 5,1 bis 5,4. Es ergibt sich eine lineare Eichkurve im Bereich von 0,015 bis 0,24 μg W/5 ml Lösung. Je 0,5 μg Nb(V) und Ta(V) sowie 0,5 μg Mo(VI) verursachen keine Störung [7].

Alizarin S bildet mit Wolfram(VI) im pH-Bereich von 4,8 bis 6,2 ein fluoreszierendes Chelat, welches die Bestimmung von 25 bis 200 μg WO_4^{2-}/50 ml erlaubt [4].

Die Fluoreszenz von *Rhodamin B* wird in saurer Lösung durch Wolframat gelöscht. Maximal 23 μg W/ml sind dadurch bestimmbar [6].

Literatur

1. *Bottei, R.S., Trusk, A.:* Anal. Chem. **35** (1963) 1910-12.
2. *Bottei, R.S., Trusk, A.:* Anal. Chim. Acta **37** (1967) 409-12.
3. *Bottei, R.S., Trusk, A.:* Anal. Chim. Acta **41** (1968) 374-77.
4. *Ch'en Kuo-Chen, Chen Chu-Tzu:* Hsia Men Ta Hsueh Hsueh Pao **1957**, 121-29; durch Chem. Abstr. **56**, 2885 i.
5. *Kirkbright, G.F., West, T.S., Woodward, C.:* Talanta **13** (1966) 1637-44.
6. *Murata, A., Yamauchi, F.:* Nippon Kagaku Zasshi **77** (1956) 1259-64; durch Chem. Abstr. **52**, 971 b.
7. *Pilipenko, A.T., Žebentjaev, A.I., Volkova, A.I.:* Ž. Anal. Chim. **29** (1974) 1854-56; übersetzt: J. Anal. Chem. USSR **29** (1974) 1597-99.

10. Polarimetrie

Wolframationen bilden in schwach saurer bis schwach alkalischer Lösung Chelate mit zahlreichen Polyhydroxyverbindungen oder α-Hydroxycarbonsäuren. Bei einigen optisch aktiven Chelatbildnern dieser Klassen wurde festgestellt, daß die Wolframchelate eine größere spezifische Drehung als die freien Liganden aufweisen. Für eine gegebene Reagenskonzentration steigt die Drehung mit der Wolframkonzentration linear an. Dies ermöglicht eine polarimetrische Wolframbestimmung im Konzentrationsbereich von einigen Milligramm W pro Milliliter Lösung.

Das am besten untersuchte Reagens zur polarimetrischen Wolframbestimmung ist D-Weinsäure [1, 3, 4]. Auch L-Apfelsäure [3] sowie Gluconsäure erweisen sich als brauchbar. Wahrscheinlich eignen sich auch noch andere Substanzen. Die Chelate mit Tartrat und Malat haben die Zusammensetzung W : Ligand = 1 : 1; mit Gluconat treten 1 : 2 und 1 : 3 auf. Der optimale pH-Bereich liegt bei 5 bis 7 für Tartrat, bei etwa 4 bis 7,6 für Malat und bei etwa pH 5 für Gluconat.

10.1 Bestimmung mit D-Weinsäure [4]

Reagentien

a) D-Weinsäurelösung: Man löst 100 g D-Weinsäure (DAB 6) in Wasser auf 1000 ml.
b) Wolfram-Standardlösung: Man löst 8,972 g $Na_2WO_4 \cdot 2\,H_2O$ in Wasser auf 100 ml: Gehalt 50 mg W/ml.
c) p-Nitrophenol, Indikatorlösung

Arbeitsvorschrift. Zur Probelösung mit etwa 50 bis 400 mg Wolfram (als Wolframat) gibt man 10 ml D-Weinsäurelösung. Dann fügt man etwas Indikatorlösung hinzu und titriert mit Natronlauge auf schwach gelbe Farbe, so daß sich der optimale pH-Bereich einstellt. Man verdünnt im Meßkolben mit Wasser auf 100 ml und mißt im 2 dm-Rohr mit Na_D-Licht.

Bemerkungen:

I. Die *Eichkurve* ist im Bereich von 0 bis 400 mg W/100 ml linear, im Bereich von 400 bis 600 mg W/100 ml schwach gekrümmt.

II. 200 μg W/100 ml ergeben eine *Drehungserhöhung* von etwa 1,0°.

III. Keine *Störung* verursacht die Anwesenheit von 1,5 g NO_3^-/100 ml, von 1,4 g SO_4^{2-}/100 ml und von 1,1 g F^-/100 ml. Molybdat sowie Borat stören sehr stark und können in ähnlicher Weise wie Wolframat polarimetrisch mit Weinsäure bestimmt werden.

Probenvorbereitung für Ferrowolfram. Man löst 1 g Ferrowolfram unter Zusatz von etwa 2 ml konz. Salpetersäure in 10 ml 40 %iger Flußsäure. Dann verdünnt man mit Wasser auf etwa 200 ml, erhitzt bis fast zum Sieden und gibt zur vollständigen Oxydation des Wolframs noch einige Tropfen konz. HNO_3 hinzu. Die ausgeschiedene Wolframsäure wird abfiltriert, mit HCl-haltigem heißem Wasser eisenfrei gewaschen, dann noch einmal mit NH_3-haltigem Wasser und schließlich zweimal mit reinem, heißem Wasser gewaschen. Dann löst man den Niederschlag in 10 %iger Natronlauge und verwendet einen aliquoten

Teil der Lösung zur Bestimmung. In einem Ferrowolfram mit 81,2 % W wurden polarimetrisch als Mittel aus drei Bestimmungen 81,7 % W gefunden. – Eine Bestimmung dauert 20 Minuten [4].

Literatur

1. *Cordier, M., Murgier, M.:* C.R. Acad. Sci. **213** (1941) 836-37; durch Chem. Abstr. **37**, 5671[1]
2. *Jacobsohn, K., Deodata Azevedo, M.:* Rec. Fac. Cien., Univ. Lisboa, 2a Ser. B **10** (1963/64) 71-81.
3. *Jacobsohn, K., Deodata Azevedo, M.:* Z. Anal. Chem. **202** (1964) 417-20
4. *Musil, A., Faber, H.:* Z. Anal. Chem. **202** (1964) 412-17.

11. Katalytisch-elektrochemische Verfahren

Katalytische Bestimmungsverfahren mit photometrischer Indizierung sind im Kap. 6.1.5, S. 125 besprochen, ein solches mit thermometrischer Anzeige im Kap. 13.1, S. 228.

Die katalytischen Verfahren zur Wolframbestimmung beruhen darauf, daß der Ablauf mancher Reaktionen schon durch geringste Wolframspuren katalytisch beschleunigt wird. Am meisten verwendet man hierfür die Oxydation von Jodid durch Wasserstoffperoxid. Die Konzentrationsänderung eines Partners dieser Hilfsreaktion wird gemessen. Zur Auswertung trägt man die Reaktionsgeschwindigkeit, dargestellt durch die zeitliche Änderung des jeweiligen Meßwertes, in einer Eichkurve gegen die Wolframkonzentration auf. Derartige Eichkurven verlaufen in günstigen Fällen linear, gehen jedoch nicht durch den Koordinatennullpunkt, da auch in Abwesenheit von Wolfram eine meßbare Reaktionsgeschwindigkeit besteht.

Die katalytischen Verfahren zur Wolframbestimmung sind bisher relativ wenig untersucht, vor allem hinsichtlich möglicher Störungen und praktischer Anwendungen. In manchen Fällen wurde aber eine ausreichende Spezifität festgestellt, anderenfalls kommt eine vorherige Abtrennung in Betracht. Die katalytischen Verfahren erlauben mit sehr geringem Aufwand die Bestimmung von Nanogramm-Mengen Wolfram. Außer für physikalisch-chemische Fragestellungen wie z.B. Löslichkeitsbestimmungen kommen sie beim gegenwärtigen Entwicklungsstand auch für die Analyse von Reinststoffen in Betracht, sofern die jeweilige Matrix nicht stört.

11.1 Bestimmung mit potentiometrischer Anzeige

Die Oxydation von Jodid durch H_2O_2 wird durch Wolframat katalysiert, wobei die Reaktionsgeschwindigkeit linear mit der W(VI)-Konzentration ansteigt.

$H_2O_2 + 3J^- + 2H^+ = H_2O + J_3^-$

Nach *Altinata* und *Pekin* mißt man mit einer Jodid-Elektrode die hierdurch verursachte Abnahme der Jodidaktivität in der Lösung [1]. Die Nachweisgrenze des Verfahrens beträgt 4 ng W/ml. Die Abb. 37 zeigt die von den Autoren erhaltene Eichkurve.

Die optimalen *Reaktionsbedingungen* sind:

Temperatur: 25 ± 0,01 °C

Anfangskonzentration an Jodid: $5 \cdot 10^{-3}$ m

H_2SO_4-Konzentration: 0,04 m

H_2O_2-Konzentration: $1 \cdot 10^{-2}$ m

Apparatur

Ionenselektive Jodid-Elektrode, Fa. Orion Mod. 94-53

Bezugselektrode, Orion Mod. 90-91

pH-Meter (Ionenmeter), Orion Mod. 401

Thermostat

(Diese Jodidelektrode spricht im pH-Bereich von 0 bis 14 auf Aktivitäten im Bereich von 10^0 bis $5 \cdot 10^{-8}$ an.)

Reagentien

a) Wasserstoffperoxid, 0,01 molar, aus 30 %igem H_2O_2

b) Kaliumjodidlösung, 0,01 molar in Wasser. Das KJ soll zweimal aus Äthanol umkristallisiert werden.

c) Schwefelsäure, 0,8 molar

d) Wolfram-Standardlösung. Man löst 1,794 g $Na_2WO_4 . 2H_2O$ in Wasser auf 1000 ml: Gehalt 1 mg W/ml. Die Lösung wird auf einen Gehalt von 1 μg W/ml weiter verdünnt.

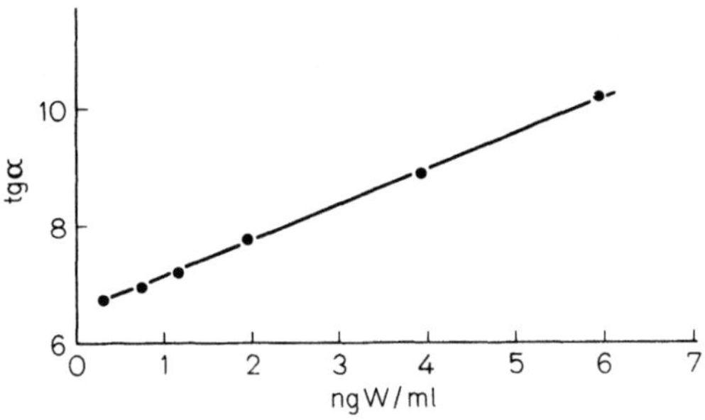

Abb. 37
Eichkurve zur katalytisch-potentiometrischen Bestimmung nach [1]
$\mathrm{tg}\,\alpha = -\frac{\Delta a}{\Delta t}$; a = Aktivität, t = Zeit

Arbeitsvorschrift [1]. Die Probelösung, KJ-Lösung und Schwefelsäure werden entsprechend den oben angegebenen Reaktionsbedingungen mit Wasser auf 45 ml verdünnt. In einem thermostatierten Gefäß bringt man die Lösung auf 25 ± 0,01°C und vermischt sie dann mit 5 ml Wasserstoffperoxid. Den Augenblick der H_2O_2-Zugabe wählt man als Nullpunkt der Zeitmessung. Man mißt die zeitliche Abnahme der Jodidaktivität. – Zur Aufstellung der Eichkurve arbeitet man ebenso unter Verwendung der Wolfram-Standardlösung.

Bemerkungen:

I. Nach einer *ähnlichen Arbeitsweise* sind 0,144 bis 2,09 μg W/ml bestimmbar [5]. Dabei stören Mo(VI), Zr, V(IV), Th, Fe(III), Tl(I), S^{2-} und reduzierende Substanzen. Keine Störung verursachen Nitrat, Sulfat, Thiocyanat und Cyanid, wenn ihre Konzentration nicht größer als diejenige des Wolframs ist.

II. Die Bestimmung ist auch in *Gegenwart größerer Mengen Äthanol* möglich. Die Bestimmungsgrenze beträgt in einem Medium mit 10 % Äthanolgehalt 4 ng W/ml, in 50 %igem Äthanol dagegen nur noch 40 ng W/ml [1].

III. *Molybdän(VI)* kann unter ganz ähnlichen Bedingungen bestimmt werden [1].

11.2 Bestimmung mit amperometrischer Anzeige

Bulgakova und Mitarbeiter haben die katalytische Wirkung von Wolfram(VI) auf die Oxydation des Jodids durch Wasserstoffperoxid ausgenutzt. Die Zunahme der Jodkonzentration wurde dabei amperometrisch mit zwei Platinelektroden und einer Polarisationsspannung von 50 mV verfolgt [2, 3, 4]. Bestimmbar sind 0,2 bis 1 μg W in 25 ml Meßvolumen mit einer relativen Standardabweichung von etwa 7 %. Molybdän reagiert in gleicher Weise wie Wolfram. Liegen beide Elemente nebeneinander vor, so kann man ihre Summe bestimmen. In einer zweiten Probe maskiert man Wolfram selektiv mit Fluorid, bestimmt das Mo und ermittelt W aus der Differenz. – Von anderen Elementen können Wolfram und Molybdän zuvor gemeinsam mit α-Benzoinoxim abgetrennt werden: siehe Kap. 3.1.2, S. 17 [3].

Apparatur

Konstantspannungsquelle mit Mikroamperemeter zur Amperometrie
Zwei Platindraht-Elektroden von 10 mm Länge und 0,5 mm Durchmesser
Thermostat
Stoppuhr

Reagenzien

a) Wasserstoffperoxid 30 %ig, wird bei niedriger Temperatur an einem Kationenaustauscher gereinigt und dann kühl und dunkel aufbewahrt. Man stellt daraus eine 0,0125 molare Lösung her.
b) Schwefelsäure, 1 normal
c) Kaliumjodid-Lösung, 0,005 molar
d) Wolframat-Standardlösung, Gehalt 0,1 μg W/ml; siehe S. 208

Arbeitsvorschrift [3]. Die verdünnten Reagenslösungen werden frisch hergestellt und in einem Thermostaten auf 19 ± 0,1 °C gebracht. – In ein 50 ml-Becherglas, das sich in einem Thermostaten von 19 ± 0,1 °C befindet, gibt man die Probelösung mit 0,2 bis 1 μg Wolfram(VI) und soviel Wasser, daß sich nach Zugabe der Reagentien ein Gesamtvolumen von 25 ml ergibt. Man fügt 2 ml 1 n Schwefelsäure und 1 ml 0,005 m KJ-Lösung hinzu, schaltet den Rührer ein und legt eine Polarisationsspannung von 50 mV an die Elektroden. Dann gibt man schnell 2 ml 0,0125 m H_2O_2-Lösung dazu und startet gleichzeitig die Stoppuhr. Man liest den fließenden Strom 5 Min. lang in Abständen von 15 Sek. ab. Er steigt linear mit der Zeit an. Der Anstieg tgα ist proportional der Wolframkonzentration.

Bemerkungen:

I. Zur *Aufstellung der Eichkurve* (tgα gegen die Konzentration) arbeitet man ebenso unter Verwendung der Wolfram-Standard-Lösung. Sie geht nicht durch den Koordinaten-Nullpunkt, der entsprechende Blindwert ist jedoch gut reproduzierbar.

II. Die Autoren erhielten folgende *Eichgleichungen:*
a) für W: $\mathrm{tg}\alpha_1 = 0{,}11.C_W + 0{,}39$
b) für Mo: $\mathrm{tg}\alpha_2 = 0{,}14.C_{Mo} + 0{,}34$
c) für Mo + W: $\mathrm{tg}\alpha_3 = 0{,}12.C_{(Mo + W)} + 0{,}34$

III. Durch Zugabe von 10 mg Natriumfluorid können 0,8 μg Wolfram vollständig *maskiert* werden. Auch Eisen in 200-fachem Überschuß (gegenüber Mo) läßt sich durch Fluorid tarnen.

IV. Die *Molybdänbestimmung* wird um nicht mehr als 10 % gestört durch die Anwesenheit von 1 mg Cd, 0,2 mg Ag oder je 0,1 mg Cu, Ca, Ni, Zn, Pb.

V. Zur *Analyse von CdS* löst man 5 g Probe in HCl und dampft zur Trockene. Nach dem Aufnehmen mit Wasser und Schwefelsäure isoliert man Wolfram (und Molybdän) mit α-Benzoinoxim.

Literatur

1. *Altinata, A., Pekin, B.:* Anal. Letters **6** (1973) 667-73
2. *Bulgakova, A.M., Mirnaja, A.P.:* Metody Anal. Chim. Reaktivov Prep., **1966**, 143-50; durch Chem. Abstr. **69**, 92664 v.
3. *Bulgakova, A.M., Zaljubovskaja, N.P.:* Ž. Anal. Chim. **18** (1963) 1475-78; übersetzt: J. Anal. Chem. USSR **18** (1963) 1285-88
4. *Bulgakova, A. M., Zaljubovskaja, N.P., Manželii, L.S.:* Poluč. Anal. Veščestv. Osoboi Čist., Mater. Vses. Konf., Gorki USSR, **1963**, 208-12 (publ. 1966); durch Chem. Abstr. **67**, 60588 r.
5. *Kataoka, M., Kambara, T.:* Bunseki Kiki **10** (1972) 773-78; durch Chem. Abstr. **79**, 132630 w.

12. Polarografie

12.1 Das polarografische Verhalten des Wolframs

Das Monowolframation WO_4^{2-}, welches bei pH-Werten oberhalb 6,5 vorliegt, ist polarografisch nicht reduzierbar. Die in schwach saurem Medium existierenden Iso- und Heteropoly wolframate sind dagegen wohl polarografisch aktiv, wurden bisher aber nur ausnahmsweise zur polarografischen Wolframbestimmung benutzt: vgl. S. 218 und die dort zitierte Literatur. – Ein an der Quecksilberkathode entstehendes braunes Reduktionsprodukt wird als Gemisch niederwertiger Oxide $2\,WO_3 \cdot W_2O_3$ angesprochen [37, 66]. – In stärker saurer Lösung, mit oder ohne Zusatz von Komplexbildnern, beobachtet man sowohl Reduktion zu W(V) oder W(III) als auch katalytische Vorgänge [24, 33]. Nach *Speranskaja* und *Mambeeva* sind die polarografischen Wellen des W(VI) von gemischtem Charakter: es treten nebeneinander Reduktion und Wasserstoffentwicklung auf [58, 59]. Letztere wird katalysiert durch Primärprodukte der Reduktion wie Wolframblau, welches an der Quecksilberoberfläche adsorbiert wird. Ferner entsteht dort sogleich auch ein Film von dreiwertigem Wolfram, welches unter H_2-Entwicklung in W(V) übergeht. Die zweite polarografische Stufe ist zu 99 % eine Wasserstoffstufe, wobei aber adsorbiertes Wolframblau weiter bis zum W(III) reduziert wird. Die Abb. 38 zeigt Polarogramme bei verschiedener HCl-Konzentration, wobei in schwach salzsaurer Lösung die katalytische Wasserstoffwelle deutlich wird [59].

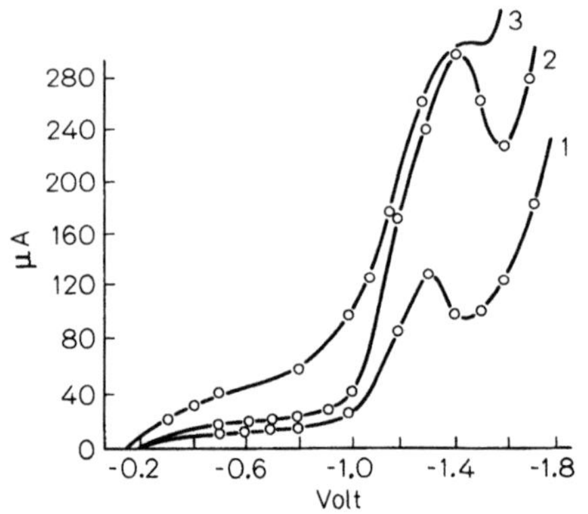

Abb. 38
Polarogramme von 10^{-4} m Wolframlösungen bei verschiedener HCl-Konzentration. [59]
1) 1 m HCl; 2) 4 m HCl; 3) 10 m HCl.

Bei Potentialen, die dem Grenzstrom der zweiten Stufe entsprechen, wurden auch in oxalsäurehaltigen Lösungen direkte Reduktion von W(VI) zu W(III) und katalytische Wasserstoffentwicklung nebeneinander beobachtet. Wolframblau entsteht danach als Reaktionsprodukt aus W(VI) und W(III) [27].

12.1.1 Reduktionsstufen

In salzsaurer Lösung treten zwei Reduktionsstufen auf, deren Ausprägung und Halbwellenpotential von der Säurekonzentration abhängt. Die erste Stufe, welche der Reduktion W(VI) → W(V) entspringt, nimmt bei Salzsäurekonzentrationen oberhalb 5 m ihren Anfang schon beim anodischen Auflösungspotential des Quecksilbers [18, 34];

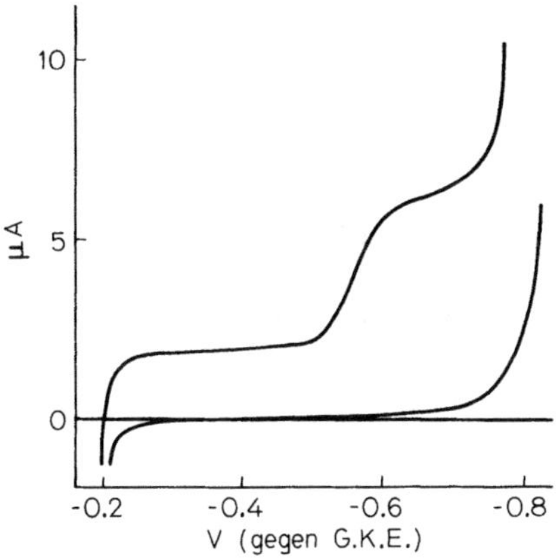

Abb. 39
Polarogramm von 10^{-3} m Wolfram(VI) in 12 m HCl (Kurve 1); Polarogramm von 12 m HCl (Kurve 2). Nach [34].

Bei geringerer Azidität ist die erste Stufe zwar voll ausgebildet, doch sind solche Lösungen nicht ausreichend stabil, sondern scheiden Wolframsäure aus [18]. Analytisch nutzbar ist die polarografische Reduktion zu W(V) nur in schwach salzsauren Grundlösungen, welche durch Komplexbildner stabilisiert sind: siehe S. 212. Die zweite Reduktionsstufe entspricht dem Übergang W(V) → W(III) [32, 34]. Mikrocoulometrisch wurde ein 3-Elektronen-Schritt festgestellt [48]. Die Stufe ist nicht symmetrisch: Während die Reduktion in einem Schritt erfolgt, scheint die anodische Oxydation von W(III) über W(IV) als Zwischenstufe zu verlaufen [32]. Diese Welle tritt im gesamten Aziditätsbereich von 3 bis 12 m HCl-Gehalt auf und eignet sich zur Wolframbestimmung [60]. Am günstigsten ist 8 m Salzsäure [5, 18]. In Lösungen mit Komplexbildnerzusatz tritt sie ebenfalls auf und findet in solchen Grundlösungen ihre bevorzugte Nutzung [5, 18]: siehe S. 213. Die Tabelle 29 gibt die Halbwellenpotentiale beider Stufen für salzsaure Lösungen wieder [18].

Tabelle 29: *Halbwellenpotentiale in salzsaurer Lösung*

Salzsäure	Halbwellenpotentiale in Volt (bez. Bodenquecksilber)	
N	1. Welle	2. Welle
12	- [1])	- 0,39
11	- [1])	- 0,42
10	- [1])	- 0,45
9	- [1])	- 0,47
8	- [1])	- 0,50
7	- [1])	- 0,53
6	- [1])	- 0,54
5	- 0,20	- 0,56
4	- 0,26	- 0,61
3	- 0,31	- 0,63
2	- 0,39	- 0,67

[1]) Anstieg im Anfangspotential

12.1.2 Katalytische Stufen

Durch Wolfram katalytisch beeinflußte polarografische Ströme treten in verschiedenen Grundlösungen auf und ermöglichen äußerst empfindliche Bestimmungen: vgl. S. 217. In schwach salzsaurem Medium in Anwesenheit einer hohen Konzentration an Alkalihalogenid wird eine katalytische Wasserstoff-Vorwelle vor der normalen Wasserstoffwelle erzeugt [37]: siehe S. 217. In einer Grundlösung, welche 1,4 n an HCl und 10 n an LiCl ist, erhält man eine gut ausgeprägte Stufe und eine lineare Eichkurve im Konzentrationsbereich von 0,04 bis 0,3 mM W/l [25]. Diese Grundlösung eignet sich zur Analyse von Wolfram-Nickel-Legierungen, wenn der Ni-Gehalt max. halb so groß wie der W-Gehalt ist. Bei Ni : W $\leqq$ 1,2 : 1 arbeitet man besser in 5,7 n HCl; höhere Ni-Gehalte müssen zuvor elektrolytisch entfernt werden [26].
In starker, etwa 12 m Perchlorsäure ist Wolfram(VI) nur löslich, wenn etwas Salzsäure anwesend ist. In einer solchen Grundlösung wird W(VI) intermediär zu W(V) reduziert und durch die Perchlorsäure zu W(VI) reoxydiert. Hierdurch entsteht ein katalytischer Strom, der etwa 100 mal größer als ein diffusionskontrollierter ist [33]. Ähnlich empfindliche Ströme treten auch in Mischungen von Perchlorsäure und Weinsäure oder Zitronensäure auf; ihre Natur scheint nicht untersucht zu sein [5].
Auch in Gegenwart von Wasserstoffperoxid, d.h. am Peroxowolframat entstehen katalytische Ströme [24]. Die analytische Nutzung erfolgt in einer Grundlösung von H_2O_2 und Oxalsäure [41]; siehe S. 217.

12.1.3 Polarografisches Verhalten in organischen Lösungsmitteln

Das polarografische Verhalten von Chelaten des Benzoyl-phenylhydroxylamins mit W, Mo und anderen Metallen in Methanol-LiCl-Grundlösung ist untersucht: [44]. – Die Cinnamoyl-phenylhydroxylamin-Chelate von W, Mo und anderen Metallen wurden durch organische Lösungsmittel extrahiert und in Methanol-LiCl-Grundlösung polarografiert [57].

12.2 Verfahren mit Gleichspannung

12.2.1 Eignung verschiedener Grundlösungen

In sehr schwach saurem, nicht komplexbildendem Medium liegen Isopolywolframate vor, welche zur katalytischen Bestimmung dienen können: siehe S. 218.
Ohne Zusatz von Komplexbildnern läßt sich Wolfram bei höherer Azidität nur in salzsäurehaltigem Medium in Lösung halten. Günstig und häufig empfohlen ist ein Zusatz von Komplexbildnern wie Weinsäure [5, 18, 46, 47], Oxalsäure [13, 18, 41], Citronensäure [38, 62], Ascorbinsäure [40], Phosphorsäure [18, 19, 20, 22, 42], Diphosphorsäure [29, 43]. In salzsaurer Lösung ohne Komplexbildner arbeiten u.a. [18, 25, 33, 35, 37, 53, 60].

Bock und *Bockholt* haben zahlreiche Grundlösungen vergleichend untersucht [5]. In *rein salzsaurer* Lösung wurde die zweite Stufe ab 6 m HCl beobachtet, wobei ihr Halbstufenpotential (gegen GKE) - 0,69 V in 6 m HCl bis - 0,60 V in 12 m HCl beträgt. Sie läßt sich jedoch bei kleinen Woframkonzentrationen nicht gut auswerten, das das Diffusionsstromplateau schräg in den Endanstieg übergeht. Günstig ist 8 m HCl, in der 7 bis 98 μg W/ml eine nahezu geradlinige Eichkurve ergeben [5]. In *salzsaurer Lösung mit Weinsäurezusatz* (0,32 m Weinsäure + 0,01 % Gelatine) ist die erste Reduktionsstufe in 4,5 m HCl am besten ausgeprägt, oberhalb 5 m HCl jedoch nicht mehr auswertbar, da kein Grundstrom mehr erhalten wird. Höhere Weinsäurekonzentration verringert die Stufenhöhe. Das Halbstufenpotential liegt bei - 0,40 V gegen GKE. Die zweite Stufe ist empfindlicher als die erste. In einer Lösung mit 9 m HCl + 0,32 m Weinsäure + 0,01 % Gelatine ergibt sich eine geradlinige Eichkurve im Bereich von 5 bis 50 μg W/ml und eine ebenfalls geradlinige, aber steilere im Bereich von 50 bis 100 μg W/ml. Das Halbstufenpotential liegt in diesem Medium bei - 0,62 V gegen GKE [5]. In *salzsaurer Lösung mit Citronensäurezusatz* verhält sich Wolfram(VI) im wesentlichen ähnlich wie vorstehend für HCl + Weinsäure beschrieben [5]. In *perchlorsaurer Lösung mit Weinsäurezusatz* entsteht (bei 0,64 m Weinsäuregehalt) erst ab etwa 5 m $HClO_4$ eine Stufe mit einem Halbstufenpotential bei - 0,61 V gegen Bodenquecksilber. Ihre Höhe nimmt mit der Perchlorsäurekonzentration stark zu, und es läßt sich eine sehr hohe Empfindlichkeit erzielen. Diese Grundlösung wird zur Wolframbestimmung empfohlen: siehe S. 215. Halbstufenpotential und Diffusionsstromkonstante sind bei Weinsäurekonzentrationen von 0,5 bis 1 m (und jeweils 9,3 m $HClO_4$) von der Weinsäurekonzentration praktisch unabhängig. Ein Teil der Perchlorsäure ist durch Perchlorat ersetzbar. In 2,2 m $HClO_4$ + 4,2 m $NaClO_4$ + 0,5 m Weinsäure ist die Eichkurve jedoch gekrümmt [5]. In *perchlorsaurer Lösung mit Citronensäurezusatz* sind die Verhältnisse ähnlich wie in Gegenwart von Weinsäure. Bei geringer Wolframkonzentration (0,5 ppm) wurde jedoch eine schlechte Reproduzierbarkeit, bei über 15 ppm W eine Krümmung der Eichkurve beobachtet [5]. *Sonstige Grundlösungen:* Schlecht ausgebildete Stufen ergaben sich in schwefelsaurer Lösung, auch bei Zusatz von Komplexbildnern, sowie in Salzsäure + Perchlorsäure. Die Empfindlichkeit ist nur gering in H_3PO_4, in HCl + H_3PO_4 und in $HClO_4$ + H_3PO_4. Eine Grundlösung mit $HClO_4$ + Oxalsäure ergibt niedrigere Stufen als solche mit $HClO_4$ + Weinsäure oder $HClO_4$ + Citronensäure [5].

Tabelle 30. *Eignung verschiedener Grundlösungen* [5]

Nr.	Grundlösung	$E_{1/2}$	Empfindlichkeit [ppm]	W-Konz. [ppm]	i_d [μA]	Stand.-abw. s_{25} [%]
1	8 m HCl + 0,01 % Gelatine	- 0,65	7	14,7	0,399	5,0
2	10 m HCl + 0,32 m Weinsäure + 0,01 % Gelatine			14,1	0,238	4,6
3	9 m HCl + 0,1 m Citronensäure + 0,01 % Gelatine	- 0,63	5	14,1	0,324	3,6
4	9,3 m $HClO_4$ + 0,64 m Weinsäure	- 0,58	0,02	0,89	1,458	2,3
5	9,3 m $HClO_4$ + 0,1 m Citronensäure + 0,01 % Gelatine	- 0,51	0,04	0,89	1,057	3,5

$E_{1/2}$ bei Nr. 1 bis 3 gegen GKE, bei Nr. 4 bis 5 gegen Bodenquecksilber gemessen.

Geyer, Henze und *Sobeck* [18] untersuchten die Reduktionsstufen W(VI)→W(V) und W(V) → W(III) in mäßig stark salzsauren Lösungen in Gegenwart komplexbildender Säuren. Durch letztere wird das Ausfallen von Wolframsäure aus den schwächer sauren Lösungen vermieden.

Tabelle 31. *Halbwellenpotentiale in Anwesenheit komplexbildender Säuren*

Säure M	M	Halbwellenpotentiale in Volt/(bez. Bodenquecksilber) 1. Welle	2. Welle
HCl	H_3PO_4		
0,9	0,1		- 0,48
8,0	0,2		- 0,49
7,0	0,3		- 0,50
6,0	0,4	- 0,17	- 0,51
5,0	0,5	(-0,2)[1])	(-0,6)[1])
HCl	Weinsäure		
9,0	0,1		- 0,49
8,0	0,2		- 0,51
7,0	0,3		- 0,53
6,0	0,4		- 0,55
5,0	0,5	- 0,28	- 0,56
4,0	0,6	(-0,4)[1])	(-0,6)[1])
HCl	Oxalsäure		
9,0	0,01		- 0,49
8,0	0,02		- 0,50
7,0	0,03	(-0,1)[1])	- 0,53
6,0	0,04	(-0,2)[1])	- 0,55
5,0	0,05	(-0,2)[1])	-0,55
3,0	0,001	(-0,3)[1])	- 0,65
3,0	0,01	- 0,32	
3,0	0,1	- 0,35	
1,0	0,001	(-0,5)[1])	
1,0	0,01	- 0,55	
1,0	0,1	- 0,55	

[1]) Schlecht auswertbare Stufe

Hohe Anteile von *Phosphorsäure* in salzsaurer Lösung bzw. reine Phosphosäure unterdrücken die polarografische Reduktion gänzlich [18]. Desgleichen wurden in rein *weinsaurer Lösung* keine Reduktionswellen beobachtet. Steigende *Oxalsäuregehalte* in salzsaurer Lösung verschlechtern die zweite Reduktionsstufe; bei über 0,1 m Oxalsäure tritt sie nicht mehr auf. Andererseits verbessert Oxalsäure die Ausprägung der ersten Reduktionsstufe, und zwar um so mehr, je geringer die HCl-Konzentration ist. Eine salzsäurefreie Grundlösung, welche 0,1 m an Oxalsäure und 0,1 m an Kaliumchlorid ist, eignet sich nach *Geyer* und Mitarb. gut zur polarografischen Bestimmung höherer Wolframkonzentrationen. Die Eichkurve ist im Bereich von 0,5 bis 5 mM W/l (9,2 bis 92 μg W/ml) linear; unterhalb von 0,3 mM W/l wird die Stufe jedoch bereits undeutlich. Die Bestimmung mit Hilfe der zweiten Stufe in 8 m HCl und etwa 0,01 m Oxalsäure ist demgegenüber empfindlicher [18].

12.2.2 Bestimmung nach Bock und Bochholt [5]

Apparatur

Polarograf Radiometer PO 3

Bezugselektrode GKE mit KCl-Brücke in salzsaurer, Bodenquecksilber in perchlorsaurer Lösung

Arbeitsvorschrift

a) Bei einer Konzentration von 0,1 bis 20 μg W/ml polarografiert man in einer Grundlösung, welche 9 bis 10 m an Perchlorsäure und 0,6 bis 0,7 m an Weinsäure ist. Es tritt eine Stufe bei - 0,6 V auf. Die Eichkurve ist im Bereich von 0,4 bis 20 μg W/ml linear.

b) Bei einer Konzentration von 20 bis 100 μg W/ml polarografiert man in einer Grundlösung, welche 9 bis 10 m an Salzsäure, 0,3 m an Weinsäure (oder 0,1 m an Citronensäure) und 0,01 %ig an Gelatine ist. Die erste Stufe ist nicht oder schlecht ausgeprägt. Die zweite liegt bei - 0,58 bzw. - 0,51 V und ist gut auswertbar. Die Eichkurve ist linear.

Bemerkung: Über Störungen und Anwendungsmöglichkeiten liegen bisher keine Angaben vor.

12.2.3 Bestimmung von Wolframspuren in Erzen nach Love [35].

Das Verfahren erlaubt die Bestimmung von 0,005 bis 0,1 % WO_3 bei einer Einwaage von 10 g und weniger. Konstant siedende Salzsäure dient als Grundlösung, in welcher Ni, V, Sn, Pb, Cu, As und Mo störende polarografische Wellen ergeben. Von diesen Elementen werden bei der Probenvorbereitung Ni, V, Pb, Cu, As und Mo mit konz. Salpetersäure aus dem Erz herausgelöst. Anschließend löst man das Wolfram mit konz. Salzsäure aus der Probe heraus und trennt es so vom Zinn. Verschleppte Spuren dieser Elemente stören nicht mehr.

Apparatur

Polarograf mit auf 25 ± 0,1°C thermostatierter H-Zelle und gesättigter Kalomelelektrode; N_2 als Spülgas.

Quecksilbertropfelektrode t = 4,62 Sek/Tr.; m = 1,31 mg/Sek; h = 63,3 cm.

Reagenzien

Zur Herstellung *konstant siedender Salzsäure* mischt man 1000 ml konz. HCl (1,19) mit 850 ml Wasser und kocht 30 Min. lang.

Arbeitsvorschrift [35]. Von Erzen mit einem Gehalt von 0,005 bis 0,040 % WO_3 wägt man 10 g ein. Bei höherem Gehalt muß die Einwaage geringer sein, da das W(VI) sonst in 30 ml konstant siedender Salzsäure nicht mehr völlig löslich ist. – In einem dicht verschlossenen 600 ml-Becherglas erhitzt man die Probe mit 50 ml konz. Salpetersäure 1 Std. leicht zum Sieden. Dann saugt man durch eine feinporige Glasfritte ab und wäscht fünfmal mit heißem Wasser. Den Rückstand gibt man in das zuvor benutzte Becherglas zurück und erhitzt ihn mit 250 ml konz. Salzsäure 2 Std. auf 80 °C. Man filtriert durch die zuvor benutzte Glasfritte ab und wäscht den Rückstand fünfmal mit Salzsäure (1+1). Die vereinigten salzsauren Filtrate gibt man in ein 600 ml-Becherglas, fügt einige Siedeperlen hinzu und engt bis auf 15 ml ein. Danach spritzt man das bedeckende Uhrglas und die Becherwand mit konstant siedender Salzsäure ab und verdünnt in einem Meßzylinder mit weiterer konstant siedender Salzsäure auf genau 30 ml. Man entlüftet mit N_2 und registriert das Polarogramm im Bereich von - 0,4 bis - 0,8 V (gegen GKE).

Bemerkungen:

I. Die *Auswertung* kann nach der Formel

$$\% \, WO_3 = 0{,}167 \cdot i_d \, / \, \text{Probemenge}$$

erfolgen; i_d in μA, Probemenge in g.

II. Die *Filtrationen* dürfen nicht mit Papierfiltern erfolgen, da die Zellulose durch die Säure zu störenden Produkten (5-Hydroxymethylfurfural) abgebaut wird.

III. Eine Bestimmung *dauert* für sich allein 6 Std.; im Routinebetrieb ist der *Arbeitsaufwand* im Mittel geringer als 1 Std.

IV. Keine *störenden* polarografischen Stufen in der Nähe der Wolframstufe erzeugen in der benutzten Grundlösung Al, Ag, Au, B, Ba, Bi, Ca, Cd, Co, Cr, Fe, Hg, Mg, Mn, P, Pt, Rh, Sb, Sr, Ti, U, Zn, Zr.

12.2.4 Simultanbestimmung von Wolfram und Molybdän in Diphosphat-Lösung [43]

In 0,01 bis 0,15 m Diphosphatlösung ergibt Wolfram(VI) eine kathodische Stufe, deren Höhe mit der Konzentration an zugesetzter Schwefelsäure ansteigt. Das Halbstufenpotential sinkt mit steigender Azidität: siehe Abb. 40.

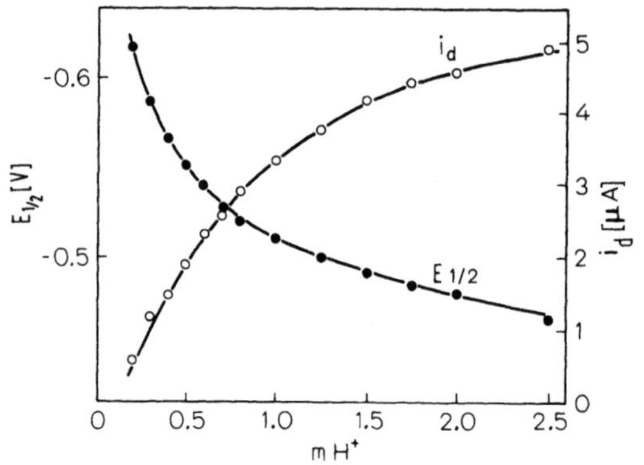

Abb. 40
Abhängigkeit des Grenzstromes i_d und des Halbstufenpotentials $E_{1/2}$ von der Säurekonzentration bei $2{,}5.10^{-3}$ m W und 0,1 m $H_2P_2O_7^{2-}$ nach [43].

Aus der Steigung der Stufe ergibt sich ein reversibler Ein-Elektronen-Schritt: es wird W(VI) zu W(V) reduziert. Die Diffusionsstromkonstante in 0,1 m $H_2P_2O_7^{2-}$ + 0,8 m H^+ beträgt 0,56; die Beweglichkeit des Wolfram-Diphosphato-Komplexes ist also gering. Im Bereich von 0,5 bis 5.10^{-3} m ist die Höhe der Stufe der Wolframkonzentration proportional. – Molybdän(VI) gibt unter diesen Bedingungen zwei Stufen. Bei 10^{-3} m Mo und in 0,1 m $H_2P_2O_7^{2-}$ + 2 m $HClO_4$ liegt das Halbstufenpotential der ersten bei + 0,072 V (gegen GKE), das der zweiten bei - 0,29 V (gegen GKE). Sie entsprechen der Reduktion zu Mo(V) bzw. Mo(III).

Eine Simultanbestimmung von W(VI) und Mo(VI) ist mit einem Fehler von etwa 2 bis 5 % möglich, wenn die Wolframkonzentration (in mg/ml) etwa 3 bis 10 mal höher als die Molybdänkonzentration ist. In 25 ml einer Grundlösung, welche 0,1 m an $H_2P_2O_7^{2-}$ und 2 m an H^+ ist, lassen sich nebeneinander z.B. 0,72 mg Mo + 4,6 mg W oder 1,44 mg Mo + 4,6 mg W oder 2,4 mg Mo + 9,2 mg W bestimmen. Die Abb. 41 zeigt ein derartiges Polarogramm.

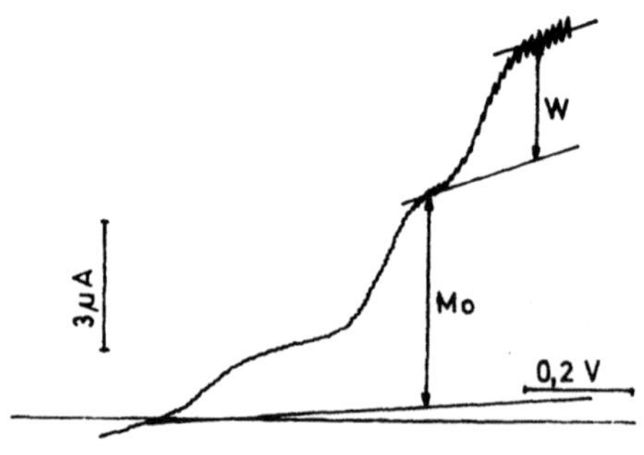

Abb. 41
Polarogramm von Mo(VI) und W(VI) in 0,1 m $H_2P_2O_7^{2-}$ + 2 m H^+ (H_2SO_4 + $H_4P_2O_7$) nach [43].
43 µg Mo/ml und 368 µg W/ml.

12.2.5 Katalytisch-polarografische Arbeitsweise nach O'Shea und Parker [41].

In schwach saurer Lösung liefert Wolfram(VI) in Gegenwart von Wasserstoffperoxid eine katalytische Stufe, welche durch Zusatz von Oxalsäure wesentlich empfindlicher wird [24, 41]. Der Vorgang wird der Reduktion eines Oxalatoperoxowolframates zugeschrieben, welches sich katalytisch mit überschüssigem H_2O_2 wieder neu bildet. Als Ergebnis wird nur Wasserstoffperoxid reduziert. Der kinetische Peak erscheint bei + 0,233 V (gegen GKE); nur bei Wolframkonzentrationen oberhalb $1{,}5.10^{-4}$ wird er bis zu + 0,197 V verschoben. Unter den Bedingungen der Arbeitsvorschrift bleibt er unbeeinflußt, wenn man die Höhe der Quecksilbersäule von 83 auf 50 cm verringert. Durch Gelatine wird er erniedrigt. Die Höhe des kinetischen Stromes hängt stark von der Oxalsäurekonzentration ab und erreicht bei 0,01 m Oxalsäuregehalt ein ausgeprägtes Maximum. Sie nimmt mit der H_2O_2-Konzentration zu, welche also konstant zu halten ist. Man arbeitet in 0,08 m H_2O_2 und 0,01 m Oxalsäure als Grundlösung. Die Abhängigkeit des Stromes von der Wolframkonzentration (Eichkurve) zeigt zwei deutlich verschiedene Bereiche: Von 5.10^{-6} bis 2.10^{-5} m W(VI) ergibt sich eine sehr steile, aber gekrümmte Eichkurve, die sich für Spurenbestimmungen eignet. Von 4.10^{-5} bis $2{,}5.10^{-4}$ m W(VI) ist die Eichkurve linear, aber weit weniger steil. Das Verfahren ist also weniger empfindlich als die Arbeitsweise nach *Bock* und *Bockholt* [5]; siehe S. 214.

Apparatur
Polarograf Sargent Mod. XV
Polarografierzelle in H-Form mit KCl-Brücke und gesättigter Kalomelelektrode
Quecksilbertropfelektrode mit t = 4,29 ± 0,06 Sek/Tropfen und m = 1,404 ± 0,006 mg/Sek. bei 70 ± 0,05 cm Quecksilberhöhe

Arbeitsvorschrift [41]. In einem 100 ml-Meßkolben vermischt man unter Einhaltung der Reihenfolge die Probelösung mit Wasserstoffperoxid und danach mit Oxalsäurelösung. Dann füllt man mit Wasser auf. Die Konzentration dieser Lösung soll 5.10^{-6} bis $2{,}5.10^{-4}$ m Wolfram, 0,08 m H_2O_2 und 0,01 m Oxalsäure betragen. Man bringt den Kolben 10 Min. in ein Wasserbad von 40 ± 5°C, um die vollständige Bildung des Wolframatokomplexes sicherzustellen. Danach thermostatiert man auf 25 ± 0,2°C, bringt die Lösung in die thermostatierte H-Zelle und registriert das Polarogramm im Bereich von + 0,4 bis + 0,2 oder 0 V (gegen GKE). Die Lösung soll nicht länger als 5 Min. mit dem Quecksilber in Berührung bleiben, um dessen Oxydation zu vermeiden.

Bemerkungen:

I. Zur *Auswertung* korrigiert man den katalytischen Strom um den an einer gleichartigen, wolframfreien Grundlösung gemessenen.

II. Eine *Störung* bei der Analyse einer 3.10^{-5} m W-Lösung erzeugen 3.10^{-6} m Vanadat, Ti(IV), Fe(III) sowie 3.10^{-5} m Chromat und Molybdat. Eine Abtrennung des Wolframs wird also oft unumgänglich sein.

12.2.6 Bestimmung in technischen Alkalichlorid-Lösungen [37].

Bei der Alkalichloridelektrolyse nach dem Amalgamverfahren darf die Salzsole keine Verunreinigungen enthalten, welche die Wasserstoffüberspannung an einer Hg-Kathode herabsetzen. Besonders Chrom, Vanadium, Molybdän und Wolfram verursachen schon in sehr geringen Konzentrationen eine starke Wasserstoffentwicklung auf der Elektrodenoberfläche.
Im Polarogramm salzsaurer Alkalichlorid-Lösungen tritt schon in Gegenwart einer geringen Konzentration an Wolframationen (weniger als 1.10^{-6} m W(VI)) vor der normalen

Wasserstoffstufe eine katalytische Vorwelle auf. Letztere besitzt bei niedriger Wolframkonzentration die Form eines spitzen Maximums und vergrößert sich sowohl mit sinkender Behälterhöhe als auch mit steigender Temperatur. Die Wellenhöhe wächst außerdem mit der Protonenkonzentration. In 0,01 m salzsaurer, gesättigter KCl-Lösung ergibt sich eine annähernd lineare Abhängigkeit von Stromstärke und Wolframkonzentration im Bereich von 1 bis 4.10^{-6} m W. Stark oberflächenaktive Substanzen wie Phosphinoxide oder langkettige Phosphoniumsalze unterdrücken den katalytischen Effekt u.U. vollständig. In gepufferten Lösungen von höherem pH-Wert (Acetatpuffer) ist die Reproduzierbarkeit der Wasserstoffwelle nicht ausreichend [37].

Apparatur
Polarograf Typ PTS4 (Inst. für Gerätebau, Berlin)
Polarografierzelle Universalzelle nach Berg
Quecksilbertropfelektrode Ausflußgeschwindigkeit 2,508 mg/Sek. und Tropfzeit 3,3 Sek. (kurzgeschlossen in 1 m KCl) bei einer Behälterhöhe von 85 cm.

Arbeitsvorschrift [37]. Zu 20 ml gesättigter Alkalichlorid-Lösung gibt man 2 ml 0,01 m Salzsäure sowie 0,1 ml 0,1 %ige Gelatine. Man spült mit N_2 oder Ar. Dann registriert man das Gleichstrompolarogramm von - 0,8 V an beginnend.

Bemerkungen:

I. Die *Eichung* erfolgt nach dem Standardzusatzverfahren durch Zugabe von 0,5 ml einer frisch bereiteten 10^{-4} m Na_2WO_4-Lösung.

II. Der *Fehler* beträgt ± 10 %, wenn die Höhe der katalytischen Welle nicht mehr als 75 % der ursprünglichen Wasserstoffwelle ausmacht.

12.2.7 Bestimmung als Polywolframatosäure

Das polarografische Verhalten von Iso- und Heteropolywolframatosäuren wurde schon verschiedentlich untersucht. Eine Übersicht gibt *Souchay* [55]. Ferner liegen neuere Arbeiten vor über die polarografische Reduktion von Wolframatokieselsäure [1], Metawolframsäure [56, 63] und iso-Dodekawolframat [7]. Alle diese Untersuchungen sind jedoch nicht im Hinblick auf eine mögliche Wolframbestimmung durchgeführt worden.

Arbeitsweise zur Bestimmung im Stahl [45]. Vanadatowolframatophosphat $PV_2O_{10}O_{40}^{5-}$ liefert in wäßriger Lösung eine nur schlecht ausgeprägte polarografische Stufe. Gut auswertbare Polarogramme entstehen dagegen in alkoholischer Lösung. Da die Heteropolysäure durch höhere Alkohole extrahierbar ist, läßt sich eine polarografische Wolframbestimmung im organischen Medium durchführen. Eine solche Arbeitsweise hat auch den Vorteil, daß die Extraktion eine Abtrennung des Wolframs von der Matrix bewirkt und mögliche Störungen verringert. Die Stufenhöhe vermindert sich etwas mit steigender Kettenlänge des Alkohols. Die Autoren verwenden Amylalkohol als günstigen Kompromiß zwischen Meßempfindlichkeit und Extraktionseigenschaften. Auch Butylalkohol sollte geeignet sein. Die Ausschüttelung der Heteropolysäure erfolgt aus 3,0 bis 3,5 n schwefelsaurem Medium.

Die polarografische Reduktion der Vanadatowolframatophosphorsäure ist diffusionskontrolliert und irreversibel. Es werden vier Elektronen übertragen. Das Halbstufenpotential in alkoholischer Lösung liegt bei - 0,52 V (gegen GKE). Es verschiebt sich mit steigendem Wassergehalt der organischen Phase in positiver Richtung.

Heteropolysäuren mit höherem Vanadiumanteil als 2V : 10W ergeben schlechter ausgeprägte Polarogramme bei stärker negativen Potentialen.

Apparatur
Polarograf TsLA des Typs PE-312
Quecksilbertropfelektrode mit t = 1,5 Sek. und m 2,7 mg/Sek.
Bezugselektrode gesättigte Kalomelelektrode; Elektrolytbrücke gefüllt mit 1 n schwefelsaurem Äthanol

Reagentien
Wolframstandardlösung: 1 mg W/ml als Natriumwolframat
Natriummetavanadatlösung: 1 %ig
Phosphorsäure: konz.
Schwefelsäure: 1 : 4
Amylalkohol: dest.

Arbeitsvorschrift [45]. In 50 ml-Bechergläser gibt man 0,5 ml, 1 ml, 1,5 ml usw. der Wolframstandardlösung, dazu 2 ml Vanadatlösung und 0,5 ml Phosphorsäure. Man ergänzt mit Wasser auf 5 ml und erhitzt zum Sieden. Dann kühlt man unter fließendem Wasser und läßt die Probe noch 20 Min. stehen. Die Lösung spült man in einen Schütteltrichter über, gibt 5 ml Schwefelsäure hinzu und schüttelt mit 10 ml Amylalkohol. Die obere, organische Phase sammelt man in einem 25 ml-Meßkolben. Die zurückbleibende wäßrige Lösung schüttelt man nochmals mit 10 ml Amylalkohol und vereinigt die Extrakte. Man gibt zu der organischen Lösung 0,7 ml konz. H_2SO_4 (Dichte 1,84) und verdünnt dann mit Amylalkohol auf 25 ml. Hiervon gibt man 10 ml in die Meßzelle, entlüftet 30 Min. mit Wasserstoff und registriert dann das Polarogramm. Noch 0,04 mg W/ml sind bestimmbar.

Bemerkungen:

I. Von Stahl mit 2 bis 10 % Wolframgehalt *löst man* 0,5 bis 0,2 g Probe in 10 ml H_2SO_4 (1:4) unter Zusatz der gleichen Menge H_3PO_4 und HNO_3. Die für die Extraktion zu hohe Azidität stumpft man ab durch tropfenweises Zugeben von 1,5 ml 2 n Natronlauge auf je 5 ml Probelösung.

II. Der *relative Fehler* beträgt etwa 1,8 % bei 1,9 mg W und 3,3 % bei 0,66 mg W.

III. Die *Eichkurve* ist linear.

IV. Eine Bestimmung *dauert* etwa 1,5 bis 2 Stunden.

12.2.8 Sonstige Anwendungen der Gleichspannungspolarografie

Die Bestimmung in *Kobaltlegierungen* erfordert einen Zusatz von Kobalt zu den Eichlösungen [10]. Zur Analyse von *Pflanzen* wird das Material naß verascht. Dann extrahiert man zunächst Mo und anschließend W als Dithiolchelate durch Chloroform. Die Extrakte werden naß verascht und die Rückstände polarografisch auf Mo bzw. W untersucht [39]. *Wolfram* und *Vanadium* trennen *Eristavi* und Mitarbeiter durch Anionenaustausch und polarografieren W in salzsaurer Grundlösung [14]; siehe auch Kap. 3.2.3, S. 26.

12.3 Verfahren mit Wechselspannung

Die Reduktion von Wolfram (VI) zu Wolfram (V) an der tropfenden Quecksilberelektrode durch Wechselspannung wird in Phosphorsäure oder Salzsäure als Grundelektrolyt ausgeführt. Sie diente bisher zur Analyse von Stahl [23], Erzen [64, 65], sowie von metallischem Niob und Tantal [28, 61]. In salzsaurer Lösung kann statt der Sinus-Grundschwingung mit Vorteil auch die 1. Oberwelle ausgewertet werden : "second harmonic a. c. polarography" [64, 65]. Die Anwendung von Rechteckimpulsen (square wave polarography) ermöglicht die Bestimmung von 10^{-4} % W in Perrhenat [21]. In schwach saurer Lösung treten mehrere tensammetrische Wellen auf, welche sich gleichfalls zur Wolframbestimmung eignen [2, 9].

12.3.1 Arbeitsweise nach Kurbatov und Il'kova [28]

In Lösungen, welche 2 bis 18 molar an H_3PO_4 sind, entstehen im Wechselstrompolarogramm Maxima durch die Reduktion von W(VI) zu W(V). Im Bereich von 9 bis 12 m H_3PO_4 ist die Empfindlichkeit am höchsten und die Redoxreaktion quasiirreversibel mit einer Geschwindigkeitskonstante von $2{,}5.10^{-3}$ cm/Sek. Die Halbwertsbreite der Maxima beträgt 100 mV im Bereich von 16 bis 7 m H_3PO_4; in schwächer saurer Lösung steigt sie auf 250 mV. Das Spitzenpotential hängt von der H_3PO_4-Konzentration ab: es liegt bei - 0,45 V in 18 m H_3PO_4 und bei - 0,9 V in 2 m H_3PO_4, gemessen gegen Bodenquecksilber.
Die Eichkurve ist linear im Bereich von 20 bis 100µg W/ml. Niob und Tantal stören auch in hoher Konzentration nicht, so daß eine direkte Bestimmung von 0,1 % und mehr Wolfram in Nb und Ta möglich ist. Die relative Standardabweichung beträgt dabei ± 14 % bei 0,1 % W-Gehalt und ±3 % bei 4 % W-Gehalt.

Apparatur
Polarograf KAP-225 U oder Vektorpolarograf TsLA
Quecksilbertropfelektrode mit t = 2,5 bis 4 Sek.; Tropfenoberfläche 2 bis 4.10^{-2} cm^2.
Polarografierzelle mit 5 bis 7 ml Inhalt und Bodenquecksilber als Anode. Die Lösungen werden vor der Messung nicht entlüftet.

Arbeitsvorschrift zur Analyse von Niob und Tantal. Im Plastiktiegel löst man 0,1 bis 0,3 g des Metalls oder Oxids durch Erhitzen mit 40 %iger Flußsäure und Zugabe von Salpetersäure. Dann engt man stark ein, gibt 25 ml 18 m Phosphorsäure hinzu und erhitzt 40 Min., bis HF, NO_2 und Wasser vollständig vertrieben sind. Nach dem Erkalten verdünnt man im Meßkolben auf 50 ml. Man polarografiert im Bereich von - 0,6 bis - 1 V gegen Bodenquecksilber. Der Wolframpeak erscheint bei - 0,75 V. Zur Auswertung mißt man die Peakhöhe unter Berücksichtigung des ansteigenden Grundstromes.

12.3.2 Arbeitsweise nach Vajda [64]

Das Verfahren nach *Vajda* eignet sich besonders zur Analyse von wolfram- und zinnhaltigen Erzen. Beide Elemente können gleichzeitig bestimmt werden, wobei anwesendes Fe und Mo nicht abgetrennt werden müssen. Erfaßbar sind noch 200 ppm WO_3 (2.10^{-2} %) bzw. 10 ppm Sn im Erz. Blei und Vanadium stören.
Die wechselstrompolarografische Messung kann sowohl mit der Grundschwingung ("fundamental harmonic") als auch mit der ersten Oberschwingung ("second harmonic") erfolgen. Die letztere Technik bietet den Vorteil, daß die Peaks von Zinn und Wolfram besser getrennt werden, auch ist die Linearität der Eichkurve besser als bei Benutzung der Grundschwingung.
Als Grundelektrolyt dient eine Lösung, welche 4 m an HCl und 0,8 m an NaCl ist. Sie eignet sich für Sn und W gleichermaßen. Im Gleichstrompolarogramm liefert Wolfram in diesem Leitelektrolyten zwei Maxima bei - 0,40 und - 0,68 Volt. Zinn ergibt ebenfalls zwei bei - 0,34 und - 0,57 Volt. Zur wechselstrompolarografischen Bestimmung eignet sich bei beiden Elementen jeweils die stärker negative Welle.
Mit steigender Amplitude der Wechselspannung steigt zwar die Empfindlichkeit, doch werden die Maxima breiter und die Eichkurven stärker gekrümmt. Günstig für beide Elemente sind etwa 5 bis 10 mV überlagerte Wechselspannung. Die Eichkurven erfassen dann etwa den Bereich von 10 bis 80 µg WO_3/ml bzw. von 10 bis 90 µg Sn/ml.

Apparatur
Polarograf Radelkis Typ OH-102 mit Tast-Rapid-Zusatz Typ OH-991 und Wechselspannungs-Zusatz Typ OH-993. Wechselspannungsfrequenz 60 Hz.

Quecksilbertropfelektrode Tropfzeit t = 1,6 Sek.; Durchfluß m = 1,65 mg/Sek.
Polarografierzelle mit gesättigter Kalomelelektrode zur iR-Kompensation und großflächigem Platinblech als Gegenelektrode. Entlüftung der Lösung ist nicht erforderlich.

Arbeitsvorschrift zur Analyse von Gesteinsproben [64]. Man wägt 0,1 bis 2 g Probe ein, so daß etwa 0,1 bis 20 mg Wolfram bzw. Zinn vorliegen. Die Probe wird zur Entfernung von Kieselsäure in einem Silbertiegel mit Flußsäure abgeraucht. Dann entfernt man Fluorid durch zweimaliges Eindampfen zur Trockene mit Salzsäure. Der Rückstand wird mit 3 g NaOH und 5 g Na_2O_2 geschmolzen. Nach dem Erkalten löst man in 80 ml Wasser und spült den Tiegel mit 100 ml konz. Salzsäure nach. Letztere dient zur Neutralisierung der Aufschlußmittel. Dann verdünnt man im Meßkolben auf 250 ml. Die so hergestellte Lösung sollte nicht mehr als 100 µg WO_3/ml enthalten, sonst beginnt schon bald Wolframsäure auszufallen. Die polarografische Bestimmung sollte deshalb sofort erfolgen. – Man registriert das Wechselstrompolarogramm von - 0,40 V zu stärker negativen Potentialen hin. Bei Verwendung der Oberschwingung erscheint das Maximum des Zinns bei - 0,55 V, dasjenige des Wolframs bei - 0,66 V.

Bemerkung: Das Ausfallen von Wolframsäure läßt sich verzögern durch Zugabe von 10 ml 1 m Weinsäure auf 250 ml Probelösung.

12.3.3 Tensammetrische Arbeitsweise nach Breyer und Hacobian [9].

In einem 0,1 m Phosphat-Acetat-Borat-Puffer von pH 1,8 ergeben Wolframationen im Wechselstrompolarogramm zwei Maxima. Diese beruhen nicht auf einer Reduktion des Wolframs, sondern auf der Adsorption und Desorption von Isopolywolframat an der Oberfläche des Quecksilbertropfens. Sie treten etwa ab einer Wolframkonzentration von 10^{-5} m auf. Ihre Höhe nimmt mit der Konzentration zu, jedoch nicht linear. Die Höhe des Maximums A bei - 0,4 V (gegen GKE) erreicht bei 2.10^{-4} m W einen Grenzwert; diejenige des Maximums B bei - 0,64 V erreicht ihren Grenzwert bei 10^{-3} m W.
In einem 0,1 m Phosphat-Acetat-Borat-Puffer von pH 4 tritt nur ein Maximum auf, und zwar bei etwa - 0,5 V (gegen GKE). Seine Höhe wächst nach einer gekrümmten Funktion im Bereich von 10^{-4} bis etwa 2.10^{-3} m W. Oberhalb von pH 6 werden keine tensammetrischen Wellen mehr beobachtet.
Statt des oben erwähnten Puffers von pH 1,8 eignet sich auch eine Grundlösung, welche 0,5 m an $NaClO_4$ und 0,1 m an $HClO_4$ ist.
Die tensammetrischen Maxima ermöglichen eine Wolframbestimmung im Konzentrationsbereich von etwa 2.10^{-5} bis 10^{-3} Mol/l. Praktische Erfahrungen liegen jedoch nicht vor. – Die überlagerte Wechselspannung hatte bei obigen Untersuchungen eine Amplitude von 15 mV [9]·

12.4 Oszillopolarografische Verfahren

12.4.1 Oszillografisches Verfahren (Kathodenstrahlpolarografie, “single sweep”)

Die Oszillopolarografie ermöglicht eine sehr empfindliche Wolframbestimmung.
In 6 bis 20 m Phosphorsäure als Grundlösung tritt ein Ein-Elektronen-Übergang W(VI) → W(V) auf, der einen einzelnen scharfen Peak ergibt. In 10 bis 20 m H_3PO_4 ist der Vorgang bei geringer Polarisationsgeschwindigkeit ($\geqq$ 0,125 V/Sek.) reversibel, bei großer ($\leqq$ 2,0 V/Sek.) dagegen irreversibel. In 6 bis 8 m H_3PO_4 ist er auch bei langsamem Spannungsvorschub irreversibel. Er ist in 12 bis 20 m H_3PO_4 diffusionskontrolliert, in < 12 m H_3PO_4 kinetisch kontrolliert [31]. In 2 m Diphosphorsäure ist die Reduktion irreversibel [30].

In gesättigter Weinsäurelösung bei pH 1 erscheinen die Peaks von W(VI) und Mo(VI) bei Konzentrationen von 1 μg/ml nur nach Entfernung des Sauerstoffs. Steigerung der Polarisationsgeschwindigkeit ergibt höhere Empfindlichkeit und verschiebt die Peakpotentiale zu stärker negativen Werten. Optimal sind 4 V/Sek. für W(VI) und Cr(VI) sowie 2 V/ Sek. für Mo(VI). Bei zu schnellem Spannungsvorschub können die Peaks verschwinden [51].

Zur Stahlanalyse wird anwesendes Vanadat in salzsaurer Lösung mit $FeSO_4$ reduziert (nicht mit Eisenammoniumsulfat, da NH_4^+ die Reoxydation des V(IV) katalysiert) und das V(IV) mit kochender Natronlauge gefällt. Dann bestimmt man Wolfram oszillopolarografisch in einem Grundelektrolyten von HCl (4:1). Noch 0,2 % W in 0,5 g Probe sind erfaßbar [36].

Zur oszillopolarografischen Bestimmung von Wolfram und Molybdän in Niob-Legierungen wird die Probe mit NaOH geschmolzen und die Schmelze in Wasser gelöst. Wolfram bestimmt man optimal in 8 m Salzsäure als Grundelektrolyt bei einer Tropfzeit von 7 Sek. und einem Spannungsvorschub von 0,25 V/Sek. Das Verfahren erlaubt, 10 bis 12 Proben je Arbeitsschicht mit einem Fehler von ± 5 % zu analysieren [67].

Mit einem modernen Differential-Kathodenstrahl-Polarografen lassen sich Wolframkonzentrationen im Bereich von 1 bis 5.10^{-3} m mit einer relativen Standardabweichung von nur ± 0,11 % bestimmen [50].

Nach *Gavrilko* und Mitarbeitern [15] liefert Wolfram(VI) in 7 m HCl als Grundelektrolyt zwei Peaks bei - 0,21 und - 0,735 V, von denen jedoch nur letzterer genügend gut ausgebildet ist: siehe Abb. 42.

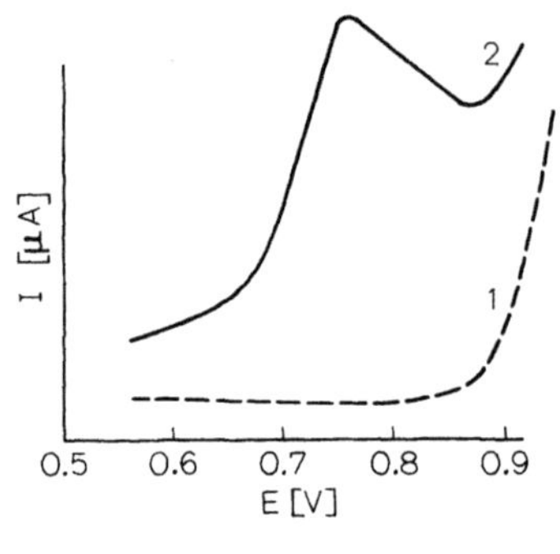

Abb. 42
Oszillopolarogramme nach [15]
1) von 7 m HCl als Grundlösung
2) von W(VI) in 7 m HCl

In 7 m Salzsäure und bei einer Wolframkonzentration von $5{,}4.10^{-4}$ Mol/l verursacht Molybdat selbst bei einer Konzentration von $2{,}1.10^{-2}$ Mol/l keine Störung, da es unter diesen Bedingungen nicht reduziert wird. Mehr als $1{,}1.10^{-3}$ m Re(VII) stören dagegen. In 0,01 m HCl wird Mo vor dem W reduziert und stört, wenn seine Konzentration höher als 2.10^{-4} m ist. – In 7 m HCl scheint W(VI) in einem Zwei-Elektronen-Schritt reduziert zu werden. Der Grad der Reversibilität steigt mit der Salzsäurekonzentration: er beträgt 49 % in 0,01 m HCl und 92,5 % in 6 m HCl [15].

Apparatur [15]
Oszillografischer Polarograf Typ OI - 1
Quecksilbertropfelektrode Tropfzeit 7,2 Sek
Spannungsvorschub 1 V/Sek.

Nach *Demkin* [12] lassen sich mit Hilfe der katalytischen Wasserstoffwelle im differenzierten Oszillopolarogramm noch 0,4 ng W/ml (0,4 ppb) erkennen. Der 1000-fache Molybdänüberschuß stört nicht.

12.4.2 Oszillografische Polarografie nach Heyrovsky

Bodor und *Maleczki-Szeness* [6] haben das Verhalten von Wolframat und Molybdat an der Quecksilbertropfelektrode mit dem Polaroskop P576 untersucht. Die Kurven dE/dt = f(E) zeigen bei sauren Grundlösungen irreversible kathodische Einschnitte. Besonders günstig für Wolframat ist 1 m KCl + 0,1 m HCl als Grundlösung. In dieser tritt der Einschnitt schon bei einer Wolframatkonzentration von 10^{-7} m auf. In 1 m phosphorsaurer, schwefelsaurer Lösung ist die Empfindlichkeit geringer. Der Einschnitt beruht auf katalytischer Wasserstoffentwicklung.

12.5 Bestimmung durch Inverspolarografie

Wolframat läßt sich aus schwach saurer Lösung durch eine Vorelektrolyse an einem Quecksilbertropfen anreichern. Die Messung des Stromes bei der Wiederauflösung ermöglicht, noch eine Wolframkonzentration in der Lösung von etwa 10^{-7} m zu bestimmen [4, 16, 17, 49, 52]. – Auch die Anreicherung als Oxidniederschlag auf einer Graphitelektrode ist anwendbar [8].

12.5.1 Arbeitsweise nach Geyer und Mitarbeitern [16, 17]

Diese Arbeitsweise erlaubt die Bestimmung von Wolframkonzentrationen im Bereich von 3.10^{-7} bis 1.10^{-5} Mol/l mit einer relativen Standardabweichung von 3,7 %. Die Eichkurve ist linear. Als Elektrolyt dient 0,05 m KNO_3-Lösung, welche mit HNO_3 auf optimal pH 5 eingestellt ist. Der pH-Wert hat erheblichen Einfluß auf die Höhe des Spitzenstromes, d.h. auf die Empfindlichkeit, da sowohl die Isopolysäuregleichgewichte als auch die Löslichkeit des Quecksilber(I)-wolframats stark pH-abhängig sind. Die Empfindlichkeit vergrößert sich mit steigender Oberfläche des Hg-Tropfens im Bereich von 0,8 bis 1,44 mm² auf mehr als das Doppelte. Die Dauer der Vorelektrolyse soll unter den Bedingungen der Arbeitsvorschrift 5 bis 10 Min. betragen; längere Zeiten steigern die Empfindlichkeit nicht, sondern verschlechtern die Proportionalität zwischen Konzentration und Spitzenstrom.
Mit steigendem Potential der Hg-Elektrode bei der Vorelektrolyse vergrößert sich ebenfalls die Höhe des Spitzenstromes bei der Wiederauflösung. Günstig ist ein Potential von etwa 0,40 V; ab 0,48 V (gegen GKE) entwickelt sich Sauerstoff.
Mit steigender Geschwindigkeit des Spannungsvorschubs (Polarisationsgeschwindigkeit) bei der Wiederauflösung steigt die Empfindlichkeit. Vorteilhaft sind 1500 mV/Min. Zugleich ändert sich das Spitzenpotential zu weniger positiven Werten. Unter ähnlichen Bedingungen wie Wolframat sind auch Molybdat, Chromat und Vanadat bestimmbar. Eine

Simultanbestimmung ist jedoch trotz der z.T. günstigen Potentiallagen nicht möglich. Die Stromspannungskurven von Molybdat und Wolframat werden bei einem Konzentrationsverhältnis von 1 : 1 gar nicht und bei 5 : 1 nur ungenügend getrennt.

Tabelle 32. *Potentiale und Ströme in Abhängigkeit vom pH-Wert (Konz. 4.10^{-6} m; Vorelektrolyse 5 Min.; Polarisationsgeschwindigkeit 375 mV/Min.)*

Ion	pH	Spitzenstrom in μA	Spitzenpotential in mV gegen GKE
Wolframat	3	0,066	290
Wolframat	4	0,665	240
Wolframat	5	1,47	56
Wolframat	6	1,06	61
Molybdat	5	0,39	188
Chromat	5	3,9	128,8
Vanadat	5	0,90	31

Apparatur

Polarograf Fa. Radelkis, Typ OH 102

Arbeitselektrode Auf einem in Glas eingeschmolzenen Platindraht von 0,2 mm Dicke und 0,5 mm freier Länge wird aus einer salpetersauren Quecksilber(II)-nitratlösung bei 30 mA Stromstärke innerhalb von 90 Sek. durch Elektrolyse ein Quecksilbertropfen erzeugt. Dieser hat eine Oberfläche von etwa 1,4 mm^2. Er muß vor der Wolframatabscheidung zunächst in 0,2 n HNO_3 bis zur Wasserstoffentwicklung kathodisch polarisiert werden, sonst werden Empfindlichkeit und Reproduzierbarkeit verschlechtert.

Bezugselektrode gesättigte Kalomelelektrode mit Salzbrücke

Meßzelle auf 25°C thermostatiert; Rührung mit Synchronmotor 500 U/Min.; Spülung mit Stickstoff, welcher mit Pyrogallol und Chrom(II)-chloridlösung gereinigt wurde.

Arbeitsvorschrift. 25 ml Lösung von pH 5, welche 0,05 m an KNO_3 und 3.10^{-7} bis 1.10^{-5} m an Wolframat ist, werden mit N_2 entlüftet. Man elektrolysiert 5 oder 10 Min. unter Rühren bei einem Potential von 0,4 oder 0,46 Volt. Dann polarografiert man anodisch mit einer Geschwindigkeit von 1500 mV/Min.

Bemerkung: Das Verfahren wurde zur Bestimmung des Löslichkeitsproduktes von Hg_2WO_4 benutzt.

12.5.2 Arbeitsweise nach Berge und Ringstorff [3, 4]

Wolframspuren lassen sich stromlos an der stationären Quecksilberelektrode anreichern. Der Vorgang beruht wahrscheinlich auf einer Adsorption im diffusen Teil der Doppelschicht durch elektrostatische oder chemische Wechselwirkungskräfte. Die Anreicherung erfolgt bei geschlossenem Stromkreis. Mit positiver werdendem Anreicherungspotential wächst zunächst die Peakhöhe, bis sich schließlich oberhalb von + 0,2 V keine weitere Empfindlichkeitssteigerung mehr ergibt, wohl aber der Grundstrom schlechter wird. Das Spitzenpotential des Wolframs beträgt - 0,76 V (gegen GKE) in einer 0,1 m $NaClO_4$-Lösung von pH 2,7. Es verschiebt sich mit steigendem pH-Wert zu stärker negativen Werten. Seine Reproduzierbarkeit beträgt nur etwa 10 mV. – Der pH-Wert hat auch starken Einfluß auf die Höhe des Spitzenstromes: Bei pH < 2 ist der Peak nicht mehr zu erkennen, und es erfolgt ein fließender Übergang in die Wasserstoffwelle. Zwischen pH 2 und 3 nimmt die Peakhöhe zu und fällt dann bis pH 4,4 wieder ab, um bei noch höherem pH-Wert ganz zu verschwinden.

Die Anreicherung erfolgt bei + 0,2 V in einer Acetatpufferlösung von pH 3,6. Bei dem optimalen pH von 3 ist der Acetatpuffer nicht mehr brauchbar, so daß man einen Verlust an Empfindlichkeit hinnehmen muß. Andererseits sind nur Puffersubstanzen verwendbar, welche mit Wolframat keine Komplexe bilden. Ungepufferte Lösungen ergeben eine schlechte Reproduzierbarkeit.
Die Höhe des Spitzenstromes ist im Bereich von 1.10^{-7} bis fast 2.10^{-6} m WO_4^{2-} der Konzentration direkt proportional: Abb. 43. Die relative Standardabweichung, ermittelt aus N = 15 Einzelbestimmungen, beträgt ± 1,6 % bei 1.10^{-6} m WO_4^{2-}. Bei der Zusammenfassung von Meßergebnissen aus dem Zeitraum eines Jahres beträgt sie ± 6,7 %. Bei Anreicherungszeiten bis zu 3 Min. besteht strenge Linearität zwischen der Höhe des Spitzenstromes und der Anreicherungszeit. Bei längeren Zeiten strebt der Spitzenstrom einem Grenzwert zu.

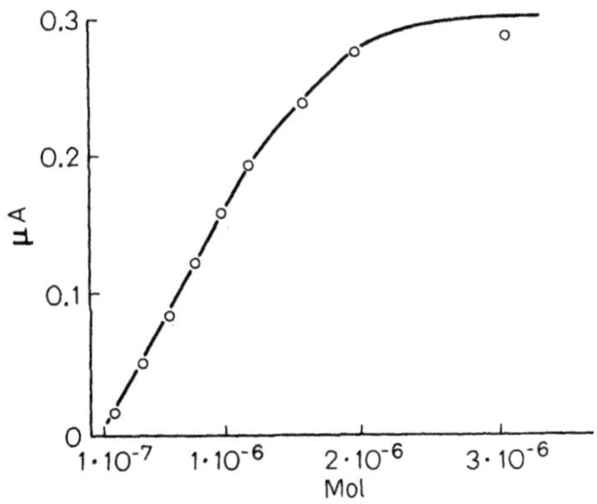

Abb. 43
Abhängigkeit des Spitzenstromes von der Wolframatkonzentration. Anreicherungszeit 90 Sek. bei + 0,2 V. Acetatpuffer pH 3,6. [4]

Apparatur

Polarograf Typ GWP 563 der Akademiewerkstätten f. Forschungsbedarf, Berlin

Arbeitselektrode. Umgebaute Radiometer-Elektrode mit sehr kleinem Quecksilberreservoir (0,13 cm^3) und silikonisierter Kapillare. Die Silikonisierung erfolgt in einem Aluminiumblock bei 300°C. Vor dem Füllen der Elektrode wird das Hg entgast. Die Oberfläche des stationären Hg-Tropfens beträgt $2{,}84.10^{-2}$ cm^2.

Bezugselektrode gesättigte Kalomelelektrode mit Salzbrücke

Meßzelle mit Mantel für Luftthermostat, magnetischer Rührung, Spülung mit Argon.

Arbeitsvorschrift. Die Probelösung wird mit Acetatpuffer auf pH 3,6 gebracht und mit Argon entlüftet. Unter Rühren elektrolysiert man bei 25°C 90 Sek. bei einem Potential des Hg-Tropfens von + 0,2 V (gegen GKE). Dann polarografiert man anodisch mit einer Geschwindigkeit von 800 mV/Min.

Bemerkungen:

I. *Keine Störung* der Wolframbestimmung verursachen die 50-fache Menge Fe(III) und die 4-fache Menge U(VI).

II. Es stören *Gelatine* durch Unterdrückung des Wolframpeaks sowie *Molybdat.*

Literatur

1. *Baticle, A.M., Mercier, A., Perdu, F., Sculfort, J.L.:* C.R. Acad. Sci., Ser. C. **277** (1973) 547-49.
2. *Bauer, H.H.:* J. Electroanal. Chem. Interfacial Electrochem. **1** (1960) 363-78; durch Chem.. Abstr. **60**, 8619 d.
3. *Berge, H., Ringstorff, H.:* Anal. Chim. Acta **55** (1971) 193-99.
4. *Berge, H., Ringstorff, H.:* Anal. Chim. Acta **55** (1971) 201-08.
5. *Bock, R., Bockholt, B.:* Z. Anal. Chem. **216** (1966) 21-29.
6. *Bodor, E., Maleczki-Szeness, M.:* Chem. Zvesti **16** (1962) 280-84.
7. *Boyer, M.:* C.R. Acad. Sci., Ser. C. **274** (1972) 778-81.
8. *Brainina, C.Z., Kiva, N.K.:* Ukr. Chim. Ž. **30** (1964) 697-701; durch Chem. Abstr. **61**, 8880 f.
9. *Breyer, B., Hacobian, S.:* Anal. Chim. Acta **16** (1957) 497-500.
10. *Bucklow, I.A., Hoar, T.P.:* Metallurgia **48** (1953) 317-18.
11. *Collenberg, O., Backer, J.:* Z. Elektrochem. **30** (1924) 230-38.
12. *Demkin, A.M.:* Ž. Anal. Chim. **30** (1975) 939-45; übersetzt: J. Anal. Chem. USSR **30** (1975) 789-93.
13. *Deshmukh, G.S., Srivastava, J.P.:* Ž. Anal. Chim. **15** (1960) 601-04; durch Chem. Abstr. **55**, 15224 f.
14. *Eristavi, D.I., Eristavi, V.D., Danelija, A.G.:* Ž. Anal. Chim. **26** (1971) 183-84; übersetzt: J. Anal. Chem. USSR **26** (1971) 164-65.
15. *Gavrilko, J.M., Kovalenko, P.N., Bagdasarov, K.N.:* Ukr. Chim. Ž. **32** (1966) 514-17; übersetzt: Ukr. J. Chem. **32** (1966) 390-93.
16. *Geyer, R., Henze, G., Henze, J.:* Wiss. Z. TH Chem. **8** (1966) 98-101.
17. *Geyer, R., Henze, G., Henze,J., Müller, E.G.:* Proc. Conf. Appl. Phys.-Chem. Methods Chem. Anal., Budapest **1** (1966) 211-16.
18. *Geyer, R., Henze, G., Sobeck, F.:* Wiss. Z. TH Chem. **6** (1964) 247-50.
19. *Gordon, B.E., Tanklevskaja, R.M.:* Ukr. Chim. Ž. **29** (1963) 1310-16; durch Chem. Abstr. **60**, 12649 h.
20. *Issa, R.M., Abd-el-Nabey, B.A., Hindawey, A.M.:* Z. Anal. Chem. **240** (1968) 9-19.
21. *Kaplan, B.J., Sorokovskaja, I.A.:* Zavodsk. Laborator. **29** (1963) 391-92; durch Chem. Abstr. **59**, 12174 a.
22. *Kawahata, M., Mochizuki, H., Kajiyama, R.:* Japan Analyst **8** (1959) 25-30; durch Chem. Abstr. **55**, 3282 f.
23. *Kawahata, M., Mochizuki, H., Kajiyama, R., Irikura, H.:* Japan Analyst **11** (1962) 967-72; durch Chem. Abstr. **57**, 14421 f.
24. *Kolthoff, I.M., Parry, E.P.:* J. Amer. Chem. Soc. **73** (1951) 5315-21.
25. *Kovalenko, P.N., Procenko, G.P.:* Elektrochim. i. Optičn. Metody Analzia **1963**, 120-25; durch Chem. Abstr. **61**, 32 b.
26. *Kovalenko, P.N., Procenko, G.P.:* Peredovje Metody Chim. Technol. i Kontrolja Proizv. **1964**, 136-40; durch Chem. Abstr. **62**, 8380 g.
27. *Kulev, I.I., Speranskaja, E.F.:* Ž. Anal. Chim. **22** (1967) 1371-78; übersetzt: J. Anal. Chem. USSR **22** (1967) 1155-60.
28. *Kurbatov, D.I., Il'kova, S.B.:* Ž. Anal. Chim. **29** (1974) 1430-33; übersetzt: J. Anal. Chem. USSR **29** (1974) 1238-40.
29. *Kurbatov, D.I., Skorjina, I.S.:* Ž. Anal. Chim. **17** (1962) 711-17.
30. *Kurbatov, D.I., Tugučeva, G.A.:* Elektrochimija **10** (1974) 25-30; durch Chem. Abstr. **80**, 103169 t.
31. *Kurbatov, D.I., Tugučeva, G.A.:* Elektrochimija **10** (1974) 942-45; durch Chem. Abstr. **81**, 98587 s.
32. *Laitinen, H.A., Oldham, K.B., Ziegler, W.A.:* J. Amer. Chem. Soc. **75** (1953) 3048-50.
33. *Laitinen, H.A., Ziegler, W.A.:* J. Amer. Chem. Soc. **75** (1953) 3045-48.
34. *Lingane, J.J., Small, L.A.:* J. Amer. Chem. Soc. **71** (1949) 973-78.
35. *Love, D.L.:* Anal. Chem. **27** (1955) 1918-20.
36. *Mal'cev, V.F., Martynov, A.P., Novak, V.P., Bogovina, V.I.:* Proizvod. Trub. **1969**, 259-63; durch Chem. Abstr. **74**, 150872c.
37. *Matschiner, H., Grossmann, M.:* Chem. Techn. **19** (1967) 363-64.
38. *Muchina, Z.S., Tichonova, A.A.:* Zavodsk. Laborator. **22** (1956) 1154-56; durch Chem. Abstr. **51**, 3366 g.
39. *Nagniot, P.:* Collect. Czechoslov. Chem. Comm. **20** (1965) 4070-77.
40. *Narayanan, A., Umland, F.:* Inorg. Nucl. Chem. Letters **7** (1971) 1141-45.
41. *O'Shea, T.A., Parker, G.A.:* Anal. Chem. **44** (1972) 184-87.
42. *Pantani, F., Desideri, P.:* Ric. Sci. Rend., Sez. A **1** (1961) 249-56.
43. *Pantani, F., Migliorini, M.:* Ric. Sci. Rend., Sez. A **3** (1963) 1085-94.
44. *Pjatnicki, I.V., Ružanskaja, R.P.:* Ž. Anal. Chim. **26** (1971) 1475-78; durch Chem. Abstr. **75**, 147440 a.

45. *Polotebnova, N.A., Danilina, L.M.:* Zavodsk. Laborator. **36** (1970) 261-63; übersetzt: J. Anal. Chem. USSR **36** (1970) 344-46.
46. *Reichen, L.E.:* Anal. Chem. **26** (1954) 1302-04.
47. *Reichen, L.E.:* Science **119** (1954) 355-56.
48. *Reznik, L.B., Kovalenko, P.N.:* Ukr. Chim. Ž. **30** (1964) 28-31; durch Chem. Abstr. **60**, 15440 h.
49. *Roizenblat, E.M., Brainina, C.Z.:* Ž. Anal. Chim. **19** (1964) 681-92; durch Chem.. Abstr. **61**, 12609 f.
50. *Rooney, R.C.:* Z. Anal. Chem. **224** (1967) 263-68.
51. *Rudin, V.D., Christenko, G.S.:* Tr. Stavropol. Sel'skochez. Inst. **1972**, 161-62, 163-65; durch Chem. Abstr. **78**, 118854 v, 118855 w.
52. *Saito, A.:* Nippon Kagaku Kaishi **1972**, 1670-74; durch Chem. Abstr. **77**, 147017 j.
53. *Singh, S.S.:* Z. Phys. Chem. (Frankfurt/M.) **56** (1967) 249-53.
54. *Souchay, P.:* Ann. Chimie **18** (1943) 61-96.
55. *Souchay, P.:* Talanta **12** (1965) 1187-1209.
56. *Souchay, P., Launay, J.P.:* C.R. Acad. Sci. **268** (1969) 1354-57.
57. *Špak, E.A., Samčuk, A.I., Pilipenko, A.T.:* Ž. Anal. Chim. **29** (1974) 938-41; durch Chem. Abstr. **81**, 85619 d.
58. *Speranskaja, E.F.:* Ž. Anal. Chim. **18** (1963) 9-12; übersetzt: J. Anal. Chem. USSR **18** (1963) 6-9.
59. *Speranskaja, E.F., Mambejeva, D.B.:* Ž. Fis. Chim. **39** (1965) 1873; übersetzt: Russ. J. Phys. Chem. **39** (1965) 977-80.
60. *Stackelberg, M. von, Klinger, P., Koch, W., Krath, E.:* Arch. Eisenhüttenw. **13** (1939) 249-61.
61. *Staškova, N.V., Feofanova, V.V., Kurbatova, V.I.:* Tr. Vses. Naučn.-Issled. Stand. Obrazcov Spektral. Etalonov **3** (1967) 47-49; durch Chem. Abstr. **69**, 64401 p.
62. *Studenskaja, L.S., Emaševa, G.N.:* Tr. Vses. Naučn.-Issled. Inst. Stand. Obrazcov Spektral. Etalonov **1** (1964) 18-22; durch Chem. Abstr. **64**, 14959 f.
63. *Tourne, C.:* Bull. Soc. Chim. France **1967**, 3196-99, 3199-3214, 3214-18.
64. *Vajda, F.:* Hung. Sci. Instrum. **21** (1971) 33-37.
65. *Vajda, F.:* Publ. Hung. Mining Res. Inst. **15** (1972) 217-20; durch Chem. Abstr. **79**, 26830 b.
66. *Young, R.C.:* J. Amer. Chem. Soc. **54** (1932) 4515-19.
67. *Zarubina, J.S., Kubrina, N.N., Fridman, G.J.:* Technol. Legk. Splavov, Naučn.- Technol. Bjul. Vses. Inst. Legk. Splavov **1973**, 127-29; durch Chem. Abstr. **78**, 131699 t.

13. Thermometrie

Thermometrische Verfahren eignen sich sowohl zur Erfassung geringster Wolframspuren als auch zur Analyse von Proben, welche WO_3 als Haupt- oder Nebenbestandteil enthalten. Zur Spurenanalyse benutzt man den katalytischen Einfluß von W(VI) auf eine Hilfsreaktion, deren Geschwindigkeit thermometrisch gemessen wird; siehe hierzu auch Kap. 11, S. 207. Große Wolframmengen lassen sich mit guter Genauigkeit durch direkte enthalpimetrische Verfolgung einer geeigneten Wolframreaktion bestimmen.

13.1 Kinetisch-thermometrische Bestimmung von Wolfram-Spuren [3]

Rubeanwasserstoffsäure (Dithiooxamid), $H_2(NHCS)_2$, wird durch Wasserstoffperoxid zu einem Gemisch verschiedener Substanzen oxydiert, über dessen Zusammensetzung nur wenig bekannt ist. Die Oxydation verläuft nur langsam, wird jedoch durch Spuren von Wolfram(VI) katalytisch beschleunigt. Die Reaktionsgeschwindigkeit hängt linear von der Wolframkonzentration ab. Die thermometrische Messung erlaubt noch 12 ng W/ml zu bestimmen.

Die Konzentrationen der Reaktionspartner Rubeanwasserstoffsäure und Wasserstoffperoxid sind mit 2.10^{-3} m bzw. 5.10^{-3} m so gewählt, daß sie während der Meßzeit von einigen Min. praktisch konstant bleiben und daß außerdem die Reaktionsgeschwindigkeit in Abwesenheit von Wolfram nicht zu hoch ist. Da das Reagens in Wasser kaum löslich ist, arbeitet man in alkoholischem Medium. Bei der Reaktion werden wahrscheinlich Protonen verbraucht; man stellt daher eine konstante Salzsäurekonzentration von 0,1 m ein. (In saurer Lösung zersetzt sich Rubeanwasserstoffsäure).

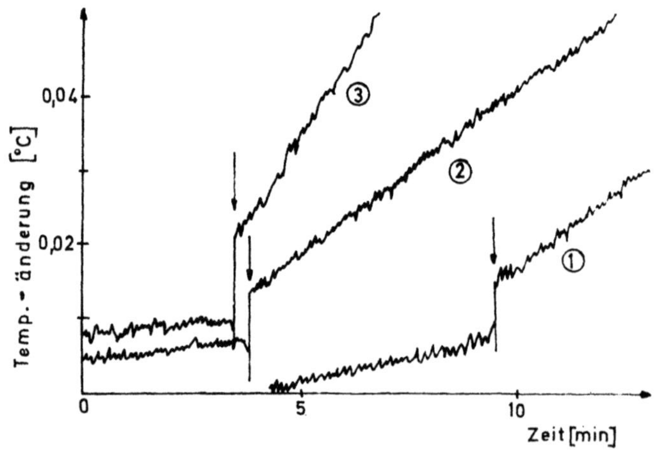

Abb. 44
Enthalpimetrische Messung der Reaktionsgeschwindigkeit nach [3]. An den durch einen Pfeil markierten Stellen wurde Rubeanwasserstoffsäure zugegeben.
Kurve 1: Blindwert; Kurve 2: 18,4 ng W/ml (10^{-7} m); Kurve 3: 36,8 ng W/ml (2.10^{-7} m).

Apparatur. Anordnung für enthalpimetrische Messungen mit adiabatischer Meßzelle von 100 ml Inhalt, Rührung und Thermistor mit Schreiber. (Ein Blockschaltbild der von den Autoren benutzten Zusammenstellung ist in der Originalarbeit angegeben [3].) Der Thermostat hält die Temperatur auf 0,1°C konstant; die Temperaturschwankungen der Meßanordnung betragen während einiger Min. nicht mehr als 0,001°C.

Arbeitsvorschrift [3]. Die Meßlösung in der Zelle soll 12 bis 80 Nanogramm Wolfram(VI) pro Milliliter enthalten, 5.10^{-3} m an H_2O_2, 90 %ig an Äthanol und 0,1 m an HCl sein. Zuletzt gibt man aus einer Spritze so viel von einer alkoholischen Lösung von Rubeanwasserstoffsäure hinzu, daß deren Konzentration in der Meßlösung 2.10^{-3} m beträgt. Diesen Augenblick nimmt man als Nullpunkt für die Messung der Reaktionsgeschwindigkeit. Die Abb. 44 zeigt ein Meßdiagramm. Zur Aufstellung der Eichkurve trägt man die Steigung der Meßgeraden (°C / Min.) gegen die Wolframkonzentration auf.

Bemerkungen:

I. Die Autoren erhielten die *Eichgleichung* $y = (0{,}20 \pm 0{,}02).x + (5{,}5 \pm 0{,}3).10^{-3}$ mit y = Steigung in °C/Min. und x = Wolframkonzentration in mg/ml.

II. Die *Standardabweichung der Blindwerte* beträgt $2{,}6.10^{-3}$ mg W/ml.

III. Keine *Störung* in einer Konzentration von 1 µg/ml verursachen Erdalkalimetalle, Co, Ni, Pb, Mn(II), Ti(IV), La(III) und Fe(III). Es stören dagegen Spuren von Cu(II), V(V) und Mo(VI).

13.2 Direkt-thermometrische Bestimmung von Wolframat in Gläsern nach Doering [2]

Die der quantitativen Wolframatbestimmung zugänglichen Reaktionen verlaufen meist nur in schwach saurem oder neutralem Medium, wobei selbst nach vorsichtigem Ansäuern alkalischer Wolframatlösungen die Gefahr des Ausflockens von Wolframsäure besteht. Dagegen sind Wolframatophosphorsäure-Lösungen sehr beständig. Die alkalische Glasaufschlußlösung wird deshalb mit Orthophosphorsäure im Überschuß versetzt. Für die direkt-thermometrische Bestimmung des Wolframats wird die Instabilität der Heteropolysäure gegenüber Wasserstoffperoxid ausgenutzt. Wolfram(VI) reagiert unter Peroxokomplexbildung:

$$WO_4^{2-} + H_2O_2 \rightarrow WO_5^{2-} + H_2O$$

Die Umsetzung verläuft exotherm, ihre molare Enthalpieänderung wird für das Reaktionsmedium 1,4 m H_3PO_4 + 0,1 m K_3PO_4 direkt-thermometrisch zu $\Delta H_{298} = -8{,}2 \pm 0{,}2$ kcal/Mol erhalten [1].

Apparatur und Meßbedingungen. Thermometrisches Analysengerät "Direktthermom", MOM Budapest. Eichgeradenverfahren; Meßbereich "2x" (0,5°C); Konzentrationsbereich: 100 bis 400 mg WO_3. Reagens-Immersionspipette: 15 ml.

Reagentien

a) Kaliumhydroxid, in rotulis, p.a.
b) Orthophosphorsäure, 85 %ig, p.a.
c) Wasserstoffperoxid, 30 %ig, p.a.
d) Wolfram(VI)-oxid, p.a.

Arbeitsvorschrift [2].

a) Glasaufschluß: Die fein zerriebene Glasprobe, deren Wolframgehalt etwa 200 mg WO_3 betragen soll, wird in eine 100 ml-Silberschale eingewogen und mit 20 ± 0,05 g Kaliumhydroxid "in rotulis" überschichtet. Die Silberschale wird über einer Bunsenbrennerflamme erhitzt. Die Aufschlußtemperatur wird langsam gesteigert, wobei die Schale gelegentlich leicht bewegt wird, um die Masse zu durchmischen. Der Aufschluß ist beendet, wenn dieSchmelze für kurze Zeit wasserklar erscheint. Die erkaltete Schmelze wird vorsichtig mit etwa 50 ml Wasser ausgelaugt. Dann werden zu der in einen 250 ml-Meßkolben überführten Aufschlußlösung 25 ml Orthophosphorsäure abgemessen, und der Inhalt des Meßkolbens wird mit Wasser bis zur Eichmarke ergänzt.

b) Ausführung der Messungen: Die Eich-, Analysenlösungen und das Reagens werden auf 25 ± 0,1 °C temperiert. Die Prüflösung wird in die Meßzelle des Analysengerätes gegeben. Die 15 ml-Immersionspipette wird mit Wasserstoffperoxid gefüllt. Die Meßzelle wird verschlossen und das Magnetrührwerk in Betrieb gesetzt. Der Temperaturausgleich zwischen Prüflösung, Reagens in der Immersionspipette und Meßzellenumgebung findet innerhalb 5 Min. statt. Die Meßbrücke wird eingeschaltet. Nach Kontrolle auf vollständigen Temperaturausgleich wird die Meßbrücke auf Nullstellung des Anzeigegerätes abgeglichen, das Reagens aus der Immersionspipette in die Prüflösung eingespritzt und der sich einstellende Meßwert registriert.

Bemerkungen:

I. Zur *Herstellung von Eichlösungen* werden Einwaagen von 100, 200, 300 und 400 mg Wolfram-(VI)-oxid p.a. in einer 100 ml-Silberschale mit jeweils 20 ± 0,05 g Kaliumhydroxid aufgeschmolzen. Die erstarrte Schmelze wird in destilliertem Wasser gelöst. Zu den in 250 ml-Meßkolben vorliegenden alkalischen Wolframatlösungen werden je 25 ml Orthophosphorsäure gefügt. Die Meßkolben werden mit Wasser bis zu den Eichmarken aufgefüllt.

II. *Auswertung:* Die Abhängigkeit der Temperaturänderung des Reaktionsgemisches von der analytischen Konzentration folgt der linearen Funktion y = a + b.x
Die Konstanten a und b der Eichfunktion werden aus den Eichdaten für x (mg WO_3) und y ($\Delta T = {}^\circ C$) mittels vereinfachter Regressionsrechnung erhalten:

$$b = \frac{3y_4 + y_3 - y_2 - 3y_1}{10x_1}$$

$$a = \frac{2y_1 + y_2 - y_4}{2}$$

Der Wolframatgehalt der untersuchten Glasprobe ergibt sich dann zu

$$\text{Masse - \% } WO_3 = \frac{\frac{y_A - a}{b} \, . \, 100}{\text{mg Glaseinwaage}}$$

worin y_A den Meßwert der Analysenprobe bezeichnet.

III. Die *Verfahrensbewertung* ergibt für die Standardabweichung in der Mitte des Meßbereiches s = 2,1 mg WO_3 für m = 4 und n = 4. Eine Doppelbestimmung ist innerhalb einer Stunde ausführbar. – Die an mehreren Gläsern unterschiedlichen Wolframatgehaltes (5 bis 30 Masse-% WO_3) erzielten Ergebnisse wurden übereinstimmend zu den aus konventionellen Analysen stammenden Daten gefunden.

IV. *Anwendungsbereich und Störungen:* Die Methode ist besonders wertvoll für die Bestimmung von Wolframat in Silikatgläsern. Kationen, die in saurer Lösung gleichfalls mit Wasserstoffperoxid enthalpieändernd reagieren, stören die Wolframbestimmung und müssen abwesend sein.

Literatur

1. *Doering, K.:* Z. Anal. Chem. **258** (1972) 177-80
2. *Doering, K.:* Thermochim. Acta 8 (1974) 485-87
3. *Feys, R., Devynck, J., Tremillon, B.:* Talanta **22** (1975) 17-26

14. Radiochemische Verfahren

14.1 Aktivierung mit thermischen Neutronen

Die Tabelle 33 gibt eine Übersicht über die Einfangreaktionen des Wolframs für thermische Neutronen [8, 18, 19].

Tabelle 33. *Einfangreaktionen des Wolframs für thermische Neutronen*

Target-nuklid	Häufigkeit %	Einfang-querschnitt barn	Reaktionsprodukt		
			Nuklid	$T_{1/2}$	γ-Energien [keV]; in Klammern relative Intensitäten
^{180}W	0,135	20	^{181}W	130 d	EC; 136,0 (0,1); 151,7 (0,2)
^{182}W	26,41	0,5	^{183m}W	5,3 s	46,5 (8); 52,6 (11); Röntgen; 99,1 (9); 102 (4); 107,9 (19); 160,5 (6)
		20,7	^{183}W	stabil	
^{183}W	14,40	10,2	^{184}W	stabil	
^{184}W	30,46	1,8	^{185}W	74 d	ß; 126 (100)
		0,01	^{185m}W	1,6 m	IT; 60; 75 (8); 100 (16); 125 (70); 175 (100)
^{186}W	28,41	38	^{187}W	23,8 h	ß; 72 (11); 134,2 (10); 479,5 (20); 551,5; 618,2; 625,4; 685,7 (32); 735,6; 772,8; (Der ß–Zerfall führt zu angeregten Zuständen des ^{187}Re, welche 44 γ-Linien emittieren.)

14.1.1 Messung des Nuklids ^{187}W : Zerstörungsfreie Verfahren

14.1.1.1 Bestimmung in Molybdän-Metall [8]

Molybdän, welches zur Herstellung von Technetium dienen soll, muß möglichst frei von Verunreinigungen sein. Das nachstehend beschriebene Verfahren wurde zur Wolframbestimmung in derartigem Mo-Metall entwickelt und auf Mo-Proben angewandt, welche etwa 0,2 % W enthielten. Die absolute Standardabweichung beträgt dabei ± 0,004 % Wolfram. Das bei der Aktivierung entstehende ^{187}W emittiert zahlreiche γ-Linien; siehe Tabelle 33 sowie Abbildung 45. Durch seinen ß-Zerfall entsteht ^{187}Re, welches folgende Röntgenlinien aussendet: Re $K_{\alpha 1}$ 61,1 keV; Re $K_{\alpha 2}$ 59,7 keV; Re $K_{\beta 1}$ 69,3 keV; Re $K_{\beta 2}$ 71,2 keV. Zur Auswertung zieht *Lavi* sowohl die Wolfram-γ-Linien als auch die Re-K-Linien heran; sie werden mit einem hochauflösenden Spektrometer gemessen. Für die γ-Linien wird ein Ge(Li)-Detektor, für die Röntgenlinien ein Si(Li)-Detektor verwendet [8].

Bei der Aktivierung von Molybdänproben entsteht durch eine (n, γ)-Reaktion aus ^{89}Mo der ß- und γ-Strahler ^{99}Mo. Zwar ist der Einfangsquerschnitt für thermische Neutronen beim ^{89}Mo mit 0,137 barn relativ klein gegenüber demjenigen des ^{186}W mit 38 barn, doch soll die Aktivierung der Matrix gering bleiben. Daher muß bei der Bestrahlung für ein möglichst hohes Verhältnis der Flüsse der thermischen und der epithermischen Neutronen gesorgt werden, denn letztere aktivieren Mo stark.

Die Abbildung 45 zeigt Spektren einer bestrahlten, wolframhaltigen Molybdänprobe.

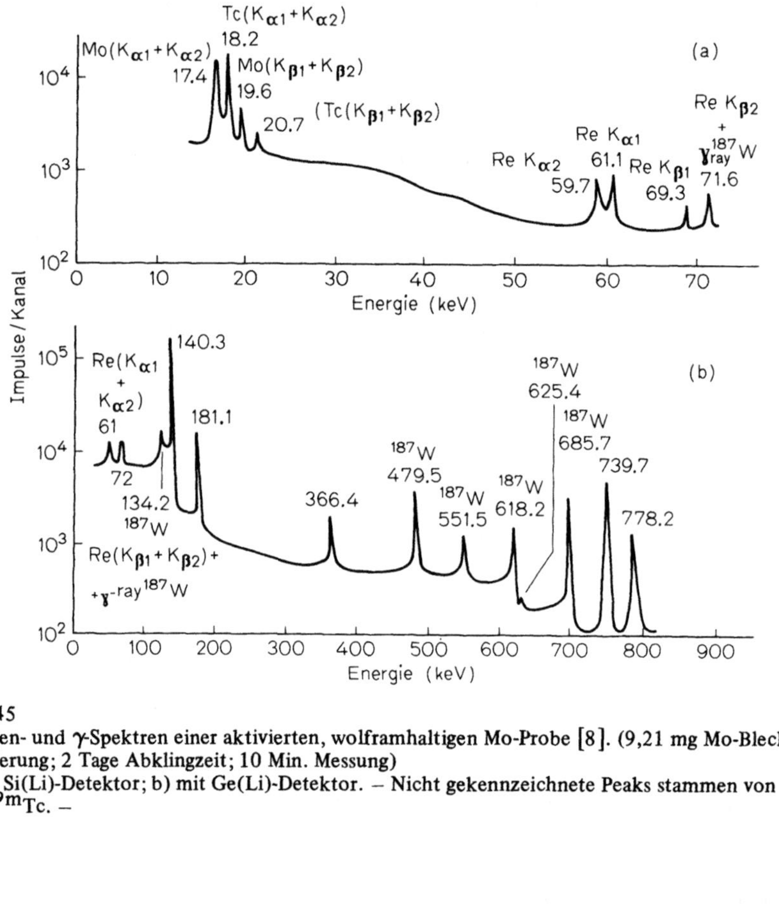

Abb. 45
Röntgen- und γ-Spektren einer aktivierten, wolframhaltigen Mo-Probe [8]. (9,21 mg Mo-Blech; 1 Std. Aktivierung; 2 Tage Abklingzeit; 10 Min. Messung)
a) mit Si(Li)-Detektor; b) mit Ge(Li)-Detektor. – Nicht gekennzeichnete Peaks stammen von ^{99}Mo und ^{99m}Tc. –

Standardproben. Der Autor benutzte sechs Proben von 200 bis 400 µg Wolframblech, acht Proben von 60 bis 200 µg spektralreinem WO_3 und sechs Proben von 10 bis 30 µg Natriumwolframat, dessen Lösung auf einem Al-Blech eingedampft worden war [8].

Aktivierung. Neun Proben von 6 bis 10 mg des zu untersuchenden Mo-Metalls wurden zusammen mit den Standardproben in einer Quarzampulle 1 Std. im Reaktor (IRR-1) mit einem thermischen Fluß von 1.10^{13} Neutronen.cm^{-2}.Sek.$^{-1}$ aktiviert. – Dabei entsteht aus 1 µg Wolfram eine Aktivität von 0,27 µCi ^{187}W. Zur Erzielung höherer Empfindlichkeit kann die Aktivierungszeit verlängert werden.

Messung

a) *Für die γ-Strahlung:* Koaxialer Ge(Li)-Detektor von 29 cm³; 400-Kanal-Analysator; Energieauflösung (F.W.H.M.) 2,6 keV bei 122 keV und 3,5 keV bei 1332 keV.

b) *Für die Röntgenstrahlung:* Si(Li)-Detektor mit 100 mm^2 Fläche und 4 mm Tiefe; Energieauflösung 0,450 keV bei 6,4 keV und 0,55 keV bei 31,7 keV; Plastikabsorber (1,6 mm) zur Abschirmung von ß-Strahlung. Die Ansprechempfindlichkeit des Si(Li)-Detektors für elektromagnetische Strahlung von mehr als 60 keV ist nur noch gering.

Auswertung. Die Peakflächen der γ-Linien des ^{187}W sowie der Röntgen-K-Linien des Re werden integriert. – Zur Berechnung des Analysenergebnisses vergleicht man die Peakflächen der Standards und der Proben. Der Autor hat folgende Linien zur Analyse verwendet (in keV): 479,5; 551,5; 618,2 + 625,4; 685,7. – Zur Kontrolle bildet man die Verhältnisse von je zwei γ- oder Röntgenlinien. Hierdurch vermeidet man Fehler, wenn bei der Analyse eine der Linien durch eine nicht erkannte Störlinie aus der Analysensubstanz überlagert wird: es ergibt sich dann ein erkennbar falsches Verhältnis der beiden Linien.

Bemerkung: Für das untersuchte Molybdän mit etwa 12,5 bis 18,5 μg W-Gehalt in den einzelnen Proben ergab sich aus den γ-Linien 0,199 ± 0,038 % W und aus den Röntgenlinien 0,195 ± 0,004 % W.

14.1.1.2 Bestimmung in Eisen [4]

Ein Verfahren von *De Wispelaere, Op de Beeck* und *Hoste* erlaubt die gleichzeitige, zerstörungsfreie Bestimmung von *Wolfram, Kobalt, Kupfer, Arsen, Gallium* und *Antimon* in reinem Eisen [4]. Die Konzentrationen liegen im unteren ppm-Bereich, und die relativen Standardabweichungen betragen nur wenige Prozent. Zur routinemäßigen Durchführung werden die hochaufgelösten γ-Spektren unter Einsatz eines automatischen Probenwechslers gemessen, auf Magnetband aufgenommen und von einem Rechner ausgewertet. – Vgl. auch das zerstörende Verfahren nach Kapitel 14.1.2.2, S. 239.

Matrixeinflüsse. Bei einer mehrstündigen Bestrahlung von reinem Eisen im Reaktor entsteht die wichtigste Matrixaktivität durch die Reaktion ^{56}Fe (91,66 %) (n,p) ^{56}Mn. Der Wirkungsquerschnitt hierfür beträgt $8{,}7.10^{-4}$ barn. Das ^{56}Mn ist ein ß- und γ-Strahler mit einer Halbwertszeit von 2,582 Std. – Daneben entstehen wegen der geringen Isotopenhäufigkeit und Wirkungsquerschnitte nur geringe Aktivitäten aus den Reaktionen ^{58}Fe (0,33 %) (n, γ) ^{59}Fe (1,2 barn; $T_{1/2}$ = 45 d; $ß^-$, γ) sowie ^{54}Fe (5,82 %) (n, p) ^{54}Mn ($5{,}3.10^{-2}$ barn; $T_{1/2}$ = 313 d; EC, γ).

Innerer Standard. Fehler durch den Gradienten des Neutronenflusses längs des Probenbehälters sowie durch eine nicht völlig reproduzierbare Meßgeometrie werden eliminiert, indem man die erzeugte Aktivität des ^{59}Fe als inneren Standard verwendet. – Da ferner die Gesamtkonzentration der Verunreinigungen in Standard und Probe sehr gering ist (< 0,2 %), kann die spezifische Aktivität der Eisenmatrix als Flußmonitor dienen. Auch kleine Abweichungen in der Meßgeometrie zwischen Probe und Standard lassen sich damit berücksichtigen. Schließlich kompensiert eine solche Meßweise bis zu einem gewissen Grade auch unterschiedliche Eigenschaften von Probe und Standard bezüglich Neutronenflußdepression und γ-Selbstabschirmung.

Standardproben. Als Matrix dient Carbonyleisen, das sich als genügend rein erweist: u.a. 1,78 ± 0,02 ppm W-Gehalt [4]. Von Standardlösungen mit Co, Cu, Sb, Ga in 3 m Salpetersäure bzw. mit As, W in 3 m Ammoniak wurden je 100 μl auf 15 g Fe-Pulver pipettiert. Dabei darf die Lösung nicht mit den Gefäßwänden in Berührung kommen. Diese 100 μl enthielten etwa 5 mg Co, 1 mg Cu, 1 mg Sb, 0,2 mg Ga, 0,2 mg As, 0,1 mg W.

Die Mischung wird 10 Std. bei 120°C getrocknet, im Achatmörser verrieben und anschließend mehrere Stunden in einem Mixer homogenisiert. In dieser Weise lassen sich Standardproben homogen und reproduzierbar herstellen.

Probenvorbereitung. Aus kompaktem Material werden zylindrische Stücke von 6 mm Durchmesser, 6 mm Länge und etwa 1,45 g Gewicht hergestellt. Aus Drehspänen preßt man mit 140 kg/cm^2 Tabletten gleicher Abmessungen mit einem Gewicht von etwa 1,30 g.

Aktivierung. Je 4 Proben und 4 Standards werden gemeinsam in einer Rohrpost-Kapsel im Reaktor (Thetis, Univ. Gent) 6 Std. mit einem Fluß thermischer Neutronen von 5.10^{11} n.cm^{-2}.Sek.$^{-1}$ bestrahlt. Die Tabelle 34 gibt die Daten der Kernreaktionen und erzeugten Nuklide, die zur Messung benutzten γ-Energien sowie die spezifischen Aktivitäten der Spurenelemente (Zerf. μg^{-1}.Sek^{-1}) und der Matrix (Zerf . g^{-1}.Sek^{-1}) an.

Tabelle 34. *Kerndaten zur Aktivierungsanalyse von Eisen nach* [4]

Kernreaktionen (Isotopenhäufigkeit %)				barn	$T_{1/2}$	γ-Energien	Spez.Akt.
							Zerf.μg^{-1}.Sek^{-1}
Co-59	100 %	(n, γ)	Co-60	18-19	5,258 a	1173,1 1332,4	17
Cu-63	69,17	(n, γ)	Cu-64	4,7	12,75 h	511,0 1345,5	4270
Ga-71	39,84	(n, γ)	Ga-72	4,8	14,1 h	630,1	2100
As-75	100	(n, γ)	As-76	4,3	26,4 h	559,2 657,0	2510
Sb-121	57,25	(n, γ)	Sb-122	0,06	2,74 d	564,0	5,2
W-186	28,41	(n, γ)	W-187	36	23,9 h	479,3 685,7	2670
Eisenmatrix							Zerf.g^{-1}.Sek^{-1}
Fe-54	5,42	(n, p)	Mn-54	53.10^{-3}	313 d		1710
Fe-54	5,42	(n, α)	Cr-51	$0{,}47.10^{-3}$	27,8 d		4530
Fe-56	91,66	(n, p)	Mn-56	$0{,}87.10^{-3}$	2,582 h		686000
Fe-58	0,33	(n, γ)	Fe-59	1,2	45 d		81700

Messung. Es ist zunächst eine Wartezeit von 15 Std. bis zum Abklingen der erheblichen Aktivität von ^{56}Mn erforderlich. Dann mißt man 45 Min. mit einem Ge(Li)-Detektor von 40 cm^3 (Energieauflösung 2,3 keV; Signal-zu-Compton-Verhältnis 25 bei 1,332 MeV). Die Spektren werden mit einem 4000-Kanal-Analysator registriert und dann auf ein Magnetband übertragen.

Auswertung. Die Tabelle 34 gibt die zur Auswertung geeigneten γ-Linien an. Für Wolfram sind sowohl 479,3 keV als auch 685,7 keV geeignet. (Die intensivste Ga-Strahlung bei 834,0 keV wird von der γ-Linie 834,8 keV des ^{54}Mn gestört). – Wegen eines Blockschaltbildes des EDV-Systems siehe die Originalarbeit [4]; das Auswerteprogramm AKTAN beschreibt *Op de Beeck* [12].

Bemerkungen:

I. Bei der Analyse von Proben mit höheren Gehalten an Verunreinigungen ergibt sich für die *Kobaltbestimmung* eine günstigere Zählstatistik, wenn man das ^{60}Co nach dem Abklingen der Aktivitäten des ^{76}As, ^{72}Ga, ^{64}Cu, ^{122}Sb und ^{187}W mißt.

II. Die bei der Analyse gefundenen relativen *Standardabweichungen* stimmen weitgehend mit den aus der Zählstatistik berechneten überein. Im Falle des Kobalts und Kupfers lagen den Autoren auch Ergebnisse anderer Bestimmungsverfahren vor; sie stimmen mit den durch zerstörungsfreie Neutronenaktivierung erhaltenen gut überein.

III. Die *Ergebnisse einer Wolframbestimmung* an 4 Proben des gleichen Reineisens zeigt die Tabelle 35.

Tabelle 35.

γ-Energie [keV]	gefundener Mittelwert [ppm W]	relat. Standardabweichung [%]	
		aus Analyse	aus Zählstatistik
134,3	1,32	12,1	9,4
479,5	1,34	4,0	4,4
685,7	1,31	1,9	3,9

Für zwei Proben von Eisenspänen ergab sich 0,77 ± 0,06 ppm W bzw. 0,52 ± 0,08 ppm W.

IV. *Für die übrigen Elemente* ist die Leistung des Verfahrens ähnlich wie unter Bemerkung III für die Wolframbestimmung angegeben. Bei den z.T. höheren Konzentrationen ergeben sich noch bessere Reproduzierbarkeiten. Wegen Einzelheiten siehe die Originalarbeit [4].

14.1.1.3 Sonstige Arbeitsweisen

In *Vanadium(V)-oxid* lassen sich nach *Adams* und *Hoste* [1] mehr als 2 ppm Wolfram durch direkte γ-Spektrometrie an Hand der Re-K-Linie bei 60 keV bestimmen. Als weitere Verunreinigung anwesendes Arsen stört dabei nicht. Ist die Wolframkonzentration jedoch geringer, so ist die Aktivität von ^{76}As im Bereich von 60 keV zu stark. Man muß dann W und As durch *γ-γ-Koinzidenzmessung* bestimmen. Gemessen werden die Photonen der 134 keV - 72 keV - Kaskade des ^{172}W und diejenigen der 550 keV - 650 keV-Kaskade des ^{76}As. (Eine direkte Bestimmung des As ist nicht möglich). Zur Aktivierung bestrahlt man 200 mg Probe in einer Quarzampulle 2 bis 3 Std. mit einem Strom von 5.10^{11} Neutronen.cm^{-2}.Sek^{-1}. Dann läßt man die Aktivität des ^{51}V ($T_{1/2}$ = 3,7 Min.) abklingen. Die Meßzeit beträgt 2 Std. Bei der Eichung muß der hohe Einfangquerschnitt des Vanadiums berücksichtigt werden: es sind Standardproben von genau gleichen Abmessungen nötig. Noch 0,04 μg W/200 mg Probe, entsprechend 0,2 ppm sind mit einem Fehler von etwa 10 % bestimmbar [1].

Arme Wolframit-Erze mit etwa 0,01 bis 0,1 % Wolfram sowie *Stahl* mit 0,06 bis 0,6 % Wolfram lassen sich zerstörungsfrei untersuchen [7]. Die relative Standardabweichung beträgt dabei etwa 10 %. Man bestrahlt 50 bis 100 mg Probe bzw. 0,1 mg Standard (als Wolframat) 1 Std. mit einem Strom von 5.10^{11} Neutronen.cm^{-2}.Sek^{-1} (Apsara-Reaktor, Trombay). Nach einer Abklingzeit von 2 Tagen mißt man mit einem NaJ(Tl)-Detektor die Aktivität des ^{187}W bei 680 keV. In Proben mit einem Gehalt von Natrium ist eine Korrektur für die 1,37 MeV-Aktivität des ^{24}Na nötig [7].

Zur *geochemischen Prospektion in Bohrlöchern* eignet sich nach *Fanger* und Mitarbeitern die Aktivierung durch eine Quelle von 1 mg ^{252}Cf. Nach einer Bestrahlungszeit von 15 Min. und 20 Std. Abklingzeit mißt man das γ-Spektrum des ^{187}W mit einem Ge(Li)-Detektor [5, 5a].

Mit der Bestimmung in *Niob* haben sich mehrere Arbeitsgruppen befaßt. Noch 5.10^{-5} % Wolfram in Nb sind erfaßbar, wenn man 10 Std. mit einem Strom von $1{,}2.10^{13}$ Neutronen.cm^{-2}.Sek^{-1} aktiviert und dann 2 bis 3 Std. abklingen läßt. Bei Gehalten über 10^{-3} % W ist zerstörende Arbeitsweise günstiger. Mit einem Halbleiterdetektor wird die Linie bei 686 keV gemessen [16]. – Nach einem anderen Verfahren aktiviert man 1 bis 15 Min. mit 1.10^{12} Neutronen.cm^{-2}.Sek^{-1} und läßt 1,5 bis 48 Std. abklingen. (Die Halbwertszeit des aus der Matrix entstehenden ^{94m}Nb beträgt 6,6 Min.). Der 690 keV-Peak wird mit einem NaJ(Tl)-Detektor gemessen. Bei Einwaagen von 0,05 bis 900 mg Probe sind etwa 1000 bis 1600 ppm W bestimmbar. Zur Eichung dient Natriumwolframat [6]. Weitere Angaben finden sich bei [13, 17].

Höhere Wolframkonzentrationen in Legierungen und Konzentraten lassen sich auch mit schwachen Neutronenquellen bestimmen. Mit einer Ra-Be-Quelle von 0,24 mCi und einer Aktivierungszeit von 42 Std. wurde bei der Analyse von Legierungen eine Genauigkeit von ± 4,2 % erreicht [2]. – Wolframkonzentrate mit 0,5 bis 100 % W-Gehalt bestrahlt man 1 bis 2 Tage mit einem Strom von 10^7 Neutronen.cm^{-2}.Sek^{-1} aus einer Po-Be-Quelle. Nach 10 Min. Abklingzeit mißt man mit einem NaJ(Tl)-Detektor 10 bis 30 Min. lang die 686 keV-Linie. Bei der Eichung müssen Abschirmeffekte beachtet werden. Bei der Auswertung ist die Aktivität des Bezugselementes Mangan zu berücksichtigen. Der Fehler beträgt je nach Wolframgehalt 3 bis 10 % [10].

In *Bor* lassen sich Wolfram und Tantal nebeneinander bestimmen. Zur Ausschaltung des Selbstabschirmungseffektes der Bor-Matrix wird durch Pressen des Borpulvers auf eine Dichte von 1,2 g.cm^{-3} ein Neutronenfilter hergestellt. Die Dicke der Filterschicht beträgt 6 mm. Das Filter verringert die maximal erhältliche Aktivität des Wolframs um den Faktor 2,1, diejenige des Tantals um den Faktor 1,64. Man aktiviert mit einem Strom von $1{,}2.10^{13}$ Neutronen.cm^{-2}.Sek^{-1}. Nach einer Abklingzeit von 3 Tagen mißt man die Wolframlinien bei 480 und 680 keV und subtrahiert den vom Tantal stammenden Compton-Untergrund. Nach weiteren 10 Tagen wird die Aktivität des ^{182}Ta erneut gemessen (Halbwertszeit 115 Tage). Zur Herstellung von Standardproben bringt man die Lösungen von Wolfram bzw. Tantal auf Filterpapier auf. Die Empfindlichkeiten betragen 10^{-7} bis 10^{-8} g für Wolfram und 10^{-6} bis 10^{-7} g für Tantal, die Fehler 20 bzw. 16 % [9].

Zur Analyse von *Hämatit* bestrahlt man 10 bis 100 mg gepulverte Probe gemeinsam mit einem Standard 1 bis 6 Min. mit einem Strom von $1{,}2.10^{12}$ Neutronen.cm^{-2}.Sek^{-1}. Eine Abklingzeit von 10 bis 15 Std. beseitigt u.a. Aktivitäten von ^{27}Mg, ^{49}Ca und ^{139}Ba. Man mißt die Linie bei 72 keV mit einem NaJ(Tl)-Detektor. Die Empfindlichkeit beträgt 10^{-3} %, der Fehler 10 % [11].

In *Molybdänit* wurden nach 10 Min. Aktivierung mit 10^{13} Neutronen.cm^{-2}.Sek^{-1} noch 15 ppm Wolfram und 1,5 ppm Rhenium zerstörungsfrei bestimmt. Zusätzlich ließen sich auch Se, Sc, Th, Ag, Ta, Cr, Hf und Cs erfassen [14].

In *Luftstäuben* wurden 33 Elemente, u.a. Wolfram zerstörungsfrei bestimmt [3].

In *Serum* lassen sich mit einer weitgehend automatisierten Methode schnell und routinemäßig Wolfram, Molybdän und sieben weitere Elemente bestimmen [15].

Literatur

1. *Adams, F., Hoste, J.*: Acta Chim. Acad. Sci. Hung. **52** (1967) 115-22.
2. *Barwinski, A., Buczek, S., Gorski, L., Janczyszyn, J., Kwiecinski, S., Loska, L., Geisler, M.*: Isotopenpraxis **4** (1968) 15-19; durch Chem. Abstr. **70**, 120832 q.

3. *Dams, R., Robbins, J.A., Rahn, K.A., Winchester, J.W.:* Anal. Chem. **42** (1970) 861-67.
4. *De Wispelaere, C., Op de Beeck, J.P., Hoste, J.:* Anal. Chim. Acta **64** (1973) 321-32.
5. *Fanger, U., Heck, D., Martens, P., Pepelnik, R., Schmidt, H.:* Report **1971**, KFK - 1404 (18 pp.)
5a. *Fanger, U., Pepelnik, R.:* Talk presented ANS Natl. Meeting "Application of ^{252}Cf", Austin, Texas, (1972)
6. *Grošel, J., Sorantin, H.:* Mikrochim. Acta **1965**, 297-308.
7. *Iyer, C.S.P., Parthasarathy, R.:* Radiochem. Radioanal. Lett. **12** (1972) 201-05.
8. *Lavi, N.:* Anal. Chim. Acta **74** (1975) 269-74.
9. *Lobanov, E.M., Krasivina, L.E., Zverev, B.P., Usmanova, M.M.:* Aktiv. Anal. Čist. Mater. **1968**, 16-22; durch Chem. Abstr. **71**, 56351 y.
10. *Mežiborskaja, Ch.B., Krasikova, M.I.:* Ž. Anal. Chim. **25** (1970) 581-83; übersetzt: J. Anal. Chem. USSR **25** (1970) 500-02.
11. *Nišanov, P.Ch., Mamadaliev, N.V.:* Aktiv. Anal. Blagorod. Metal. **1970**, 122-24; durch Chem. Abstr. **76**, 121162 g.
12. *Op de Beeck, J.:* J. Radioanal. Chem. **11** (1972) 77; durch [4].
13. *Preisler, E., Stärk, H.:* Radiochem. Methods Anal., Proc. Symp. Salzburg **1** (1964) 61-75; durch Chem. Abstr. **63**, 1554 b.
14. *Randa, Z., Benada, J., Kuncir, J., Vobecki, M.:* Radiochem. Radioanal. Lett. **3** (1970) 227-37.
15. *Samsahl, K., Schramel, P., Klose, B.J.:* Nucl. Med. **11** (1972) 79-89; durch Chem. Abstr. **77**, 85227 s.
16. *Šmalenko, G.I., Firsov, V.I., Ščelkova, V.P.:* Ž. Anal. Chim. **28** (1973) 323-27; übersetzt; J. Anal. Chem. USSR **28** (1973) 274-78.
17. *Suchov, G.V., Firsov, V.I.:* Zavodsk. Laborator. **38**(1972) 297-99; durch Chem. Abstr. **77**, 28596 m.
18. *Zinner, H., Henkelmann, R., Stärk, H.:* Radiochem. Radioanal. Lett. **10** (1972) 191-200.
19. *Zinner, H., Henkelmann, R., Stärk, H.:* Radioanal. Chem. **16**(1973) 31-38.

14.1.2 Messung des Nuklids ^{187}W : Zerstörende Verfahren

14.1.2.1 Bestimmung in hochreinem Aluminium [19]

Das Verfahren von *Neeb, Stöckert* und *Gebauhr* [19] erlaubt die Bestimmung von W, Au, Hg, Cu, Cd, As, Sb, Sn, Ga, Fe, In, Cr, Co, Ni, Mn, Zn und Mo. Die Nachweisgrenzen liegen zwischen 10^{-6} ppm (für Au) und 0,5 ppm (für Fe); von *Wolfram* sind noch 5.10^{-4} ppm nachweisbar. Die Arbeitsweise nimmt besonders auf die Möglichkeiten eines reaktorfernen Labors Rücksicht, welches mit der Analyse erst 3 Std. bzw. 36 Std. nach dem Ende der Bestrahlung beginnen kann.
Die Matrix Aluminium eignet sich gut für Neutronenaktivierungsanalysen, da das durch (n, γ)-Reaktion gebildete ^{28}Al wegen seiner kurzen Halbwertszeit von 2,3 Min. bereits bei Beginn der Analyse abgeklungen ist. Die außerdem durch (n, α)-Reaktion entstehende ^{24}Na-Aktivität bietet keine Schwierigkeit bei der chemischen Isolierung der zu bestimmenden Verunreinigungen.

Die oben aufgezählten Elemente werden in zwei Gruppen nach verschiedenen Arbeitsweisen erfaßt. Die erste Gruppe enthält die kurzlebige Radioisotope bildenden Elemente Mangan und Nickel sowie die in einem größeren Trennungsgang nur schwierig unterzubringenden Elemente Wolfram und Molybdän. Bestrahlungs- und Abklingzeit für diese Gruppe sind kurz. – Die übrigen Spurenverunreinigungen werden in einer zweiten Gruppe erfaßt und nach längerer Bestrahlungs- und Abklingzeit mit einer dem klassischen H_2S-Gang ähnlichen Arbeitsweise getrennt.
Die folgende Darstellung beschränkt sich auf die Gruppe 1 mit der *Bestimmung von Mn, Ni, W und Mo.* Wegen der übrigen Elemente siehe die Originalarbeit [19].

Aktivierung. Zur Bestimmung von W, Mo, Mn, Ni wurden etwa 500 mg Probe 3 Std. im Reaktor (FRM, München) bei 1 MW Reaktorleistung in einer Rohrpoststation bestrahlt. Der Neutronenfluß betrug 5.10^{12} $n.cm^{-2}.Sek^{-1}$. Etwa 3 Std. danach wurde mit der Aufarbeitung der Proben begonnen.

Analysengang. Die Tabelle 36 gibt die erfaßten Radionuklide und den angewandten Trennungsgang an. – Außer den in der Tabelle aufgeführten Trägern werden bei Beginn der Analyse jeweils 5 mg Cu und Co als Rückhalteträger zugesetzt. Die Wolfram- und Molybdänträger dürfen erst unmittelbar nach der Löseoperation zugegeben werden, da sich sonst beim Erhitzen ein Belag von Wolframsäure auf der Aluminiumprobe abscheidet, der die zum Lösen benötigte Zeit erheblich verlängert. Zur Sicherstellung des Isotopenaustausches gibt man dann nochmals 5 ml konz. Salpetersäure hinzu und erhitzt kräftig etwa 20 Min. lang.

Tabelle 36. *Erfaßte Radionuklide und Schema des Trennungsganges* [19]

Erfaßte Radionuklide	^{56}Mn	^{65}Ni	^{187}W	^{99}Mo
Halbwertszeit [Std.]	2,58	2,56	24	67
Trägermenge [mg]	5	5	10	10

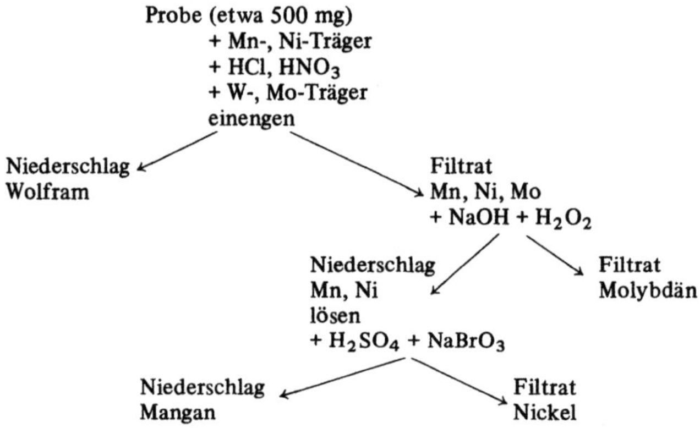

Nach der Trennung werden die einzelnen Elemente gereinigt: Wolfram wird als Wolframsäure umgefällt; chemische Ausbeute 94 %. Molybdän fällt man in üblicher Weise mit 8-Hydroxychinolin. Die chemische Ausbeute an Mo beträgt nur 50 %, da es teilweise bei der ersten Wolframfällung und in der $NaOH$-H_2O_2-Fällung verbleibt. Mangan wird als Tetraphenylarsonium-permanganat nach [18] gefällt; chemische Ausbeute 97 %.
Nickel wird in üblicher Weise mit Dimethylglyoxim in Chloroform extrahiert bzw. gefällt. Bei der Extraktion treten leichte Verluste auf; chemische Ausbeute 96 %.
Die nach diesem Analysengang erhaltenen Meßpräparate sind im allgemeinen radiochemisch rein. Nur in Ausnahmefällen sind zusätzliche Umfällungen (in Gegenwart von Rückhalteträgern) erforderlich.

Messung und Auswertung. Die Aktivität der isolierten Proben wird mit einem Bohrloch-Szintillationszähler gemessen. (Zur Identifizierung und Reinheitsprüfung der Nuklide bestimmt man außerdem die Halbwertszeit.) – Die gemessenen Aktivitätsraten werden unter Verwendung von mit den Proben zusammen bestrahlten Standardsubstanzen auf die gesuchten Elementmengen umgerechnet.

Empfindlichkeiten. Diese betragen 5.10^{-4} ppm Wolfram, 8.10^{-2} ppm Molybdän, 2.10^{-4} ppm Mangan und 2.10^{-1} ppm Nickel. Die relative Standardabweichung für Gehalte an der unteren Grenze ist dann 25 %.

14.1.2.2 Bestimmung in Eisen [7]

Ein Verfahren von *De Wispelaere, Op de Beeck* und *Hoste* erlaubt die gleichzeitige zerstörende Bestimmung von 14 Elementen in reinem Eisen [7]. Die Methode erfaßt W, Co, Ga, As, Cu, Mo, Ni, Ta, Sn, Sb, Cr, Ag, Zn und Sc. Die Eisenmatrix wird aus 1 m flußsaurer Lösung mit Ionenaustauschern abgetrennt. Die zu bestimmenden Elemente werden mit Kationen- oder Anionenaustauschern teilweise getrennt. Die jeweils am Harz adsorbierte Fraktion wird mit einem γ-Spektrometer gemessen.
W, Mo, Ta, Sn, Sb und Ta bilden eine am Anionenaustauscher adsorbierte Gruppe. Cu und Co sowie Zn und Ag ergeben zwei Fraktionen am Kationenaustauschharz. Für Ga, Ni, Cr und As, welche sich nicht in das Trennschema einordnen lassen, sind jeweils spezielle Verfahren nötig.
Im folgenden ist vor allem die Bestimmung des Wolframs bzw. der W-haltigen Fraktion beschrieben. Bezüglich der übrigen Elemente siehe die Originalarbeit [7]. – Vgl. auch das zerstörungsfreie Verfahren S. 233.

Matrixeinflüsse. Bei einer Aktivierung im Reaktor entstehen die wichtigsten Matrixaktivitäten aus den Reaktionen $^{58}Fe\,(n,\gamma)\,^{59}Fe$ und $^{56}Fe\,(n,p)\,^{56}Mn$. – Siehe auch die Tabelle 34, S. 234. – Das Nuklid ^{56}Mn verschwindet wegen seiner Halbwertszeit von 2,582 Std. genügend schnell. Die strahlende Eisenmatrix muß jedoch abgetrennt werden. Für die Bestimmung von Mangan und Chrom ist außer dem ^{56}Mn auch die Reaktion $^{54}Fe\,(n,\alpha)\,^{51}Cr$ zu beachten; Verfahren zur Überwindung dieser Schwierigkeiten beschreibt die Originalarbeit [7].

Standardproben. Zur Vermeidung von Selbstabschirmungseffekten bestrahlt man Proben von 10 μg bis 1 mg der zu bestimmenden Elemente gemeinsam mit den Analysensubstanzen. Abpipettierte Anteile von Standardlösungen dieser Elemente werden in Quarzampullen (40 x 2 mm) unter der Infrarotlampe bei 75°C eingedampft. Nach der Aktivierung zerbricht man die Ampullen und trennt Quarzsplitter durch Waschen und Dekantieren ab. Die Ausbeute an Standardsubstanz beträgt praktisch 100 %.

Probenvorbereitung. Aus dem kompakten Material werden Stücke von etwa 1,5 g herausgearbeitet. Man ätzt sie mehrmals mit einem (1+1)-Gemisch aus 12 m Salzsäure und 50 %iger Flußsäure unter tropfenweisem Zusatz von 30 %igem Wasserstoffperoxid.

Aktivierung. Zur Erfassung von Nukliden mit geringer Halbwertszeit (wie Wolfram) bestrahlt man 6 Std. mit 5.10^{11} Neutronen.cm^{-2}.Sek^{-1} (Thetis-Reaktor, Gent). Für sehr langlebige Isotope aktiviert man eine Woche mit 10^{14} Neutronen.cm^{-2}.Sek^{-1} (BR-2-Reaktor, Mol).

Auflösung der bestrahlten Proben. Da das Verfahren auch für flüchtige Elemente geeignet sein soll, erfolgt das Lösen unter Rückfluß; soll auch Hg erfaßt werden, ist am oberen Ende des Kühlers noch ein Absorptionsgefäß anzubringen. Wegen entsprechender Einzelheiten und einer Zeichnung der Apparatur siehe bei Bedarf die Originalarbeit [7]. Für die Wolframbestimmung dürfte der Rückflußkühler entbehrlich sein.
Man verwendet zum Lösen ein Teflongefäß mit einem Rückflußkühler, dessen inneres Rohr ebenfalls aus Teflon besteht. In dieses Gefäß gibt man 3 ml 40 %ige Flußsäure, 10 ml Wasser und 1 g bestrahlte Eisenprobe. Sind auch As und Sb zu bestimmen, gibt man für diese Elemente 30 mg Träger dazu. Durch den Kühler setzt man während des Lösevorganges tropfenweise 10 ml 30 %iges H_2O_2 hinzu. Dann steigert man die Temperatur des Aluminium-Heizmantels allmählich auf 140 bis 150°C, um alles überschüssige Peroxid sicher zu zerstören. (Es liegen keine Angaben über die Temperatur des Gefäßinhaltes und über die Dauer des Erhitzens vor.) Zurückbleibende Reste von Peroxid könnten die Ionen-

austauschtrennung einiger Elemente stark stören. – Die Lösung hat nach dieser Behandlung die für die Abtrennung des Eisens erforderliche Flußsäurekonzentration von 1 m.

Ionenaustauschtrennung. Anionenaustauscherharz Dowex 1-X8 (100 bis 200 mesh) wird mit 1 m Flußsäure behandelt. Man verwendet eine 10 cm hohe Harzschicht in einem Teflonrohr von 9 mm Durchmesser. – Es muß Teflon benutzt werden, da alle anderen Kunststoffmaterialien einige Elemente stark adsorbieren. – Die flußsaure Lösung der Analysenprobe gibt man durch die Säule und wäscht mit 25 ml 1 m Flußsäure nach. Die Durchflußrate soll 1 Tropfen in 4 Sek. betragen. Dabei verbleiben W, Mo, Sc, Sb, Sn und Ta zu mehr als 98 % am Harz. Nur teilweise wird As adsorbiert. Au wird zwar vollständig adsorbiert, verblieb aber teilweise an der Teflonwand des Lösegefäßes.

Messung. Das Harz wird aus der Säule entfernt und seine Aktivität mit einem γ-Spektrometer gemessen. Die Autoren benutzten Ge(Li)-Detektoren von 35 bzw. 40 cm^3 und einem Auflösungsvermögen von 2,3 keV bei 1332,5 keV. Die Totzeit der Anordnung soll unter 10 % bleiben. *Wolfram* und *Molybdän* wurden im Thetis-Reaktor aktiviert. Man bestimmt W bei 479,5 und 685,7 keV. Aus 8 Proben ergaben sich 1,42 ± 0,08 ppm W im Eisen. Mo wird durch die 140,6 keV-Linie des Tochternuklids ^{99m}Tc bestimmt; zur Einstellung des Gleichgewichts $^{99}Mo/^{99m}Tc$ ist eine Wartezeit von 44 Std. nach der Austauschtrennung erforderlich. Es wurden 64,2 ± 1,0 ppm Mo gefunden.
Für *Tantal, Zinn, Antimon* und *Scandium* erfolgte die Aktivierung im BR-2-Reaktor. Diese Elemente werden nach 30 Tagen Abklingzeit am Harz gemessen.

14.1.2.3 Bestimmung in Gesteinen und Eisenlegierungen [1]

Nach dem Verfahren von *Atkins* und *Smales* [1] sind *Wolfram* und *Tantal* in Gesteinen, Meteoriten und Eisenlegierungen bestimmbar. Die folgende Darstellung beschränkt sich auf diejenigen Teile, welche der Wolframbestimmung dienen. Bezüglich des Tantals (0,5 bis 1,6 ppm in Granit; 0,01 bis 3,5 ppm in sonstigen Gesteinen; 0,003 bis 0,2 % in Stahl) siehe die Originalarbeit. Aus dem gelösten Untersuchungsmaterial werden nach Zusatz von Trägern das Wolfram und das Tantal gemeinsam durch Hydrolyse gefällt. Dann extrahiert man Ta aus fluoridhaltiger Lösung mit Methyliobutylketon (MIK) und trennt es so vom Wolfram. Letzteres wird nach mehreren Reinigungsschritten als Oxinat gefällt. Das Oxinat wird gemessen und zur Bestimmung der chemischen Ausbeute gewogen. Bei der benutzten Bestrahlungszeit von 36 Std. beträgt die Bestimmungsgrenze 2.10^{-9} g Wolfram; sie ließe sich bis auf 10^{-11} g Wolfram erniedrigen. Es wurden 0,08 bis 2,6 ppm W in Stein- und Eisenmeteoriten, 0,1 bis 1,6 ppm W in Granit und anderen Gesteinen sowie 0,001 bis 0,3 % W in Standardstählen bestimmt.

Aktivierung. Proben und Standards werden in dünnwandigen Quarzampullen von 4 mm Durchmesser 36 Std. lang im Harwell-Reaktor BEPO ("selve-serve-Position") aktiviert. Gesteine werden hierfür fein gemahlen; von Eisenmaterialien bestrahlt man Drehspäne oder Stücke. Die Standards sind flüssig, siehe unten.

Standards. Gravimetrisch eingestellte Stammlösungen von Wolfram (und Ta) werden mit Wasser auf jeweils zweckmäßige Konzentrationen verdünnt. Anteile hiervon schmilzt man zur Bestrahlung in Quarzampullen ein. Da die Wolframgehalte der Standardproben meist höher als diejenigen der Analysenproben sind, sollen die Standards erst nach den Analysenproben aufgearbeitet werden, um Verschleppungsfehler zu vermeiden.

Chemische Methodik

a) *Silicatisches Material* wird möglichst fein gemahlen (< 100 mesh, < 0,15 mm). Man bestrahlt Anteile von 40 bis 80 mg und läßt dann 2 Std. abklingen. Danach bringt man den Inhalt der Quarzampullen in einen Nickeltiegel von 5 ml Fassungsvermögen, in welchem sich eine Schicht von Natriumperoxid befindet. Man mischt, bedeckt mit weiterem Na_2O_2 und erhitzt 10 Min. im Ofen auf 480 ± 20°C. Man schreckt mit Wasser ab und überführt den Schmelzkuchen in ein 250 ml-Becherglas, welches 35 mg Ta (als Oxalatokomplex), 35 mg W (als Natriumwolframat), 10 ml 20 %ige Weinsäure und eine Lösung von 5 g NH_4Cl in 70 ml Wasser enthält. Sobald die heftige Anfangsreaktion nachgelassen hat, spült man den Nickeltiegel nach und säuert die Lösung mit 10 %iger Schwefelsäure an. Man kocht auf, macht mit Ammoniak eben alkalisch, säuert mit Salzsäure (1+1) eben an und gibt noch 2 Tropfen davon im Überschuß hinzu. Dann fügt man langsam und unter ständigem Rühren 50 ml heiße, 2 %ige Tanninlösung dazu und hält im schwachen Sieden, bis sich der Niederschlag zusammengeballt hat. Dann nimmt man das Becherglas von der Heizplatte, gibt langsam und unter Rühren 10 ml einer 5 %igen Lösung von Cinchonin in 25 %iger Salzsäure dazu und läßt 30 Min. stehen. Man filtriert durch ein Papierfilter von 11 cm (Whatman No. 541) und wäscht mit 2 %iger NH_4Cl-Lösung.

b) *Proben von Stählen und Eisenmeteoriten* werden durch kurzes Ätzen mit verd. Salzsäure und etwas Wasserstoffperoxid gereinigt. Man bestrahlt Anteile von 50 bis 100 mg. – Die Proben werden danach unter Zusatz von Trägern, Weinsäure und Flußsäure in der jeweils geeigneten Säure gelöst. Eventuell entstandenes Wolfram(V) oxydiert man mit HNO_3. Nach Zugabe von 5 g Ammoniumchlorid und Neutralisierung fällt man W + Ta wie unter a) beschrieben.

c) *Standardproben* werden nach der Aktivierung mit warmer, verdünnter Oxalsäurelösung aus den Ampullen herausgespült und nach Zusatz von Trägern und Weinsäure wie unter a) weiterbehandelt. Auch die weitere Aufarbeitung der Standardproben geschieht in gleicher Weise wie im folgenden beschrieben.

d) *Trennung von Tantal und Wolfram.* Der Tannin-Cinchonin-Niederschlag wird in einem 250 ml-Becherglas mit 20 ml konz. Salpetersäure und 5 ml konz. Schwefelsäure erhitzt, bis alles organische Material zerstört ist. Falls nötig, gibt man noch mehr HNO_3 zu. Danach raucht man die restliche Salpetersäure ab. Nach dem Erkalten fällt man Ta + W hydrolytisch durch Zugabe von 50 ml Wasser. Man gibt 5 ml konz. Salzsäure hinzu, kocht auf und zentrifugiert dann. Den Niederschlag behandelt man mit 10 ml einer Lösung, welche 0,4 m flußsauer und 12 m schwefelsauer ist; ein dabei verbleibender Rückstand wird verworfen. Die erhaltene Lösung extrahiert man in einem 100 ml-Schütteltrichter 2 Min. lang mit zweimal je 10 ml Diisopropylketon (oder MIK), welches zuvor mit 0,4 m HF + 12 m H_2SO_4-Lösung ins Gleichgewicht gebracht worden war. Die vereinigten Extrakte wäscht man mit 10 ml der HF-H_2SO_4-Lösung nach. Wäßrige Phase und Waschsäure werden vereinigt: sie enthalten das Wolfram. Das Tantal befindet sich im Extrakt.

e) *Aufarbeitung für Wolfram:* Die wolframhaltige wäßrige Lösung wird im 150 ml-Becherglas mit 15 ml konz. Salpetersäure eingedampft. Die ausgeschiedene Wolframsäure zentrifugiert man ab und wäscht sie mit heißer konz. HNO_3. Dann löst man sie in 0,88 m Ammoniaklösung, verdünnt auf 15 ml und zentrifugiert. Ungelöste Anteile werden verworfen. Aus der Lösung wird Wolfram erneut mit 15 ml HNO_3 abgeschieden, gewaschen, in NH_3 gelöst und vom Ungelösten abzentrifugiert. – Falls zur Erreichung radiochemischer Reinheit nötig, kann der Reinigungszyklus wiederholt werden, evtl. unter Anwendung von $Fe(OH)_3$ als Spurenfänger. Schließlich fällt man Wolframoxinat aus kochender, schwach alkalischer Lösung durch langsame Zugabe von 1 ml einer 5 %igen Lösung von 8-Hydroxychinolin in 2 m Essigsäure. Man zentrifugiert, wäscht zuerst mit Wasser, dann mit Alkohol und spült zuletzt den Niederschlag mit etwas Alkohol in ein gewogenes Meßschälchen. Man trocknet unter der Infrarotlampe, wägt zur Ausbeutebestimmung und mißt die Aktivität. Die chemische Ausbeute beträgt 40 bis 60 %.

Messung und Auswertung. Mit einem γ-Spektrometer aus NaJ(Tl)-Detektor und Vielkanalanalysator mißt man die Aktivität des ^{187}W. – Die Präparate sind radiochemisch rein. – Zur Auswertung werden die Aktivitäten von Probe und Standard um die Ausbeute korrigiert und zu den Wolframmengen in Probe und Standard ins Verhältnis gesetzt.

Bemerkungen:

I. Als ***Standardsubstanz*** ist WO_3 wegen zu starker Selbstabschirmung nicht geeignet. Bei Lösungen mit $\leqslant$0,48 mg W/g Lösung wurde jedoch keine merkliche Selbstabschirmung beobachtet.

II. Die ***Selbstabschirmung*** an den Meßpräparaten von Wolframoxinat ist im Bereich von 10 bis 15 $mg.cm^{-2}$ fast konstant; eine Korrektur ist nicht nötig.

III. Die ***Entstehung von Wolfram*** gemäß ^{187}Re (n, p) ^{187}W und ^{190}Os (n, α) ^{187}W ist unter den Bedingungen des vorliegenden Verfahrens vernachlässigbar gering.

14.1.2.4 Bestimmung in Molybdän [8]

Das Verfahren nach *Fedoroff* [8] erlaubt eine höchst empfindliche Bestimmung von Spurenverunreinigungen an W, Cu, Mn, Na und Ni in Molybdän: siehe Tabelle 37. Da es verhältnismäßig schnell und einfach ist, eignet es sich als Kontrollmethode bei der Herstellung von hochreinem Mo. Eine wesentlich aufwendigere Bestimmung aller Spurenbestandteile erscheint für diesen Zweck entbehrlich, da die Erfahrung gezeigt hat, daß das Konzentrationsverhältnis vieler Verunreinigungen von Probe zu Probe etwa das gleiche ist. So lassen sich aus dem Ni-Gehalt z.B. auch Rückschlüsse auf den Gehalt an Fe und Co ziehen [8]. Wegen eines vollständigen Verfahrens zur Analyse von Mo siehe [9].
Nach der Aktivierung werden die Bestandteile der Probe durch Ionenaustauscher getrennt und einzeln gemessen. Ein Kationenaustauscher hält Na, Ni, Mn und Cu fest. Wolfram, Molybdän und das entstandene Technetium werden in Gegenwart von Wasserstoffperoxid an ein Anionenaustauschharz gebunden, aus dem sich Wolfram mit peroxidfreier 4 m Salzsäure selektiv eluieren läßt. An einem weiteren Anionenaustauscher trennt man durch Elution mit verschieden starker Salzsäure Na + Ni, Mn und Cu; Na und Ni werden dann mit Dimethylglyoxim getrennt. Die chemischen Ausbeuten des Trennverfahrens wurden in allen Fällen als über 98 % gefunden.

Aktivierung. Je nach der Konzentration der Verunreinigungen bestrahlt man 50 bis 800 mg Molybdän über eine Zeit von 20 Min. bis 48 Std. mit einem Strom von 3 bis 5.10^{12} $Neutronen.cm^{-2}.Sek^{-1}$. Im gleichen Behälter bestrahlt man Standardproben: einige Mikrogramm Mn, Cu, W als Lösungen bekannten Gehaltes auf Filterpapier, 20 bis 30 mg Ni-Metall und 10 bis 20 mg NaCl.

Chemische Aufarbeitung

a) *Vorbereitung:* Die bestrahlte Molybdänprobe wird mit einer Mischung von 10 ml Schwefelsäure, 10 ml Wasser und 1 ml Salpetersäure abgebeizt. Dann löst man sie unter Erwärmen in einer Mischung von 0,5 ml Schwefelsäure und 3 ml Salpetersäure; dieses dauert 15 Min. bei 800 mg Molybdän. Danach verdünnt man auf 100 ml und gibt 1 ml 50 %iges Wasserstoffperoxid hinzu. – Die Standardproben für Mn, W und Cu löst man in H_2SO_4 + HNO_3; vom aufgelösten NaCl nimmt man einen aliquoten Teil ab; Nickel löst man in HNO_3 und fällt einen aliquoten Teil nach Zugabe von 2 mg Träger (inaktives $NiCl_2$) mit Dimethylglyoxim.

b) *Trennung am Kationenaustauscher:* Man verwendet 8 ml Harz Dowex 50-x8, das in Wasser aufgeschlämmt und auf eine Korngröße von 56 bis 125 μm ausgesiebt wurde. Die Säule ist 4 cm hoch und hat 1,6 cm Durchmesser. – Man gibt die nach a) vorbereitete Lösung der Probe mit einer Geschwindigkeit von 10 ml/Min. durch die Säule. Das Eluat (1) enthält Mo, W und Tc. Man wäscht mit 100 ml einer Lösung nach, welche 0,05 m an HNO_3 und 0,5 %ig an H_2O_2 ist. Die ersten 15 ml der durchgelaufenen Waschflüssigkeit werden mit dem Eluat (1) vereinigt: Lösung I.

c) *Isolierung des Wolframs am Anionenaustauscher:* Man verwendet das Harz Dowex 1-x8, Korngröße 56 bis 125 μm in einer Säule von 20 cm Höhe und 1,6 cm Durchmesser. Die Lösung I, welche 0,05 m an HNO_3 und 0,5 %ig an H_2O_2 sein muß, gibt man mit einer Geschwindigkeit von 0,5 ml/Min. durch die Säule. Dann wäscht man zunächst bei 1,2 ml/Min. mit 100 ml einer Lösung, welche 4 m an HCl und 0,5 %ig an H_2O_2 ist; hierdurch sollen Elemente wie As und Sb ausgewaschen werden. Dann eluiert man das Wolfram bei 1,2 ml/Min. mit 500 ml 4 m Salzsäure.

d) *Trennung von Na, Ni, Mn, Cu:* Der Kationenaustauscher wird mit 50 ml 4 m HCl und dann noch mit 50 ml 6 m HCl eluiert. Zu den vereinigten Lösungen gibt man 2 mg Ni-Träger und dampft bis fast zur Trockene ein. Dann nimmt man mit 5 ml 12 m Salzsäure auf. – Man verwendet 10 ml Harz Dowex 1-x10 der Korngröße 56 bis 125 μm; ein Vernetzungsgrad des Harzes von 10 % ist zur Trennung von Ni und Mn erforderlich. Die Säule ist 30 cm hoch und hat 0,65 cm Durchmesser. – Die 12 m salzsaure Lösung gibt man mit 0,5 ml/Min. durch das Harz und eluiert dann Ni und Na mit 15 ml 12 m HCl. Anschließend eluiert man Mn bei 1 ml/Min. mit 50 ml 6 m HCl und zuletzt Cu mit 60 ml 2 m HCl. Die Trennung des Ni vom Na erfolgt in üblicher Weise durch Fällung mit Dimethylglyoxim.

Messung. Zur Messung von Mn, Cu, W und Na werden die Eluate bzw. Standardlösungen auf etwa 10 ml gebracht. Man verwendet einen NaJ(Tl)-Bohrlochdetektor mit Vielkanalanalysator. – Die Aktivität des Nickeldimethylglyoximates wird mit einem rauscharmen (1 bis 2 Imp./Min.) β-Zähler gemessen. – Weitere Angaben siehe Tabelle 37.

Tabelle 37. *Meßbedingungen und Leistung des Verfahrens nach* [8]

Element	gefunden in Mo [ppm]	Nachweisgrenze [ng]	Abklingzeit [Std]	Zählzeit [Std]	gemessenes Nuklid	$T_{1/2}$ [Std]	gemessene Energien [keV]
W	38-220	2	20	2	^{187}W	24	60; 479; 686
Cu	0,04-22	1	6	2	^{64}Cu	12,9	511
Mn	0,03-5,7	0,1	5	1	^{56}Mn	2,6	847
Na	$\leqslant 2{,}10^{-4}$-4,3	2	5	2	^{24}Na	15	1369
Ni	0,2-28	7	5	1	^{65}Ni	2,6	β^-

14.1.2.5 Bestimmung in Titan [20]

Das Verfahren von *Neirinckx, Adams* und *Hoste* erlaubt die Bestimmung von 16 metallischen Spurenverunreinigungen in Titan [20]. Es sind Elemente erfaßbar, welche bei der Neutronenaktivierung längerlebige Nuklide ergeben. Aus flußsaurer-salzsaurer Lösung werden W, Cu, As, Ga, Au, Sn, Fe, Zn, Co, Ta, Mo und Ni an einem Anionenaustauscher adsorbiert und von Ti, Sc, Ag, Cr und Na getrennt. Die Aktivität des Harzes wird dann mit einem hochauflösenden γ-Spektrometer gemessen, wodurch alle adsorbierten Elemente gleichzeitig bestimmt werden können. Na, Cr und Ag lassen sich nach einer gesonderten Abtrennung des Scandiums erfassen.

Matrixeinflüsse. Die Entstehung aktiver Titannuklide ist ohne störenden Einfluß, da die Reaktion ^{46}Ti (n, 2n) ^{45}Ti nur einen Einfangquerschnitt von 5.10^{-6} barn besitzt und das nach ^{50}Ti (n, γ) ^{51}Ti entstehende Nuklid mit einer Halbwertszeit von nur 5,8 Min. zerfällt. Nach einer Abklingzeit von 1 Std. stammt die Matrixaktivität von Scandiumisotopen aus den Reaktionen ^{46}Ti (n, p) ^{46}Sc (8.10^{-3} barn; 84 Tage), ^{47}Ti (n, p) ^{47}Sc ($1{,}5.10^{-2}$ barn; 4,4 Tage) und ^{48}Ti (n, p) ^{48}Sc (4.10^{-3} barn; 1,83 Tage). Durch Anionenaustauschtrennung wird Scandium ebenso entfernt wie das in manchen Titanschwamm-Präparaten in erheblicher Konzentration vorliegende Natrium.

Aktivierung. In Quarzampullen bestrahlt man Titanproben von 100 mg und Standardproben 15 Std. mit 10^{14} Neutronen.cm^{-2}.Sek^{-1} oder 1 Woche mit 5.10^{12} Neutronen. cm^{-2} $Sek.^{-1}$ (BR-2-Reaktor, Mol). Neutronenflußdepression ist wieder in Ti-Metall noch in TiO_2-Proben nachweisbar. Die Aufarbeitung beginnt einen Tag nach der Bestrahlung.

Leistungsdaten. Die Tabelle 38 gibt für einige der erfaßten Elemente die Leistung des Verfahrens an. Wegen weiterer Einzelheiten siehe die Originalarbeit [20].

Tabelle 38. *Analyse von Titan nach* [20]

Element	Konz.-bereich [ppm]	Stand.-abweich. [%]	gemess. Nuklid	$T_{1/2}$	gemessene γ-Energien [keV]
W	0,122	12,1	^{187}W	23,9 h	134,3; 479,3; 685,7
Cr	1,05	18,9	^{51}Cr	27,8 d	320,0
Au	$2{,}57.10^{-3}$	1,7	^{198}Au	2,7 d	411,8
Sb	4,06	3,7	^{122}Sb	2,8 d	564,0; 692,5; 1140,5
As	5,33	2,5	^{76}As	26,5 h	559,2; 657,0; 1215,8
Ga	$3{,}5.10^{-4}$	30	^{72}Ga	14,2 h	630,1; 834,1; 2201,4
Fe	454	3,8	^{59}Fe	45,1 d	1098,6; 1291,5
Co	0,134	10,3	^{60}Co	5,2 a	1173,1; 1332,4
Mo	5		^{99}Mo	67 h	140,6; 180,9; 739,9
Cu	1		^{64}Cu	12,8 h	511,0; 1345,5

14.1.2.6 Sonstige Arbeitsweisen

Gesteine. Chaidarov und *Babachodžaev* aktivieren 10 Std. mit $1{,}8.10^{13}$ Neutronen. cm^{-2}.Sek^{-1}, lassen 4 Tage abklingen und isolieren das Wolfram nach Zusatz von 20 mg Träger als Wolframsäure. Bei 50 bis 100 mg Probe beträgt die Nachweisgrenze 1 ng Wolfram. In Granit wurden 1,4 bis 600 ppm W mit einem Fehler von 11 % bestimmt [4]. *Coulomb* bestrahlt 100 bis 500 mg geologisches Material 1 Woche mit 10^{12} Neutronen. cm^{-2}.Sek^{-1} und löst dann in Flußsäure und Perchlorsäure. Wegen der sehr starken Na-Aktivität werden die Bestandteile der Probe papierchromatografisch getrennt. Zur Wolframbestimmung dient ein flußsaures Fließmittel. Man mißt die Aktivität des ^{187}W im Bereich der R_f-Werte von 0,1 bis 0,85; ^{187}Ta erscheint mit $R_f = 1$. Auf einem salzsauren Chromatogramm können ferner Mn, Cu, Sc, Co, Ga, Th, U erfaßt werden [5].

Zur Bestimmung von Co, Cu, Ga, Fe, Zn sowie 0,24 bis 1,1 ppm Wolfram wenden *Johansen* und *Steinnes* eine Anionenaustauschtrennung an. Die chemische Ausbeute an Wolfram ist gering und wird durch erneute Aktivierung des Trägers bestimmt [15].

Hamaguchi erfaßt 0,1 bis 1 ppm Wolfram nach mehrfacher Reinigung als Wolframsäure und schließlicher Fällung als Oxinat [13].

Die Auftrennung des Nuklidgemisches durch Fällung und Extraktion verwenden *Jaskolska* und Mitarbeiter bei der Bestimmung von Wolfram und anderen Elementen in Schamottesteinen und gewaschenen Erzen [14].

Eisen und Stahl. Zur Erfassung von 16 Spurenelementen in hochreinem Eisen bestrahlt *Steinnes* 50 mg Probe 1 Std. mit 2.10^{13} Neutronen.cm^{-2}.Sek^{-1} und läßt die Aktivität des ^{56}Mn 20 Std. abklingen. Zur Trennung des Wolframs von der ^{59}Fe-Aktivität eignet sich am besten der Anionenaustausch aus 1 m flußsaurer Lösung an Dowex 1-X8 (Chlorid-Form) [22].

Bei der Stahlanalyse führen *Thompson* und *LaFleur* Gruppentrennungen durch. Zuerst werden Wolfram und Molybdän mit α-Benzoinoxim und Chloroform ausgeschüttelt, danach Fe und Sb aus salzsaurer Lösung mit Isopropyläther. Weitere Elemente können in der wäßrigen Phase bestimmt werden. Die chemischen Ausbeuten betragen 97,1 ± 2,2 % für W und 99,4 ± 0,3 % für Mo. Mit einem NaJ(Tl)-Detektor mißt man zunächst die Gesamtaktivität von W und Mo und nach dem Abklingen des ^{187}W dann die Gleichgewichtsaktivität Mo-Tc. Es wurden $2{,}6.10^{-3}$ bis $4{,}6.10^{-2}$ % W im Stahl mit einem Fehler von $\leqslant 10$ % bestimmt [23].

Hoste und Mitarbeiter analysieren hochlegierte Stähle nach einem sehr genauen, aber langwierigen Verfahren; 0,2 bis 6 % W wurden nach nur schwacher Aktivierung bestimmt [17].

Selen. Zahlreiche Spurenverunreinigungen im ppm- und ppb-Bereich bestimmen *Hoste* und Mitarbeiter in hochreinem Selen. Man bestrahlt 100 mg Probe 3 Tage mit 10^{13} Neutronen.cm^{-2}.Sek^{-1} (BR-2-Reaktor) und läßt 1 Tag abklingen. Dann werden Se, As, Ge aus H_2SO_4-HBr bei 200 bis 220°C abdestilliert. Mit einem Ge(Li)-γ-Spektrometer wurden 15 ppb W sowie ferner Na, K, Cr, Fe, Co, Zn, Ga, Ag, Cd, La und Au erfaßt [2].

Osmium. Ganiev und Mitarbeiter bestimmen As, Sb, W, Sn, Mo und P als Verunreinigungen in Os-Pulver. Nach der Bestrahlung entfernt man die Matrix durch Destillation als OsO_4 und trennt die Spurenbestandteile am Anionenaustauscher AV-17 [10].

Silicium. Zur Bestimmung zahlreicher Spurenverunreinigungen in hochreinem Si führt man Gruppentrennungen durch [6, 11]. Nach der Verflüchtigung der Matrix als H_2SiF_6 lassen sich noch 0,002 ppb Wolfram erfassen [11].

Thallium. Gil'bert und *Pronin* aktivieren Thallium 8 Std. mit $1{,}8.10^{13}$ Neutronen.cm^{-2}.Sek^{-1}. Nach extraktiver Auftrennung des Nuklidgemisches sind zahlreiche Elemente mit einem Fehler von 10 bis 15 % erfaßbar. Die chemische Ausbeute an Wolfram beträgt dabei 65 %. Noch $2{,}2.10^{-5}$ % W im Thallium lassen sich bestimmen [12].

Uran. Nach der Arbeitsweise von *Kosta* und *Cook* trennt man die Uran-Matrix vor der Bestrahlung von den zu bestimmenden Spurenelementen ab. Aus salpetersaurer Lösung wird Uran quantitativ am Kationenaustauscher Dowex 50 W-X8 adsorbiert. Das Eluat wird stark eingeengt und 3 bis 5 Std. mit 10^{13} Neutronen.cm^{-2}.Sek^{-1} aktiviert. Danach isoliert man Wolfram und Molybdän durch Adsorption aus salzsaurer, H_2O_2-haltiger Lösung am Anionenaustauscher Dowex 2-X8. Man mißt die Aktivität des Harzes mit einem

NaJ(Tl)-Detektor. Bei einer Probemenge von 1 g Uranylacetat lassen sich noch 0,5 ppm W-Gehalt bestimmen [16].

Biologisches Material. Der Wolframgehalt von pflanzlichem und tierischem Material ist äußerst gering, so daß nur die Aktivierungsanalyse eine ausreichende Nachweisempfindlichkeit besitzt. Nach nasser Veraschung der Proben bestrahlt *Bowen* 24 Std. mit 10^{12} Neutronen.cm^{-2}.Sek^{-1}. Nach mehreren Reinigungsschritten durch Extraktion und Fällung wird die β-Aktivität des ^{187}W gemessen. Die theoretische Empfindlichkeit des Verfahrens beträgt 50 pg Wolfram; noch 1 ng W kann mit einem Fehler von 10 % bestimmt werden [3].

Zur Bestimmung von W und Mo in Ca-reichen Pflanzenteilen führen *Neuberger* und *Fourcy* eine trockene Veraschung durch. Die Asche wird 15 Std. mit 10^{13} Neutronen.cm^{-2}.Sek^{-1} aktiviert. Man löst in H_2O_2-HF-Gemisch und trennt die Bestandteile der Lösung durch Anionenaustausch an Dowex 1-X10. Nach Elution der meisten übrigen Metalle erhält man Wolfram mit 10 m HCl + 3 m HF in etwa 99 %iger Ausbeute. Danach läßt man Mo mit 3m HCl + 14 m HF in fast 100 %iger Ausbeute gemeinsam mit Zinn eluieren. Das Wolfram wird durch dreimalige Mitfällung an CaF_2 von ^{32}P-Aktivität befreit; die Ausbeute beträgt dabei 99 %. Dann mißt man die γ-Aktivität bei 72 und 135 keV. Es wurden Wolframgehalte im Bereich von 60 bis 90 ppb in der Trockenmasse erfaßt; die Ergebnisse stimmen mit Angaben von *Bowen* überein [21].

Literatur

1. *Atkins, D.H.F., Smales, A.A.:* Anal. Chim. Acta **22** (1960) 462-78.
2. *Ballaux, C., Dams, R., Hoste, J.:* Anal. Chim. Acta **47** (1969) 397-405.
3. *Bowen, H.J.M.:* Biochem. J. 77 (1960) 79-82.
4. *Chaidarov, A., Babachodžaev, S.M.:* Dok. Akad. Nauk Tadž. SSR **17** (1974) 28-30; durch Chem. Abstr. **82**, 38188 y.
5. *Coulomb, R.:* Compt. Rend. Acad. Sci. **254** (1962) 4328-29.
6. *De Corte, F., Speecke, A., Hoste, J.:* J. Radioanal. Chem. **8** (1971) 287-301.
7. *De Wispelaere, C., Op de Beeck, J.P., Hoste, J.:* Anal. Chim. Acta **70** (1974) 1-15.
8. *Fedoroff, M.:* Bull. Soc. Chim. France **1970**, 1233-36.
9. *Fedoroff, M.:* Ann. Chimie **6** (1971) 159-71; durch Chem. Abstr. **75**, 83817 u.
10. *Ganiev, A.G., Rybnov, V.V., Rizaeva, Š. Š.:* Anal. Technol. Blagorod. Metal. **1971** 278-81; durch Chem. Abstr. **77**, 159812 c.
11. *Gebauhr, W., Martin, J., Haas, E.:* Z. Anal. Chem. **200** (1964) 266-78.
12. *Gil'bert, E.N., Pronin, V.A.:* Ž. Anal. Chim. **23** (1968) 1747-50; übersetzt: J. Anal. Chem. USSR **23** (1968) 1536-38.
13. *Hamaguchi, H.:* J. Chem. Soc. Japan, Pure Chem. Sect. **82** (1961) 1493-98; durch Chem. Abstr. **56**, 6658 b.
14. *Jaskolska, H., Rowinska, L., Radwan, M.:* J. Radioanal. Chem. **7** (1971) 29-39; durch Chem. Abstr. **74**, 134614 q.
15. *Johansen, O., Steinnes, E.:* Talanta **17** (1970) 407-14.
16. *Kosta, L., Cook, G.B.:* Talanta **12** (1965) 977-87.
17. *Leliaert, G., Hoste, J., Eeckhaut, Z.:* Talanta **2** (1959) 115-23.
18. *Marsh, S.F., Maeck, W.J., Rein, J.E.:* Anal. Chem. **34** (1962) 1408; durch [19]
19. *Neeb, K.H., Stöckert, H., Gebauhr, W.:* Z. Anal. Chem. **219** (1966) 69-76
20. *Neirinckx, R., Adams, F., Hoste, J.:* Anal. Chim. Acta **43** (1968) 369-80.
21. *Neuberger, M., Fourcy, A.:* J. Radioanal. Chem. **1** (1968) 289-96.
22. *Steinnes, E.:* Scand. J. Metals **1** (1972) 137-39.
23. *Thompson, B.A., LaFleur, P.D.:* Anal. Chem. **41** (1969) 852-55.

14.1.3 Messung des kurzlebigen Nuklids ^{183m}W

Die Messung der γ-Strahlung des metastabilen Nuklids ^{183m}W ermöglicht eine besonders schnelle aktivierungsanalytische Bestimmung, da anders als bei Verwendung des

^{187}W nur eine kurze Aktivierungszeit und fast keine Abklingzeit erforderlich sind. Die Empfindlichkeit ist zwar bedeutend geringer als die mit dem ^{187}W erzielbare, doch genügt sie für Legierungs- und Mineralanalysen vor allem dann, wenn ein hochauflösendes γ-Spektrometer mit Halbleiterzähler benutzt wird [7, 8].
Durch Einfang thermischer Neutronen erzeugt man die Reaktion

$$^{182}W\,(n, \gamma)\,^{183m}W.$$

Das metastabile Nuklid hat eine Halbwertszeit von 5,3 Sek. und emittiert niederenergetische γ-Quanten, deren Energien und relative Intensitäten auf S. 231 in Zeile 2 der Tabelle 33 angegeben sind. Ferner entstehen folgende Röntgenlinien (relative Energien in Klammern):
57,9 keV $K_{\alpha 2}$ (54); 59,3 keV $K_{\alpha 1}$ (100); 67,2 keV $K_{\beta 1}$ (33); 69,1 keV $K_{\beta 2}$ (8) [7, 8].
Die Abbildung 46, S. 248 zeigt einen Ausschnitt aus dem Spektrum des ^{183m}W.
Der isomere Kern ^{183m}W kann außer durch obige (n, γ)-Reaktion noch durch weitere Neutroneneinfangreaktionen entstehen [8]:

$^{183}W\,(n, n')\,^{183m}W$	0,5 b
$^{184}W\,(n, 2n)\,^{183m}W$	0,8 b
$^{186}Os\,(n, \alpha)\,^{183m}W$	0,1 mb
$^{187}Os\,(n, n\alpha)\,^{183m}W$	
$^{184}Re\,(n, 3p)\,^{183m}W$	

Von diesen sind die Reaktionen des Osmiums und Rheniums wegen der geringen Wirkungsquerschnitte und dem seltenen Vorkommen dieser Elemente in Wolframmaterialien ohne störende Wirkung. Auch die Aktivitäten aus ^{183}W und ^{184}W infolge (n,n')- bzw. (n, 2n)-Reaktion sind wegen der Schwellenergien von 7,5 bzw. 8,9 MeV nach 10 Sek. Aktivierungszeit (im Neutronenspektrum des FRM, München) um ein bis zwei Größenordnungen geringer als diejenige aus der (n, γ)-Reaktion des ^{182}W [7, 8].

14.1.3.1 Arbeitsweise nach Zinner und Mitarbeitern [7, 8]

Das Verfahren erlaubt die Bestimmung von etwa 0,1 bis 1 % WO_3 in Gesteinen. Die Empfindlichkeit beträgt etwa 0,1 mg Wolfram. Es tritt ein systematischer Fehler von etwa 5 bis 8 % auf, wobei der durch γ-Selbstabschirmung und Neutronenflußdepression erzeugte Fehler geringer als 4 % bleibt. Die Methode arbeitet zerstörungsfrei und erfordert einschließlich Probenvorbereitung und Auswertung nur wenige Minuten. Etwa 20 Proben je Stunde lassen sich untersuchen.

Apparatur
Strahlungsquelle: Reaktor FRM, München
Probentransport: pneumatisch innerhalb von 2 Sek.; der Probenbehälter wird vor der Messung entfernt, um den Strahlungsuntergrund zu verringern. Wegen technischer Einzelheiten siehe [4, 8].
Messung: Gammaspektrometer mit Ge(Li)-Detektor (planar) von 8 cm^3; Auflösung (FWHM) 1,3 keV bei 121,9 keV; Registrierung in 400 Kanälen eines 1600-Kanal-Analysators.

Arbeitsvorschrift. Gesteinsproben bzw. Eichproben von 50 bis 250 mg werden in Behältern aus Polyäthylen mit einem Strom thermischer Neutronen von $7{,}6 \cdot 10^{12}$ $n \cdot cm^{-2} \cdot Sek^{-1}$ aktiviert. Die Bestrahlungszeit beträgt 4 bis 8 Sek., je nach Stärke der Untergrundaktivität. Nach einer Transport- und Abklingzeit von 2 Sek. registriert man 18 Sek. lang das γ-Spektrum im Bereich der Wolfram-K-Linien bei etwa 60 keV. Nach weiteren 10 Sek. Abklingzeit mißt man erneut und subtrahiert dieses

Spektrum von dem zuerst gemessenen. Hierdurch werden Untergrundstrahlung und längerlebige Aktivitäten eliminiert; siehe Abbildung 47.

Bemerkungen:

I. ***Auswertung und Eichung:*** Zur Auswertung integriert man beide Wolfram-K-Linien bei 59,3 und 67,2 keV. Die Eichung erfolgt in gleicher Weise mit Wolframpulver statt der Gesteinsprobe. Die Eichkurve (Impulse gegen mg WO_3) ist im Bereich von 0,25 bis 2,5 mg WO_3 linear. Die Abbildung 46 zeigt einen Ausschnitt aus dem Spektrum des ^{183m}W, erzeugt aus reinem Wolfram, gemessen mit einem hoch auflösenden Ge(Li)-Halbleiter und zum Vergleich mit einem schlecht auflösenden NaJ-(Tl)-Szintillationszähler.

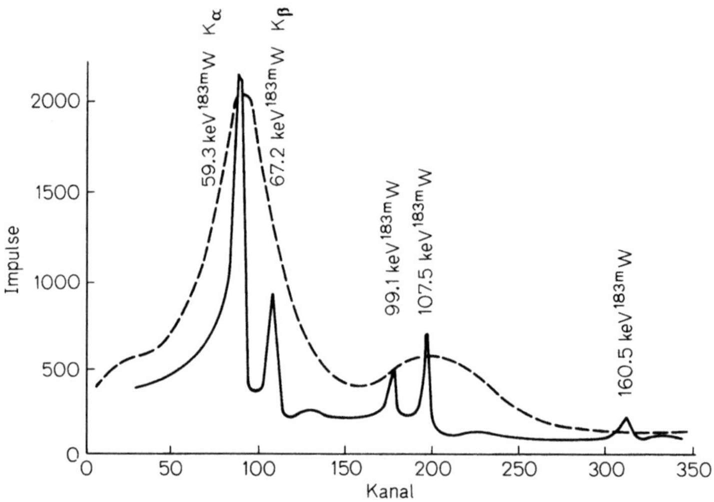

Abb. 46
Spektren von ^{183m}W mit verschiedener Auflösung gemessen [7]. ——— mit Ge(Li)-Detektor; ----mit NaJ(Tl)-Detektor.

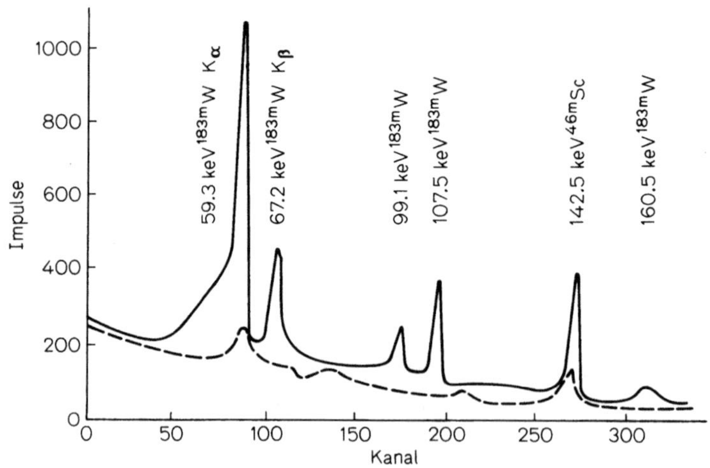

Abb. 47
Spektren einer aktivierten Gesteinsprobe mit 0,5 % WO_3-Gehalt, gemessen mit dem Ge(Li)-Detektor [7]. ———2 Sek. nach der Bestrahlung; ----40 Sek. nach der Bestrahlung.

II. *Störungen.* Die Abbildung 47 gibt das Spektrum einer Gesteinsprobe mit 0,5 % WO_3-Gehalt wieder. Diese Proben waren Al-Silikate mit Ca, Na, Mg, Fe, W als Nebenbestandteilen sowie kleineren Gehalten an Ti, Mn, Sc. Außer den Wolframlinien tritt lediglich eine vom ^{46m}Sc stammende auf. Die Tabelle 39 gibt die spezifischen Aktivitäten der Wolframisotope und anderer γ-Strahler im Energiebereich von 50 bis 72 keV wieder, wie sie nach 8 Sek. Aktivierungszeit beobachtet werden. Nur Kobalt kann die Wolframbestimmung stören. 7,5 mg Co erzeugen eine ähnliche Aktivität wie 1 mg Wolfram. Die 51-keV-Linie des Re wird von einem Ge(Li)-Detektor getrennt.

Tabelle 39. *Spezifische Aktivitäten bei der Bestimmung von ^{183m}W*

Element.	Isotope	$T_{1/2}$	σ, barn	Zerf/Sek	Eγ,keV	γ-Quanten/Sek
W	^{183m}W	5,3 s	0,5	$2{,}1 \cdot 10^6$	59	$2{,}1 \cdot 10^6$
	^{181}W	140 d	10-15			
	^{184}W	74 d	1,8			
	^{185m}W	1,6 m	0,02	$8{,}9 \cdot 10^3$	60	$8{,}9 \cdot 10^3$
	^{187}W	23,8 h	38	$2{,}3 \cdot 10^5$	72	$2{,}5 \cdot 10^4$
Re	^{104m}Re	4,4 m	11	$1{,}5 \cdot 10^7$	51	$7{,}5 \cdot 10^6$
Gd	^{159}Gd	18,0 h	3,5	$3{,}2 \cdot 10^2$	58	$3 \cdot 10^0$
Co	^{60m}Co	10,5 m	19,9	$1{,}4 \cdot 10^7$	58,6	$2{,}8 \cdot 10^5$
Nd	^{149}Nd	1,8 h	2,9	$7{,}4 \cdot 10^3$	58,9	$7{,}4 \cdot 10^1$
Sb	^{122m}Sb	4,2 m	0,06	$1{,}4 \cdot 10^4$	61,5	$7 \cdot 10^3$

14.1.3.2 Sonstige Arbeitsweisen

Als Strahlungsquelle wurde verschiedentlich ein van de Graff- oder ein Linearbeschleuniger mit Be-Target benutzt [1, 2, 3]. *Abbasov* und Mitarbeiter erzeugen mit einem Elektronenstrahl von 4,2 MeV und 0,35 mA einen Strom thermischer Neutronen von 3.10^8 $n.cm^{-2}.Sek^{-1}$. Zur Analyse von Erzen und deren Aufbereitungprodukten aktiviert man 20 Sek., läßt 7 Sek. abklingen und mißt mit einem NaJ(Tl)-Detektor im Bereich der Röntgen-K-Linien. Andere Erzbestandteile stören nicht. Die Grenzempfindlichkeit liegt bei 0,01 %. Der Fehler der Wolframbestimmung ist nicht größer als ± 2,3 % [1, 2].

Anders aktiviert 30 Sek. mit einem Strom von 2.10^8 $Neutronen.cm^{-2}.Sek^{-1}$ und mißt mit einem Vielkanalspektrometer 2 Sek. und 32 Sek. nach der Bestrahlung. (Zur Steigerung der Genauigkeit wird dieser Cyclus achtmal wiederholt.) Die Differenz als Spektrum der kurzlebigen Nuklide wird ausgewertet. Es sind 191 mg Wolfram mit ± 3 % Fehler und 65 mg Wolfram mit ± 13 % Fehler bestimmbar. Allgemein eignet sich eine derartige Technik vor allem für Nuklide mit Halbwertszeiten von 5 bis 15 Sek. [3].

Zur Bestimmung von Wolfram in reinem Molybdän eignet sich nach *Leuškina* und Mitarbeitern das kurzlebige ^{183m}W besser als das etwas längerlebige ^{185}W mit seiner Halbwertszeit von 1,6 Min. Das Verhältnis der Halbwertszeiten von ^{183m}W zu dem gleichzeitig entstandenen ^{101}Mo ist um mehr als eine Größenordnung günstiger als im Falle des ^{185}W. Man aktiviert 10 bis 15 mg Probe mit einem Strom von $3{,}8.10^{11}$ $Neutronen.cm^{-2}.Sek^{-1}$, läßt 5 Sek. abklingen und mißt etwa zwei Halbwertszeiten lang. Nach weiteren 1 bis 2 Min.

mißt man den vom ^{101}Mo herrührenden Untergrund und bildet die Differenz. *Leuškina* und Mitarbeiter haben ein Ein-Kanal-Spektrometer mit schlecht auflösendem Detektor benutzt und die K_{β}-Linie des Wolframs bei etwa 70 keV ausgewertet. Anwesendes Hafnium (^{179m}Hf) stört nicht [6].

Jinno und *Ishii* benutzen die Reaktion ^{183}W (n, n') ^{183m}W. Im Bereich von 50 bis 200 mg ergibt sich eine lineare Eichkurve und ein Fehler von weniger als 2 %. Schwankungen des Neutronenflusses während der Bestrahlung eliminiert man durch Verwendung von Brom als innerem Standard. Das nach der Reaktion ^{79}Br (n,n') ^{79m}Br entstehende metastabile Brom hat nahezu die gleiche Halbwertszeit wie ^{183m}W, so daß die induzierten Aktivitäten beider Nuklide unabhängig von den experimentellen Bedingungen als proportional angesehen werden können [5].

Literatur

1. *Abbasov, O., Abrams, I.A., Babaev, A., Pelekis, L.L., Starčik, L.P.:* Dok. Akad. Nauk Tadž. SSR **15** (1972) 18-21; durch Chem. Abstr. **77**, 121840 x.
2. *Abbasov, O., Abrams, I.A., Pelekis, L.L., Starčik, L.P.:* Latvijas PSR Zinat. Akad. Vestis, Fiz. Teh. Zinat. Ser. **1972**, 18-22; durch Chem. Abstr. **77**, 42804 k.
3. *Anders, O.U.:* Anal. Chem. **33** (1961) 1706-09.
4. *Henkelmann, R., Aumann, D.C., Born, H.J.:* Z. Anal. Chem. **233** (1961) 1; durch [8].
5. *Jinno, K., Ishii, D.:* Nippon Kagaku Kaishi 8 (1972) 1241-44; durch Chem. Abstr. **77**, 109091 w.
6. *Leuškina, G.V., Lobanov, E.M., Dutov, A.G., Matveeva, N.P.:* Zavodsk. Laborator. **35** (1969) 715-17; übersetzt: Industrial Labor. **35** (1969) 857-58.
7. *Zinner, H., Henkelmann, R., Stärk, H.:* Radiochem. Radioanal. Lett. **10** (1972) 191-200.
8. *Zinner, H., Henkelmann, R., Stärk, H.:* J. Radioanal. Chem. **16** (1973) 31-38.

14.1.4 Neutroneneinfang-Gamma-Spektrometrie

Beim Einfang thermischer Neutronen entstehen angeregte Kernzustände mit Halbwertszeiten in der Größenordnung von 10^{-15} Sek. Erzeugung und Messung dieser prompten γ-Strahlung erfolgen gleichzeitig. Wegen des großen Durchdringungsvermögens sowohl der Neutronen als auch der γ-Quanten erhält man eine Aussage über die Zusammensetzung größerer Probenbereiche, nicht nur über deren Oberfläche. Bei der Erzeugung eines parallelen Neutronenstrahls wird dessen Fluß jedoch um etwa sechs Größenordnungen geringer. Im Vergleich zur gewöhnlichen Aktivierungsanalyse sind deshalb viel längere Zählzeiten von mehreren Stunden erforderlich [4]. Die entstehende Strahlung ist sehr energiereich: die intensivste Wolframlinie liegt bei 6190 keV [3]. Wegen der hohen Energie prompt emittierter γ-Quanten spielen Selbstabsorptionseffekte in der Probe eine geringere Rolle als bei der Messung der verzögerten γ-Strahlung nach Kapitel 14.1.3.
Das Verfahren hat bisher nur relativ geringe Anwendung zur Wolframbestimmung gefunden. Es liegen Berichte über die Analyse von Sonderstahl (51,5 % Co + 15,2 % W) [4] sowie über Scheelit [1, 3] vor. Auch für die Erzprospektion in Bohrlöchern ("in-situ-Analyse") wurde das Verfahren erprobt [2].

14.1.4.1 Arbeitsweise nach Fanger und Mitarbeitern zur Analyse von Scheelit [1, 3]

Scheelitproben von jeweils 9 g wurden mit einem gefilterten Strahl thermischer Reaktorneutronen von 10^8 n.cm^{-2}.Sek^{-1} aktiviert. Mit einem Ge(Li)-Halbleiterzähler wurden die prompten γ-Spektren gemessen. Die Gesamtmeßzeit betrug 20 Stunden. Die Abbildung 48 zeigt einen Teil der Spektren dreier Proben mit der ausgewerteten Wolframlinie bei 6190 keV.

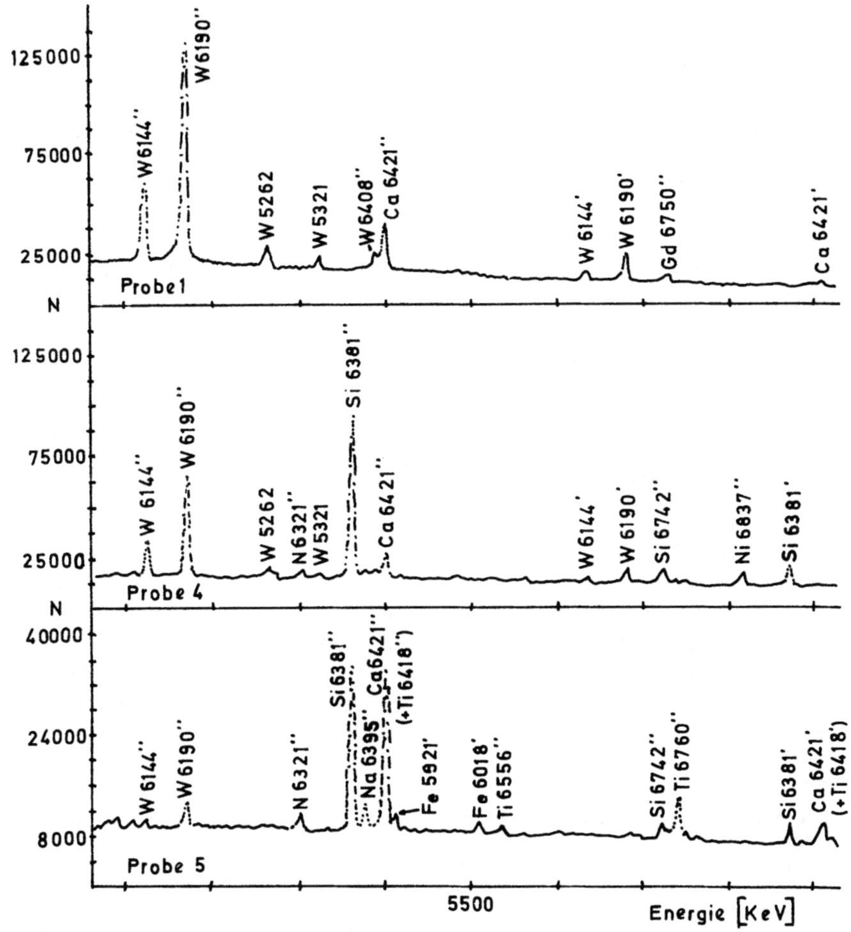

Abb. 48
Neutroneneinfang-γ-Spektren von Scheelit-Proben [3].
Probe 1: 55 % W; Probe 4: 4,0 % W; Probe 5: 0,7 % W.

Die Auswertung erfolgt nach *Fanger* und Mitarbeitern ohne Eichproben, nur auf Grund von Intensitätsverhältnissen der Linien [1, 3]. Alle wesentlichen Elemente der Proben (außer Sauerstoff) werden dabei bestimmt. Die Tabelle 40 gibt die Ergebnisse einiger Wolframbestimmungen durch prompte (n, γ)-Spektrometrie im Vergleich zu den chemisch bestimmten Gehalten; für die übrigen Probenbestandteile lagen keine chemischen Analysendaten vor [3].

Tabelle 40

Probe	Element	Linie [keV]	Konzentration %	
			chemisch	(n, γ)
1	W	6190	57	55
2	W	6190	15	18,5
3	W	6190	>8	14
4	W	6190	4,4	4
	Si	6381	42	39,5
5	W	6190	0,7	0,75

14.1.4.2 Arbeitsweise nach Zwittlinger zur Analyse von Sonderstahl [4]

Mit der im folgenden beschriebenen Arbeitsweise wurden verschiedene Metalle in hochlegierten Stählen bestimmt. Angewandt auf den "Turbotherm CN 20 CO 50" der Fa. Böhler wurden gefunden (chemisch bestimmte Gehalte in Klammern): Wolfram 14,7 ± 1,3 % (15,2); Kobalt 51,2 ± 0,8 % (51,5); Nickel 10,2 ± 0,2 % (10,8); Chrom 20,5 ± 0,2 % (20,4) und Eisen 3,3 ± 0,9 % (3,0).

Apparatur
Strahlenquelle: Thermischer Neutronenfluß mit 10^7 n.cm^{-2}.Sek^{-1} (ASTRA-Reaktor); Bi-Filtersystem und Kollimator; Durchmesser des Neutronenstrahles am Ort der Probe etwa 4,5 cm.
Detektorsystem: Ge(Li)-Halbleiterzähler mit 4 cm^3 aktivem Volumen; Vielkanalanalysator; Auflösungsvermögen des Systems 3,3 keV (FWHM) bei 662 keV.

Meßbedingungen. Etwa 50 g Probe werden in einem Abstand von 10 cm vom Detektor bestrahlt. Die Meßzeit beträgt 480 Min. Registriert wird nur das γ-Spektrum oberhalb von 5 MeV.

Auswertung. Brauchbar sind Wolframlinien bei 5,250 und 6,149 MeV. Störungen der Wolframbestimmung durch die anderen Bestandteile des Turbotherm-Stahles wurden nicht beobachtet. – Zur Eichung bestrahlt man Proben von bekannter, ähnlicher Zusammensetzung, von möglichst gleichen Abmessungen und gleichem Gewicht unter der genau gleichen Meßgeometrie. – Im γ-Spektrum tritt eine Bleilinie bei 7,380 MeV auf, welche durch gestreute Neutronen in der Abschirmung entsteht. Sie kann bei Bedarf zur Korrektur des aus der Streuung stammenden Untergrundes dienen.

Literatur

1. *Fanger, U., Heck, D., Martens, P., Pepelnik, R., Schmidt, H.:* Report 1971, KFK - 1401 (18pp)
2. *Fanger, U., Lubecki, A., Pepelnik, R., Würz, H.:* Erzprospektion. Nukleare Verfahren. In-Situ-Analyse demonstriert in der Scheelit-Lagerstätte Mittersill. Kernforschungszentrum Karlsruhe, Projekt Aktiniden.
3. *Fanger, U., Pepelnik, R.:* Talk presented at the ANS Natl. Meeting "Application of ^{252}Cf", Austin, Texas, 1972.
4. *Zwittlinger, H.:* J. Radioanal. Chem. **14** (1973) 147-58.

14.2 Sonstige Aktivierungsverfahren

14.2.1 Protonenaktivierung zur Analyse von Tantal

Das zur Herstellung von trägerfreiem ^{181}W dienende Tantal darf nur weniger als 1 ppm Wolfram enthalten. Dieser geringe Gehalt läßt sich nach *Krasnov* und Mitarbeitern [2] durch Protonenaktivierung mit einem Zyklotron einfach und genau bestimmen. Die Isotopenausbeute aus der Reaktion

$$^{182}\text{W}\,(p,n)\,^{182}\text{Re}$$

steigt mit der Protonenenergie stark an. Als günstig erweisen sich 11 MeV, da hierdurch praktisch nur eine (p, n)-Reaktion ausgelöst wird, nicht aber störende (p,2n)- oder (p,pn)-

Reaktionen. Bei der Aktivierung von Wolfram mit Protonen von 11 MeV entstehen nebeneinander die vier Isotope ^{182}Re, ^{183}Re, ^{184}Re und ^{186}Re. Zur Auswertung dient das ^{182}Re, dessen γ-Strahlung von 1,12 MeV nach einer Abklingzeit von 10 Std. gemessen wird. Die Halbwertszeit beträgt etwa 13 Std. – Nach einer Aktivierungszeit von 10 Std. trennt man das Re von der Matrix ab, wobei die chemische Ausbeute durch Zusatz eines Trägers bestimmt wird.

Apparatur

Strahlungsquelle: Protonenzyklotron (Typ FEI, Moskau), 11 MeV (Intensität nicht angegeben.)

Probe. Scheiben von 20 mm Durchmesser und 1 mm Dicke, an der Rückseite mit Wasser gekühlt.

Messung: Ein-Kanal-γ-Spektrometer mit NaJ(Tl)-Bohrlochdetektor.

Arbeitsvorschrift [2]. Bis zu 1,5 g der 10 Std. bestrahlten Tantalprobe versetzt man mit 5 mg Re als Perrhenat. Dann löst man ohne zu erwärmen in konz. Flußsäure und gibt so viel NaOH dazu, daß die Lösung 5 n an Natronlauge ist. Der Tantalniederschlag wird abfiltriert. Das Filtrat enthält außer dem Rhenium noch Technetium, das aus Molybdänspuren im Tantal entstanden ist. Man reduziert Tc durch Zugabe gesättigter Hydrazinsulfatlösung. Dann extrahiert man das Rhenium mit einem Keton und reinigt es nochmals durch Ionenaustausch aus NH_4ClO_4-Lösung an einem stark basischen Anionenaustauscher (Dowex-2). Die chemische Ausbeute an Re wird photometrisch mit Dimethylglyoxim bestimmt und beträgt 65 bis 75 %.

14.2.2 Gamma-Aktivierung zur Analyse von Erzen

Das Verfahren der γ-Aktivierung ermöglicht eine schnelle, empfindliche und ausreichend genaue Wolframbestimmung, welche vor allem durch die typischen gesteinsbildenden Elemente kaum gestört wird. Sie eignet sich bevorzugt für Erz- und Mineralanalysen [1, 3].

Durch eine Bremsstrahlung erzeugt man die Reaktion

$$^{183}W\ (14{,}4\ \%)\ (\gamma, \gamma')\ ^{183m}W$$

Das metastabile Nuklid hat eine Halbwertszeit von 5,3 Sek. und emittiert γ-Quanten von 60, 105, 160 und 210 keV. Durch eine Strahlung von 5 MeV wird keine störende Aktivität bei Gegenwart von Mn, Fe, Zn, Cu, Ti, V, Mo, Sb, Tl, Ta, Nb, Pb und anderen Bestandteilen von Wolframerzen hervorgerufen. Lediglich Barium wird gemäß der Reaktion $^{137}Ba\ (13{,}32\ \%)\ (\gamma, \gamma')\ ^{137m}Ba$ aktiviert. Das ^{137m}Ba besitzt eine im Verhältnis zum Wolfram lange Halbwertszeit von 2,6 Min. und emittiert γ-Quanten von 662 keV. Bei der für Wolfram optimalen Aktivierungszeit von $2t_{1/2} \approx 10$ Sek. bleibt der störende Einfluß von Barium gering: im Bereich von 35 bis 90 keV werden je Gramm Ba nur etwa 10 Imp./Sek. erzeugt [1].

Bei der Analyse verschiedener Erzaufbereitungsprodukte (mit bis zu 2 % P, 7,2 % S, 0,2 % Cu sowie Spuren Mo und Ba) unterschieden sich die Ergebnisse der chemischen und der γ-Aktivierungsanalyse um maximal 7 % (rel.) im Bereich von 0,03 % WO_3, um 5 % (rel.) im Bereich von 27 % WO_3 und um 1,3 % (rel.) im Bereich von 72 % WO_3-Gehalt [1].

Apparatur [1]

Strahlungsquelle: Linearbeschleuniger mit einem 0,1 mm dicken Platinblech zur Bremsstrahlungserzeugung.

Probentransport: pneumatisch innerhalb 2 bis 3 Sek. zur etwa 9 m entfernten Meßstelle.

Messung: Gammaspektrometer mit NaJ(Tl)-Szintillationszähler

Arbeitsvorschrift [1]. Man bestrahlt die Probe 10 bis 15 Sek. mit einer Bremsstrahlung von 5 MeV und 0,7 mA. – Nach 3 Sek. Transportzeit wurden bei 60 keV 60000 Imp/Sek. über eine Meßzeit von 15 Sek. gezählt. Die Empfindlichkeit beträgt 0,3 mg WO_3 (oder 50 ppm bei 6 g Probe).

Literatur

1. *Kodiri, S., Abrams, I., Pelekis, L., Starčik, L.P.*: Zavodsk. Laborator. **39** (1973) 39-41; übersetzt: Industrial Labor. **39** (1973) 60-61.
2. *Krasnov, N.N., Sevastjanov, J.G., Konstantinov, I.O., Vinogradova, V.G., Maluchin, V.V.*: J. Radioanal. Chem. **16** (1973) 395-402.
3. *Sulin, V.V.*: J. Radioanal. Chem. **18** (1973) 69-83; durch Chem. Abstr. **80**, 152444 n.

14.3 β-Rückstreuverfahren

Die Intensität der von der Probe zurückgestreuten β-Strahlung hängt von der mittleren Kernladungszahl des Systems ab:

$$Z = a.Z_A + b.Z_B + ... + n.Z_N$$

wobei a, b, ... n die Masseanteile der vorliegenden Elemente sind. Wegen seiner großen Kernladungszahl $Z_W = 74$ streut Wolfram besonders stark. Dies ermöglicht in einfacher und genauer Weise die Bestimmung mittlerer und größerer Wolframgehalte in Proben, welche näherungsweise Zweistoffsysteme darstellen, wie z.B. Ferrowolfram [6, 7]. Schwankende Gehalte anderer Probenbestandteile haben entsprechend ihren Kernladungszahlen starken Einfluß auf das Meßergebnis. Sind deren Kernladungszahlen jedoch bedeutend kleiner als diejenige des Wolframs und stehen Eichstandards ähnlicher Zusammensetzung zur Verfügung, so ist das Verfahren auch auf Erzkonzentrate [4, 5] und Stahl [1, 2, 3, 6] anwendbar. Im Falle des Zweistoffsystems Fe-W ist das Ergebnis der Wolframbestimmung bei einer Meßzeit von 100 Sek. genauer als die chemische Analyse, wenn der Wolframgehalt höher als 4 % ist [1].
Als β-Strahlungsquelle dient häufig ^{204}Tl mit einer Maximalenergie von 0,67 MeV [1, 6, 7]. Der maximale Rückstreukoeffizient wird dann bereits bei einer Schichtdicke von weniger als 0,1 mm erreicht [6]. Auch ^{90}Sr mit seinem Tochternuklid ^{90}Y (0,54 bzw. 2,27 MeV) wird verwendet [3, 4]. Als Empfänger benutzt man GM-Zählrohre [6] oder Szintillationszähler [1, 2].

14.3.1 Arbeitsweise nach Spauszus und Spanier für Ferrowolfram-Pulver [6]

Bei Ferrowolfram spielt der Einfluß sonstiger Probenbestandteile praktisch keine Rolle. Bei der Analyse von pulverförmigem Material sind wegen der sehr geringen Eindringtiefe der Strahlung jedoch Korngröße und Schüttdichte des Präparates von Bedeutung. Von dem Ferrowolframpulver wird eine etwa 5 mm hohe Schicht in Meßschälchen gegeben und durch 15 bis 20 maliges Aufklopfen des Schälchens auf eine Unterlage verdichtet. Noch stärkeres Verdichten, z.B. durch Einpressen eines Stempels beeinflußt die Impulsrate nicht mehr.
Mit abnehmender Korngröße sollte die Intensität der Rückstreuung zunehmen, was z.B. auch bei Ferrosilicium und Ferromolybdän beobachtet wurde. Bei Ferrowolframpulver zeigt sich jedoch, daß die Impulsrate bei der feineren Kornfraktion (< 0,09 mm) meist

etwas geringer lag als bei der gröberen (0,09 bis 0,20 mm). Dies läßt sich dadurch erklären, daß die bei der Produktion anfallenden spröden Manganeinschlüsse sowie Kohlenstoff bei der Zerkleinerung bevorzugt in der feineren Fraktion zu finden sind. In dieser ist der Wolframgehalt also niedriger als in der gröberen Fraktion. Die an sich vorhandene Erhöhung der Impulsrate wird dadurch weitgehend kompensiert, so daß die Korngröße nur geringen Einfluß auf das Meßergebnis hat. Beobachtet wurden z.B. 8475 Imp/Min. für die Fraktion von 0,09 bis 0,20 mm gegenüber 8440 Imp/Min. bei der feineren Fraktion < 0,09 mm, wobei letztere 71,6 % der Gesamtprobe ausmachte.

Apparatur
Strahlungsquelle: ^{204}Tl, metallisch, als Ring- oder Punktstrahler; Aktivität 3 bis 4 mCi.
Meßschälchen: Plastik- oder Aluminiumring von 37 bzw. 40 mm Durchmesser und etwa 10 mm Höhe mit einem Boden aus Filmfolie bzw. Glimmer mit einem Flächengewicht von 8 bis 12 $mg.cm^{-2}$.
Detektor: Geiger-Müller-Fensterzählrohr

Im Bereich von etwa 82 % Wolfram erhält man eine lineare Eichkurve: Abbildung 49

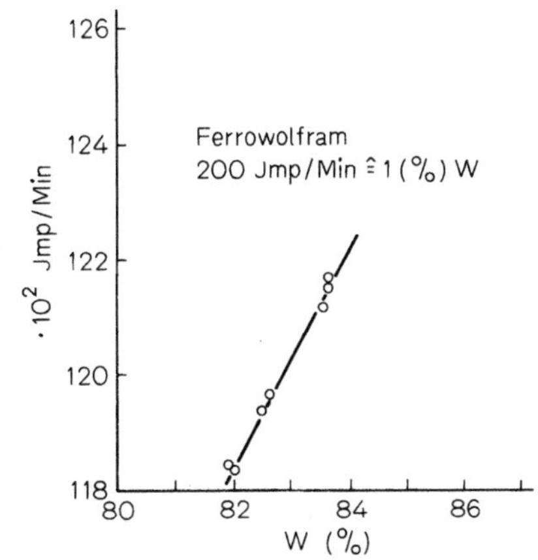

Abb. 49
Eichkurve für Ferrowolfram nach der β-Rückstreu-Methode [6]

Für eine Meßdauer von 10 Min. erhielten *Spauszus* und *Spanier* eine Standardabweichung von s = ± 30 Imp/Min, was bei 200 Imp/Min. = 1 % Wolfram einer Standardabweichung von ± 0,15 % W (absolut) entspricht. Da der Fehler aus dem statistischen Zerfall sich zu s = ± Imp/Min. errechnet, ist der Analysenfehler nur durch die Zerfallstatistik bestimmt. Die Probenvorbereitung kann soweit reproduzierbar gestaltet werden, daß sie sich auf das Ergebnis nicht auswirkt.

14.3.2 Arbeitsweise nach Spauszus und Spanier für Stahl [6]

Die Messung erfolgt an festen Stahlstücken. Dabei genügt ein einfaches Abdrehen der Probe zur Erzielung reproduzierbarer Meßbedingungen. Zusätzliches Abschleifen und Polieren der reflektierenden Fläche ergibt keine merkliche Erhöhung der Impulsrate. Aus

Eisen-Wolfram-Proben mit 0,5 bis 18,15 % Wolfram ergibt sich eine lineare Eichkurve, wobei unter den Meßbedingungen der Autoren 1 % W etwa 250 Imp/Min. entsprach. Die Gesamtmeßzeit betrug 20 Min., die Impulszahl etwa 2.10^5 und der statistische Fehler somit ± 22 Imp/Min.

Apparatur

Strahlungsquelle und *Detektor* wie im Kapitel 14.3.1 beschrieben.

Auswertung. Während Legierungsbestandteile, die wie Co, Ni, Cu, Mo usw. eine höhere Kernladungszahl als Eisen besitzen, damit einen höheren Wolframgehalt vortäuschen, ist es bei Bestandteilen wie V, Cr, Mn und Ti umgekehrt. Es lassen sich Korrekturwerte mit negativem bzw. positivem Vorzeichen ermitteln, welche eine näherungsweise Auswertung der Stahlanalyse mit einer an Fe-W-Legierung aufgestellten Eichkurve ermöglichen. Damit wurden befriedigend kleine Fehler von etwa 0,04 bis 0,4 % (relativ) erzielt. Die Proben enthielten dabei z.B. 18 % Cr + 10 % Ni + je 1 % V, Nb neben 3 % W oder auch 3,7 % V + 1,1 % Mo + 0,35 % Mn neben 11,5 % W. – Für Routineanalysen läßt sich die Genauigkeit durch Verwendung von Standardproben gleichen Typs weiter verbessern.

14.3.3 Arbeitsweise nach Kanter für Konzentrate [4]

Scheelit-Konzentrate mit 30 bis 72 % WO_3-Gehalt lassen sich untersuchen. Die Proben enthielten daneben etwa 0,01 bis 0,06 % Cu, 1 bis 2,9 % SiO_2, 1,3 bis 4 % Fe sowie 1 bis 5 % Mo (als MoO_3). Vor allem schwankende Molybdängehalte wirken sich stark auf die Meßergebnisse aus.

Strahlungsquelle: ^{90}Sr

Probe: 3 bis 4 g Pulver in einem Meßschälchen.

Es ergibt sich eine stark gekrümmte Eichkurve, deren Steigung mit wachsendem WO_3-Gehalt immer geringer wird. Zur Auswertung der Messung stellt man eine Anzahl Standardproben mit verschiedenen WO_3-Gehalten bereit. Man bildet das Verhältnis der Impulsraten der Probe und desjenigen Standards, welcher die nächst benachbarte Impulsrate ergibt. – Das Ergebnis wich bei mehr als 70 % der untersuchten Proben um weniger als 1,5 % von dem naßchemisch ermittelten Gehalt ab.

Literatur

1. *Fodor, J.:* Acta Chim. Acad. Sci. Hung. **19** (1959) 327-35.
2. *Fodor, J., Varga, C.:* Proc. U.N. Internatl. Conf. Peaceful Uses At. Energy, 2nd, Geneva **19** (1959) 215-18; durch Chem. Abstr. **54**, 3080 a.
3. *Gorski, L., Lubecki, A.:* Chem. Analit. **10** (1965) 191-97; durch Chem. Abstr. **64**, 19 g.
4. *Kanter, I.A.:* Čvet. Metal. 9 (1968) 24-25; übersetzt: Soviet J. Nonferrous Metals 9 (1968) 31-32.
5. *Kanter, I.A.:* Chim. Technol. Molibdena Vol'frama **1** (1971) 79-86; durch Chem. Abstr. **81**, 85698 d.
6. *Spauszus, S., Spanier, H.:* Wiss. Z. TH Chem. **6** (1964) 128-34.
7. *Spauszus, S., Spanier, H.:* Proc. Conf. Appl. Phys. Chem. Meth. Chem. Anal., Budapest **2** (1966) 511-20; durch Chem. Abstr. **69**, 56768 y.

14.4 Gamma-Absorptionsverfahren

Die Wolframbestimmung durch Absorption von γ-Strahlung wurde von *Bibinov* und Mitarbeitern ausführlich untersucht [1, 2, 3]. Das Verfahren eignet sich vor allem zur einfachen und schnellen Untersuchung von Ferrowolfram (65 bis 75 % W), Stahl (0,3 bis 20 % W), Wolframit-Konzentration (30 bis 70 % WO_3) sowie auch von Lösungen. Bei Wolframgehalten über 50 % beträgt der Fehler 0,5 bis 2 %. Zur Bestimmung in Ferrowolfram eignet sich am besten eine weiche γ-Strahlung von 200 bis 300 keV. Die Probe soll eine Flächendichte von 4 bis 8 $g.cm^{-2}$ haben [3].
Schwankende Gehalte anderer Probenbestandteile verursachen bei Ferrowolfram einen Analysenfehler von nur 0,11 %. Reproduzierbare Absorptionseigenschaften der Proben werden dadurch erreicht, daß man ein Meßschälchen von gleichem Querschnitt verwendet wie ihn der Kollimator der Strahlungsquelle besitzt. Dann tritt der gesamte γ-Strahl durch die Probe, und der Einfluß ungleichmäßiger Flächtendichten wird eliminiert. Im übrigen bestehen noch apparative und statistische Fehler. Es läßt sich ein Vertrauensbereich (P=99,5%) von ± 0,48 % W erreichen [1].

Apparatur [2]
Strahlungsquelle: ^{170}Tm mit einer Aktivität von 10 mÄqu. Ra; Abschirmung und Kollimator aus Blei.
Meßschälchen: aus durchsichtigem Plastik; zylindrisch, mit gleichem innerem Durchmesser wie das Kollimatorrohr.

Messung: γ-Meßplatz

Arbeitsvorschrift [1, 2]. Eine genau gewogene Menge von 2 bis 15 g Probe wird in den γ-Strahl gebracht. Die Meßzeit beträgt 2 bis 3 Min. Die gemessene Intensität (Zählrate) vergleicht man mit einer Eichkurve, die mit Standardproben aufgestellt wurde. Die Standardproben sollen von gleicher Art wie die Analysenproben sein.

Bemerkung: Die *Eichkurve* (Zählraten gegen W-Gehalt) folgt einem Exponentialgesetz [3].

Literatur

1. *Bibinov, S.A., Kalinskij, J. M., Petrenko, V.D., Tumanova, T.G., Čabanenko, N.I., Chaidarov, A.A.:* Zavodsk. Laborator. **36** (1970) 976-77; übersetzt: Industrial Labor. **36** (1970) 1234-35
2. *Bibinov, S.A., Kuz'menko, V.G., Petrenko, V.D., Chaidarov, A.A., Chasanov, B.C.:* Zavodsk. Laborator. **35** (1969) 318-19; übersetzt: Industrial Labor. **35** (1969) 382
3. *Bibinov, S.A., Lobanov, E.M., Petrenko, V.D., Chaidarov, A.A.:* Aktiv. Anal. Gorn. Porod. Drugich Ob'ektov **1967**, 102-28; durch Chem. Abstr. **70**, 102697 v.

14.5 Radiometrische Titration

Die *Fällung von Calciumwolframat* läßt sich in verschiedener Weise auch für radiochemisch indizierte Titrationen verwenden; siehe auch Kapitel 5.5.1.
Braun bestimmt das als $CaWO_4$ gefällte Calcium durch Titration mit ÄDTA. Zugesetzes, festes $^{110}AgJO_3$ neben überschüssigem KJO_3 dient als radiochemischer Indikator. Sobald alles Ca^{2+} durch ÄDTA gebunden ist, löst das überschüssige Titrationsmittel das $^{110}AgJO_3$ auf und die Aktivität der Lösung steigt an. Der Äquivalenzpunkt ist der Schnittpunkt zweier Geraden im Diagramm Zählrate gegen Volumen. Etwa 0,4 bis 7,5 mg WO_4^{2-} lassen sich mit Fehlern von bis zu 6,6 % bestimmen [1].

Ömböly und Mitarbeiter titrieren WO_3^{2-} direkt mit Ca^{2+}-Lösung, welche mit ^{45}Ca markiert ist. Arbeitet man mit 0,05 m Wolframat- und Calcium-Lösungen, läßt sich der $CaWO_4$-Niederschlag genügend gut durch eine feine Glasfritte (G 4) abfiltrieren. Bei stärkerer Verdünnung (0,005 m) fällt das $CaWO_4$ jedoch schleimig aus. Nach 30 Min. langem Schütteln mit zugesetztem inaktivem $CaWO_4$ läßt sich der Niederschlag dann jedoch abzentrifugieren, so daß die Aktivität der Lösung gemessen werden kann [2].

Literatur

1. *Braun, T.:* Acta Chim. Acad. Sci. Hung. **41** (1964) 199-207.
2. *Ömböly, Cs., Szarvas, T., Vegh, G.:* J. Radioanal. Chem. **13** (1973) 59-65.

14.6 Isotopenverdünnungsverfahren

Wolfram als Hauptbestandteil in *molybdänhaltigem Material* bestimmen *McClendon* und *DeVoe* durch substöchiometrische Analyse unter Verwendung von Dithiol als Extraktionsreagens.Bei einem Gehalt von 79,3 % wurde eine Standardabweichung von 0,43 % erreicht [2]. – Die Extraktion mit substöchiometrischen Mengen Dithiol verwenden *Baisha* und *Heslop* zur Wolframbestimmung in *Schnelldrehstahl* [1]. – In *Stahl, Meteoriten* und *biologischem Material* bestimmen *Nadkarni* und *Haldar* das Wolfram durch Neutronenaktivierung einer Analysenprobe und eines Standards. Das bestrahlte Material wird mit einer substöchiometrischen Menge Dithiol extrahiert [4].
Im Kapitel 6.1.2.4, S. 117 ist eine ausführliche Arbeitsvorschrift zur photometrischen Wolframbestimmung mit Thiocyanat als Reagens gegeben. Dabei wird die chemische Ausbeute mit W als Leitisotop bestimmt.
Die Eignung von Cinchonin als Fällungsmittel für Wolfram und Molybdän untersucht *Merz* nach dem Leitisotopenverfahren [3].

Literatur

1. *Baisha, N.K., Heslop, R.B.:* Anal. Chim. Acta **53** (1971) 87-94.
2. *McClendon, L.T., DeVoe, J.R.:* Anal. Chem. **41** (1969) 1454-56.
3. *Merz, E.:* Z. Anal. Chem. **191** (1962) 416-29.
4. *Nadkarni, R.A., Haldar, B.C.:* Radioanal. Chem. **8** (1971) 45-51.

15. Röntgenfluoreszenzanalyse

Die Röntgenfluoreszenzanalyse (RFA) wird vor allem zur Bestimmung mittlerer und höherer Wolframgehalte in legiertem Stahl, Molybdän-Legierungen und Erzen eingesetzt. Neben der direkten Untersuchung fester Proben führt man häufig eine naßchemische Probenvorbereitung mit anschließender Analyse der Lösung aus. Auch die übliche Boraxschmelze ist anwendbar. Schließlich wurde die RFA für die "in-situ-Analyse" in Bohrlöchern bei der Erzprospektion erprobt [4].
Zur Spurenbestimmung läßt sich eine Anreicherung durch Mitfällung ausführen [6, 12, 13].

Die Tabelle 41 gibt eine Zusammenstellung einiger Röntgenlinien des Wolframs [18].

Tabelle 41. *Röntgenlinien des Wolframs*

Übergang	Wellenlänge [pm]	Energie [keV]
$K_{\alpha 1}$	20,901	59,318
$K_{\alpha 2}$	21,383	57,982
K_{β_1}	18,437	67,244
$K_{\beta 2}$ I	17,942	69,101
$K_{\beta 2}$ II	17,960	69,031
K-Kante	17,84	69,479
$L_{\alpha 1}$	147,64	8,3976
$L_{\alpha 2}$	148,74	8,3352
$L_{\beta 1}$	128,18	9,6724
$L_{\beta 2}$	124,46	9,9615
$L_{\beta 3}$	126,27	9,8188
$L_{\gamma 1}$	109,86	11,286

Leistungs- und Kostenvergleich. Bei der Analyse einfach zusammengesetzter Proben, welche keine Trennungen erfordern, ist die Reproduzierbarkeit der Wolframbestimmung durch RFA nicht wesentlich von derjenigen naßchemischer Verfahren verschieden. Bei der Bestimmung eines Wolframgehaltes von 90 % beträgt die absolute Standardabweichung der Gravimetrie (Quecksilberwolframat, Wägung als WO_3) 0,20 % Wolfram, der Titrimetrie (Bleiwolframat, PAR) 0,50 % Wolfram und der Röntgenfluoreszenz 0,30 % Wolfram [7]. Zu beachten ist jedoch, daß gravimetrische und titrimetrische Verfahren in der Praxis meist Vortrennungen erfordern, was bei der RFA kaum der Fall ist. *Lassner* gab einen Vergleich der durch Löhne und Gehälter verursachten Kosten (Metallwerk Plansee, Reutte/Tirol; 1966) bei Durchführung der Röntgenfluoreszenzanalyse durch eine Hilfskraft und bei Durchführung der naßchemischen Analyse durch einen Laboranten. Danach erforderte die RFA-Bestimmung von Wolfram in Legierungen nach dem Löseverfahren 17 % der Kosten und die RFA-Bestimmung von Wolfram in Molybdäntrioxid (als Tablette) 7,5 % der Kosten einer herkömmlichen Naßanalyse. Die Gesamtkosten einer naßchemischen Bestimmung und einer RFA nach dem Löseverfahren sind etwa gleich, für die direkte RFA fester Proben betragen sie aber nur etwa 1/5 der beiden vorerwähnten Verfahren [7].

15.1 Verfahren für Erze

15.1.1 Arbeitsweise nach Carr-Brion und Payne [3]

Die Wolframbestimmung in festen Erzproben wird nach *Carr-Brion* und *Payne* empfindlich beeinträchtigt durch die Notwendigkeit, sehr homogene Meßpräparate herstellen zu müssen. Der Grund liegt darin, daß üblicherweise Scheelit, $CaWO_4$, und Wolframit, $(Fe,Mn)WO_4$, nebeneinander vorliegen. Diese beiden haben aber im Wellenlängenbereich der Wolfram-L-Linie erheblich verschiedene Röntgenabsorptionskoeffizienten. Die Differenz der Wolfram-L_α-Intensitäten von Scheelit und Wolframit beträgt etwa 20 % im Konzentrationsbereich von 0,5 bis 50 % Wolframgehalt. Schwankt also das Verhältnis der beiden Minerale in den zu untersuchenden Erzen, können erhebliche Meßfehler entstehen [3]. Überwinden läßt sich diese Schwierigkeit durch ein Löseverfahren oder durch Feinvermahlen in der Schwingmühle auf feiner als 300 mesh (< 0,05 mm Korngröße); beides dauert lange. *Carr-Brion* und *Payne* empfehlen statt dessen, zur Messung die Wolfram-K_α-Linie zu verwenden. Die Röntgenabsorptionskoeffizienten sind in diesem Wellenlängenbereich erheblich geringer, und es treten keine Homogenitätsprobleme auf. Die Empfindlichkeit ist jedoch durch das relativ schlechte Signal/Rausch-Verhältnis begrenzt [3].

Apparatur [3]: Philips RFA-Gerät, Typ P.W. 1212
Technische Daten:
Meßlinie: Wolfram $K_{\alpha 1,2}$, Winkel $2\theta = 8{,}39°$
Innerer Standard: Hafnium $K_{\alpha_1,2}$, Winkel $2\theta = 8{,}92°$
Untergrund: Winkel $2\theta = 8{,}09°$
Röhre: Au
Anregung: 100 kV, 20 mA
Kristall: LiF
Zählzeit: zweimal 15 Sek. in jeder Winkelposition

Arbeitsvorschrift [3]. Das Material wird in einer Schwingmühle auf eine Korngröße von weniger als 0,05 mm (feiner als 300 mesh) vermahlen. Proben mit einem Wolframgehalt über 5 % verdünnt man im Gewichtsverhältnis 1 + 7 mit einem Puffer von Kaliumsulfat, der 5 % Hafnium(IV)-oxid enthält. Wolframärmere Proben werden nur im Verhältnis 1 + 1 verdünnt. Von den so vorbereiteten Präparaten untersucht man jeweils 2 g.

Bemerkung: Die *Reproduzierbarkeit* ist besser als 1 % (relativ). Die *Abweichungen* zwischen chemisch und röntgenfluorimetrisch bestimmten Gehalten betragen 1,8 % im Bereich von 16 bis 60 % Wolframgehalt und 6 % im Bereich von 0,5 bis 2 % Wolframgehalt [3].

15.1.2 Sonstige Arbeitsweisen

Die Verwendung der Wolfram-K_α-Linie empfehlen auch *Karamanova* und *Socvarov* [5]. *In Erzen und Konzentrat* läßt sich damit der Bereich von 0,1 bis 60 % Wolframgehalt erfassen, wobei sich bis hinauf zu 30 % W eine lineare Eichkurve ergibt. Die

Anregung erfolgte dabei mit einer ^{57}Co-Quelle von 3 mCi Aktivität, die sich in einem mit Cd und Cu ausgekleideten Bleikollimator befand. Die Quelle liefert γ-Strahlung von 14, 122 (85 %) und 136 keV. Zur Messung diente ein Ge(Li)-Halbleiterzähler von 10 cm^3. Bei einem Gesamtauflösungsvermögen von 2 keV bei 122 keV wird die Wolfram-K_α-Linie klar getrennt von den übrigen Linien einer Probe, welche 2 % Wolfram, 1 % Quecksilber, 0,5 % Wismut und 10 % Blei (als Galenit) in einer Matrix aus Quarzsand enthält. Auch 2,9 % Wolfram neben 0,1 % Blei und 0,1 % Erbium in einer Matrix von SiO_2 und Al_2O_3 sind einwandfrei bestimmbar [5].

Bei der Anregung des Wolfram-K-Spektrums durch die Strahlung des ^{57}Co mit Messung der K_β-Linie wird nach *Bochenin* [1] die *Wolframbestimmung durch Molybdän gestört.* Zur Ausschaltung der Störung kann man das Verhältnis von Zählrate zu Untergrund der einfach (kohärent) gestreuten Anregungsstrahlung messen. Dies kann aber bei der hohen γ-Energie des ^{57}Co (122 keV) unter Umständen zu technischen Schwierigkeiten führen. Geeigneter erscheint daher eine Quelle von ^{147}Pm/Nb_2O_5 von 0,5 Ci, welche eine Strahlung von nur 20 keV erzeugt. Mit dieser ist das Verhältnis der Zählraten von Wolframlinie und Streustrahlung eine lineare Funktion des Wolframgehaltes. Im Konzentrationsbereich von 41 bis 43 % Wolfram beträgt die Abweichung vom chemisch bestimmten Gehalt weniger als 1 % und die Streuung 0,6 % [1].

Bei der *nicht-dispersiven röntgenfluorimetrischen Analyse von Erzen* messen *Lubecki* und *Vogg* das Verhältnis von Fluoreszenzstrahlung zu Compton-Streustrahlung. Matrixeffekte werden dadurch weitgehend ausgeschaltet. Als Anregungsquelle eignet sich ^{57}Co besser als ^{109}Cd, wenn ein NaJ(Tl)-Detektor benutzt werden soll [10].
Mit einer ^{109}*Cd-Quelle* (22,5 keV) werden die Wolfram-L-Strahlung (8,5 keV) und die Molybdän-K-Strahlung (17,5 keV) angeregt. Als Detektor eignet sich ein Xe-Proportionalzähler [9].

Salzartige Proben mit Scheelit oder Wolfram(VI)-oxid in einer Matrix von Natriumphosphat, Natriumborat oder Natriumchlorid werden auf eine Korngröße von weniger als 0,074 mm zerkleinert. Die Pulver können direkt untersucht werden. Standardproben erhält man durch Vermahlen entsprechender fester, reiner Substanzen. Die Anregung erfolgt mit einer Platinröhre. Gemessen werden die Wolfram-$L_{\alpha 1}$-Linie und der unter $2\,\theta = 14{,}50°$ gestreute Anteil der Platin-$L_{\alpha 1}$-Linie. Die Streustrahlung dient als innerer Standard und kompensiert teilweise auch Schwankungen der Matrixzusammensetzung. Zur Erstellung der Eichkurve trägt man das Intensitätsverhältnis der Wolframlinie und der Streulinie gegen die Konzentration auf. – Untersucht wurden Proben mit maximal etwa 10 % WO_3-Gehalt. Die Reproduzierbarkeit beträgt etwa 1 %. – In entsprechender Weise lassen sich auch Molybdän, Eisen und Calcium bestimmen [17].

15.2 Verfahren für Stahl und Eisen

Zur Bestimmung von Wolfram, Molybdän, Niob und Tantal *löst Luke die Proben in Säuregemischen* und raucht dann mit Perchlorsäure ab. Die Abscheidung des Molybdäns erfolgt anschließend durch α-Benzoinoxim. Die vereinigten Niederschläge und das Filter werden im Platintiegel verascht. Den Rückstand schmilzt man mit 2 g BaO und 10 g

$Na_2B_4O_7$. Zur Herstellung von Standardproben mischt man wechselnde Mengen von je 10 bis 40 mg WO_3, MoO_3, Nb_2O_5 und Ta_2O_5 und schmilzt wie oben mit Bariumoxid und Borax. Gehalte von etwa 0,1 bis 4 % Wolfram und Molybdän, von 0,75 bis 3 % Niob und von 0,02 bis 1 % Tantal lassen sich mit guter Genauigkeit bestimmen [11].

Bei der *direkten Analyse angeschliffener Stahlproben* stellten *Bruch* und *Unger* einen Einfluß der Probenahmebedingungen auf die Ergebnisse der Wolframbestimmung fest.. An Stählen mit höheren Gehalten von Carbiden, die einer mit Wärmebehandlungen verbundenen Verformung unterzogen wurden, findet man um etwa 0,4 % erhöhte Wolframwerte. Die Ursache ist in gröberer Ausscheidung der Carbide zu suchen [2].
Für die *Verwechslungsprüfung* von hochlegierten Stählen stellen *Ohls, Brauner* und *Friedhoff* Abschliffe her und prüfen das abgetragene Material halbquantitativ auf Wolfram, Molybdän und andere Bestandteile [14].

15.3 Verfahren für Hartmetalle

Stetter und *Kern* [16] verwenden ein für verschiedenartige Materialien geeignetes Einheitsverfahren auch für die routinemäßige betriebliche Untersuchung von Hartmetallen. Es lassen sich 60 % Wolfram mit einer Standardabweichung von ± 0,35 % W bestimmen, wobei im laufenden Betrieb die Fehlergrenze nicht größer als ± 0,7 % W ist.

Arbeitsvorschrift [16]. 200 mg Probe werden in einem Platintiegel mit Säuren gelöst (siehe hierzu auch Kapitel 2). Die Lösung dampft man unter dem Oberflächenstrahler zur Trockene. Zum Rückstand gibt man 15 g Natriumtetraborat und 3 g Bariumcarbonat. Man erhitzt zunächst 10 Min. im Muffelofen auf 950 bis 1000°C und schwenkt dann den Tiegel über einem Brenner bis zur klaren Schmelze. Anschließend gießt man die Schmelze auf eine gekühlte Metallplatte. – 10 g des erkalteten Schmelzkuchens werden zusammen mit 4 g Linterspulver im Hartmetallmörser einer Scheibenschwingmühle vermahlen. Aus der Mischung stellt man unter einem Druck von 3,8 t/cm^2 zwei Preßlinge von 30,5 mm Durchmesser her.

Bemerkungen:

I. Der *Zeitaufwand* für diese Probenvorbereitung beträgt etwa 2 Std., einschließlich des Eindampfens unter dem Oberflächenstrahler, das ohne Beaufsichtigung abläuft.

II. Die *Eichung* erfolgt an Zweistoffgemischen. Interelementeffekte treten nicht auf. Die Eichkurve ist linear.

III. *Weitere Elemente* lassen sich in Hartmetallen nach der gleichen Probenvorbereitung bestimmen (Standardabweichungen in Klammern): 20 % Kobalt (0,05 %); 10 % Tantal (0,12 %); 1 % Niob (0,04%); 5 % Titan (0,12 %).

15.4 Verfahren für Molybdän

15.4.1 Arbeitsweise für Molybdän und Molybdäntrioxid nach Lassner, Püschel und Schedle

Zur Bestimmung von 0,05 bis 4 % WO_3-Gehalt verpreßt man nach *Lassner, Püschel* und *Schedle* [8] Molybdäntrioxid zu einer Tablette und analysiert diese. Molybdänmetall wird vorher in MoO_3 überführt.

Apparatur: Philips RFA-Gerät: Generator Typ PW 1010, Großwinkelgoniometer Typ 1050 mit Universalvakuumspektrograf sowie Zähl- und Registriereinrichtung Typ PW 1051.

Technische Daten:

Meßlinie:	Wolfram $L_{\alpha 1}$
Röhre:	Au
Anregung:	30 kV, 20 mA
Kristall:	LiF
Meßeinrichtung:	Szintillationsdetektor *mit* Diskriminator
Meßzeit:	64 Sek.
Abschwächung:	16

Arbeitsvorschrift [8]. 10,00 g Molybdäntrioxid werden in einer Reibschale gepulvert, mit 5 ml 10 %iger ätherischer Paraffinlösung verrieben und zu einer Tablette gepreßt.
Liegt metallisches Material vor, so werden davon 10 g in Salpetersäure und Salzsäure gelöst, zur Trockene eingedampft und bei 450°C geglüht. 10,00 g dieses Glührückstandes werden wie oben weiterbehandelt.
Zur Herstellung der Blindprobe glüht man spektralreines Ammoniumparamolybdat bei 450°C. Von dem entstandenen Molybdäntrioxid behandelt man 10,00 g wie oben beschrieben.
Zur Herstellung einer Standardprobe mit 1 % WO_3-Gehalt werden 9,90 g MoO_3 und 0,100 g WO_3 sehr innig miteinander verrieben und wie oben weiterbehandelt.

Messung und Auswertung. Zur Aufnahme der Tabletten verwendet man Aluminiumbehälter mit Mylarfenster. Das Goniometer wird auf den Winkel der Meßlinie eingestellt und die Zählrate der Probe dreimal gemessen. Analysenprobe, Standard und Blindprobe werden gleichartig behandelt. Zur Berechnung verwendet man das arithmetische Mittel der abgelesenen Zählraten. Innerhalb des angegebenen Konzentrationsbereiches besteht strenge Proportionalität zwischen Konzentration und Impulsrate. Die Auswertung erfolgt daher nach der Formel

$$P = P' \cdot \frac{\bar{Z}_P - \bar{Z}_B}{\bar{Z}_S - \bar{Z}_B}$$

$\bar{Z}_P$ = mittlere Zählrate der Probe
$\bar{Z}_S$ = mittlere Zählrate des Standards
$\bar{Z}_B$ = mittlere Zählrate der Blindprobe
P' = Prozentgehalt im Standard
P = Prozentgehalt in der Probe

15.4.2 Lösungsverfahren nach Stever, Johnson und Heady [17]

Grobkörnige Molybdän- und Wolframlegierungen ergeben bei direkter Untersuchung keine ausreichende Reproduzierbarkeit der Analyse. Gute Ergebnisse lassen sich dagegen durch *Lösungsanalyse* erzielen [17]. Hierzu löst man 1 g Probe in 20 ml 10 %iger Schwefelsäure unter tropfenweisem Zusatz von 30 %igem Wasserstoffperoxid. Dann verkocht man das überschüssige Peroxid, neutralisiert mit Ammoniak und gibt 5 g Ammoniumcitrat zu, um Wolfram in Lösung zu halten. (Zugabe von Natronlauge ist unzweckmäßig, da Natrium die Meßwerte merklich beeinflußt).

Standardlösungen, auch solche mit 1 % Eisen, Chrom, Kobalt und Mangan stellt man durch Mischen entsprechender Stammlösungen her, so daß die Gesamtkonzentration an Metall stets 14 mg/ml beträgt. Als *Meßgefäße* dienen Plastikbehälter von 1,3 cm Tiefe, 2,1 cm Durchmesser und 5 ml Inhalt.

Die *Anregung* erfolgt mit einer Platinröhre, welche 5-fache Empfindlichkeit gegenüber einer Wolframröhre ergibt. Man *mißt* die Intensität der Wolfam-$L_{\alpha 1}$-Linie und der Platin-$L_{\alpha 1}$-Linie. Die Zählzeit beträgt 100 Sek. Zur Erstellung der *Eichkurve* wird das Intensitätsverhältnis beider Linien gegen die Konzentration aufgetragen. Platin dient also als innerer Standard. Die Reproduzierbarkeit beträgt etwa 1 %.
In entsprechender Weise ergibt sich bei der Messung des Intensitätsverhältnisses von Molybdän-$K_{\alpha 1}$ und Platin-$L_{\alpha 1}$ der *Molybdängehalt.*
Untersucht wurde etwa der *Bereich* von 2,5 % Wolfram + 97,5 % Molybdän bis zu 95 % Wolfram + 5 % Molybdän. Die *Empfindlichkeitsgrenze* liegt bei 0,05 % Wolframgehalt [17].

15.4.3 Lösungsverfahren nach Schneider und Mitarbeitern

Bei der Analyse von Molybdän-Wolfram-Legierungen ist die Untersuchung einer Lösung der Probe weniger kritisch als Messungen an festem Material, und sie ist einfacher zu handhaben als die Technik der Borax-Schmelze [15]. Beim Arbeiten in Lösung ist jedoch die *Chemikalienkonzentration konstant zu halten,* da durch wechselnde Mengen an Reagenzien die Fluoreszenzintensität erheblich beeinflußt werden kann. Das Lösen der Legierungen erfolgt in genau bemessenen Säuremengen innerhalb bestimmter Lösezeiten auf dem kochenden Wasserbad.

Arbeitsvorschrift [15]. 1 g Molybdän-Wolfram-Legierung wird in einer Platinschale mit 10 ml Flußsäure (40 %ig) versetzt und nach Zugabe von 2 ml Salpetersäure (1,4) mit einem Deckel bedeckt auf ein siedendes Wasserbad gestellt. Nach 10 Min. fügt man nochmals 2 ml Salpetersäure (1,4) hinzu und beläßt die bedeckte Schale weitere 10 Min. auf dem siedenden Wasserbad. Dann läßt man die Lösung erkalten und spült sie in einen 200 ml-Meßkolben über. Es ist darauf zu achten, daß beim Abnehmen des Deckels kein Tropfen verlorengeht und daß auch der Deckel gut abgespült wird. Nach dem Auffüllen und Umschütteln wird die Lösung sofort in eine trockene Polyäthylenflasche mit Schraubverschluß übergeführt.

Bemerkungen:

I. Für die Aufstellung der *Eichkurven* werden mindestens 5 verschiedene Eichproben durch Einwägen entsprechender Mengen der reinen Komponenten im fraglichen Konzentrationsbereich und Lösen gemäß der Arbeitsvorschrift hergestellt.

II. *Richtigkeit und Reproduzierbarkeit* wurden von 5 Laboratorien geprüft. Die Standardabweichung beträgt ± 0,06 % Wolfram bei einem Gehalt von etwa 10 % W + 90 % Mo, etwa ± 0,15 bis 0,18 % bei 45 % W + 55 % Mo und ± 0,22 % bei 90 % W + 10 % Mo. Die röntgenfluorimetrischen Ergebnisse stimmen mit gravimetrisch erhaltenen sehr gut überein.

III. *Molybdän* kann aus der gleichen Lösung wie Wolfram bestimmt werden.

IV. In ähnlicher Weise sind auch 80 % Wolfram in *Ferrowolfram* mit einer Standardabweichung von ± 0,29 % W bestimmbar [15].

15.5 Verfahren für Tantal-Wolfram-Legierungen

Zur Bestimmung von 5 bis 20 % Wolfram in Tantal-Wolfram-Legierungen nach *Lassner, Püschel* und *Schedle* analysiert man die Lösung der Probe in Flußsäure [8].

Apparatur. Wie in Kapitel 15.4.1, S. 262 angegeben.

Technische Daten

Meßlinie:	Wolfram-$L_{\alpha 1}$
Röhre:	Au
Anregung:	30 kV, 20 mA
Kristall:	LiF
Meßeinrichtung:	Szintillationsdetektor *ohne* Diskriminator
Meßzeit:	32 Sek.
Abschwächung:	16

Arbeitsvorschrift [8]. 1 g Probe wird in 10 ml Flußsäure und 3 ml konz. Salpetersäure gelöst. Dazu gibt man 10 ml Wasser, 10 ml 40 %ige Weinsäurelösung, 5 ml 10 %iges Wasserstoffperoxid und 6 g Borsäure. Dann füllt man auf 100 ml auf.
Zur Herstellung der Blindlösung behandelt man 0,9 g Tantalpulver wie oben beschrieben.
Zur Herstellung einer Standardlösung behandelt man 0,9 g Tantalpulver und 0,100 g Wolframmetall wie oben beschrieben. Die Lösung entspricht einer Probe mit 10 % Wolframgehalt.

Messung und Auswertung. 10 ml der nach der Arbeitsvorschrift hergestellten Lösungen gibt man in säurefeste Probebehälter aus PVC, in deren Boden sich ein Mylar-Fenster befindet. Die Messung erfolgt im übrigen wie im Kapitel 15.4.1, S. 262 beschrieben. Innerhalb des angegebenen Konzentrationsbereiches von 5 bis 20 % Wolfram besteht strenge Proportionalität zwischen Konzentration und Impulsrate. Die Auswertung erfolgt daher wie auf S. 263 beschrieben.

Literatur

1. *Bochenin, V.I.:* Zavodsk. Laborator. **39** (1973) 1351-52; durch Chem. Abstr. **80**, 77995 n.
2. *Bruch, J., Unger, H.:* Vortrag 9. Spektrometertagung, Dortmund 1972
3. *Carr-Brion, K.G., Payne, K.W.:* Analyst **93** (1968) 441-42.
4. *Fanger, U., Pepelnik, R.:* Talk presented ANS Natl. Meeting "Application of ^{252}Cf", Austin, Texas, 1972.
5. *Karamanova, Ž. S., Sočvarov, N.S.:* Isotopenpraxis **10** (1974) 100-04.
6. *Koch, W., Bosch, H.:* Mikrochim. Acta **1971**, 593-605.
7. *Lassner, E.:* Z. Anal. Chem. **222** (1966) 170-77.
8. *Lassner, E., Püschel, R., Schedle, H.:* Talanta **12** (1965) 871-81.
9. *Leman, E.P., Bolotova, N.G., Kotelnikov, V.V.:* Izv. Vysš. Učeb. Zaved., Gorn. Ž. **14** (1971) 3-7; durch Chem. Abstr. **76**, 148468 y.
10. *Lubecki, A., Vogg, H.:* Report 1973, KFK-1728 (59 pp); durch Chem. Abstr. **76**, 121507 k.
11. *Luke, C.L..:* Anal. Chem. **35** (1963) 56-58.
12. *Maeda, F., Hayasaka, T.:* Japan Analyst **19** (1970) 1036-40.
13. *Maeda, F., Hayasaka, T.:* Science Repts. Res. Inst., Tohoku Univ., Ser. A **23** (1972) 118-26.
14. *Ohls, K., Brauner, J., Friedhoff, P.:* Z. Anal. Chem. **265** (1973) 342-46.
15. *Schneider, H. (Bearb.):* Erzmetall **22** (1969) 338-40; Mitt. Nr. 15 des Chemikerausschusses der Ges. Deutscher Metallhütten- und Bergleute e.V., Arbeitsausschuß Stahlveredler.
16. *Stetter, A., Kern, H.:* Arch. Eisenhüttenwes. **36** (1965) 485-87.
17. *Stever, K.R., Johnson, J.L., Heady, H.H.:* Advan. X-Ray Anal. **4** (1961) 474-87.
18. *Weast, R.C. (Herausg.):* Handbook of Chemistry and Physics; CRC Press, Cleveland, Ohio; 54. Aufl. 1973/74.

16. Sonstige Bestimmungsverfahren

16.1 Röntgenabsorption

Plaksin und Mitarbeiter empfehlen die Röntgenabsorptionsmethode zur Wolframbestimmung in *Produkten der Erzaufbereitung* wegen ihrer großen Selektivität [1]. Als Vergleichsprobe dient dabei eine Probe von sehr ähnlicher Zusammensetzung wie die Analysenprobe, wodurch der Einfluß der nichtmonochromatischen Strahlung ausgeschaltet wird. – Als Strahlungsquelle wird ^{170}Tm mit einer Aktivität von 20 mÄq. Ra-Aktivität verwendet. Das Target besteht aus $HgCl_2$ oder Gold mit 700 mg.cm^{-2} Flächendichte. Die Probe mit einer Flächendichte von 4 g.cm^{-2} befindet sich in einem Behälter aus Metall oder Textolit. Man mißt die Intensität der K-Absorptionskante mit einem NaJ(Tl)-Detektor.
Für eine Matrix von *Calcit* beträgt die Schwellempfindlichkeit 0,07 % Wolfram; für Wolframkonzentrationen im Bereich von 0,1 bis 5 % ergibt sich ein relativer Fehler von 3 bis 15 %. Schwankt der Gehalt der Begleitelemente (berechnet als MoS_2) um 15 bis 20 %, vergrößert sich der relative Fehler der Wolframbestimmung von z.B. 6 % auf 10 %.
Eine Bestimmung dauert etwa 10 bis 15 Min. [1].
Voronov und Mitarbeiter bestimmen Wolfram *in Lösung*. Der Fehler beträgt ± 0,15 g W/l bei Konzentrationen von 1 bis 10 g W/l [3].

Ul'janov und Mitarbeiter haben die Brauchbarkeit der K-Absorptionskante für die Bestimmung verschiedener Elemente in *Konzentraten* untersucht. Molybdän und Wolfram lassen sich innerhalb von 15 Min. mit gleicher Genauigkeit wie durch chemische Verfahren bestimmen [2].

Literatur

1. *Plaksin, I.N., Michailov, G.I., Starčik, L.P., Silenko, M.I.:* Čvet. Metal. **40** (1967) 27-29; übersetzt: Soviet J. Nonferrous Metals **40** (1967) 30-32
2. *Ul'janov, M.I., Abdulin, S.F., Titov, M.V., Lukaševskij, V.V.:* Sb. Nauč. Tr., Krasnojarsk Inst. Čvet. Metal. **1971**, 55-61; durch Chem. Abstr. **79**, 61168 p.
3. *Voronov, B.V., Koltunov, B.G., Kochov, E.P.:* Zavodsk. Laborator. **39** (1973) 682-84; übersetzt: Industrial Labor. **39** (1973) 909-11

16.2 Massenspektrometrie

Die Bestimmbarkeit zahlreicher Elemente durch Funken-Massenspektrometrie in *Reineisen* und *Stahl* hat *Keene* untersucht [3]. Für das verwendete Gerät AEI-MS 7 wurden die relativen Ionisierungsfaktoren der fraglichen Elemente bestimmt. Nur ihre Kenntnis ermöglicht eine ausreichende Genauigkeit der Analyse. Setzt man den Ionisierungsfaktor der Matrix Eisen gleich 1, so beträgt derjenige des Wolframs 0,36. Im BISRA-Standardstahl SS 14 mit 0,040 % Wolframgehalt wurden massenspektrometrisch 0,052 % W mit einer relativen Standardabweichung von 43 % gefunden. Die Auswertung erfolgte durch die Messung der Linienschwärzungen von jeweils 15 abgestuften Aufnahmen einer Analysenprobe. Es wurden jeweils die relativen Intensitäten gesucht, bei denen eine Eisenlinie (als innerer Standard) und eine Linie des zu bestimmenden Elementes gleiche Extinktionen auf der Platte ergaben [3]. *Ito* und *Yanagihara* haben die Auswirkungen verschiedener technischer Parameter auf die funken-massenspektrometrische Analyse von niedrig- und hochlegiertem *Stahl* untersucht. Dabei wurden Wolframgehalte im Bereich von 0,012 bis 0,17 % erfaßt. Der relative Empfindlichkeitskoeffizient (Fe = 1 gesetzt) ergab sich für Wolfram zu 0,948 mit einer relativen Standardabweichung von 42 % [2].

In *Uranhexafluorid* lassen sich nach *Howard* noch 0,4 ppm Wolfram durch Funken-Massenspektrometrie nachweisen. Hierzu wird das UF_6 in U_3O_8 umgewandelt und letzteres mit Silberpulver verpreßt. Als innerer Standard für die Bestimmung zahlreicher Elemente dient ein Zusatz von 10 ppm Yttrium. Der relative Empfindlichkeitsfaktor (Y = 1 gesetzt) für Wolfram in der Uran-Silber-Matrix beträgt 1,0 mit einer relativen Standardabweichung von ± 36 % [1].

In *Bor* und *Borfasern* haben *Viala, Thevenot* und *Duclot* zahlreiche Spurenverunreinigungen, unter anderem Wolfram durch Funken-Massenspektrometrie bestimmt [4].

Literatur

1. *Howard, O.H.:* Anal. Chem. **44** (1972) 1482-84.
2. *Ito, M., Yanagihara, K.:* Japan Analyst **22** (1973) 10-16.
3. *Keene, B.J.:* Talanta **13** (1966) 1443-50.
4. *Viala, J.C., Thevenot, F., Duclot, J.C.:* Analusis **1** (1972) 485-91; durch Chem. Abstr. **78**, 66586 n.

16.3 Gaschromatographie

Im Kapitel 3.4.4, S. 34 wurde auf die Möglichkeit hingewiesen, MoF_6 und WF_6 gaschromatographisch zu trennen [1]. Das Verfahren läßt sich zur Bestimmung von Wolfram und Molybdän in ihren Legierungen und Verbindungen ausbauen. In einer an den Gaschromatographen angeschlossenen Fluorierungsapparatur lassen sich Metalle, Legierungen, Oxide, Sulfide, Carbide und Salze umsetzen. Außer Wolfram und Molybdän können auch Uran, Schwefel, Selen, Tellur und Rhenium bestimmt werden. Ferner liegen Angaben über das Verhalten von Si, B, Os, V, Ir und Pt unter diesen Bedingungen vor. Vor der Behandlung mit Fluor müssen die Proben von Mo, W, Mo_2C, WC, MoO_3 und WO_3 zunächst in einem Wasserstoffstrom erhitzt werden, um gebundenen oder adsorbierten Sauerstoff zu entfernen; anderenfalls entstehen höher siedende Oxifluoride. Zur Trennung dient eine Säule von 15 % Kel-F No. 10 Öl auf Chromosorb T (40 bis 80 mesh); Temperatur 75°C, Trägergas 28 ml He/Min. Bei Probemengen von 1 mg W, Re, Os werden F_2, WF_6, ReF_6, OsF_6, $ReOF_5$ klar getrennt. In einer Molybdän-Wolfram-Legierung mit 30,9 % W (Werksangabe Fa. Climax) wurden 31,2 ± 0,4 % W gefunden; das Probengewicht betrug etwa 0,26 bis 2 mg [2].

Literatur

1. *Juvet, R.S., Fisher, R.L.:* Anal. Chem. **37** (1965) 1752-55.
2. *Juvet, R.S., Fisher, R.L.:* Anal. Chem. **38** (1966) 1860-65.

17. Untersuchung spezieller Wolframverbindungen

17.1 Heteropolysäuren

17.1.1 Unterscheidung von Heteropolywolframatosäuren durch ihre Absorptionsspektren [13]

Die Abbildung 50 gibt die UV-Spektren wäßriger Lösungen von Dodekawolframatophosphorsäure (PW), Dodekawolframatogermaniumsäure (GeW), Dodekawolframatokieselsäure (SiW) und Dodekawolframatoborsäure (BW) bei pH 1,1 sowie von Dodekametawolframsäure (meta-W) bei pH 3,5 wieder. Ihr Verlauf ist denen der entsprechenden Heteropolymolybdatosäuren ähnlich. Die Absorptionsmaxima sind jedoch von etwa 310 nm nach etwa 260 nm verschoben und weisen etwa doppelt so hohe molare Extinktionskoeffizienten auf. Die Spektren erlauben zwar eine qualitative Unterscheidung einzelner Wolframatosäuren, für photometrische Simultanbestimmungen sind die Unterschiede jedoch recht gering.

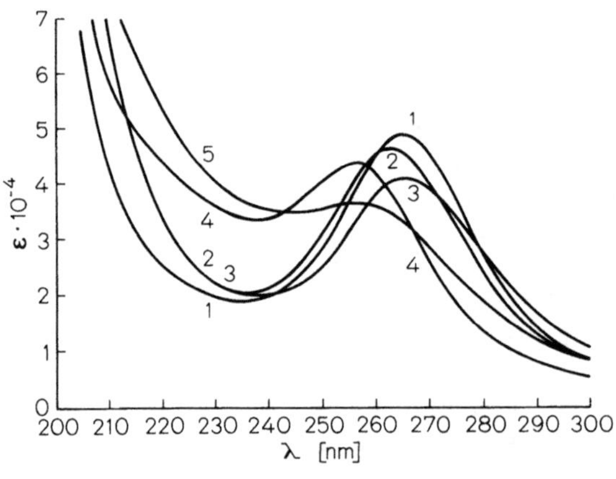

Abb. 50
Spektren der Heteropolywolframatosäuren in wäßriger Lösung [13].
1) Wolframatophosphorsäure (PW);
2) Wolframatokieselsäure (SiW)
3) Wolframatogermaniumsäure (GeW)
4) Wolframatoborsäure (BW)
5) Metawolframsäure (meta-W)

17.1.2 Beständigkeit in saurer Lösung [13]

Verdünnte Lösungen von Heteropolywolframatosäuren sollen nicht rein wäßrig sein, da sonst allmähliche Zersetzung erfolgt, vor allem im Falle der Wolframatophosphor- und -arsensäure. Zweckmäßig löst man die Präparate in 0,01 oder 0,1 n Schwefelsäure.
10^{-2} m Lösungen von PW werden durch 11 n HCl, H_2SO_4 oder HNO_3 nicht zersetzt. Es wurde gefunden, daß sich die Extinktion bei 265 nm der für Verteilungsversuche benutzten 10^{-5} m Lösungen von SiW, GeW, BW und meta-W in 12 n H_2SO_4 innerhalb von 1 Std. nicht ändert, diejenige einer 10^{-5} m PW-Lösung um 2 % abnimmt. Lösungen von SiW und GeW in 12 n H_2SO_4 waren auch nach 16 Std. noch unverändert [13].

17.1.3 Trennung von Heteropolywolframatosäuren durch Verteilung [13].

Wolframatophosphorsäure ist von allen untersuchten Heteropolysäuren am besten extrahierbar. Von n-Butanol (BuOH) wird sie bereits bei pH 1,75 quantitativ ausgeschüttelt. Auch Butylacetat (BuAc) (ca. 50 % bei pH 1,75), Methylisobutylketon (MIK) und Äther sind schon in schwach saurer Lösung wirksam.
Wolframatokieselsäure und Wolframatogermaniumsäure unterscheiden sich untereinander kaum in ihrem Verteilungsverhalten. Auch von den starken Extraktionsmitteln BuOH und MIK werden sie erst bei etwas höherer Azidität ausgeschüttelt als PW, doch ist SiW schon bei pH 2,8 zu etwa 50 % durch BuOH extrahierbar. Äther und BuAc sind erst in stark saurer Lösung wirksam; die Extraktion mit diesen Lösungsmitteln ist unvollständig.

Zwischen dem Verteilungsverhalten von Wolframatoborsäure und Metawolframsäure bestehen nur geringe Unterschiede. Beide sind in der Reihe der untersuchten Wolframatosäuren am schwierigsten extrahierbar. Sie lassen sich nur mit BuOH oder MIK ausschütteln. Äther und BuAc sind unwirksam.
Das Verteilungsverhalten der Wolframatoarsensäure (AsW) wurde von *Wünsch* und *Umland* nicht untersucht. Wegen der Ähnlichkeit im Verhalten von SiW und GeW darf man erwarten, daß AsW sich eng an PW anschließt.
Es fällt auf, daß sich die Extrahierbarkeit mit zunehmender Zahl der aziden H-Atome der Polysäure verschlechtert. Die dreibasische PW ist am besten, die sechsbasische meta-W $W_{12}O_{38}(OH)_2^{6-}$ am schlechtesten extrahierbar. Zwischen SiW und GeW bestehen im Einklang damit keine Unterschiede. Der relative Unterschied zwischen der Zahl azider Protonen der BW und meta-W ist nur noch gering und bedingt ähnliches Verteilungsverhalten. Bei den Heteropolymolybdatosäuren herrschen etwa die gleichen Verhältnisse [10].
Ein Gemisch von PW (AsW), SiW (GeW) und BW (meta-W) läßt sich danach leicht trennen. Man extrahiert zunächst PW (AsW) aus 1 bis 2 n H_2SO_4 mit Butylacetat, anschliessend SiW (GeW) aus 2 n H_2SO_4 mit MIK und zuletzt BW (meta-W) aus 5 n H_2SO_4 mit BuOH. Fehlt BW (meta-W), so schüttelt man SiW (GeW) günstiger nach Entfernung der PW (AsW) aus $\geqslant 1$ n H_2SO_4 mit BuOH aus. Die selektive Extraktion von SiW (GeW) in Gegenwart von PW ist nicht möglich, auch nicht diejenige von BW (meta-W) in Gegenwart von SiW und PW.

Anmerkung. Die von *Wünsch* und *Umland* [13] für die Extraktion mit *Butanol* angegebenen Verteilungskurven sind bei höherer Säurekonzentration nicht richtig. Der sehr starke Anstieg der Kurven bei H_2SO_4-Konzentrationen oberhalb von 5 n ist vorgetäuscht durch eine Absorptionsbande, die durch Oxoniumsalzbildung zwischen BuOH und H_2SO_4 entstand. Sie wurde bei der photometrischen Messung nicht kompensiert.

17.1.4 Bestimmung des Kristallwassergehaltes

Die freien Heteropolysäuren und einige ihrer Salze verlieren im Temperaturbereich von etwa 250 bis 400°C ihr Kristallwasser, ohne sich zu zersetzen. Die Tabelle 42 gibt geeignete Trocknungsbedingungen an; siehe auch [13].

Tabelle 42. *Trocknung von Polywolframatosäuren und ihren Salzen*

Substanz	Temperatur	Literatur	Bemerkungen
$H_3PW_{12}O_{40}$	300°C	[6]	Handelspräparat "Merck" mit ca. 24 bis 25 H_2O; max. zulässig 425°C
$(NH_4)_3AsW_{12}O_{40}$	300°C	[12]	nach DTA-TG-Kurve >240 bis ca. 470°C
$H_4SiW_{12}O_{40}$	300 - 350°C	[3, 9]	Handelspräparat "Merck" mit ca. 24 H_2O
$H_4GeW_{12}O_{40}$	300°C	[5]	max. 350°C; auch für Na- und Li-Salz
$K_9BW_{11}O_{39}$	400°C	[12]	nach DTA-TG-Kurve >350 bis <800°C
$K_5BW_{12}O_{40}$	300°C	[8]	

17.1.5 Bestimmung der Zentral- und Ligandatome

17.1.5.1 Bestimmung von Wolframatophosphorsäure als Ganzes

Nach der im Kapitel 4.5, S. 68 gegebenen Vorschrift läßt sich Wolframatophosphorsäure als Tri-n-butylammoniumsalz fällen und wägen.

17.1.5.2 Alkalischer Aufschluß von Polywolframatosäuren

In alkalischer Lösung werden alle Heteropolysäuren zersetzt. Der Vorgang verläuft bei den Wolframato- und Vanadatowolframatosäuren allerdings nur langsam. Zur Zerstörung der Polysäuren macht man die Lösung mit Natronlauge alkalisch (pH-Wert ⩾12) und erhitzt etwa 15 Min. bis zum Sieden. Die farbigen Vanadatowolframatosäuren erhitzt man, bis die Lösung völlig farblos geworden ist [1]. Eine Rückbildung der Heteropolysäure beim schwachen Ansäuern der alkalischen Lösung erfolgt nicht oder nur teilweise, da sich die Reaktionsgleichgewichte nur sehr langsam einstellen; daneben entstehen Isopolywolframate.

Mit einem organischen Lösungsmittel extrahierte Heteropolysäuren werden beim Schütteln der organischen Lösung mit 0,1 m Natronlauge in die wäßrige Phase überführt und zugleich teilweise zersetzt [10].

17.1.5.3 Bestimmung des Wolframs

Beim starken Ansäuern einer alkalisch aufgeschlossenen Lösung fällt Wolframsäure aus. Die Fällung kann nach den im Kapitel 4 gegebenen Vorschriften vervollständigt werden. Auf die Mitfällung von Kieselsäure sowie auf die teilweise Mitfällung von Phosphat ist gegebenenfalls zu achten.

Photometrisch läßt sich Wolfram z.B. als Vanadatowolframatophosphat nach Kapitel 6.1.4.1 bestimmen. Diese Möglichkeit fand Anwendung zur Analyse von Vanadatowolframatophosphorsäure und Vanadatowolframatokieselsäure [1].

Die reduktometrische Titration mit Chrom(II) liefert in Anwesenheit von Vanadium die Summe von W und V [7].

Die Trennung von W und V gelingt u.a. mit einem Kationenaustauscher, welcher V(IV) in Gegenwart von Citrat festhält [7]; siehe Kap. 3.3.2.

17.1.5.4 Bestimmung des Molybdäns

Die Bestimmung kann photometrisch als Thiocyanat nach der im Kapitel 4.3.4, S. 63 gegebenen Arbeitsvorschrift erfolgen. Hinweise zur Abtrennung von Molybdän vom Wolfram als Sulfid siehe im Kapitel 3.5.1, S. 35.
Auch die photometrische oder titrimetrische Simultanbestimmung von Molybdän und Wolfram nach Kapitel 6.2.1.3, S. 132 bzw. nach Kapitel 5.1.1, S. 72 kommt in Betracht.

17.1.5.5 Bestimmung des Vanadiums

In der alkalisch aufgeschlossenen Lösung läßt sich Vanadium u.a. photometrisch als Vanadatomolybdatophosphorsäure bestimmen [1]. Eine Arbeitsvorschrift findet sich z.B. bei [2].
Möglich ist auch die Titration von Vanadium(V) mit Eisen(II) in 13 m Phosphorsäure; das Verfahren eignet sich auch in Gegenwart von Wolfram und Molybdän [1]. – Durch Citrat läßt sich Vanadium(V) auch in Gegenwart von Wolframat selektiv zur vierwertigen Stufe reduzieren. Die Lösung kann dann unmittelbar bei $\lambda = 302$ nm photometriert werden [7]. – Zur selektiven Abscheidung als V_2S_5 mit Thioacetamid siehe Kapitel 3.5.1, S. 36.

17.1.5.6 Bestimmung des Phosphats

In der alkalisch aufgeschlossenen Lösung kann Phosphat photometrisch als Vanadatomolybdatophosphat bestimmt werden [1]. Eine Arbeitsvorschrift siehe bei [11].
Nach den in den Kapiteln 3.5.1, S. 36 und 4.2.7, S. 58 gegebenen Arbeitsvorschriften kann Phosphat in Gegenwart von Wolframat als $MgNH_4PO_4 \cdot 6H_2O$ gefällt werden. Die Bestimmung ist dann in üblicher Weise gravimetrisch oder durch komplexometrische Rücktitration eines ÄDTA-Überschusses möglich.

17.1.5.7 Bestimmung des Arsenats

Nach der gleichen Arbeitsvorschrift wie für Phosphat kann auch Arsenat als $MgNH_4AsO_4 \cdot 6H_2O$ gefällt und bestimmt werden. – Möglich ist auch die Abtrennung des Arsens mit Schwefelwasserstoff aus weinsaurer Lösung (siehe Kapitel 3.5.1, S. 36) oder die Destillation als $AsCl_3$ (siehe Kapitel 3.6.1, S. 39).

17.1.5.8 Bestimmung des Silicats

In einem Chlorwasserstoffstrom bei 600°C wird Wolfram verflüchtigt. Bei der Analyse von Wolframatokieselsäure oder der Veraschungsrückstände ihrer Salze mit organischen Kationen hinterbleibt dann SiO_2, das gewogen werden kann [4]; siehe hierzu Kapitel 3.6.2, S. 39 und 17.2, S. 273.

Photometrisch läßt sich Silikat neben Wolframat nach *Charreton* und Mitarbeitern als Vanadatomolybdatokieselsäure bestimmen [1].

Arbeitsvorschrift. In einen 50 ml-Meßkolben gibt man etwa 0,17 bis 1,7 mg Si (als monomeres Silikat). Dann gibt man so viel Vanadat, Molybdat und Perchlorsäure hinzu, daß die Lösung nach dem Auffüllen auf 50 ml 0,2 m an Mo, 0,02 m an V und 1,6 m an $HClO_4$ ist. Man füllt auf 50 ml auf und erhitzt 4 Std. im Thermostaten auf 60°C (Bemerkung I). – Nach dem Erkalten entnimmt man 10 ml der Lösung und extrahiert mit 10 ml Methylisobutylketon (MIK). Man photometriert die organische Phase bei 440 nm in 1 cm-Küvetten gegen reines MIK als Vergleich.

Bemerkungen:

I. Bei der Analyse von Wolframatovanadatokieselsäure scheidet sich beim Erhitzen *Wolframsäure* ab. Man läßt sie absitzen oder filtriert die Lösung durch eine Glasfritte.

II. Im Aziditätsbereich von $>1{,}5$ bis <2 m $HClO_4$ werden *Molybdat* und *Vanadat* durch MIK nicht ausgeschüttelt.

III. Die Erfassungsgrenze beträgt 28 μg Si/50 ml.

Literatur

1. *Charreton, B., Chauveau, F., Bertho, G., Courtin, P.:* Chim. Anal. **47** (1965) 17-21.
2. *Jakubiec, R., Boltz, D.F.:* Anal. Chim. Acta **43** (1968) 137-40.
3. *Marignac:* Ann. Chimie [4] **3** (1864) 5
4. *Nikitina, E.A., Kokurina, A.S.:* Ž. Obšč. Chim. **23** (1953) 1263-65; übersetzt: J. Gen. Chem. USSR **23** (1953) 1329-30.
5. *Rode, E.J., Ivanova, M.M.:* Ž. Neorg. Chim. **3** (1958) 2333-42; durch Chem. Abstr. **55**, 2332 c.
6. *Rode, E.J., Sokolova, M.P.:* Ž. Neorg. Chim. **3** (1958) 2323-32; durch Chem. Abstr. **55**, 2332 f.
7. *Smith, D.P., Pope, M.T.:* Anal. Chem. **40** (1968) 1906-08.
8. *Souchay, P.:* Ann. Chimie [11] **20** (1945) 96-111.
9. *West, S.F., Audrieth, L.F.:* J. Phys. Chem. **59** (1955) 1069-72.
10. *Wünsch, G.:* Dissertation, Münster 1968
11. *Wünsch, G.:* Optische Analysenmethoden zur Bestimmung anorganischer Stoffe; de Gruyter, Berlin 1976; Sammlung Göschen Bd. 2606.
12. *Wünsch, G., Lührmann, R., Müller, G.:* unveröffentlicht
13. *Wünsch, G., Umland, F.:* Z. Anal. Chem. **250** (1970) 248-53.

17.2 Wolframbronzen

Eine vollständige und exakte, jedoch sehr aufwendige Methode zur Bestimmung von Alkalimetall, Wolfram und Sauerstoff in Wolframbronzen, Wolframaten und Wolframoxiden beschreiben *Raby* und *Banks* [3]. In einer speziellen Apparatur wird die Probe mit Bromtrifluorid umgesetzt:

$$M_xWO_y + \left(\frac{4x}{3} + 2\right)BrF_3 = x\,MBF_3 + WF_6 + \frac{y}{2}O_2 + \left(\frac{x}{6} + 1\right)Br_2$$

Die Reaktionsprodukte werden durch die Apparatur getrennt. Dann bestimmt man das Alkalimetall gravimetrisch als Sulfat, den Sauerstoff manometrisch und das Wolfram nach Reduktion mit Wasserstoff als Metall. Lithiumbronzen müssen jedoch durch eine alkalisch-oxydierende Schmelze aufgeschlossen werden. – Wegen weiterer Einzelheiten und einer Abbildung der Apparatur siehe die Originalarbeit [3].

Setzt man voraus, daß das Verhältnis von Sauerstoff zu Wolfram in der Bronze gleich 3 ist und verzichtet auf eine direkte Bestimmung des Sauerstoffgehaltes, so sind einfachere

Arbeitsweisen möglich. In einem Strom von Chlorwasserstoff wird die Bronze bei etwa 400 bis 500°C zersetzt. Wolfram verflüchtigt sich als WO_2Cl_2, und es verbleibt Alkalihalogenid als Rückstand [1, 2]. Eine nach älteren Untersuchungen für nötig gehaltene Oxydation der Bronze mit O_2 [4] bzw. eine Beimischung von O_2 zum HCl-Strom [2] scheint entbehrlich zu sein [1]. Nach *Magnéli* ist das Verfahren für Lithiumbronzen nicht geeignet [2]; *Lutz* und *Conroy* haben seine Eignung für diesen Zweck nicht nachgewiesen [1].

17.2.1 Arbeitsweise zur Zersetzung im HCl-Strom [1]

Apparatur. Ein regelbarer Strom von Chlorwasserstoff wird in einem Trockenturm mit Schwefelsäure getrocknet. Als Reaktionsrohr dient ein Verbrennungsrohr aus Vycor von 92 cm Länge und 2,8 cm Durchmesser. Auf das Rohr wird ein Thermoelement aufgeklebt. Zur Heizung dient ein elektrischer Ofen von 30 cm Länge, der aus zwei aufklappbaren Halbzylindern besteht. Das aus dem Rohr austretende Gas wird durch einen weiteren Trockenturm geleitet. Die Verbindungen bestehen je nach Bedarf aus Gummischlauch, Glas oder Gummistopfen.

Arbeitsvorschrift [1]. Eine genau gewogene Menge von etwa 0,3 g fein gepulverter Bronze wird in dünner Schicht in ein Porzellanschiffchen gegeben. Letzteres bringt man in den heizbaren Teil des Rohres. Der Gasstrom wird auf etwa 50 ml/Min. eingeregelt. – Man erhitzt im HCl-Strom auf 500°C, bis das Gewicht des Rückstands konstant ist. Hierzu sind für Wolframate und Bronzen etwa 6 Std. erforderlich. Dann zieht man das Schiffchen auf der Gaseintrittsseite aus dem Rohr heraus und läßt es im Exsikkator erkalten. Der aus Alkalihalogenid bestehende Rückstand wird gewogen.

Bemerkungen:

I. Zur *Reinheitskontrolle* löst man den Rückstand in Wasser und bestimmt Chlorid und Alkalimetall nach den üblichen Verfahren. *Magnéli* hat geringe unlösliche Anteile von $<2\,\%$ beobachtet, die aus saurem Alkaliwolframat bestehen; ihres geringen Alkaligehaltes wegen wurden sie bei der Auswertung vernachlässigt [2].

II. Für rotes Na_xWO_3 mit einem theoretischen Gehalt von $x_{th}=0{,}60$ wurde $x=0{,}622$ und für gelbes Na_xWO_3 mit $x_{th}=0{,}78$ wurde $x=0{,}797$ *gefunden*. Die *Standardabweichung* aus 10 Werten betrug dabei $s_x = \pm 0{,}025$ bzw. 0,022 [1].

III. *Auswertung:* Es wird vorausgesetzt, daß W : O = 1 : 3 ist und daß sowohl Wolfram als auch Sauerstoff quantitativ verflüchtigt werden. Für das unbekannte Molgewicht der Bronze setzt man

$$MG_{M_xWO_3} = MG_{WO_3} + x.MG_M$$

wobei MG_M das Molgewicht des Alkalimetalls M ist und MG_{WO_3} den Wert 232 hat. Ist A die Auswaage an Alkalihalogenid MCl in Gramm und E die Einwaage an Bronze in Gramm, so ergibt sich für den stöchiometrischen Koeffizienten x :

$$x = \frac{232\,.\,A/E}{MG_{MCl} - MG_M . A/E}$$

17.2.2 Sonstige Arbeitsweisen

Alkalimetall. Wolframbronzen werden beim Erhitzen mit Peroxodisulfat zersetzt. – Zur Ausführung der Bestimmung erhitzt man 0,3 g fein gepulverte Bronze im Platintiegel vorsichtig mit 3 g Ammoniumperoxodisulfat. Sobald sich alles zersetzt hat, löst man in Wasser unter Zusatz von etwas Ammoniak [2].

Wolfram. Man schließt die fein gepulverte Bronze durch eine alkalisch-oxydierende Schmelze auf; siehe Kapitel 2.2.2.3, S. 8.

Sauerstoffdefizit. Nach älteren Angaben werden Bronzen in alkalischem Medium durch Hexacyanoferrat(III) zersetzt. Der Überschuß des Oxydationsmittels kann jodometrisch bestimmt werden [5]. Nach *Magnéli* bewährte sich die Arbeitsweise für Kaliumbronzen und alkalireiche kubische Natriumbronze; tetragonale Natriumbronze ließ sich nicht zersetzen [2].

Literatur

1. *Lutz, C.W., Conroy, L.E.:* Anal. Chem. **38** (1966) 139-40.
2. *Magnéli, A.:* Arkiv Kemi **1** (1949/50) 273-76
3. *Raby, B.A., Banks, C.V.:* Anal. Chem. **36** (1964) 1106-10; US At. Energy Comm. IS-800 (92 pp.); durch Chem. Abstr. **61**, 13869 h.
4. *Spitzin, V., Kaschtanoff, L.:* Z. Anorg. Chem. **157** (1926) 141; Z. Anal. Chem. **75** (1928) 440; durch [2].
5. *van Duyn, D.:* Rec. Trav. Chim. Pays-Bas **61** (1942) 669; durch [2].

17.3 Niederwertige Oxide

Über die *röntgenographische Phasenanalyse* von Mischungen aus WO_3, WO_2, WC, W_2C und W berichten *Rautschke* und *Dowe* [4]. Im Kapitel 2.2.4.2 ist ein selektives *Löseverfahren* nach *Negina* und Mitarbeitern beschrieben, welches ein Gemisch aus WO_3, W_2O_5, WO_2, W und TiO_2 aufzuschlüsseln erlaubt [3].

Jodometrische Arbeitsweise nach Bourret, Lecuire und Weis [1].

In neutralem oder alkalischem Medium werden niederwertige Oxide und Wolframmetall durch Perjodat gelöst und zu Wolfram(VI) oxydiert:

$$2\,WO_{(3-X/2)} + X\,JO_4^- + 2\,H_2O = 2\,WO_4^{2-} + X\,JO_3^- + 4\,H^+$$

Das entstandene Jodat läßt sich nach *Burnuel* und *Malaprade* [2] selektiv neben dem überschüssigen Perjodat jodometrisch bestimmen. Ermittelt man außerdem den Wolframgehalt der Probe, so läßt sich die *Oxydationszahl* 6-X des Wolframs berechnen.
Bei stark reduzierten Proben tritt in neutraler Lösung eine Ausscheidung von Jod auf, da auch das zunächst entstehende Jodat mit dem niederwertigen Wolfram reagiert. Diese Störreaktion wird durch einen genügend hohen pH-Wert unterdrückt.
Die Oxydation des Wolframs erfolgt mit *konzentrierter* Perjodatlösung, da ein Teil des JO_4^- zur Bildung von Wolframatoperjodaten verbraucht wird, damit ferner spurenweise entstandenes Jod zu Jodat oxydiert wird und schließlich um der konkurrierenden Wirkung des Luftsauerstoffes zuvorzukommen.
Die *Lösegeschwindigkeit* hängt von der Natur der Proben ab. Durch Erwärmen läßt sie sich genügend steigern.

Reagentien

a). *Perjodat-Lösung:* Kaliummetaperjodat, KJO_4, etwa 50 g/l. Die Lösung ist stets frisch herzustellen.
b). *Molybdat-Lösung:* Natriummolybdat, etwa 400 g/l
c). *Monochloressigsäure,* krist.
d). *Kaliumjodid,* krist.
e). *Natriumthiosulfat-Lösung:* 0,05 normal
f). *Stärkelösung*

Arbeitsvorschrift [1]

a) *Auflösung der Proben:* In ein 50 ml-Becherglas wägt man etwa 80 mg Probe ein. Man gibt 10 ml frische Perjodat-Lösung dazu und verdünnt auf etwa 30 ml (Bemerkung I). Unter ständigem Rühren erhitzt man auf etwa 60°C, bis alles gelöst ist. Dann läßt man erkalten und verdünnt im Meßkolben auf 100 ml. – In gleicher Weise behandelt man eine Reagentienblindprobe (Bemerkung II).

b) *Bestimmung des Jodats:* Von der nach a) hergestellten Lösung entnimmt man einen passenden Anteil; liegt der Oxydationsgrad zwischen 5 und 6, so sind 40 ml zweckmäßig. Man pipettiert die Probelösung in ein 250 ml-Becherglas und gibt 30 ml Molybdatlösung dazu. Unter Kontrolle durch ein pH-Meter stellt man dann die Lösung mit fester Monochloressigsäure genau auf pH 3 ein. Nun gibt man etwa 1 g Kaliumjodid hinzu, mischt und titriert das ausgeschiedene Jod mit Thiosulfatlösung gegen Stärke als Indikator. – Die nach a) hergestellte Reagentienblindprobe behandelt man in gleicher Weise.

Bemerkungen:

I. Es soll zunächst ein *Löseversuch* gemacht werden, bei welchem man nur mit Wasser verdünnt. Entsteht dabei auch nur vorübergehend eine von Jod herrührende Farbe, so verdünnt man beim Lösen der Analysenprobe unter Zusatz von genügend Lauge.

II. Durch die *Reagentienblindprobe* werden kleine Jodat-Mengen berücksichtigt, welche im handelsüblichen Perjodat enthalten sein können oder durch dessen Zersetzung entstanden sind.

III. Zur *Bestimmung des Wolframgehaltes* gibt man 20 ml von der nach a) hergestellten Lösung in ein 800 ml-Becherglas und säuert mit 20 ml 1 m Perchlorsäure auf pH 1 an. Man gibt etwa 3 ml einer 4 %igen Lösung von Hydraziniumacetat dazu und wartet unter gelegentlichem Umschwenken etwa 20 Min., bis die Jodfärbung fast völlig verschwunden ist. Eine dabei auftretende Trübung von Wolframsäure stört nicht. Dann macht man alkalisch und verfährt weiter nach der im Kapitel 5.5.1.2, S. 98 gegebenen Arbeitsvorschrift.

IV. *Auswertung.* Es seien $(J)_A$ die Jodmenge aus der Analysenprobe, $(J)_B$ diejenige aus der Blindprobe und $(J)_E = (J)_A - (J)_B$ die effektive Jodmenge, alle ausgedrückt in Mol. Ist ferner $(W)_G$ die Gesamtwolframmenge in Mol, so gilt

$$\frac{(J)_E}{6} = (JO_3^-)$$

$$\frac{(JO_3^-)}{X} = \frac{(W)_G}{2}$$

und damit für den stöchiometrischen Koeffizienten X:

$$X = \frac{(J)_E}{3 \cdot (W)_G}$$

Die Faktoren aus dem Aliquotieren der Lösung a) sind zu beachten.

V. *Anwendung.* Zwei Präparate aus dem Existenzbereich von WO_2 wurden durch Behandeln von WO_3 mit H_2/H_2O hergestellt. Es ergaben sich Sauerstoffgehalte von (3-X/2) = 2,025 bis 2,039 für die eine Probe und 2,004 bis 2,006 für die andere. Ein Präparat aus dem Existenzbereich von $WO_{2,72}$ ergab Sauerstoffgehalte von 2,719 bis 2,728. Handelsübliches Wolframmetall ergab einen Oxydationsgrad von 6-X = 0,095 bis 0,142; nach Behandlung der Proben mit Wasserstoff erhielt man noch 0,044.

Literatur

1. *Bourret, P., Lecuire, J.M., Weis, C.:* Chim. Anal. **52** (1970) 114-19.
2. *Burnuel, D., Malaprade, L.:* C.R. Acad. Sci. **261** (1965) 1892; durch [1].
3. *Negina, V.R., Šuvanova, N.V., Blinova, R.V.:* Zavodsk. Laborator. **33** (1967) 790-91; übersetzt: Industrial Labor. **33** (1967) 928-29.
4. *Rautschke, R., Dowe, C.:* Z. Chem. **12** (1972) 303-04.

17.4 W_6-Komplexe (Cluster)

Es sind die Verbindungen $[W_6X^i_{12}]X^a_6$ und $[W_6X^i_8]X^a_4$ zu betrachten. Die fest gebundenen "inneren Liganden" X^i sind in der Regel Halogen. Dies gilt auch für die locker gebundenen "äußeren Liganden" X^a; daneben kennt man aber zahlreiche ternäre Verbindungen mit veränderter X^a-Sphäre.

Das chemische Verhalten von Me_6-Komplexen des Niobs, Tantals, Molybdäns und Wolframs aus analytischer Sicht wurde von *Schäfer, Plautz* und *Baumann* ausführlich zusammengestellt [4]. Im folgenden sind die auf das Wolfram bezüglichen Angaben wiedergegeben. Hinsichtlich der zahlreichen zitierten Literatur sei auf das Original jener Arbeit verwiesen. Über das analytische Verhalten der Wolframkomplexe liegen weniger Angaben vor als über das der entsprechenden Mo-, Nb- und Ta-Verbindungen. Vielfach, aber keineswegs in allen Fällen, lassen sich die Arbeitsweisen sinngemäß auf das Wolfram übertragen. Unterschiede resultieren vor allem aus den unterschiedlichen Stabilitäten der Komplexe.

17.4.1 Aufschlußverfahren

17.4.1.1 Alkalischer Aufschluß

Der *totale Aufschluß* gelingt durch Kochen mit basischen Lösungen, insbesonders bei Zugabe von Oxydationsmitteln. Für das $[W_6X_8]X_4$ und seine Derivate (X = Cl, Br, J) wurden empfohlen: NaOH; KOH; NaOH + H_2O_2 [3]; NH_3-Wasser + $(NH_4)_2S_2O_8$; Na_2CO_3. Die Chlorosäure $(H_3O)_2[W_6Cl_8]Cl_6 \cdot 6H_2O$ wird bereits durch Kochen mit viel Wasser zerstört. Die folgende Arbeitsvorschrift eignet sich für Komplexe mit $[Mo_6X_8]$- und $[W_6X_8]$-Gruppen, ausgenommen die Arsoniumsalze der Molybdänhalogenosäuren.

Arbeitsvorschrift. 40 bis 50 mg Substanz werden mit $\leqslant$20 ml Wasser und 2 bis 3 Plätzchen Natriumhydroxid versetzt und etwa 15 Min. gekocht. Dann tropft man eine zur Oxydation des Wolframs ausreichende Menge 3 %iges Wasserstoffperoxid hinzu und kocht weiter, bis alles zu W(VI) oxydiert ist.

Bemerkung: Die entstandene Lösung eignet sich auch zur titrimetrischen *Bestimmung des Halogens.*

17.4.1.2 Saurer, oxydierender Aufschluß

$[Me_6X_8]$- und $[Me_6X_{12}]$-Komplexe sind gegen nicht oxydierende Säuren beständig. Es findet Substitution statt, vorwiegend in X^a-Position. Mit oxydierenden Säuren tritt der Elektronenaustausch offenbar im Anschluß an die X^a-Substitution ein. Die Zersetzung von $(H_3O)_2[W_6Cl_8]Cl_6 \cdot 6H_2O$ ist mit konzentrierter Salpetersäure oder Königswasser durch einstündiges Erhitzen unter Rückfluß möglich. Es hinterbleibt $WO_3 \cdot H_2O$ [1].

Vorteilhaft ist der Aufschluß nach der sog. H-Rohr-Methode [2], da er zugleich die Trennung von Metall und Halogen bewirkt. Das Verfahren fand u.a. Anwendung auf $[W_6Cl_8]^{4+}$, $[W_6Br_8]^{4+, 6+}$ [5], auf $[W_6J_8]^{4+}$ [3] sowie auf $[W_6Cl_{12}]^{6+}$ und $[W_6Br_{12}]^{6+}$.

Arbeitsvorschrift. In einem Zweischenkelrohr (H-Rohr) befindet sich auf der einen Seite die Substanz in einem Tiegelchen und auf der anderen Seite Silbernitrat (100 %iger Überschuß) gelöst in Salpetersäure. Das abgeschmolzene Rohr wird einige Zeit im Trockenschrank erhitzt. Danach liegen der oxidische Rückstand und Silberhalogenid getrennt in den Schenkeln vor. – Bei der Analyse ist zu beachten, daß starke Salpetersäure bei der Aufschlußtemperatur aus AgJ etwas Jod freisetzt, erkennbar an der Jodfarbe im Gasraum. Diese Reaktion ist jedoch stark temperaturabhängig. Wird das H-Rohr vor dem Öffnen einige Std. bei 100°C belassen, so wird Jod unter AgJ-Bildung gebunden. Folgende *Aufschlußbedingungen* haben sich bewährt:

Für Chloride und Bromide.
Konzentration der Säure: $HNO_3 : H_2O = 1 : 0,3$ (Vol.)
Aufschlußtemperatur: 180°C
Reaktionszeit: 3 bis 8 Tage

Für Jodide.
Konzentration der Säure: $HNO_3 : H_2O = 1 : 6$ (Vol.)
Aufschlußtemperatur: 180°C
Reaktionszeit: 3 Tage; anschließend 3 Std. bei etwa 100°C.

Die Silberhalogenid-Niederschläge werden mit wenig Wasser aufgekocht, auf einer Mikroglasfritte (G3/G4) abgesaugt, mit Wasser gewaschen und bei 130°C getrocknet. Die Oxide erhält man durch Erhitzen der Rückstände: WO_3 bei 750°C; MoO_3 bei 350°C; Nb_2O_5 bei 900°C; Ta_2O_5 bei 1000°C.

Bemerkung: Bei *schwer zersetzlichen Verbindungen* kann man, um sehr lange Reaktionszeiten zu vermeiden, die Variante der H-Rohr-Methode nach *Tillack* benutzen [7]. Bei diesem Verfahren wird nur der Schenkel, in dem sich die zu analysierende Substanz befindet, bis auf etwa 400°C erhitzt, während der andere Schenkel mit der HNO_3- $AgNO_3$-Lösung bei 120 bis 140°C gehalten wird.

17.4.1.3 Bestimmung des Halogens

Das gesamte Halogen kann nach der Zerstörung des Komplexes auf übliche Weise bestimmt werden. Für die selektive Bestimmung des in äußerer Sphäre gebundenen Halogens wurden bei Me_6-Komplexen des Mo, Nb und Ta verschiedene Möglichkeiten beschrieben [4]. Für die entsprechenden Wolframverbindungen gibt es aber bisher keine erprobte und bewährte Methode. Durch Silbernitratlösung wird aus $(H_3O)_2[W_6Cl_8]Cl_6$ das gesamte Chlorid gefällt.

17.4.1.4 Bestimmung des gesamten Komplexes

Bei präparativen und kinetischen Untersuchungen wurde die Chlorosäure $(H_3O)_2[W_6Cl_8]Cl_6$ als Salz mit 8-Hydroxychinolin gefällt [6].
Eine Redoxreaktion des gesamten Komplexes in schwach schwefelsaurer Lösung läßt sich jodometrisch ausnutzen. Das nach der Gleichung

$$[W_6Br_8]^{6+} + 2\,J^- = [W_6Br_8]^{4+} + J_2$$

ausgeschiedene Jod wird mit Thiosulfat titriert [5].

Literatur

1. *Plautz, H.:* persönl. Mitteilung
2. *Schäfer, H., Dohmann, K.D.:* Z. Anorg. Allg. Chem. **300** (1959) 1-32.
3. *Schäfer, H., Platz, H.:* Z. Anorg. Allg. Chem. **389** (1972) 57-67.
4. *Schäfer, H., Plautz, H., Baumann, H.:* Z. Anorg. Allg. Chem. **401** (1973) 63-84.
5. *Schäfer, H., Siepmann, R.:* Z. Anorg. Allg. Chem. **357** (1968) 273-88.
6. *Schäfer, H., Trenkel, M., Brendel, C.:* Mh. Chem. **102** (1971) 1293
7. *Tillack, J.:* Z. Anal. Chem. **239** (1968) 81-87.

17.5 Cyanowolframate (IV)

Konduktometrische Titration. Oktacyanowolframat(IV) sowie Oktacyanomolybdat(IV) lassen sich durch konduktometrische Fällungstitration bestimmen. Man arbeitet dabei im pH-Bereich von 2,5 bis 7 und bei einer Temperatur von < 30°C. Die Konzentration der Cyanokomplexe soll nicht größer als 4.10^{-3} m sein. Bei der Titration von $W(CN)_8^{4-}$ mit Silber oder Quecksilber(II) beträgt der Fehler ± 0,2 %. Das $Mo(CN)_8^{4-}$ ist auf ± 0,2 % genau mit Quecksilber(II) und auf ± 0,4 % mit Silber bestimmbar. – Hohe Salzkonzentrationen stören; maximal zulässig ist 5.10^{-3} m $NaNO_3$ [3].

Potentiometrische Titration. Oktacyanowolframat(IV) läßt sich in etwa 0,5 bis 5 n schwefelsaurer Lösung mit Permanganat oder Cer(IV) titrieren. Am Äquivalenzpunkt tritt ein starker Potentialsprung auf. Titriert wurden 0,0025 bis 0,01 m Cyanowolframat-Lösungen mit 0,038 m Ce(IV) bzw. 0,01 m Cyanowolframat-Lösungen mit 0,1 n MnO_4^-. Als Titrationsmittel ungeeignet sind Dichromat sowie Mangan(III) [1]. – Titrationen mit Cer(IV) und MnO_4^- sowie polarografische Untersuchungen von Cyanokomplexen des Wolframs und Molybdäns führte auch *Vicente-Perez* aus [2].

Literatur

1. *Malik, W.U., Jain, J.P., Khandelwal, J.K.:* Indian J. Chem. **5** (1967) 275-78.
2. *Vicente-Perez, S.:* Acta Salamanticensia, Ser. Cienc. **4** (1959) (2), 67 pp.; durch Chem. Abstr. **58**, 5039 f.
3. *Vicente-Perez, S., Martin del Molino, I.:* Studia Chem., Univ. Salamanca, **1965**, 17-23; durch Chem. Abstr. **65**, 6295 d.

Verzeichnis der Zeitschriften und ihrer Abkürzungen

Abkürzung	Zeitschrift
Acta Chim. Acad. Sci. Hung.	Acta Chimica Academiae Scientiarum Hungaricae. Budapest. (engl., dt.)
Acta Chim. Sinica	Acta Chimica Sinica. Peking. (= Hua Hsueh Hsueh Pao)
Acta Salamanticensia, Ser. Cienc.	Acta Salamanticensia, Serie de Ciencias. Salamanca
Advan. X-Ray Anal.	Advances in X-Ray Analysis
Anal. Chem.	Analytical Chemistry. New York
Anal. Chim. Acta	Analytica Chimica Acta. New York
Anales Asoc. Quim.	Anales de la Asociacion Quimica Argentina. Buenos Aires. (span.)
Anal. Letters	Analytical Letters. New York
Analusis	Analusis. Paris. (franz.)
Analyst	Analyst. Cambridge
An. Fiz. Quim.	Anales de la Real Sociedad Espanola de Fisica y Quimica. Serie A. Fisica; Serie B. Quimica. Madrid. (span.)
Angew. Chem.	Angewandte Chemie (seit **45** (1932)); Titel bis **44** (1931): Z. Angew. Chem.
Annali Chim.	Annali di Chimica. Rom. (ital.)
Ann. Chimie	Annales de Chimie. Paris (franz.)
An. Quim.	Anales de Quimica. Madrid. (span.)
Appl. Spectroscopy	Applied Spectroscopy. Boston, Mass.
Arch. Eisenhüttenwes.	Archiv für das Eisenhüttenwesen. Düsseldorf
Ark. Kemi	Arkiv för Kemi. Stockholm. (engl.)
At. Absorpt. Newsl.	Atomic Absorption Newsletter. Norwalk, Conn.
Australas. Inst. Mining Met., Proc.	The Australasian Institute of Mining and Metallurgy, Proceedings. Parkville, Vic.
Azerb. Chim. Ž.	Azerbajdzanskij Chimičeskij Žurnal. Akademia Nauk Azerbajdzanskoj SSR. Baku
Ber. Dt. Chem. Ges.	Berichte der Deutschen Chemischen Gesellschaft [bis 79 (1946)]; Titel ab **80** (1947): Chemische Berichte.
Biochem. J.	Biochemical Journal. London
Bull. Chem. Soc. Japan	Bulletin of the Chemical Society of Japan. Tokyo. (engl.) = Nippon Kagakukai
Bull. Inst. Chem., Acad. Sinica	Bulletin of the Institute of Chemistry. Academia Sinica. Taipei, Taiwan
Bull. Inst. Mining Met.	Bulletin of the Institution of Mining and Metallurgy. London
Bull. Soc. Chim. France	Bulletin de la Societé Chimique de France. Paris
Bunseki Kagaku	= Japan Analyst
Bunseki Kiki	= Analytical Instruments. Tokyo
Can. Dept. Mines Techn.Survey, Mines Branch, Techn. Bull.	Canada, Department of Mines and Technical Surveys, Mines Branch, Technical Bulletin. Ottawa
Chem. Abstr.	Chemical Abstracts. Columbus, Ohio
Chem. Age	Chemical Age. London
Chem. Analit.	Chemia Analityczna. Warschau. (poln., dt., engl., franz.)
Chemist-Analyst	Chemist-Analyst. Phillipsburg, N.J.
Chem. Listy	Chemicke Listy. Prag. (tschech.)
Chem. Techn.	Chemische Technik. Berlin
Chem. Zvesti	Chemicke Zvesti. Preßburg. (engl., franz., dt., russ.)
Chim. Anal.	Chimie Analytique. Paris
Chimie et Industrie	Chimie et Industrie. Paris
Chim. Redkich Elementov, Akad. Nauk SSSR, Inst. Obščej i Neorg. Chim.	Chimija Redkich Elementov. Akademija Nauk SSSR., Institut Obščej i Neorganičeskoj Chimii. Moskau
Collect. Czechoslov. Chem. Commun.	Collection of Czechoslovak Chemical Communications. Prag. (dt., engl.)

Verzeichnis der Zeitschriften und ihrer Abkürzungen

Abkürzung	Zeitschrift
C. R. Acad. Sci.	Comptes Rendus Hebdomadaires des Séances de l'Académie des Sciences. Serie C: Sciences Chimiques. Paris.
Compt. Rend. Acad. Bulgare Sci.	Comptes Rendus d l'Académie Bulgare des Sciences. Sofia (engl., dt., russ., franz.)
Current Sci.	Current Science. Bangalore
Čvet. Metal.	Čvetnye Metally. Moskau; siehe auch: Soviet J. Nonferrous Metals
DEW Techn. Ber.	Technische Berichte. Deutsche Edelstahlwerke AG. Krefeld
Dok. Akad.Nauk. Tadž. SSR	Doklady Akademii Nauk Tadžikskoj SSR. Dusanbe
Dok. Akad. Nauk Uzb. SSR	Doklady Akademii Nauk Uzbekskoj SSR. Taschkent
Dopividi Akad. Nauk Ukr. SSR	Dopividi Akademii Nauk Ukrainskoj SSR. Kiew
Elektrochimija	Elektrochimija. Moskau
Geologie	Geologie. Berlin
Godišnik Minno-Geol. Inst. Sofiya	Godišnik na Minno-Geolozkija Institut. Sofia
Hdb. Anal. Chem.	Handbuch der Analytischen Chemie; Herausg. W. Fresenius, G. Jander. Springer Verlag. Berlin, Heidelberg, New York
Helv. Chim. Acta	Helvetica Chimica Acta. Basel. (dt., franz.)
Hsia Men Ta Hsueh Hsueh Pao	Hsia Men Ta Hsueh Hsueh Pao, Tzu Jan K'o Hsueh. (= Universitatis Amoiensis Acta Scient. Nat.) (chin.)
Hua Hsueh Hsueh Pao	auch: Huaxue Xuebao; = Acta Chim. Sinica
Ind. Chim. Belge	Industrie Chimique Belge. Brüssel
Ind. Engng. Chem., Anal. Edit.	Industrial and Engineering Chemistry. Analytical Edition. Easton, Pa.; Titel ab 19 (1947): Analytical Chemistry
Indian J. Technol.	Indian Journal of Technology. New Delhi
Industrial Chem.	The Industrial Chemist. London
Industrial Labor.	Industrial Laboratory. Pittsburgh, Pa.; (= englische Übersetzung von Zavodsk. Laborator.)
Inorg. Nucl. Chem. Letters	Inorganic and Nuclear Chemistry Letters. Oxford
Inst. Hierro Acero	Instituto del Hierro y del Acero. Madrid. (span.)
Iron Age	Iron Age. Philadelphia
Isotopenpraxis	Isotopenpraxis. Berlin
Izv. Akad. Nauk Arm. SSR, Chim. Nauki	Izvestija. Akademija Nauk Armjanskoj SSR. Serija Chimičeskich Nauk. Eriwan
Izv. Akad. Nauk Kaz. SSR, Ser. Fiz.-Mat., Ser. Chim.	Izvestija Akademii Nauk Kazachskoj SSR. Serija Fiziko Matematičeskich Nauk, Serija Chimičeskich Nauk. Alma Ata
Izv. Akad. Nauk SSSR, Ser. Fiz., Ser. Chim.	Izvestija Akademii Nauk SSSR. Serija Fizičeskaja, Serija Chimičeskaja. Moskau
Izv. Vysš. Učeb. Zaved., Chim. Chim. Technol.	Izvestija Vysšich Učebnych Zavedenij. Chimija i Chimičeskaja Technologija.Ivanova
J. Amer. Chem. Soc.	Journal of the American Chemical Society. Easton, Pa.
J. Anal. Chem. USSR	Journal of Analytical Chemistry of the USSR. New York; (= englische Übersetzung von Ž. Anal. Chim.)
Japan Analyst	Japan Analyst. Tokyo. (japan., mit engl. Zusammenfass.); = Bunseki Kagaku
J. Chem. Engng. Data	Journal of Chemical and Engineering Data. Washington, D.C.
J. Chem. Soc.	Journal of the Chemical Society. London
J. Chem. Soc. Japan, Ind. Chem. Sect.	Journal of the Chemical Society of Japan, Industrial Chemistry Section. Tokyo. (jap.) = Kogyo Kagaku Zasshi
J. Chem. Soc. Japan, Pure Chem. Sect.	Journal of the Chemical Society of Japan, Pure Chemistry Section. Tokyo. (jap.); = Nippon Kagaku Zasshi
J. Chromatog.	Journal of Chromatography. Amsterdam
J. Electroanal. Chem. Interfacial Electrochem.	Journal of Electroanalytical Chemistry and Interfacial Chemistry. Lausanne

Verzeichnis der Zeitschriften und ihrer Abkürzungen

Abkürzung	Zeitschrift
J. Gen. Chem. USSR	The Journal of General Chemistry of the USSR. New York; (= englische Übersetzung von Ž. Obšč. Chim.)
J. Inorg. Nucl. Chem.	Journal of Inorganic and Nuclear Chemistry. Oxford
J. Iron Steel Inst. (London)	Journal of the Iron and Steel Institute. London
J. Phys. Chem.	Journal of Physical Chemistry. Washington
J. Radioanal. Chem.	Journal of Radioanalytical Chemistry. Amsterdam
J. Res. Natl. Bur. Stand.	Journal of Research of the National Bureau of Standards. Washington
J. Res. US Geol. Surv.	Journal of Research for the US Geological Survey. Washington
J.S. African Chem. Inst.	Journal of the South African Chemical Institute. Johannesburg
Kogyo Kagaku Zasshi.	= J. Chem. Soc. Japan, Ind. Chem. Sect.
Latvijas PSR Zinat. Akad. Vestis, Kim. Ser.	Latvijas PSR Zinatnu Akademijas Vestis, Kimijas Serija. Riga
Metall u. Erz	Metall und Erz
Metallurgia	Metallurgia. Manchester
Méthod. Phys. Anal.	Méthodes Physiques d'Analyse. Paris
Met. Ital.	Metallurgia Italiana. Mailand
Mh. Chem.	Monatshefte für Chemie. Wien
Microchem. J.	Microchemical Journal. New York
Mikrochim. Acta	Mikrochimica Acta. Wien
Nature	Nature. London
Naturwissenschaften	Die Naturwissenschaften. Berlin
Nauč. Tr., Novočerkassk. Politechn. Inst.	Naučnye Trudy, Novočerkasskij Politechničeskij Institut. Novočerkassk
Neue Hütte	Neue Hütte. Berlin
New Zealand J. Sci.	New Zealand Journal of Science. Wellington
Nippon Kagaku Kaishi	Nippon Kagaku Kaishi. Tokyo
Nippon Kagaku Zasshi	= J. Chem. Soc. Japan, Pure Chem. Sect.
Nucl. Med.	Nuclear-Medizin, Isotope in Medizin und Biologie. Stuttgart
Nucl. Sci. Abstr.	Nuclear Science Abstracts. Oak Ridge, Tenn.
Österr. Chem.-Ztg.	Österreichische Chemiker-Zeitung. Wien
Powder Met. Bull.	Powder Metallurgy Bulletin. Yonkers, N.Y.
Radex-Rundschau	Radex-Rundschau. Radenthein
Radiochem. Radional. Lett.	Radiochemical and Radioanalytical Letters. Lausanne
Radiochim.	Radiochimija. Akademija Nauk SSSR. Moskau; siehe auch Soviet Radiochem.
Radioisotopes	Radioisotopes. Tokyo
Rec. Trav. Chem. Pays-Bas	Recueil des Travaux Chimiques des Pays-Bas (engl.)
Rev. Fac. Cien., Univ. Lisboa	Revista de Faculdade de Ciencias, Universidade de Lisboa. (span.)
Ric. Sci. (Rend.)	Ricerca Scientifica. Serie 2. Parte 2. Rendiconti. Sezione A. Abiologica. Rom
Russ. J. Phys. Chem.	Russian Journal of Physical Chemistry. London; (= englische Übersetzung von Ž. Fis. Chim.)
Science Repts. Res. Inst., Tohoku Univ., Ser. A	Science Reports of the Research Institute, Tohoku University, Ser. A.: Physica, Chemistry and Metallurgy. Sendai, Japan
Soobšč. Akad. Nauk Gruz. SSR	Soobščenija Akademii Nauk Gruzinskoj SSR. Tiflis
Soviet J. Nonferrous Metals	Soviet Journal of Nonferrous Metals. New York (= englische Übersetzung von Čvet. Metal.)
Soviet Radiochem.	Soviet Radiochemistry. New York. (= englische Übersetzung von Radiochim.)
Spectrochim. Acta	Spectrochimica Acta
Stud. Univ. Babes-Bolyai, Ser. Chem.	Studia Universitatis Babes-Bolyai, Series Chemia. Cluj
Svensk Kem. Tidskr.	Svensk Kemisk Tidskrift. Stockholm
Svensk Papperstid.	Svensk Papperstidning. Stockholm. (= Swedish Paper Journal)

Verzeichnis der Zeitschriften und ihrer Abkürzungen

Abkürzung	Zeitschrift
Talanta	Talanta. London
Techn.-Wiss. Abhandl. Osram-Ges.	Technisch-wissenschaftliche Abhandlungen der Osram-Gesellschaft
Thermochim. Acta	Thermochimica Acta. Amsterdam
Tr. Inst. Met. im A.A. Baikova	Trudy Instituta Metallurgii imeni A.A. Baikova, Akademija Nauk SSSR.
Tr. Komis. po Analit. Chim., Akad. Nauk SSSR, Inst. Geochim. i. Analit. Chim.	Trudy Komissii po Analitičeskoj Chimii, Akademija Nauk SSSR. Moskau
Tr. Novočerkassk. Politechn. Inst.	Naučnye Trudy. Novocěrkasskij Politechničeskij Institut imeni S. Ordžodnikidze. Novočerkassk
Učenje Zapiski Kišinev. Univ.	Ucěnje Zapiski. Kišinevskij Ordena Trudogovo Krasnogo Znameni Gosudarstvennyj Universitet. Kišinev
Učenje Zapiski Leningrad. Gosudarst. Univ.	Učenje Zapiski, Leningradskij Gosudarstvennyj Universitet.Leningrad
Ukr. J. Chem.	Ukrainian Journal of Chemistry. Jerusalem (= englische Übersetzung von Ukr. Chim. Ž.); Übersetzungstitel ab **32** (1966): Soviet Progress in Chemistry. New York
Ukr. Chim. Ž.	Ukrainskij Chimičeskij Žurnal. Kiew; siehe auch Ukr. J. Chem.
US Bur. Mines, Rept. Invest.	US Bureau of Mines. Report of Investigations
Uzb. Chim. Ž.	Uzbekiston Chimija Žurnali. Taschkent
Vestn. Leningrad. Univ., Fiz., Chim.	Vestnik Leningradskogo Universiteta. Serija Matematiki, Fiziki i Chimii.Leningrad
Vestn. Moskovsk. Gosudarst. Univ., Ser. Chim.	Vestnik Moskovskogo Universiteta. Serija 02. Chimija.Moskau
Wiss. Z. TH Chem.	Wissenschaftliche Zeitschrift der Technischen Hochschule für Chemie Leuna-Merseburg. Leuna-Merseburg
Wiss. Z. Univ. Leipzig, Math.-Naturwiss. Reihe	Wissenschaftliche Zeitschrift der Universität Leipzig. Mathematisch-Naturwissenschaftliche Reihe. Leipzig
Z. Anal. Chem.	Fresenius' Zeitschrift für Analytische Chemie
Ž. Anal. Chim.	Žurnal Analitičeskoj Chimii. Moskau; siehe auch J. Anal. Chem. USSR
Z. Angew. Chem.	Zeitschrift für Angewandte Chemie. Berlin; Titel seit **45** (1932): Angew. Chem.
Z. Anorg. (Allg.) Chem.	Zeitschrift für Anorganische (und Allgemeine) Chemie. Leipzig
Zavodsk. Laborator.	Zavodskaja Laboratorija.Moskau; siehe auch Industrial Labor.
Z. Chem.	Zeitschrift für Chemie. Leipzig
Z. Elektrochem.	Zeitschrift für Elektrochemie (und Angewandte Physikalische Chemie). Weinheim; Titel ab **67** (1963): Berichte der Bunsengesellschaft für Physikalische Chemie, Weinheim
Ž. Fis. Chim.	Žurnal Fizičeskoj Chimii. Moskau; siehe auch Russ. J. Phys. Chem.
Z. Naturforsch.	Zeitschrift für Naturforschung. Wiesbaden
Ž. Neorg. Chim.	Žurnal Neorganičeskoj Chimii. Moskau; siehe auch Russian J. Inorg. Chem.
Ž. Obšč. Chim.	Žurnal Obščej Chimii. Leningrad; siehe auch J. Gen. Chem. USSR
Z. Phys. Chem. (Frankfurt/M.)	Zeitschrift für Physikalische Chemie (Frankfurt/Main). Neue Folge. Frankfurt/M.

Sachregister

GPSR Compliance

The European Union's (EU) General Product Safety Regulation (GPSR) is a set of rules that requires consumer products to be safe and our obligations to ensure this.

If you have any concerns about our products, you can contact us on ProductSafety@springernature.com

In case Publisher is established outside the EU, the EU authorized representative is:

Springer Nature Customer Service Center GmbH
Europaplatz 3
69115 Heidelberg, Germany

Batch number: 10683525

Printed by Printforce, the Netherlands